Excel in Naturwissenschaft und Technik

Christian Fleischhauer

Excel in Naturwissenschaft und Technik

Grundlagen und Anwendung

ADDISON-WESLEY

An imprint of Addison Wesley Longman, Inc.
Bonn • Reading, Massachusetts • Menlo Park, California • New York • Harlow, England
Don Mills, Ontario • Sydney • Mexico City • Madrid • Amsterdam

Die Deutsche Bibliothek – CIP-Einheitsaufnahme

Fleischhauer, Christian:
Excel in Naturwissenschaft und Technik: Grundlagen und Anwendung / Christian Fleischhauer. –
Bonn: Addison-Wesley-Longman, 1998
ISBN 3-8237-1254-x

Lektorat: Irmgard Wagner, München
Korrektorat: Andrea Stumpf, München
Produktion: TYPisch Müller, München
Satz: Reemers EDV-Satz, Krefeld – gesetzt mit FrameMaker aus der Palatino 9,5/12 p
Belichtung, Druck und Bindung: Kösel, Kempten
Umschlaggestaltung: Hommer DesignProduction, Haar bei München

Das verwendete Papier ist aus chlorfrei gebleichten Rohstoffen hergestellt und alterungsbeständig. Die Produktion erfolgt mit Hilfe umweltschonender Technologien und unter strengsten Auflagen in einem geschlossenen Wasserkreislauf unter Wiederverwertung unbedruckter, zurückgeführter Papiere.

Inhaltsverzeichnis

Vorwort

Fast alle Bücher über Excel beschränken sich auf den kaufmännischen Bereich. Von dort stammt das Konzept der Rechenblätter, und hier finden auch Tabellenkalkulationsprogramme ihre breiteste Anwendung. Dabei bleibt jedoch unberücksichtigt, daß gerade auch im Bereich von Naturwissenschaft und Technik der alltägliche Umgang mit Tabellen eine Selbstverständlichkeit ist. Tabellen dienen zur Aufnahme von Rohdaten ebenso wie der Berechnung und Darstellung der Ergebnisse. Nicht umsonst stellt Excel auch eine Vielzahl von Funktionen bereit, die auf die Anwendung im naturwissenschaftlich-technischen Bereich abzielen.

Naturwissenschaftler und Techniker können jedoch mit den üblichen, auf den kaufmännischen Bereich abzielenden Darstellungen zum Thema Excel nur wenig anfangen, da die dort verwendeten Beispiele für sie völlig uninteressant sind. Soweit sie überhaupt das Potential von Excel für ihre Arbeit nutzen, erarbeiten sie sich typischerweise einige Grundlagen der Bedienung selbst oder quälen sich durch die ersten Seiten eines konventionellen Excel-Buches. Dabei ist Excel das ideale Werkzeug für *alle* Anwender, die mit Tabellen in beliebiger Form umgehen müssen, insbesondere also für Naturwissenschaftler und Techniker. Es ist fast überall verfügbar und ermöglicht die schnelle Auswertung und Darstellung Ihrer Daten. Gerade wenn Zahlenreihen erzeugt oder ausgewertet werden sollen, für die sich die Erstellung eines eigenen Programms nicht lohnt, zeigt Excel seine Stärken.

Bisher fehlte ein Buch, das Naturwissenschaftler sowohl an die grundlegenden wie auch an die weiterführenden Möglichkeiten des Programmes Excel heranführt, und es ihnen so ermöglicht, das volle Potential dieses Programmes für ihre Arbeit zu nutzen. Diese Lücke will das vorliegende Buch schließen. An einfach nachvollziehbaren Beispielen wird gezeigt, daß Excel sehr viel mehr kann, als nur Zahlenreihen auszuwerten oder Meßwerte an Kurven anzupassen. So geht das Buch auch auf Themen wie die numerische Integration und Differentiation, das Lösen von Gleichungen und Optimierungsaufgaben und die Erstellung von Simulationen und Animationen mit Excel ein. Sogar Conways »Spiel des Lebens« läßt sich in Excel realisieren.

Sollte das Buch Ihnen von Nutzen sein und Sie zu eigenen reizvolle Problemlösungen mit Excel in Ihrem Fachgebiet anregen, aber auch wenn Sie Kritik und Anregungen haben, würde ich mich freuen, von Ihnen zu hören; meine E-Mail-Adresse ist: Christian Fleischhauer, 100115.3032@compuserve.com.

Mein Dank gilt allen, die durch ihre Unterstützung und Materialbeiträge dieses Buch erst ermöglicht haben, insbesondere Peter Gäng, Helmut Kraus, Helmut Vonhoegen, Irmgard Wagner, Dr. Andrea Stumpf und allen, die an der Produktion dieses Buches beteiligt waren.

Düsseldorf, im August 1997

Dr. Christian Fleischhauer

1 Einleitung

Mit Excel hat eine Programmgattung, die mit einfachen elektronischen Rechenblättern anfing, eine Perfektion erreicht, die eine relativ trockene Angelegenheit zu einem kreativ nutzbaren Instrument macht. Der Leistungsumfang ist so groß geworden, daß er kaum noch zu überblicken ist. Das birgt jedoch auch die Gefahr in sich, daß die Anwender sich auf einige wenige Möglichkeiten dieses Programms beschränken. Jeder kennt dieses Phänomen: wer hat nicht schon an sich selbst beobachtet, daß er im Textverarbeitungsprogramm Absätze mit der Leer- oder Tabulatortaste einrückt, statt die Möglichkeiten der Absatzformatierung zu nutzen?

Dieses Buch soll Sie ermutigen, die umfangreichen Möglichkeiten von Excel wirklich zu nutzen. Es ist hilfreich (wenn auch nicht Voraussetzung), wenn Sie bereits mit den Grundlagen von Excel vertraut sind, wenn Sie also das Programm starten und beenden, eine Tabelle aufbauen und grafisch auswerten, Formeln eingeben, eine Datei laden und speichern können. Alle diese Aufgaben werden jedoch in den ersten Kapiteln des Buches an geeigneten Beispielen noch einmal vorgeführt.

Da sich dieses Buch an ein breiteres Publikum richtet, wurden Beispiele vermieden, die nur von Vertretern einzelner Fachrichtungen verstanden werden. Es geht hier nicht darum, fertige Anwendungen für einzelne Fachgebiete zu entwickeln, sondern aufzuzeigen, was Sie mit Excel alles anstellen können. Die in diesem Buch vorgestellten Beispiele sind daher auch meist nicht als fertige Anwendungen gedacht (auch wenn sie sich teilweise als solche verwenden lassen). Ziel war es vielmehr, Beispiele aus den unterschiedlichsten Bereichen vorzustellen, an Hand derer Sie Ihre eigenen Anwendungen entwickeln, verbessern und erweitern können. Der eher kaufmännische Bereich wurde dabei bewußt so weit wie irgend möglich ausgespart. Dieser Bereich ist für Sie wahrscheinlich ohnehin wenig interessant und in so umfassender Zusatzliteratur abgehandelt worden, daß manchmal durchaus der Eindruck entsteht, Excel sei ein Programm für Betriebswirte und zu sonst nichts zu gebrauchen.

Dieses Buch will Ihnen neue Anwendungsmöglichkeiten für Excel erschließen. Wenn es Ihre Phantasie anregt und Sie erkennen, was Sie mit Excel, außer dem, was Sie vielleicht schon immer gemacht haben, noch alles erreichen können, und wenn es Ihnen hilft, diese Vorstellungen in die Tat umzusetzen, dann hat es sein Ziel erreicht.

1.1.1 Unterstützte Excel-Versionen

Microsofts Tabellenkalkulation Excel hat in der Vergangenheit eine Reihe von Versionen durchlaufen, von denen viele noch in Gebrauch sind. Anwender von Windows 3.x beispielsweise sind auf die Anwendung von Excel 5 eingeschränkt, da die neueren Versionen ein 32-Bit-Betriebssystem erfordern. Mit dem Erscheinen von Windows 95 wurde eine leicht renovierte 32-Bit-Version Excel 95 alias Excel 7 auf den Markt gebracht (eine Version 6 hat es nie gegeben).

Zwei Jahre später folgte eine gründlich überarbeitetet Version Excel 97, die neben einer ganzen Reihe von Umstrukturierungen und Verbesserungen nun auch Web-Unterstützung bietet.

Bereits mit der Version 5 war Excel soweit ausgereift, daß sich im Kern bei neuen Versionen keine wesentlichen Änderungen mehr ergaben. Die letzten großen Änderungen waren die Umstellung von einzelnen Tabellenblättern zu Arbeitsmappen in der Version 4 und die Einführung von VBA (Visual Basic für Anwendungen) als Makrosprache in Excel 5. Diese Änderungen sind jedoch so grundlegend, daß Versionen vor Excel 5 in diesem Buch nicht berücksichtigt werden sollen. Die prinzipiellen Möglichkeiten von Excel 5 bis Excel 97 unterscheiden sich dagegen nur wenig, so daß es möglich ist, in diesem Buch alle drei Versionen von Excel 5 über Excel 95 bis hin zu Excel 97 zu berücksichtigen. Wo sich Unterschiede ergeben, wird im Text darauf hingewiesen – alle Beispiele sind mit allen drei Versionen getestet. Abbildungen zeigen in der Regel Excel 97, doch sind, wo sachlich geboten, auch Abbildungen von Excel 95 zu finden. Die Unterschiede zwischen Excel 5 und Excel 95 sind dagegen bis auf kosmetische Änderungen so gering, daß Abbildungen von Excel 5 nicht aufgenommen werden mußten.

Die wichtigste Änderung in Excel 95 alias Excel 7 gegenüber Excel 5 ist sicherlich die Umstellung von 16-Bit-Code auf 32-Bit-Code und die Anpassung an die 32-Bit-Betriebsysteme von Microsoft. So unterstützt Excel 95 anders als Excel 5 lange Dateinamen. Andere Änderungen betreffen eher kosmetische Details, wie ein verbessertes *Drag and Drop*, eine einfachere Zahlenformatierung oder die automatische Vervollständigung von Texteingaben in Zellen. Nachdem Visual Basic in Excel 5 standardmäßig einen deutschen Dialekt der Sprache unterstützt, wird in Excel 95 wieder Englisch bevorzugt. Der Versionssprung von 5 auf 7 dürfte also eher marketing-technische Gründe gehabt haben, als einschneidende Änderungen in Excel selber.

Eine recht gründliche Überarbeitung, die die Bedienung weiter vereinfachen und die Integration in Office 97 verbessern sollte, erlebte Excel dagegen mit der Version 8 alias Excel 97. Das alte Vektorgrafikmodul wurde durch ein neues ersetzt, das nun in allen Office-Anwendungen einheitlich verwendet wird. Neu sind unter anderem ein bis zu 16-faches Undo, ein neues Design der Menüleisten, eine konzeptionelle Verschmelzung von Menü und Symbolleisten, eine stark verbesserte Formeleingabe und Bearbeitung, auf »A« endende Versionen vieler Statistik-Funktionen, die auch nichtnumerische Werte schlucken, eine Seitenumbruchvorschau, gedrehter Text in Zellen und Diagrammen, bedingte Formate, eine gründliche Entrümpelung und Überarbeitung des Diagrammmoduls, eine Änderungsverwaltung und die Möglichkeit unterschiedliche bearbeitetet Kopien ein und derselben Arbeitsmappe wieder zusammenzuführen. Zur Unterstützung der Neuerungen verwendet Excel 97 ein neues Dateiformat. Arbeitsmappen können zwar auch noch im alten Format gespeichert werden, doch können dabei Formatierungen und Objekte verlorengehen, die von Excel 5 und 95 noch nicht unterstützt wurden.

Mit Excel 97 verabschiedete sich Microsoft auch endgültig von den nationalen Varianten von Visual Basic. Wird eine alte Arbeitsmappe geöffnet, werden eventuell vorhandene Visual-Basic-Arbeitsblätter automatisch ins Englische übersetzt, Excel 5 und Excel 95 kommen dagegen mit beiden Sprachen klar. Da der eingedeutschte VBA-Dialekt für die meisten Anwender in Naturwissenschaft und Technik ohnehin eher ein Ärgernis darstellen dürfte, wurden alle Programme im Buch in der englischen Fassung wiedergegeben – auf der CD zum Buch sind aber auch die Versionen in »deutschem Basic« vorhanden. Zur Vereinheitlichung aller Office-97-Anwendungen werden in Excel 97 Basic-Module außerdem nicht mehr als Arbeitsblätter dargestellt, sondern in einem eigenen VBA-Editor.

1.1.2 Aufbau des Buches

Auch wenn die Grenze nicht scharf zu ziehen ist, zerfällt dieses Buch im wesentlichen in zwei Teile. Der erste Teil umfaßt die Kapitel 2 bis 8 und stellt eine Einführung in Excel für Naturwissenschaftler und Techniker dar. Anders als in herkömmlichen Excel-Büchern wurde hier besonders darauf geachtet, daß die Beispiele möglichst durchgehend einen Hintergrund aus Forschung und Lehre haben. Auch im zweiten Teil in den Kapiteln 9 bis 13 wird immer wieder auf Grundlagen eingegangen, doch liegt hier der Schwerpunkt eher auf (teilweise ungewöhnlichen) Anwendungen von Excel in Naturwissenschaft und Technik.

Das zweite Kapitel gibt zunächst einen kurzen Überblick über Excel, um dem Einsteiger die Orientierung zu erleichtern. Hier finden Sie auch allgemeine Hinweise für die Arbeit mit Excel, aus denen auch der etwas fortgeschrittenere Anwender Nutzen ziehen kann. Die Hinweise zur Bedienung sollen dem Benutzer den bequemsten Weg zeigen. Vollständigkeit ist dabei nirgends angestrebt. Es geht eher darum, die Möglichkeiten von Excel zu erschließen.

Das dritte Kapitel beschäftigt sich etwas gründlicher mit Tabellen, beginnend mit dem Aufbau von Tabellen, über Fragen der Formatierung und (automatischen) Gliederung von Tabellen bis hin zur Zusammenfassung zusammengehöriger Arbeitsblätter in Arbeitsmappen. Andere wichtige Schwerpunkte sind die Verwendung benannter Zellen und Bereiche zur übersichtlicheren Darstellung von Formeln und die Verwendung wiederverwendbarer Formatvorlagen für Tabellenformate.

Das Thema des vierten Kapitels ist die Darstellung von Daten in Diagrammen als Mittel der anschaulichen Aufbereitung auch unübersichtlicher Zahlenwüsten. Da gerade Diagramme häufig falsch oder irreführend eingesetzt werden, wird gründlich darauf eingegangen, welche Diagrammtypen für welchen Zweck verwendet werden sollten, wie Sie Diagramme übersichtlich und informativ gestalten und wie Sie Ihre Daten »ehrlich« darstellen. Alle für den wissenschaftlichen Anwender wichtigen Diagrammtypen von Säulen-, Flächen-, Balken-, Linien- und *xy*-Diagrammen über Verbund-, Kreis-, Ring- und Netz-Diagramme bis hin zu echten 3D- und Pseudo-3D-Diagrammen werden erläutert und in Beispielen vorgestellt. Ein Schwerpunkt ist auch die Nachbearbeitung von Diagrammen, da Diagramme, so wie vom Diagrammassistenten erzeugt, selten auf Anhieb Ihren Vorstellungen entsprechen werden.

Das fünfte Kapitel behandelt die Automatisierung von Arbeitsabläufen durch Makros und die Programmierung in der Makrosprache VBA. Die behandelten Themen reichen von der Aufzeichnung eines Makros über die Grundlagen der Sprache Visual Basic für Anwendungen (VBA) und das Zusammenspiel von VBA mit dem Objektmodell von Excel, bis hin zur Verwendung der eingebauten Testhilfen zur Fehlersuche. Zur Demonstration schließt das Kapitel mit einem Programm zur schnellen Navigation zwischen Arbeitsblättern auch in großen Arbeitsmappen.

Wie Sie für andere Anwender (oder auch für sich selbst) geschützte Arbeitsblätter und Arbeitsmappen als formularbasierte Anwendungen bereitstellen können, zeigt Ihnen Kapitel sechs. Die Beispiele reichen von einer der Tastatur nachempfundenen Zeichentabelle über eine Datenerfassungsmaske bis hin zur kontinuierlichen Aufnahme und Überwachung von Meßreihen.

Das siebente Kapitel ist nur kurz und beschäftigt sich mit dreien in der technisch-wissenschaftlichen Anwendung von Excel immer wieder benötigten Helfern: dem Solver zur Lösung von Gleichungssystemen und Optimierungsaufgaben, dem Szenario-Manager zur Verwaltung unterschiedlicher Szenarien eines Modells und Pivot-Tabellen zur übersichtlichen Darstellung und Strukturierung großer Datenmengen. Der Szenario-Manager und besonders der Solver werden Ihnen in der zweiten Hälfte des Buches immer wieder im Einsatz begegnen.

Mit dem achten Kapitel verlagert sich der Schwerpunkt des Buches von den Grundlagen auf die Anwendung von Excel in Naturwissenschaft und Technik. Das Kapitel beschäftigt sich mit Problemstellungen aus der Analysis und ihre Bearbeitung in Excel. Dazu zählen die Darstellung von Funktionsgraphen, die numerische Berechnung von Differenzenquotienten, Ableitungen von Funktionen und numerische Integration, die automatische Untersuchung von Datenreihen auf Besonderheiten wie Extremwerte, und die Lösung von linearen und nichtlinearen Gleichungen und Gleichungssystemen mit dem Solver.

Häufig kommt es vor, daß man eine Aufgabe nur durch Rückgriff auf andere Informationen lösen kann, seien es nun bestimmte Formeln oder Zahlenwerte, die man nicht ständig im Kopf hat. Im neunten Kapitel wird gezeigt, wie Sie Excel einsetzen können, um sich das Nachschlagen in normalerweise gerade nicht greifbaren Nachschlagewerken zu ersparen. Die Beispiele gehen von einer (sehr rudimentären) Formelsammlung mit eigenen Funktionen für spezielle Probleme über eine tabellengesteuerte Umrechnungsfunktion zwischen (nahezu) beliebigen Einheiten bis hin zu einem »interaktiven« Periodensystem.

Wie die Kombination von Tabellenkalkulation, Visual Basic und einer leistungsfähigen Grafikkomponente es erlaubt, viele technisch-wissenschaftliche Zusammenhänge nachzubilden und zu visualisieren zeigt das zehnte Kapitel. Am Beispiel der Beleuchtungsstärke an den Punkten eines Raumes wird gezeigt, wie einfach es ist, mit Excel technisch-physikalische Zusammenhänge zu modellieren und die Ergebnisse aufzubereiten. Weitere Beispiele demonstrieren Schwingungen und die Überlagerung von Schwingungen, Fourier-Approximation und schließlich sogar animierte Diagramme – beispielsweise zur Visualisierung des schiefen Wurfs oder von beliebigen Bahnbewegungen.

Das elfte Kapitel beschäftigt sich mit Grundlagen und Anwendung der eingebauten Statistikfunktionen von Excel. Diskutiert werden neben Problemen der Rechengenauigkeit und des Datenimports Wahrscheinlichkeitsverteilungen, Tests und Stichproben und die Problematik der Anpassung von theoretischen Kurven an empirische Datensätze. Das Kapitel schließt mit einer Excel-Version des berühmt-berüchtigten Psi-Tests von Rhine.

In eine völlig andere Richtung zielt das zwölfte Kapitel, in dessen Mittelpunkt die Untersuchung logischer Fragen mit Excel steht. Die Themen reichen hier von Grundlagen der Aussagenlogik bis hin zur Simulation logischer Schaltungen in Excel.

Das Thema des letzten Kapitels sind dynamische Systeme, wie das durch die Lotke-Volterra-Gleichungen beschriebene System aus Räubern und Beutetieren. Einen anderen Ansatz zur Simulation komplexer Systeme bilden zelluläre Automaten. Die Realisierung von Conways »Spiel des Lebens« als Excel-Arbeitsblatt beschließt das Buch.

1.1.3 Die Beispiele

Alle Beispiele, die in diesem Buch besprochen werden, sind auf der CD zum Buch zu finden. Wie bereits erwähnt, ist das Dateiformat von Excel 97 nicht mit dem von Excel 95 und Excel 5 kompatibel. Bei Visual-Basic-Arbeitsblättern erzeugt Excel 5 bevorzugt Programme in »deutschem« Basic, Excel 95 bevorzugt den englischen Originaldialekt. Erschwerend kommt hinzu, daß manche Programme kleinere Anpassungen benötigen, um auf den unterschiedlichen Versionen von Excel zu laufen. Aus diesem Grunde wurde für jede Version von Excel ein eigener Satz Beispielsdateien bereitgestellt. Die Beispiele für Excel 97 finden Sie im Ordner EXCEL97, die Beispiele für Excel 5 und 95 in den Ordnern EXCEL5 und EXCEL95. Die Beispiele für Excel 5 und 95 können wechselseitig ausgetauscht werden, da beide Versionen das gleich Dateiformat verwenden. Die Unterscheidung spiegelt lediglich die Vorliebe der beiden Versionen für »deutsches« Basic (im Ordner EXCEL5) auf der einen und »englisches« Basic (im Ordner EXCEL95) auf der anderen Seite wieder.

Die Namen der Beispielsdateien sind identisch mit den Namen, die jeweils in den Abbildungen in der Titelzeile von Excel zu sehen sind. Auf diese Weise können Sie jede Beispieldatei zu jeder Abbildung des Buchs leicht auffinden. Ansonsten gibt es zu jedem Kapitel eine oder mehrere Arbeitsmappen *.XLS, deren Titel verraten, zu welchem Kapitel sie gehören. Um die Übersicht zu erleichtern, beginnen außerdem alle Namen der Beispielsdateien mit der Nummer des zugehörigen Kapitels. Wo es möglich war, wurden alle Beispiele eines Kapitels in einer einzigen Arbeitsmappe zusammengefaßt. In einigen Fällen wurden jedoch aus Gründen der besseren Übersichtlichkeit, oder um Unverträglichkeiten zwischen einzelnen Arbeitsblättern aus dem Weg zu gehen, die Beispiele eines Kapitels auf mehrere Arbeitsmappen verteilt. Alle Dateinamen verwenden Namen nach der alten 8.3-Konvention, um Anwendern von Windows 3.x unnötiges Rätselraten mit kryptisch abgekürzten Bezeichnern zu ersparen.

2 Überblick

Will man ein Programm auf dem Rechner sinnvoll einzusetzen, sollte man wenigstens eine vage Vorstellung davon haben, was man mit dem Programm alles anfangen kann. Excel läuft, wie auch seine Konkurrenten, immer noch unter der Rubrik *Tabellenkalkulation*, obwohl es wie diese den Rahmen der reinen Tabellenkalkulation längst gesprengt hat.

Zunächst ist eine Tabellenkalkulation nicht mehr als ein automatisiertes Rechenblatt. In ein derartiges Blatt, eine Tabelle, lassen sich in erster Linie Zahlen eintragen, mit denen in dem Blatt dann gerechnet wird. Texteinträge dienen lediglich dazu, die Zahlen zeilen- oder spaltenweise oder auch einzeln mit Hinweisen zu versehen, die das Blatt übersichtlicher machen.

Rechenvorgänge, die in dem Blatt vollzogen werden sollen, werden durch Formeln veranlaßt, die in das Blatt eingetragen werden. Diese werden dann entweder automatisch oder auf ausdrückliche Anweisung hin berechnet. Im Prinzip würden hier für die meisten Anwendungen die vier Grundrechenarten zuzüglich einzelner Rechnungen wie Wurzelziehen, Potenzen etc. genügen.

2.1 Tabellenkalkulation

Tatsächlich ist der Kern von Excel eine derartige Tabellenkalkulation, auch wenn die Möglichkeiten von Excel inzwischen weit über das Notwendige hinausgehen. Die Einträge, mit denen Excel »rechnet«, können nicht nur Zahlen sein, sondern auch Texte und Wahrheitswerte. Mit diesem Material kann Excel komplexe Berechnungen anstellen, die sich nur mit Mühe auf die grundlegenden Berechnungsmethoden zurückführen lassen. Darüber hinaus lassen sich auch Texteinträge behandeln: Text suchen und verändern, auf Texteinträge reagieren – das alles ist für Excel kein Problem.

Hier nur ein kleines Beispiel. Angenommen, Sie wollen die Ergebnisse eines Testes oder einer Klausur mit Hilfe von Excel auswerten. Nehmen wir dazu an, Sie hätten drei Aufgeben gestellt, jede mit einer bestimmten Punktzahl bewertet, und interessieren sich nun für die Gesamtpunktzahl jedes Teilnehmers und die höchste, die niedrigste und die durchschnittliche Gesamtpunktzahl. Mit Excel ist es viel einfacher eine solche Auswertung durchzuführen als auf herkömmliche Art mit Bleistift und Papier (insbesondere, wenn Sie berücksichtigen, daß Sie eine einmal erstellte Tabelle immer wieder mit neuen Daten verwenden können).

Die einfachste Möglichkeit hierfür ist, eine Tabelle mit Spalten für Namen, Aufgabe 1 bis Aufgabe 3 und eine Spalte für die Gesamtpunktzahl einzurichten. Dazu tragen Sie in Zeile 8 die folgenden Überschriften ein:

- Namen (für den Namen des Teilnehmers)
- Aufgabe 1 (die für diese Aufgabe erzielte Punktzahl)
- Aufgabe 2 (die für diese Aufgabe erzielte Punktzahl)
- Aufgabe 3 (die für diese Aufgabe erzielte Punktzahl)
- Punktzahl (Gesamtpunktzahl des Teilnehmers)

Die Ergebnisse kann man am Anfang oder am Ende der Tabelle zusammenfassen. Hier ist es zweckmäßig, den Anfang der Tabelle zu wählen, da die Anzahl der Teilnehmer ja von Test zu Test und von Kurs zu Kurs variieren kann. Auch ist es vorteilhaft, wichtige Zusammenfassungen am Anfang der Tabelle zu plazieren, wo sie sofort ins Auge fallen.

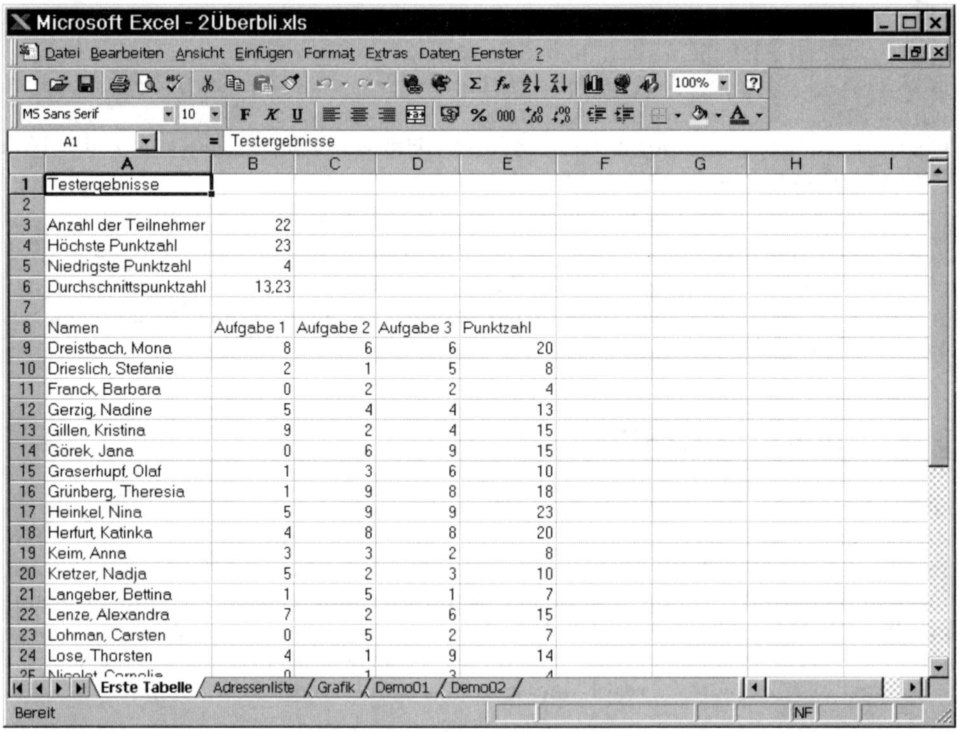

	A	B	C	D	E
1	Testergebnisse				
2					
3	Anzahl der Teilnehmer	22			
4	Höchste Punktzahl	23			
5	Niedrigste Punktzahl	4			
6	Durchschnittspunktzahl	13,23			
7					
8	Namen	Aufgabe 1	Aufgabe 2	Aufgabe 3	Punktzahl
9	Dreistbach, Mona	8	6	6	20
10	Drieslich, Stefanie	2	1	5	8
11	Franck, Barbara	0	2	2	4
12	Gerzig, Nadine	5	4	4	13
13	Gillen, Kristina	9	2	4	15
14	Görek, Jana	0	6	9	15
15	Graserhupf, Olaf	1	3	6	10
16	Grünberg, Theresia	1	9	8	18
17	Heinkel, Nina	5	9	9	23
18	Herfurt, Katinka	4	8	8	20
19	Keim, Anna	3	3	2	8
20	Kretzer, Nadja	5	2	3	10
21	Langeber, Bettina	1	5	1	7
22	Lenze, Alexandra	7	2	6	15
23	Lohman, Carsten	0	5	2	7
24	Lose, Thorsten	4	1	9	14

Abbildung 2.1: Tabelle zur Auswertung eines Tests oder einer Klausur

Wenn die Tabelle so wie in der Abbildung 2.1 aufgebaut wird, dann soll in der Zelle B3 die Anzahl der Teilnehmer, B4 die Höchstpunktzahl, B5 die niedrigste Punktzahl und B6 die durchschnittliche Punktzahl stehen. Die Zellen E9 bis E30 enthalten jeweils die Summe der vorstehenden Einzelpunktzahlen. Die Summe der Einzelpunktzahlen in E9 ist die Summe der Felder von B9 bis D9. Zur Berechnung der Summe könnte man nun in Zelle E9 die folgende Formel eintragen:

```
=B9+C9+D9
```

Es ist klar, daß diese Vorgehensweise in den meisten Fällen nicht praktikabel ist, entweder weil die Anzahl der aufzusummierenden Zellen größer ist, oder weil wie in diesem Beispiel wahrscheinlich, später noch weitere Spalten eingefügt werden sollen. Excel stellt daher ähnlich anderen Tabellenkalkulationen eine Funktion zur Verfügung, welche die Aufsummierung ganzer Bereiche erlaubt:

```
=SUMME(B9:D9)
```

Es macht nichts, wenn Sie sich diese oder eine andere Tabellenfunktion so nicht merken wollen. Sie setzen den Zellzeiger (durch Klick mit der linken Maustaste) in die Zelle E9, also in diejenige Zelle, in der nachher die Formel stehen soll. Ein Klick auf das Symbol für den Funktionsassistenten (oder der Befehl FUNKTION des Menüs EINFÜGEN) öffnet dann einen Dialog für das Einfügen von Funktionen.

Unter der Rubrik *Mathematik & Trigonometrie* im Listenfeld KATEGORIE finden Sie dann im Listenfeld FUNKTION die Funktion *SUMME* (Abbildung 2.2). Nach Markieren dieser Funktion können Sie dann mit der Schaltfläche OK bzw. WEITER den zweiten Dialog des Funktionsassistenten aufrufen. Hier haben Sie jetzt die Möglichkeit, Argumente wie z. B. den Bereich B9:D9 einzugeben (Abbildung 2.3).

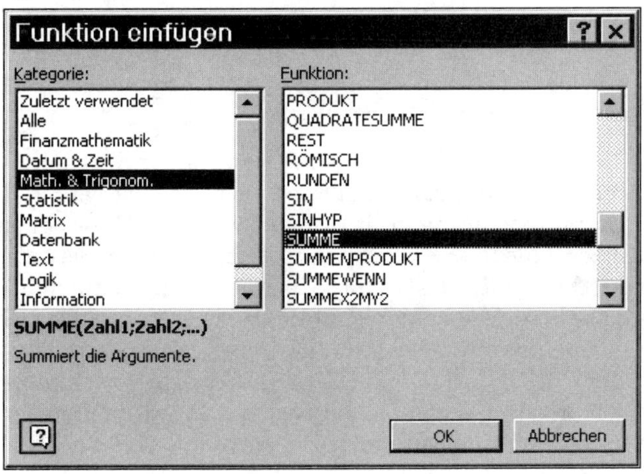

Abbildung 2.2: Funktionsassistent Schritt 1

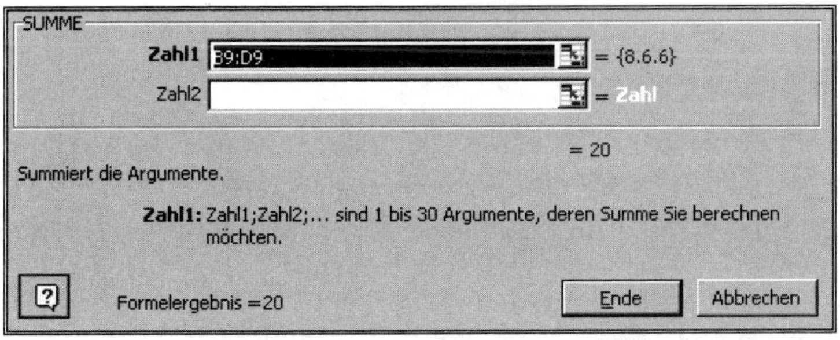

Abbildung 2.3: Funktionsassistent Schritt 2

Wie bei den verschiedenen Excel-Versionen dieser Bereich eingegeben wird, spiegelt die Fortentwicklung von Excel wieder. Bei Excel 5.0 und Excel 95 können Sie im zweiten Schritt des Funktionsassistenten den gewünschten Bereich im Arbeitsblatt mit dem Mauszeiger markieren (während die Einfügemarke im Feld *Zahl 1* steht). In Excel 97 ist das ebenfalls möglich, doch bringt diese Version eine gewisse vorausschauende »Intelligenz« mit, die in diesem Fall bereits die richtigen Werte einträgt. Mit einem Klick auf die Schaltfläche ENDE wird die Eingabe der Funktion abgeschlossen und die fertige Formel in die zuvor ausgewählte Zelle übertragen.

Analog ließen sich die Formeln in den übrigen Feldern der Spalte eintragen, doch gibt es hier einen wesentlich einfacheren Weg. Da die Zellenbezüge in Formeln normalerweise relativ zur Ausgangszelle gespeichert werden (auch wenn die Textdarstellung der Formel in der Eingabezeile dies nicht nahelegt), genügt es, die einmal erstellte Formel in alle übrigen Felder der Spalte zu kopieren. Neben den üblichen Menübefehlen des Menüs BEARBEITEN stellt Excel hier eine sehr bequeme Methode zur Verfügung, ganze Bereiche mit Werten oder Funktionen zu füllen.

Wenn sich der Mauszeiger über Zellen des Rechenblatts befindet, hat er die Form eines dicken Kreuzes. Markieren Sie hiermit die Zelle mit der Formel, so erhalten Sie einen dicken Rahmen mit dem sogenannten *Ausfüllkästchen* am rechten unteren Rand. Bewegen Sie den Mauszeiger nun über dieses Kästchen, ändert er seine Form in ein dünneres Fadenkreuz, mit dessen Hilfe Sie die Markierung über den ganzen gewünschten Zielbereich zu ziehen können. Sobald sie das Ausfüllkästchen wieder loslassen füllt Excel den ganzen Bereich mit der Summenformel.

Diese Operation, Summen über Spalten oder Zeilen eines rechteckigen Bereichs zu berechnen, ist übrigens so häufig, daß Excel auch noch eine wesentlich einfachere Möglichkeit vorsieht, die Summenformeln einzutragen. Um auch diese einmal auszuprobieren, sollten Sie zunächst die Formeln in Spalte E löschen, indem Sie den Bereich mit der Maus markieren und dann die Taste `Entf` drücken. Nun markieren Sie den Bereich von Zelle B9 bis E30, also die Einzelpunktzahlen zuzüglich der Zellen, welche die Summenformeln aufnehmen sollen. Alles, was nun noch nötig ist, ist die Betätigung der Schaltfläche mit dem Summensymbol in der Symbolleiste von Excel (Abbildung 2.4). Aus der Lage der markierten leeren Felder rechts und/oder unter dem Ausgangsbereich erkennt Excel, ob Sie Spaltensummen, Zeilensummen oder beides wünschen.

Bleibt noch die Ermittlung der zusammenfassenden Werte im Kopf des Rechenblatts. Auch diese können mit dem Funktionsassistenten eingefügt werden. Die benötigten Funktionen sind diesmal in der Kategorie *Statistik* zu finden:

- `ANZAHL2(A9:A30)`(Anzahl der Teilnehmer)
- `MAX(E:E)`(Höchste Punktzahl)
- `MIN(E:E)`(Niedrigste Punktzahl)
- `MITTELWERT(E:E)`(Durchschnittspunktzahl)

Bei der Eingabe des Bereichs für Funktionen im zweiten Schritt des Funktionsassistenten kann übrigens auch statt eines rechteckigen Bereichs eine ganze Spalte ausgewählt werden; dazu genügt ein Klick auf den Spaltenkopf. In der Bereichsangabe in den obigen Formeln spiegelt sich dies darin wieder, daß nicht Anfangs- und Endzelle, sondern nur Anfangs- und Endspalte (in diesem Fall beide gleich) angegeben sind.

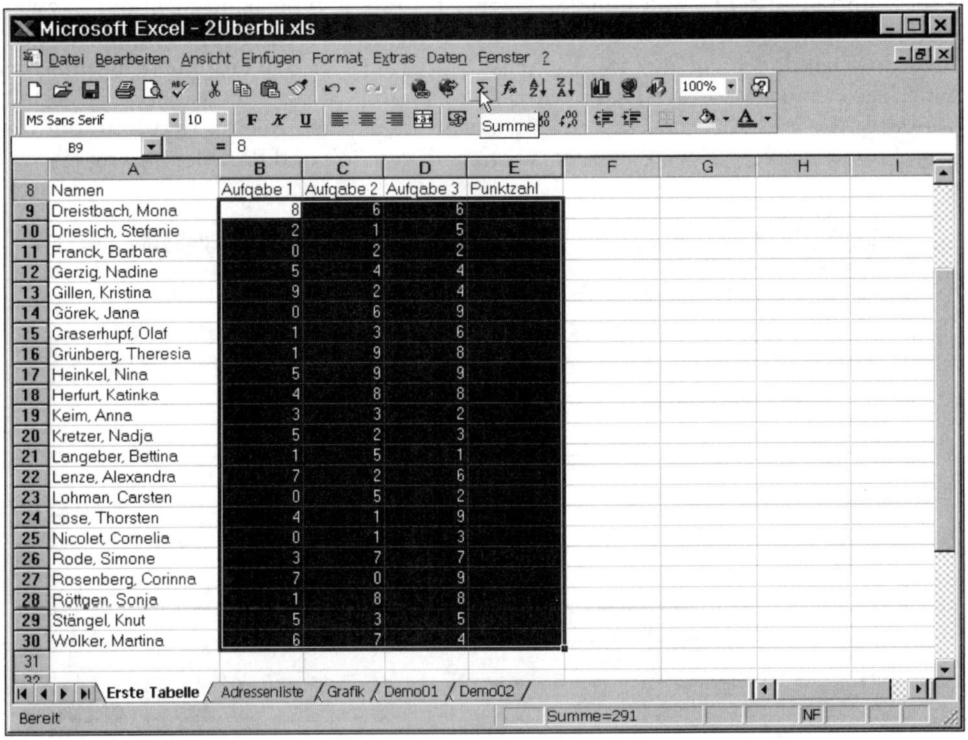

	A	B	C	D	E
8	Namen	Aufgabe 1	Aufgabe 2	Aufgabe 3	Punktzahl
9	Dreistbach, Mona	8	6	6	
10	Drieslich, Stefanie	2	1	5	
11	Franck, Barbara	0	2	2	
12	Gerzig, Nadine	5	4	4	
13	Gillen, Kristina	9	2	4	
14	Görek, Jana	0	6	9	
15	Graserhupf, Olaf	1	3	6	
16	Grünberg, Theresia	1	9	8	
17	Heinkel, Nina	5	9	9	
18	Herfurt, Katinka	4	8	8	
19	Keim, Anna	3	3	2	
20	Kretzer, Nadja	5	2	3	
21	Langeber, Bettina	1	5	1	
22	Lenze, Alexandra	7	2	6	
23	Lohman, Carsten	0	5	2	
24	Lose, Thorsten	4	1	9	
25	Nicolet, Cornelia	0	1	3	
26	Rode, Simone	3	7	7	
27	Rosenberg, Corinna	7	0	9	
28	Röttgen, Sonja	1	8	8	
29	Stängel, Knut	5	3	5	
30	Wolker, Martina	6	7	4	

Abbildung 2.4: Mit der Σ-Schaltfläche können Summenformeln auch automatisch eingetragen werden

In der fertig ausgefüllten Tabelle fällt nun noch der berechnete Mittelwert mit einer Unmenge wenig informativer Stellen auf. Es ist im allgemeinen weder hilfreich noch sinnvoll, eine berechnete Größe mit allen Stellen anzugeben. Im Falle der Durchschnittspunktzahl beispielsweise sollte eine Nachkommastelle ausreichen. Die Darstellung der Werte in einem Bereich kann jedoch durch die Festlegung einer Formatierung beeinflußt werden (ohne die zugrundeliegenden Werte zu ändern, ggf. wird mit den genauen Werten weitergerechnet).

Um einen Bereich zu formatieren, wählen Sie diesen zunächst aus und wählen dann den Befehl ZELLEN aus dem Menü FORMAT oder aus dem Kontextmenü den Menübefehl ZELLEN FORMATIEREN. Als Formatierung für den Mittelwert wählen Sie *Zahl* mit einer Nachkommastelle.

2.2 Diagramme

Der Kern der Tabellenkalkulation ist in Excel um zwei wichtige Bereiche erweitert. Der erste dieser Bereiche steht in unmittelbarem Zusammenhang mit der Tabelle. Jegliches in der Tabelle erfaßte oder berechnete Zahlenmaterial läßt sich grafisch darstellen, wobei für die Art und Weise der Darstellung kaum mehr Wünsche offen bleiben. Die Auswahl umfaßt nahezu alle gebräuchlichen Diagrammtypen: Balken, Säulen, Linien,

Kreise (Torten), Flächen und Punkte. Die meisten dieser Typen sind nicht nur in zweidimensionaler, sondern auch in echter dreidimensionaler Darstellung möglich. Echt heißt hierbei, daß nicht nur zweidimensionale Abbildungen mit einem räumlichen Effekt geschmückt werden, sondern daß tatsächlich drei Dimensionen dargestellt werden. Also z.B. die Umsätze eines Unternehmens nach Region und Jahr, die Geschwindigkeit eines bewegten Körpers abhängig von Zeit und Beschleunigung etc.

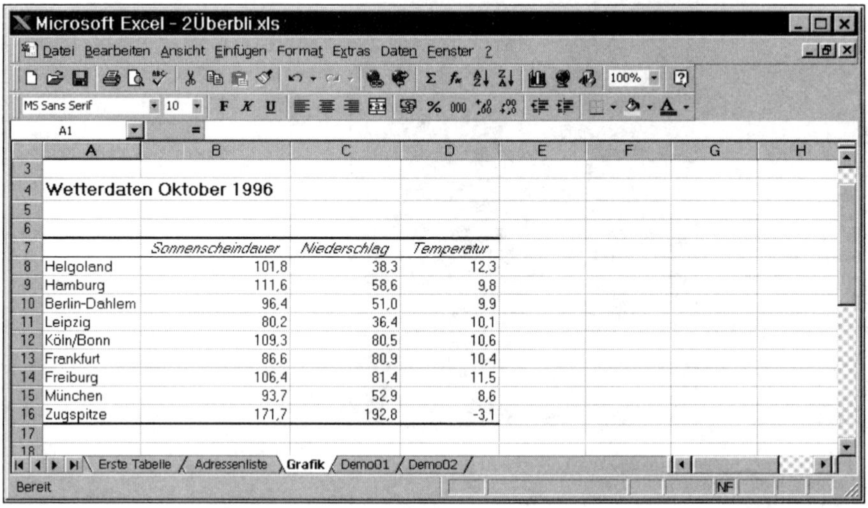
Microsoft Excel - 2Überbli.xls

Wetterdaten Oktober 1996

	Sonnenscheindauer	Niederschlag	Temperatur
Helgoland	101,8	38,3	12,3
Hamburg	111,6	58,6	9,8
Berlin-Dahlem	96,4	51,0	9,9
Leipzig	80,2	36,4	10,1
Köln/Bonn	109,3	80,5	10,6
Frankfurt	86,6	80,9	10,4
Freiburg	106,4	81,4	11,5
München	93,7	52,9	8,6
Zugspitze	171,7	192,8	-3,1

Abbildung 2.5: Wetterdaten an einigen ausgewählten Meßstellen in Deutschland

Auch hier wieder ein kleines Beispiel zur Verdeutlichung. Die Wetterdaten an einigen ausgewählten Meßstellen in Deutschland für den Monat Oktober liegen uns in einer Tabelle vor (Abbildung 2.5). Naturgemäß ist ein solches Zahlengrab recht unanschaulich. Nach der Devise »ein Bild sagt mehr als tausend Worte« soll dieses Datenmaterial in einer Grafik aufbereitet werden. Die Erstellung einer Grafik ist in Excel denkbar einfach. Der Diagrammassistent führt Sie in mehreren Schritten (fünf bei Excel 5.0 und Excel 95, vier bei Excel 97) durch die Erstellung eines standardisierten Diagramms. Die Unterschiede zwischen Excel 5.0 und Excel 95 sind dabei lediglich kosmetischer Natur, während in Excel 97 der Diagrammassistent überarbeitet und übersichtlicher gestaltet wurde.

In Excel 5.0/95 markieren Sie zunächst die gesamten für das Diagramm relevanten Daten einschließlich der Zeilen und Spaltenüberschriften. Bei Excel 97 genügt es dagegen, ein Feld innerhalb des zur Darstellung vorgesehenen Datenmaterials zu markieren. Excel 97 sucht sich die restlichen Daten dann automatisch zusammen.

Diagramme können je nach Verwendungszweck in der Tabelle als eingebettete Objekte oder auf eigenen Blättern der Arbeitsmappe erscheinen. Verwendet man zum Start des Diagrammassistenten die Symbolleistenschaltfläche, so erhält man unter Excel 5.0/95 grundsätzlich ein eingebettetes Diagramm. Will man dagegen die Wahl zwischen den beiden Möglichkeiten haben, muß man den Befehl DIAGRAMM des Menüs EINFÜGEN verwenden. Unter Excel 97 ist diese Entscheidung dagegen in den letzten Schritt des

Diagrammassistenten integriert. Um eine möglichst übersichtliche und große Darstellung zu bekommen, wählen Sie unter Excel 5.0/95 den Befehl DIAGRAMM des Menüs EINFÜGEN und unter Excel 97 die Schaltfläche für den Diagrammassistenten.

2.2.1 Ein Diagramm erstellen

Anschließend erscheint das erste Fenster des Diagrammassistenten. Sie können dieses Fenster wie jedes andere auch durch Ziehen an der Titelleiste verschieben, um den Blick auf die Daten frei zu machen. Hier die einzelnen Schritte der Erstellung eines Diagramms unter Excel 5.0 und 95:

1. Bestimmung des Datenbereichs. Vorgeschlagen wird hier der zuvor markierte Bereich. Sie können ihn jetzt noch durch manuellen Eintrag der Adressen oder durch erneutes Ziehen mit der Maus verändern.

2. Auswahl des Diagrammtyps. Sie können jetzt den Grundtyp auswählen, mit dessen Hilfe Sie Ihre Daten darstellen wollen. Auch hier ist die Entscheidung nicht endgültig. Für die vorhandenen Daten erscheint ein 3D-Säulendiagramm sinnvoll.

3. Auswahl der Variante. Zu jedem der Diagrammtypen hält Excel eine Anzahl von Varianten bereit. Für das vorliegende Beispiel kann die Nummer 6 oder 7 verwendet werden.

4. Festlegung der Datenreihen. Hier muß zunächst festgelegt werden, ob die Daten zeilen- oder spaltenweise ausgewertet werden. Wenn Sie hier Zeilen wählen, dann gelten die Meßwerte jedes Ortes als Datenreihe, die in einheitlicher Farbe dargestellt werden. Bei Spalten würden die Datenreihen zu einer Meßgröße einheitlich dargestellt. Es empfiehlt sich hier die spaltenweise Auswertung. Sie können beides probieren und den Effekt im Vorschaufenster des Diagrammassistenten verfolgen.

5. Beschriftungen. Im letzten Schritt können Sie noch Titel, Legenden und Achsenbeschriftungen hinzufügen. Probieren Sie ruhig die Effekte durch.

Unter Excel 97 wurde, wie bereits erwähnt, der Diagrammassistent gründlich überarbeitet. Im einzelnen müssen Sie hier die folgenden Schritte ausführen:

1. Hier wählen Sie im ersten Schritt bereits den Diagrammtyp. Die Schritte zwei und drei der Vorversionen wurden in der neuen Fassung des Diagrammassistenten in einem stärker strukturierten Dialog zusammen gefaßt. Wählen Sie als Diagrammtyp *Säule* und als Untertyp die siebte Variante *Säulen (3D)*. Gegenüber Excel 95 ist es nun auch möglich, auf einer alternativen Dialogseite anstelle der Standardtypen unter einer großen Anzahl benutzerdefinierter Diagrammtypen auszuwählen.

2. Bestimmung des Datenbereichs und ob die Datenreihen zeilenweise oder Spaltenweise zu interpretieren sind. Excel trifft hier auf der Basis der Länge von Zeilen und Spalten eine meist vernünftige Standardvorgabe. Wenn Sie Zeilen wählen, dann gelten die Meßwerte jedes Ortes als Datenreihe. Bei Spalten würden dagegen die Datenreihen zu einer Meßgröße einheitlich dargestellt. Excel schlägt von sich aus hier korrekt die spaltenweise Ausrichtung vor. Sie können jedoch beides probieren und den Effekt im Vorschaufenster des Diagrammassistenten verfolgen. Auf der Dialogseite REIHE haben Sie außerdem die Möglichkeit, sehr detailliert festzulegen, welche Datenreihen dargestellt werden sollen.

3. Beschriftungen. Im vorletzten Schritt können Sie noch Titel, Legenden und Achsenbeschriftungen hinzufügen.
4. Der vierte und letzte Schritt ist gegenüber den Vorversionen neu hinzugekommen. Erst hier entscheiden Sie, ob sie das Diagramm als eingebettetes Diagramm oder auf einer separaten Seite haben möchten.

Nach Abschluß des letzten Schritts erstellt Excel das Diagramm (Abbildung 2.6). Falls Sie sich entschieden haben, es in der Tabelle einzubetten, können Sie es durch Ziehen der Fläche mit gedrückter Maustaste verlagern, durch Ziehen an einer der Seitenmarkierungen höher oder breiter machen, durch Ziehen an einer der Eckmarken proportional vergrößern oder verkleinern.

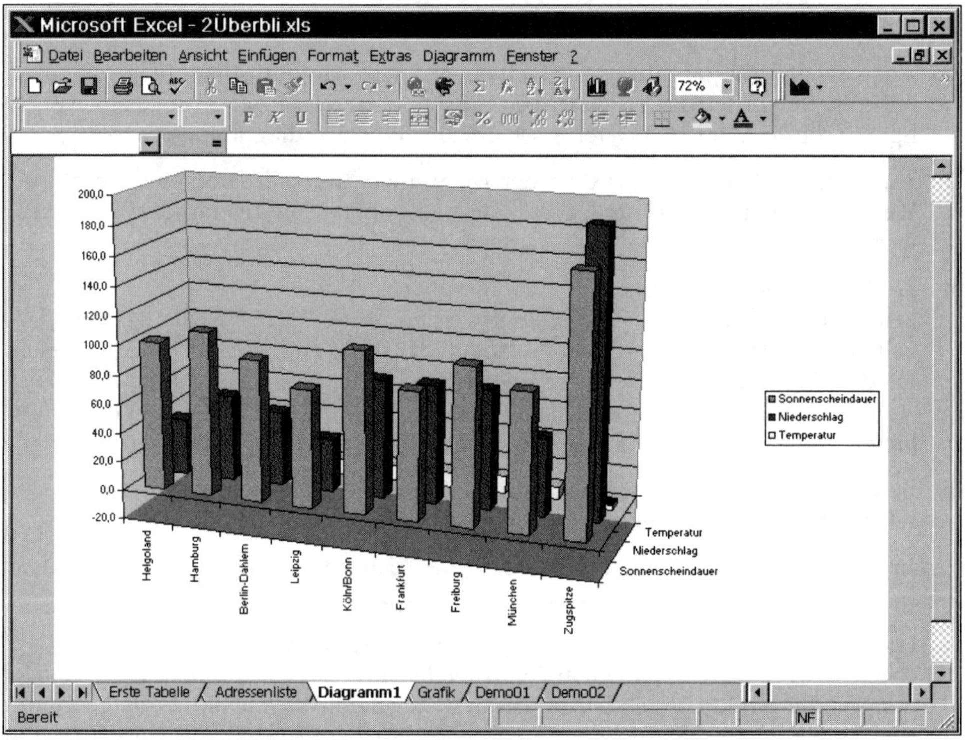

Abbildung 2.6: Diagramm mit Wetterdaten, erster Versuch

Wenn Sie das Ergebnis betrachten, dann fällt auf, daß ein Teil der Säulen verdeckt ist. Dem läßt sich auf zweierlei Weise begegnen:

Die sinnvollste Möglichkeit ist, schon beim Eintrag der Daten in die Tabelle darauf zu achten, daß die Datenreihen nach Größe sortiert werden. Also, die Datenreihe mit den niedrigsten Werten nach Möglichkeit in die erste Zeile! Die Reihenfolge der Datenreihen kann auch bei der Erstellung des Diagramms mit dem Diagrammassistenten beeinflußt werden.

Die zweite Möglichkeit besteht darin, das fertige Diagramm so zu drehen, daß alle Säulen sichtbar sind. Auch hier gibt es kleine Unterschiede zwischen den drei Excel-Versionen. Bei Excel 5.0 wird durch einen Doppelklick auf die Diagrammfläche das Diagramm geöffnet. Damit ändert sich auch die Menüzeile. Sie enthält jetzt die Befehle für die Bearbeitung von Diagrammen. Bei Excel 95 und Excel 97 genügt dagegen ein einfacher Klick in das Diagramm. Durch Anklicken eines der Eckpunkte der Wand- oder Bodenfläche werden nun die Eckpunkte des Diagramms markiert. Durch Ziehen an den einzelnen Eckpunkten läßt sich die räumliche Lage nun beliebig verändern. Drückt man dabei gleichzeitig die Taste `Strg` wird dabei zur besseren Orientierung auch ein Drahtgittermodell des Diagramms gezeigt. Letztlich hilft nur Probieren, bis eine Orientierung gefunden ist, in der alle Säulen optimal erkennbar sind (Abbildung 2.7).

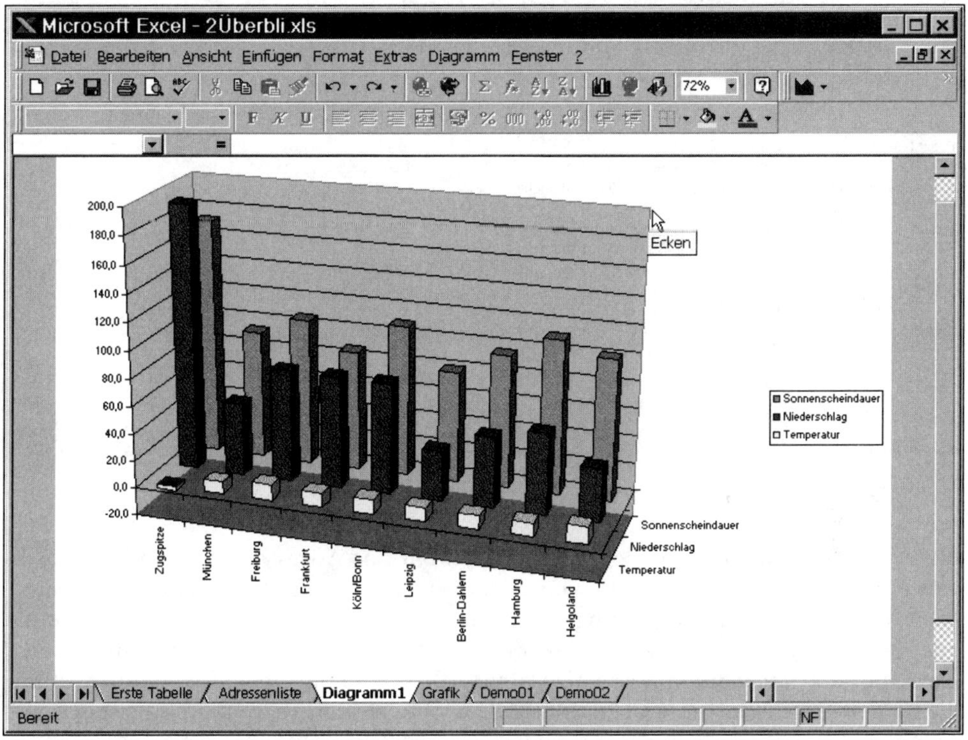

Abbildung 2.7: Gedrehtes Diagramm mit Wetterdaten

2.3 Datenbank

Der dritte wichtige Bereich von Excel ist eine in das Programm integrierte einfache Datenbank, die mit sogenannten Datenlisten arbeitet. Das Grundelement einer Datenbank ist der Datensatz, der aus immer gleichen Elementen aufgebaut ist. Aus diesen Datensätzen sind dann die eigentlichen Datenbanken aufgebaut, die man sich daher auch gut als Tabellen vorstellen kann. Es lag für Microsoft nahe, Excel auch mit Datenbankfunktionen auszustatten.

In eine Tabelle lassen sich Zahlen ebenso wie auch andere Daten eintragen: etwa ein Adressenverzeichnis oder eine Literaturdatenbank. Bei einer Adressenliste können die Spalten Bezeichnungen tragen wie Name, Vorname, Telefonnummer usw., bei einer Literaturdatenbank etwa Autor, Titel, Jahr, Publikation und Stichworte. Aus einer derartigen Datenbank lassen sich nach besonders einzugebenden Kriterien (etwa *Ort=Dresden*) alle diejenigen Datensätze auswählen, bei denen diese Kriterien erfüllt sind (bei denen in der Spalte mit der Bezeichnung *Ort* der Wert *Dresden* eingetragen ist).

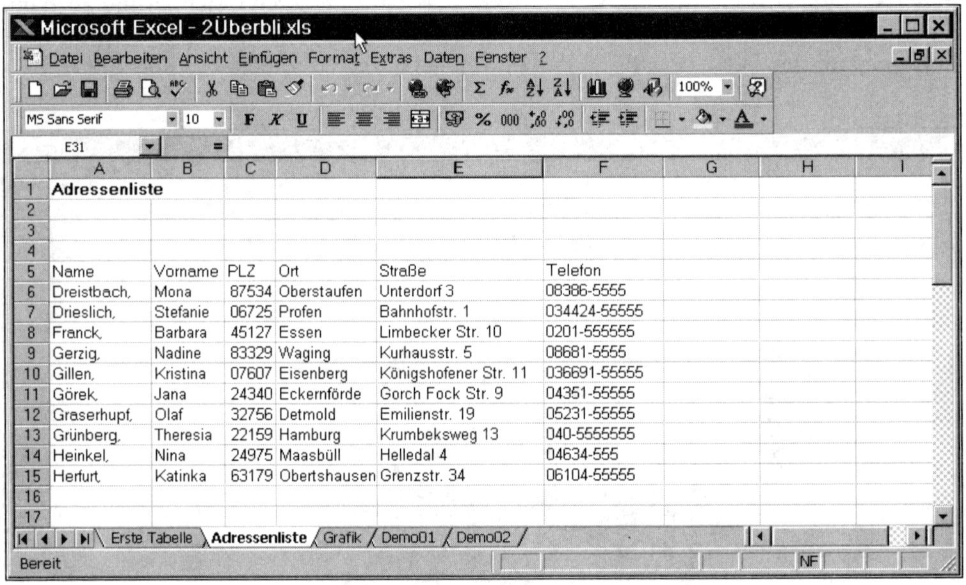

	A	B	C	D	E	F
1	**Adressenliste**					
2						
3						
4						
5	Name	Vorname	PLZ	Ort	Straße	Telefon
6	Dreistbach,	Mona	87534	Oberstaufen	Unterdorf 3	08386-5555
7	Drieslich,	Stefanie	06725	Profen	Bahnhofstr. 1	034424-55555
8	Franck,	Barbara	45127	Essen	Limbecker Str. 10	0201-555555
9	Gerzig,	Nadine	83329	Waging	Kurhausstr. 5	08681-5555
10	Gillen,	Kristina	07607	Eisenberg	Königshofener Str. 11	036691-55555
11	Görek,	Jana	24340	Eckernförde	Gorch Fock Str. 9	04351-55555
12	Graserhupf,	Olaf	32756	Detmold	Emilienstr. 19	05231-55555
13	Grünberg,	Theresia	22159	Hamburg	Krumbeksweg 13	040-5555555
14	Heinkel,	Nina	24975	Maasbüll	Helledal 4	04634-555
15	Herfurt,	Katinka	63179	Obertshausen	Grenzstr. 34	06104-55555
16						
17						

Abbildung 2.8: Eine einfache Adressenliste

Eine derartige Datenbank ist leicht aufgebaut. Für das Adressenverzeichnis beispielsweise tragen Sie in eine Zeile die verschiedenen Rubriken ein, die Sie in Ihrer Datenbank benutzen wollen (Abbildung 2.8).Wenn Sie den Bereich unterhalb der Zeile mit den Rubriken mit Daten füllen, ohne daß dabei leere Zeilen vorkommen, dann erkennt Excel diesen Bereich automatisch als Datenbank, sobald Sie Operationen durchführen, die für eine Datenbank vorgesehen sind. Die wichtigste derartige Operation ist der Aufruf einer Datenmaske, über die Sie Datensätze eingeben oder Daten suchen können.

2.3.1 Datenmasken

Wenn Sie den Zellzeiger in eine beliebige Zelle ihrer Datenliste setzen, können Sie über den Menübefehl MASKE des Menüs DATEN eine Datenmaske aufrufen, welche die wichtigsten Arbeitsmöglichkeiten für eine Datenbank bereitstellt. Sollte Excel nicht auf Anhieb erkennen, welcher Tabellenbereich von Ihnen als Datenliste genutzt wird, dann erfolgt mit einem Dialog eine Rückfrage. Das ist z.B. dann der Fall, wenn Sie zunächst nur die Rubrikenüberschriften eingegeben haben und den Zellzeiger dann in diese oder die direkt darunterliegende Zeile setzen. Auch wenn die Überschriften Texte und Zahlen enthalten, kann eine derartige Rückfrage erforderlich sein.

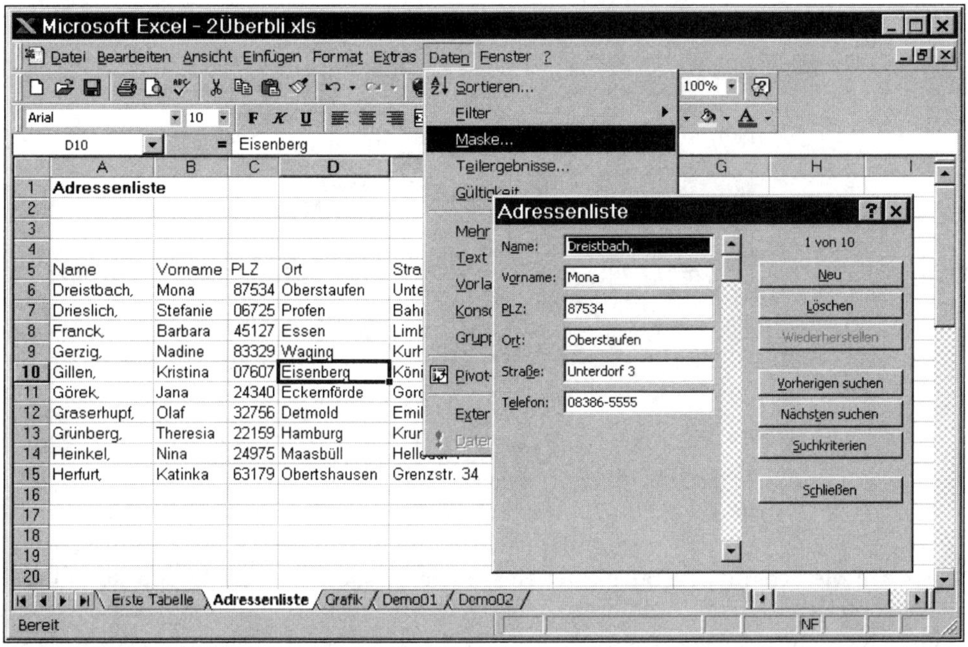

Abbildung 2.9: Aufruf einer Datenbankmaske

Die Eingabe von neuen Datensätzen, das Löschen vorhandener Daten und das Suchen von bestimmten Datensätzen läßt sich leicht über diese Maske bewerkstelligen (Abbildung 2.9). Die Arbeit mit einer derartigen Maske gestaltet sich denkbar einfach. Mit den Schaltflächen auf der rechten Seite können Sie wählen, was Sie gerade mit Ihrer Datenbank machen wollen:

Neu — Steht für die Eingabe neuer Datensätze.

Löschen — Für das Löschen des Datensatzes, der gerade in der Maske angezeigt wird.

Wiederherstellen — Erlaubt es, den aktuellen Datensatz, wenn in ihm Veränderungen vorgenommen wurden, wieder in seinen ursprünglichen Zustand zu versetzen.

Vorherigen suchen
Nächsten suchen — Dienen dazu, in der Datenbank vorwärts und rückwärts zu blättern (was sich allerdings leichter mit dem Rollbalken rechts vom Datensatz erledigen läßt).

Suchkriterien — Schaltet auf eine veränderte Maske zur Eingabe von Suchkriterien um.

Schließen — Dient dazu, die Arbeit mit der Datenmaske zu beenden.

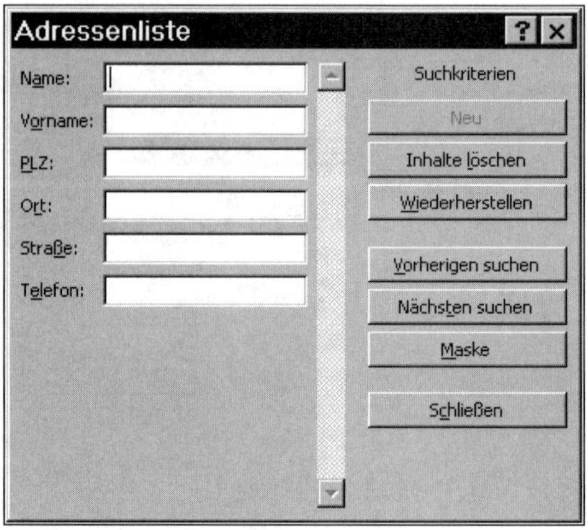

Abbildung 2.10: Datenmaske für das Suchen von Datensätzen

Wenn Sie die Schaltfläche Suchkriterien wählen, präsentiert sich die Maske in einer leicht veränderten Form (Abbildung 2.10). Wenn Sie nun in eines der jetzt leeren Datenfelder einen Eintrag machen und diesen mit der Eingabetaste bestätigen, sucht Ihnen Excel genau den Datensatz aus, der mit dem angegebenen Kriterium übereinstimmt, und zeigt ihn in der Eingabemaske an. Mit den Schaltflächen Vorherigen Suchen und Nächsten suchen können Sie auch hier wieder in der Datenbank blättern, nur daß jetzt nur solche Datensätze berücksichtigt werden, die mit dem angegebenen Kriterium übereinstimmen. Die anderen Schaltflächen haben folgende Funktionen:

Inhalte löschen	Löscht die eingetragenen Kriterien.
Wiederherstellen	Stellt veränderte Einträge wieder her.
Maske	Dient der Rückkehr zur Eingabemaske.
Schließen	Beendet die Arbeit mit der Datenbankmaske insgesamt.

2.3.2 Sortieren und Filtern

Zwei weitere zentrale Aufgaben bei der Arbeit mit Datenlisten lassen sich leicht bewältigen. Um die Daten zu sortieren, genügt es im einfachsten Fall, den Zellzeiger in diejenige Spalte zu setzen, in der sortiert werden soll, und dann eines der beiden Symbole für aufsteigende oder absteigende Sortierung anzuklicken.

Auch wenn nach mehreren Schlüsseln sortiert werden soll – etwa nach den Nachnamen und innerhalb gleicher Nachnamen nach den Vornamen – ist dieses Verfahren anwendbar: Man sortiert dann zuerst nach den Vornamen und anschließend nach den Nachnamen. Etwas komfortabler bei Mehrfachsortierungen ist der Befehl Sortieren des Menüs Daten (Abbildung 2.11).

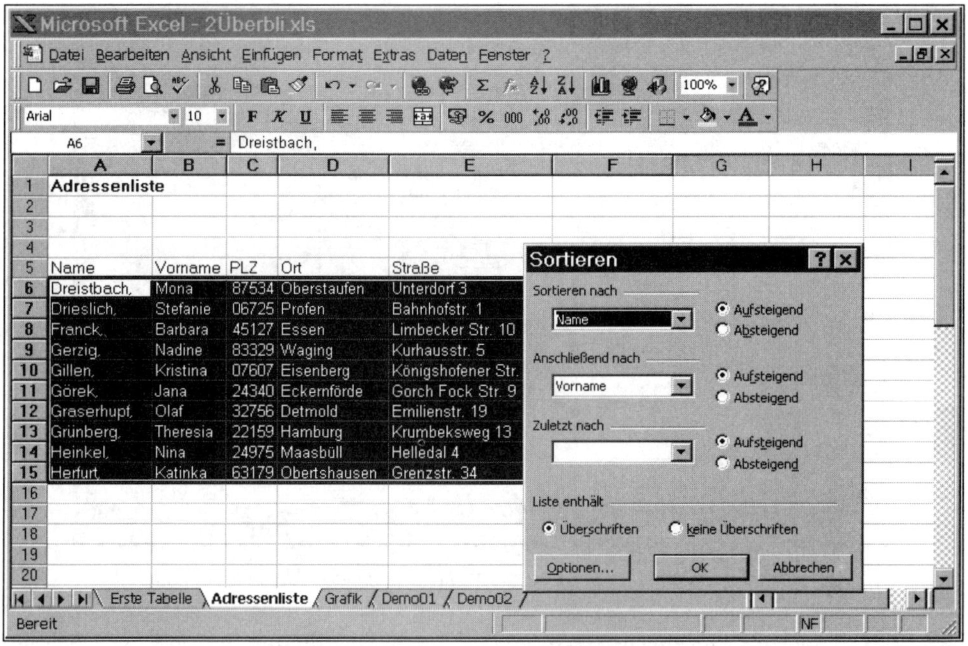

Abbildung 2.11: Sortieren von Datenlisten

Auch hier muß zuvor der Zellzeiger in eine beliebige Spalte der Datenliste gesetzt werden. Excel 5 schlägt diese Spalte auch gleich als ersten Sortierschlüssel vor, während Excel 95 und 97 selbständig versuchen, die passendsten Spalten für den ersten und den zweiten Sortierschlüssel zu finden. Auf jeden Fall können diese Schlüssel jedoch komfortabel mittels Dropdown-Listen geändert oder ergänzt werden; bis zu drei gleichzeitige Sortierschlüssel sind möglich.

Auch für das Filtern von Daten – Aussuchen von Datensätzen, die bestimmte Kriterien erfüllen – hält Excel sehr leicht zu bedienende Möglichkeiten bereit. Mit der Folge von Menübefehlen DATEN, FILTER, AUTOFILTER werden in die Datenliste Schaltflächen eingefügt, mit denen sich Dropdown-Listen öffnen lassen, aus denen die Filterkriterien ausgewählt werden können. Abbildung 2.12 zeigt eine solche Datenliste mit Filterschaltflächen und aufgeklappter Auswahlliste. Oben rechts das Menü zur Aktivierung der Filterfunktionen

Über die Filterschaltflächen lassen sich schnell bestimmte Datensätze aussuchen. Dabei werden einfach diejenigen Datensätze, die das oder die angegebenen Kriterien nicht erfüllen, aus der Datenliste ausgeblendet. Wenn Sie z.B. in einer Adressenliste nur die Datensätze sehen wollen, bei denen als Wohnort Hamburg angegeben ist, können Sie im zugehörigen Listenfeld *Hamburg* auswählen. Auf diese Weise können Sie der Reihe nach die Datenliste immer weiter einschränken, bis der gewünschte Datensatz oder die der gewünschten Datensätze übrigbleiben.

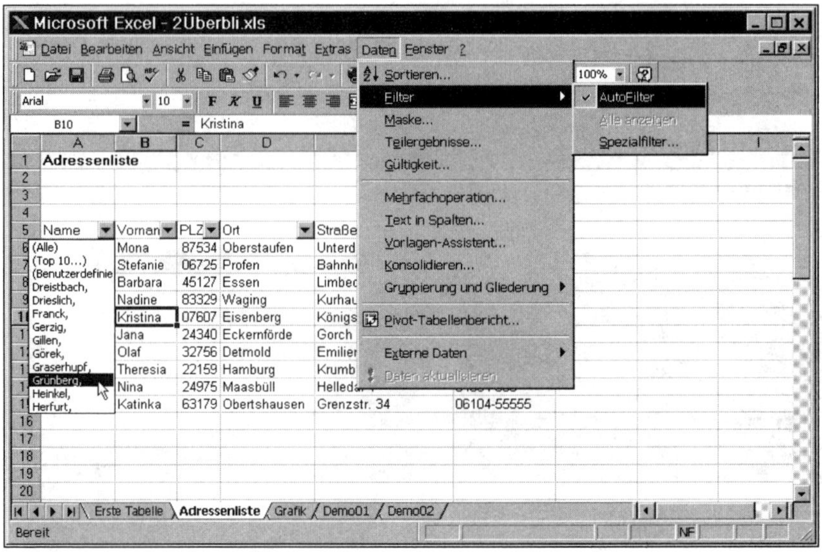

Abbildung 2.12: Datenliste mit Filterschaltflächen und aufgeklappter Auswahlliste

Auch kombinierte Kriterien sind so möglich: Durch Anwahl der Option BENUTZERDEFINIERT erhalten Sie einen Dialog, in dem Sie zwei mit UND oder ODER verknüpfte Merkmale auswählen können (Abbildung 2.13). Wenn sie nicht alle Zeichen des Suchbegriffs festlegen wollen, können Sie *?* für einzelne Zeichen und * für beliebige Gruppen von Zeichen angeben. Ob nur Datensätze erfaßt werden sollen, die dem Suchmuster genau entsprechen oder größer oder kleiner sind etc., kann mit einer weiteren Dropdown-Liste festgelegt werden. Wenn Sie etwa alle Datensätze auswählen wollen, bei denen der Nachname mit *L* oder *P* anfängt, können Sie eintragen *»entspricht L* oder entspricht P*«*, wobei das *entspricht* aus einer Dropdown-Liste und für das ODER die entsprechende Optionsfläche ausgewählt werden muß. In diesem Dialog gibt es auch wieder kleine Unterschiede zwischen den Versionen. Von Excel 5.0 nach Excel 95 wandert die Hilfe-Schaltfläche aus dem Dialog in die Titelleiste des Dialogs und in Excel 97 werden die Beziehungen nicht mehr mit Zeichen(kombinationen) wie = oder >= ausgedrückt, sondern in Worten wie *entspricht* oder *größer gleich*.

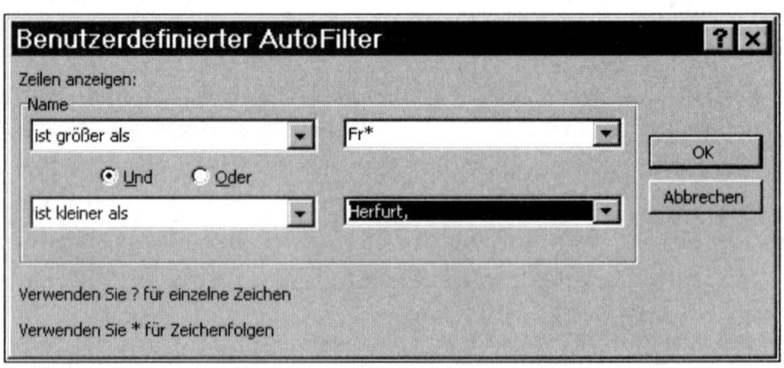

Abbildung 2.13: Manuelle Eingabe von Suchkriterien

Auch hier lassen sich durch mehrere Filteroperationen komplexe Suchaufgaben erledigen. Sollen am Ende wieder alle Datensätze gezeigt werden, dann müssen die Filter wieder auf *Alle* gestellt werden; die Filter lassen sich durch erneuten Aufruf der Menübefehlsfolge DATEN, FILTER, AUTOFILTER wieder ausblenden.

2.3.3 Kriterienbereich

Ganz zweifellos läßt sich so mit einer Datenbank schon recht komfortabel arbeiten, und für viele Zwecke dürfte das durchaus ausreichen. Bei komplizierteren Abfragen ist das Verfahren aber zu unübersichtlich. Nehmen Sie an, Sie suchen in einer großen Datenliste alle Datensätze, bei denen der Nachname Görek und der Vorname Jana ist, oder der Nachname mit H beginnt. Für solche und kompliziertere Fälle läßt sich ein Kriterienbereich festlegen.

Prinzipiell sollten Sie zu diesem Zweck einfach die Rubrikenüberschriften an einen Ort in der Tabelle so kopieren, daß unterhalb dieser Überschriften einige Zeilen frei sind. Hier können Sie die Filterkriterien eintragen. Wenn Sie nun wieder den Zellzeiger innerhalb der Datenliste positionieren und anschließend DATEN, FILTER, SPEZIALFILTER wählen, erhalten Sie einen Dialog, in dem Sie lediglich noch den Bereich angeben müssen, in dem die Suchkriterien stehen (Abbildung 2.14)

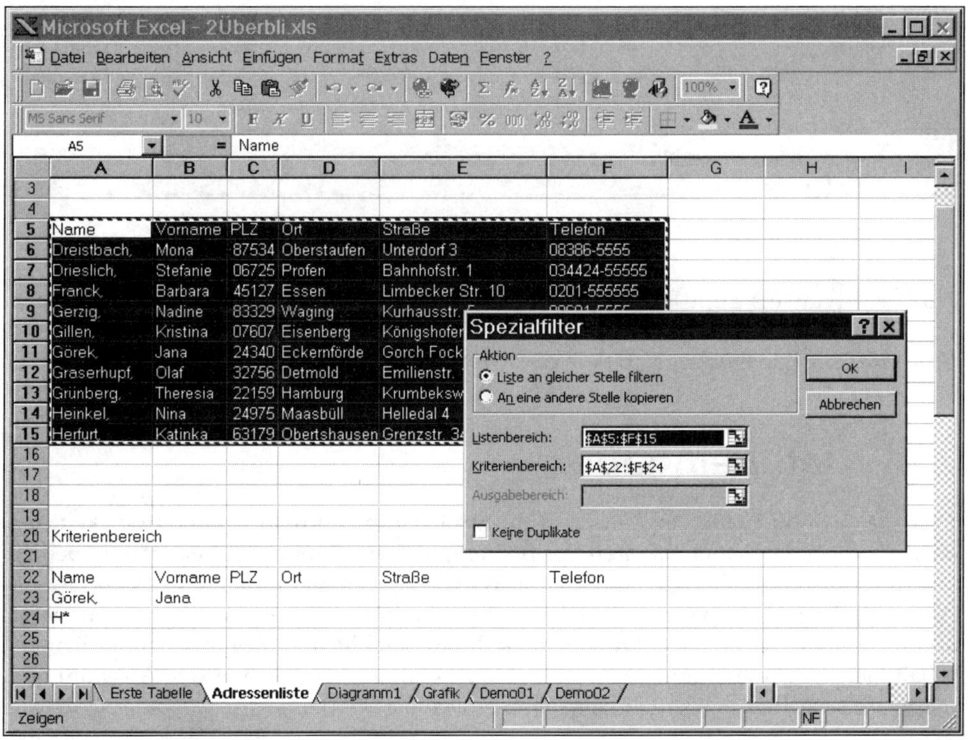

Abbildung 2.14: Dialog für Spezialfilter mit gewähltem Listen- und Kriterienbereich

Die Daten können an Ort und Stelle gefiltert oder an einen anderen Ort kopiert werden. Hier haben Sie auch die Möglichkeit, einen eigenen Tabellenbereich (oder ein weiteres Tabellenblatt) zu wählen, wo dann die gefilterten Daten eingetragen werden. Auf diese Weise lassen sich leicht Unterlisten herstellen, die nur einen ganz bestimmten Teil der Datensätze enthalten. Beim Filtern an Ort und Stelle werden dagegen – wie bei den Autofiltern – die nicht gesuchten Datensätze lediglich ausgeblendet. In der Abbildung 2.15 sind die Kriterien verwendet, nach denen der oben angedeutete Datensatz gesucht werden könnte.

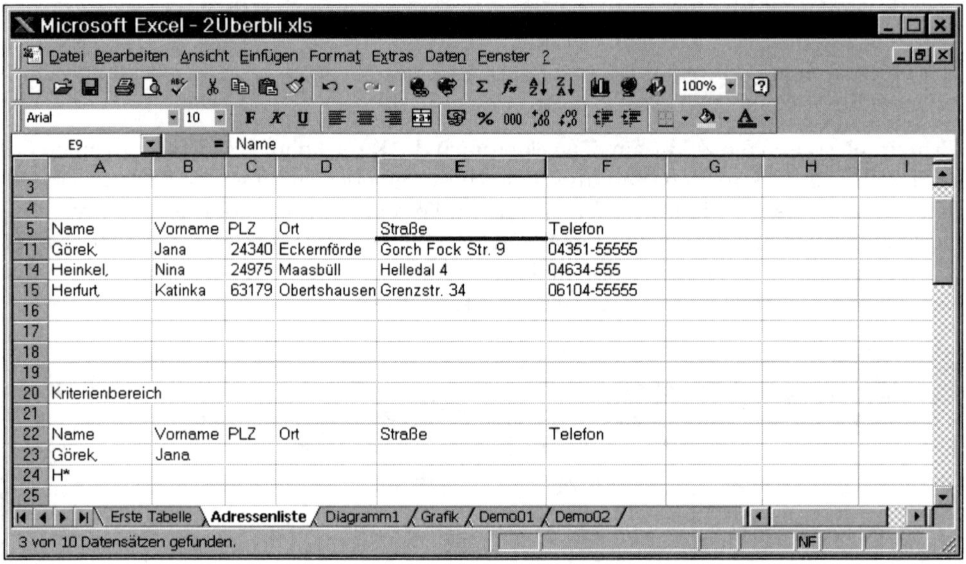

Abbildung 2.15: Anwendung des Spezialfilters an Ort und Stelle

Noch ein Hinweis zum Eintrag der Suchkriterien im Kriterienbereich. Einträge, die untereinander stehen, also in verschiedenen Zeilen, gelten als mit *oder*, Einträge in der gleichen Zeile dagegen als mit *und* verknüpft.

2.4 Dateneingabe

Excel hat sich im Laufe der Zeit nicht nur im Leistungsumfang weiterentwickelt, sondern auch bei den Möglichkeiten der Bedienung. Um Excel möglichst intuitiv bedienbar zu machen und allen denkbaren Vorlieben entgegenzukommen gibt es für fast jede Aktion mehrere verschiedene Möglichkeiten, die in ihren Auswirkungen weitgehend identisch sind. So könne Aktionen über Menübefehle und Kontextmenüs, Symbolschaltflächen, Tastenkommandos oder Mausaktionen, wie Ziehen der Auswahl oder des bereits erwähnten Auswahlkästchens, ausgelöst werden.

2.4.1 Einfache Bedienung

Diese Vielfalt der Bedienungsmöglichkeiten von Excel hat einen positiven Aspekt. Jeder Anwender kann seine individuelle Arbeitsweise entwickeln, mit der er alle Arbeiten auf die eigenen Bedingungen zugeschnitten erledigt. Wer lieber Befehle über die Tastatur eingibt und zur Maus nur greift, wenn es gar nicht anders geht, kann das tun. Und wer die Tastatur nur benutzen will, um Zahlen und Texte einzugeben, wird ebenfalls zufriedengestellt.

Ein negativer Aspekt wird aber auch sichtbar: Schon der Versuch, die Bedienungsmöglichkeiten von Excel vollständig und systematisch zu beschreiben, erfordert einen immensen Aufwand. Der Umfang der Handbücher und Nachschlagwerke zu Excel ist dafür Beleg. Und in all diesen Werken zeigt sich, daß immer noch vieles fehlt oder zu kurz kommt. Wer mit Excel mit dem Anspruch arbeitet, dieses Programm vollständig in allen seinen Einzelheiten zu beherrschen, hat sich – vorsichtig ausgedrückt – sehr viel vorgenommen.

Im vorliegenden Buch wird daher auf jeden Versuch der Vollständigkeit verzichtet. Excel ist ein Programm, das nach und nach erforscht werden will. Das wesentliche ist, zunächst eine kompakte Grundlage zu bekommen, mit der man schnell und effektiv an die Arbeit gehen kann. Niemand hat die Zeit oder die Lust, zunächst ein über eintausendseitiges Kompendium durchzuarbeiten, bevor er mit der konkreten Arbeit mit einem Programm beginnt. Weitergehende Eigenschaften von Excel und Abkürzungen wird man sich ohnehin bei der konkreten Arbeit je nach Bedarf aneignen.

Zum Glück kommt Excel dem entgegen. Microsoft hat großen Aufwand getrieben, seine Anwenderprogramme in der Bedienung so intuitiv wie möglich zu machen. Zur Bedienung kann weitestgehend die Maus verwendet werden. Tastatureingaben beschränken sich auf das Eintippen von Zeichenfolgen und Zahlen. So gesehen ist Excel tatsächlich ein Programm, das intuitiv zu bedienen ist. Dank der umfangreichen Hilfefunktionen und Assistenten erfordert es weder die Kenntnis aller zur Verfügung stehenden Funktionen noch die Kenntnis der Menüstruktur – es genügt zu wissen, was man sucht.

Zunächst ein Überblick. Die Bedienung von Excel vollzieht sich auf fünf Ebenen: Eingabe, direkte Arbeit mit der Maus an der Tabelle, Menüs, Kontextmenüs und Symbolleisten.

2.4.2 Dateneingabe

Die Eingabe von Zeichenfolgen, Zahlen und eventuell auch von Formeln erfolgt direkt über die Tastatur. Hier gibt es nur wenige Varianten. Während der Eingabe erscheint das Eingegebene zugleich oben in der sogenannten Bearbeitungsleiste und in der Zelle, in welcher die Eingabe erfolgt. Die Bearbeitungsleiste wird gelegentlich auch als Eingabe- oder Editierzeile bezeichnet und war eine Eigenschaft schon der ersten Tabellenkalkulationen.

Die Eingaben werden mit der Taste [↵] abgeschlossen. Damit verschwindet die Eingabemarke in der Bearbeitungsleiste (der senkrechte blinkende Strich).

Bei der Eingabe von ganzen Zeilen und Kolonnen ist eine leicht modifizierte Vorgehensweise sinnvoll: der Abschluß mit [Tab] oder [→] läßt den Zellzeiger gleich in die rechts danebenstehende Zelle springen, der Abschluß mit [↓] in die darunterliegende, mit den anderen Pfeiltasten in die entsprechenden Zellen.

Einen ähnlichen Effekt können Sie erreichen, wenn Sie bei zeilen- oder spaltenweisen Eingaben zuvor die entsprechende Zeile oder Spalte markieren. Dann springt der Zellzeiger nach Betätigen der [↵]-Taste automatisch in die nächste Zelle. Das ist besonders nützlich bei der Eingabe von Zahlenkolonnen über den Nummernblock, da sich dort direkt daneben eine eigene [↵]-Taste findet.

Es ist zwar möglich, während der Eingabe zur Maus zu greifen, um z.B. den Zellzeiger in eine andere Zelle zu setzen, aber bei schnellem Arbeiten nicht besonders effektiv. Die Pfeiltasten und Rollbalken in Kombination mit [Strg] gestatten eine schnelle Bewegung im Arbeitsblatt:

Einfache Pfeiltasten	Eine Zelle weiter in allen Richtungen.
[Strg] + *Pfeiltasten*	Zur jeweils letzten nicht leeren Zelle eines Bereichs.
[Bild↑] *und* [Bild↓]	Eine Bildschirmseite nach oben oder unten.
[Strg] + *Rollbalken*	Eine Bildschirmseite nach rechts oder links.

Mit gleichzeitig gedrückter [⇧]-Taste werden dabei die Zellen oder Bereiche markiert.

Zum Löschen dient die [Entf]-Taste. Hiermit werden Einträge oder Formeln, nicht aber Formatierungen gelöscht. Soll selektiv gelöscht werden (ALLES, FORMATE, FORMELN oder KOMMENTARE) wird der Menübefehl BEARBEITEN, INHALTE LÖSCHEN benutzt.

Leider hat die Tastatureingabe einen kleinen Haken. Wenn Sie während der Eingabe Korrekturen vornehmen wollen, haben Sie nicht die Möglichkeit, sich mit den Pfeiltasten innerhalb der Eingabezeile zu bewegen. Sie müssen zunächst [F2] drücken. Hiermit wird umgeschaltet in den direkten Editiermodus – die Bearbeitung findet nicht mehr in der Bearbeitungszeile, sondern direkt in der Zelle statt. Jetzt können Sie sich mit den Pfeiltasten zum Korrigieren bewegen. Die Eingabe läßt sich im Anschluß an die Korrektur nicht mehr mit den Pfeiltasten abschließen, sondern nur noch mit [↵] oder [Tab].

2.5 Mausarbeit

Beim Erstellen und Bearbeiten von Tabellen gibt es eine ganze Anzahl von Arbeiten, die am schnellsten und effektivsten mit der Maus erledigt werden.

Das fängt mit der Eingabe von Formeln an. Diese lassen sich entweder nur mit der Maus erledigen oder gemischt mit Maus und Tastatur. Um eine Formel nur mit der Maus einzugeben klickt man das Symbol des Funktionsassistenten an – die Vorgehensweise wurde oben bereits skizziert.

Das erste Argument ist bereits markiert. Jetzt genügt ein Klick auf das Tabellenfeld, welches das erste Argument enthält, oder das Markieren eines Bereichs, um das Argument einzufügen. Ein Klick auf das nächste Argument in der Formel markiert dieses. Wieder ein Klick auf eine Zelle oder das Markieren eines Bereichs... und so weiter.

Nur Argumente, die nicht in der Tabelle enthalten sind, müssen von Hand eingegeben werden. Aber das soll ohnehin so gut wie gar nicht vorkommen. Im Prinzip gehören die Argumente für eine Formel in die Tabelle. Wenn sie nicht ausgedruckt werden sollen, dann gehören sie außerhalb des Druckbereichs. Dadurch sind die Ausdrücke (Zahlen und Texte) mit denen in einer Tabelle gearbeitet werden soll, immer zugänglich und sichtbar und können leicht geändert werden. Denken Sie nur daran, wie aufwendig und fehleranfällig die Veränderung eines Wertes in einer großen Tabelle ist, wenn Sie diesen Wert in tausend Formeln als Zahl eingegeben haben und wie einfach die Änderung ist, wenn der Wert in einem einzigen Tabellenfeld steht und alle Berechnungen auf dieses Bezug nehmen.

2.5.1 Zell- und Bereichsbezüge

Die Argumente, die in Formeln eingegeben werden, können also entweder direkt als Werte oder als Bezüge auf Zellen oder Bereiche stehen. Zu diesen Bezügen sind einige Bemerkungen angebracht.

Grundsätzlich unterscheidet Excel zwei Arten von Bezügen: relative Bezüge und absolute Bezüge. Beim Eingeben einer Formel macht das zunächst keinen Unterschied: ob in A5 die Formel mit relativen Bezügen oder absoluten Bezügen steht `=SUMME(A1:A4)` und `=SUMME($A$1:$A$4)` führen jeweils zum gleichen Ergebnis – es wird die Summe der Zahlen, die in den Zellen A1 bis A4 stehen, gebildet.

Der Unterschied wird deutlich, wenn Sie die Formel in eine andere Zelle kopieren (z.B. in B5). Während sich die erste Variante verändert (in `=SUMME(B1:B4)`), also jetzt die Summe über B5 bildet, bleibt die zweite Variante unverändert.

Neben den relativen Bezügen, die sich beim Kopieren von Formeln vollständig anpassen und absoluten Bezügen, die vollständig erhalten bleiben, gibt es noch die gemischten Bezüge, die sich teilweise verändern. Jeweils der Teil eines Bezugs, vor dem das $-Zeichen steht, bleibt unverändert. Einige Experimente mit derartigen Bezügen (sie werden später in diesem Buch noch zur Anwendung kommen) machen ihre Funktionsweise deutlich (siehe Abbildung 2.16).

Angenommen, Sie wollen jede Zahl im Bereich B3 bis D7 mit der Zahl in der Spalte A in der jeweiligen Zeile multiplizieren, also etwa C3 mit A3, B6 mit A6, D7 mit A7. In relativen Bezügen würde die erste Formel lauten `=A3*B3`. So müßte für jede Zelle, die eines der Produkte aufnehmen soll, die korrekte Formel eingetragen werden. Dank der absoluten Bezüge geht es einfacher:

In eine Zelle B9 aus der Abbildung 2.16 wird als Formel `=$A3*B3` eingetragen. Diese Formel wird in die darunterliegenden Zellen und die danebenliegenden Zellen kopiert. Da der Bezug $A beim Kopieren unverändert bleibt, steht dann in D13 die Formel `=$A7*D7`. Anders als die Vorgängerversionen zeigt Excel 97 übrigens automatisch die Bezüge von editierten Formeln durch farblich unterschiedliche Hervorhebung der Bezüge und farbige Umrahmung der referenzierten Zellen.

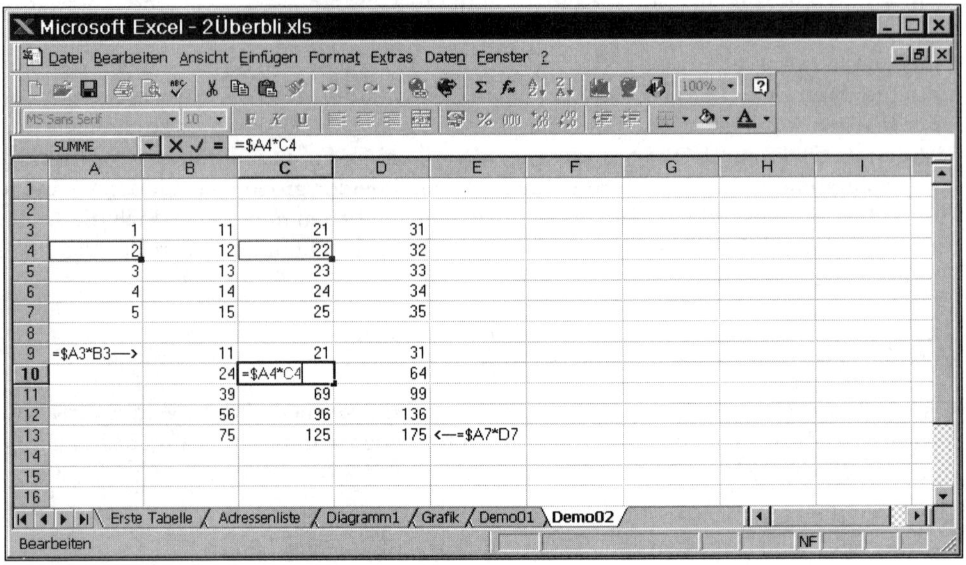

Abbildung 2.16: Relative und absolute Adressierung in Formeln

2.5.2 Kopieren und Verschieben

Das Kopieren und Verschieben von Zellen nur mit der Maus direkt auf der Tabelle – also ohne den Umweg über Menübefehle – ist kein Problem. Zum Verlagern einer Zelle oder eines Bereichs wird der Mauszeiger auf den Rand gesetzt und dann die Zelle oder der Bereich dahin gezogen, wo sie hin sollen. Der Mauszeiger verwandelt sich dabei in einen Pfeil, so daß Sie erkennen können, ob Sie die richtige Stelle getroffen haben.

Sofern Formeln betroffen sind, gilt es zu beachten, daß Kopieren und Verschieben zwei grundsätzlich verschiedene Vorgänge sind. Das Kopieren betrifft nur den Zelleninhalt, der unverändert in eine andere Zelle übertragen wird. Relative Bezüge ändern sich dabei nur scheinbar, da ihre Interpretation von ihrer Position in der Tabelle abhängt. Wird eine Zelle dagegen verlagert, gelangt sie vollständig an die neue Position und ersetzt die Zelle im Zielbereich. An der Ausgangsposition bleibt eine leere Zelle zurück.

Angenommen, Sie haben in eine Tabelle eine Formel am falschen Platz eingetragen, z. B. eine Zeile zu hoch. Wenn Sie jetzt die Zelle eine Zeile tiefer ziehen, dann bleibt der alte Bezug erhalten. Er paßt sich also nicht an den neuen Ort an. Anders verhält es sich, wenn der ganze Bereich, der die Zahlen und die Formeln enthält, durch Ziehen mit der Maus verlagert wird. Der Bezug verändert sich dann dergestalt, daß die Formel wieder genauso funktioniert wie vorher.

Analog zum Verschieben von Zellen geht das Kopieren von Zellen oder von Bereichen vor sich. Wenn Sie die `Strg`-Taste gedrückt halten, und dann den Rand einer markierten Zelle oder eines markierten Bereichs mit dem Mauszeiger berühren, verwandelt sich dieser in einen Pfeil mit einem kleinen Kreuz daneben. Jetzt können sie wie beim Verschieben die Zelle oder den Bereich an einen neuen Ort ziehen, wobei am neuen Ort dann ein Duplikat hergestellt wird.

Beim Kopieren von einzelnen Zellen mit Formeln paßt sich der Bezug scheinbar dem neuen Ort an. Wenn z. B. in Zelle C1 die Formel A1+B1 steht, und Sie diese Formel nach C2 kopieren, so wird die Formel jetzt A2+B2 lauten.

Diese unterschiedlichen Verhaltensweisen mögen zunächst etwas verwirrend erscheinen, da die Darstellungen von Bezügen in Formeln immer Zeilen- und Spaltenangaben enthalten. Tatsächlich sind relative Bezüge in der Formel intern immer auch relativ gespeichert. Beim Verschieben und Kopieren der Formel ändert sich diese in Wirklichkeit überhaupt nicht, sondern lediglich die Darstellung der Formel. Anders ist die Situation dagegen wenn eine Zelle bewegt wird, auf die in Formeln bezug genommen wird – in diesem Falle versucht Excel die Bezüge so zu verändern, daß sie weiterhin auf die bewegte Zelle verweisen.

Zum Markieren bietet die Maus zahlreiche Möglichkeiten. Zusammenhängende Bereiche werden durch Ziehen mit der Maus von der oberen linken Ecke zur unteren rechten Ecke markiert; zusätzliche Bereiche mit gedrückter `Strg`-Taste. Ganze Spalten oder Zeilen lassen sich durch einen Klick auf den Spalten- oder Zeilenkopf markieren, eine ganze Tabelle durch Anklicken der linken oberen Ecke.

2.5.3 Reihenbildung

Eine besonders nützliche Eigenschaft in Zusammenhang mit der Mausbedienung ist das sogenannte *Ausfüllkästchen*. Wenn Sie beispielsweise eine Formel in die darunterliegenden Zeilen kopieren wollen, könnten Sie die Formel natürlich mit gedrückter `Strg`-Taste von Zelle zu Zelle kopieren. Einfacher ist es dagegen, wenn Sie den Mauszeiger auf das Ausfüllkästchen, eine kleine, recht unauffällige Ecke unten rechts an der Markierung einer Zelle oder eines Bereichs setzen (der Mauszeiger verwandelt sich dabei in ein kleines Kreuz) und dann mit gedrückter Maustaste nach unten ziehen. Die Formel wird dann mit entsprechend angepaßten Bezügen (aus `B3*D3` wird `B4*D4` usw.) in die darunterliegenden Zellen kopiert. Entsprechendes funktioniert auch zeilenweise oder bereichsweise (siehe Abbildung 2.17).

Doch damit sind die Möglichkeiten des Ausfüllens noch keineswegs erschöpft. Betrachten Sie etwa Abbildung 2.17. Wenn Sie einen dieser Einträge markieren (bei Einträgen, die sich über zwei Zellen erstrecken, müssen beide markiert werden), und dann am Ausfüllkästchen ziehen, werden Reihen generiert. So werden nach dem Eintrag *Quartal 1* die Einträge *Quartal 2* und *Quartal 3* gebildet, nach dem Eintrag *1. XYZ* der Eintrag *2. XYZ* sowie nach dem Eintrag *Januar* der Eintrag *Februar*. Reihen von Werten oder Zeichenketten, die eine Zahl am Anfang oder Ende enthalten werden automatisch als Reihen erkannt und fortgesetzt. Andere Reihen, wie die Reihe der Monatsnamen sind vordefiniert. Die Liste der automatisch erkannten Reihen kann auch in der Dialogseite AUTOAUSFÜLLEN des Dialogs OPTIONEN (Befehl EXTRAS, OPTIONEN) beliebig um eigene Reihen ergänzt werden. Probieren Sie ruhig die einzelnen Möglichkeiten durch. Dies ist besonders beim Herstellen von Spalten- und Zeilenbeschriftungen, aber auch beim Rechnen eine überaus nützliche Hilfe.

Es sei an dieser Stelle darauf hingewiesen, daß alle beschriebenen Reihenbildungen auch vom Menü aus über die Befehlsfolge BEARBEITEN, AUSFÜLLEN, REIHE erreichbar sind. Hier finden Sie auch noch weitere Möglichkeiten, z. B. die automatische Generierung arithmetischer und geometrischer Reihen, Trendberechnung, Datumsreihen etc.

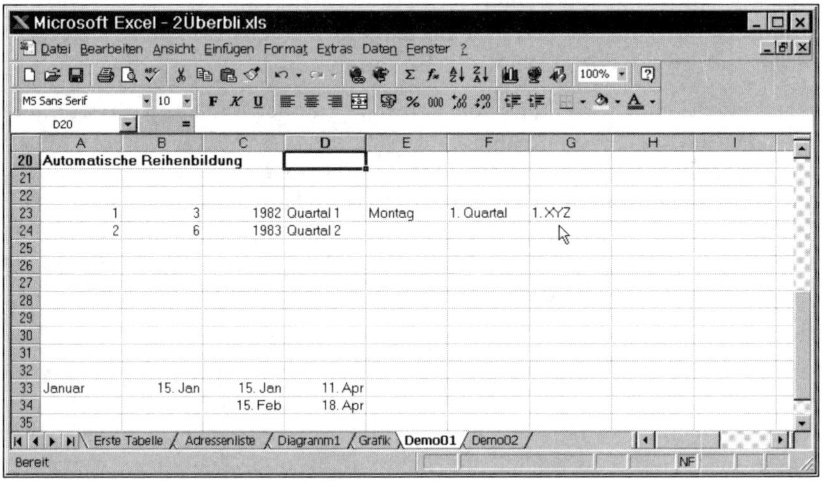

Abbildung 2.17: Automatische Reihenbildung mit dem Ausfüllkästchen

2.5.4 Dimensionierung und Bewegung

Auch zur direkten Dimensionierung der Tabelle leistet die Maus nützliche Dienste. Die Spaltenbreite und Zeilenhöhe können Sie durch Ziehen direkt an der Grenze zwischen zwei Spalten- oder Zeilenköpfen festlegen (der Mauszeiger verwandelt sich dabei in ein Kreuz mit zwei Pfeilspitzen). Soll die Veränderung für mehrere Spalten, Zeilen oder gar für die gesamte Tabelle gelten, muß der entsprechende Teil (Ziehen über die Köpfe) markiert werden. Ein Doppelklick auf die Trennlinie stellt die Spalte links daneben automatisch auf die optimale Breite ein.

Zur Bewegung oder Navigation innerhalb der Tabelle stehen die Bildlaufleisten zur Verfügung. Durch Anklicken der Pfeile oder durch Ziehen der Bildlauffelder können Sie schnell den Ausschnitt der Tabelle, die am Bildschirm sichtbar ist, verändern.

Die Bewegung zwischen verschiedenen Blättern der Arbeitsmappe geht ebenso einfach vonstatten. Durch Anklicken der verschiedenen Register gehen Sie von Blatt zu Blatt, die Laufpfeile für die Register rücken schnell den gesuchten Teil der Arbeitsmappe ins Bild.

2.6 Kommandozentrale

2.6.1 Menüs

Den größten Teil der Befehle, die Sie in Excel benötigen, finden Sie in den Menüs. Um die Menüs mit ihren Befehlen zu erreichen, gibt es grundsätzlich zwei Möglichkeiten: die Maus und die Tastatur. Beide Bedienungsweisen haben ihre Vor- und Nachteile.

Wenn Sie sich in der Menüstruktur noch nicht so richtig auskennen, ist die Bedienung mit der Maus auf jeden Fall schneller: ein Klick auf den Menütitel öffnet das Menü, ein

Klick auf einen Befehl mit »...« am Ende öffnet ein Untermenü oder einen Dialog. Befehle ohne »...« am Ende werden nach dem Anklicken direkt ausgeführt. Diese Vorgehensweise ermöglicht ein schnelles Durchsuchen der Menübefehle nach dem gewünschten Befehl.

Trotzdem kann es besonders während der Eingabe von Tabellen über die Tastatur sinnvoll sein, die Menübefehle über die Tastatur zu wählen. [Alt] + der unterstrichene Buchstabe eines Menüs öffnet das Menü, der unterstrichene Buchstabe eines Befehls aktiviert den Befehl bzw. ein Untermenü oder einen Dialog. Auch in Dialogen kann mit den unterstrichenen Buchstaben gearbeitet werden, [↵] und [Esc] ersetzen dann das Anklicken von OK und ABBRECHEN.

Sie können sich natürlich auch mit der [Alt]-Taste und den Pfeiltasten durch die Menüs bewegen, dies ist jedoch langsamer und ineffektiver. Mit [Alt] wird hierbei zunächst das Systemmenü markiert (das kleine Kästchen links neben *Datei*), mit [↓] wird das Menü geöffnet und die Befehle der Reihe nach angewählt, mit [→] oder [←] kann man von Menü zu Menü gelangen. Wie gesagt ist diese Methode nicht besonders effektiv, sie hat aber den Vorteil, daß Sie auf diese Weise immer unten in der Statuszeile einen kurzen Hinweis lesen können, was der Menübefehl macht. In der Phase der Einarbeitung in Excel kann man so einen ersten Überblick gewinnen, welche Menübefehle überhaupt zur Verfügung stehen.

Zu den Menübefehlen, die hier nicht im einzelnen besprochen werden, läßt sich jederzeit die Hilfe aufsuchen. Sobald Sie einen Befehl markiert haben (hierzu müssen Sie allerdings tatsächlich die Pfeiltasten nehmen, da der Befehl sonst gleich ausgeführt wird), genügt ein Druck auf [⇧] + [F1] und schon haben Sie die Hilfe zu diesem Befehl auf dem Bildschirm. Unter Excel 5.0 und Excel 95 erfüllt die Taste [F1] den gleichen Effekt, in Excel 97 aktiviert sie dagegen den Hilfeassistenten. Dieser beobachtet ständig die Aktionen des Anwenders und kann so bei Bedarf hilfreiche Hinweise geben. Auch erlaubt er natürlichsprachige Fragen, falls Sie einmal nicht weiter wissen.

Auch wenn die Menüs in Excel (fast) immer gleich aussehen, ist ihr Inhalt davon abhängig, welcher Typ von Arbeitsblatt oder Fenster in der Arbeitsmappe gerade aktiv ist. So benötigen etwa Diagramme andere Befehle als Tabellen; nochmals anders ist es bei Makrovorlagen, Modulen oder Dialogblättern. Auch hier lohnt es sich, mit der beschriebenen Methode erst einmal einen Überblick zu gewinnen.

2.6.2 Kontextmenüs

Neben der durch die Menüleiste vorgegebenen Menüstruktur verfügt Excel über sogenannte Kontextmenüs, die durch Klicken mit der rechten Maustaste erreicht werden. Einen Überblick über die Kontextmenüs zu geben, erscheint nahezu unmöglich, da sie ja, wie der Name schon sagt, von der jeweiligen Situation, also vom Kontext abhängen.

Aber ein solcher Überblick liegt auch nicht im Sinne der Bedienung. Die Kontextmenüs sollen ja gerade die Suche nach dem richtigen Befehl in den Menüs der Menüleiste ersparen. Schon wenn eine Tabelle auf dem Bildschirm geöffnet ist, lassen sich mehrere verschiedene Kontextmenüs erreichen: ein Klick mit der rechten Maustaste irgendwo auf die Tabelle öffnet ein Menü an der Stelle, an die Sie geklickt haben (Abbildung 2.18) Dieses Menü enthält die wichtigsten Befehle, die Sie bei der Bearbeitung einer Tabelle benötigen.

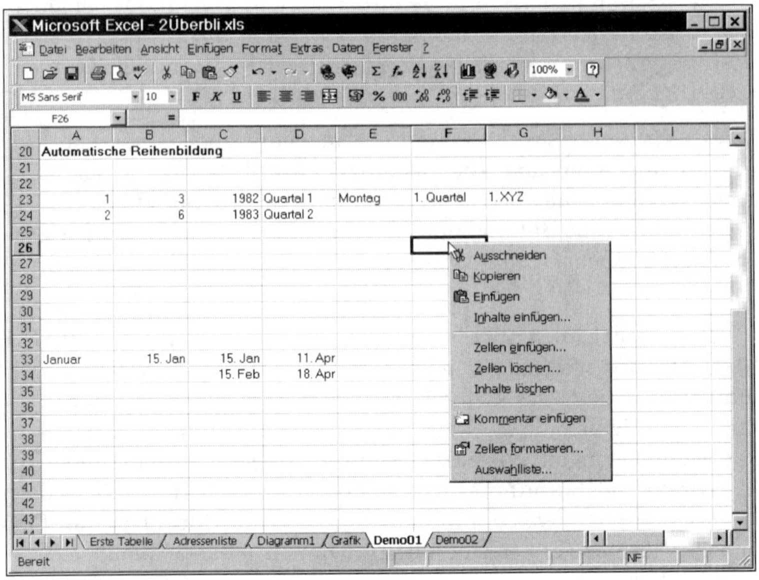

Abbildung 2.18: Ein Kontextmenü

Ein Klick mit der rechten Maustaste auf die Symbolleiste, die standardmäßig mit der Installation von Excel über der Tabelle eingeblendet ist, führt erwartungsgemäß zu einem Menü, mit dem Sie Symbolleisten ganz nach Ihren Bedürfnissen gestalten können (Abbildung 2.19). Ein Klick auf einen Zeilen- oder Spaltenkopf öffnet ein Menü, das alle Befehle enthält, die in diesem Zusammenhang von Bedeutung sind.

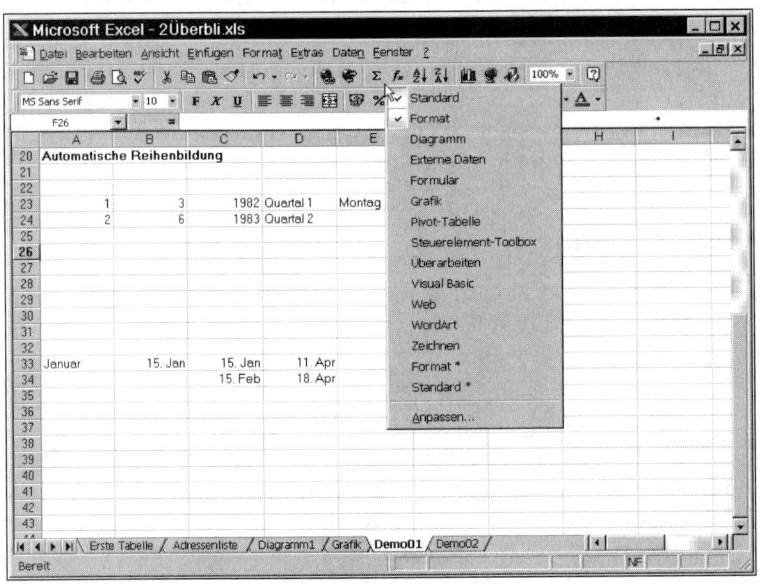

Abbildung 2.19: Das Kontextmenü der Symbolleiste

Dieses Prinzip der Kontextmenüs gilt auch für Diagramme, Module und Dialogblätter. Zwar können die Kontextmenüs die reguläre Menüleiste nicht ganz ersetzen (die Dateibefehle etwa gibt es nicht in Kontextmenüs), aber sie ersparen doch in vielen Fällen die Suche nach dem richtigen Befehl.

Aus praktischen Gründen wird in diesem Buch oft auf die regulären Menübefehle Bezug genommen, da dies die kürzeste und eindeutigste Beschreibung von Befehlen ist, was nicht immer heißen soll, daß es auch der kürzeste Arbeitsweg wäre.

2.6.3 Symbolleisten

Die letzte Bedienungsebene ist die Verwendung der Symbolleisten. Excel verfügt über eine enorme Anzahl von Symbolleisten, mit deren Hilfe so gut wie alle in Excel existierenden Funktionen über Symbolschaltflächen angesprochen werden können. Das Problem hierbei ist allerdings, daß alle Symbolleisten zusammen auf der Arbeitsfläche keinen Platz für die eigentliche Arbeit mehr lassen würden und daß die zahlreichen Symbole das Tabellenblatt so unübersichtlich gestalten würden, daß die Suche nach dem richtigen Symbol mehr Zeit in Anspruch nähme als die Anwahl eines Befehls. Man verwendet daher im allgemeinen nur wenige Symbolleisten gleichzeitig, die die wesentlichen im Augenblick benötigten Befehle zur Verfügung stellen. Abbildung 2.20 zeigt die verfügbaren Symbolleisten, teils angedockt als Symbolleisten oben und rechts, teils als Symbolpaletten. Seit Excel 95 können Symbolleisten durch »Abreißen« in Paletten umgewandelt und beliebig plaziert werden.

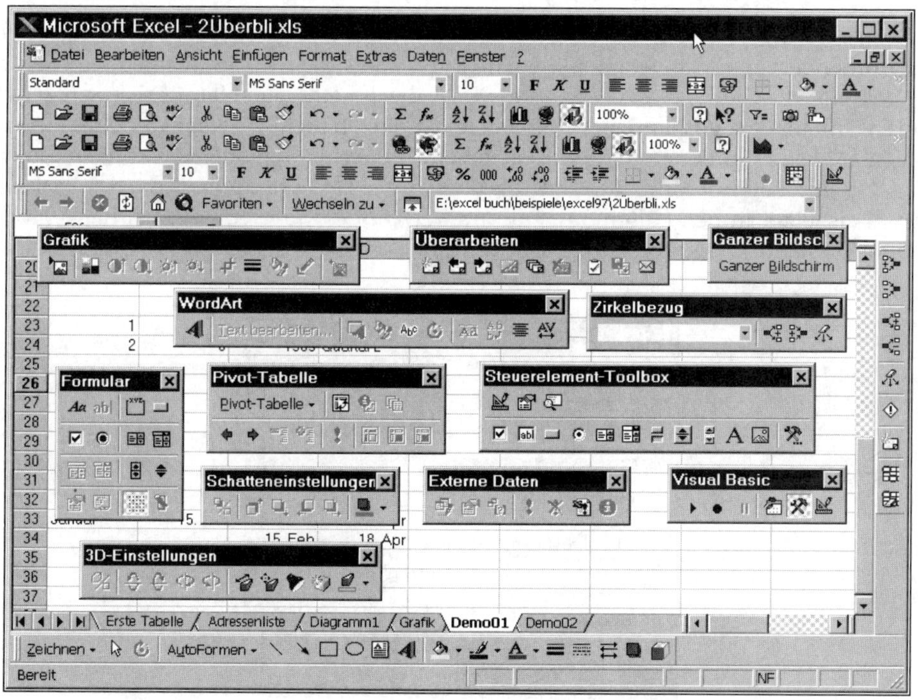

Abbildung 2.20: Symbolleisten von Excel 97

Die Arbeit mit den Symbolen ist einfach: ein Klick auf das Symbol löst den entsprechenden Befehl aus. Die Bedeutung der einzelnen Symbole erklärt sich in den meisten Fällen aus dem Symbol heraus. Außerdem genügt es, den Mauszeiger auf ein Symbol zu setzen ohne es anzuklicken, um nach kurzem Warten ein kleines Feld einzublenden, auf dem steht, wozu das Symbol dient (*ToolTip*).

Die große Anzahl der Symbole macht es sinnvoll, dafür zu sorgen, daß nur die Symbole auf dem Bildschirm zu finden sind, die tatsächlich für die jeweilige Arbeit gebraucht werden. Da Excel die Möglichkeit bietet, eigene Symbolleisten zu definieren, ist dieses Problem leicht zu lösen.

Bevor Sie jedoch daran gehen, sich eigene Symbolleisten zusammenzustellen, sollten Sie sich einen Überblick verschaffen, was es überhaupt an Symbolen gibt. Die notwendigen Funktionen zur Verwaltung von Symbolleisten sind am einfachsten über das Kontextmenü der Symbolleisten zu erreichen. Im Hauptmenü sind sie dagegen je nach Excel-Version unter unterschiedlichen Namen und an unterschiedlichen Positionen in den Menüs ANSICHT und/oder EXTRAS zu finden.

Bis Excel 95 werden die Symbolleisten mit Hilfe zweier unterschiedlicher Dialoge verwaltet. Der eine dient zum Ein- und Ausschalten, Neu anlegen und Löschen von Symbolleisten und war bis Excel 95 über den Befehl SYMBOLLEISTEN zu erreichen. Der andere Dialog ist unter Excel 5.0 über den Befehl BENUTZERDEFINIERT und Excel 95 über den Befehl ANPASSEN zu erreichen. Unter Excel 97 wurden schließlich beide Dialog zu einem Dialog zusammengefaßt, der ebenfalls aus dem Kontextmenü über den Befehl ANPASSEN zu erreichen ist. Die beiden früheren Dialoge sind hier zu Dialogseiten SYMBOLLEISTEN und BEFEHLE des Dialogs ANPASSEN geworden.

Mit dem Dialog ANPASSEN, Seite SYMBOLLEISTEN (bzw. den entsprechenden Dialogen der Vorgängerversionen) können Sie jede Symbolleiste ein- oder ausblenden, neu erzeugen oder löschen. Bei Excel 5.0 und 95 ist die Schaltfläche NEU übrigens nur aktiviert, wenn im dort vorhandenen Namensfeld ein noch nicht verwendeter Name eingetragen ist! Die Funktionen der Symbole einer aktivierten Symbolleiste können Sie wie oben beschrieben mit Hilfe der *ToolTips*, oder [⇧] + [F1] ermitteln. [⇧] + [F1] schaltet den Mauszeiger in den Hilfemodus um und erlaubt es, auf Symbolschaltflächen oder andere Elemente zu klicken, um eine etwas ausführlichere Erklärung zu erhalten.

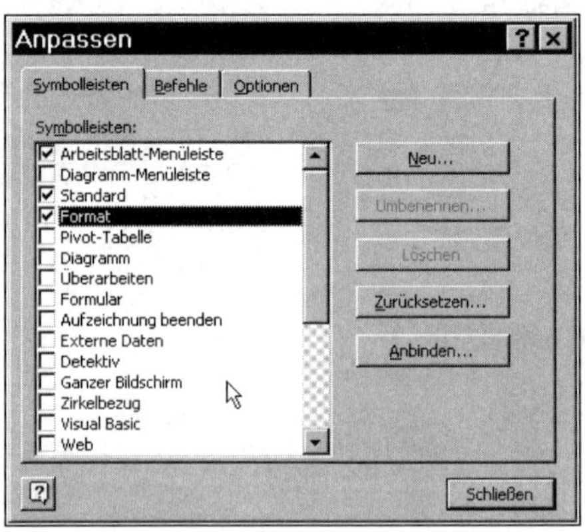

Abbildung 2.21: Bearbeitung von Symbolleisten mit dem Dialog ANPASSEN

Das Zusammenstellen einer eigenen Symbolleiste ist denkbar einfach. Erzeugen Sie zunächst eine neue Symbolleiste und schalten Sie diese durch Aktivierung des Kästchens links vom Namen der Leiste in der Liste ein. Genausogut können Sie natürlich auch in eine bestehende Symbolleiste neue Symbole einfügen. Wichtig ist, daß Sie nur in eine Symbolleiste Symbole einfügen können, die gerade auf dem Bildschirm angezeigt wird.

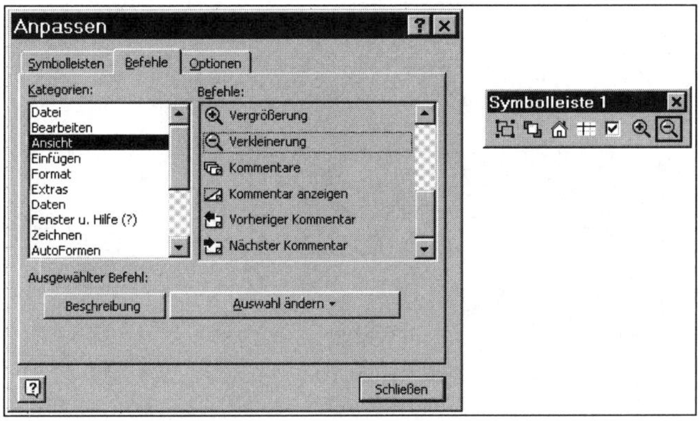

Abbildung 2.22: Symbolleisten zusammenstellen mit dem Dialog ANPASSEN

Nun können Sie, wie in Abbildung 2.22 gezeigt, in der Dialogseite BEFEHLE des Dialogs ANPASSEN (bzw. dem entsprechenden Dialog der Vorgängerversion) Befehle auswählen. Wegen der großen Anzahl der Befehle sind diese in Kategorien geordnet, die im Listenfeld links im Dialog ausgewählt werden können. Rechts neben dem Listenfeld werden die in der links gewählten Kategorie verfügbaren Befehle angezeigt.

In den Versionen Excel 5.0 und Excel 95 wird zum rechts angewählten Symbol/Befehl automatisch eine kurze Erläuterung angezeigt, unter Excel 97 muß dazu die Schaltfläche BESCHREIBUNG betätigt werden. Dafür ist die dort erhaltene Information deutlich ausführlicher.

Die Symbole, die Sie benutzen wollen, ziehen Sie nun einfach mit der Maus auf die Symbolleiste, in die das Symbol integriert werden soll. So können Sie sich aus den verschiedenen Zusammenstellungen von Symbolen eigene Leisten zusammenstellen.

Ebenso einfach ist es, Symbole aus einer Symbolleiste zu entfernen. Solang der Dialog ANPASSEN (oder der entsprechende Dialog der Vorversionen) angezeigt wird, können Symbole einfach von einer Schaltfläche heruntergezogen werden.

Nach Abschluß der Operation haben Sie eine eigene benutzerdefinierte Symbolleiste auf dem Bildschirm. Diese können Sie beliebig plazieren, wobei es sich empfiehlt, die Leisten, die Sie nur für die aktuelle Sitzung benötigen, als Paletten auf dem Arbeitsblatt zu belassen und diejenigen, die Sie ständig benutzen wollen, an die Ränder zu schieben. Sie werden dort dann in den Rahmen eingebaut. Hierbei müssen Sie allerdings darauf achten, daß die Leiste nicht mehr Symbole enthält, als nebeneinander in den Rahmen passen. Eine geeignete Kombination von Symbolen und Symbolleisten kann durchaus bewirken, daß man auf Menübefehle fast gänzlich verzichten kann.

3 Tabellen

Auch wenn die Möglichkeiten von Excel weit über die eines reinen Tabellenkalkulationsprogrammes hinausgehen, bleibt die Arbeit mit Tabellen nach wie vor das Kernstück von Excel. Eine derartige Tabelle wird in zweierlei Weisen verwendet, die beide auf die Gestaltung der Tabelle Einfluß haben. Zum einen wird mit der Tabelle am Bildschirm gearbeitet. Hierfür sollte die Tabelle die folgenden Eigenschaften aufweisen:

- Die Tabelle soll optisch so gestaltet sein, daß die wichtigsten Elemente sofort ins Auge fallen.
- Daten, die zusammengehören, sollten auch zusammen auf dem Bildschirm zu sehen sein.
- Bereiche sollten mit aussagekräftigen Namen belegt werden. Dies macht besonders die Eingabe von Formeln sicherer und die Formeln selber verständlicher.

Zum anderen sollen die meisten Tabellen zu irgendeinem Zeitpunkt ausgedruckt werden. Die Anforderungen an eine vernünftige Druckgestaltung sind nur teilweise mit denen identisch, die für die Bildschirmgestaltung gelten:

- Auch hier muß wieder die optische Gestaltung so sein, daß wichtige Elemente hervorgehoben sind.
- Gleichfalls müssen zusammengehörende Daten auf einem Blatt erscheinen, was bei mehrseitigen Tabellen nicht immer ganz einfach ist und zuweilen der Darstellung auf dem Bildschirm widersprechen kann.

Bei der Gestaltung von Tabellen ist von vornherein zu entscheiden, ob eine Tabelle vorwiegend für die Arbeit am Bildschirm oder für den Ausdruck bestimmt ist. Neben den unterschiedlichen Formaten von Druckseiten und Bildschirm sind auch die unterschiedlichen Darstellungseigenschaften dieser Ausgabemedien zu beachten. So werden die meisten Drucker z.B. keine farbigen Darstellungen unterstützen. Der Schwerpunkt bei der Gestaltung einer Tabelle richtet sich letztlich nach ihrem Zweck.

3.1 Aufbau von Tabellen

Am Anfang des Aufbaus einer Tabelle steht die Planung einer Tabelle:

- Was ist der Zweck der Tabelle (Darstellung am Bildschirm, Arbeit am Bildschirm, Ausdruck)?
- Welche Daten und Berechnungen sollen in die Tabelle aufgenommen werden?
- Welche zusätzlichen Informationen müssen in der Tabelle enthalten sein (etwa Hinweise für den Benutzer usw.)?

Sobald einigermaßen feststeht, was alles in die Tabelle soll, können Sie mit der Eingabe beginnen. Lassen Sie dabei auf jeden Fall oben ein paar Zeilen frei, die später Überschriften und eventuelle Hinweise aufnehmen können.

Kümmern Sie sich zunächst nicht um Formate, wo es nicht unbedingt sein muß. Es kann z. B. erforderlich sein, einige Spalten, von denen sicher ist, daß sie sehr schmal sein werden, vorweg schon schmal zu machen, damit genügend von einer Tabelle auf den Bildschirm paßt.

Alle Informationen, die Sie für den Aufbau der Tabelle benötigen, die aber nicht immer präsent sein müssen, sollten Sie in einem eigenen Bereich ablegen. Dazu gehören sowohl Notizen, die Sie sich für den Umgang mit der Tabelle machen wollen, als auch Zahlen, mit denen Sie immer wieder rechnen wollen, die aber sonst in der Tabelle nichts zu suchen haben (beispielsweise physikalische Konstanten).

Um Tabellen nicht mit allzuviel unübersichtlichem Text zu belasten, ist es unter Umständen auch sinnvoll, die Überschrift oder andere kritischen Stellen mit zusätzlichen Erläuterungen zu versehen. Diese Erläuterungen heißen bei Excel 5 und 95 Notizen, bei Excel 97 Kommentare, werden durch eine kleine rote Marke rechts oben in einem Feld der Tabelle angezeigt. Notizen sind bereits in Excel 5 vorhanden, aber erst mit Excel 95 werden sie richtig brauchbar – gelangt der Mauszeiger auf ein kommentiertes Feld wird die Notiz nun automatisch angezeigt. In Excel 97 können Kommentare weitergehend formatiert werden und dauerhaft sichtbar bleiben (konfigurierbar mit EXTRAS, OPTIONEN, Seite ANSICHT), dafür sind die Audio-Notizen früherer Versionen wieder weggefallen (Abbildung 3.1).

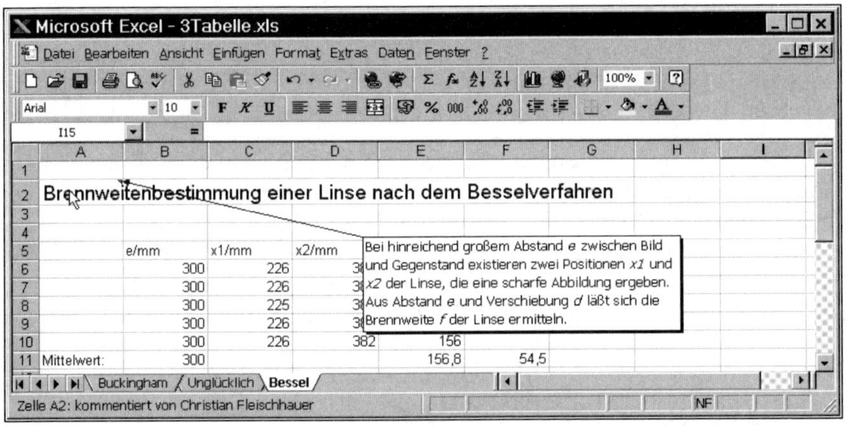

Abbildung 3.1: Ein Kommentar in Excel 97

Um eine Notiz respektive einen Kommentar in einem Tabellenfeld anzubringen wählen Sie den Befehl KOMMENTAR bzw. NOTIZ des Menüs EINFÜGEN. In Excel 97 können Sie den Text des Kommentars nun direkt in das gelb unterlegte Kommentarfeld eingeben und dieses mit der Maus auch positionieren, vergrößern oder verkleinern. In Excel 5 und 95 erscheint dagegen der Dialog NOTIZ zur Eingabe der Anmerkung. In Excel 5 ist dieser Dialog NOTIZ gleichzeitig die einzige Möglichkeit, die Notizen später wieder zu betrachten (Abbildung 3.2).

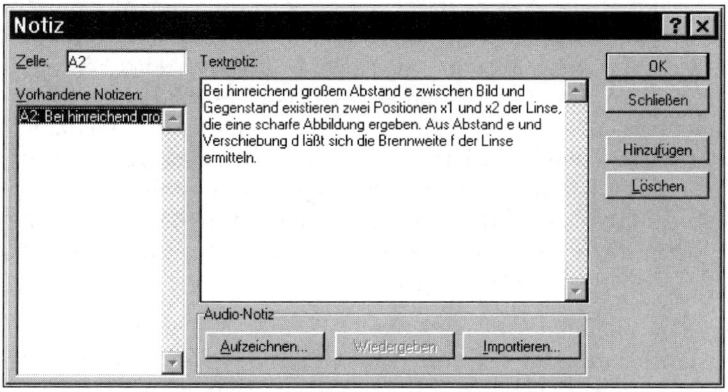

Abbildung 3.2: Bearbeitung einer Notiz in Excel 5 und 95

3.1.1 Benannte Bereiche und Zellen

Excel ist das ideale Werkzeug, um sich rasch einen Überblick über den Verlauf technischer oder naturwissenschaftlicher Funktionen zu verschaffen. Als Beispiel mag hier das semiempirische *Buckingham*-Potential dienen, das die Kräfte zwischen den Atomen eines Molekülkristalls beschreibt. Das *Buckingham*-Potential beschreibt das Potential, das ein einzelnes Atom in einem Molekülkristall von einem einzelnen anderen Atom wahrnimmt. Das vollständige Potential, das ein Atom im Kristall sieht, ergibt sich dann, wenn man die Beiträge aller Atome bis zu einem gewissen Abschneideradius aufaddiert. Das *Buckingham*-Potential zwischen zwei Atomen der Sorten *a* und *b* wird beschrieben durch die Formel:

$$\varphi = -A_{ab}\, r_{ab}^{-6} + B_{ab} \exp(-C_{ab}\, r_{ab})$$

A_{ab}, B_{ab} und C_{ab} sind empirisch gefundene Konstanten, die von den Atom-Sorten *a* und *b* abhängen. Um sich einen Überblick über den Verlauf der Potential-Funktion zu verschaffen, müssen Sie eine Wertetabelle erstellen, die Sie dann in einem Diagramm darstellen können. Excel erlaubt die Vergabe von aussagefähigen Namen an einzelne Zellen, Spalten, Zeilen und Zellenbereiche, die eine wesentlich übersichtlichere Darstellung von Formeln erlauben. Zum Vergleich sei jedoch zunächst die herkömmliche Vorgehensweise beschrieben.

Für unterschiedliche Wechselwirkungen zwischen Wasserstoffatomen untereinander (H-H), Kohlenstoffatomen untereinander (C-C) und zwischen Kohlenstoffatomen und Wasserstoffatomen (H-C) gelten in Tabelle 3.1 aufgeführten unterschiedliche Sätze von Konstanten *A*, *B* und *C*. Legen Sie für diese eine kleine Tabelle im Arbeitsblatt wie in Abbildung 3.3 gezeigt mit den folgenden Werten an:

	H-H	**H-C**	**C-C**
A=	-27,3	-125	-568
B=	-2654	-8766	-83630
C=	3,74	3,67	3,6

Tab. 3.1: Die Parameter des Buckingham-Potentials für Kohlenwasserstoffe

Weiter unten in der Spalte A wird unter der Überschrift *r* der Abstand zwischen den Atomen als unabhängige Variable eingetragen. Die Werte sollen bei einem Abstand von 0,45 Å beginnen und in Schritten von 0,05 Å bis 2,00 Å laufen. Hier kommt die Funktion *Autoausfüllen* mit dem Ausfüllkästchen sehr gelegen. Es genügt, wenn Sie die ersten zwei Werte eintragen, die beiden Zellen mit der Maus markieren und dann das Ausfüllkästchen mit der Maus so weit nach unten ziehen wie nötig. Bei Excel 5 und 95 erscheint im *Namensfeld* am linken Rand der Bearbeitungsleiste der Wert, den das momentan letzte Feld erhalten wird, so daß Sie genau wissen, wann Sie den Bereich groß genug aufgezogen haben. Bei Excel 97 erscheint der Wert dagegen in einem kleinen gelben Hinweisfeld in der Nähe des Mauszeigers.

Rechts neben den unabhängigen Variablen sollen die abhängigen Variablen, also die Werte der Potential-Funktion, berechnet werden, so daß die Werte jedes Potentials unterhalb der Konstanten des Potentials liegen. Dies macht den Zusammenhang zwischen beiden offensichtlich und vereinfacht die Verwendung von gemischten Zellbezügen, also solchen, bei denen entweder die Zeile oder die Spaltenangabe absolut und die andere relativ ist. Zunächst tragen Sie jedoch die Spaltenüberschriften ein.

Bei einfachen mathematischen Termen wie z.B. $\varphi_{\text{H-H}}$ ist es nicht nötig, Zusatzprogramme wie den Formeleditor zu benutzen, die Formatierungsmöglichkeiten von Text in Tabellenfeldern gehen weiter, als man zunächst denkt. Sie können einzelne Zeichen oder Zeichengruppen in einer Zeichenkette im Eingabefeld auswählen und ihnen anschließend mit dem Befehl FORMAT, ZEICHEN abweichende Zeichensätze oder Formatierungen zuweisen. Im Eingabefeld werden diese Änderungen zwar nicht sichtbar, wohl aber in den Zellen des Arbeitsblattes. Da es jedoch keine Befehl zum Einfügen von Sonderzeichen gibt, müssen Sie wissen, welches Zeichen des normalen Zeichensatzes mit dem gewünschten Symbol des Zeichensatzes *Symbol* korrespondiert. Im Falle des φ ist dies das *j*.

Nun sind Sie soweit, daß Sie wie in Abbildung 3.3 gezeigt die Formel der Potential-Funktion in das Feld B10 eingeben können. Da Excel bei der Eingabe der Funktion Feldbezeichnungen automatisch einsetzt, wenn Sie während der Eingabe mit der Maus die Felder mit den benötigten Werten anklicken, ist die Eingabe nicht so schwierig, wie die fertige Formel vermuten läßt. Da Sie die Formel jedoch anschließend in einen rechteckigen Bereich in den Spalten B bis D kopieren wollen, müssen Sie die Zeilenbezüge in den Konstanten und den Spaltenbezug für die unabhängige Variable anschließend durch Einfügen des $-Zeichens absolut machen:

```
=-B$5*$A10^(-6)+B$6*EXP(-B$7*$A10)
```

Abschließend kopieren Sie die Formel in den Bereich von B10 bis D41. Im Prinzip können Sie nun bereits ein Diagramm erstellen, um sich die Funktionen anzusehen. Aus Gründen, die sich noch zeigen werden, soll hier aber das Potential für die C-C-Wechselwirkung auf eine etwas andere Weise bestimmt werden. Die Potential-Funktion setzt sich aus zwei Anteilen zusammen, die möglicherweise auch für sich genommen von Interesse sind. Das Potential soll als Summe der in den Spalten E und F gesondert berechneten Anteile ermittelt werden. Wie jedoch gelangen die Formeln ohne Neueingabe in diese Spalten? Wenn Sie die Formel dorthin kopieren (um die nicht benötigten Teile anschließend zu löschen) werden automatisch auch die Spaltenbezüge für die Konstanten angepaßt, was im gegebenen Fall nun völlig unerwünscht ist. Abhilfe schafft ein Trick.

Wenn Sie die Formel nicht kopieren, sondern die Zelle mit der Formel markieren und verschieben, bleiben die Bezüge wie im letzten Kapitel gezeigt erhalten. Verschieben Sie also in zwei unterschiedlichen Zeilen ein Feld aus der Spalte D in die Spalte E bzw. F, löschen Sie den nicht benötigten Teil und kopieren Sie die Formel auch in die übrigen Zellen der jeweiligen Spalte. In der Spalte D berechnen Sie die Summe der beiden Anteile, etwa im Feld C13 mit der Formel `=E13+F13`. Die Felder im Bereich D10 bis F12 sollten Sie löschen (z. B. durch Markieren und Betätigung der Löschtaste), da die Werte doch sehr groß werden.

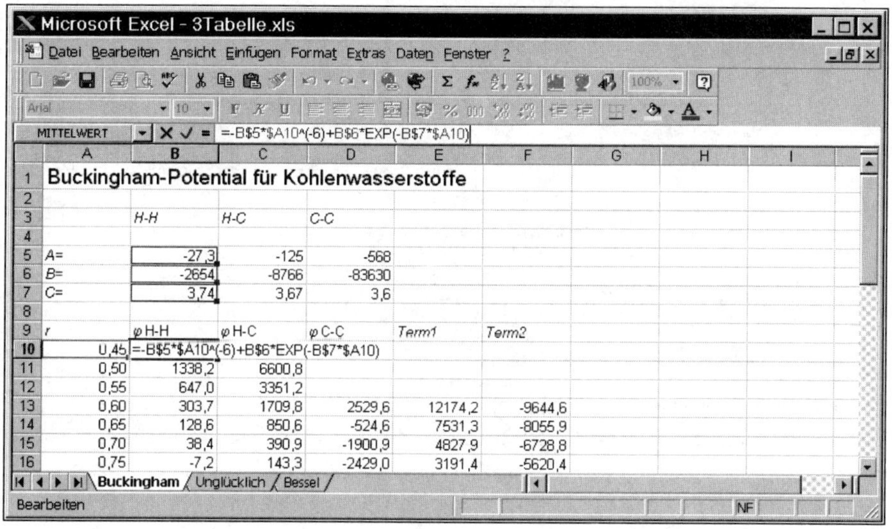

	A	B	C	D	E	F
1	Buckingham-Potential für Kohlenwasserstoffe					
2						
3		H-H	H-C	C-C		
4						
5	A=	-27,3	-125	-568		
6	B=	-2654	-8766	-83630		
7	C=	3,74	3,67	3,6		
8						
9	r	φH-H	φH-C	φC-C	Term1	Term2
10	0,45	=-B$5*$A10^(-6)+B$6*EXP(-B$7*$A10)				
11	0,50	1338,2	6600,8			
12	0,55	647,0	3351,2			
13	0,60	303,7	1709,8	2529,6	12174,2	-9644,6
14	0,65	128,6	850,6	-524,6	7531,3	-8055,9
15	0,70	38,4	390,9	-1900,9	4827,9	-6728,8
16	0,75	-7,2	143,3	-2429,0	3191,4	-5620,4

Abbildung 3.3: Tabellenlayout und Formel für eine Wertetabelle des Buckingham-Potentials

Nun können Sie sich mit der Hilfe des Diagrammassistenten einen Überblick über die Potential-Funktionen verschaffen. Markieren Sie hierzu die Wertetabelle und starten Sie den Diagrammassistenten. Als Diagrammtyp sollten Sie ein *xy*-Diagramm wählen (*Punkt (XY)*). Das Ergebnis zeigt Abbildung 3.4. Die Potentiale sind stark abstoßend für geringe Entfernungen und anziehend für etwas größere Entfernungen wie man in der Abbildung vor allem in der Wechselwirkung zwischen den Kohlenstoffatomen sieht (da diese wesentlich stärker ist als die übrigen Wechselwirkungen). In zunehmender Entfernung der Atome voneinander nimmt die Wechselwirkung sehr schnell auf Null ab. Durch die Addition der Potentialanteile *term1* und *term2* ensteht in einem Abstand von ca. 0,8 Å ein Potentialminimum. Dies ist der Abstand, den zwei Kohlenstoffatome in einem Molekülkristall anstreben.

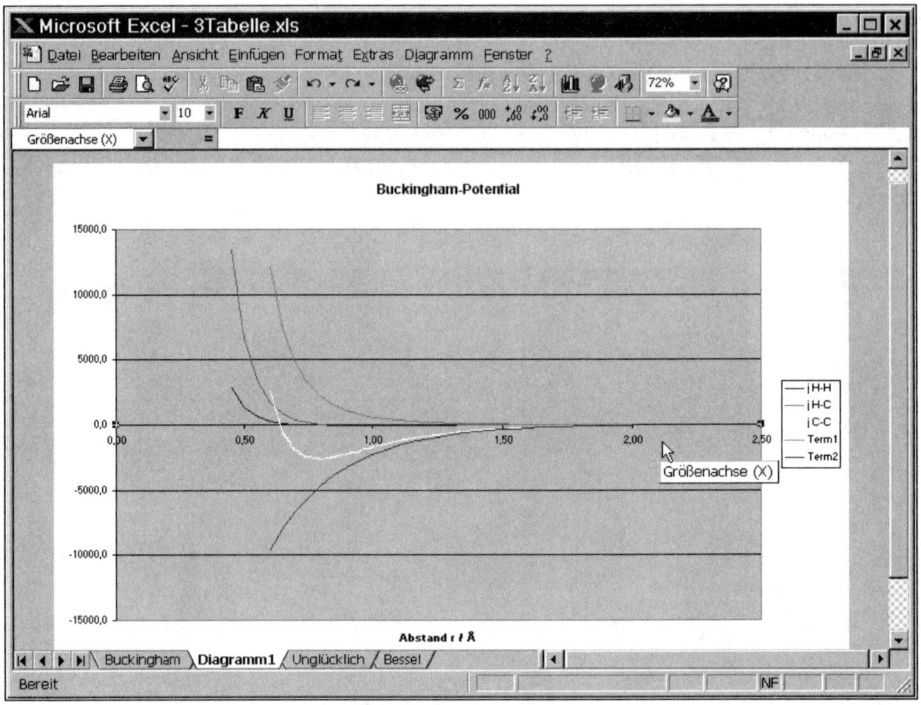

Abbildung 3.4: Eine Übersicht über die Potentialfunktionen

Formeln der bisher beschriebenen Art sind außerordentlich unübersichtlich, zumal sich die Bezüge von Feld zu Feld ändern. Abhilfe schaffen die *benannten* Zellen und Bereiche. Wenn Sie etwa, wie im obigen Beispiel, bestimmte Zahlen immer wieder benötigen, dann sollten Sie diesen einen Namen geben. Die einfachste Möglichkeit hierzu ist eine Tabelle mit den Namen und den benötigten Zahlen anzulegen. Mit dem Befehl EINFÜGEN, NAMEN ist Excel nicht nur in der Lage, Zellen und Bereichen Namen zuzuordnen, es kann dies bei hinreichend klaren Verhältnissen auch automatisch tun (Abbildung 3.5).

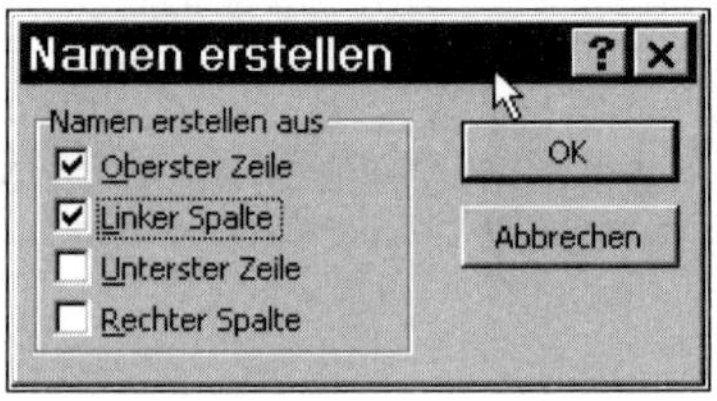

Abbildung 3.5: Dialog NAMEN ERSTELLEN

Markieren Sie den Block der Namen und Zahlen (A3 bis D7) und verwenden Sie dann unter Excel 97 den Befehl EINFÜGEN, NAMEN, ERSTELLEN, bzw. bei Excel 5 und Excel 95 EINFÜGEN, NAMEN, ÜBERNEHMEN. Im Dialog NAMEN ERSTELLEN (bzw. NAMEN ÜBER-

NEHMEN bei den älteren Versionen) können Sie angeben, welche Spalten und Zeilen als Beschriftungen und damit als Namensgeber aufgefaßt werden sollen. Markieren Sie hier sowohl OBERSTE ZEILE als auch LINKE SPALTE. Auf die gleiche Weise können Sie die Wertetabelle ab Feld A9 behandeln.

Excel kennt nun u.a. die Bezeichner *A, B, C, r, term1* oder *term2*, die anstelle der unübersichtlichen Zellen- und Bereichsbezüge in Formeln verwendet werden können. Alle Bezeichner, die Excel kennt, können über den Befehl BEARBEITEN, GEHE ZU angesprungen werden. Der durch den Namen bezeichnete Bereich wird hierdurch gleichzeitig selektiert, so daß es immer sehr einfach ist festzustellen, worauf ein Name sich nun bezieht (Abbildung 3.6). Ein alternativer Weg führt über das Namensfeld; das ist das Kombinationsfeld links in der Bearbeitungszeile. Auch wenn Sie dieses Feld aufklappen und einen der aufgelisteten Bezeichner auswählen, selektiert Excel den gesamten Bereich, der durch diesen Namen bezeichnet wird.

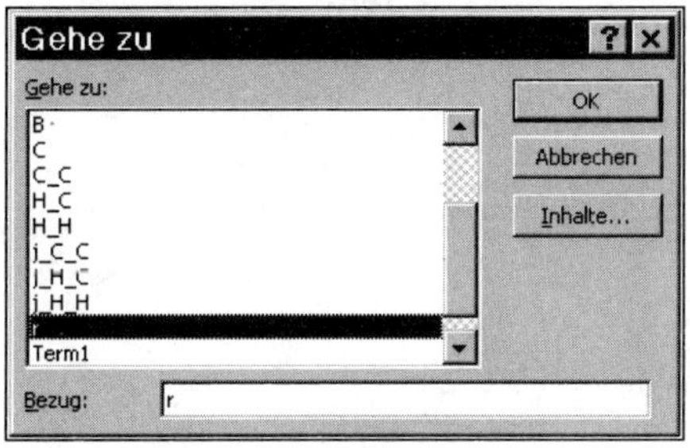

Abbildung 3.6: Dialog GEHE ZU

Eine sehr schöne Eigenschaft von Excel ist die Möglichkeit, vollautomatisch in einem ausgewählten Bereich in allen Formeln alle oder einen Teil der Bezüge durch Namen zu ersetzen. Diese Funktion erreichen Sie über den Befehl EINFÜGEN, NAMEN, ANWENDEN. Wenn Sie zuvor durch einen Mausklick auf die unbeschriftete Schaltfläche an der linken oberen Ecke der Tabelle das gesamte Arbeitsblatt angewählt haben, können Sie so die Formeln im gesamten Arbeitsblatt umwandeln. Der Befehl EINFÜGEN, NAMEN, ANWENDEN startet das Dialog NAMEN ANWENDEN (Abbildung 3.7). Hier sollten Sie sicherstellen, das wirklich alle Namen, die Sie in Ihren Formeln haben möchten, auch ausgewählt sind.

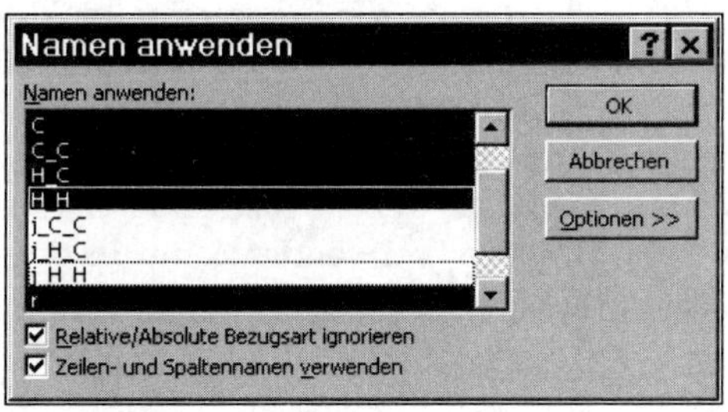

Abbildung 3.7: Bezüge automatisch in Namen umwandeln

Nach der Umwandlung sind die Formeln in der Wertetabelle wesentlich verständlicher geworden:

```
=-A*r^(-6)+B*EXP(-C*r)
```

In dieser Form können Formeln auch eingegeben werden. Es liegt auf der Hand, daß diese Notation wesentlich weniger fehleranfällig ist als die herkömmliche Schreibweise mit Bezügen, da sie der mathematischen Schreibweise der Problemstellung ähnelt. Wenn Sie keine weiteren Angaben machen, wird wie in Abbildung 3.8 gezeigt bei einem spaltenförmigen benannten Bereich (hier: *r*) die Zelle verwendet, die in derselben Zeile wie die Formel liegt, bei zeilenförmigen Bereichen (hier *A*, *B*, *C*) dagegen die Zelle in der gleichen Spalte. In der Abbildung sind die benannten Bereiche durch Umrandungen hervorgehoben; die Formel selber und die referenzierten Zellen sind grau hinterlegt.

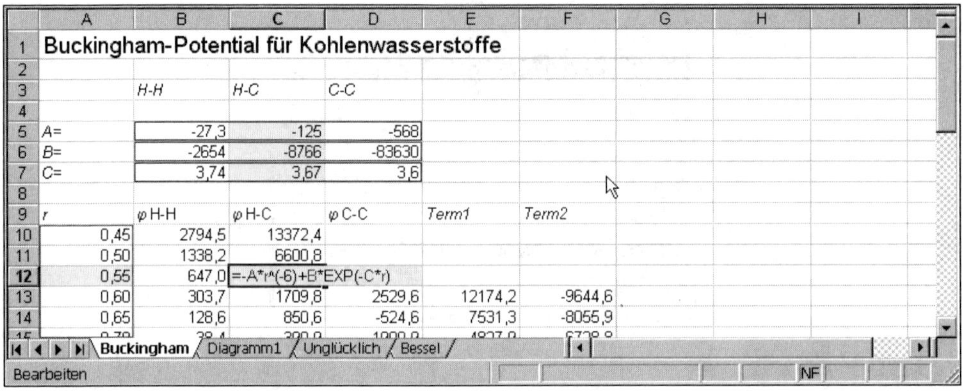

Abbildung 3.8: Verwendung zeilen- und spaltenförmiger benannter Bereiche in Formeln.

Aber auch Bezüge, die sich auf Zellen der benannten Bereiche in abweichenden Spalten oder Zeilen beziehen, können in zwangloser Form dargestellt werden. Nehmen Sie im Beispiel die Formeln für *Term1* und *Term2*. Diese wurden bewußt so plaziert, daß die verwendeten Konstanten A und B nicht unmittelbar über der Formel stehen. Betrachten Sie beispielsweise die Formel für *Term2*:

```
=B C_C*EXP(-C C_C*r)
```

Die Tabelle der neun Potentialparameter hat drei benannte Zeilen *A*, *B* und *C* und drei benannte Spalten *H-H*, *H-C* und *C-C*. Die Namen der Spaltenbereiche werden nun einfach benutzt, um die Zeilen »indizieren«, die Namen von Zeile und Spalte werden einfach hintereinander gehängt, um eine bestimmte Zelle zu bezeichnen. Der Parameter *B* für die C-C-Wechselwirkung tritt also in der Formel sehr verständlich als *B C_C* auf. Die umgekehrte Reihenfolge ist bei der Eingabe ebenfalls zulässig, welche Schreibweise EINFÜGEN, NAMEN, ANWENDEN verwendet, kann in der erweiterten Form des Dialogs NAMEN ANWENDEN festgelegt werden.

Wenn Sie an einer Tabelle viel gearbeitet und geändert haben und dabei mit vielen Namen operiert haben, kommt es häufig vor, daß sich eine ganze Anzahl von Bereichsnamen angesammelt haben, die gar nicht mehr in Gebrauch sind. Der Übersichtlichkeit halber ist es dann angebracht, ab und zu eine Entrümpelung durchzuführen. Mit EINFÜGEN, NAMEN, FESTLEGEN können Sie die Liste der verwendeten Namen aufrufen und diejenigen, die inzwischen nicht mehr benötigt werden, aus der Liste löschen (Abbildung 3.9). Doch lassen Sie Vorsicht walten – wenn Sie einen Namen löschen, der noch in Gebrauch ist, werden alle Felder, die diesen Namen in einer Formel direkt oder indirekt verwenden, auf einen Schlag ungültig.

Abbildung 3.9: Verwalten von benannten Bereichen

3.2 Formatierungen

Wenn Sie eine Tabelle fertig erstellt haben, können Sie diese formatieren, um ihr ein geeignetes Aussehen zu geben. Speichern Sie aber auf jeden Fall die Arbeitsmappe mit der Tabelle zunächst ab, der Befehl RÜCKGÄNGIG kann in Excel 5 und 95 nur den allerletzten Befehl rückgängig machen. Beim ersten Mal sichern Sie mit dem Befehl DATEI, SPEICHERN UNTER, wobei Sie der Arbeitsmappe einen aussagekräftigen Namen geben sollten. Wenn Sie dann mit dem Formatieren an einen Punkt kommen sollten, wo Sie sich entschließen, noch einmal von vorne anzufangen, brauchen Sie die Arbeitsmappe lediglich zu schließen, ohne die Veränderungen abzuspeichern (Befehl DATEI, SCHLIEßEN) und können sich dann die unformatierte Tabelle erneut laden. Sie können auch mit BEARBEITEN, INHALTE LÖSCHEN und der Option FORMATE Formatierungen wieder rückgängig machen.

Legen Sie als erstes immer die Spaltenbreiten so fest, daß die Tabelle auch ohne weitere Formatierungen klar überschaubar wird und die Einträge in den einzelnen Zellen auch sichtbar sind. Dann können Sie zur optischen Gestaltung übergehen.

Zu den Formatierungen Ratschläge zu geben ist schwer, da hier auch Geschmacksfragen eine Rolle spielen. Ein allgemeiner Hinweis sei dennoch erlaubt: Gehen Sie mit den Gestaltungsmitteln, die Excel Ihnen in großer Fülle bietet, sparsam um. Wie Sie es nicht machen sollten, zeigt Abbildung 3.10.

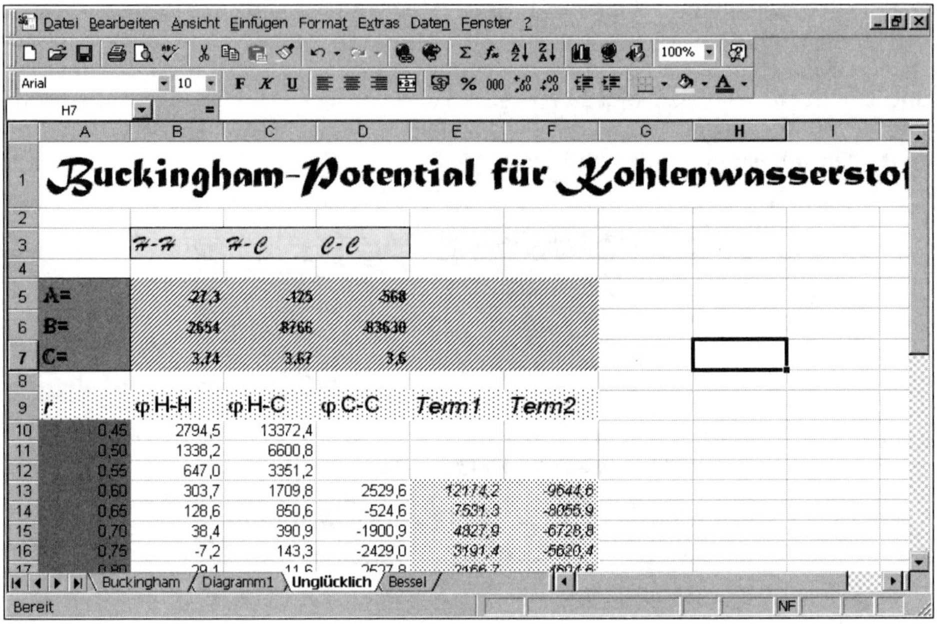

Abbildung 3.10: Unglückliche Formatierung

Bevor Sie sich daran geben, Ihre Tabelle individuell zu gestalten, sollten Sie zunächst einige Versuche machen, ob Sie nicht mit den Gestaltungsmöglichkeiten, die Ihnen Excel anbietet, schon gut genug bedient sind.

Markieren Sie den gesamten Bereich, den die Tabelle einnimmt (einschließlich aller Überschriften), und rufen Sie dann den Befehl FORMAT, AUTOFORMAT auf. Excel bietet Ihnen 16 vordefinierte Formatierungen an, die insgesamt ein breites Spektrum an Möglichkeiten abdecken. Der Effekt jeder Formatierung wird in einem Vorschaufenster angezeigt, so daß Sie sich leicht einen Überblick verschaffen können. Da es dazu noch möglich ist, in einer über Autoformatieren formatierten Tabelle eigene Formatierungen vorzunehmen, dürfte dieser Weg der schnellste und effektivste sein (Abbildung 3.11).

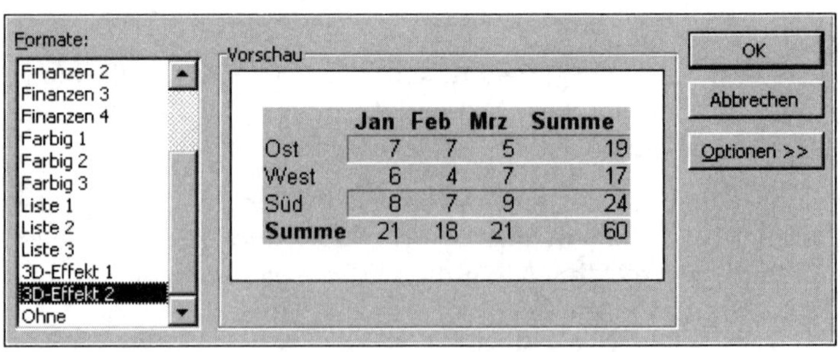

Abbildung 3.11: Autoformatieren

Wie die so gestalteten Tabellen im Ausdruck aussehen, können Sie sich mit dem Befehl DATEI, SEITENANSICHT vorführen lassen; im Zweifelsfall hilft ein Probeausdruck.

Für eigene Formatierungen steht Ihnen der Dialog ZELLEN (bis Excel 95 ZELLEN FORMATIEREN) zur Verfügung, der mit dem Befehl FORMAT, ZELLEN aufgerufen wird. Auf den einzelnen Seiten des Dialogs finden Sie alle wichtigen Formatierungsmöglichkeiten:

Zahlen — Hier können Sie festlegen, wie Ihre Zahlen dargestellt werden sollen (Währung, %, wissenschaftliche Darstellung usw.).

Ausrichtung — Hier haben Sie die Möglichkeit, Einträge in den Zellen horizontal und vertikal auszurichten. In Excel 97 ist die Möglichkeit hinzugekommen, Beschriftungen in Grad-Schritten, statt wie bisher in 90-Grad-Schritten, zu sehen.

Schrift — Sie können aus den zur Verfügung stehenden Schrifttypen und -größen geeignete Formate aussuchen und diese auch noch fett, kursiv, unterstrichen und durchgestrichen darstellen. Unter Excel 5 heißt die Seite noch SCHRIFTART.

Rahmen — Einzelne Zellen oder Bereiche lassen sich mit Teil- oder Vollrahmen in verschiedenen Stärken, Farben und Stilen versehen.

Muster — Zellen oder Bereiche lassen sich auch noch mit einer Fülle verschiedener Muster und/oder Farben hinterlegen.

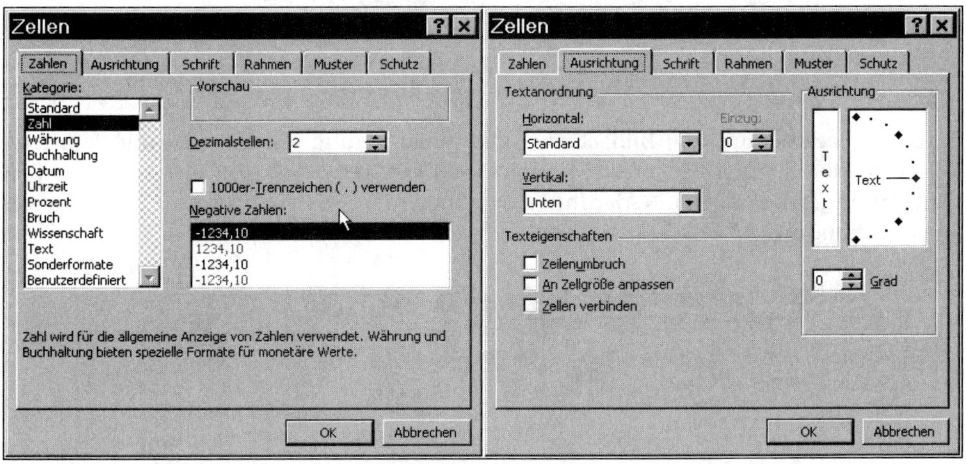

Abbildung 3.12: Zwei Seiten des Dialogs ZELLEN zur Zellenformatierung

Die Gestaltungsmöglichkeiten sind aber hier noch nicht erschöpft. Wenn Sie sich die Symbolleiste ZEICHNEN einblenden, können Sie noch Zeichnungen aller Art hinzufügen. Sollte das auch noch nicht reichen, besteht noch die Möglichkeit, in einem Mal- oder Zeichenprogramm wie Microsoft Paint Bilder herzustellen und über die Zwischenablage in Ihre Tabelle zu übernehmen. Wie Sie sehen, sind der Gestaltung von Tabellen in Excel kaum Grenzen gesetzt. An diese Stelle könne die vielfältigen Möglichkeiten kaum alle angesprochen werden; Sie sollten daher mit Excel experimentieren, um sich nach und nach mit dem vollen Funktionsumfang vertraut zu machen.

Solange Sie noch an der Tabelle arbeiten, sollten Sie die Gitternetzlinien sowie die Zeilen- und Spaltenköpfe beibehalten, das erleichtert die Orientierung. Erst wenn die Tabelle fertig ist, sollten Sie mit dem Befehl EXTRAS, OPTIONEN auf der Dialogseite ANSICHT festlegen, wie Ihre Tabelle auf dem Bildschirm aussehen soll (Abbildung 3.13).

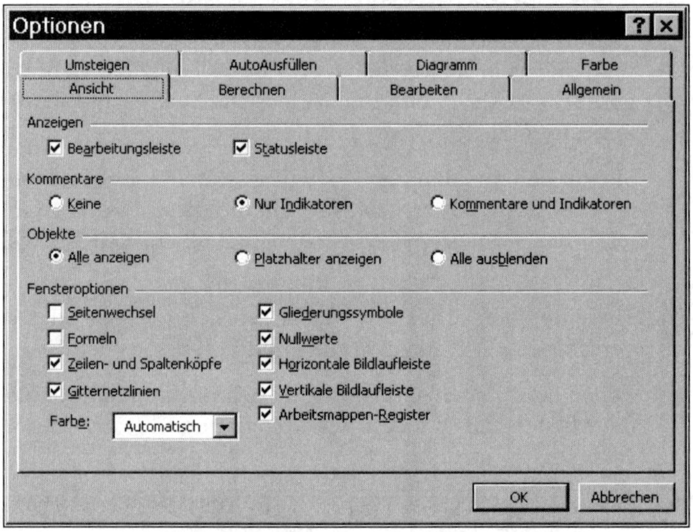

Abbildung 3.13: Dialog OPTIONEN, Dialogseite ANSICHT

Daß die Anzeige auf dem Bildschirm nicht zwangsläufig identisch ist mit dem Ausdruck, sollten Sie hier beachten. Mit dem Befehl DATEI, SEITE EINRICHTEN erhalten Sie den Dialog SEITE EINRICHTEN, der Ihnen Optionen für die Gestaltung des Ausdrucks anbietet (Abbildung 3.14).

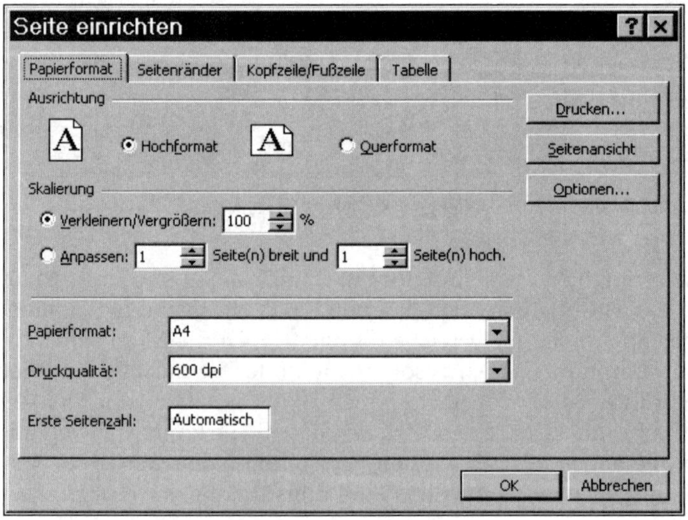

Abbildung 3.14: Dialog SEITE EINRICHTEN

Auf jeden Fall sollten Sie hier die Möglichkeiten für eigene Kopf- und Fußzeilen nutzen, um zu vermeiden, daß einfach der Dateiname als Kopfzeile verwendet wird; dies ist allenfalls für *Quick & Dirty* Tabellen akzeptabel. Hier sind aussagekräftigere Namen angebracht. Auch mit den anderen Formatierungsmöglichkeiten sollten Sie solange experimentieren, bis Sie mit dem Ergebnis (zu besichtigen über den Befehl DATEI, SEITENANSICHT) wirklich zufrieden sind.

Wenn Sie bestimmte Zell- oder Bereichsformate mehrfach nutzen wollen, können Sie zwei Wege einschlagen. Mit BEARBEITEN, KOPIEREN und anschließendem BEARBEITEN, INHALTE EINFÜGEN mit der Option FORMATE lassen sich Formate kopieren (dasselbe läßt sich auch über das Symbol zur Formatübertragung – ein breiter Pinsel – erreichen). Der zweite Weg führt über die Formatvorlagen.

3.2.1 Formatvorlagen nutzen

Formatvorlagen enthalten unabhängig von Zellen gespeicherte Formatierungsinformation und können auf beliebige Zellen oder Bereiche angewandt werden. Da die Formatierungsinformation in der Vorlage und nicht in der Zelle gespeichert ist, genügt die Änderung der Vorlage, um das Aussehen aller mit der Vorlage formatierten Zellen zu ändern.

Bis zu Excel 95 enthält die Symbolleiste FORMAT standardmäßig ganz links ein Kombinationsfeld »Formatvorlage«. In Excel 97 ist es standardmäßig nicht mehr vorhanden, doch kann es leicht mit dem Befehl EXTRAS, ANPASSEN wieder beschafft werden. Wählen Sie hier auf der Dialogseite BEFEHLE die Rubrik *Format* und ziehen Sie das Formatvorlagen-Kombinationsfeld aus dem Listenfeld BEFEHLE direkt in die Symbolleiste. Nun können Sie das Kombinationsfeld ausklappen und ein Formatvorlage auswählen. Die Formatvorlage wird so dem momentan selektierten Bereich von Zellen zugewiesen.

Abbildung 3.15: Symbol Formatvorlage ausgeklappt

Um umgekehrt eine Formatvorlage aus einem fertig formatierten Bereich zu erstellen, markieren Sie diesen Bereich und klicken Sie auf den Pfeil des Symbols für Formatvorlagen. Geben Sie dann einen eigenen Namen für Ihre Formatvorlage ein. Alle Formatierungen des markierten Bereichs stehen dann unter diesem Namen zur Verfügung.

Sie können auch die gewünschten Formate über den Befehl FORMAT, FORMATVORLAGE einzeln festlegen und ihnen dann einen Namen geben. In dem hier eingeblendeten Dialogseite lassen sich schon definierte Vorlagen (einschließlich der eingebauten) verändern und die Selbstdefinierten auch wieder löschen (Abbildung 3.16).

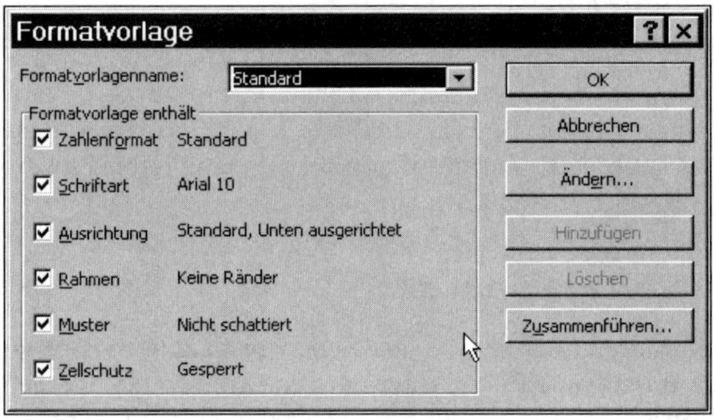

Abbildung 3.16: Dialog FORMATVORLAGEN

Solcherart festgelegte Formate gelten immer nur für die Arbeitsmappe, für die sie festgelegt wurden, sie stehen also für andere Arbeitsmappen zunächst nicht zur Verfügung. Wollen Sie eine Formatvorlage einer Arbeitsmappe für eine andere verwenden, dann muß die Arbeitsmappe mit den Formaten geöffnet sein.

Über die Befehlsfolge FORMAT, FORMATVORLAGE, Schaltfläche ZUSAMMENFÜHREN und anschließender Auswahl der Arbeitsmappe mit den Formaten steht das gewünschte Format in der Liste der Vorlagenamen zur Verfügung.

3.2.2 Verwendung von Mustervorlagen

Wenn Sie in vielen oder in allen Ihren Arbeitsmappen mit selbstdefinierten Formaten arbeiten wollen – was ein einheitliches Gesicht für alle Ihre Dokumente gewährleistet – dann bietet sich die Verwendung von Mustervorlagen an. Hierzu muß lediglich einer Arbeitsmappe beim Abspeichern mit den Befehlen DATEI, SPEICHERN UNTER das Dateiformat *Mustervorlage* (und die Namenserweiterung XLT) zugewiesen werden.

Das Abspeichern als Mustervorlage hat den Effekt, daß Excel beim Laden eine Kopie dieser Datei herstellt. Sie können sie also statt der üblichen Arbeitsmappenvorlage »Mappe« verwenden und in ihr mit allen Formaten arbeiten, die Sie in ihr definiert haben. Aber nicht nur die Formate stehen zur Verfügung. Auch alle Einträge, die Sie in der Arbeitsmappe vorgenommen haben, alle Arbeitsblätter die eingefügt wurden, stehen jetzt immer zur Verfügung. Die Mustervorlage ist also so etwas wie ein komplettes Formular, das für gleichartige Aufgaben immer zur Verfügung steht. Beim Öffnen einer neuen Datei von dieser Vorlage z.B. mit dem Befehl DATEI, NEU erhält die neue Arbeitsmappe jedesmal einen neuen Namen (wenn z.B. die Vorlage BESTELLUNG heißt, BESTELLUNG1).

3.3 Gliederung

Besonders größere Tabellen mit vielen Rubriken, Untertabellen etc. bergen die Gefahr in sich, trotz guter Formatierung unübersichtlich zu werden. Hier kann die Gliederungsfunktion von Excel eine große Hilfe sein. Mit Hilfe der Gliederungsfunktion können Sie Teile von Tabellen ausblenden, so daß die Tabelle übersichtlicher wird. Die Gliederung können Sie entweder Excel überlassen (wenn die Tabelle hierfür geeignet ist) oder von Hand vornehmen. Zunächst soll die automatische Gliederung betrachtet werden.

Die Tabelle in Abbildung 3.17 zeigt drei Meßreihen zur Bestimmung der Brennweite von Linsen nach dem Besselverfahren. Will man die Brennweite einer Sammellinse (oder einer Linsenkombination) bestimmen, kann man einen Gegenstand auf der einen Seite der Linse plazieren, und auf der anderen Seite die Entfernung messen, in der der Gegenstand scharf abgebildet wird – man spricht von Gegenstandsweite und Bildweite. Aus diesen läßt sich die Brennweite berechnen. Leider ist es (besonders bei komplizierteren Linsensystemen) oft gar nicht so einfach, die Lage der optischen Hauptebene der Linse und damit Bild und Gegenstandsweite anzugeben. Diese Schwierigkeiten umgeht das Besselverfahren mit einem genialen Trick.. Es nutzt nämlich den Umstand aus, daß der Lichtweg umkehrbar ist, man Bild und Gegenstand also vertauschen kann und wieder eine scharfe Abbildung erhält. Anstatt die ganze Anordnung umzubauen, kann man aber auch einfach die Linse verschieben. Bei einem vorgegebenen Abstand e zwischen Schirm und Gegenstand gibt es also zwei Positionen x_1 und x_2 der Linse, in denen ein scharfes Bild entworfen wird. Aus dem Abstand d zwischen diesen beiden Positionen und e kann die Brennweite berechnet werden nach der Formel

$$f = \frac{1}{4}\left(e - \frac{d^2}{e}\right)$$

Nun ist jede Messung mit einem Meßfehler behaftet, die Genauigkeit läßt sich erhöhen, wenn Sie die Messung einige Male wiederholen und aus den Einzelmessungen den Mittelwert bilden. Die Struktur der Tabelle ergibt sich daraus, daß für jeweils drei verschiedene Werte für den Abstand e die Messung der Positionen x_1 und x_2 fünfmal wiederholt wurde. Aus jeder dieser Mittelwerte wird die Brennweite berechnet, aus den drei so ermittelten Brennweiten schließlich eine gemittelte Brennweite (vgl. Abbildung 3.17).

Diese Tabelle ist geradezu prädestiniert für die automatische Gliederung. Die Gliederungsfunktion von Excel erlaubt es, diese Tabelle mit einem unterschiedlichen Grad an Detail zu betrachten. Es genügt der Aufruf des Menüs DATEN, Untermenü GRUPPIERUNG UND GLIEDERUNG, Befehl AUTOGLIEDERUNG (in Excel 5 und 95 DATEN, GLIEDERUNG, AUTOGLIEDERUNG) und schon wandelt die Tabelle ihr Bild wie in Abbildung 3.18.

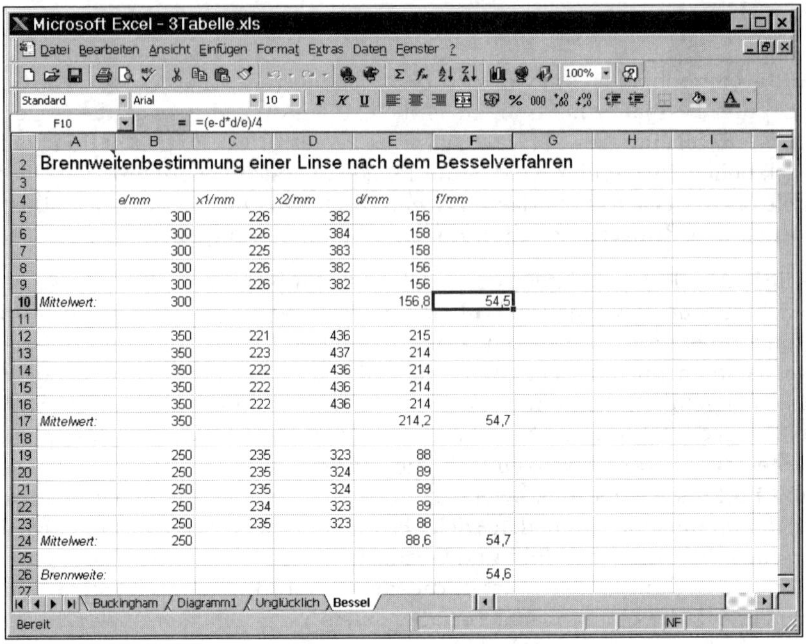

Abbildung 3.17: Ungegliederte Tabelle

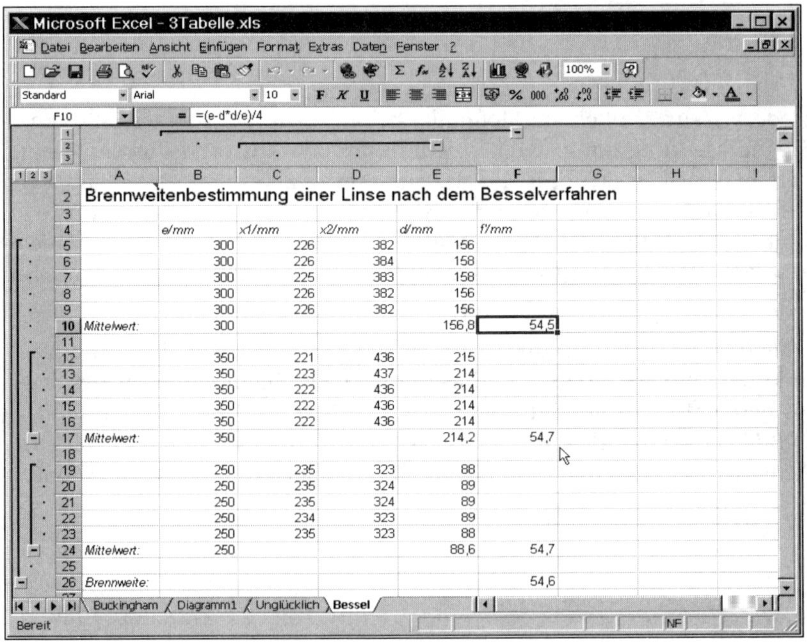

Abbildung 3.18: Tabelle mit Gliederungssymbolen

Die Schaltflächen mit den Ebenennummern 1, 2 und 3 erlauben ganze Gliederungsebenen ein- und auszublenden. Die Schaltflächen + und – über und links von der Tabelle gestatten es, durch einfachen Mausklick einzelne Teile der Tabelle ein- und wieder auszublenden. Sollten diese Gliederungssymbole bei Ihnen nicht sichtbar sein, müssen Sie unter EXTRAS, OPTIONEN, Dialogseite ANSICHT nachsehen, ob die Anzeige der Gliederungssymbole aktiviert ist. Mit dem Ausblenden bleiben nur bestimmte Teile der Tabelle sichtbar.

Das automatische Verfahren ist aber wie gesagt an bestimmte Voraussetzungen gebunden. Excel erkennt die Gliederungsmöglichkeiten an den eingetragenen Formeln. Leider funktioniert die automatische Gliederung nicht immer problemlos. Obwohl alle drei Tabellen gleich aufgebaut sind, wird im obigem Arbeitsblatt beispielsweise die erste Tabelle nicht richtig erkannt. Hier müssen Sie manuell nacharbeiten, ebenso wie in dem Fall, daß die logische Gliederung Ihrer Tabelle prinzipiell nicht anhand der Formeln erkannt werden kann, weil sich logische Struktur und Formelstruktur widersprechen.

Glücklicherweise ist es sehr einfach, eine Gliederung oder auch zusätzliche Gliederungsstufen manuell anzulegen. Markieren Sie einfach den Zeilen- oder Spaltenbereich dessen Gliederungsstufe geändert werden soll, im Beispiel also die Zeilen fünf bis neun, und wählen Sie den Befehl DATEN, GRUPPIERUNG UND GLIEDERUNG (GLIEDERUNG in Excel 95), GRUPPIERUNG (Abbildung 3.19). In Excel 97 ist der Menübefehl mit einem Gliederungspfeil nach rechts versehen.

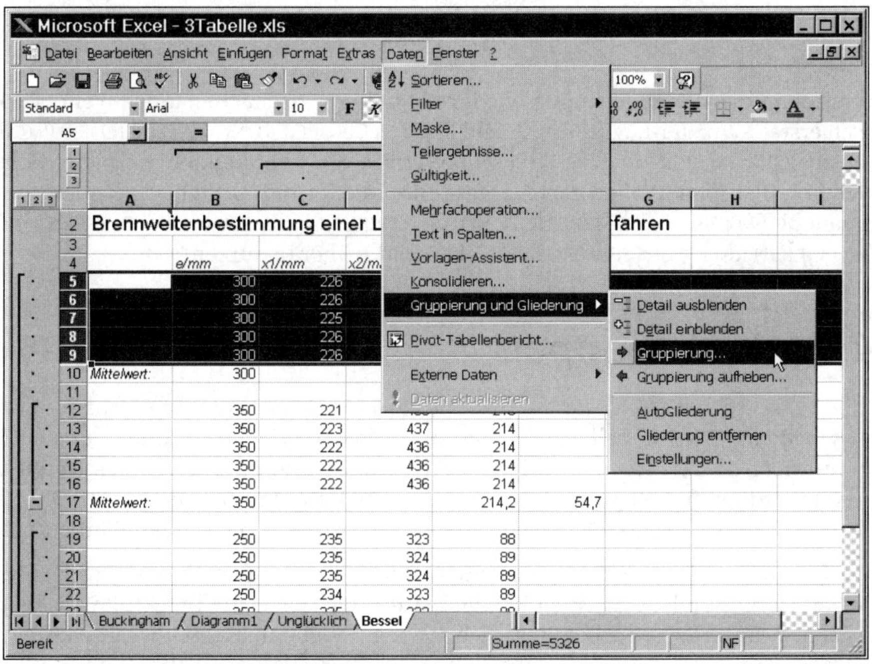

Abbildung 3.19: Manuelle Gliederung der Tabelle

Reduzieren Sie etwa die Tabelle in Zeilen wie auch in Spalten mit den Schaltflächen 2 auf Stufe zwei bleiben nur die wesentlichen Elemente sichtbar. Die Orientierung in einer so reduzierten Tabelle ist ganz sicher einfacher als in der Ausgangstabelle. Ein Klick auf die Schaltflächen + macht einzelne ausgeblendeten Teile wieder sichtbar, mit – können einzelne Bereiche weiter zusammengefaltet werden (siehe Abbildung 3.20).

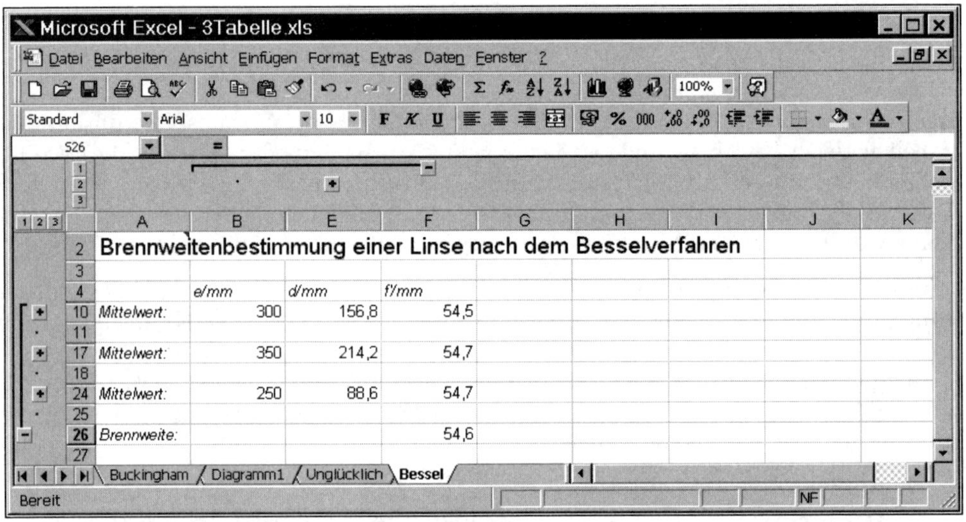

Abbildung 3.20: Tabelle gegliedert und ausgeblendet

Um vorgenommene Gliederungen wieder rückgängig zu machen (auch wenn sie automatisch erstellt wurden), wird der Befehl DATEN, GRUPPIERUNG UND GLIEDERUNG (bzw. GLIEDERUNG), GRUPPIERUNG AUFHEBEN benutzt. Damit können Sie markierte Bereiche wieder heraufstufen. Wollen Sie die gesamte Gliederung aufheben, können Sie den Menübefehl DATEN, GRUPPIERUNG UND GLIEDERUNG, GLIEDERUNG ENTFERNEN bzw. DATEN, GLIEDERUNG, ENTFERNEN in Excel 95 und früher benutzen.

3.4 Arbeitsmappen

Mit der Version 5 hat Excel mit der Vielfalt verschiedener Dateitypen früherer Versionen (Arbeitsmappen, Tabellen, Diagramme, Makrovorlagen) Schluß gemacht und kennt nur noch die Arbeitsmappe. In einer derartigen Mappe sind, gleichsam wie in einem Aktenordner, Tabellen, Makros (bis Excel 95) etc. zusammengefaßt. Die früher möglichen Dateitypen entsprechen jeweils Arbeitsmappen, die nur ein Blatt enthalten.

In der Grundeinstellung enthält jede neue Arbeitsmappe in Excel 5 und Excel 95 16 und in Excel 97 drei Tabellenblätter, wobei die Blätter mit TABELLE1, TABELLE2 usw. benannt sind. Da in den wenigsten Fällen wirklich so viele Tabellenblätter benötigt werden, und es lästig ist, entweder zahlreiche überflüssige Blätter mitzuschleppen oder die Blätter von Hand zu löschen, lohnt es sich, die Standardeinstellungen hier zu bearbeiten. Hierzu verwenden Sie die Dialogseite ALLGEMEIN des Dialogs OPTIONEN, die Sie über den Menübefehl EXTRAS, OPTIONEN erreichen (siehe Abbildung 3.21).

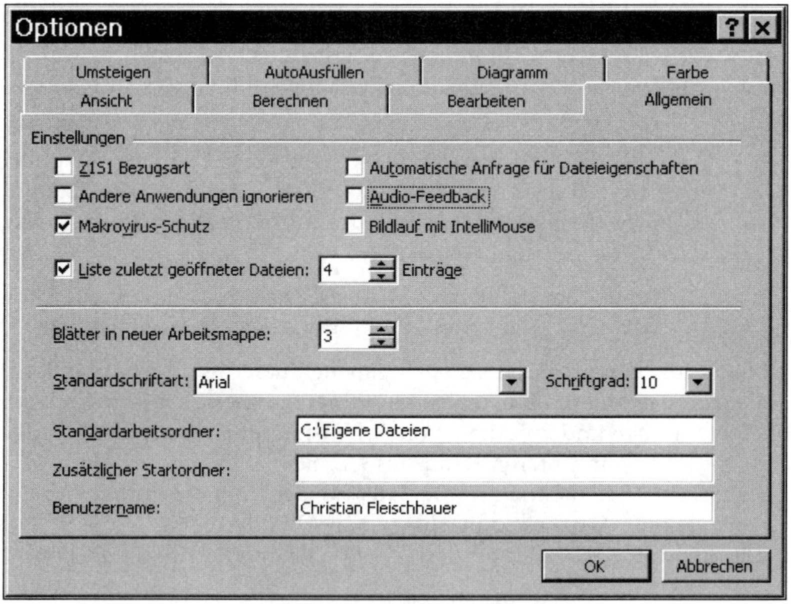

Abbildung 3.21: Dialog für allgemeine Einstellungen

Neben der Anzahl der Tabellenblätter, die eine neue Arbeitsmappe enthalten soll, lassen sich hier noch weitere wichtige Einstellungen vornehmen. Besonders wichtig ist die Wahl des Standardarbeitsverzeichnisses. Dabei handelt es sich um das Verzeichnis, das Excel beim Öffnen oder Speichern von Dateien zunächst anbietet (leider merkt sich Excel nicht automatisch das zuletzt verwendete Verzeichnis). Hier bringt es schon eine Arbeitserleichterung, wenn das richtige Verzeichnis vorgewählt ist.

Das erste, was in einer neuen Arbeitsmappe unbedingt geändert werden sollte, sind die Namen für die einzelnen Blätter der Arbeitsmappe. Ein Klick mit der rechten Maustaste auf ein Register öffnet ein Kontextmenü, mit dem Sie unter UMBENENNEN einen neuen, selbsterklärenden Namen für jedes Blatt festlegen können. Besonders bei Arbeitsmappen mit einer größeren Anzahl von Blättern wird man sich anders kaum noch zurechtfinden.

Neue Arbeitsblätter können Sie in einer Arbeitsmappe über das schon erwähnte Kontextmenü (mit EINFÜGEN) oder über das Menü EINFÜGEN erstellen. Fügen Sie eine neues Arbeitsblatt über das Kontextmenü hinzu, haben Sie die Auswahl zwischen den verschiedenen Arten von Arbeitsblättern:

Tabelle — normale Excel-Tabelle, wie sie schon beschrieben worden ist;

Diagramm — ein eigenes Arbeitsblatt für ein Diagramm, wenn Sie es nicht vorziehen, das Diagramm direkt in die Tabelle einzubetten. Das Einfügen eines Diagrammblattes ruft automatisch den Diagrammassistenten auf, so daß es sinnvoll ist, zuvor bereits den Tabellenbereich zu markieren, der in einem Diagramm abgebildet werden soll.

Makrovorlage	eine Tabelle, in der Makros mit der alten Makrosprache der Version 4 erstellt werden können. Wird nur noch zur Erhaltung der Kompatibilität mit den alten Versionen unterstützt.
Visual-Basic-Modul	ein Arbeitsblatt für Programme in Visual Basic für Anwendungen (VBA), der Programmiersprache von Excel und allen übrigen Anwendungsprogrammen von Microsoft. In Excel 97 steht diese Art von Arbeitsblatt nicht mehr zur Verfügung, da Basic-Module anders verwaltet werden.
Dialog	ein Arbeitsblatt, in dem eigene Dialoge erstellt werden können, die dann in Visual-Basic-Programme eingebunden werden.

Wie sich Blätter aus einem Aktenordner herausnehmen und in einen anderen Aktenordner einlegen oder innerhalb eines Aktenordners umheften lassen, so können auch Arbeitsblätter zwischen und innerhalb von Arbeitsmappen verschoben werden. Fassen Sie einfach den Reiter am unteren Rand des Arbeitsblattes mit der Maus an und verschieben Sie diesen an die neue Position. Falls Sie zwei (oder mehrere) Arbeitsmappen geöffnet haben, können Sie diese zunächst wie in Abbildung 3.22 mit FENSTER, ANORDNEN neu plazieren. Zur Anordnung der Fenster stehen vier Möglichkeiten zur Verfügung:

Unterteilt	Der verfügbare Platz wird mit den Fenstern gleichmäßig »gekachelt«.
Untereinander	Die Fenster werden in horizontalen Streifen untereinander angeordnet.
Nebeneinander	Die Fenster werden in senkrechten Streifen nebeneinander angeordnet.
Überlappend	Die Fenster werden von oben links nach unten rechts überlagernd dargestellt.

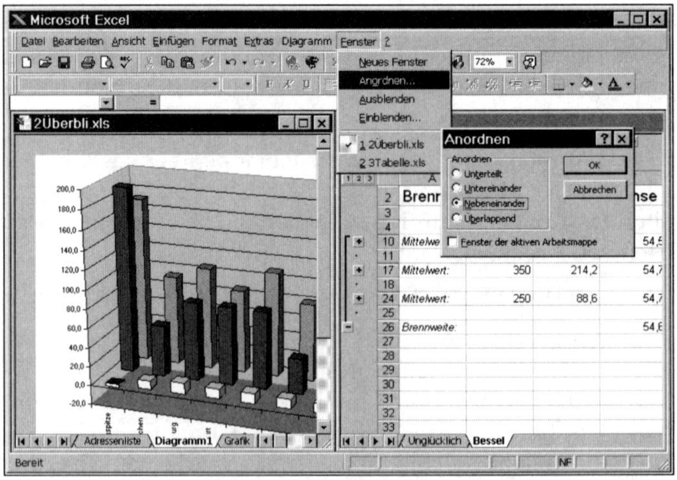

Abbildung 3.22: Anordnung zweier Arbeitsmappen nebeneinander

4 Diagramme

Das zweite Hauptstandbein von Excel neben Tabellen sind Diagramme, mit denen auch unübersichtliche Zahlenwüsten übersichtlich aufbereitete werden können. Wie die Fähigkeiten der Tabellenkalkulation selber sind auch die grafischen Fähigkeiten der Tabellenkalkulationsprogramme von den ersten Anfängen an über die Jahre ständig gewachsen. Begnügten sich die ersten mit einigen Kuchen-, Balken- und Liniendiagrammen, so kamen bald 3D-Darstellungen und Möglichkeiten zur nachträglichen Bearbeitung und Anpassung hinzu. Excel als Endpunkt dieser Entwicklung verfügt über umfangreiche Möglichkeiten der grafischen Darstellung, die das Programm fast schon in die Nähe eines Präsentationsprogramms rücken. Als Generalist ist Excel natürlich in einzelnen Disziplinen nicht so leistungsfähig wie dezidierte Spezialsoftware wie *Microsoft PowerPoint* oder beispielsweise *Origin* im wissenschaftlichen Bereich. Der Vorteil von Excel ist dagegen seine enorme Vielseitigkeit und Verbreitung.

4.1 Daten, Tabellen, Diagramme

Daten in einem Rechenblatt können auf ganz unterschiedliche Weise zustandekommen. Einmal können sie aufgrund eines Modells oder bestimmter funktionaler Zusammenhänge in der Tabelle selber berechnet werden. Anders verhält es sich bei sozial- und politikwissenschaftlichen Anwendungen im weitesten Sinne und auch im Bereich technischer Anwendungen. Hier liegen zunächst nicht mathematische Funktionen vor, sondern empirisch gewonnenes Zahlenmaterial, das in zwei Richtungen weiter bearbeitet werden kann. Zum einen gibt es die Möglichkeit der mathematischen Modellbildung. Hier wird versucht, mathematische Funktionen zu finden, die zumindest eine näherungsweise Interpretation der Daten erlauben. Verfahren hierzu werden Sie weiter unten in den Kapiteln über Statistik und über dynamische Systeme kennenlernen. Die zweite Bearbeitungsweise besteht darin, das Zahlenmaterial verständlicher und durchschaubarer zu machen. Hierzu gehört neben anderen Verfahren auch die grafische Aufbereitung.

4.1.1 Zahlen

Um sich zu verdeutlichen, welche Aufgaben die Aufbereitung von Zahlen stellt, genügt es, das Zahlenmaterial zunächst so anzusehen, wie es tatsächlich anfällt. Nehmen Sie als Beispiel ein paar Zahlen, wie sie bei einer betriebswirtschaftlichen Analyse auftauchen können (das Beispiel in Abbildung 4.1 ist fiktiv).

Die Zahlen sind dadurch zustandegekommen, daß die weiblichen und die männlichen Mitarbeiter jeweils in drei Gruppen unterteilt wurden. Anschließend wurde aus den monatlichen Einkommen für jede Gruppe das arithmetische Mittel gebildet.

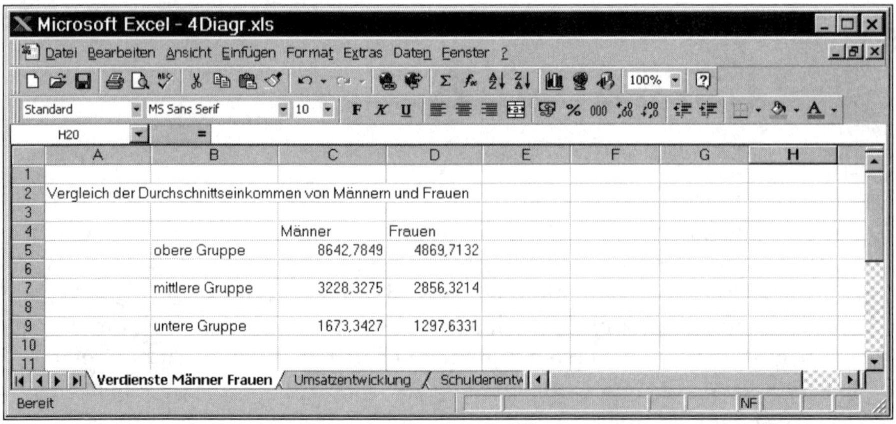

Abbildung 4.1: Unübersichtliche (Roh-)Tabelle

Obwohl die Zahlen hier schon in tabellarischer Form dargeboten werden, sind sie aus mehreren Gründen in einer nicht akzeptablen Form präsentiert:

1. Es fehlen vernünftige Hinweise darauf, was die Tabelle überhaupt darstellt, also eine aussagekräftige Überschrift und eine Bemerkung darüber, woher die Daten stammen.
2. Die Zahlen sind zwar sehr genau (immerhin vier Stellen hinter dem Komma), aber gerade dadurch auch unübersichtlich. Generell täuschen viele Nachkommastellen häufig eine Genauigkeit vor, welche die zugrundeliegenden Daten überhaupt nicht hergeben (Abbildung 4.2).

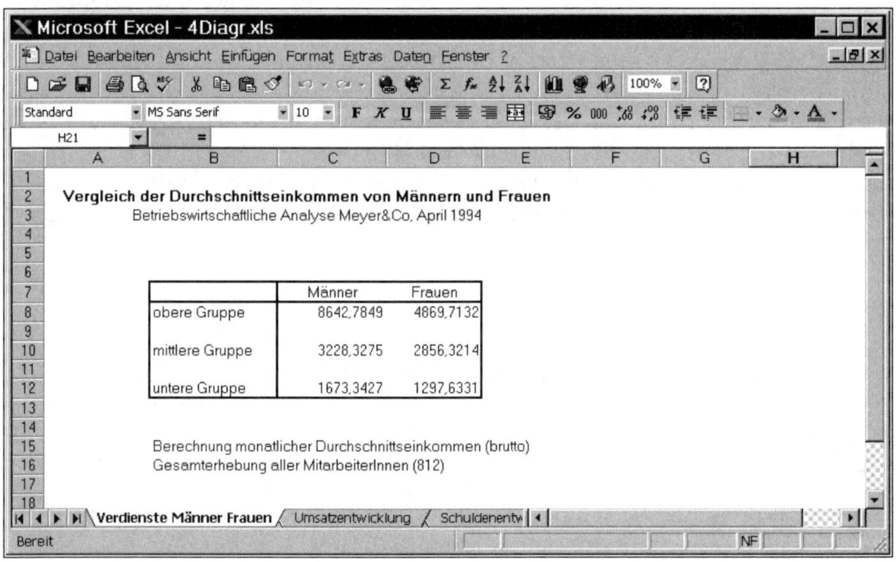

Abbildung 4.2: Übersichtlich formatiert

Die gleichen Angaben könnten auch so aussehen wie in Abbildung 4.2 gezeigt. Es handelt sich hier nur um geringfügige Veränderungen, die aber einem durchschlagenden Effekt haben. Die dargebotene Information läßt sich tatsächlich mit einem Blick aufnehmen.

Das Prinzip, die Informationen so darzubieten, daß der Betrachter sie gut und einprägsam aufnehmen kann, ist der Schlüssel für die grafische Umsetzung von Daten, wobei die Präsentation als Tabelle sozusagen der erste natürliche Schritt in einem Tabellenkalkulationsprogramm ist.

4.1.2 Tabellen

Nehmen Sie z.B. folgende Darlegung aus der Betriebswirtschaft: »Unser Unternehmen hat im vergangenen Jahr (1996) einen Umsatz von 16 Mio. DM gemacht. Zwei Jahre zuvor sah die Umsatzlage schon einmal sehr vielversprechend aus, da hatten wir einen sprunghaften Umsatzanstieg auf 14 Mio. DM, aber vor einem Jahr war der Umsatz nur 13 Mio. DM. Erst dann konnten wir an den Umsatzanstieg aus der Zeit von 1989 anknüpfen. Damals stiegen die Umsätze von 9,5 Mio. DM (1990) auf 11 Mio. DM (1991). Im Folgejahr kam aber ein Rückgang auf 10 Mio. DM, der erst ein Jahr später mit einem Anstieg auf 12 Mio. DM ausgeglichen wurde.«

Ähnlich kryptische Sätze könnten auch in einem Vortrag über metallurgische Verfahren oder über die Entwicklung neuer Pharmaka enthalten sein. Obwohl die hier enthaltenen Informationen eigentlich leicht durchschaubar sind, bleibt eine derartige Darstellung völlig unverständlich. Schon eine einfache tabellarische Darstellung wie in Tabelle 4.1 schafft da Abhilfe.

Umsatz 1990 – 1996	
1990	9,5 Mio
1991	11,0 Mio
1992	10,0 Mio
1993	12,0 Mio
1994	14,0 Mio
1995	13,0 Mio
1996	16,0 Mio

Tab. 4.1: Tabellarische Umsatzentwicklung

Durch die waagerechte und senkrechte Anordnung der Informationen in Zeilen und Spalten gelingt es, die Daten so aufzubereiten, daß sie viel leichter zugänglich werden. Was schon für so einfache Zusammenhänge wie eine Umsatzentwicklung gilt, trifft erst recht für komplexere Zahlenmengen zu: eine wörtliche Beschreibung beispielsweise der Ergebnisse einer sozialwissenschaftlichen Untersuchung dürfte kaum noch lesbar sein.

Allein die Abtrennung der numerischen Daten von einem Text läßt die Konzentration auf das Wesentliche zu, das man sich sonst mühsam heraussuchen müßte. Sie kennen es bestimmt auch: Sie picken sich numerische Werte aus einem Text heraus, in dem die

Daten mal wörtlich, mal in Zahlen angegeben sind, und markieren diese Stellen. Dabei blättern Sie möglicherweise noch hin und her, weil auf den nächsten Seiten noch die eine oder andere Zahl mit Bezug zu dem, was Sie herausfinden möchten, versteckt ist. Dann vergleichen Sie und sind froh, wenn Sie nach einiger Zeit noch wissen, was Sie denn nun eigentlich herausfinden wollten.

4.1.3 Diagramme

So offensichtlich auch der Vorteil einer geordneten Tabelle gegenüber den in einem Text verpackten Daten sein mag – sobald die Tabelle etwas umfangreicher wird, ist auch ihr Inhalt nicht mehr auf einen Blick zu erfassen. Hier nun setzt als Hilfsmittel die Visualisierung der Daten mittels geeigneter Diagrammtypen an. Welche Daten im Vergleich zu welchen anderen Daten dargestellt werden und welcher Diagrammtyp letztlich verwendet wird, ist von der Art der Daten und von der Information abhängig, die aus den Daten gezogen werden soll. Alle numerischen Daten – und viele nichtnumerische Daten auch – lassen sich in der einen oder anderen Form in eine grafische Darstellung übersetzen. Fast alle Probleme der übersichtlichen Präsentation von Daten lassen sich mittels Grafiken lösen. Grafische Darstellungen ermöglichen eine rasche und fehlerfreie Auswertung, die Informationen können im Überblick erfaßt werden und sind so mühelos zugänglich. Schließlich lassen sich durch grafische Darstellungen Zusammenhänge sehr viel besser in Erinnerung behalten als ein beinah endloses Zahlenmeer.

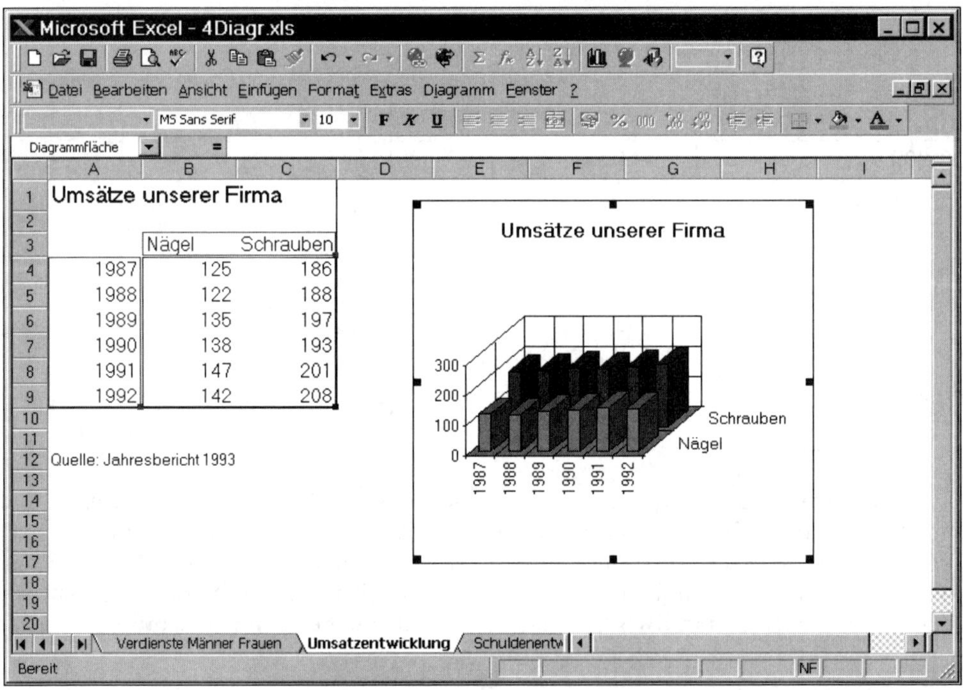

Abbildung 4.3: Tabelle und Balkendiagramm

Schon das kleine Beispiel in Abbildung 4.3 zeigt die Vorzüge der grafischen Darstellung sehr deutlich. Informationen, die Sie einer Tabelle erst durch Nachdenken entnehmen können (z.B. die Größenverhältnisse der einzelnen Daten) werden in der grafischen Darstellung unmittelbar sichtbar.

4.1.4 Von der Tabelle zum Diagramm

Die Umwandlung der Daten von der Tabellenform in eine Grafik setzt zwei Arbeiten voraus:

1. Es besteht oft die Notwendigkeit, das in der Tabelle vorliegende Material sinnvoll zu vereinfachen und prägnante Mengen auszuwählen. Eine solche Vergröberung darf aber nicht den ursprünglichen Zusammenhang, seine Strukturen und Entwicklungen verfälschen.

2. Für die vorhandenen Daten muß entschieden werden, welche Form der grafischen Darstellung das Zahlenmaterial am besten präsentiert. Das ist besonders deshalb eine schwierige Frage, weil Sie die Entscheidung treffen müssen, wie weit Sie durch die grafische Darstellung Ihr Zahlenmaterial noch weiter vereinfachen (und damit immer auch verfälschen) wollen. Je größer die Vereinfachung ist, um so anschaulicher wird das Diagramm – und um so weiter weicht es auch von der Wirklichkeit des Zahlenmaterials ab.

Das hört sich selbstverständlich an. Es sei aber in Erinnerung gerufen, daß gerade in wissenschaftlichen Arbeiten oft eine Fülle von erfaßten und berechneten Daten anfällt. Die Auswahl, welche Daten grafisch dargestellt werden sollen, und welche Daten dafür geeignet sind, ist keineswegs trivial. Sie stehen immer vor dem Dilemma, einerseits möglichst viele der gewonnenen Daten zu verwerten, andererseits aber den Leser nicht zu langweilen oder zu ermüden.

Das bedingt, daß die Daten in zweierlei Richtung vorsortiert werden müssen. Zum einen muß entschieden werden, welche Untermenge Eingang in eine Publikation finden soll. Dabei gilt es sich von manchem zu trennen, was Mühe und Schweiß gekostet hat. Zum anderen müssen die Daten ausgesucht werden, die grafisch ausgewertet werden sollen. In manchen Fällen ist es auch sinnvoll, in eine Publikation beides aufzunehmen: das Zahlenmaterial in Form einer Tabelle (eventuell auch als Anhang) und die grafische Darstellung mittels eines Diagramms.

Sobald Sie sich auf der Suche nach geeigneten Diagrammformen Publikationen ansehen, werden Sie feststellen, daß Ihnen hier zahlreiche unterschiedliche Formen begegnen. Auch Excel gibt Ihnen nahezu unbeschränkte Möglichkeiten, Ihrem Gestaltungswillen bei Diagrammen freien Lauf zu lassen. Das sollte Sie nicht dazu verführen, in einer Publikation mit den unterschiedlichsten Diagrammformen aufzuwarten. Es gilt, eine eigene Bedeutung der Diagrammaussagen zu entwickeln, wobei bestimmte Konventionen für die Verwendung von Diagrammen zu beachten sind. In sich verschiedenes Datenmaterial benötigt auch unterschiedliche Darstellungsweisen. Beispiele für den Verstoß gegen diese Regeln finden Sie in so gut wie jeder Publikation, die überhaupt Diagramme aufweist.

4.2 Bestandteile von Diagrammen

In einem Diagramm finden sich viele verschiedene Elemente, wobei nicht alle Formen von Diagrammen auch alle Elemente enthalten oder benötigen. Die meisten Arten von Diagrammen verwenden als äußeren Bezugsrahmen kartesische Koordinaten – mit anderen Worten ein rechtwinkliges Koordinatensystem. Die Geraden werden als Achsen bezeichnet, die waagerechte Gerade häufig als x-Achse oder *Ordinate*, die senkrechte Gerade als y-Achse oder *Abszisse*. Diese Benennung als x- und y-Achse ist streng genommen nur richtig, wenn eine Größe y gegen eine Variable x aufgetragen ist, doch hat sich die Bezeichnung auch in anderen Zusammenhängen durchgesetzt.

Häufig werden anstelle der Achsen auch beschriftetete Rahmen verwendet, um die eigentlichen Daten nicht durch ein Achsenkreuz zu stören. Die Achsen oder aber die Rahmen des Diagramms werden als Skalen benutzt. Neben rechtwinkligen Koordinatensystemen werden auch krummlinige Koordinatensysteme wie z.B. Polarkoordinaten eingesetzt. Ein Spezialfall ist das Kreisdiagramm, bei dem ein Kreis als Skala benutzt wird, um relative Anteile an einer Gesamtmenge zu visualisieren. Beispiele zeigt Abbildung 4.4. Bereits hier erkennt man, daß bestimmte Zusammenhänge sich in manchen Diagrammtypen besser darstellen lassen als in anderen.

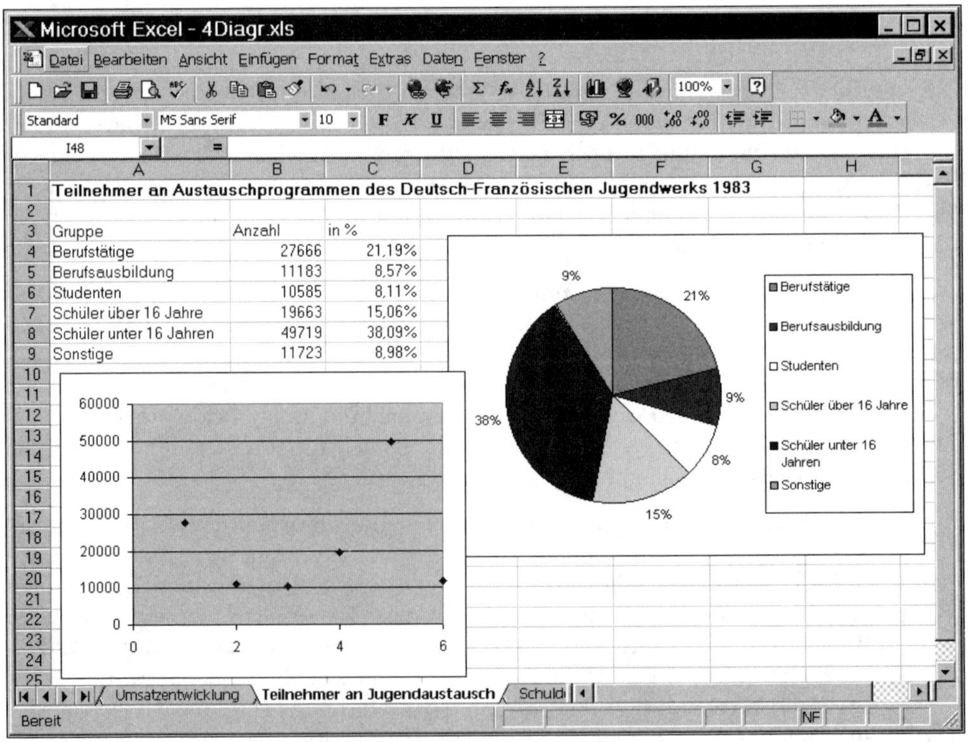

Abbildung 4.4: xy-Diagramm und Kreisdiagramm

Die meisten Darstellungen verwenden eine lineare Skala, d.h., die Abstände zwischen den einzelnen Zahlen sind gleich. In wissenschaftlichen Anwendungen werden häufig auch logarithmische Skalen benutzt (z.B. bei der Darstellung von Wachstums- oder Zerfallsprozessen aller Art), bei denen die Abstände nicht gleich sind. In einigen Fällen kann es vorteilhaft sein, entsprechend der Skalierung ein Hintergrundnetz aus Hilfslinien aufzuziehen.

Ein Diagramm nur mit den nackten Datenpunkten ist für sich noch nicht verständlich, es benötigt noch einiges mehr an Information, d.h., alle wesentlichen Bestandteile eines Diagramms sind zu beschriften. Die Beschriftungen sollten dabei nach Möglichkeit nicht innerhalb des Diagramms vorgenommen werden. Der Titel soll das Interesse des Betrachters erwecken und den springenden Punkt klar herausstellen. Er soll die Problemlage klar kennzeichnen und keine überflüssigen Angaben enthalten.

Eine Fußnote gibt Auskunft über die Herkunft des Datenmaterials (Quelle). Sie kann auch dazu verwendet werden, nähere Erläuterungen über die Auswahl der Daten aus einem größeren Stamm zu geben. Zumeist werden Fußnoten im unteren Teil des Diagramms plaziert, vorzugsweise linksbündig, in kleiner Schriftgröße und häufig in kursivem Schriftbild. Der Inhalt der Fußnote ist zur vollständigen Information gedacht. Ungünstige Plazierung oder eine zu große Schrifttype kann zur Unübersichtlichkeit führen und den klaren Aufbau und den Zugang zum Wesentlichen stören.

Eine Legende, die zumeist rechts neben dem Diagramm steht, gibt die notwendigen Erklärungen, die zum weiteren Verständnis der Grafik nötig sind. Zum Beispiel informiert sie über die Bedeutung vorkommender Symbole oder darüber, welche Farben oder Schraffuren welche Datenreihen bezeichnen. Falls nur ein Element dargestellt wird, so muß dieses natürlich nicht extra gekennzeichnet werden, da es in diesem Falle ja nichts zu unterscheiden gibt. Zum Verständnis des Diagramms ist es unbedingt erforderlich, die Achsen außer mit den Zahlen der Skalierung auch mit den gewählten Einheiten zu versehen. Generell sind Zahlen ohne Einheiten bedeutungslose Hausnummern, die wann mmer möglich vermieden werden sollen!

Um das Diagramm selbst von den näheren Bezeichnungen und Erläuterungen abzusetzen und um eine optische Geschlossenheit zu erreichen, wird es in der Regel von einem Rahmen umgrenzt.

4.3 Diagrammtyp wählen

Vor der eigentlichen Gestaltung eines Diagramms stellen sich vor allem zwei Fragen: Was soll mit der Grafik ausgesagt werden? Und wem gegenüber? Die Antwort auf diese Fragen bestimmt nicht nur die Auswahl der Zahlen aus einer möglicherweise großen Menge von Daten, sondern beeinflußt auch die Auswahl des Diagrammtyps.

Besonders wichtig ist hier die Frage nach dem Publikum. Es ist keineswegs gleichgültig, für wen das Diagramm gedacht ist, ob schon mit der Materie Vertraute angesprochen werden sollen oder Leute, für die die Informationen ganz neu sind. Für die Fragen nach der Auswahl des Diagrammtyps, der zusätzlichen Erläuterungen und der weiteren Gestaltung wird vieles davon abhängen, wer die Adressaten sind und welcher Zweck verfolgt wird.

Zur weiteren Vorbereitung muß die Beschaffenheit des vorhandenen Datenmaterials darauf überprüft werden, ob es für die anvisierten Ziele geeignet ist und vollständig vorliegt. Sofern es sich um Material handelt, das bereits mit elektronischer Datenverarbeitung erfaßt ist, lohnt es sich auch zu prüfen, ob es in einem Format vorliegt oder in ein Format gebracht werden kann, das von Excel direkt weiterverarbeitet wird.

Zur späteren Auswahl eines Diagrammtyps ist auch die Menge der Daten zu berücksichtigen. Bei den einzelnen Diagrammarten ist es durchaus unterschiedlich, wieviel Rubriken in einem Diagramm sinnvoll dargestellt werden können. Jede Diagrammart für sich hat ihre eigene Höchstgrenze, wieviel an Daten hineingepackt werden kann, ohne unübersichtlich zu werden.

Allgemein ist es so, daß die Vorzüge eines Diagramms gegenüber einer Tabelle für die bessere Aufnahme von Zahlenverhältnissen durch das Auge nur dann gewahrt werden, wenn die Diagramme sehr klar und sauber aufgebaut sind und das Auge des Betrachters nicht verwirren. Dazu muß die Darstellung für sich alleine verständlich, einfach und übersichtlich gestaltet sein und darf nicht zu viele Details enthalten. Grafische Zusätze, die nicht unbedingt der Erhöhung der Aussagekraft dienen, können leicht zu einem barocken Stil führen – und das wäre bei der Darstellung von Daten fatal.

Üben Sie also möglichst Zurückhaltung in der Anwendung von Texten, Rahmen, Pfeilen und Rastern. Verwenden Sie lieber für zusätzliche Informationen zusätzlich erläuternden Text. Die Gefahr, eine Grafik zu überladen, so daß die Aussage auf den ersten Blick nicht mehr zu erkennen ist, darf nicht dazu verleiten, daß Sie auf der inhaltlichen Seite reduzieren und einem interessierten Publikum nur noch triviale Sachverhalte in aufwendiger Verpackung zu vermitteln suchen. Auch hierzu ließen sich – gerade durch die Verfügbarkeit spezieller Präsentationsprogramme – beliebig viele Beispiele finden.

Als nächster Schritt wäre zu klären, mit welcher Diagrammart Sie Ihren Intentionen bei der Gestaltung Ihres Datenmaterials am ehesten entsprechen. Zu diesem Thema sind bereits mit Recht ganze Bücher geschrieben worden. Genauere Hinweise werden Sie daher bei der Besprechung der einzelnen Diagrammtypen finden. Für die grobe Orientierung sollten Sie aber schon einmal einige allgemeine Punkte beachten. Legen Sie sich nicht von vornherein auf einen Diagrammtyp fest. Prüfen Sie, ob nicht eine andere Diagrammart den Sachverhalt besser darstellen könnte. Excel kommt dem dadurch entgegen, daß Sie den Diagramm-Typ und die Stilvariante einfach und schnell wechseln können. Interessieren eher exakte Zahlen oder vielmehr das generelle Verhalten von Werten gegenüber einem Zeitverlauf? Wollen Sie einen Trend herausstellen? Verfälscht Ihr ausgewähltes Diagramm den Sachverhalt durch eine besondere Auswahl der Daten? Eine solche Gefahr ist bei einer bildlichen Darstellung noch größer, als sie es bei sonstigen Auswertungsverfahren schon ist.

Gerade die Möglichkeiten, die Ihnen die grafische Darstellung für die Betonung bestimmter Zusammenhänge gibt, bergen auch die Gefahr, die Ergebnisse zu verfälschen. Beispiele für irreführende Darstellungen können Sie überall finden: Geschickte Wahl des Zeitraums bei Zeitreihen, wo der erste Datenpunkt in einem Tal beginnt und somit fast zwangsläufig das Endergebnis positiv erscheint, oder das Strecken und Stauchen von Achsen z.B. durch logarithmische Skalierung. Sehen Sie sich nur das Beispiel für Schuldenentwicklung in Abbildung 4.5 an: die logarithmische Skala läßt den Zuwachs ganz beeindruckend zusammenschrumpfen und täuscht sogar eine Abnahme des Schuldenzuwachses vor.

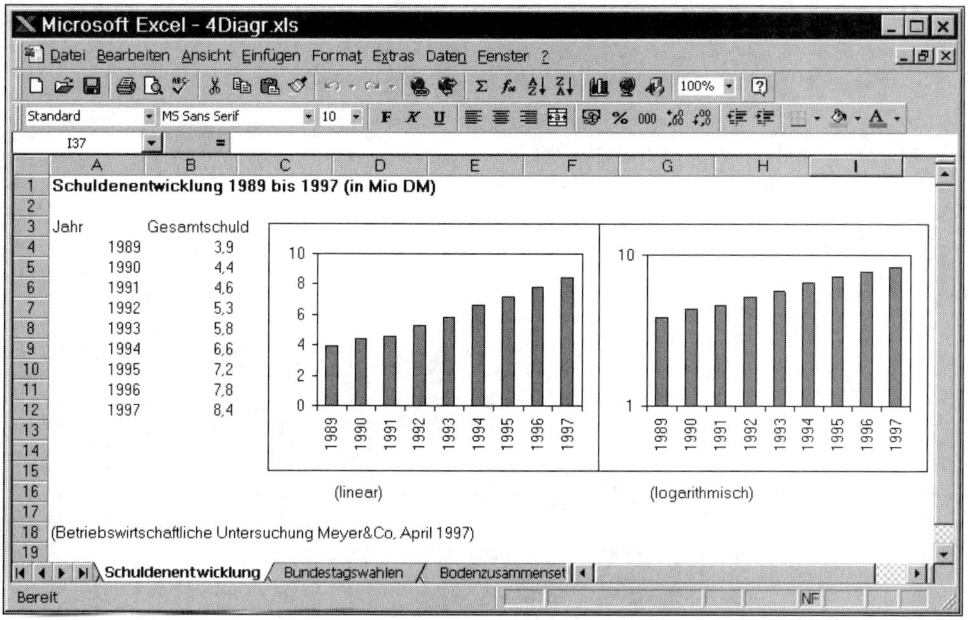

Abbildung 4.5: Datenmanipulation durch lineare und logarithmische Skalierung

Auch wenn Excel Ihnen bei der Skalierung die meiste Arbeit abnimmt, sollten Sie dem Maßstab der Achsen einige Aufmerksamkeit widmen. Verwenden Sie immer Größen, die vom Betrachter leicht aufgenommen werden können, skalieren Sie also in Schritten von 1, 5, 10 etc. (wenn Sie das nicht gänzlich der nicht immer optimalen automatischen Skalierung von Excel überlassen wollen), und verwenden Sie Einheiten, die allzuviele Nullen vermeiden. Statt unlesbaren 50000000 sollte in einer Diagrammbeschriftung 50 auftauchen. Daß es sich um Millionen handelt, steht dann in der Achsenbeschriftung.

Wenn die Anzahl der Datenpunkte eine gewisse Menge überschreitet, ein dreidimensionales Diagramm verwendet wird oder die genaue Angabe der Werte gefordert ist, kann auch eine gesonderte Wertetabelle neben oder unter dem Diagramm angelegt werden. Falls Sie lieber auf eine Wertetabelle verzichten und trotzdem quantitative Aussagen auch bei eng zusammenliegenden Größen ermöglichen wollen, können Sie auch Hilfslinien oder ein Netzgitter über die Grafik legen (Abbildung 4.6). So lassen sich auch noch geringe Größenunterschiede sauber unterscheiden. Auch hier gilt, daß zuviel Beiwerk einer klaren Aussage eher schadet.

Eigentlich könnte es ja gleichgültig sein, welche Werte auf der x-Achse und welche auf der y-Achse aufgetragen werden. Allerdings gibt es Konventionen, die bei Nichtbeachtung zur Verwirrung des Betrachters führen können, weil er es nun mal anders gewöhnt ist. Üblicherweise werden unabhängige Variablen auf der x-Achse und abhängige Variablen auf der y-Achse aufgetragen.

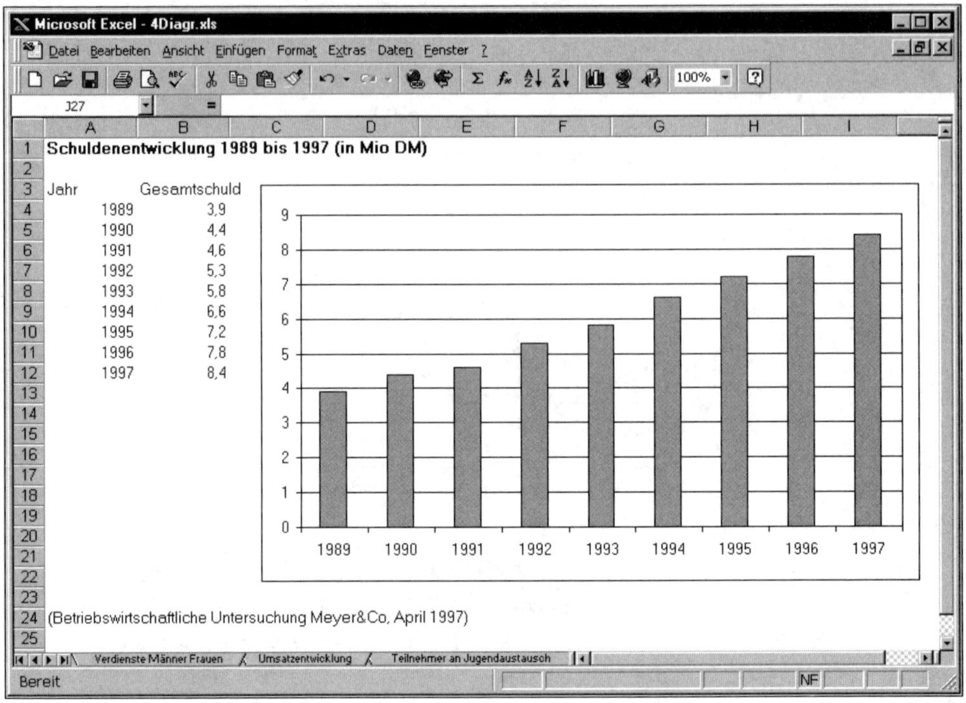

Abbildung 4.6: Gitternetzlinien erleichtern die quantitative Interpretation

4.4 Optische Darstellung von Diagrammen

Die Übersetzung des Zahlenmaterials in ein aussagekräftiges Diagramm ist nur die halbe Sache. Die andere Hälfte besteht darin, das Diagramm optisch so aufzubereiten, daß es seine Aussagekraft auch entfalten kann und tatsächlich das mitteilt, was Sie mitteilen wollen. Dazu müssen Farben und Schrift, Größen und Größenverhältnisse sowohl in sich als auch untereinander stimmig sein.

Die Wahl der Farben sollte dem jeweiligen Zweck untergeordnet sein. Wollen Sie beispielsweise Abstufungen (Rangfolgen) in Beobachtungswerten wiedergeben, so sollte diese Abstufung durch Variation einer Grundfarbe geschehen, die durch Farbsättigung und Farbhelligkeit erfolgt. Für Abgrenzungen hingegen ist es sinnvoll, unterschiedliche Grundfarben zu verwenden, um den Kontrast herauszustreichen. Schwerpunktwerte, wie z.B. die größte Zahl, sollten in der Farbe möglichst den größten Kontrast gegenüber dem Hintergrund aufweisen, also etwa möglichst dunkel vor hellem Hintergrund.

Die Farbwahl wird natürlich auch durch das Medium der Wiedergabe beeinflußt. Falls Diagramme in Schwarzweiß bzw. Grautönen dargestellt werden sollen, z.B. weil sie im Schwarzweißdruck wiedergegeben werden sollen, muß dies schon beim Entwurf in die Überlegungen zur Farbwahl mit einfließen. Das Aussehen des Diagramms beim Ausdruck können Sie jederzeit mit dem Befehl DATEI, SEITENANSICHT überprüfen. Werden von vornherein Schraffuren oder Raster für die bildliche Darstellung in Anspruch genommen, sollte dafür Sorge getragen werden, daß der Betrachter nicht nur Fischgrätenmuster vor Augen hat und vor lauter Geflimmer nichts mehr erkennen kann. Sie können sich hier zwar generell auf die Darstellungsweise von Excel verlassen, aber in einzelnen Fällen werden Sie doch eigene Entscheidungen treffen oder nacharbeiten müssen.

Die Wahl der Schriftart spielt für den optischen Eindruck eines Diagramms eine besondere Rolle. Sie sollte schnell lesbar, im Kontrast zur Darstellung stehen und sich trotzdem harmonisch ins Gesamtbild einfügen. Überladen Sie Ihr Diagramm nicht mit einer Vielzahl unterschiedlicher Schriftschnitte – wie immer gilt auch hier *weniger ist mehr.* In der Regel ergeben ein bis maximal zwei Schriftschnitte in unterschiedlichen Größen die besten Ergebnisse.

Werden mehrere Diagramme erstellt, so sollte bei der Wahl der Darstellungsart beachtet werden, ob für ähnliche Sachverhalte die Unterschiede durch verschiedene Diagrammtypen unterstrichen werden sollen oder ob die Darstellung in mehreren Diagrammen nur gewählt wurde, um nicht alles in ein Diagramm zu quetschen und so das Auge des Betrachters zu überfordern. Im letzteren Fall sollten gleiche Diagrammtypen verwendet werden. Handelt es sich dagegen um verschiedene Sachverhalte, so sind auf jeden Fall auch unterschiedliche Darstellungen zu wählen. Gleichzeitig sollten Sie darauf achten, in einer Publikation oder Präsentation für Ihre Diagramme einen einheitlichen Stil zu verwenden.

4.5 Grundtypen

Der Zweck von Diagrammen, mit ihnen auf anschauliche Art Zahlen darzustellen und Vergleiche zu ziehen, bedeutet auch, daß sich für die unterschiedlichen Arten von Daten und für die unterschiedlichen Ziele der Darstellung eine Vielfalt verschiedener Diagrammtypen einsetzen lassen.

Unter der Vielzahl möglicher Diagrammformen – und auch tatsächlicher, wenn Sie Ihre mediale Umgebung genauer betrachten – finden Sie fast nur zwei Grundtypen vor (Häufigkeit der tatsächlichen Anwendung). Zum einen sind es Diagramme mit rechtwinkligem Koordinatensystem, also Diagramme, die zwei senkrecht aufeinanderstehende Achsen benötigen, zum anderen Anteilsdiagramme, die zumeist als Kreisdiagramme ausgeführt werden. Das sogenannte Netzdiagramm ist dagegen ein Diagrammtyp, dem Sie außerordentlich selten begegnen.

Unter die Diagramme mit rechtwinkligem Koordinatensystem fällt die große Mehrzahl der Diagramme (Säulen, Balken, Linien, Flächen). Sie lassen sich danach unterscheiden, ob die x-Achse numerisch unterteilt ist oder nicht. Eine numerische Unterteilung kann zeitlich sein (z.B. Jahreszahlen, Monatszahlen), es kommen aber auch viele andere Teilungen vor.

Des weiteren kann die numerische Unterteilung diskret oder kontinuierlich sein. Wenn Sie etwa Jahresumsätze grafisch darstellen, dann verwenden Sie diskrete numerische Werte, nämlich die Jahreszahlen. Die Darstellung der Durchbiegung eines Trägers in Abhängigkeit von seiner Länge dagegen bietet stetige Werte auf der x-Achse: die Länge.

Auch wenn die Übergänge fließend erscheinen – die Jahre sind unterteilbar, die Durchbiegung wurde vielleicht nur 10cm-weise, also für diskrete Werte gemessen –, gibt es tatsächlich einen wesentlichen Unterschied. Bei kontinuierlichen Werten lassen sich Zwischenwerte anhand der Grafik interpolieren, bei diskreten Werten würde die Interpolation entweder falsch oder ergäbe keinen Sinn. So läßt sich aus einem Balkendiagramm mit den jährlichen Umsätzen eines Unternehmens eben nicht entnehmen, daß der Umsatz im Dezember 1990 niedriger war als im Januar, es kann sogar das Gegenteil der Fall sein (aus diesem Grund wählt man auch für nicht interpolierbare Größen Balkendiagramme).

Einige Beispiele sollen die unterschiedlichen Daten illustrieren, die in Diagrammen mit numerischer x-Achse dargestellt werden können: Familieneinkommen in Abhängigkeit von der Kinderzahl, Arbeitsproduktivität in Abhängigkeit von der Betriebsgröße, Unfallhäufigkeit abhängig von der Einwohnerzahl, Säuglingssterblichkeit in Abhängigkeit vom Familieneinkommen, Strahlenbelastung in Abhängigkeit der Entfernung von einem Atomkraftwerk, Luftdruck abhängig von der Höhe.

Nichtnumerische Einteilungen der x-Achse kommen ebenfalls häufig vor, wobei oft durch Ordnen der Daten nach ihrer Größe oder nach anderen Gesichtspunkten zumindest eine gewisse Systematik der x-Achse erreicht wird. Wieder einige Beispiele: der Umsatz eines Unternehmens in verschiedenen Regionen, Pro-Kopf-Einkommen in verschiedenen Ländern, Produktivität in verschiedenen Branchen, Lebenserwartung in verschiedenen Regionen.

4.6 Diagramme erstellen

Nach diesen allgemeinen Bemerkungen ist es an der Zeit, sich wieder der praktischen Seite zuzuwenden: der Erstellung von Diagrammen in Excel. Da Sie das Verfahren schon in den grundlegenden Punkten kennengelernt haben, kann sich die Darstellung hier auf die Kernpunkte und wichtige Details beschränken.

4.6.1 Arbeitsfläche

Vorweg lohnt es sich – insbesondere, wenn Sie nicht nur ein Diagramm, sondern eine ganze Serie gestalten wollen – die Arbeitsfläche optimal für die Arbeit an und mit Diagrammen zu gestalten. Hierzu sollten die Werkzeugpalette für das Zeichnen und die Symbolleiste für Diagramme eingeblendet werden. Beides erreichen Sie (z. B.) über den Befehl ANSICHT, SYMBOLLEISTEN. Die Werkzeuge für das Zeichnen brauchen Sie, wenn Sie die Diagramme optisch weitergehend gestalten wollen, als Excel es von sich aus anbietet. Die Symbolleiste für Diagramme gestattet einen schnellen Wechsel des Diagrammtyps und bietet die Möglichkeit, die Arbeit mit dem Diagrammassistenten in vielen Fällen durch einen Mausklick zu ersetzen. Die Symbolleiste DIAGRAMM hat sich beim Übergang von Excel 95 zu Excel 97 stark geändert (Abbildung). Die einzigen Schaltflächen, die in beiden Versionen standardmäßig vorhanden sind, sind die Schaltflächen DIAGRAMMTYP bzw. DIAGRAMMTYP-PALETTE und LEGENDE.

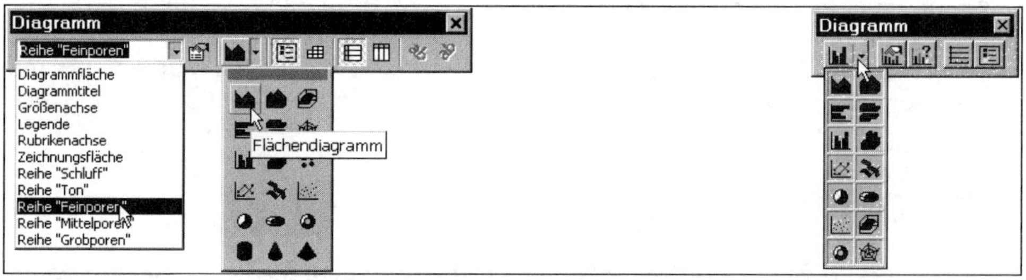

Abbildung 4.7: Symbolleiste für Diagramme in Excel 97 (links) und Excel 95 (rechts)

Die in Excel 5 und Excel 95 standardmäßig vorhandenen Schaltflächen der Symbolleiste DIAGRAMM sind DIAGRAMMTYP-PALETTE, VORZUGSFORM, DIAGRAMMASSISTENT, HORIZONTALE GITTERNETZLINIEN und LEGENDE. Die Excel-97-Symbolleiste DIAGRAMM enthält das Kombinationsfeld DIAGRAMMOBJEKTE zur Auswahl einzelner Objekte und Datenreihen im Diagramm, die Schaltfläche (...) FORMATIEREN, die es erlaubt das augenblicklich im Diagramm ausgewählte Objekt zu formatieren, ebenfalls die Palettenschaltfläche DIAGRAMMTYP und die Schaltflächen LEGENDE, DATENTABELLE, NACH ZEILE, NACH SPALTE, TEXT NACH OBEN DREHEN und TEXT NACH UNTEN DREHEN. Falls Ihnen die Zusammenstellung der Symbolleiste in Ihrer Version von Excel nicht gefällt, können Sie diese aber auch nach eigenem Gutdünken abändern – alle Befehle der Kategorie *Diagramm (erstellen)* einschließlich aller Excel-95-Befehle stehen Ihnen im Dialog ANPASSEN zur Verfügung. Umgekehrt fehlen Excel 5 und 95 natürlich einige in Excel 97 neu aufgenommenen Merkmale. Hierzu zählen insbesondere die äußerst praktischen Steuerungselemente DIAGRAMMOBJEKTE und (...) FORMATIEREN und einige neue Diagrammtypen, die jedoch bis auf das Blasendiagramm eher als Spielereien einzuordnen sind. Auch die Schaltfläche DATENTABELLE ist neu, sie ermöglicht, eine Wertetabelle ins Diagramm selber aufzunehmen. Der Diagrammassistent wurde offensichtlich aus der Diagramm-Symbolleiste von Excel 97 herausgelassen, da er in der normalerweise ständig eingeblendeten Standardsymbolleiste bereits vorhanden ist.

Prinzipiell gibt es je nach Excel-Version unterschiedliche Wege, die zu einem Diagramm führen. Ausgangspunkt ist in jedem Fall eine Tabelle, die die Daten enthält, die grafisch dargestellt werden sollen. Zu diesen Daten können auch die Zeilen und Spaltentitel hinzugerechnet werden, die im Diagramm als Beschriftungen und Legenden verwendet werden können. Diese Daten werden durch Ziehen mit gedrückter Maustaste markiert.

Diagramme können als eigene Arbeitsblätter oder innerhalb eines Tabellenblattes angelegt werden. In Excel 5 und 95 hängt dies davon ab, ob Sie den Diagrammassistenten über den Befehl EINFÜGEN, DIAGRAMM oder die Schaltfläche für den Diagrammassistenten starten. Im letzteren Fall können sie bis Excel 95 nur eingebettete Diagramme erzeugen. In Excel 97 haben Sie dagegen im letzten Schritt des Diagrammassistenten die Wahl, ob Sie ein eigenes Diagrammblatt oder ein eingebettetes Diagramm erzeugen wollen. Den Umgang mit dem Diagrammassistenten haben Sie im zweiten Kapitel ja bereits kennengelernt.

Der schnellste Weg zu einem Diagramm führt über die Schaltfläche DIAGRAMMVORGABE (Excel 97) bzw. VORZUGSFORM (Excel 5 und 95). In den älteren Excel-Versionen ist diese Schaltfläche Bestandteil der Symbolleiste DIAGRAMM, in Excel 97 müssen Sie sie dagegen selber in einer Symbolleiste Ihrer Wahl installieren. Ein Klick auf diese Schaltfläche führt unmittelbar zu einem Diagramm in der Vorzugsform: es braucht lediglich noch der Ort für das Diagramm mit der Maus markiert zu werden. Für eine größere Anzahl von Diagrammen vom gleichen Typ empfiehlt sich diese Methode.

4.7 Diagrammtypen

Excel verfügt über eine große Auswahl an Diagrammtypen, die nahezu allen Darstellungszwecken gerecht werden. Bis Excel 95 gliedern sich die vom Diagrammassistenten angebotenen Diagrammtypen in 15 Kategorien mit bis zu 10 Untertypen (Abbildung 4.8). Insgesamt werden hier knapp über hundert unterschiedliche Diagrammtypen angeboten. Allerdings sind diese Typen untereinander oft sehr ähnlich, so unterscheiden sich die Säulendiagramm-Untertypen 1 und 5 nur im Fehlen bzw. Vorhandensein horizontaler Gitternetzlinien. In Excel 97 wurde dieses Angebot daher kräftig aufgeräumt (Abbildung 4.9). Immer noch sind 14 Grundtypen vorhanden, von denen allerdings vier vollständig neue (und wenig nützliche) Diagrammtypen enthalten. Die in den übrigen Diagrammtypen enthaltenen Untertypen sind auf gerade einmal 32 Untertypen zusammengeschrumpft Es lohnt sich also, sich einen Überblick zu verschaffen, der es gestattet, für jeweils spezifische Daten die geeignetste Diagrammform auszuwählen.

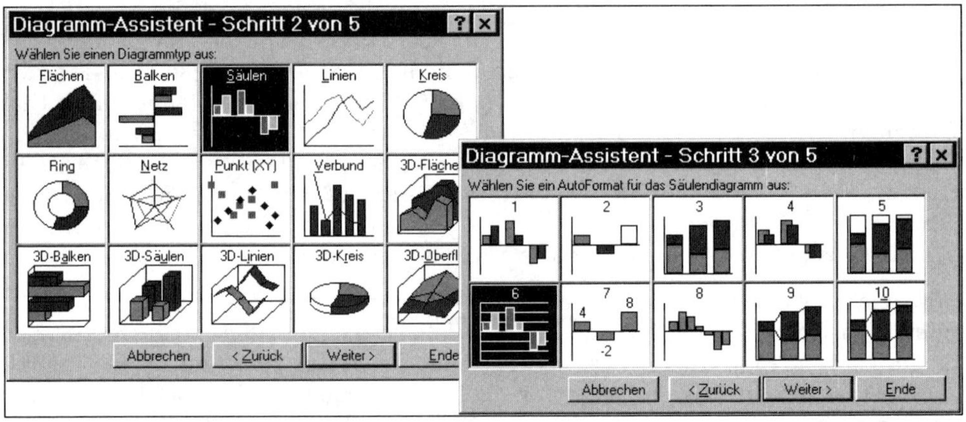

Abbildung 4.8: Diagrammtypen in Excel 95 mit Stilvarianten des Säulendiagramms

Grob läßt sich unterscheiden zwischen Diagrammen mit rechtwinkligen Koordinaten (Balken- und Liniendiagramme) und Polarkoordinaten (Kreis,- und Netzdiagramme), Beide Gruppen zerfallen ihrerseits noch einmal in zweidimensionale und pseudo-dreidimensionale Darstellungen (bei denen das Diagramm zwar räumlich dargestellt, aber keine echt dreidimensionalen Daten vorliegen auf der einen Seite und echt dreidimensionalen Daten auf der anderen Seite). Im folgenden Überblick wurde die Nomenklatur von Excel kommentarlos übernommen, auch wenn sie zuweilen von gebräuchlicheren Bezeichnungsweisen abweicht. Bei den 3D-Diagrammen wurde unterschieden zwischen echten 3D-Diagrammen und Diagrammen, die lediglich optisch mit einem räumlichen Effekt versehen wurden.

Abbildung 4.9: Diagrammtypen in Excel 97 mit Stilvarianten des Säulendiagramms

4.7.1 Säulendiagramm

Säulendiagramme sind von allen Diagrammarten wohl am häufigsten anzutreffen. Sie eignen sich gut für die Darstellung vieler Daten. Besonders, wenn die x-Achse für eine numerische Größe steht, wird die Anordnung von kleinen zu großen Werten von links nach rechts sofort als unmittelbar einleuchtend empfunden. Zeitreihen werden durch den von links nach rechts gehenden Zeitpfeil mit dem tatsächlichen Verhalten der Zeit assoziiert.

Da Säulen intuitiv als getrennte Einheiten aufgefaßt werden, sollten sie besonders für unterschiedliche, streng voneinander abgrenzbare Einheiten verwendet werden wie z. B. für Niederschläge in verschiedenen Gebieten, Anzahl von Erkrankungen bei Männern und Frauen in verschiedenen Altersklassen etc. Daten, die in Säulendiagrammen dargestellt werden, sind im allgemeinen nicht interpolierbar – für interpolierbare Daten wie z. B. die Produktionsausbeute abhängig von der Prozeßtemperatur etc. sollten besser Liniendiagramme oder xy-Diagramme verwendet werden.

Die abhängige Größe, auf die es im Diagramm ankommt, wird im Säulendiagramm durch die Höhe der Säulen angegeben. Damit die Höhe proportional zu den darzustellenden Werten ist, also einem doppelt so großen Wert eine doppelt so hohe Säule entspricht, muß die Skala der y-Achse bei Null beginnen. Eine angezeigte Unterbrechung der Skala ist zwar zulässig, optisch wird jedoch ein anderes Ergebnis suggeriert. Größenunterschiede werden dann überbetont. Das mag manchmal sinnvoll sein, aber es ist auch einer der häufigsten Kunstgriffe bei Diagrammdarstellungen, die Ergebnisse zu verfälschen.

Schließlich sollte noch, wie in anderen Diagrammen auch, die jeweilige Höchstzahl der Rubriken für die Lesbarkeit beachtet wird – beim Balkendiagramm sollten nicht mehr als acht bis zehn Verwendung finden, kleinere Anteile möglicherweise unter einer Rubrik »Sonstiges« zusammengefaßt werden. Die verfügbaren Stilvarianten von Säulendiagrammen in den verschiedenen Excel-Versionen sind in den Abbildungen 4.8 und 4.9 zu sehen.

4.7.2 Gruppensäulen

Wollen Sie mit einem Säulendiagramm die Entwicklung nicht nur von einem, sondern von mehreren Datensätzen verfolgen, so daß Sie die Datensätze zusätzlich untereinander vergleichen können, dann erstellen Sie ein Gruppensäulendiagramm, eine Kombination sozusagen von mehreren einfachen Säulendiagrammen. Die Herstellung entspricht der von einfachen Säulendiagrammen, nur daß diesmal mehrere Spalten in der Tabelle markiert sein müssen.

Dieser Diagrammtyp dient besonders dem Vergleich verschiedener Werte zu jeweils gleichen Zeitpunkten, Regionen usw. Sie sollten also darauf achten, daß tatsächlich nur vergleichbare Werte in einer derartigen Gruppe auftauchen. Eine gemeinsame Jahreszahl oder ein gemeinsames Unternehmen ist noch kein hinreichender Grund für einen Vergleich. Es macht z. B. wenig Sinn, vier Quartalsergebnisse und zusätzlich das Jahresergebnis nebeneinanderzusetzen.

Vergleichbar und damit zu einer Gruppe zusammenfaßbar sind durchaus auch ganz unterschiedliche Daten. So kann es etwa sinnvoll sein, abhängig von der Familiengröße die Wohnraumgröße, die monatliche Mietbelastung und das Monatseinkommen in einer Gruppe zusammenzufassen. Das Problem hierbei ist, daß für die Größenachse keine gemeinsame Dimension besteht (am besten wird diese Achse dann nicht mehr skaliert). Das hat zur Folge, daß eine ganze Anzahl von Hinweisen zum Diagramm erforderlich sind. In solchen Fällen ist zu überlegen, ob nicht doch mehrere Einzeldiagramme den Darstellungszweck besser erfüllen.

Die optische Übersichtlichkeit des Diagramms erfordert, daß nicht zu viele Datensätze verwendet werden. Wenn mehr als vier Säulen in einer Gruppe zusammengefaßt werden, würde dies die Lesbarkeit des Diagramms erheblich erschweren, besonders wenn zusätzlich noch eine größere Anzahl von Gruppen abgebildet werden soll.

Am geeignetsten ist dieses Diagramm in den Fällen, wo jeweils zwei Werte zu Gruppen zusammengefaßt werden sollen. Gebräuchliche Beispiele sind: Einnahmen-Ausgaben; Gewinne-Investitionen; Geburten-Sterbefälle usw. Es sind aber auch viele Beispiele mit nichtnumerischer x-Achse denkbar, wo ein Zusammenhang innerhalb der Wertegruppen demonstriert werden soll, wie etwa Gewinn und Verlust verschiedener Unternehmen, Einwanderungs- und Auswanderungsquote verschiedener Länder usw. In solchen Fällen ist es immer sinnvoll, die Wertegruppen nach der Größe einer der Komponenten zu sortieren, da sonst das Diagramm ziemlich undurchschaubar wird.

Wenn die Wertegruppen in einem Diagramm dieser Art sehr stark auseinanderliegen, also sehr niedrige und sehr hohe Säulen zusammenstehen, kann der Eindruck der jeweiligen prozentualen Größenverhältnisse optisch verfälscht werden. Eine Verdoppelung der Säulenhöhe fällt bei einer sehr hohen Säule stärker auf als bei einer niedrigen.

Besser wäre es, in diesem Fall die Daten auf zwei oder mehr Diagramme zu verteilen. Zu überprüfen wäre auch, ob nicht ein anderer Grafiktyp die darstellerischen Probleme besser lösen würde, wie z. B. gestapelte Säulen.

4.7.3 Gestapeltes Säulendiagramm

Im gestapelten Säulendiagramm werden die Daten als Säulen übereinandergestellt (gestapelt). Mit diesem Diagrammtyp können mit einigen Einschränkungen dieselben Daten dargestellt werden, für die auch Gruppensäulen verwendet werden können, nur daß hier auf gleichem Raum viel mehr Datensätze Unterschlupf finden. Die Säulenabschnitte werden proportional zu den Daten unterteilt. Leider haben aller Excel-Versionen seit Version 5 hier ein Problem – sie skalieren die gestapelten Säulen immer automatisch auch auf 100 % obwohl sie intern durchaus zwischen einfachen gestapelten Säulen und normierten gestapelten Säulen unterscheiden. Sie können diesen Fehler umgehen, indem Sie eine weitere Datenreihe auftragen, die aus einem festen (Maximal-) Wert abzüglich der übrigen Datenreihen gebildet wird.

Die Einschränkung hinsichtlich der darzustellenden Daten betrifft die Dimension der Werte. Stärker noch als bei den Gruppenbalken ist in diesem Diagrammtyp darauf zu achten, daß nur Daten gleicher Dimension zu jeweils einer gestapelten Säule zusammengefaßt werden. Die Werte werden durch das Aufeinanderstellen der Säulen addiert. Im Gruppensäulendiagramm mag es noch hingehen, paarweise die Beschäftigtenzahl und den Umsatz verschiedener Unternehmen nebeneinander zu stellen, aber gestapelt sind diese Wertepaare nicht tolerierbar.

Zwar wird in diesem Diagramm auch die Entwicklung der einzelnen Komponenten verfolgt, der Akzent liegt aber eindeutig in der Betonung der Totalen, also der Gesamtmenge der Daten. Jede gestapelte Säule ist für sich eine Art von Anteilsdiagramm, ähnlich dem Kreisdiagramm. Sie sollten daher diesen Diagrammtyp auch nur dann verwenden, wenn die Gesamtmengen (Höhe der ganzen Säule) und die Zusammensetzung (Höhe der einzelnen Abschnitte) wirklich das sind, was Sie mitteilen wollen.

Die Verfolgung einzelner Elemente kann sich manchmal recht schwierig gestalten, sollten einzelne Werte zu weit auseinander liegen. Das Diagramm wird gefälliger gestaltet sein und ruht optisch mehr in sich selbst, wenn die Beträge ihrer Größenordnung nach von unten nach oben gestaffelt werden, mit den höheren Beträgen beginnend. Sollten Sie feststellen, daß die Vergleiche der einzelnen Komponenten doch aufschlußreicher sind, so sollten Sie zum Gruppensäulendiagramm wechseln.

Ein Spezialfall dieses Diagrammtyps liegt vor, wenn alle Einzelsäulen auf 100% berechnet werden, also alle Säulen gleich hoch sind, und nur die einzelnen Teile sich in der Größe ändern (Abbildung 4.10). Das erfordert keine eigene Berechnung, da diese Variante von Excel direkt angeboten wird.

Dieser Diagrammtyp entspricht in seiner Aussage der Aneinanderreihung von mehreren Kreisdiagrammen, ist aber ungleich leichter zu überblicken. Während etwa sechs Kreisdiagramme hintereinander unübersichtlich wären und kaum einen Vergleich der Segmente erlaubten, bleiben sechs gestaffelte Balken hintereinander immer noch übersichtlich.

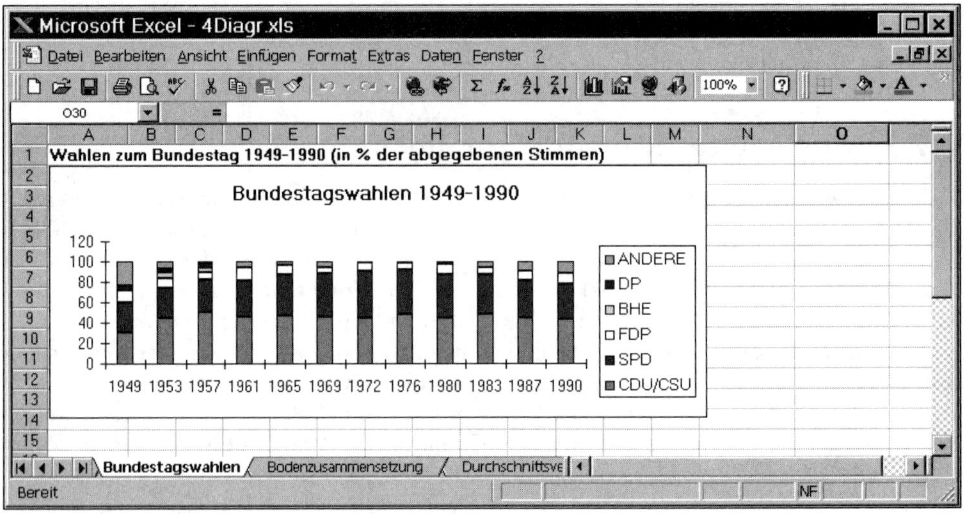

Abbildung 4.10: Gestapelte Säulen

Eine alternative Darstellungsweise für derartige Daten wäre ein Liniendiagramm oder, wenn die Trends sehr eindeutig sind, ein Flächendiagramm.

4.7.4 Flächendiagramm

Das Flächendiagramm können Sie sich auch als Kreuzung zwischen einem Liniendiagramm (s. u.) und einem Diagramm mit gestapelten Säulen vorstellen. Wie beim Liniendiagramm werden die Datenpunkte mittels Linien zu einem Streckenzug verbunden. Die Fläche unter diesem Linienzug wird zum besseren Kontrast gefärbt oder mit einem Muster unterlegt. Insofern ähnelt es noch einem Liniendiagramm.

Wird nun aber ein zweiter oder dritter Datensatz editiert, so werden diese nicht überlagernd dargestellt, sondern punktweise addiert (in Excel 97 existiert auch eine Variante, in der die Werte überlagert werden). Die Linie des zu oberst liegenden Datensatzes zeigt demnach die Summe der einzelnen Datensätze an. Auch hier normiert Excel automatisch auf 100 %, selbst wenn dies nicht gefordert und von den symbolischen Repräsentationen in Diagrammassistenten anders angedeutet wird (Abhilfe wie oben). Auf jeden Fall läßt sich jedoch sehr gut verfolgen, wie sich die Einzelkomponenten einer Größe über einen Zeitraum hinweg verhalten. Durch die Betonung der Fläche wird das Ausmaß der Trendveränderung hervorgehoben.

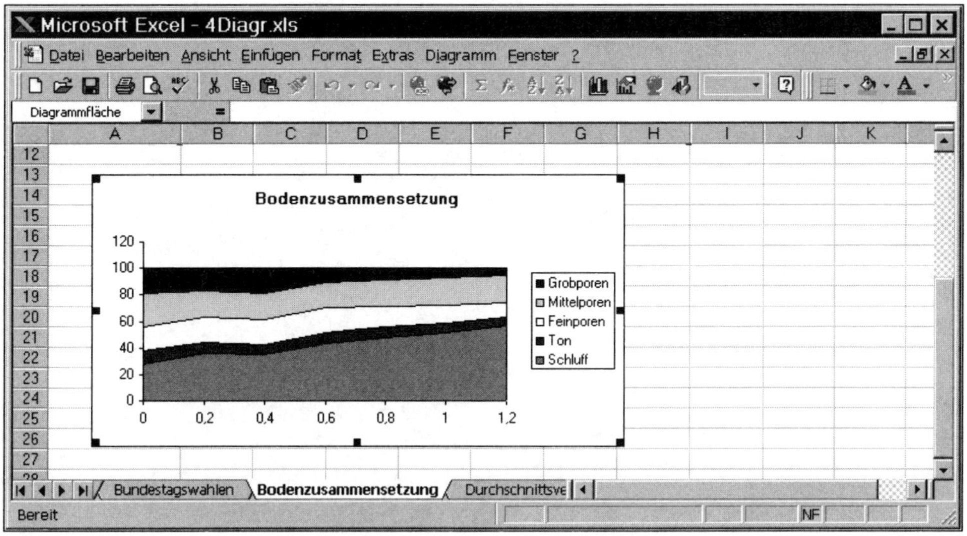

Abbildung 4.11: Flächendiagramm

4.7.5 Balkendiagramm

Beim (horizontalen) Balkendiagramm wird die y-Achse aus dem Säulendiagramm zur x-Achse, die ganze Grafik wird um 90 Grad gedreht. Dementsprechend werden mit diesem Diagramm ganz ähnliche Sachverhalte wie im Säulendiagramm dargestellt. Die Unterscheidung in (horizontale) Balkendiagramm und (vertikale) Säulendiagramme folgt hier den Bezeichnungen der Excel-Dokumentation, im normalen Sprachgebrauch werden die Begriffe Balken- und Säulendiagramm häufig auch synonym eingesetzt.

Im Prinzip läßt sich jedes Säulendiagramm durch ein Balkendiagramm ersetzen und umgekehrt, doch erweisen sich Balkendiagramme eher bei langen Datenreihen als angemessen. In diesem Fall wirken Balkendiagramme übersichtlicher als Säulendiagramme. Das Balkendiagramm ist nicht so verbreitet wie das Säulendiagramm. Insbesondere bei allen Diagrammen, die Zeitreihen beinhalten, wird nahezu ausschließlich das vertikale Säulendiagramm verwendet. Der Grund ist, daß das natürliche Empfinden für den Zeitpfeil von links nach rechts im horizontalen Aufbau nicht gegeben ist.

Unter anderem kann die Länge der Namen einzelner Säulenrubriken ein wichtiger Grund für die Wahl des horizontalen Diagramms sein. Genaue Bezeichnungen können einen derartigen Umfang erreichen, daß auf der x-Achse bei vielen Einträgen gar nicht genügend Platz vorhanden wäre, um sie alle unterzubringen, während im horizontalen Diagramm auch lange Beschriftungen Platz haben. Wie das Säulendiagramm bietet auch das Balkendiagramm die Möglichkeit der Gruppenbildung und der Stapelung (auch mit der Option der Normierung auf 100%).

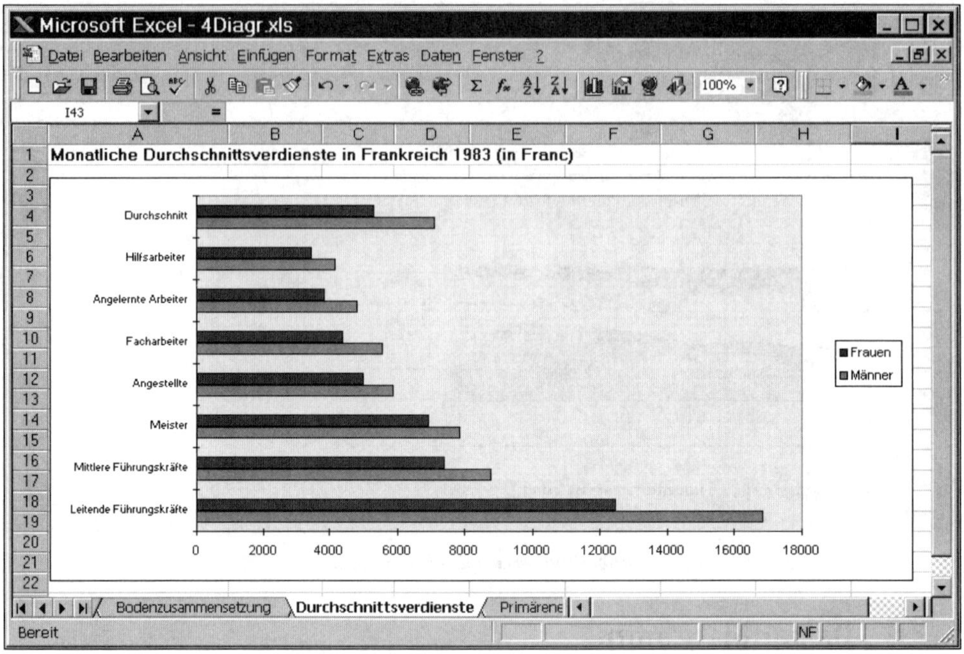

Abbildung 4.12: Balkendiagramm

4.7.6 Liniendiagramm

In Excel stehen unterschiedliche Arten von Liniendiagrammen zur Verfügung, die in Excel 97 und bis Excel 95 unterschiedlichen Rubriken zugeordnet werden. Bis Excel 95 werden Liniendiagramme und Kursdiagramme in einer eigenen Rubrik zusammengefaßt, während (Pseudo-) 3D-Liniendiagramme eine weitere Rubrik bilden (Abbildung 4.13). In Excel 97 dagegen bilden die Kursdiagramme eine eigenen Rubrik, während 2- und 2½-dimensionale (Pseudo-3D) Liniendiagramme nun eine einzige Rubrik bilden (Abbildung 4.14). Letztere hat die gleiche Struktur wie die Rubrik der Säulendiagramme, ganz links die Überlagerung der Datenreihen, rechts und Mitte die gestapelten Versionen. Wie schon bei den Säulendiagrammen werden auch hier fälschlich bei gestapelten Kurven alle Spalten auf 100 % normiert.

Die Verwendung von Liniendiagrammen ist noch stärker als die von Säulendiagrammen darauf ausgerichtet, Daten in Abhängigkeit von anderen Daten darzustellen. Nichtnumerische Einheiten auf der x-Achse, die bei Säulendiagrammen gebräuchlich sind, sind bei Liniendiagrammen nicht grundsätzlich unmöglich. Sie sollten jedoch normalerweise nicht benutzt werden, auch wenn die Tatsache, daß beim Liniendiagramm die x-Achse nicht wirklich numerisch, sondern eine Rubrikenachse ist, dieser verfehlten Anwendung Vorschub leistet.

Es gibt im wesentlichen zwei Gründe, die für die Anwendung des Liniendiagramms (statt des in den meisten Fällen vorzuziehenden xy-Diagramms) sprechen. Zum einen verfügt es über andere vorwählbare Stilvarianten, die beim xy-Diagramm nur mit längeren Nachbearbeitungen zu erreichen wären.

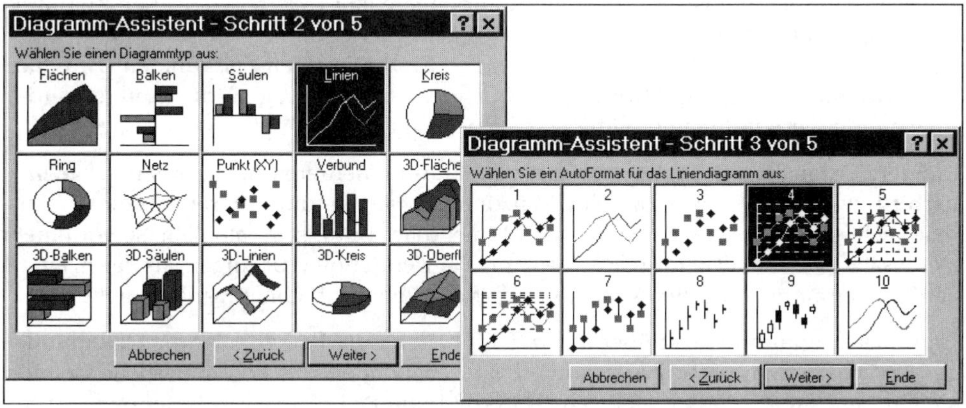

Abbildung 4.13: Verfügbare Linien- und Kursdiagramme in Excel 5 und 95

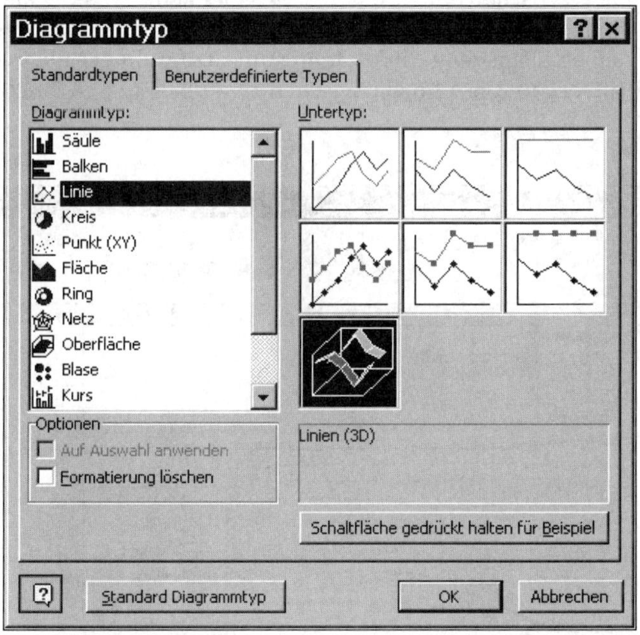

Abbildung 4.14: Liniendiagramme in Excel 97, Kursdiagramme haben nun eine eigene Rubrik

Zum anderen bietet die nichtnumerische Skalierung der x-Achse einige interessante Möglichkeiten. Soll z.B. die Bevölkerungsentwicklung dokumentiert werden, und es liegen die Daten ab 1500 in 100-Jahres-Abständen, nach 1900 in 10-Jahres-Abständen und nach 1980 in 4-Jahres-Abständen vor, dann läßt sich mit einem xy-Diagramm keine brauchbare Darstellung erreichen. Wenn dagegen echte Wertepaare benötigt werden, bei denen die x-Werte nicht in regelmäßigen Abständen vorliegen, dann muß ein xy-Diagramm verwendet werden.

Ein sehr häufiger Fall ist, daß die eine Komponente eines Wertepaars einen Zeitpunkt darstellt, so daß das Diagramm die Abhängigkeit einer Größe von der Zeit darstellt. Als Zeitachse wird hierbei die x-Achse verwendet. Zu bestimmten Zeitpunkten wird dann das Maß einer Größe punktförmig auf der y-Achse aufgetragen, die Punkte werden miteinander verbunden und bilden dann einen Linienzug.

Mehrere Datensätze bedeuten in diesem Diagramm mehrere Linien, was unproblematisch ist, wenn alle Größen dieselbe Maßeinheit besitzen und in ihrem absoluten Ausmaß nicht stark verschieden sind. Beim Liniendiagramm ist es möglich, sowohl mehr Datensätze als auch Datenpunkte in einem Diagramm unterzubringen, als das in einem Säulendiagramm geschehen kann, ohne daß die Übersichtlichkeit verloren geht.

Da Liniendiagramme nicht über diskrete Einheiten (z.B. Balken oder die Datenpunkte des Liniendiagramms) wahrgenommen werden, sondern als kontinuierliche Gebilde, sollten die Daten so beschaffen sein, daß die Linie zwischen zwei Datenpunkten tatsächlich einen Sinn hat und nicht zu sehr von der Wirklichkeit abweicht. Wie schon erwähnt, ist der Eintrag von Jahresumsätzen in einem Liniendiagramm durchaus möglich. Aber die Linien zwischen den Punkten haben hier keine Aussagekraft und ergeben deshalb auch keinen Sinn, es sei denn, Sie wollen die Linie nur dazu benutzen, einen Trend wiederzugeben. Dagegen würden Jahresumsätze in Intervallen von fünf Jahren die Möglichkeit bieten, auf die Jahre dazwischen zu schließen, was durchaus erwünscht sein kann.

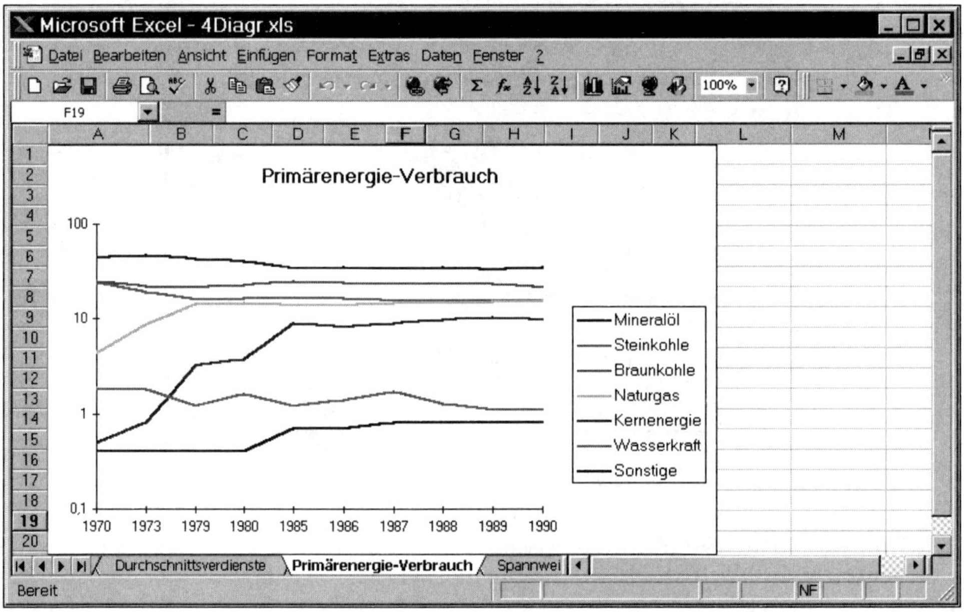

Abbildung 4.15: Liniendiagramm

Durch die Möglichkeit, in einem Liniendiagramm viele Datenpunkte zu verwenden, kann beispielsweise das Verhalten in einer längeren Zeitperiode sehr gut aufgezeigt werden, oder anders: Liniendiagramme sind das Mittel, um Trends aufzuzeigen. Fallende oder steigende Linien geben Aufschluß über Höhen und Tiefen, schnelle Bewegung oder Stabilität. Das weist auch darauf hin, daß ein Liniendiagramm nur dann aussagekräftig ist, wenn es Tendenzen widerspiegelt. Und das tut es nicht, wenn die Linien zu flach ausfallen.

Für diesen Fall gibt es eine Anzahl von Korrekturmöglichkeiten. Sie können die Achsenmaßstäbe ändern oder die Skalen nicht bei Null beginnen lassen. Ein eigentlich flacher Kurvenverlauf, der vor sich hin plätschert, läßt sich dadurch in eine wilde Welle verwandeln. Auf diese Art können Sie eine Entwicklung ganz willkürlich eher dynamisch oder gemäßigt darstellen – eine seriöse Art Daten aufzubereiten ist dies aber sicherlich nicht.

Weitere Möglichkeiten bietet die explizite Formatierung einzelner Datenreihen mit dem Befehl DATENREIHEN FORMATIEREN, den Sie über das Kontextmenü für Datenreihen erreichen. Der Dialog DATENREIHEN FORMATIEREN (Abbildung 4.16) enthält mehrere Dialogseiten, deren wichtigste in den letzten Excel-Versionen unverändert geblieben sind. Auch wenn dies aus den vom Diagrammassistenten angebotenen Diagrammtypen nicht unmittelbar ersichtlich ist, können Sie in der Dialogseite FEHLERINDIKATOR Y Datenreihen mit Fehlerbalken versehen. Die ist besonders nützlich bei der Auftragung empirischer Werte mit einer bekannten absoluten oder relativen Meßunsicherheit. Eine andere gerade im naturwissenschaftlich-technischen Bereich wichtige Möglichkeit ist die Kombination von Datenreihen unterschiedlicher Maßstäbe oder y-Achsen in einem Diagramm. Dies geschieht auf der Dialogseite ACHSEN. Eine weitere interessante Dialogseite ist die Seite DATENBESCHRIFTUNG, die es erlaubt, die Punkte einer Datenreihe automatisch mit den x- oder y-Werten beschriften zu lassen.

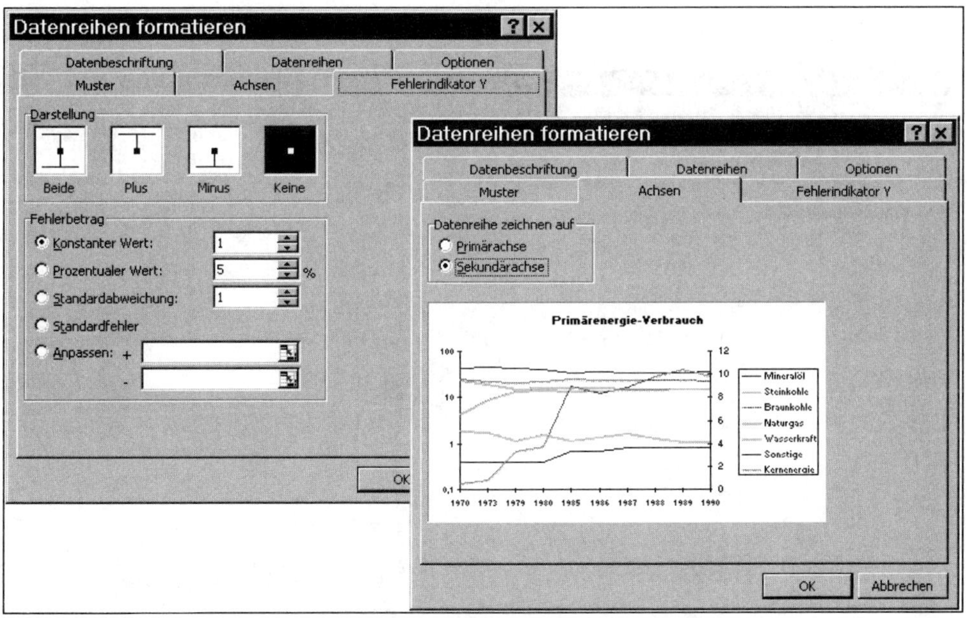

Abbildung 4.16: Datenreihen in Liniendiagrammen formatieren

4.7.7 Kursdiagramme

Eine Besonderheit unter den Liniendiagrammen sind die sogenannten Börsen- oder Kursdiagramme. Dies sind Spannweitendiagramme, die einen Teil oder alle der folgenden Werte darstellen:

1. den Anfangswert, bei Aktienkursen etwa den Kurs bei Börseneröffnung;
2. den Höchstwert, bei Aktienkursen den höchsten Wert, den der Kurs innerhalb eines vorgegebenen Zeitraums (z. B. einem Tag) angenommen hat;
3. den Tiefstwert;
4. den Schlußwert, bei Aktien den Kurs bei Börsenschluß.

Wie der Name andeutet sind Kursdiagramme eigentlich speziell zur Auftragung von Börsenkursen vorgesehen, doch sind sie gerade auch für technisch-naturwissenschaftliche Zwecke äußerst nützlich. Wenn Fehlerbalken zum Beispiel nicht einfach durch prozentuale oder einen bestimmten absoluten Wert angegegben werden können – etwa weil die Meßunsicherheit für jeden Datenpunkt genau bestimmt wurde – können Kursdiagramme diese Aufgabe perfekt übernehmen.

Doch nicht nur für Fehlerbalken lassen sich Kursdiagramme einsetzen: alle aus jeweils zwei, drei oder vier Werten bestehende Datenreihen, bei denen es sich um Darstellung von Maximal-, Minimal-, Anfangs- und Endwerten oder auch Durchschnittswerten handelt, lassen sich mit diesem Diagramm darstellen. Als Beispiel mag hier die sich über eine Woche erstreckende Temperaturmessung in Abbildung 4.17 dienen, bei der für jeden Tag die maximale, die minimale und die durchschnittliche Temperatur erfaßt wurden.

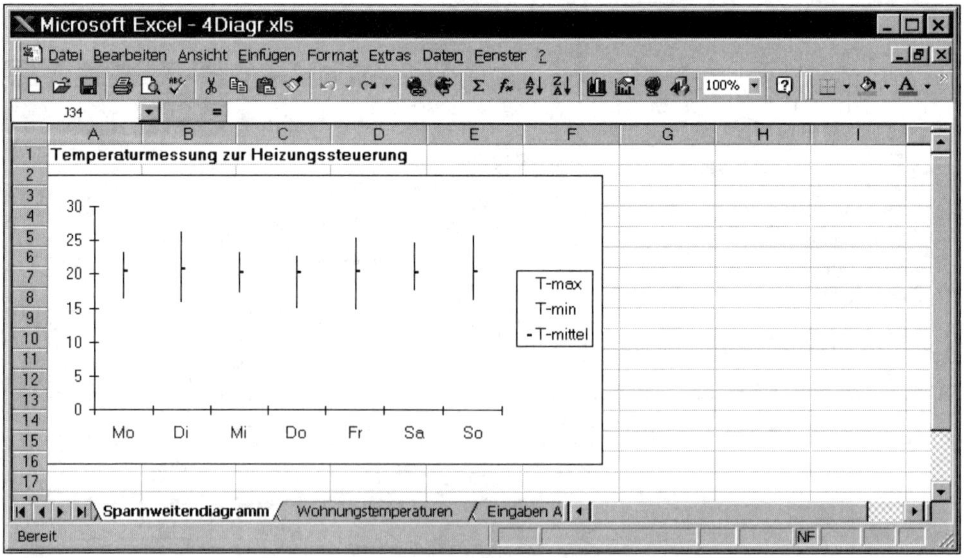

Abbildung 4.17: Spannweitendiagramm

Excel verfügt über verschiedenen Typen von Spannweitendiagrammen, die je nach Typ bis zu vier Werte verarbeiten. Von diesen sind die drei ersten die interessantesten: Höchstwert, Tiefstwert und Schlußwert. Beim Eintrag der Werte in eine Tabelle muß diese Reihenfolge eingehalten werden.

4.7.8 xy-Diagramm

Liniendiagramme sind, auch wenn sie so aussehen, keine *xy*-Diagramme, sondern der Ort eines Datenpunkts im Diagramm hängt neben seinem Wert nur von der Position in der Datenreihe ab. Dennoch können Liniendiagramme oft anstelle von *xy*-Diagrammen eingesetzt werden, nämlich dann, wenn die Positionen in der Datenreihe äquidistanten Werten der unabhängigen Variablen entsprechen. Sobald die Verhältnisse jedoch komplizierter werden, und Sie zwei Koordinatenangaben für jeden Diagrammpunkt machen müssen, benötigen Sie *xy*-Diagramme. Wenn Sie von Wertepaaren als Grundlage für Diagramme ausgehen, dann läßt sich folgende Unterscheidung treffen:

- Zwischen den beiden Werten besteht ein fester mathematischer Zusammenhang. Das ist in sehr vielen mathematischen, naturwissenschaftlichen und technischen Anwendungen der Fall. So gilt etwa für Gase, daß das Produkt aus Druck und Volumen konstant ist.
- Zwischen beiden Werten besteht eine empirische Beziehung. Als Beispiel mag hier der ermittelte Ausstoß einer chemischen Produktionsanlage in Abhängigkeit von der Prozeßtemperatur dienen.
- Zwischen den beiden Größen besteht eine statistische Beziehung. Wenn Sie etwa die Unfallhäufigkeit von PKWs in Abhängigkeit von der Geschwindigkeit betrachten, dann fällt zwar auf, daß Fahrzeuge mit größerer Geschwindigkeit häufiger Unfälle verursachen. Daraus folgt aber nicht, daß alle PKWs mit einer hohen Geschwindigkeit auch Unfälle verursachen. Dieser Zusammenhang ist der typische Fall für ein Streudiagramm.

xy-Diagramme werden in späteren Kapiteln zur Darstellung und Untersuchung funktionaler Zusammenhänge und im Statistik-Kapitel in Breite behandelt, so daß hier diese Bemerkungen genügen sollen.

4.7.9 Verbunddiagramm

Verbunddiagramme als eigenen Typ im Diagrammassistenten gibt es nur bis Excel 95. Da es sich bei Verbunddiagrammen nicht eigentlich um einen eigenen Diagrammtyp handelt, sondern nur um die Kombination von Datenreihen unterschiedlichen Typs in einem Diagramm, wurde dieser Typ aus dem Diagrammassistenten von Excel 97 herausgelassen. Excel 5 und 95 fassen unter dem Namen Verbunddiagramm mehrere vorgefertigte Diagrammtypen zusammen, die durch Kombination von anderen Diagrammen entstehen. Nur ein Teil dieser Kombinationsmöglichkeiten wird direkt als Variante angeboten, durch nachträgliche Bearbeitung läßt sich aber fast alles mit allem kombinieren. Da diese Möglichkeiten auch in Excel 97 zur Verfügung stehen, sind auch hier Verbunddiagramme kein Problem.

Am häufigsten werden Säulen- und Liniendiagramme kombiniert dargestellt, um bestimmte Datensätze von anderen abzuheben. Besonders nützlich ist diese Methode, wenn klar unterschieden werden soll zwischen Größen mit diskreten und Größen mit kontinuierlichen Veränderungen, also wenn wirklich ein Fall für ein Liniendiagramm und ein Fall für ein Säulendiagramm in einem Bild dargestellt werden sollen. Es kann aber auch sein, daß Sie mit Hilfe einer Linie nur einen unter mehreren Datensätzen hervorheben wollen.

Eine mögliche Anwendung dieses Diagrammtyps ist auch gegeben, wenn mit der Linie keine eigentlich neue Information geboten, sondern lediglich die schon im Diagramm enthaltene Information weiter aufgearbeitet und verdeutlicht wird. Die z.B. paarweise angeordneten Balken zeigen dann zwei Werte und die Linien die Summe oder Differenz dieser beiden Werte. Ein Beispiel für ein solches Verbunddiagramm finden Sie in Abbildung 4.18.

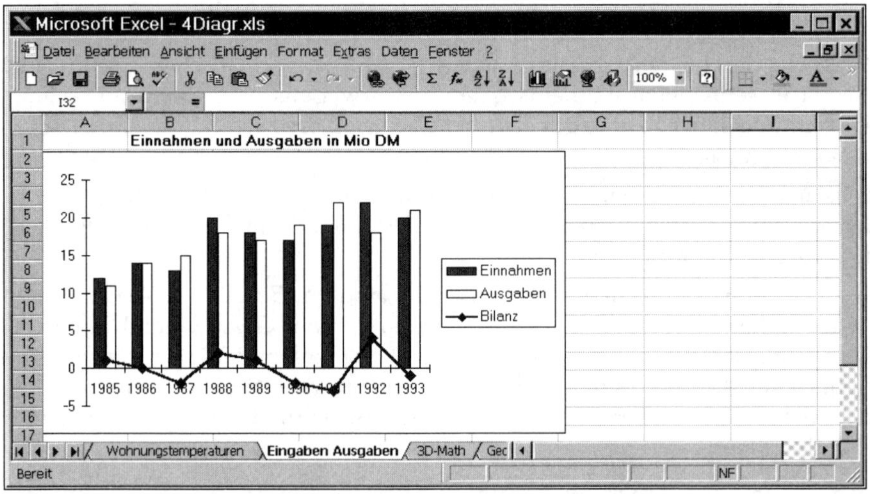

Abbildung 4.18: Verbunddiagramm Säulen-Linien

Einige Excel-95-Varianten von Verbunddiagrammen und selbstgestaltetete Verbunddiagramme bieten auch die Möglichkeit, mit zwei verschieden skalierten y-Achsen zu arbeiten, wobei Säulen und Linie, mehrere Linien, oder Säulen und Spannweiten kombiniert werden können. Hierbei wird jeweils der letzten Wertereihe eine eigene Skala zugeordnet.

Besonders nützlich ist dies, wenn in einem Diagramm Daten ganz unterschiedlicher Dimensionen (und auch Größenordnungen) dargestellt werden sollen. Als Beispiele seien hier nur genannt:

- Keime pro cm^2 (mehrere Millionen) und Temperatur bei verschiedenen Bakterienstämmen
- Lampenleistung in Watt (z.B. 20 bis 100) und Lichtstrom (einige 1000 Lumen) für verschiedene Leuchtentypen
- Benzinverbrauch und Geschwindigkeit bei verschiedenen Motorleistungen

4.7.10 Kreis- und Ringdiagramm

Das Kreisdiagramm, häufig auch Tortendiagramm genannt, ist das Standarddiagramm für alle Daten, bei denen die Zusammensetzung eines Ganzen dargestellt werden soll. Es kommt ohne Koordinatenkreuz aus und unterscheidet sich von den bisher behandelten Diagrammen durch die ausschließliche Darstellung von Anteilen. Die Gesamtfläche des Kreises ist immer 100%, die Flächen der Kreissektoren sind dabei das Maß für den prozentualen Anteil der Teilkomponenten an der Gesamtgröße.

Die Kreisdiagramme eignen sich als Aufteilungsdiagramme besonders gut zur Veranschaulichung von Datenstrukturen. Hier sind Strukturunterschiede auch bei stark variierenden Größen und bei einer größeren Anzahl von Anteilen noch gut zu erkennen und Verhältnisse können auf einen Blick sofort abgeschätzt werden. Wie bei allen anderen Diagrammen wird auch hier die Lesbarkeit durch zu viele Rubriken erschwert, die Grenze liegt beim Kreisdiagramm bei acht bis zehn Einzeldaten.

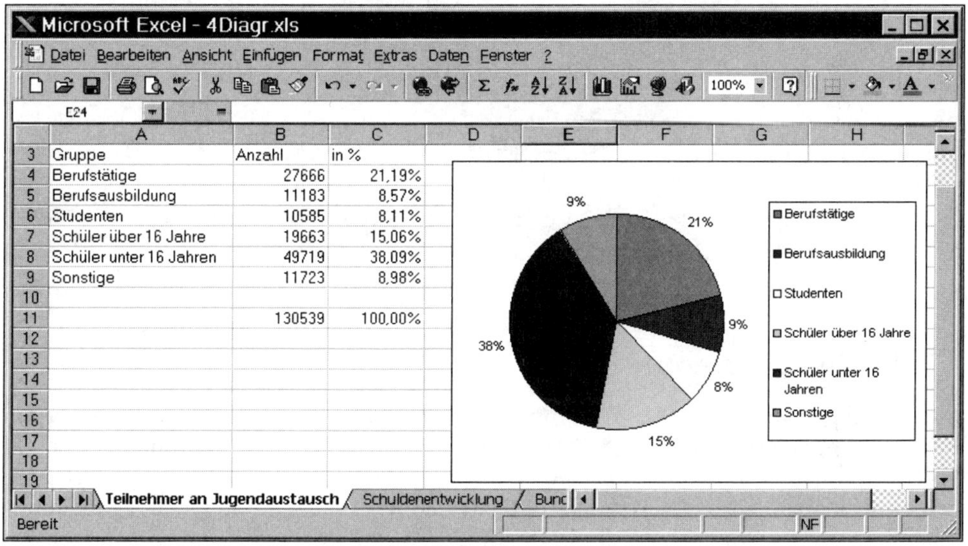

Abbildung 4.19: Kreisdiagramm

Mit mehreren Kreisen können Sie dieselben Daten darstellen wie mit einem Kreis, wobei Sie hier die Möglichkeit haben, Veränderungen in der Zusammensetzung eines Ganzen zu demonstrieren. Da mehrere Kreisdiagramme meist zu Vergleichszwecken verwendet werden, ist es angebracht, die Einzeldiagramme unter dem Gesichtspunkt eines Sektors zu ordnen. Andernfalls erfordert der Vergleich zuviel optische Mühe. Auch scheint es sinnvoll, nicht mehr als zwei Kreise zu verwenden, da der Vergleich sonst unnötig erschwert wird. Eine Alternative sind hier die Ringdiagramme, die als mehrere ineinander liegende Kreisdiagramme interpretiert werden können.

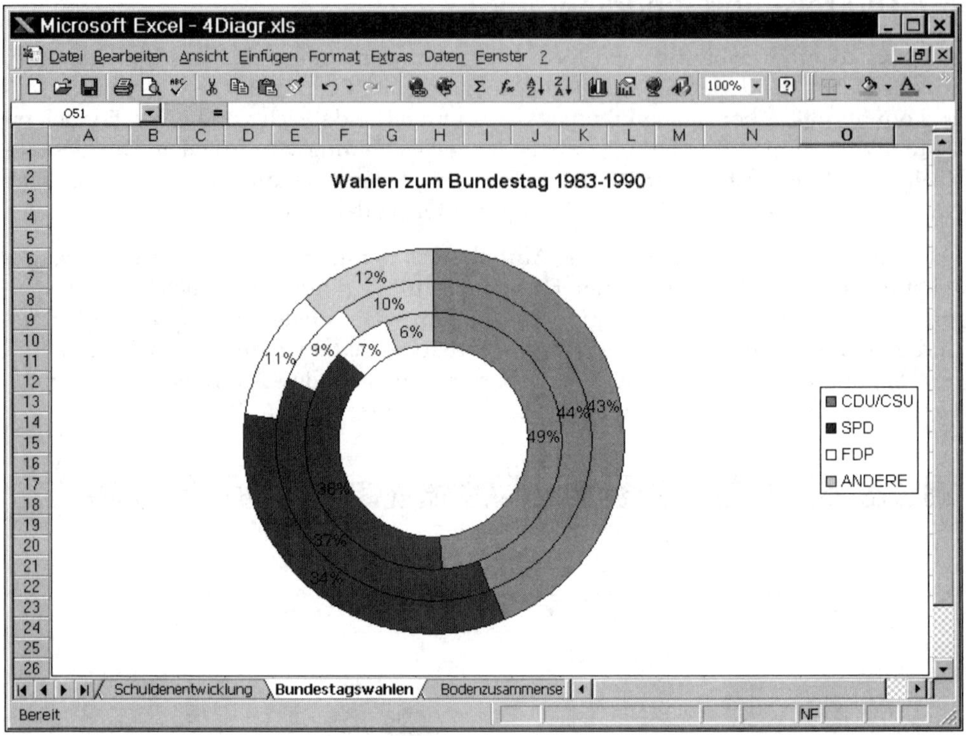

Abbildung 4.20: Ringdiagramm

4.7.11 Netzdiagramm

Das Netzdiagramm ist ein Diagrammtyp, der in Publikationen sehr selten anzutreffen ist. Seine Bezeichnung verdankt dieses Diagramm dem Umstand, daß manche seiner Varianten einem Spinnennetz ähnlich sind. Unter den bekannten Diagrammtypen ähnelt es noch am ehesten einem Polarkoordinatendiagramm, allerdings mit zwei Unterscheidungen: Der Winkel ist nicht direkt angebbar, sondern wird durch die Anzahl der Werte bestimmt, und die Richtung geht mit dem Uhrzeigersinn (bei Polarkoordinaten gegen den Uhrzeigersinn). Ein echtes Diagramm mit Polarkoordinaten wäre wahrscheinlich nützlicher gewesen.

Anwendbar ist dieses Diagramm für alle zyklischen Prozesse oder Daten. Das kann die Helligkeit in Abhängigkeit vom Winkel sein, die Temperatur oder die Niederschlagsmenge im Laufe eines Tages oder Jahres, die Wachstumsrate einer Pflanze in einem Jahreszyklus usw.

Das Beispiel in Abbildung 4.21 zeigt die durchschnittliche Temperatur einer Wohnung während der zwölf Monate eines Jahres.

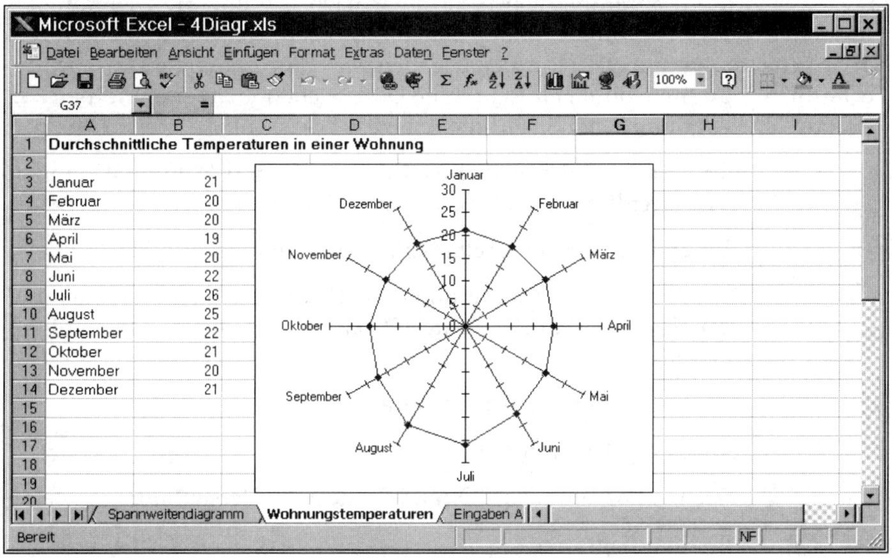

Abbildung 4.21: Netzdiagramm

4.7.12 3D-Effekte

Eine besondere Stärke von Excel liegt in den dreidimensionalen Diagrammen. Bedauerlicherweise wird in Excel kein Unterschied gemacht zwischen echten 3D-Diagrammen und Diagrammen mit einem optischen 3D-Effekt (Pseudo-3D oder 2½D). Als echtes 3D-Diagramm kann eigentlich nur ein Diagramm gelten, das über drei Achsen verfügt, dessen Koordinaten einen Würfel oder einen Quader bilden, dessen Grundfläche aus der *x*- und *y*-Achse und dessen Höhe aus der *z*-Achse gebildet wird.

Da in Excel die 3D-Effekte mit den echten 3D-Diagrammen bunt gemischt auftreten, hier vorweg ein Überblick. Die 3D- und Pseudo-3D-Diagramme sind in Excel 5 und 95 in den folgenden Diagrammtypen angeordnet:

3D-Flächen — Die Varianten 1 bis 4 sind gestapelte Flächen mit Pseudo-3D-Effekt. Bei den Varianten 5 bis 7 handelt es sich um echte 3D-Diagramme.

3D-Balken — Hierunter sind ausschließlich (horizontale) Balkendiagramme mit Pseudo-3D-Effekt zu finden.

3D-Säulen — Die Varianten 1 bis 4 und 8 sind Säulendiagramme (einfach und gestapelt) mit Pseudo-3D-Effekt; 5 bis 7 sind echte 3D-Diagramme.

3D-Linien — Alle vier Varianten sind echte 3D-Diagramme.

3D-Kreise — Erwartungsgemäß handelt es sich hier durchweg um Kreisdiagramme mit Pseudo-3D-Effekten.

3D-Oberfläche — Dieser Diagrammtyp bietet echte 3D-Oberflächendiagramme mit einem rechtwinkligen Stützstellennetz und zwei interessante Varianten, die Aufsichten auf 3D-Oberflächendiagramme darstellen. 3D-Oberflächendiagramme begegnen Ihnen in diesem Buch häufiger.

In Excel 97 sind die Diagrammtypen nicht mehr nach 2D- und 3D-Diagrammen getrennt, sondern nach den grundlegenden Diagrammtypen wie Säulen-, Balken-, Kreis-, Linien-, Flächendiagramm etc. geordnet. Die meisten Typen enthalten 2D-, Pseudo-3D- und echte 3D-Diagramme bunt gemischt. Eine Durchsicht der Diagrammtypen auf 3D- und Pseudo-3D-Diagrammtypen liefert die folgende Übersicht:

Säule	Gruppierte und gestapelte Säulen in 2D und Pseudo-3D, außerdem echte dreidimensionale Säulendiagramme
Balken	Gruppierte und gestapelte Balken in 2D und Pseudo-3D
Linie	2D-Liniendiagramm mit und ohne Datenpunkte, ungestapelt und gestapelt, außerdem eine echte 3D-Darstellung von 3D-Linien hintereinander
Kreis	2D- und Pseudo-3D-Kreisdiagramme
Punkt	Nur 2D-*xy*-Diagramme
Fläche	Flächendiagramme in 2D- und Pseudo-3D-Darstellung
Ring	2D-Ringdiagramme
Netz	2D-Netzdiagramme
Oberfläche	Echte 3D-Oberflächen mit einem rechtwinkligen Stützstellennetz wie in früheren Excel-Versionen in seitlicher Ansicht und Aufsicht
Blase	Blasendiagramme in 2D und Pseudo-3D
Kurs	Nur 2D-Diagramme
Zylinder, Kegel, Pyramide	Echte 3D-Säulendiagrammen mit speziellen Säulenformen

Zur Verwendung der Diagramme mit Pseudo-3D-Effekten sind keine weiteren Erläuterungen notwendig, hier gilt alles, was zu den oben beschriebenen Diagrammtypen schon gesagt wurde. Im Prinzip ist es eine Frage des Geschmacks, ob Sie Ihre grafischen Darstellungen mit 3D-Effekten versehen wollen oder nicht.

4.7.13 Daten für 3D-Diagramme

Für die Verwendung der echten 3D-Diagramme sollen drei unterschiedliche Beispiele verwendet werden, anhand derer sich die unterschiedlichen Merkmale verdeutlichen lassen. Das erste Beispiel (Abbildung 4.22) demonstriert eine Funktion $z = f(x,y)$ von zwei Veränderlichen. Als Datenmaterial liegen Daten vor, die über die Funktion in einem direkten Zusammenhang stehen. Als Beispiel dient die als Excel-Formel geschriebene Funktion:

```
z=wurzel(x*y)/x
```

Wichtig an diesem Beispiel ist nicht die mathematische Funktion, sondern die Tatsache, daß z (die »dritte Dimension«) gleichberechtigt abhängig ist von x und y. Analog zu Funktionen mit zwei Variablen ist z die abhängige Variable, x und y sind die unabhängigen Variablen.

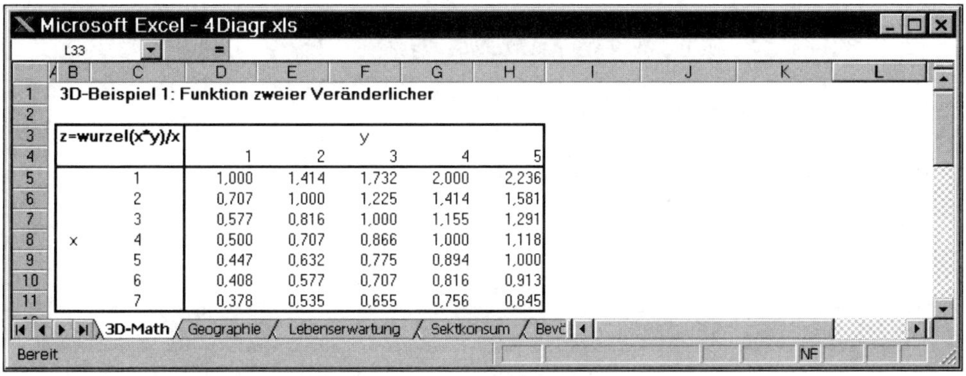
Microsoft Excel - 4Diagr.xls

3D-Beispiel 1: Funktion zweier Veränderlicher

z=wurzel(x*y)/x		y				
		1	2	3	4	5
	1	1,000	1,414	1,732	2,000	2,236
	2	0,707	1,000	1,225	1,414	1,581
	3	0,577	0,816	1,000	1,155	1,291
x	4	0,500	0,707	0,866	1,000	1,118
	5	0,447	0,632	0,775	0,894	1,000
	6	0,408	0,577	0,707	0,816	0,913
	7	0,378	0,535	0,655	0,756	0,845

Abbildung 4.22: Wertetabelle einer Funktion zweier Veränderlicher

Das zweite Beispiel (Abbildung 4.23) ist eine Wertetabelle von geographischen Höhen. Es wurden in einem 100-m-Raster Höhenmessungen vorgenommen. Ähnliche Tabellen lassen sich für Temperaturen, Drucke, Niederschlagsmengen etc. aufstellen. Auch in dieser Tabelle sind *x*- und *y*-Achse gleichwertig.

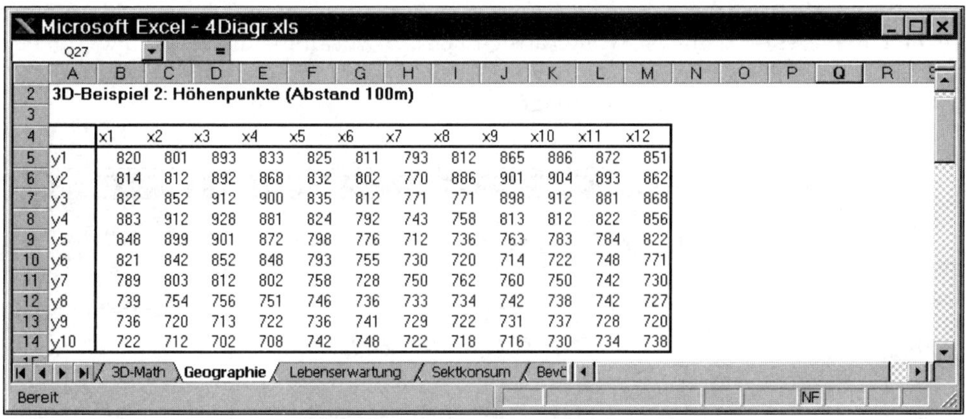
Microsoft Excel - 4Diagr.xls

3D-Beispiel 2: Höhenpunkte (Abstand 100m)

	x1	x2	x3	x4	x5	x6	x7	x8	x9	x10	x11	x12
y1	820	801	893	833	825	811	793	812	865	886	872	851
y2	814	812	892	868	832	802	770	886	901	904	893	862
y3	822	852	912	900	835	812	771	771	898	912	881	868
y4	883	912	928	881	824	792	743	758	813	812	822	856
y5	848	899	901	872	798	776	712	736	763	783	784	822
y6	821	842	852	848	793	755	730	720	714	722	748	771
y7	789	803	812	802	758	728	750	762	760	750	742	730
y8	739	754	756	751	746	736	733	734	742	738	742	727
y9	736	720	713	722	736	741	729	722	731	737	728	720
y10	722	712	702	708	742	748	722	718	716	730	734	738

Abbildung 4.23: Wertetabelle mit geographischen Höhen

Ausgangspunkt des dritten Beispiels (Abbildung 4.24) sind mehrere Datenreihen, die jede für sich ein einfaches zweidimensionales Diagramm erfordern würde. Als Beispiel dient hier die Entwicklung der Lebenserwartung in verschiedenen Regionen der Welt.

Allen diesen Beispielen ist gemeinsam, daß sie eine Darstellung in einem 3D-Diagramm geradezu herausfordern. Der Unterschied ist, daß in den ersten beiden Beispielen die *x*- und *y*-Achse gleichberechtigt sind, daß also die in Excel übliche Frage, ob die Daten zeilenweise oder spaltenweise angeordnet sind, keinen Sinn macht. Im dritten Beispiel dagegen liegen die Daten tatsächlich zeilen- oder spaltenweise (im Beispiel spaltenweise) vor, wobei die verschiedenen Datenreihen im 3D-Diagramm zueinander in Beziehung gesetzt werden sollen.

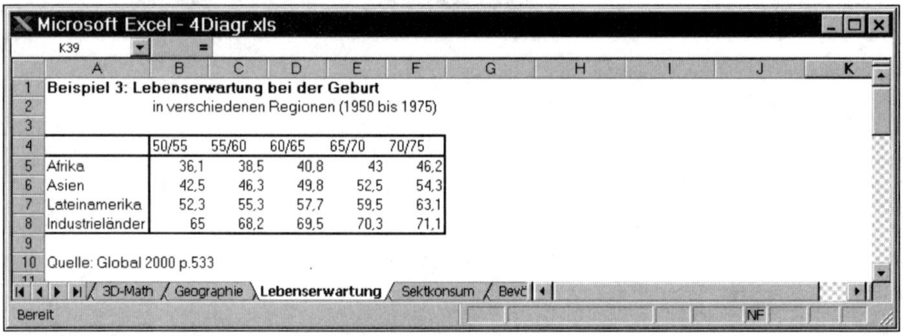

Abbildung 4.24: Lebenserwartung

4.7.14 3D-Flächendiagramm

Bei den 3D-Flächendiagrammen handelt es sich um Diagramme, bei denen mehrere Flächen mit dreidimensionalen Effekten zusätzlich in einem räumlichen Koordinatensystem angeordnet sind. Die Datenreihen werden also klar unterschieden, da jede Datenreihe für sich im Diagramm einen Block bildet. Für Daten, bei denen ein gleichwertiger Zusammenhang zwischen den Variablen besteht, kommt dieser Diagrammtyp nicht in Frage, es sei denn, Sie wollen absichtlich den Zusammenhang mit einer der beiden unabhängigen Variablen betonen. Beispiel 3 würde mit diesem Diagrammtyp so aussehen wie in Abbildung 4.25 gezeigt.

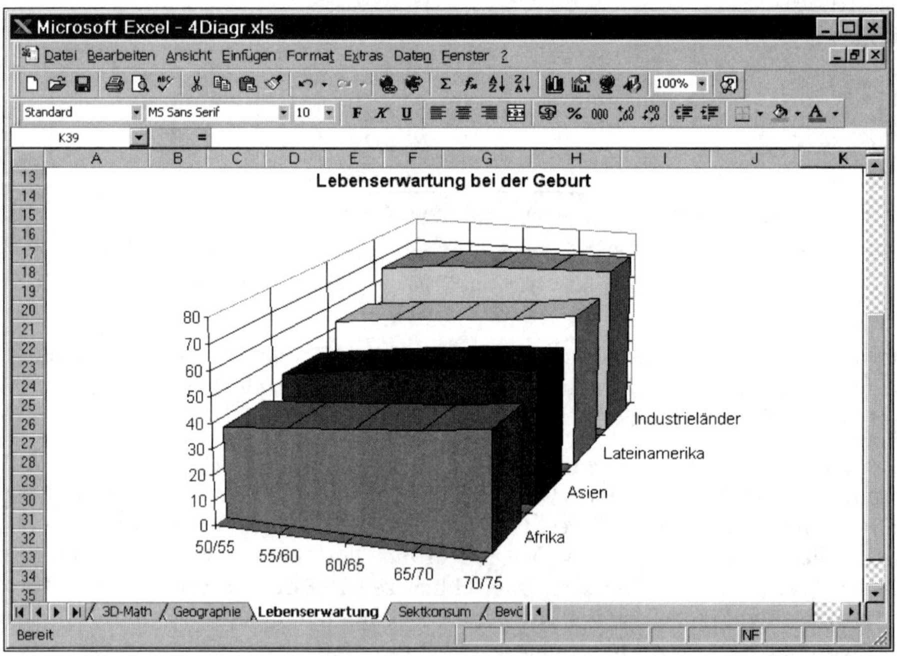

Abbildung 4.25: 3D-Flächendiagramm

4.7.15 3D-Säulendiagramm

Bei den 3D-Säulendiagrammen gibt es, wie oben schon erwähnt, echte 3D-Varianten. Durch die Farbgebung der Säulen wird zwar normalerweise ebenfalls ein Richtung hervorgehoben, aber schon die räumliche Anordnung der Säulen gestattet es, die Daten im Diagramm in beiden Richtungen zu betrachten. Da Excel obendrein noch die Möglichkeit bietet, die Farben und Abstände der Datenblöcke zu verändern (Näheres hierzu später), also z. B. auch allen Säulen die gleichen Farben zu geben, steht der Anwendung dieses Diagrammtyps für echte 3D-Darstellungen nichts im Wege. Das Beispiel mit dem mathematischen Zusammenhang nimmt als 3D-Säulendiagramm (mit etwas Nachbearbeitung) die Gestalt in Abbildung 4.26 an.

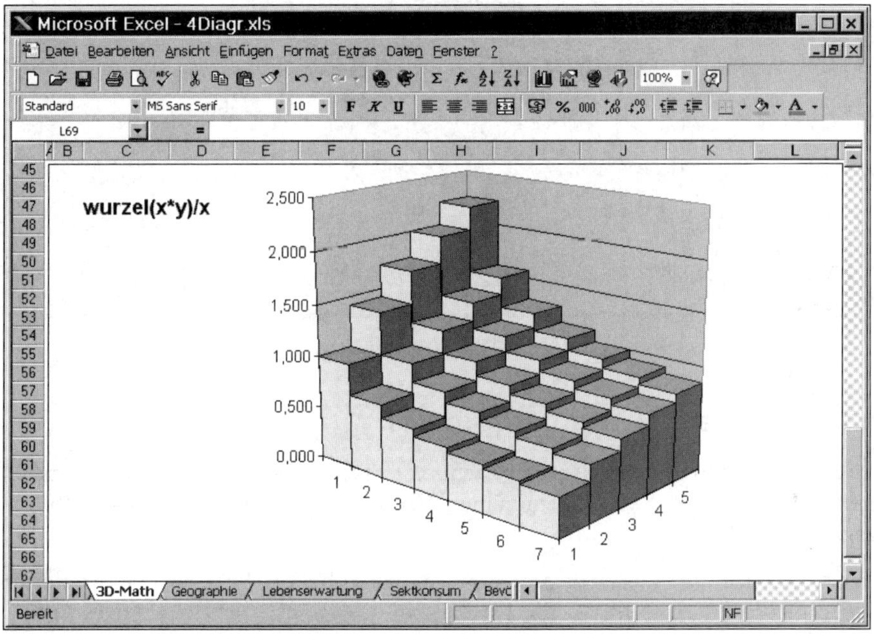

Abbildung 4.26: 3D-Säulendiagramm

4.7.16 3D-Liniendiagramm

Das 3D-Liniendiagramm (Abbildung 4.27) weist gegenüber dem normalen Liniendiagramm zwei Erweiterungen auf:

1. Die Linien werden durch perspektivisch gezeichnete Bänder ersetzt.
2. Mehrere Bänder werden räumlich angeordnet.

Die Verwendungsmöglichkeiten entsprechen denen des 3D-Flächendiagramms, wobei sich gegenüber jenem der Vorteil ergibt, daß sich die Linien nicht gegenseitig verdekken. In Fällen, in denen sonst das 3D-Flächendiagramm verwendet wird, wo es aber schwierig ist, durch Drehung des Diagramms tatsächlich alle Datenreihen sichtbar zu machen, ist deshalb das 3D-Liniendiagramm eine gute Option.

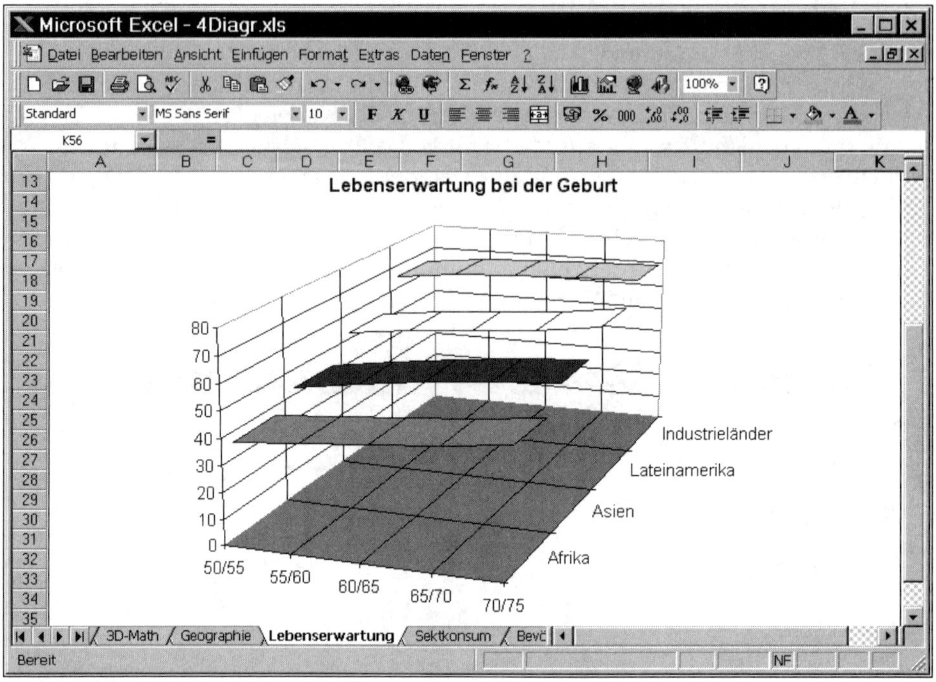

Abbildung 4.27: 3D-Liniendiagramm

4.7.17 3D-Oberflächendiagramm

Der zweifellos interessanteste und brauchbarste Typ der echten 3D-Diagramme ist das Oberflächendiagramm. Auf die einzelnen Varianten soll deshalb etwas ausführlicher eingegangen werden.

Zunächst fällt auf, daß der Diagrammassistent zwar bei der Erstellung eines derartigen Diagramms die Frage stellt, ob die Daten spalten- oder zeilenweise angeordnet sind, aber die Antwort auf diese Frage hat lediglich Einfluß auf die räumliche Anordnung.

Für alle Fälle, in denen tatsächlich eine gleichberechtigte Beziehung zwischen der abhängigen Variablen z und den unabhängigen Variablen x und y besteht und auch so dargestellt werden soll, ist dieses Diagramm das geeignete. Es könnte für Funktionen mit drei Variablen das sein, was das xy-Diagramm für Funktionen mit zwei Variablen ist, wenn es nicht die Einschränkung hätte, daß die x- und die y-Achse nicht wirklich numerisch sind. So ist es eher eine dreidimensionale Variante des Liniendiagramms.

Das zwingt dazu, daß bei numerischen x- und y-Werten die Abstände der einzelnen Werte gleich gewählt werden müssen. Mit dieser Einschränkung ist das 3D-Oberflächendiagramm universell einsetzbar. Um so erstaunlicher ist, daß Excel im Gegensatz zu den Möglichkeiten bei allen anderen Diagrammtypen keine einfache Option zur Farbänderung anbietet. Dieses Problem wird unten noch einmal behandelt.

Für das 3D-Oberflächendiagramm werden vier Varianten angeboten, von denen zwei räumliche Darstellungen sind und zwei Aufsichten. Der Unterschied ist jeweils die

Farbgebung: es gibt beide Male die Möglichkeit, die Farben abzuschalten. Bei der räumlichen Darstellung wird das Diagramm dann zum Drahtmodell, bei der Draufsicht zu einem Diagramm mit Iso-Kennlinien.

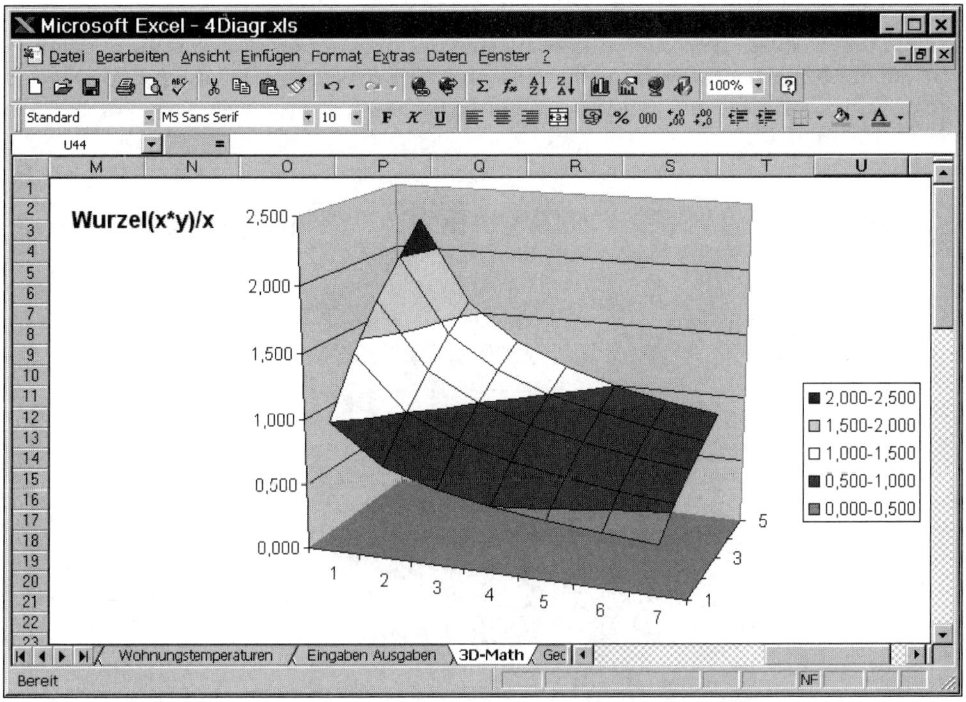

Abbildung 4.28: Funktion zweier Veränderlicher als 3D-Oberflächendiagramm

Das mathematische Beispiel als 3D-Oberflächendiagramm zeigt Abbildung 4.28. Die Farben wirken hier eher störend, da auch die Farbgrenzen (sie entsprechen der Skalierung der z-Achse) sehr willkürlich scheinen. Möglichkeiten zur Veränderung werden Sie weiter unten kennenlernen.

Das Beispiel aus der Geographie legt eine Darstellung als Aufsicht nahe, wobei die verschiedenen Höhen durch verschiedene Farben wiedergegeben werden (Abbildung 4.29). Allerdings funktioniert die automatische Skalierung der Größenachse nicht besonders gut, je nach Excel-Version hat die ganze Oberfläche eine oder maximal zwei Farben.

Im Vorgriff auf das nächste Unterkapitel soll hier kurz die Lösung des Problems skizziert werden. In Excel 97 ist die Korrektur kein Problem. Hier wählen Sie in der Symbolleiste DIAGRAMM im Kombinationsfeld DIAGRAMMOBJEKTE die Größenachse und wählen dann die danebenstehende Schaltfläche ACHSE FORMATIEREN. In der Dialogseite SKALIERUNG (Abbildung 4.33) schalten Sie die automatische Skalierung aus und legen Tiefst- und Höchstwerte von 700 bzw. 1000 und eine Schrittweite von 30 fest. In Excel 5 und 95 ist es eigentlich ebenso einfach, die Größenachse zu formatieren, hier wählen Sie im Kontextmenü der aktivierten Achse den Befehl ACHSE FORMATIEREN. Der Haken an der Geschichte: es ist fast unmöglich, die Größenachse auszuwählen, da in Excel 5 und 95 Diagrammobjekte grundsätzlich angeklickt werden müssen, um aktiviert zu werden – und die Größenachse ist in der Aufsicht nicht sichtbar. Glücklicherweise können Sie in diesem Fall genausogut die Legende aktivieren und die Skalierung über den Befehl LEGENDE FORMATIEREN des Kontextmenüs ändern.

Auch bei dem geographischen Datensatz taucht selbst bei vernünftiger Skalierung wieder das Problem der Farbgebung auf. Es wäre wünschenswert, daß die Farben so abgestuft wären, daß z.B. größeren Werten hellere Farben zugeordnet werden. Auch hierzu weiter unten mehr.

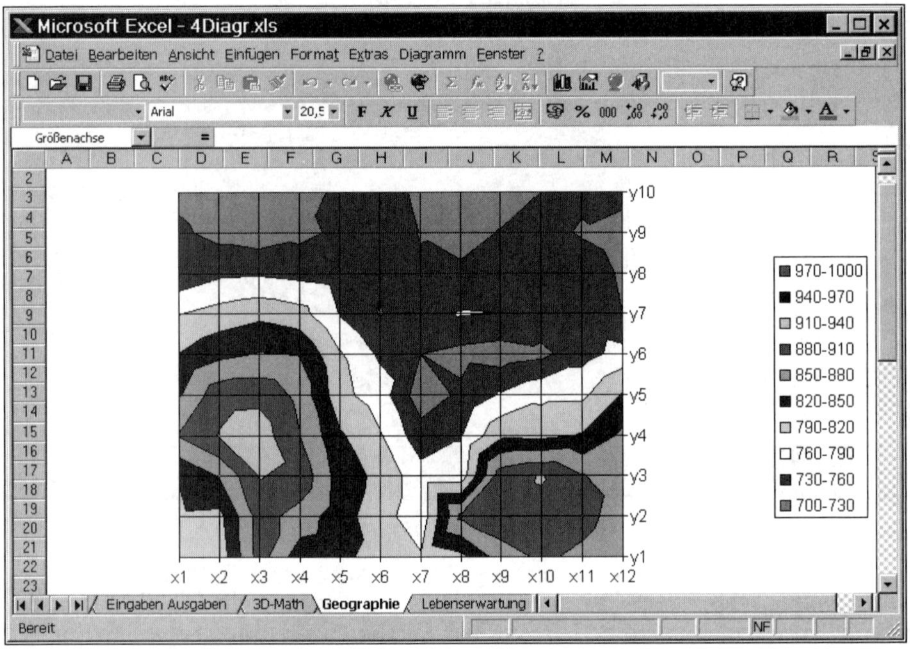

Abbildung 4.29: Geographischer Datensatz als 3D-Oberfächendiagramm (Aufsicht)

4.8 Nachbearbeitung

Bei der Erstellung von Diagrammen erhalten Sie häufig direkt auf Anhieb brauchbare Ergebnisse. Gleichwohl bietet Excel vielfältige Bearbeitungsmöglichkeiten – sowohl zur Verbesserung als auch gelegentlich zur Rettung eines Diagramms (wie z.B. Abbildung 4.29). Die ganzen Möglichkeiten lassen sich hier kaum systematisch darstellen – wie oft bei Excel genügt es aber, die Grundmechanismen zu verstehen, um selbständig die auftretenden Probleme zu lösen. Die folgenden Abschnitte sollen hier einen Eindruck der Bearbeitungsmöglichkeiten vermitteln.

Grundsätzlich muß ein Diagramm aktiviert werden, bevor irgendwelche Änderungen an ihm vorgenommen werden können. In den Excel-Versionen bis Excel 95 werden Diagramme (und andere Objekte) durch einen Doppelklick auf die Diagrammfläche aktiviert. Danach stehen in den Menüs EINFÜGEN und FORMAT zusätzliche Befehle zur Bearbeitung des Diagramms und seiner Elemente zur Verfügung. Sobald das Diagramm aktiviert ist, können Sie beliebige sichtbare Diagrammelemente auch direkt im Diagramm auswählen. Eine weitere Möglichkeit spezifische Befehle für Diagramme oder Diagrammelemente aufzurufen bieten die jeweiligen Kontextmenüs.

In Excel 97 muß ein Diagramm nicht mehr explizit aktiviert werden, es ist aktiviert, sobald Sie durch einen einfachen Mausklick irgendein Element dieses Diagramms auswählen. Alle für die Bearbeitung eines Diagrammelementes oder des Diagramms insgesamt nötigen Befehle stehen im Kontextmenü des Diagramms oder Diagrammelementes zur Verfügung, sobald Sie dieses nur mit der rechten Maustaste anklicken (eine explizite Aktivierung ist also nicht mehr erforderlich). Auch in Excel 97 ändern sich die Menüs EINFÜGEN und FORMAT, doch enthalten diese Menüs nun kaum noch Befehle, sobald ein Diagramm(element) angewählt ist. Beide Menüs verlieren alle Befehle, die im Diagrammkontext keinen Sinn machen und lediglich ein neuer (kontextabhängiger) Befehl kommt zum Menü FORMAT hinzu, der immer die Formatierung des augenblicklich ausgewählten Diagrammelementes erlaubt. Dafür erscheint in der Menüleiste ein neues Menü DIAGRAMM, das alle nötigen diagramm-spezifischen Befehle enthält. Im Ganzen erfordert die Bearbeitung von Diagrammen von Anwendern, die ältere Excel-Versionen gewöhnt sind, ein erhebliches Umdenken, doch werden Sie nach einer kurzen Eingewöhnungszeit wahrscheinlich feststellen, daß die Bedienung einfacher, schneller und logischer geworden ist.

4.8.1 Überschriften und andere Texte

Ein Diagramm, das einem Publikum zur Information angeboten wird, enthält neben den eigentlichen Diagrammelementen auch eine Anzahl von Texteinträgen. Erforderlich können neben dem Titel und den Achsenskalen noch Untertitel, Achsenbeschriftungen, Quellenhinweise, Legenden und eventuell kurze erläuternde Texte sein. In einem mathematischen Diagramm z.B. kann dies eine Funktion, in einem Diagramm aus dem Bereich der Chemie eine Reaktionsgleichung und dergleichen sein.

Ein Teil dieser Texteinträge läßt sich mit dem Diagrammassistenten automatisch erstellen. Das Ergebnis sieht aber wie das Beispiel in Abbildung 4.30 in den meisten Fällen nicht sehr überzeugend aus. Hier wurde zur Diagrammerstellung der Bereich mit den Monatsnamen und den Temperaturen markiert und bei der Erstellung lediglich die Überschrift und die Beschriftungen für die Achsen hinzugefügt. Die Automatik hat dazu geführt, daß die Monatsnamen nur zum Teil enthalten sind, bei der vorhandenen Diagrammgröße wurden einige Monatsnamen weggelassen. Im Ganzen ist die Aufteilung des Diagramms unausgewogen, die Schrift zu groß und das eigentliche Diagramm zu klein. Dieses Diagramm wurde mit Excel 97 erstellt, ältere Versionen haben noch andere Probleme, beispielsweise kann es geschehen, daß die Monatsnamen umgebrochen werden.

Es bieten sich grundsätzlich zwei Möglichkeiten an: die Bearbeitung der vorhandenen Texteinträge oder die Verwendung von eigenen Textfeldern. Die vorhandenen Texteinträge, wie Überschriften und Achsenbeschriftungen, lassen sich über die zugehörigen Kontextmenüs oder durch einen Doppelklick auf des betreffende Diagrammelement gestalten.

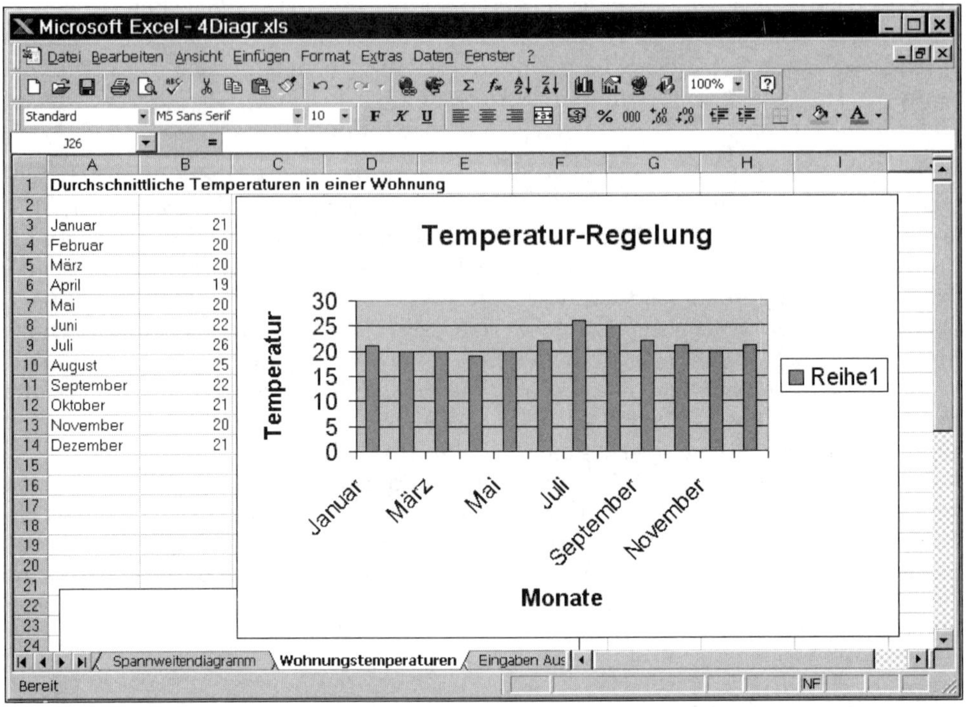

Abbildung 4.30: Diagramm mit automatischer Beschriftung

Die Kontextmenüs bieten über (...)FORMATIEREN Zugriff auf verschiedene Merkmale der Texteinträge: mit der Dialogseite MUSTER lassen sich der Rahmen und die Fläche verändern; mit der Dialogseite SKALIERUNG die Unterteilung der Achse; mit der Dialogseite SCHRIFT werden Zeichensatz, Stil und Schriftgröße gewählt; mit der Dialogseite ZAHLEN die Zahlendarstellung und mit AUSRICHTUNG läßt sich die horizontale und vertikale Ausrichtung und Richtung des Textes bestimmen. Grundsätzlich sind also alle Möglichkeiten der Textgestaltung im Diagramm gegeben.

Die andere Möglichkeit ist die, von vornherein mit den Zeichenwerkzeugen am Diagramm zu arbeiten. Wenn das Diagramm vorher aktiviert wurde, dann werden alle auf der Diagrammfläche plazierten grafischen Objekte genauso Bestandteil des Diagramms, wie etwa die automatisch eingefügten Beschriftungen. Die Gestaltungsfreiheit ist dann natürlich erheblich größer.

4.8.2 Skalierung

Die Skalierung von Diagrammen hat einen nicht unerheblichen Einfluß auf das Aussehen und die Aussagekraft. Gerade bei Daten, bei denen die Unterschiede der einzelnen Werte nicht besonders groß sind, lassen sich durch geeignete Skalierungen die Unterschiede gut herausarbeiten. Übergroße Unterschiede lassen sich durch logarithmische Skalierung nivellieren. Es braucht kaum erwähnt zu werden, daß derartige Methoden häufig dazu benutzt werden, Daten mit Hilfe eines Diagramms zu verfälschen.

So läßt sich etwa das oben angeführte Beispiel für die Temperaturregelung auf einfache Weise kontrastreicher gestalten. Bei geöffnetem Diagrammfenster wird das Kontextmenü zur Skalierung für die y-Achse gewählt und dort als Tiefstwert für die Temperatur 18 angegeben (Abbildung 4.31). Die Differenzen zwischen den verschiedenen Temperaturen werden jetzt viel deutlicher. Es ist aber gleichzeitig ganz offensichtlich, daß das Diagramm einen durchaus falschen Eindruck hervorruft. Es sieht so aus, als wäre die Durchschnittstemperatur im Juli um ein Vielfaches höher als im April, obwohl sie tatsächlich nur um 7 Grad – nicht einmal ein Drittel – höher ist.

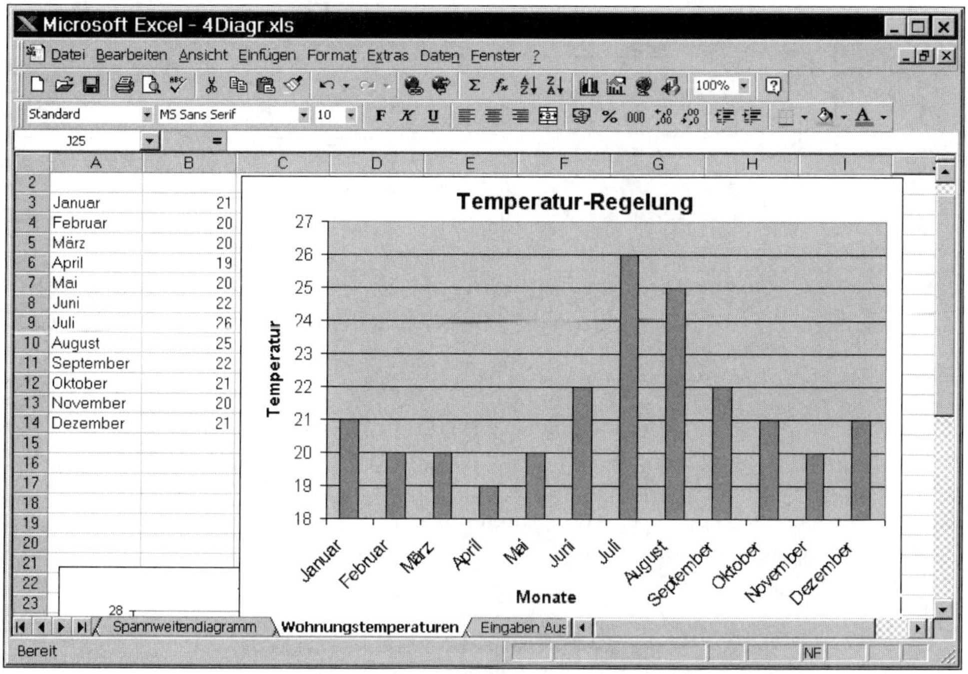

Abbildung 4.31: Diagramm mit kleineren Schriften und neu skaliert

Eine besondere Art der Skalierung ist die logarithmische Skalierung, die bei fast allen Diagrammtypen für die y-Achse, beim xy-Diagramm zusätzlich auch noch für die x-Achse, zur Verfügung steht. Die Logarithmusfunktion ist die Umkehrfunktion zur Exponentialfunktion, die Wachstums- und Zerfallsprozesse beschreibt. Aus diesem Grund wird die logarithmische Skalierung häufig für Daten gebraucht, die Wachstums- oder Zerfallsprozesse beschreiben. Die Abbildung 4.32 zeigt für die Funktion $y = x^2$ Diagramme in einfacher, logarithmischer und doppelt logarithmischer Darstellung.

Über die Skalierungsoptionen läßt sich auch einstellen, mit welchen Haupt- und Hilfsintervallen die Achsen unterteilt werden sollen. Da Excel sich mit den Achsenbeschriftungen an den Hauptintervallen orientiert, kann damit dem lästigen Problem begegnet werden, daß die automatische Achsenbeschriftung oft zu völlig unbrauchbaren Resultaten führt. Zuweilen liegen die Beschriftungen z.B. unleserlich übereinander. Einige Versuche mit der Einstellung der Intervalle führen meist zu einer Lösung des Problems.

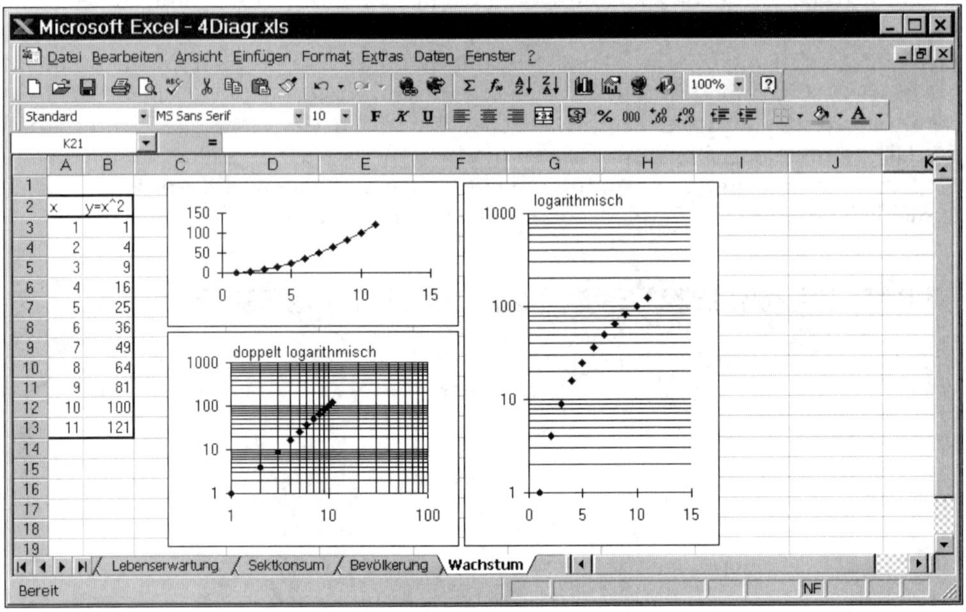

Abbildung 4.32: Logarithmische Skalierungen

Wie die Beschriftungen angebracht werden, läßt sich über das Kontextmenü zu den Achsen über den Befehl ACHSEN FORMATIEREN mit der Dialogseite MUSTER regeln. Hier haben Sie die Möglichkeit, die Plazierung der Teilstriche, den Ort der Beschriftung und die optische Gestalt der Achsen zu regulieren. Die Dialogseiten SCHRIFT und AUSRICHTUNG bieten die Möglichkeiten, Art und Ausrichtung der Beschriftung zu bestimmen.

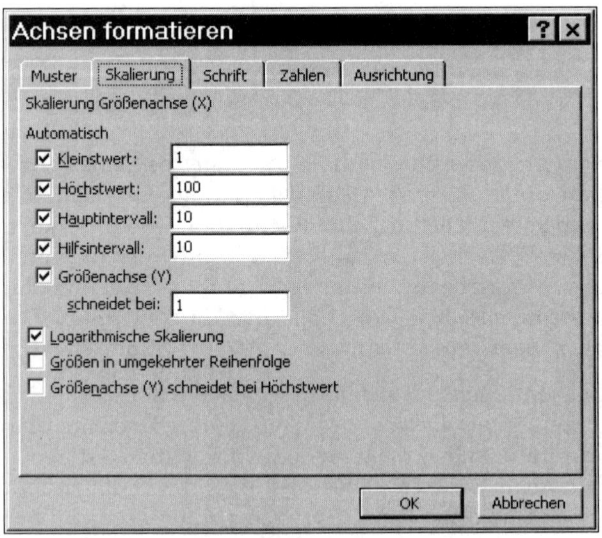

Abbildung 4.33: Formatierung und Skalierung der Achsen

4.8.3 Diagrammtyp und Form

Wenn Sie über den Diagrammassistenten ein Diagramm erstellt haben, haben Sie sich gleichzeitig auch für einen bestimmten Diagrammtyp entschieden. Diese Entscheidung ist nicht endgültig, es kann ja sein, daß Sie sich erst im nachhinein überlegen, daß ein anderer Diagrammtyp vielleicht doch besser geeignet ist.

Zum Experimentieren mit verschiedenen Diagrammtypen und Varianten stehen Ihnen verschieden Wege offen. In Excel 5 und Excel 95 können Sie, sobald das Diagramm durch Doppelklick aktiviert ist, mit dem Menübefehl FORMAT, AUTOFORMAT oder FORMAT, DIAGRAMMTYP den Diagrammtyp ändern. Dabei entspricht der erste Befehl eher den Wahlmöglichkeiten des Diagrammassistenten, auch wenn das Layout des Dialoges ein anderes ist als das Layout des korrespondierenden Schrittes des Diagrammassistenten. Im Listenfeld links unten im Dialog wählen Sie den grundsätzlichen Diagrammtyp aus und rechts unten den im Beispiel gezeigten Varianten den als *Autoformat* bezeichneten Untertyp.

Eine völlige anders strukturierte Möglichkeit, den Diagrammtyp festzulegen, bietet die Befehlsfolge FORMAT, DIAGRAMMTYP. Diese manuelle Methode den Diagrammtyp festzulegen, ist älter als der Diagrammassistent und arbeitet unabhängig von den für den Diagrammassistenten vordefinierten Vorlagen. Da Sie mit diesem Dialog auch einzelne Datenreihen unterschiedlich formatieren können, haben Sie hier auch für Verbunddiagramme alle Freiheiten. Über die Schaltfläche OPTIONEN können Sie das Ergebnis unmittelbar in Augenschein zu nehmen. Sie sollten von dieser Möglichkeit Gebrauch machen, bevor Sie das ausgewählte Format auf ihr Diagramm anwenden.

In Excel 97 wurden die Möglichkeiten zur Bearbeitung und Nachbearbeitung von Diagrammen gründlich überarbeitet und die verschiedenen historisch gewachsenen Bearbeitungsmethoden vereinheitlicht. Die Auswahl des Diagrammtyps erfolgt nun immer mit dem Befehl DIAGRAMMTYP, den Sie sowohl in den Kontextmenüs des Diagramms und der Datenreihen, wie auch im Menü DIAGRAMM finden. Der zugehörige Dialog DIAGRAMMTYP ist identisch mit dem ersten Schritt des neuen Diagrammassistenten, hier wählen Sie Diagrammtyp und Untertyp aus. Das Konzept des *Autoformats* ist zusammen mit dem dazuzugehörigen Menübefehl verschwunden und wurde durch die *Untertypen* ersetzt. Je nachdem, ob Sie das ganze Diagramm oder nur eine einzelne Datenreihe ausgewählt haben, können Sie so unterschiedliche Darstellungsformen in einem Diagramm kombinieren. Wie sich Ihre Auswahl auf das Diagramm auswirkt, können Sie in einer Vorschau beurteilen, die Sie mit der Schaltfläche unterhalb der Untertypen anstelle der Untertypen einblenden können.

Manchmal ist es weniger der Diagrammtyp als die Proportionen, die nicht zum Darstellungszweck passen. So liefert etwa das geographische Diagramm, das oben als Aufsicht dargestellt wurde, in dreidimensionaler Darstellung zunächst einen viel zu großen Abstand von der Nullebene (die hier die in diesem Zusammenhang irrelevante Höhe des Meeresspiegels wiedergibt – Abbildung 4.34 links). Dies läßt sich leicht korrigieren, indem Sie im Kontextmenü der Größenachse den Befehl ACHSE FORMATIEREN auswählen und den dargestellten Höhenbereich auf 700 bis 1000 m einschränken. Nun wird allerdings der Höhenunterschied viel zu übertrieben dargestellt (Abbildung 4.34 rechts).

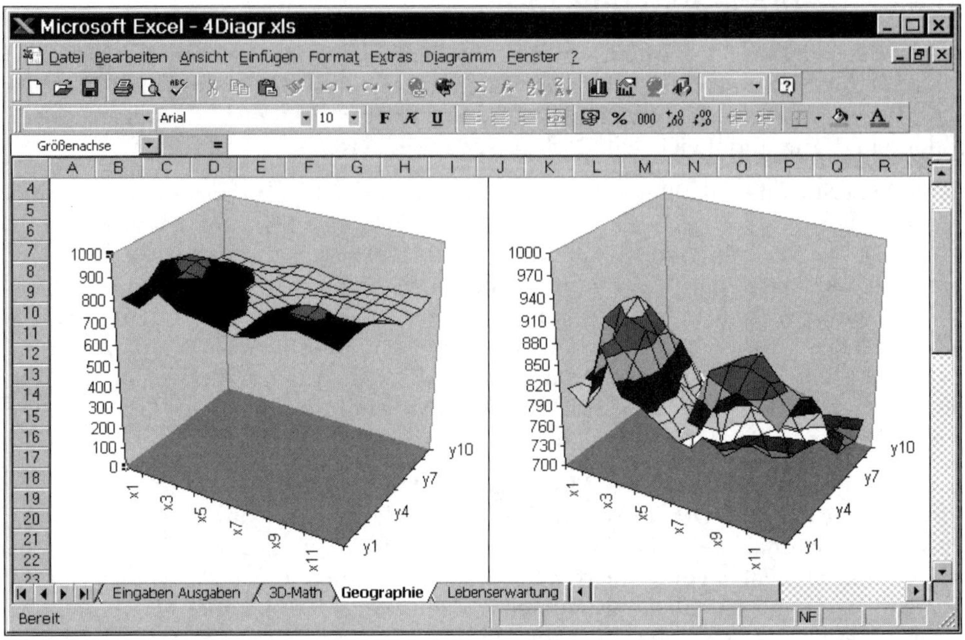

Abbildung 4.34: Ungeschickte Formatierungen der Oberflächendaten

Wenn Sie bedenken, daß die Höhenpunkte in einem Raster von 100 m gemessen wurden, und daß im Diagramm 30 m Höhenunterschied ungefähr so groß wie das horizontale 100 m-Raster dargestellt werden, dann wird klar, woher dieser optisch falsche Eindruck kommt. Mit dem Menübefehl DIAGRAMM, 3D-ANSICHT (Excel 97) bzw. FORMAT, 3D-ANSICHT (Excel 5 und 95) oder dem Befehl 3D-ANSICHT des Kontextmenüs des Diagramms gelangen Sie in den Dialog 3D-ANSICHT (Abbildung 4.35). Hier lassen sich u.a. der Blickwinkel und die Perspektive festlegen, wobei im Vorschaubild das Resultat annäherungsweise verfolgt werden kann. Hier legen Sie die Höhe auf 30 % der Basis fest, so daß die Abbildung maßstabsgerechter wird.

Weitere Darstellungseigenschaften können unter Excel 5 und 95 durch den Befehl FORMAT, DIAGRAMMTYP festgelegt werden. Auf diese Weise erreichen Sie beispielsweise die Einstellungsmöglichkeiten für die Breite und den Säulenabstand 2- und 3-dimensionaler Säulendiagramme über die Schaltfläche OPTIONEN. In Excel 97 sind die entsprechenden Einstellungsmöglichkeiten dagegen auf die Dialogseite OPTIONEN des Dialogs DATENREIHEN FORMATIEREN zu finden, den Sie z.B. über den gleichlautenden Befehl des Datenreihen-Kontextmenüs erreichen. Eine direkte Möglichkeit, die Proportionen oder Abmessungen eines Diagramms über einen Dialog zu verändern, gibt es erstaunlicherweise nicht. Hier helfen aber die Bearbeitungsmöglichkeiten im Diagramm direkt mit der Maus. Wird die Diagrammfläche oder die etwas kleinere Zeichnungsfläche markiert, dann läßt sich das Diagramm in der Höhe oder Breite ziehen und im letzteren Fall auch innerhalb der Diagrammfläche verschieben.

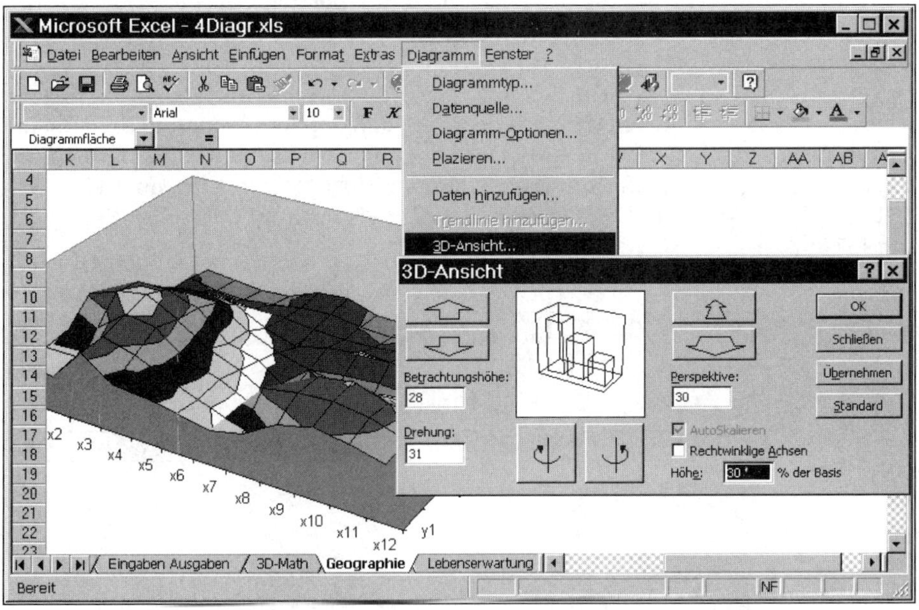

Abbildung 4.35: Höhe mit dem Dialog 3D-ANSICHT auf 30 % stauchen

4.8.4 Farben und Muster

Für den optischen Eindruck des Diagramms spielen die Farben und Muster der einzelnen Diagrammelemente eine herausragende Rolle. Durch Klick mit der rechten Maustaste auf irgendein Diagrammelement – Hintergrund, Fläche, Balken, Tortenstücke usw. – und die Wahl des Kontextmenüs (...) FORMATIEREN lassen sich Farben und Strukturen beliebig variieren. Wenn ein Diagramm ausgedruckt werden soll, dann ist es auf jeden Fall sinnvoll, zunächst über DATEI, SEITENANSICHT zu kontrollieren, wie die einzelnen Farben im Schwarzweißdruck umgesetzt werden. Excel versucht zwar, die Farben optimal in Schraffuren zu übersetzen, aber die Ergebnisse sind trotzdem manchmal unbefriedigend. Veränderungen bei den Farben können hier helfen.

Leider läßt einen diese Methode bei den 3D-Oberflächendiagrammen kläglich im Stich, da hier weder Datenreihen noch die 3D-Oberfläche insgesamt ausgewählt werden können. Das ist um so bedauerlicher, als gerade dieser Diagrammtyp für viele Zwecke der wissenschaftlichen und technischen Darstellung geeignet ist. Eine einfache Möglichkeit, die Darstellung zu verändern, führt über die Wahl einer anderen Variante. Wird der farblose Typ gewählt und gleichzeitig über das Kontextmenü zur Grundfläche der Grauton weggenommen, dann erhalten Sie ein Drahtmodell. Wie dies für die Excel-Formel des Beispiels `z=wurzel(x*y)/x` aussieht, zeigt Abbildung 4.36 rechts. Störend ist hier, daß das Drahtmodell durchscheinend ist, daß Sie also hinter dem Diagramm die Achsen sehen. Noch gravierender wird dieses Problem, sobald es sich um gebirgeartige Darstellungen mit mehreren Gipfeln handelt.

Die nächste Möglichkeit besteht darin, durch Veränderung der Skalierung der z-Achse ein Diagramm zu erzeugen, das nur eine Farbe enthält. Im aktiven Diagramm wird über das Kontextmenü für die *z*-Achse unten auf der Dialogseite SKALIERUNG das Hauptintervall so definiert, daß es der Differenz zwischen Höchstwert und Tiefstwert entspricht. Das Ergebnis ist, daß das Diagramm nur noch in einer Farbe dargestellt wird, wobei aber leider auch die Beschriftungen der *z*-Achse verlorengehen. Letzteres läßt sich wenigstens zum Teil dadurch beheben, daß bei der Skalierung die Hilfsintervalle so angesetzt werden, wie es der gewünschten Achsenunterteilung entspricht. Achten Sie dabei darauf, daß Sie auf der Dialogseite MUSTER die Achsenmarkierung auf für Teilstriche einschalten. Das Ergebnis für die Beispielsfunktion sehen Sie in Abbildung 4.36 links.

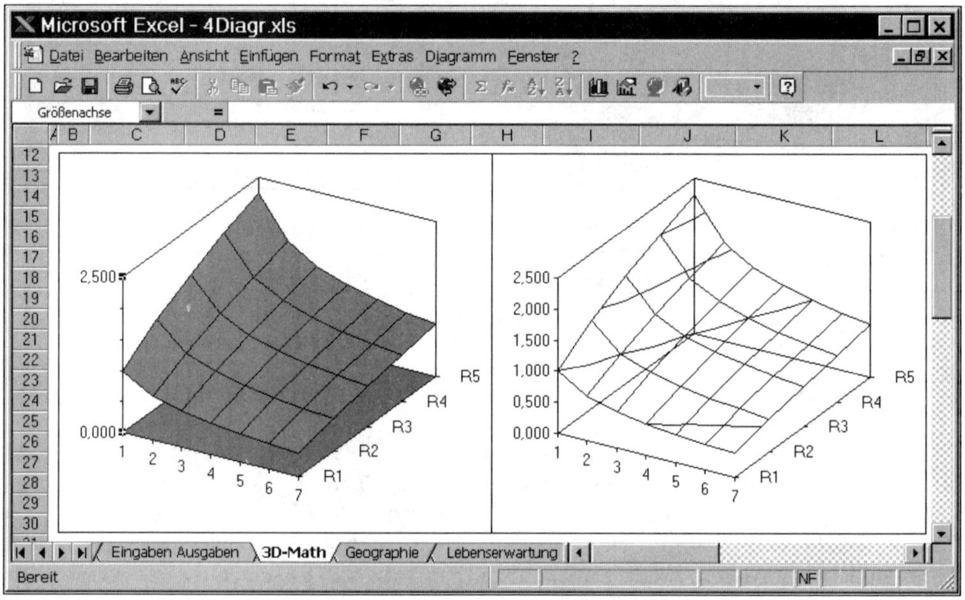

Abbildung 4.36: Einfarbige Oberflächendarstellung und 3D-Drahtmodell

Im Grunde stört jetzt nur noch die dunkle Farbe der Darstellung. Das läßt sich beheben, indem über EXTRAS, OPTIONEN auf der Dialogseite FARBE die in der Arbeitsmappe verfügbaren Farben selber bearbeitet werden. Hier werden nicht die Farben einzelner Objekte verändert, sondern eine Farbe, die an beliebiger Stelle in der Arbeitsmappe, also auch einem Diagramm verwendet wird. Hier finden Sie unter DIAGRAMMLINIEN und DIAGRAMMOBJEKTE auch die Farben, die in Diagrammen verwendet werden. Nach Anwahl der entsprechenden Farbe liefert die Schaltfläche BEARBEITEN einen Dialog, in dem die Farbe selber verändert werden kann.

Ähnlich können Sie bei Oberflächendiagrammen mit mehreren Farben vorgehen. Es wurde oben bei dem Höhendiagramm schon darauf hingewiesen, daß die Farbgebung, so wie Excel sie vornimmt, nicht sehr brauchbar ist. Sie könnten entweder die einzelnen Farben den geographischen Konventionen anpassen (also braune Töne für die höheren Lagen und grüne für die tieferen Lagen), oder, wie es bei Schwarzweißdruck erforderlich ist, die Farben alle durch eine Farbe mit verschiedenem Helligkeitsgrad ersetzen. Dieser Weg soll hier etwas genauer beschrieben werden.

Zunächst wird das Diagramm in eine dreidimensionale Form gebracht und dann wie oben beschrieben mit ACHSE FORMATIEREN, Dialogseite SKALIERUNG skaliert und mit 3D-ANSICHT auf 30 % gestaucht. Ferner sollten Sie mit DIAGRAMM, DIAGRAMM OPTIONEN, Dialogseite ACHSEN (Excel 97) bzw. EINFÜGEN, ACHSEN (bis Excel 95) die Beschriftung der Größenachse ausschalten und falls noch nicht vorhanden mit DIAGRAMM, DIAGRAMM OPTIONEN, Dialogseite LEGENDE (Excel 97) bzw. EINFÜGEN, LEGENDE (bis Excel 95) eine Legende einfügen, so daß die Farben durchschaubarer werden. Das Resultat sieht schon ganz ansehnlich aus, doch sind die Farben noch vollkommen willkürlich gewählt (siehe Abbildung 4.37).

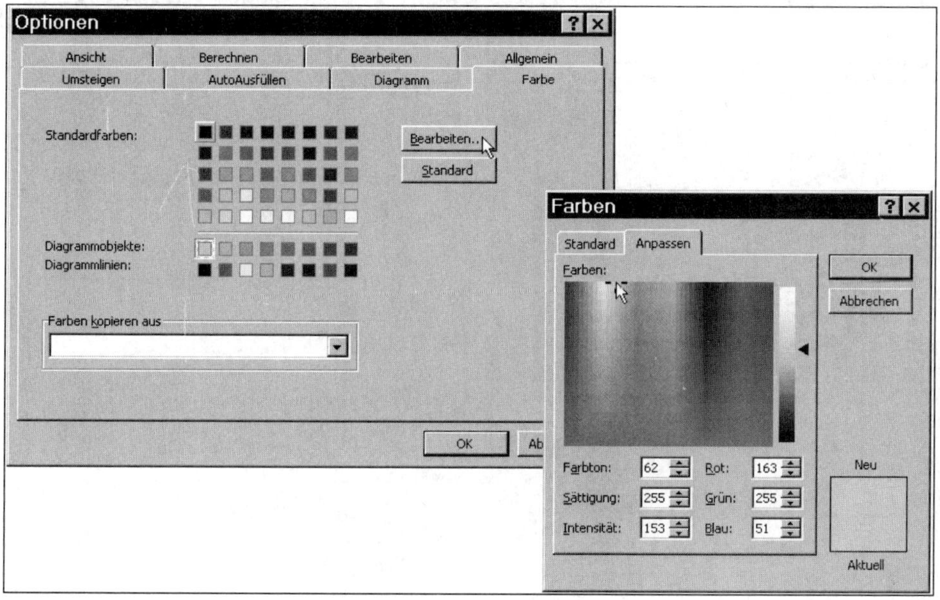

Abbildung 4.37: Bearbeitung der Farben

Wie gesagt ist es nicht möglich, die Farben der einzelnen Höhenstufen einer 3D-Oberfläche direkt zu verändern. Da diese jedoch einfach der Reihenfolge nach der Farbpalette der Arbeitsmappe entnommen werden, kann alternativ auch die Palette der Arbeitsmappe verändert werden. Aktivieren Sie mit den Befehlen EXTRAS, OPTIONEN den Dialog OPTIONEN und wählen sie dort die Dialogseite FARBE. Wie ein Vergleich mit der Legende der 3D-Oberflächendiagramms zeigt, folgen hinter den Standardfarben die Farben, die von Excel für das Einfärben der Höhenstufen verwendet werden.

Nun können Sie der Reihe nach die Farben anklicken und mit der Schaltfläche BEARBEITEN bearbeiten. Diese bringt sie zum Dialog FARBEN, der es gestattet, Farben nach ihrem Rot-, Grün- und Blauanteil oder nach Farbton, Sättigung und Intensität auszuwählen. Die sauberste Möglichkeit, diese Aufgabe zu lösen, besteht darin, eine Anfangsfarbe und eine Endfarbe über das Steuerungselement FARBEN und den rechts danebenstehenden Helligkeitsregler auszuwählen und die dazwischenliegenden Werte im RGB-Raum zu interpolieren und numerisch einzugeben (oder nach dem subjektiven Farbempfinden auszuwählen).

Dies ist freilich sehr mühsam. Die Alternative ist die Aufzeichnung der Bearbeitung der ersten und der letzten Farbe durch ein Makro und die Ergänzung des Makros zu einem kleinen Programm, das die Interpolation übernimmt. Wie Sie die Makrosprache VBA einsetzen können, um sich das Leben zu vereinfachen, werden Sie im nächsten Kapitel kennenlernen. Das kleine Programm, mit dem die Farbpalette des Beispiels umgefärbt wurde, finden Sie auch in der Beispielsdatei 4DIAGR.XLS. Das Ergebnis sieht sowohl in der 3D-Darstellung als auch in der Aufsicht sehr brauchbar aus, so daß sich der mühsame Weg dahin lohnt (siehe Abbildung 4.38).

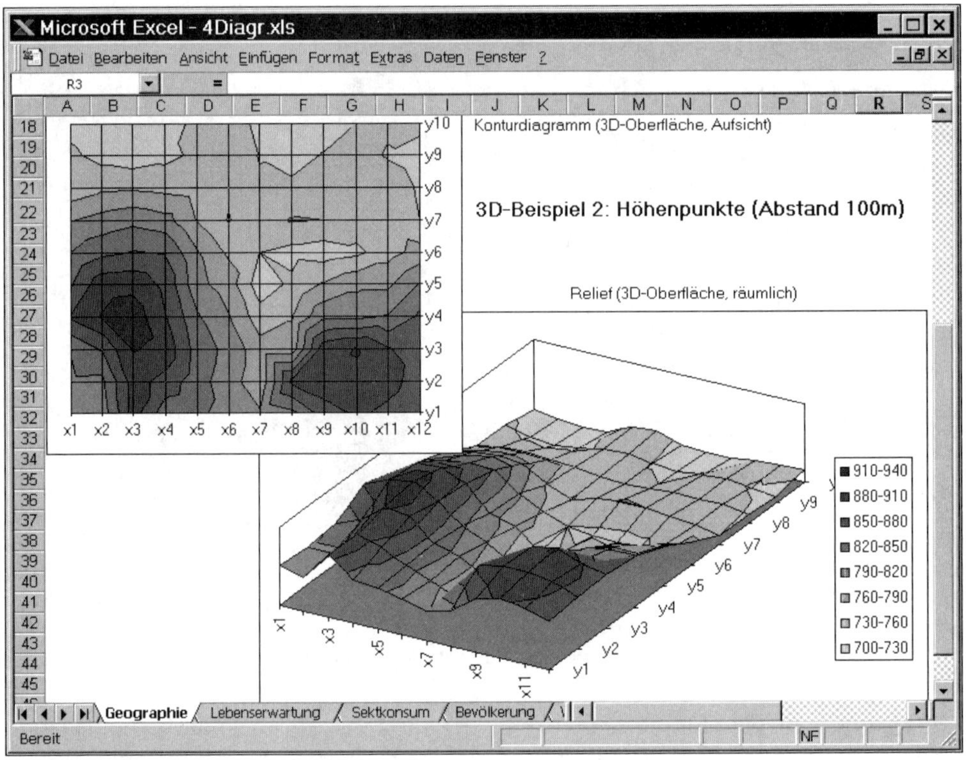

Abbildung 4.38: Oberfläche als Konturdiagramm und Relief mit abgestuften Farben

4.8.5 Bevölkerungspyramide

Das letzte Beispiel zeigt, wie Sie mit den vorhandenen Diagrammtypen in Excel kreativ umgehen können, um Diagramme zur realisieren, die auf den ersten Blick nicht möglich erscheinen. Als Beispiel soll hier eine Bevölkerungspyramide dienen, ein Diagrammtyp, der durchaus auch in anderen Zusammenhängen nützlich sein kann. Ausgangspunkt ist eine Tabelle mit den benötigten Daten (Abbildung 4.39).

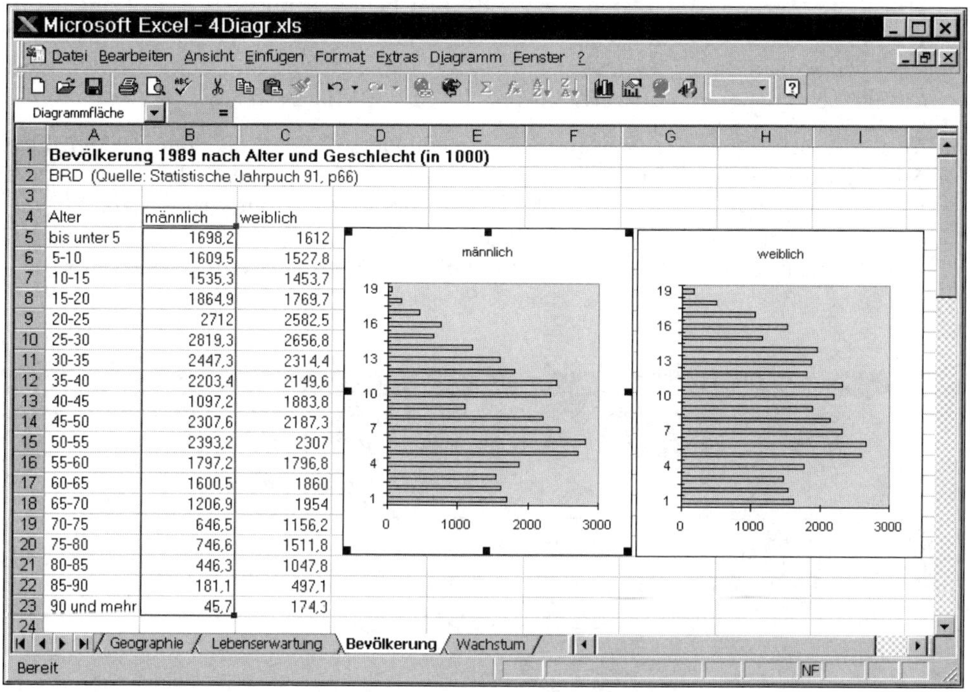

Abbildung 4.39: Erste Schritte zur Alterspyramide

Für die Bildung einer Alterspyramide sind folgende Schritte nötig:

1. Zunächst werden zwei gleichartige Balkendiagramme für den männlichen und weiblichen Teil der Bevölkerung erstellt. Es werden nur die Spalten mit den Anzahlen markiert, die Altersklassen müssen später eingefügt werden. Wenn Sie beim Markieren der Umrisse der Diagramme die Gitternetzlinien der Tabelle als Raster benutzen, ist es nicht weiter schwierig, zwei genau gleich große Diagramme zu erzeugen.

2. Das erste der beiden Diagramme (männlich) wird aktiviert. Ein Klick mit der rechten Maustaste auf die waagerechte Achse (das ist beim Balkendiagramm die y-Achse) öffnet ein Kontextmenü, bei dem unter ACHSEN FORMATIEREN über die Dialogseite SKALIERUNG festgelegt wird, daß die Größen in umgekehrter Reihenfolge angeordnet werden. Die senkrechte Achse wird gelöscht (Auswählen und dann `Entf`).

3. Im zweiten Diagramm (weiblich) wird ebenfalls die senkrechte Achse gelöscht. Die beiden Diagramme zusammen sehen jetzt fast schon wie eine Alterspyramide aus.

4. Der Versuch, die beiden Diagramme einfach zusammenzuschieben, scheitert daran, daß sie sich gegenseitig überdecken. Um hier Abhilfe zu schaffen, sind einige weitere Schritte notwendig. Zunächst wird die Diagrammfläche mit den Daten des männlichen Bevölkerungsteils auf doppelte Breite gezogen und danach die Zeichnungsfläche wieder auf die ursprüngliche Größe verkleinert und in der linken Hälfte positioniert.

5. Das Diagramm mit den Daten des weiblichen Bevölkerungsteils wird transparent gemacht: Ein Klick mit der rechten Maustaste auf die Fläche des Diagramms öffnet das Kontextmenü, mit ZEICHNUNGSFLÄCHE FORMATIEREN, Dialogseite MUSTER wird die Fläche transparent definiert (AUSFÜLLEN *ohne*, RAHMEN *ohne*).

6. Jetzt läßt sich das erste Diagramm so verschieben, daß es mit dem zweiten Diagramm zusammenpaßt (u.U. muß noch mit dem Kontextmenü das transparente Diagramm in den Vordergrund, oder das andere in den Hintergrund gerückt werden). Als Orientierung kann die Null unter den waagerechten Achsen dienen. Bei allen Bewegungen ist darauf zu achten, daß sich ein transparentes Objekt nur noch an seiner Umrandung greifen und bewegen läßt.

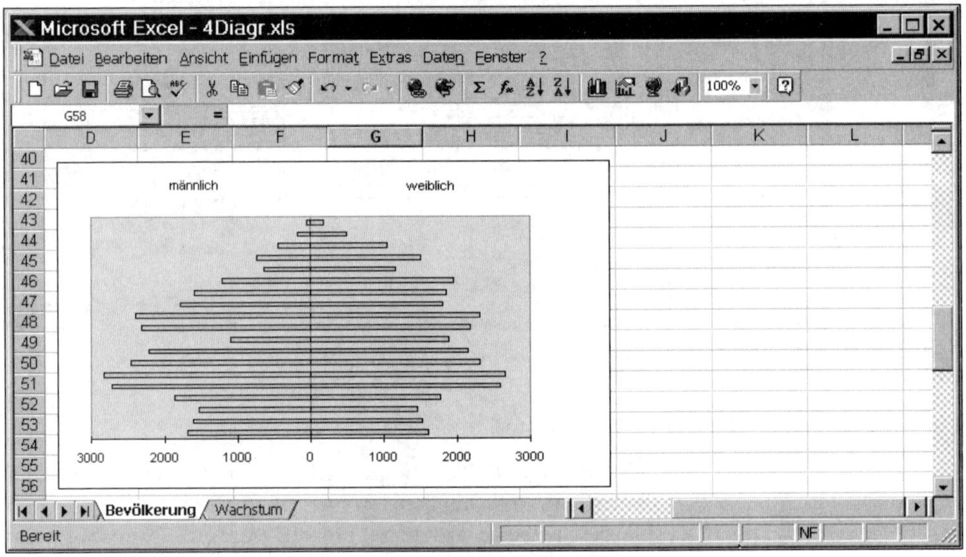

Abbildung 4.40: Die fertige Alterspyramide

5 Autopilot

Eine Eigenschaft, die seinerzeit wesentlich zum durchschlagenden Erfolg der Tabellenkalkulation Lotus 1-2-3 beitrug, war die neuartige Möglichkeit, Arbeitsabläufe und Berechnungen mit Makros zu automatisieren. Ironischerweise waren Makros im ursprünglichen Konzept gar nicht vorgesehen. Da die Entwickler jedoch einige Tage vor dem geplanten Abgabetermin fertig waren, nutzten Sie die Zeit, eine ziemlich krude Makrofunktion zu implementieren. Bei dieser Form von Makros wird eine Folge von Aktionen in Form bestimmter Makrobefehle in die Zellen des Rechenblattes eingetragen.

Diese Makrofunktion setzte einen Standard für ganze Generationen von Tabellenkalkulationsprogrammen. Auch Excel besitzt in Form der sogenannten Excel-4-Makrosprache ein Makro-Feature dieses Typs, das aus Gründen der Kompatibilität von neueren Excel-Versionen (noch) unterstützt wird. Seit Version 5 besitzt Excel jedoch in Form von *Visual Basic für Anwendungen* (*VBA*) eine neue Makrosprache, die den Vorteil besserer Lesbarkeit und der Standardisierung über unterschiedliche Anwendungen hinweg bietet. Langfristig will Microsoft VBA als *die* Makrosprache für Anwendungen durchsetzen. Die Unterstützung für die alte Makrosprache wird dagegen nach und nach aufgegeben – in Excel 97 können alte Makros zwar noch abgespielt und bearbeitet, aber nicht mehr aufgezeichnet werden.

Die Arbeit an einer Tabelle beinhaltet neben der Eingabe von Daten und Formeln eine ganze Anzahl von Arbeiten, die sich immer wiederholen. Zumeist sind dies Routinearbeiten, die nach den ersten Anwendungen kaum noch Anstrengung und Überlegung erfordern, dafür aber eine ganze Menge Arbeitszeit verschlingen. Für einen Teil dieser Arbeiten hält Excel eigene Hilfsmittel bereit, von denen Sie schon einige kennengelernt haben. Wenn Sie etwa den Aufwand, den es kostet, eine Tabelle zu formatieren, mit den automatischen Formatierungen von Excel vergleichen, dann schneidet der automatische Prozeß eindeutig besser ab. Über diese Fertiglösungen hinaus bietet Excel durch Makros und Makroprogrammierung die Möglichkeit, Arbeitsgänge weitgehend zu automatisieren. Und schließlich erlaubt die VBA auch, innerhalb von Excel Arbeitsgänge programmieren, die so von Hand nicht möglich wären.

Für Makros und VBA lassen sich drei Anwendungsbereiche gegeneinander abgrenzen, die freilich in der Realität oft fließend ineinander übergehen:

- Arbeitsgänge, die Sie in Excel erledigen, lassen sich als Makros aufzeichnen und stehen dann zum automatischen Ablauf zur Verfügung.
- Mit Hilfe eines nicht allzu großen Programmieraufwandes lassen sich in Excel eigene Programme erstellen, die wichtige Aufgaben durch einen Mausklick erledigen, oder ganze Arbeitsabläufe mit einer eigenen Bedienungsoberfläche versehen.
- Obwohl Excel schon über eine Vielzahl von Tabellenfunktionen verfügt, kann es für spezielle Anwendungen sinnvoll sein, zusätzliche eigene Funktionen zu programmieren.

5.1 Aufzeichnen

Unter Makros versteht man bei Anwenderprogrammen Folgen von Benutzeraktionen, die aufgezeichnet und zu einem späteren Zeitpunkt wieder abgespielt werden können. Diese Makros sind außerdem der nachträglichen Bearbeitung zugänglich. Dies impliziert, daß sie in einer mehr oder weniger brauchbaren Programmiersprache aufgezeichnet werden, und daß dieser Programmcode anschließend besichtigt, verändert oder in anderen Zusammenhängen weiter verwendet werden kann.

Wie schon erwähnt stehen in Excel gleich zwei Programmiersprachen zur Verfügung: zum einen die schon von früheren Versionen bekannte Excel-4-Makrosprache und zum anderen Visual Basic für Anwendungen oder kurz VBA. Die alte Excel-4-Makrosprache folgt dabei sehr dicht den wirklichen Benutzeraktionen, während VBA einen höheren Abstraktionsgrad hat und oft nicht die Folge von Eingaben, sondern eher deren Wirkung aufzeichnet. Die Excel-4-Makrosprache ist historisch bedingt tabellenorientiert: Programme werden in eigens hierfür bestimmten Tabellen (Makrovorlagen) geschrieben, wobei jede Anweisung in einer Zelle steht. Da die alte Makrosprache ein Auslaufmodell ist, wird sie in diesem Buch nicht mehr berücksichtigt.

Bei VBA handelt es sich dagegen um eine echte Programmiersprache. Technisch ist VBA ein modernes strukturiertes Basic mit objektorientierten Erweiterungen. Diese Erweiterungen sind der Schlüssel für die einfache und elegante Steuerung der Anwendung aus Basic heraus. Die verschiedenen Funktionseinheiten der Anwendung erscheinen unter Visual Basic als Objekte, die sowohl Eigenschaften (Daten) als auch Methoden (Programmcode) enthalten, um z.B. die spezifischen Aufgaben in einer Tabellenkalkulation wahrzunehmen. Wer sich schon mal mit der Programmierung in Basic beschäftigt hat – oder auch in einer anderen Programmiersprache wie Pascal – wird sich mit VBA relativ schnell zurechtfinden.

5.1.1 Sprachverwirrung

Excel war das erste Anwendungsprogramm von Microsoft, das mit VBA ausgestattet wurde. Da Basic als Makrosprache ein relativ neues Konzept ist, zu dem noch Erfahrungen gesammelt werden mußten, ist VBA und die Einbettung von VBA in der Anwendung in Excel 5 bis Excel 97 noch recht starken Änderungen unterworfen. In Excel 5 und Excel 95 sind die VBA-Programme in die Arbeitsmappe als eigene Arbeitsblätter integriert, die wie Programmeditoren arbeiten. Da dieses Konzept jedoch auf andere Typen von Anwendungen wie z.B. Microsoft Word nicht zu übertragen war, ist der VBA-Code seit Excel 97 nicht mehr in der Arbeitsmappe, sondern in einem eigenen VBA-Editor zu finden. Das ändert jedoch nichts daran, daß der VBA-Code weiterhin innerhalb der Arbeitsmappen gespeichert ist.

Ein weiterer Bereich, in dem VBA starken Änderungen unterworfen war, ist die Unterstützung nationaler Versionen. Wie bei den meisten anderen Computersprachen sind die Schlüsselworte von Visual Basic von Wörtern der englischen Sprache abgeleitet. Um die Akzeptanz von VBA unter Nicht-Programmierern zu verbessern, entschloß sich Microsoft, nationale Versionen bereitzustellen. Für einen Franzosen sind die Schlüsselwörter der französischen Sprache entlehnt und für einen Deutschen der deutschen Sprache. Es liegt auf der Hand, daß dieses Konzept für Programmierer, die die ursprüngliche Version mit der Muttermilch eingesogen haben, hochgradig gewöhnungsbedürftig ist. Aber auch ansonsten haben sich die nationalen Basic-Versionen nicht bewährt. Da Excel im Normalfall Programme in der falschen nationalen Basic-Version (mit Ausnahme der englischen Version) nicht versteht, war einer Sprachverwirrung von babylonischen Ausmaßen Tür und Tor geöffnet.

Am konsequentesten ist die Lokalisierung von Visual Basic in Excel 5 verwirklicht – die Aufzeichnung von Makros erfolgt standardmäßig in der nationalen (sprich deutschen) Version von VBA und auch die Hilfe zur Sprache Visual-Basic bezieht sich vollständig auf die eingedeutschte Fassung. In Excel 95 beginnt sich bereits abzuzeichnen, daß die nationalen Basic-Versionen ein Irrweg sind – standardmäßig zeichnet Excel 95 die Makros wieder in Englisch auf und auch die Hilfedatei bezieht sich auf die englische Version der Sprache. Arbeitsblätter und Basic-Programme bleiben jedoch zwischen beiden Excel-Versionen austauschbar, beide Versionen verstehen sowohl die lokalisierte wie auch die englischsprachige Version von VBA. In welcher Sprache Makros in einer gegebenen Arbeitsmappe abgespeichert werden, ist mit der Sprache des ersten aufgezeichneten Makros in der Arbeitsmappe festgelegt. Diese stellen Sie in Excel 5 und Excel 95 mit dem Befehl EXTRAS, OPTIONEN, Dialogseite MODUL ALLGEMEIN, Option STANDARDEINSTELLUNGEN und Kombinationsfeld SPRACHE/LAND im Gruppenfeld INTERNATIONAL auf die gewünschte Sprache ein. In Excel 5 ist für neue Arbeitsblätter dieser Wert immer zunächst auf die nationale Version und in Excel 95 auf die englische Version eingestellt, so daß es in Excel 5 immer etwas einfacher ist, mit der deutschen und in Excel 95 mit der englischen Version von VBA zu arbeiten. Werden Basic-Programme zwischen Mappen unterschiedlicher Sprachen kopiert, werden zumindest die Schlüsselworte automatisch übersetzt.

Mit Excel 97 gibt Microsoft die nationalen VBA-Dialekte endgültig wieder auf. Verwenden Sie eine alte Excel-5- oder Excel-95-Datei mit Makros in Excel 97, so werden alle VBA-Programme automatisch ins Englische konvertiert. Beim Abspeichern verlieren sie jedoch leicht die Kompatibilität mit den alten Excel-Versionen. Auch wenn Sie die Datei mit Excel 97 im Excel-5/95-Format speichern, kann es vorkommen, daß der VBA-Code nicht mehr funktioniert. In einem solchen Fall ist der Weg zurück jedoch möglich, wenn Sie neben Excel 97 auch noch eine der beiden Vorgängerversionen zur Verfügung haben. In diesem Falle legen Sie in Excel 5 oder 95 eine neue Arbeitsmappe mit der Standardsprache Englisch an und kopieren den VBA-Code vom VBA-Editor von Excel 97 über die Zwischenablage in ein neu angelegtes Makro-Arbeitsblatt in Excel 5/95. Für die übrigen Arbeitsblätter können Sie die Excel-97-Datei im Excel-5/95-Format abspeichern, die Datei in Excel 5/95 öffnen und die Arbeitsblätter einfach von der alten Arbeitsmappe in die neue (mit den kopierten Makros) verschieben.

In diesem Buch werden Sie im Text immer die den meisten vertrautere englische Variante des VBA-Codes finden, deutsche Varianten aller Programme finden Sie dagegen auf der Begleit-CD. Die Beispielsprogramme auf der Begleit-CD liegen sowohl in Deutsch (Excel 5) wie auch in Englisch (Excel 95) vor. Eine dritte Version für Excel 97 ist aufgrund des veränderten Dateiformats und teilweise erforderlichen Anpassungen ebenfalls vorhanden. Wer zwischen englischen und deutschen Fassungen von VBA-Programmen übersetzen muß, findet eine vollständige Gegenüberstellung der deutschen und englischen Namen und Schlüsselworte in der Datei VBALISTE.XLS in seinem Excel-Verzeichnis.

5.1.2 Vorüberlegungen

Alle Makrofunktionen sind in Excel über das Menü EXTRAS zugänglich. In Excel 5 und Excel 95 sind dies die Befehle MAKRO und MAKRO AUFZEICHNEN. In Excel 97 wurden die Befehle MAKROS und AUFZEICHNEN in ein eigenes Untermenü des Menüs EXTRAS verlegt, das nun auch den Befehl zum Aufruf des neuen Visual Basic Editors enthält. Mit dem Befehl MAKRO AUFZEICHNEN, AUFZEICHNEN bzw. AUFZEICHNEN gelangen Sie in einen Dialog AUFZEICHNEN bzw. NEUES MAKRO AUFZEICHNEN, der in Excel 97 neu gestaltet wurde (Abbildung 5.1).

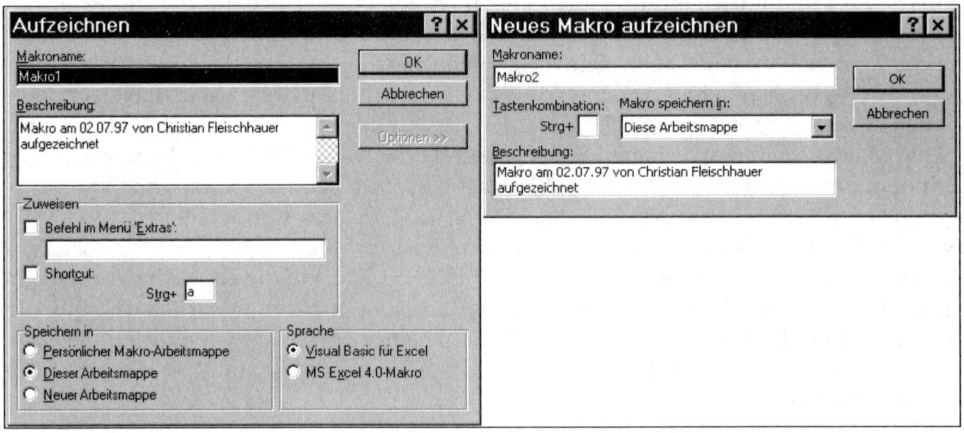

Abbildung 5.1: Aufzeichnen eines Makros mit Excel 5 und 95 (links) und Excel 97 (rechts)

Vor der Aufzeichnung von Makros sind zwei Vorüberlegungen nötig. Die eine betrifft den Ort der Aufzeichnung, die andere die Aufzeichnungsart. Als Ort für die Aufzeichnung gibt es drei Möglichkeiten, die Sie beim Start der Aufzeichnung im Dialog AUFZEICHNEN bzw. NEUES MAKRO AUFZEICHNEN einstellen können. Bei Excel 5 und 95 müssen Sie zu diesem Zweck mit der Schaltfläche OPTIONEN die erweiterte Version des Dialogs anzeigen und die gewünschte Möglichkeit über Optionsschaltfläche auswählen; bei Excel 97 dient zum gleichen Zweck ein Kombinationsfeld:

- *Diese Arbeitsmappe.* Das Makro wird in der aktuellen Arbeitsmappe aufgezeichnet. Bei Excel 5 und 95 können Sie außerdem zwischen VBA und der alten Makrosprache wählen. Diese Möglichkeit steht nur zur Verfügung, wenn eine Arbeitsmappe geöffnet ist. Diese Variante sollte gewählt werden, wenn das Makro nur in dieser einen Arbeitsmappe benötigt wird.
- *Neuer Arbeitsmappe.* Für die Aufzeichnung erstellt Excel eine eigene Arbeitsmappe, die zunächst nur ein Blatt für die Aufzeichnung enthält. So aufgezeichnete Makros lassen sich ebenfalls nur verwenden, wenn die Arbeitsmappe geöffnet ist. Sollen Makros in unterschiedlichen Zusammenhängen benutzt werden, dann empfiehlt sich diese Variante.

- *Persönliche Arbeitsmappe.* Bei dieser Variante verwendet Excel eine Arbeitsmappe, die unter dem Namen PERSONL.XLS im Verzeichnis XLSTART abgespeichert ist. Diese Arbeitsmappe wird automatisch immer geladen, wenn Excel gestartet wird. Da die Arbeitsmappe gleichzeitig auch automatisch ausgeblendet wird, tritt sie nicht sichtbar in Erscheinung. Sinnvoll ist dies für globale oder allgemeingültige Makros, die ständig benötigt werden.

Die zweite Vorüberlegung betrifft die Aufzeichnungsart. Die Entscheidung, die hier zu treffen ist, betrifft die Frage, wo die aufgezeichneten Aktionen später durchgeführt werden sollen. Wird die *absolute Aufzeichnung* gewählt, dann werden sie genau dort durchgeführt, wo sie aufgezeichnet wurden. Wählen Sie dagegen die *relative Aufzeichnung*, dann werden die Aktionen beginnend mit der aktuellen Position des Zellzeigers relativ zu diesem durchgeführt. Die Resultate der beiden Aufzeichnungsarten werden Sie im folgenden noch genauer kennenlernen. Excel 5 und Excel 95 erlaubt die Auswahl einer der Varianten durch einen Menübefehl RELATIVE AUFZEICHNUNG im Menü MAKROS AUFZEICHNEN. In Excel 97 können Sie dagegen mit der Schaltfläche RELATIVE AUFZEICHNUNG der bei der Aufzeichnung eingeblendeten Symbolleiste AUFZEICHNUNG BEENDEN jederzeit zwischen relativer und absoluter Aufzeichnung wechseln.

5.1.3 Die Aufzeichnung

Bevor mit der Aufzeichnung eines Makros begonnen wird, sollte man – besonders bei umfangreicheren Arbeitsgängen – die aufzuzeichnende Aktion probeweise komplett durchführen und unter Umständen wichtige Arbeitsschritte notieren. Als Beispiel für einen ersten Versuch soll hier die Beschriftung und grüne Umrandung einer Tabelle durch ein Makro dienen, bei denen einige Daten zu Versuchsprotokollen festgehalten werden. Das Ergebnis der festzuhaltenden Anweisungsfolge ist in Abbildung 5.2 dargestellt.

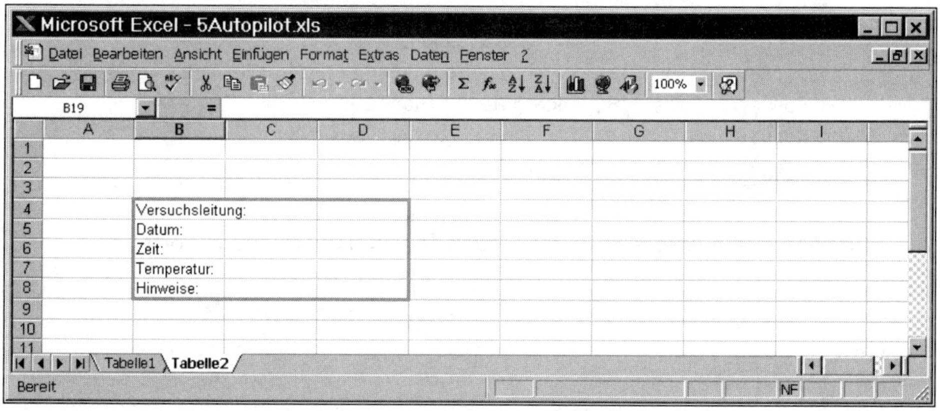

Abbildung 5.2: Einträge und Umrahmung sollen als Makro aufgezeichnet werden

Die Aufzeichnung des Makros starten Sie mit dem Befehl EXTRAS, MAKRO AUFZEICHNEN, AUFZEICHNEN (bis Excel 95) bzw. EXTRAS, MAKRO, AUFZEICHNEN (Excel 97). Es wird der Dialog AUFZEICHNEN bzw. NEUES MAKRO AUFZEICHNEN angezeigt (Abbildung

5.1), in dem Sie einen Namen und eine Beschreibung für das Makro eintragen können, mit dem das Makro später aufgerufen werden kann. Besonders bei komplexeren Makros ist es angebracht, hier einen Hinweis einzutragen, wozu das Makro dienen soll.

Nach Bestätigung mit OK kann mit den aufzuzeichnenden Aktionen begonnen werden. Excel blendet mit dem Start der Aufzeichnung eine Symbolleiste AUFZEICHNUNG BEENDEN ein, die nachher angeklickt wird, um die Aufzeichnung zu beenden. Bei Excel 97 enthält sie außerdem eine Schaltfläche, mit der jederzeit zwischen absoluter und relativer Aufzeichnung gewechselt werden kasnn.

Jetzt können Sie die Aktionen durchführen, die als Makro aufgezeichnet werden sollen. Bei längeren Arbeitsgängen, die aus zahlreichen Einzelschritten bestehen, lohnt es sich, den ganzen Arbeitsgang in mehrere Teile zu zerlegen und diese Teile als getrennte Makros aufzuzeichnen. Sie lassen sich dann später entweder zu einem einzelnen Makro zusammenfassen oder in einem weiteren Makro der Reihe nach aufrufen.

Das oben angeführte Beispiel wurde sowohl relativ als auch absolut aufgezeichnet, um einmal den Unterschied der beiden Aufzeichnungsarten zu verdeutlichen. In relativer Aufzeichnung erhalten Sie das folgende Makro:

```
Sub Signum1()
  ActiveCell.FormulaR1C1 = "Versuchsleitung:"
  ActiveCell.Offset(1, 0).Range("A1").Select
  ActiveCell.FormulaR1C1 = "Datum:"
  ActiveCell.Offset(1, 0).Range("A1").Select
  ActiveCell.FormulaR1C1 = "Zeit:"
  ActiveCell.Offset(1, 0).Range("A1").Select
  ActiveCell.FormulaR1C1 = "Temperatur:"
  ActiveCell.Offset(1, 0).Range("A1").Select
  ActiveCell.FormulaR1C1 = "Hinweise:"
  ActiveCell.Offset(-4, 0).Range("A1:C5").Select
  Selection.Borders(xlLeft).LineStyle = xlNone
  Selection.Borders(xlRight).LineStyle = xlNone
  Selection.Borders(xlTop).LineStyle = xlNone
  Selection.Borders(xlBottom).LineStyle = xlNone
  Selection.BorderAround Weight:=xlThick, ColorIndex:=4
  ActiveCell.Select
End Sub
```

In absoluter Aufzeichnung nimmt das Makro dagegen die folgende Form an:

```
Sub Signum2()
  Range("B4").Select
  ActiveCell.FormulaR1C1 = "Versuchsleitung:"
  Range("B5").Select
  ActiveCell.FormulaR1C1 = "Datum:"
  Range("B6").Select
  ActiveCell.FormulaR1C1 = "Zeit:"
  Range("B7").Select
  ActiveCell.FormulaR1C1 = "Temperatur:"
  Range("B8").Select
```

```
    ActiveCell.FormulaR1C1 = "Hinweise:"
    Range("B4:D8").Select
    Selection.Borders(xlLeft).LineStyle = xlNone
    Selection.Borders(xlRight).LineStyle = xlNone
    Selection.Borders(xlTop).LineStyle = xlNone
    Selection.Borders(xlBottom).LineStyle = xlNone
    Selection.BorderAround Weight:=xlThick, ColorIndex:=4
    Range("B4").Select
End Sub
```

Schon beim Betrachten der beiden Aufzeichnungen werden die wesentlichen Unterschiede deutlich. Die Auswahl der einzelnen Zellen, in die etwas geschrieben werden soll, erfolgt bei beiden Aufzeichnungen nach unterschiedlichem Muster:

Relative Aufzeichnung:

```
  ActiveCell.Offset(..).Range("A1").Select
  ActiveCell.FormulaR1C1 = ...
```

Absolute Aufzeichnung:

```
Range("..").Select
  ActiveCell.FormulaR1C1 = ...
```

Während also bei der relativen Aufzeichnung die Auswahl immer gegenüber der alten Position verschoben wird, wird bei der absoluten Aufzeichnung immer eine feste Adresse angegeben.

5.1.4 Makros bearbeiten

Nach der Aufzeichnung von Makros ist es oft noch wünschenswert, diese zu bearbeiten, sei es, um Code hinzuzufügen, der durch eine einfache Aufzeichnung nicht erzeugt werden kann, sei es, um ineffizienten oder redundanten VBA-Code zu entfernen. In Excel 5 und 95 einerseits und Excel 97 andererseits folgt die Verwaltung der Makros völlig unterschiedlichen Konzepten. In Excel 5 und Excel 95 kann eine Arbeitsmappe eines oder mehrere Arbeitsblätter mit VBA-Code enthalten. Weitere Arbeitsblätter können mit dem Befehl EINFÜGEN, MAKRO, VISUAL-BASIC-MODUL hinzugefügt werden. Jedes dieser Arbeitsblätter wird als Visual-Basic-Modul bezeichnet und sollte zusammengehörende Programme und Makros enthalten (Abbildung 5.3).

Ein VBA-Arbeitsblatt ist im Grunde ein als Arbeitsblatt verkleideter Programmeditor, der z.B. auch zur Fehlersuche durch Einzelschrittausführung und andere Hilfsmittel geeignet ist. Folgerichtig erscheint bei der Anzeige eines Visual-Basic-Moduls eine Symbolleiste, die Werkzeuge zur VBA-Programmentwicklung anbietet.

In welchem Arbeitsblatt ein aufgezeichnetes Makro landet, kann durch den Befehl EXTRAS, MAKRO AUFZEICHNEN, POSITION FESTLEGEN gesteuert werden. Wird die Aufzeichnung mit AUFZEICHNEN gestartet, wird ein neues Makro am Ende des Moduls angefügt. Verwenden Sie dagegen den Befehl AB POSITION AUFZEICHNEN, können sogar nachträglich weitere Aktionen an der zuvor festgelegten Position eines bestehenden Makros eingefügt werden.

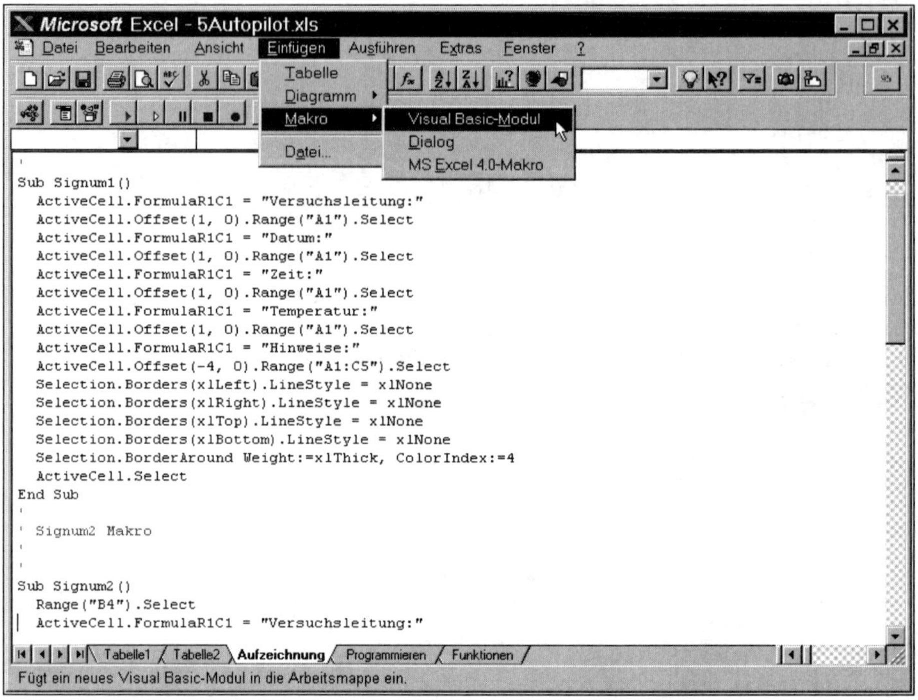

Abbildung 5.3: Einfügen neuer Makroarbeitsblätter

Excel 97 verwendet dagegen den Visual-Basic-Editor, der in allen neuen Versionen der Microsoft-Anwendungen Verwendung findet. Die Visual-Basic-Module werden nicht mehr als Arbeitsblätter angezeigt, sondern als Module in einem Visual-Basic-Projekt, das die VBA-Module als Teil eines Projektbaumes enthält (Abbildung 5.4).

Standardmäßig enthält der Editor drei Bereiche. Links ist ein Projektfenster verankert, das eine baumstrukturierte Sicht auf alle Module und Objekte zuläßt. Durch das Expandieren und Kollabieren von Teilbäumen durch die + und – -Symbole, kann jeder gewünschte Detailgrad hergestellt werden. Die Module erscheinen nun als Inhalt eines Ordners *Module*. Gegenüber der alten Darstellung bietet der VBA-Editor nun auch die Möglichkeit VBA-Code mit einzelnen Tabellenblättern zu verbinden.

Rechts neben dem Projektfenster befindet sich der Arbeitsbereich, in dem Fenster geöffnet werden können, die den Zugriff auf den Inhalt der Module ermöglichen. Ein Doppelklick auf einen Ordner im Projektfenster öffnet oder schließt den zugehörigen Teilbaum, für jedes andere Symbol wird im Arbeitsbereich ein geeignetes Bearbeitungsfenster geöffnet. Ebenso einfach können Module aus dem Teilbaum entfernt, diesem hinzugefügt oder umbenannt werden. Hierzu verwenden Sie das Kontextmenü des Projektfensters.

Codefenster besitzen oben eine Leiste mit zwei Kombinationsfeldern. Das linke dient zur Auswahl eines Objektes, das rechte zur Auswahl einer VBA-Prozedur (z.B. eines Makros). Im Falle Ihrer Visual-Basic-Module erlaubt dieses Kombinationsfeld den schnellen Zugriff auf alle vorhandenen (allgemeinen) Funktionen.

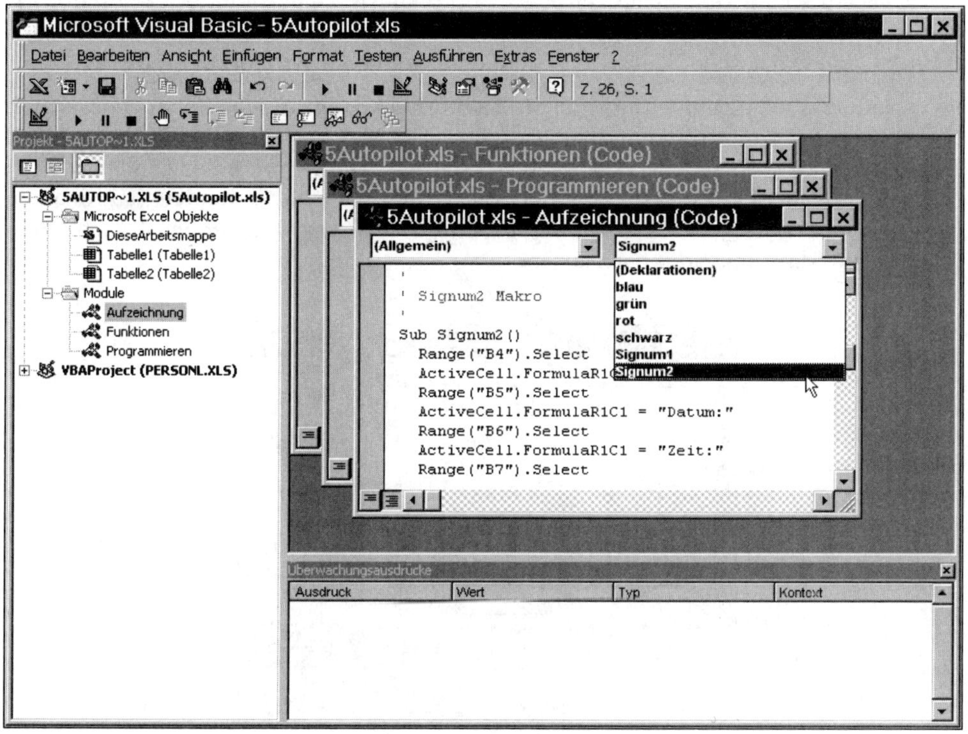

Abbildung 5.4: Der Visual-Basic-Editor von Excel 97

Codefenster lassen sich aber auch z. B. für Tabellenobjekte öffnen. In diesem Fall kann im Objektfenster z. B. das Objekt *Worksheet* ausgewählt werden. Im rechten Kombinationsfeld lassen sich nun eine Reihe von Ereignissen auswählen, für die spezielle Basic-Unterprogramme ausgeführt werden sollen. Wählen sie eine Ereignis wie beispielsweise *Activate* aus, erzeugt der Editor automatisch eine leere Prozedur mit Namen `Worksheet_Activate`, die immer aufgerufen wird, wenn die Tabelle vom Anwender aktiviert wird.

5.1.5 Aufruf über den Makronamen

Um ein aufgezeichnetes Makro zu starten – das gleiche gilt auch für eigene Programme –, hält Excel eine ganze Anzahl von verschiedenen Möglichkeiten bereit, die sich je nach Excel-Version teilweise bereits vor der Aufzeichnung des Makros festlegen lassen.

- Ein Makro kann direkt aus dem Dialog MAKROS gestartet werden.
- Ein Makro kann einer Tastenkombination zugeordnet werden.
- Ein Makro kann mit einer Symbolleistenschaltfläche verknüpft werden.
- Ein Makro kann einen Eintrag im Menü EXTRAS erhalten (bis Excel 95) oder ganz allgemein ins Menüsystem eingebunden werden.

Welche Methode für den jeweiligen Zweck optimal ist, hängt unmittelbar von der Arbeitssituation ab, in der ein Makro verwendet werden soll. Zum Teil ist es natürlich auch einfach Geschmacksache, ob etwa ein Menübefehl oder ein Symbol bevorzugt wird.

Eine Methode, die eigentlich nur für die Testperiode oder bei sehr selten gebrauchten Makros wirklich sinnvoll ist, ist der Aufruf über den Makronamen. Mit EXTRAS, MAKRO (bis Excel 95) bzw. EXTRAS, MAKRO, MAKROS (Excel 97) erhalten Sie den Dialog MAKRO, der eine Liste aller verfügbaren Makros enthält. Sie können entweder den Makronamen direkt eingeben oder aus der Liste aussuchen und anklicken. Mit der Schaltfläche AUSFÜHREN wird das Makro dann gestartet.

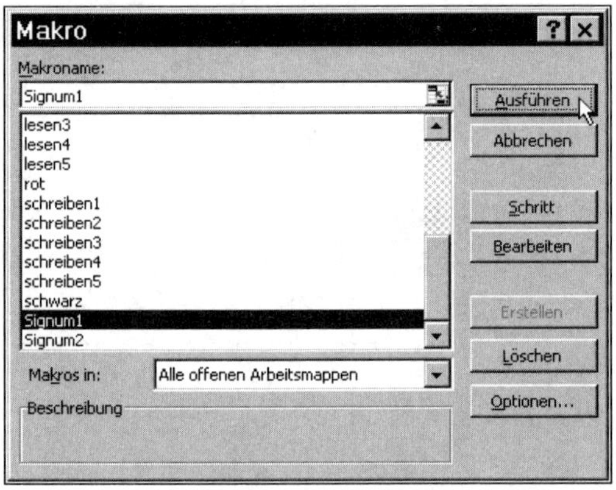

Abbildung 5.5: Aufruf eines Makros über seinen Namen

Der Dialog MAKROS dient nicht nur zum Starten von Makros. Vielmehr ist er die zentrale Stelle zur Verwaltung von Makros (Abgesehen vom VBA-Editor von Excel 97) Wenn Sie das Makro statt mit der Schaltfläche AUSFÜHREN durch Anklicken der Schaltfläche SCHRITT starten, wird das Makro im Testmodus ausgeführt. Diese Möglichkeit wird später noch etwas genauer behandelt.

Mit der Schaltfläche BEARBEITEN können Sie direkt zum markierten Makro wechseln, um dort den aufgezeichneten (oder selber programmierten) Text zu bearbeiten. Das ist besonders dann nützlich, wenn Sie bereits über eine große Anzahl von Makros verfügen. Mit der Schaltfläche OPTIONEN läßt sich im nachhinein die Beschreibung verändern und der Aufruf über eine Tastenkombination oder über einen Befehl im Menü EXTRAS festlegen. Weiterhin können sie neue Makros mit der Schaltfläche ERSTELLEN erstellen oder nicht mehr benötigte mit der Schaltfläche LÖSCHEN löschen.

5.1.6 Befehl unter Extras und Tastenkombination

Die Verwendung von Tastenkombinationen (immer [Strg] in Verbindung mit einem Zeichen) ist Geschmacksache. Die grafische Oberfläche von Windows führt dazu, daß so viel wie möglich mit der Maus erledigt wird. Daß vieles auch über die Tastatur erreicht werden kann, gerät dabei leicht in Vergessenheit, obwohl die Tastatureingabe häufig schneller ist. Dies ist besonders dann der Fall, wenn irgendwelche Aktionen während der Eingabe von Daten über die Tastatur gestartet werden sollen.

Nehmen Sie etwa an, Sie geben Daten in eine Tabelle ein, und wollen dabei einzelne Daten farblich hervorheben. Sie können das erledigen, indem Sie vor der Texteingabe z.B. über das Symbol für die Textfarbe ein Farbe wählen. Hierzu müssen Sie eine Hand von der Tastatur nehmen, die Maus greifen, den Mauszeiger zum Symbol bewegen, dort anklicken und dann in der Farbpalette eine Farbe anklicken. Zurück zur Tastatur, die Eingabe machen, dann noch mal derselbe Vorgang, um eine andere Farbe zu wählen.

Mit aufgezeichneten Makros und Tastenkombinationen wie [Strg]+[R] für rot, läßt sich das tatsächlich erheblich schneller erledigen. Die Makros können etwa so aussehen:

```
Sub rot()
  Selection.Font.ColorIndex = 3
End Sub

Sub schwarz()
  Selection.Font.ColorIndex = 1
End Sub
```

Sie brauchen derartige Makros, die sich ja nur durch eine unterschiedliche Nummer beim Farbindex unterscheiden, natürlich nicht alle extra aufzuzeichnen. Es reicht eine Aufzeichnung, die dann durch Kopieren und Einfügen vervielfältigt wird. Den Farbindex kann man sich aus der Palette aussuchen: die Farben sind beginnend mit 1 zeilenweise durchnumeriert. Die Zuweisung der Tastenkombinationen (»Shortcuts«) läßt sich dann leicht über die oben schon erwähnte Schaltfläche OPTIONEN im Dialog MAKRO erledigen.

Die Verwendung eines eigenen Menübefehls unter EXTRAS in Excel 5 und Excel 95, um ein Makro zu starten, erscheint aus stilistischen Gründen nur dann angebracht, wenn es sich um etwas Bedeutenderes handelt. Aber auch das ist eher Geschmacksache. Die Zuordnung des Makros kann man entweder bei der Aufzeichnung oder nachträglich wie oben beschrieben vornehmen.

5.1.7 Symbol

Den Bedienungsmöglichkeiten von Excel am angemessensten ist zweifellos die Verwendung von Symbolen und Schaltflächen zum Aufruf von Makros. Wie Sie Symbolleisten Ihren Bedürfnissen anpassen können, haben Sie bereits in Kapitel 2.6.3 erfahren. Neben Schaltflächen für eingebaute Funktionen können Sie ebenso einfach Schaltflächen zum Aufruf Ihrer Makros einfügen.

Zur Erinnerung: Bis Excel 95 werden die Symbolleisten mit Hilfe zweier unterschiedlicher Dialoge verwaltet. Der erste ermöglicht das Ein- und Ausschalten, Neuanlegen und Löschen von Symbolleisten, der zweite die Bearbeitung der Symbolleisten selber. Unter Excel 97 wurden beide Dialog zu einem Dialog mit drei Dialogseiten zusammengefaßt. Je nach Excel-Version lassen sich die Dialoge über die Menüs ANSICHT oder EXTRAS oder aus dem Kontextmenü der Symbolleisten erreichen. Je nach der Version haben die Befehle Namen wie BENUTZERDEFINIERT (Excel 5), SYMBOLLEISTEN (Excel 95) oder ANPASSEN (Excel 97).

Das Zusammenstellen einer eigenen Symbolleiste oder die Erweiterung einer vorhandenen ist denkbar einfach. Wichtig ist lediglich, daß Sie nur in eine aktivierte Symbolleiste Symbole einfügen können, da die zu bearbeitende Symbolleiste auf dem Bildschirm angezeigt sein muß. Nun können Sie, in der Dialogseite BEFEHLE des Dialogs ANPASSEN (bzw. dem entsprechenden Dialog BENUTZERDEFINIERT bzw. ANPASSEN der Vorgängerversion) Befehle auswählen, die Sie einfach mit der Maus auf die Zielsymbolleiste ziehen.

Um Makroaufrufe in eine Symbolleiste einzufügen wählen Sie unter Excel 5 und Excel 95 eine Schaltfläche der Kategorie *Benutzerdefiniert*. Im Gruppenfeld Schaltflächen auf der rechten Seite des Dialogs wählen Sie eines der vorbereitetetn Symbole (einschließlich eines leeren Symbols) und ziehen dieses wie in Abbildung 5.6 gezeigt auf die Zielsymbolleiste. Es erscheint der Dialog ZUWEISEN, mit dem Sie der neuen Symbolschaltfläche jedes beliebige Makro zuweisen können. Haben Sie früher bei der Erzeugung des Makros eine Beschreibung angegeben erscheint diese im Gruppenfeld BESCHREIBUNG. Mit der Schaltfläche OK beenden Sie die Zuweisung eines Makros. Sollten Sie kein Makro zuweisen, erscheint der Dialog bei der ersten Anwendung der Schaltfläche erneut. Auf diese Weise können Sie auch Schaltflächen anlegen, ohne die zugehörigen Makros bereits erstellt zu haben.

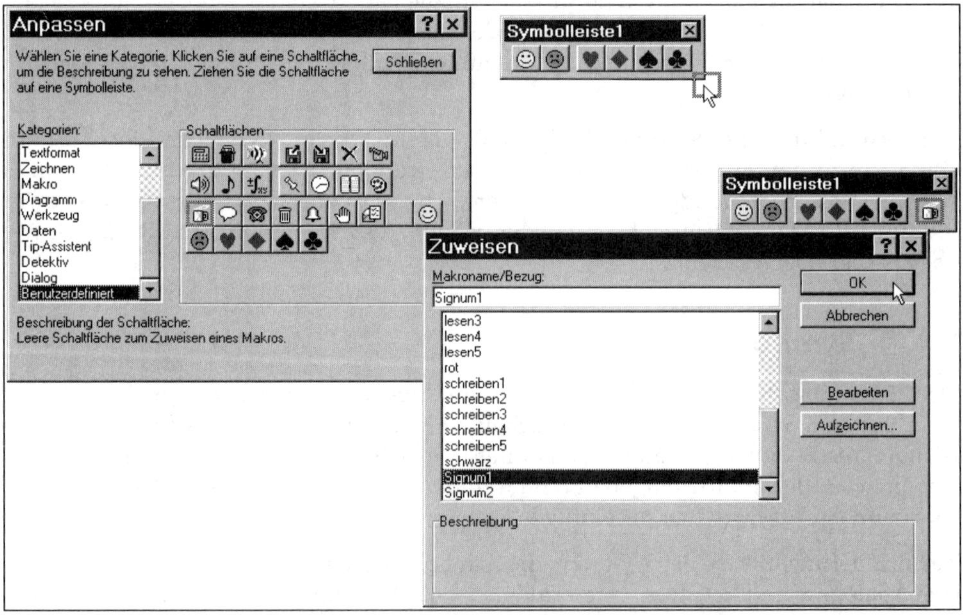

Abbildung 5.6: Schritte unter Excel 95 zur Vereinbarung eines Makro als Schaltfläche

Unter Excel 97 wählen Sie dagegen auf der Seite BEFEHLE des Dialogs ANPASSEN die Kategorie *Makros* und aus der Liste BEFEHL den Eintrag *Schaltfläche anpassen* und ziehen diesen auf die Symbolleiste. Das Erscheinungsbild und das zugeordnete Makro lassen sich anschließend über das Kontextmenü der neuen oder ausgewählten Schaltfläche oder über die äquivalente Schaltfläche AUSWAHL ändern (Abbildung 5.7).

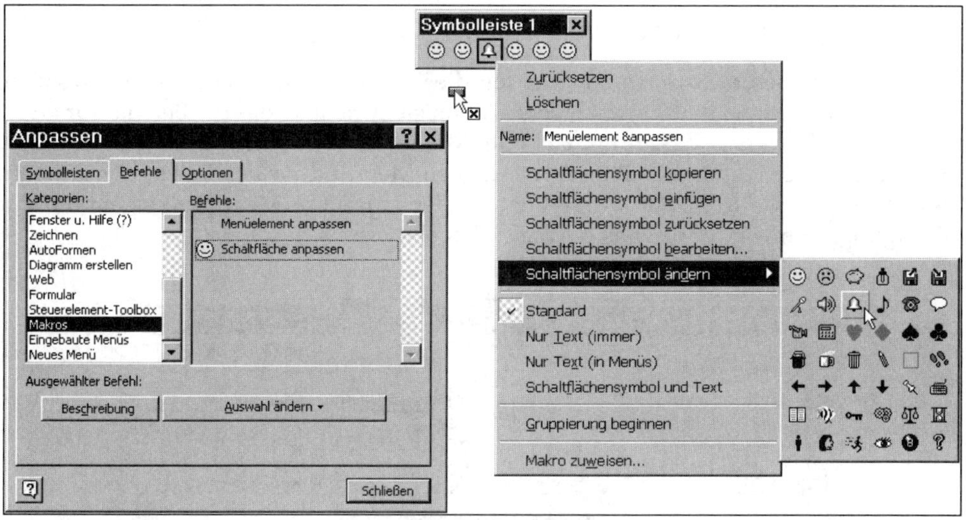

Abbildung 5.7: Schritte unter Excel 97 zur Vereinbarung eines Makro als Schaltfläche

Die vorhandenen Schaltflächensymbole sind in allen Excel-Versionen allenfalls für »Quick & Dirty« Symbolleisten zu gebrauchen, für ernsthafte Anwendungen sind sie zu wenig spezifisch. Wollen Sie nachträglich ein Bild einfügen, gibt es zwei Möglichkeiten. Entweder Sie erstellen das Bild mit den Zeichenwerkzeugen von Excel (oder einem geeigneten anderen Pixel-Malprogramm wie z.B. *Paintbrush*) und fügen es mit dem Befehl SCHALTFLÄCHE EINFÜGEN des Kontextmenüs des Symbols aus der Zwischenablage ein. Alternativ können Sie den recht beschränkten Schaltflächen-Editor (Abbildung 5.8) von Excel benutzen, den Sie über den Befehl SCHALTFLÄCHENSYMBOL BEARBEITEN erreichen. Beachten Sie daß sie wirklich die gewünschte Schaltfläche mit der rechten Maustaste anklicken müssen, um das benötigte Kontextmenü zu erhalten und daß dieses auch nur verfügbar ist, solange die Symbolleiste bearbeitet wird.

Abbildung 5.8: Der Schaltflächen-Editor

5.1.8 Eigene Menüs

Bei umfangreicheren Gruppen von Makros, die verwandte Aufgaben ausführen sollen, bietet sich die Möglichkeit an, ein eigenes Menü einzurichten, das die Befehle zum Aufruf der verschiedenen Makros enthält, oder Makros in vorhandene Menüs einzufügen. Bis Excel 95 werden Menüs über einen eigenen Menü-Editor bearbeitet, der mit dem Befehl EXTRAS, MENÜ-EDITOR aufgerufen werden kann. Der Menüpunkt steht nur zur Verfügung, wenn ein Visual-Basic-Arbeitsblatt aktiv ist.

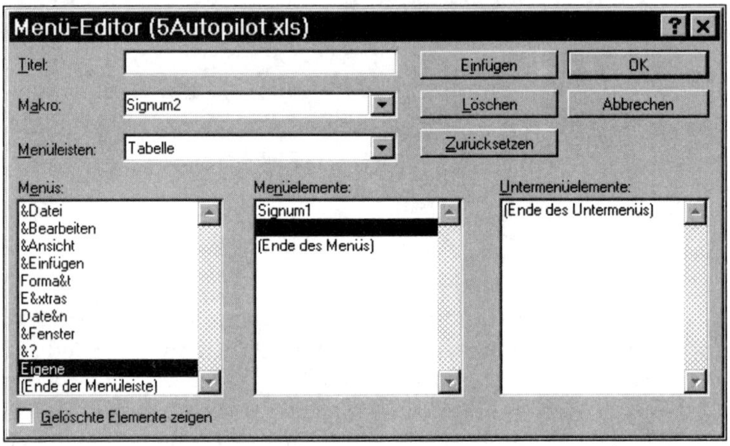

Abbildung 5.9: Menüs ergänzen in Excel 5 und Excel 95

Den Menü-Editor von Excel 95 zeigt Abbildung 5.9. Der Dialog zerfällt in zwei Hauptbereiche. In der oberen Hälfte kann der Name eines neuen Menüs oder Menüpunktes, der Name des verknüpften Makros und die zu bearbeitende Menüleiste angegeben werden. Letzteres ist erforderlich, da Excel je nach Arbeitszustand unterschiedliche Menüleisten wie TABELLE, DIAGRAMM oder VISUAL-BASIC-MODUL kennt. Rechts neben diesen Eingabe- bzw. Kombinationsfeldern befinden sich die Schaltflächen, die die gewünschte Aktion auslösen.

Im unteren Bereich des Dialogs werden in drei Listenfeldern die verschiedenen Ebenen des bearbeiteten Menüs dargestellt. Ganz links im Listenfeld MENÜS kann das Menü ausgewählt werden. Ein hier gewähltes Menü kann auch mit der Schaltfläche LÖSCHEN entfernt oder ein neues an dieser Stelle mit der Schaltfläche EINFÜGEN eingefügt werden. Die Schaltfläche ZURÜCKSETZTEN stellt den Ausgangszustand wieder her. Im Listenfeld MENÜELEMENTE können auf die gleiche Weise Menüpunkte oder Untermenüs eingefügt werden. Im ersten Falle geben Sie den Namen des Menüpunktes im Eingabefeld TITEL ein und wählen im Feld MAKROS das verknüpfte Makro aus, im zweiten Fall lassen Sie das Feld MAKROS frei und fügen statt dessen Menüpunkte im Listenfeld UNTERMENÜELEMENTE ganz rechts ein.

In Excel 97 verschwindet die Unterscheidung zwischen Symbolleisten und Menüs. Menüeinträge und Schaltflächen sind im Grunde nur unterschiedliche Erscheinungsweisen ein und desselben Objekts, die mit dem in Abbildung 5.7 gezeigten Menü entweder als Text oder als Symbol oder als Kombination von beiden angezeigt werden können. Genauso wie man beim Anpassen eine Schaltfläche auf eine Symbolleiste zieht, kann man einen Menübefehl auf ein Menü ziehen. Wenn Sie mit der Maus und dem festgehaltenen Befehl für einen Moment über einem Untermenü verharren, klappt dieses aus und erlaubt so neue Makros (oder ganze Menüs) an beliebiger Stelle im Menübaum zu plazieren – wo genau der Eintrag plaziert wird, zeigt eine Einfügemarke. Um einen Menübefehl einzufügen, wählen Sie auf der Seite BEFEHLE des Dialogs ANPASSEN die Kategorie *Makros* und aus der Liste BEFEHL den Eintrag *Menüelement anpassen* (unmittelbar über dem Eintrag *Schaltfläche anpassen*) und ziehen diesen auf die Symbolleiste. Der einzige Unterschied zwischen beiden besteht übrigens im Vorhandensein bzw. Fehlen eines vordefinierten Makrosymbols. Entsprechend des neuen Benutzeroberflächenkonzeptes von Excel 97 (und Office 97) werden aber auch Menübefehlen häufig Symbole zugeordnet.

Sie können in Excel 97 jedoch nicht nur Makrobefehle in vorhandene Menüs einhängen. Unterhalb des Eintrags *Makro* finden Sie zwei weitere Einträge *Eingebaute Menüs* und *Neues Menü* im Listenfeld KATEGORIEN, die Sie verwenden können, um die eingebauten Menüs oder eigenen Menüs an beliebiger Stelle im Menübaum einzufügen. Auch hier gilt wieder, daß die Einträge aus dem Listenfeld BEFEHLE an die gewünschte Stelle eines Menüs oder einer Symbolleiste gezogen werden können.

5.1.9 Schaltflächen und Objekte

Ganz ähnlich wie über Symbole kann man Makros auch über Schaltflächen oder über beliebige grafische Objekte aufrufen. Es gibt aber einen gravierenden Unterschied, den man beachten sollte: während eingeblendete Symbole oder Symbolleisten ortsunabhängig sind – sie bleiben immer sichtbar, auch wenn das Arbeitsblatt gewechselt wird –, sind Schaltflächen und andere grafische Objekte stationär. Sie sind also an das Arbeitsblatt und an die Position im Arbeitsblatt gebunden. Das bedeutet, daß mit ihnen verknüpfte Makros auch nur durch Mausklick gestartet werden können, wenn der entsprechende Bereich sichtbar ist. Das ist in vielen Fällen durchaus sinnvoll, z. B. wenn Sie von einer bestimmten Stelle in einem Tabellenblatt aus durch einen Mausklick eine bestimmte andere Stellen anspringen wollen.

Die Vorgehensweise ist denkbar einfach. Unter Excel 5 und Excel 95 stellen sowohl die Symbolleiste ZEICHNEN als auch die Symbolleiste DIALOG eine Schaltfläche für das Zeichnen von Schaltflächen zur Verfügung. Unter Excel 97 ist dieses Symbol in der Symbolleiste FORMULAR zu finden. Nach Anklicken dieser mit einem kleinen Schaltflächensymbol versehenen Schaltfläche läßt sich mit der Maus ein Rechteck im aktuellen Arbeitsblatt aufziehen, das sich beim Loslassen in eine Schaltfläche umwandelt. Unmittelbar anschließend wird der bekannte Dialog eingeblendet, mit dem sich der Schaltfläche ein Makro zuordnen läßt. Direkt nach der Zuordnung bleibt die Schaltfläche noch markiert und kann durch einfaches Eintippen beschriftet werden. (In Excel 97 existiert eine weiter Symbolleiste STEUERELEMENTE-TOOLBOX. Schaltflächen und andere Steuerungselemente aus dieser Toolbox verhalten sich grundsätzlich anders – für sie trägt Excel 97 automatisch eine Ereignisbehandlungsroutine in den Tabellenmodul ein. Da dies keine Entsprechung in den früheren Excel-Versionen hat, sind Arbeitsmappen mit solchen Steuerungselementen nicht abwärtskompatibel.)

Soll die Beschriftung später vorgenommen oder verändert werden, muß die Schaltfläche mit gedrückter [Strg]-Taste markiert werden. Ansonsten verwandelt sich der Mauszeiger beim Ansteuern der Schaltfläche in eine kleine Hand, ein Hinweis darauf, daß mit dieser Schaltfläche jetzt ein Makro gestartet werden kann.

Wenn Sie statt einer Schaltfläche ein grafisches Objekt wählen wollen, um ein Makro zu starten, gehen Sie im Prinzip analog vor. Das grafische Objekt kann ein Diagramm sein, ein mit den Zeichenwerkzeugen erstelltes Objekt, eine über den Befehl EINFÜGEN, GRAFIK eingefügte Grafik, ein über die Zwischenablage aus einem Zeichenprogramm oder einem anderen Programm geholtes Bild usw. Um das Objekt mit einem Makro zu verbinden, wird es mit der rechten Maustaste angeklickt. Die Wahl des Befehls ZUWEISEN bzw. MAKRO ZUWEISEN im Kontextmenü führt auch hier wieder zu dem schon bekannten Dialog, in dem man ein Makro auswählen kann.

5.2 Programmieren in VBA

In diesem Buch werden zu verschiedenen Problemkreisen kleine Programme in VBA vorgestellt. Wie sie im einzelnen aufgebaut sind, wird an Ort und Stelle erläutert. Dennoch ist ein Überblick über die Grundlagen von Visual Basic sicherlich hilfreich. Glücklicherweise ist es eine der grundlegenden Eigenschaften von Basic, daß man nicht den gesamten Sprachumfang zu kennen braucht, um mit der Sprache arbeiten zu können. Visual Basic ist ein hochentwickelter Dialekt der Sprache BASIC, die wie schon der Name *Beginners All-Purose Symbolic Instruction Code* andeutet, gerade für die Anwendung durch Programmieranfänger gedacht ist. Sie zeichnet sich durch eine einfache Syntax und gut lesbare Programme aus. Neben einigen grundlegenden Kontrollstrukturen besitzt die Sprache eine Unzahl von Befehlswörtern für bestimmte Zwecke, die Sie bei Bedarf in der Online-Hilfe nachschlagenkönnen. In VBA kommen noch eine große Anzahl von anwendungsspezifischen Objekten und deren Komponenten hinzu, die der Steuerung der Anwendung – in diesem Falle Excels – dienen. Es liegt auf der Hand, daß man sich diese erst nach und nach bei der Lösung konkreter Aufgabenstellungen aneignen kann. Vorteilhaft dabei ist, daß Sie ein Grundgerüst ihrer Programme zumeist durch die Aufzeichnung eines Makros erstellen können.

Excel bzw. der Visual-Basic-Editor verwenden bei der Darstellung des Programmcodes innerhalb eines Moduls verschiedene Farben und auf Wunsch auch Schriften. Diese Eigenschaft wird als Syntaxhervorhebung bezeichnet und macht in modernen Programmeditoren Programme wesentlich einfacher lesbar. Die Bedeutung der Farben und sonstigen Hervorhebungen können Sie leicht über den Dialog OPTIONEN ermitteln oder nach Ihren Vorstellungen ändern. Bis Excel 95 ist dieser Dialog aus Excel selber zu erreichen durch die Wahl des Befehls EXTRAS, OPTIONEN und die Wahl der Dialogseite MODUL FORMAT (Abbildung 5.10). Unter Excel sind die entsprechenden Einstellungen dagegen sinnvollerweise in den Basic-Editor gewandert, Sie erreichen sie auch dort mit den Befehlen EXTRAS, OPTIONEN – diesmal jedoch auf der Dialogseite EDITORFORMAT (Abbildung 5.11).

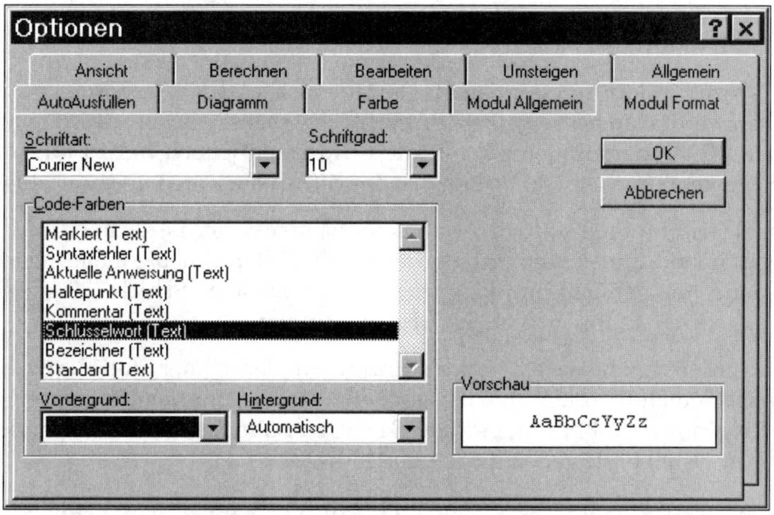

Abbildung 5.10: Einstellungen der Syntaxhervorhebungen für Excel 95

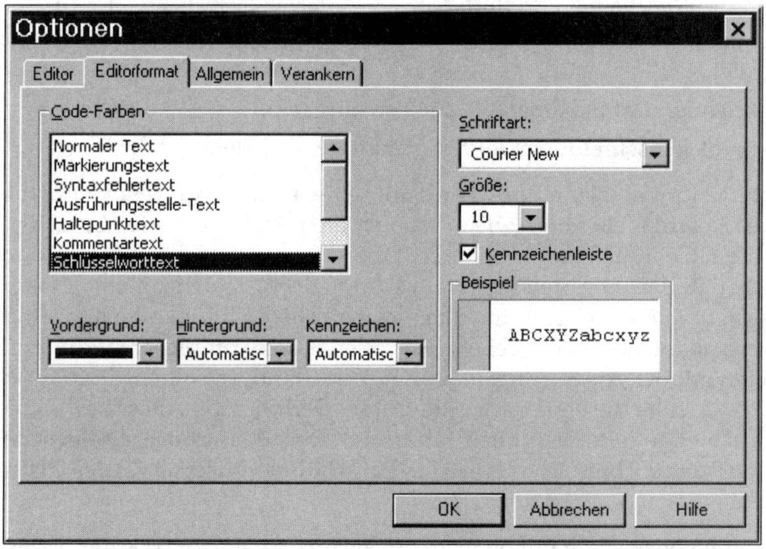

Abbildung 5.11: Einstellungen der Syntaxhervorhebungen im VBA-Editor von Excel 97

Besonders wichtig sind bei der voreingestellten Syntaxhervorhebung drei Farben: Kommentare werden grün angezeigt, Syntaxfehler rot und Schlüsselwörter blau. Es gibt jedoch noch eine weitere typografische Hilfe: wenn Sie den Programmcode durchweg in Kleinbuchstaben schreiben, dann wandelt Excel bei allen Wörtern, die zum VBA-Vokabular gehören, den ersten Buchstaben (und zuweilen auch Buchstaben innerhalb einer Zeichenfolge) in Großbuchstaben um. Hieraus können sie zumindest entnehmen, daß Wörter, die nicht mit einem Großbuchstaben beginnen, nicht zu VBA gehören. Derartige Zeichenfolgen interpretiert Excel soweit möglich als Namen für Variable.

5.2.1 Variablen und Datentypen

Wie jede prozedurale Programmiersprache unterscheidet VBA zwischen Daten und Code. Daten werden an bestimmten Adressen des Arbeitsspeichers des Computers angelegt. Der VBA-Programmierer kennt diese Adressen jedoch nicht und braucht sie auch nicht zu kennen. Vielmehr erfolgt der Zugriff auf die Daten über Variablen.

Eine Variable tritt im Programm in Form eines Namens oder Bezeichners auf. Anhand dieses Bezeichners können vom Programmcode die Daten beliebig manipuliert werden – um die dabei nötige Buchführung, etwa wo die Variable im Speicher abgelegt ist und welchen Typ sie hat, kümmert sich der VBA-Interpreter.

Variablen werden durch Bezeichner identifiziert. Ein Bezeichner muß, damit er von anderen Sprachelementen unterschieden werden kann, bestimmten Bedingungen genügen. Die Regeln für die Bildung gültiger Bezeichner ähneln sich in den meisten Sprachen stark; in Visual Basic gelten die folgenden Regeln:

- Ein Bezeichner darf nur Buchstaben, Ziffern und Unterstriche enthalten. Er darf nicht mit einer Ziffer beginnen.
- Bezeichner müssen innerhalb ihres Gültigkeitsbereichs eindeutig sein. Gleiche Bezeichner in verschiedenen Gültigkeitsbereichen überdecken sich, d.h., ein lokaler Bezeichner in einem Unterprogramm macht gleichlautende globale Bezeichner unzugänglich.
- Ein Bezeichner darf maximal 255 Zeichen lang sein.
- Groß- und Kleinschreibung werden nicht unterschieden.

In VBA ist im Normalfall ein Bezeichner mit seinem ersten Auftreten automatisch auch definiert, es ist also nicht nötig, wie in sogenannten stark typisierten Sprachen, jede Variable vor dem Gebrauch zu vereinbaren. Diese Bequemlichkeit trägt aber auch die Gefahr in sich, daß der Interpreter einen »vertippten« Variablennamen als neue Variable auffaßt, anstatt einen Fehler zu melden. Solche Fehler sind im allgemeinen schwer zu finden, weshalb Sie besonders bei etwas größeren und komplexeren Programmen dieses Verhalten mit der Anweisung `Option Explicit` ändern sollten. Die Anweisung `Option Explicit` sollte die erste Anweisung Ihres Skripts sein. Alternativ können Sie explizite Variablendefinitionen auch über die Einstellung der Dialogseite MODUL ALLGEMEIN (Excel 95) bzw. EDITOR (Visual Basic Editor von Excel 97) des Dialogs OPTIONEN erzwingen.

Explizit werden Bezeichner mit der `Dim`-Anweisung vereinbart. Wie der Name andeutet dient `Dim` (*Dimension*) auch zur Vereinbarung von Feldern. Die `Dim`-Anweisung besteht aus dem Schlüsselwort `Dim` gefolgt von einer Liste von Bezeichnern. Für jede angegebene Variable können Sie einen Datentyp angeben, indem Sie hinter den Variablennamen das Schlüsselwort `As` gefolgt vom gewünschten Datentyp schreiben. VBA kennt die folgenden Datentypen:

Boolean Wahrheitswert. Kann die Werte *True* und *False* annehmen.

Integer Ganze Zahl im Bereich von –32,768 bis 32,767.

Long Lange ganze Zahl im Bereich von –2,147,483,648 bis 2,147,483,647.

Currency Währung. Festkommazahl im Bereich von –922,337,203,685,477.5808 bis 922,337,203,685,477.5807.

Single Einfach genaue Gleitkommazahl im Bereich von –3.402823E38 bis –1.401298E–45 für negative Zahlen und 1.401298E–45 bis 3.402823E38 für positive Zahlen.

Double Doppelt genau Gleitkommazahl im Bereich von –1.79769313486232E308 bis –4.94065645841247E–324 für negative Zahlen und 4.94065645841247 E–324 bis 1.79769313486232E308 für positive Zahlen.

Date Datumsangabe, die ein Datum zwischen dem 1. Januar 100 und dem 31. Dezember 9999 repräsentiert

String Zeichenkette variabler Länge mit bis zu 2 Milliarden! Zeichen.

Object Enthält ein Objekt.

Variant Beliebiger Wert.

Wenn Sie keinen Datentyp angeben, wird die Variable automatisch mit dem Typ `Variant` vereinbart. Variablen vom Typ `Variant` können mit Werten aller Typen umgehen und z.B. zuerst eine Ganzzahl und später eine Zeichenfolge enthalten. Durch den zusätzlichen Verwaltungsaufwand zur Laufzeit sind sie dafür aber etwas weniger effizient.

Anstelle der `Dim`-Vereinbarung könne Sie auch die `Private`- oder `Public`-Vereinbarungen benutzen. Variablen, die mit der `Public`-Vereinbarung definiert wurden, können auch aus anderen Modulen heraus benutzt werden, mit `Dim` oder `Private` vereinbarte dagegen nicht.

Für Felder wird der höchste Index des Feldes in runden Klammern hinter dem Namen angegeben. Der erste Index eines Feldes ist immer 0 (es sein denn, er wurde mit dem Befehl `Option Base` für den ganzen Modul auf den Wert 1 geändert). Das folgende Codefragment zeigt einige mögliche `Dim`-Anweisungen (die deutsche VBA-Version verwendet hier übrigens Semikolons anstelle der Kommas):

```
Dim DegreesFahrenheit As Single
Dim Name As String
Dim Top, Bottom, Left, Right As Integer 'Achtung Falle
Dim i As Integer, k As Integer, a(10) As Integer
Dim Table(5, 10)
```

Die erste Zeile vereinbart eine einfach genaue Gleitkommavariable mit Namen `DegreesFahrenheit`, die zweite eine Zeichenkettenvariable mit Namen `Name`. Die dritte vereinbart drei Variablen `Top`, `Bottom`, `Left` und `Right`. Auf den ersten Blick scheinen die vier Variablen den Typ `Integer` zu haben – tatsächlich hat nur die Variable `Right` diesen Typ, die übrigen haben den Typ `Variant`. Der Typ muß also für alle Variablen explizit angegeben werden, wenn er nicht den voreingestellten Wert `Variant` annehmen soll. Ein Beispiel für eine solche `Dim`-Anweisung mit expliziter Angabe des Typs für alle Variablen stellt die vierte Zeile dar. Das Feld `a` beispielsweise hat elf Elemente mit Indizes von Null bis Zehn. Die letzte Zeile zeigt, daß auch mehrdimensionale Felder kein Problem darstellen. Das Feld `Table` hat 6 Zeilen und 11 Spalten. Mehrdimensionale Felder in VBA können bis zu 60 Dimensionen haben.

Neben Feldern mit statisch festliegenden Feldgrenzen beherrscht Basic auch dynamische Felder, deren Größe zur Laufzeit des Programms mit der Anweisung `ReDim` angepaßt werden. Ein dynamisches Feld wird in der `Dim`-Anweisung ohne festgelegte Grenzen vereinbart. Wird die `ReDim`-Anweisung mit dem Schlüsselwort `Preserve` verwendet bleibt der Inhalt des Feldes (soweit möglich) bei der Größenänderung erhalten:

```
Dim MyArray()
ReDim MyArray(25)
' . . .
ReDim Preserve MyArray(30)
```

Ein Kernkonzept in Verbindung mit Variablendefinitionen ist das Konzept des Gültigkeitsbereichs. Frühe Basic-Dialekte besaßen nur einen globalen Gültigkeitsbereich für alle Variablen. Eine Variable, die in irgendeinem Unterprogramm benutzt (und damit implizit vereinbart) wurde, war an jeder beliebigen anderen Stelle des Basic-Codes aus sichtbar und damit auch (absichtlich oder versehentlich) veränderbar.

In modernen Basic-Dialekten wie Visual Basic können Variablen wie in anderen strukturierten Sprachen lokal oder global vereinbart werden. Eine Variable, die lokal in einem Unterprogramm oder einer Funktion vereinbart ist, ist nur innerhalb dieses Unterprogrammes sichtbar und existiert auch nur solange, wie dieses Unterprogramm abläuft. Eine Gefahr von Namenskollisionen mit anderen gleichnamigen Variablen in anderen Unterprogrammen existiert nicht mehr.

Eine Variable, die außerhalb jedes Unterprogramms definiert ist, ist dagegen global. Sie lebt solange wie das Programm und behält Ihren Wert, da sie nicht an die Lebensdauer von Unterprogrammen und Funktionen gebunden ist. Sie kann aus allen Unterprogrammen und Funktionen heraus angesprochen werden – es sei denn, sie ist durch einen gleichnamige Variable innerhalb des Unterprogramms verdeckt.

Diese letzte Eigenschaft ist übrigens ein weiterer wichtiger Grund, Variablen immer ausdrücklich zu deklarieren. Nur so ist gewährleistet, daß eine ursprünglich lokal gemeinte (und nur implizit durch den ersten Gebrauch vereinbarte) Variable durch die Einführung einer gleichnamigen globalen Variablen an einer anderen Stelle des Programmes plötzlich gar nicht mehr so lokal ist, wie Sie denken, weil die implizite Vereinbarung plötzlich kein implizite Vereinbarung, sondern schlicht die Benutzung einer globalen Variablen ist. Ist die lokale Variable explizit mit einer `Dim`-Anweisung vereinbart, verdeckt sie eine mögliche globale Variable, so daß jeder Gebrauch der Variable in Unterprogramm oder Funktion immer die richtige, lokale Variable anspricht.

Literalkonstanten sind konkrete Werte für Zahlen, Zeichenketten oder beispielsweise auch Datumswerte. Eine ganzzahlige Literalkonstante enthält Ziffern und ggf. Vorzeichen, eine Fließkommakonstante zusätzlich einen Dezimalpunkt. Datumswerte werden mit dem Zeichen »#« geklammert, Zeichenketten mit doppelten Anführungszeichen.

Werte werden Variablen über die Zuweisungsanweisung zugewiesen. Das Schlüsselwort `Let` zur Kennzeichnung einer Zuweisungsanweisung ist historisch bedingt und kann in Visual Basic wie in den meisten anderen Basic-Dialekten weggelassen werden. Bei einer Zuweisung wird zunächst der Ausdruck rechts vom Gleichheitszeichen berechnet und dann der resultierende Wert der Variablen oder dem Feldelement zugewiesen. Feldelemente werden mit Ausdrücken in runden Klammen indiziert.

```
Let b = 47 + 11
a(i+10) = "4711"
```

Zur Berechnung von Ausdrücken stehen eine Reihe leistungsfähiger Operatoren zur Verfügung. Visual Basic unterscheidet drei Arten von Ausdrücken. Von diesen haben die arithmetischen Ausdrücke die höchste Priorität, gefolgt von den Vergleichsoperatoren. Die logischen Operatoren schließlich haben die niedrigste Priorität. Arithmetische Operatoren sind in der Reihenfolge abnehmender Priorität die folgenden Operatoren:

^ Exponentiation

– Negation (Vorzeichenwechsel)

* Multiplikation

/ Division

\ Ganzzahlige Division

mod Modulodivision

+ Addition

– Subtraktion

& Verkettung (von Zeichenketten)

Die Vergleichsoperatoren haben alle die gleiche Priorität. Wenn keine Klammern gesetzt werden, werden sie in der Reihenfolge von links nach rechts abgearbeitet. Eine Vergleichsoperation liefert als Ergebnis immer einen Wahrheitswert, also den Wert »*wahr*« oder »*falsch*«. Die Vergleichsoperatoren von VBA testen den Operanden auf der linken und den auf der rechten Seite auf:

= Gleichheit

<> Ungleichheit

< Kleiner als

> Größer als

<= Kleiner oder gleich

>= Größer oder gleich

Is Objekt-Äquivalenz

Die dritte Gruppe von Operatoren verknüpft Wahrheitswerte in logischen Ausdrücken miteinander. Bei der Anwendung auf ganzzahlige Werte werden die beiden Operanden bitweise miteinander verknüpft. Die logischen Operatoren sind hier in der Reihenfolge ihrer Operatorpräzedenz angegeben:

Not Logische Negation

And Logische Konjunktion

Or Logische Disjunktion

Xor Logische Exklusion

Eqv Logische Äquivalenz

Imp Logische Implikation

5.2.2 Ablaufsteuerung

Jedes Programm besteht aus einer Folge von Anweisungen, die Daten manipulieren. Ohne Kontrollstrukturen könnte eine solche Folge nur linear durchlaufen werden. Selbst die einfachsten Programme, die über eine simple Makroaufzeichnung hinausgehen, wären unter diesen Umständen nicht realisierbar. Kontrollstrukturen erlauben es, abhängig von den Ergebnissen einer Berechnung den Programmfluß, d.h. den Ort der nächsten auszuführenden Anweisung zu beeinflussen.

Kontrollstrukturen kann man grob in zwei Gruppen teilen. Die einen führen alternative Befehlsfolgen abhängig vom Ergebnis eines logischen Ausdrucks aus, während die anderen abhängig von einer Bedingung Befehlsfolgen mehrfach durchlaufen können. Der erste Typ Kontrollstruktur wird in VBA durch die verschiedenen Varianten der `If`-Anweisung repräsentiert.

Die erste Variante ist die einzeilige `If`-Anweisung, die abhängig von dem Ergebnis eines logischen Ausdrucks genau eine Anweisung ausführen kann, die in derselben Zeile wie die `If`-Anweisung nach dem Schlüsselwort `Then` folgt (im Beispiel eine Zuweisung):

```
MeinDatum = #12/13/96#
If MeinDatum < Stichtag Then MeinDatum = Stichtag
```

Um den Kontrollfluß zwischen Gruppen von mehreren Anweisungen zu steuern, verwenden Sie die strukturierte `If`-Anweisung – die Anweisungsfolgen werden mit `If` und `End If` geklammert:

```
If EndLine < StartLine Then
    Temp = StartLine
    StartLine = EndLine
    EndLine = Temp
End If
```

In der vorstehenden Variante der `If`-Anweisung werden die Anweisungen zwischen `Then` und `End If` nur ausgeführt, wenn die Bedingung `pos > 0` zutrifft. Eine noch leistungsfähigere Variante erlaubt die Ausführung zweier alternativer Anweisungsfolgen abhängig von der Bedingung:

```
If Wochentag > 5 Then
    Bemerkung = "Wochenende"
    Arbeitstag = False
Else
    Bemerkung = ""
    Arbeitstag = True
End If
```

Die komplexeste Form der strukturierten If-Anweisung überprüft nach der ersten Bedingung noch eine Reihe weiterer Alternativen. Hierzu dient der ElseIf-Zweig, der hinter dem If-Zweig und vor dem optionalen Else-Zweig beliebig oft eingefügt werden kann:

```
If Wochentag > 6 Then
    Bemerkung = "Wochenende"
    Arbeitstag = False
ElseIf Wochentag = 1 Then
    Bemerkung = "Montag"
    Arbeitstag = True
ElseIf Wochentag = 2 Then
    Bemerkung = "Dienstag"
    Arbeitstag = True
' usw. usw.
Else
    Bemerkung = "ungültiger Tag!"
    Arbeitstag = False
End If
```

An Schleifenanweisungen kennt Visual Basic die Do-Loop-Schleife, die While-Wend-Schleife und die For-Next-Schleife. Alle Schleifenanweisungen können geschachtelt werden. Diese Schachtelung sollte durch eine entsprechende Einrückung des Programmtextes für den menschlichen Leser verdeutlicht werden.

Die For-Next-Schleife erlaubt es, eine Folge von Anweisungen gesteuert durch eine Zählvariable eine bestimmte Anzahl von Malen zu durchlaufen. Die For-Next-Schleife beginnt mit dem Schlüsselwort For gefolgt von einem Ausdruck, der die ganzzahlige Zählervariable initialisiert, gefolgt vom Schlüsselwort To und dem Ausdruck, der den letzten Wert der Zählvariable angibt. Alle Anweisungen bis zum Schlüsselwort Next werden so oft durchlaufen, bis die Zählvariable den Endwert erreicht hat. Wird keine weitere Angabe gemacht, wird die Zählvariable mit jedem Durchlauf um den Wert Eins erhöht:

```
Dim sum As Integer, i As Integer
sum = 0
For i = 1 To 50
    sum = sum + i
Next
```

Neben der Schrittweite Eins sind auch andere Schrittweiten möglich, die in diesem Falle mittels des Step-Schlüsselwortes angegeben werden müssen. Die Schrittweite kann auch negativ sein:

```
Dim sum As Integer, i As Integer
sum = 0
For i = 100 To 0 Step -2
    sum = sum + i
Next
```

Der Wert der Zählvariablen sollte während des Schleifendurchlaufs nicht verändert werden; muß eine For-Next-Schleife vorzeitig abgebrochen werden, steht die Anweisung Exit For zur Verfügung.

Eine weitere einfache Schleifenanweisung ist die While-Wend-Anweisung. Diese wird solange durchlaufen, wie die nach dem Schlüsselwort While angegebene Bedingung zutrifft. Das letzte Beispiel einer For-Next-Schleife hätte umgeschrieben als While-Wend-Schleife die folgende Form:

```
Dim sum As Integer, i As Integer
sum = 0
i = 100
While i >= 0
    sum = sum + i
    i = i - 2
Wend
```

Der dritte Schleifentyp ist die Do-Loop-Schleife. Eine Do-Loop-Schleife beginnt mit dem Schlüsselwort Do und endet mit dem Schlüsselwort Loop. Die Schleifenbedingung folgt auf das Schlüsselwort While. Ahhängig davon, ob die Schleife abweisend oder nichtabweisend sein soll (d.h. sie wird mindestens einmal durchlaufen), wird das Schlüsselwort While mit der Schleifenbedingung entweder hinter dem Schlüsselwort do oder dem Schlüsselwort loop plaziert. Die erste Variante ergibt eine der While-Wend-Schleife äquivalente abweisende Schleife, weshalb die While-Wend-Schleife nur noch aus historischen Gründen unterstützt wird:

```
Sub TestWhile1()
    Dim counter As Integer, num As Integer
    counter = 0
    num = 20
    Do While num > 10     'abweisende Schleife"
    num = num - 1
        counter = counter + 1
    Loop
    MsgBox "The loop made " & counter & " repetitions."
End Sub

Sub TestWhile2()
    Dim counter As Integer, num As Integer
    counter = 0
    num = 9
    Do                         ' nichtabweisende Schleife
        num = num - 1
        counter = counter + 1
    Loop While num > 10
    MsgBox "The loop made " & counter & " repetitions."
End Sub
```

Anstelle des Schlüsselwortes While kann auch das Schlüsselwort Until in der Schleifenbedingung der Do-Loop-Schleife verwendet werden. Derselbe Effekt kann natürlich einfach durch eine Negierung der Schleifenbedingung erreicht werden, doch erscheint vielen Basic-Anwendern die Verwendung eines zusätzlichen Schlüsselwortes Until klarer. Wie die `For`-Schleife kann auch die `Do-Loop`-Schleife vorzeitig verlassen werden. Die dazu bestimmte Anweisung heißt `Exit Do` – in diesem Fall können die Schlüsselwörter `While` und `Until` auch ganz fehlen.

Insgesamt kommt die `Do-Loop`-Schleife also in fünf unterschiedlichen Geschmacksrichtungen vor:

```
Do While expr
    '...
Loop

Do
    '...
Loop While expr

Do Until expr
    '...
Loop

Do
    '...
Loop Until expr

Do
    '...
    If expr Then
        Exit Do
    End If
    '...
Loop
```

5.2.3 Teile und herrsche

Einer der Grundgedanken der strukturierten Programmierung ist die Zerlegung eines komplexen Problems in immer einfachere Teilprobleme, bis jedes einzelne durch wenige Zeilen Programmcode gelöst werden kann. Diese kleinen Einheiten sind einfach zu verstehen und zu warten und sollten so geschrieben sein, daß zu ihrer Verwendung die Kenntnis ihrer Arbeitsweise nicht erforderlich ist. Dadurch werden einerseits die übergeordneten Programmteile bis hin zur eigentlichen Problemlösung einfach, und man hat andererseits die Chance allgemein formulierte Problemlösungen in neuen Projekte wiederzuverwenden. Dieser Ansatz des »Teilens und Herrschens« wird oft auch als Top-Down-Programmierung bezeichnet.

Visual Basic verwendet wie die meisten modernen prozeduralen Sprachen zur Zerlegung eines Programmes oder eines Problems in mundgerechte Häppchen Unterprogramme (engl. *subroutines*), Funktionen (engl. *functions*) und auf einer höheren Ebene zur Organisation des Codes Module. Der Hauptunterschied zwischen Unterprogrammen und Funktionen besteht darin, daß Funktionen im Gegensatz zu Unterprogrammen einen Ergebniswert zurückliefern, und in der unterschiedlichen Aufrufssyntax. Module ihrerseits sind ein Mittel, die möglicherweise große Anzahl von Funktionen und Unterprogrammen und die zugehörigen Daten nach Zusammengehörigkeit übersichtlich zu organisieren. In Excel 5 und 95 stellen sie sich als Arbeitsblätter dar und in Excel 97 als Modulobjekte im Visual-Basic-Editor. Implementationsdetails können (und sollten) in Modulen verborgen werden.

Für die Programmierung ist es sinnvoll, einige Konventionen einzuhalten. Am Anfang eines Moduls sollte eine Überschrift stehen, aus der hervorgeht, um was es sich handelt, Datum, Verfasser etc. sind ebenfalls angebracht. Alle derartigen Zeilen werden als Kommentarzeilen geschrieben, d.h., sie beginnen mit Hochkommas. Anschließend folgen etwa benötigte Variablendeklarationen für globale Variablen, d.h. Variablen die aus allen Makros und Unterprogrammen gleichermaßen sichtbar sind. Variablen, die nur innerhalb eines Unterprogrammes benötigt werden, sollten dagegen unbedingt innerhalb des Unterprogrammes vereinbart werden. Im Interesse leicht nachvollziehbarer und fehlerfreier Programme sollten globale Variablen nur dort eingesetzt werden, wo es absolut notwendig ist. Zur Vermeidung unerkannt falsch geschriebener Variablennamen und verschiedener anderer schwer aufzufindender subtiler Probleme sollten Sie außerdem jeden Modul immer mit der Anweisung `Option Explicit` beginnen.

Ein Unterprogramm beginnt mit dem Schlüsselwort `Sub` gefolgt vom Namen des Unterprogramms und einer – möglicherweise auch leeren – Parameterliste. Parameterangaben mit oder ohne Typangabe werden durch Kommas getrennt, die deutsche VBA-Version verwendet hier Semikolons. Abgeschlossen wird das Unterprogramm durch die Schlüsselworte `End Sub`. Eine Funktionsdefinition unterscheidet sich von der Definition eines Unterprogramms lediglich dadurch, daß anstelle des Schlüsselwortes `Sub` das Schlüsselwort `Function` steht, und im Funktionsrumpf dem Namen der Funktion mindestens einmal ein Ergebniswert zugewiesen werden muß:.

```
Sub BeispielSub()
    Dim var1, var2
    ' ...
End Sub

Sub BeispielSub2(param1, param2)
    Dim var1, var2
    ' ...
End Sub

Function BeispielFunc(param)
    Dim result, var1, var2
    ' ...
    BeispielFunc = result
End Function
```

Die Parameter der Funktion oder des Unterprogramms sind symbolische Namen für die Variablen, mit denen als Argument die Funktion oder das Unterprogramm dann tatsächlich aufgerufen wird. Visual Basic übergibt Parameter standardmäßig per Referenz, d.h., die Funktion erhält als Parameter die übergebene Variable selber und nicht nur eine Kopie der Variablen. Dadurch ist ein Unterprogramm oder eine Funktion – zum Guten wie zum Bösen – auch in der Lage, den Inhalt der übergebenen Variablen zu verändern! Wie in der `Dim`-Anweisung können Parameter mit Hilfe des Schlüsselwortes `As` mit einem Typ versehen werden.

Die Syntax eine Funktionsaufrufs entspricht dem, was man erwartet – in einem Ausdruck wird die Funktion aufgerufen durch den Funktionsnamen, gefolgt von einer Parameterliste in runden Klammern.

```
a = ExampleFunc(b)
```

Der Aufruf eines Unterprogrammes kann auf zwei Arten erfolgen – einmal durch eine `Call`-Anweisung (hier schimmern die Fortran-Wurzeln von Basic durch) oder ohne das Schlüsselwort `Call`. Im zweiten Fall dürfen keine Klammern angegeben werden! Tükkisch ist daran, daß Klammern auch akzeptiert werden, dann der Funktionsaufruf aber eine andere Bedeutung erhält – in diesem Fall werden die Parameter als Wertparameter übergeben!

```
Call BeispielSub2(a, b)  'Erste Variante
BeispielSub2 a, b        'Zweite Variante
```

5.3 VBA und Excel

Die Verbindung zwischen VBA und einer Anwendung erfolgt über den speziellen Datentyp `Object`. VBA ist keine objektorientierte Sprache im strengen Sinne, da sie zwar Objekte kennt und benutzen kann, aber (bis auf neueste Entwicklungen in Form von Klassenmodulen) nicht in der Lage ist, Objekte selber zu definieren.

Ein Objekt ist ein Gebilde, das sowohl Daten enthält als auch Funktionen und Unterprogramme, die mit diesen Daten arbeiten. Die Daten eines Objekts bestimmen seinen inneren Zustand und werden teilweise als Attribute oder Eigenschaften nach außen zugänglich gemacht. Der einzige andere Weg, den inneren Zustand eines Objektes zu beeinflussen, sind die Funktionen und Unterprogramme des Objektes, die hier als Methoden bezeichnet werden. Die innere Arbeitsweise eine Objektes bleibt dem Anwender hingegen vollkommen verborgen.

Objekte sind ideal geeignet, um die verschiedenen (logischen) Komponenten eines Anwendungsprogrammes zu verkapseln und nach außen zugänglich zu machen. Beispielsweise enthält Excel eine Objekt `Application` (Anwendung) und dieses wiederum unter anderem Objekte des Typs `Worksheet` (Arbeitsblatt). Auf die Eigenschaften und Methoden eines Objektes wird mit der Punkt-Schreibweise zugegriffen. Hinter einen Ausdruck, der als Ergebnis ein Objekt liefert, oder eine Variable vom Typ `Object` wird ein Punkt geschrieben, gefolgt vom Aufruf der Eigenschaft oder Methode. Dabei kann der Unterschied zwischen Eigenschaften und Methoden etwas verschwimmen, weil viele Eigenschaften wie etwa die `Range`-Eigenschaft sogenannte Indizes als Argumente nehmen, die den zu lesenden oder zu schreibenden Bereich näher bezeichnen:

```
Application.Range("A1").Select
```

Viele häufig gebrauchte Eigenschaften können übrigens auch ohne explizite Nennung des Anwendungsobjektes erreicht werden. So ist die obige Zeile äquivalent mit

```
Range("A1").Select
```

5.3.1 Lesen und Schreiben in Tabellen

Ein zentraler Arbeitsbereich in einer Tabellenkalkulation ist naturgemäß das Schreiben und Lesen von Daten in einer Tabelle. Vergleichbare Aktionen bilden demnach auch einen immer wieder auftretenden Bestandteil von VBA-Programmen und sollen deshalb hier im Zusammenhang besprochen werden.

Beispiele für das Auswählen von Zellen und das Schreiben in die jeweils aktive Zelle haben Sie schon bei den Aufzeichnungen kennengelernt. Hier noch zwei Beispiele zur Demonstration:

```
Sub auswahl1()
    Range("A1").Select
    ActiveCell.FormulaR1C1 = "a1"
    Range("A2").Select
    ActiveCell.FormulaR1C1 = "a2"
    Range("B1:C4").Select
    ActiveCell.FormulaR1C1 = "b1"
End Sub

Sub auswahl2()
    Sheets("Tabelle1").Select
    Range("C3").Select
    ActiveCell.FormulaR1C1 = "c3 in Tabelle1"
    Sheets("Tabelle2").Select
    Range("C3").Select
    ActiveCell.FormulaR1C1 = "c3 in Tabelle2"
    Cells(2, 3).Select
    ActiveCell.FormulaR1C1 = "Zeile 2, Spalte 3"
End Sub
```

Die Struktur ist immer die gleiche: eine Zelle wird ausgewählt und in die aktive Zelle wird etwas geschrieben (im Beispiel lediglich die Zelladresse). Bei der zweiten Prozedur wird obendrein noch jeweils ein Blatt ausgewählt (wenn Sie das zweite Beispiel nachvollziehen, müssen natürlich zwei Arbeitsblätter mit den Namen *Tabelle1* und *Tabelle2* vorhanden sein).

Statt mit

```
Range("...").Select
```

kann man auch mit einer anderen Form arbeiten:

```
Sub auswahl3()
    Dim altezeile, altespalte, neuezeile, neuespalte
    ActiveCell.Formula = "start"
    altezeile = Selection.Row
    altespalte = Selection.Column
    neuezeile = altezeile + 1
    neuespalte = altespalte + 2
    Cells(neuezeile, neuespalte).Select
    ActiveCell.Formula = "z+1, s+2"
```

```
End Sub

Sub auswahl4()
    Range(Cells(1, 1), Cells(6, 2)).Select
End Sub
```

Im Beispiel `auswahl3()` wird mit Variablen gearbeitet. Variablen erkennen Sie in den Beispielprogrammen immer daran, daß sie mit kleinen Buchstaben geschrieben werden. Zunächst werden Zeilen- und Spaltennummern in zwei Variablen eingelesen, diese werden dann zum Berechnen neuer Zeilen- und Spaltennummern benutzt (`neuezeile` und `neuespalte`). Mit

```
Cells(neuezeile, neuespalte).Select
```

wird dann die so ermittelte Zelle ausgewählt. Auf gleiche Weise läßt sich auch ein Bereich auswählen (`auswahl4()`). Soll die Auswahl relativ zu der gerade aktiven Zelle geschehen, dann gilt ein anderes Auswahlverfahren, das Sie schon bei der relativen Aufzeichnung kennengelernt haben:

```
Sub auswahl5()
    Range("A1").Select
    ActiveCell.Formula = "a1"
    Selection.Offset(1, 3).Range("A1:A5").Select
    ActiveCell.Formula = "d2"
End Sub
```

Etwas verwirrend ist dabei die Methode, wie in `auswahl5()`ein Bereich relativ zu einer bestimmten Zelle ausgewählt wird:

```
Selection.Offset(1, 3).Range("A1:A5").Select
```

Hier wird keineswegs der Bereich A1:A5 ausgewählt. Da `Range` nicht nur eine Eigenschaft des Arbeitsblattes (und der Anwendung), sondern auch z.B. jedes Bereichs ist, kann es benutzt werden, um einen Bereich relativ zu einem existierenden Bereich zu ermitteln. Daher fungiert in obiger Zeile diejenige Zelle, die von der ursprünglichen Zelle (im Beispiel A1) um eine Zeile und drei Spalten versetzt ist (also D2) als A1, von da an wird dann ausgewählt (im Beispiel also D2:D6).

Ist vor dem Versetzen der Auswahl bereits ein Bereich ausgewählt, kann man auch ausgehend von der bestehenden Auswahl eine neue Auswahl festlegen:

```
Sub auswahl6()
    Range("A1:A5").Select
    Selection.Offset(1, 3).Select
End Sub
```

Weiter oben wurde schon gezeigt, wie sich die Position der aktuellen Auswahl ermitteln läßt. Das läßt sich auch mit der in den beiden folgenden Beispielen verwendeten Methode bewerkstelligen:

```
Sub auswahl7()
    Dim zellbezug, bereichsbezug
    zellbezug = ActiveCell.Address
```

```
    MsgBox zellbezug
    bereichsbezug = Selection.Address
    MsgBox bereichsbezug
End Sub

Sub auswahl8()
    Dim zellbezug, bereichsbezug
    bereichsbezug = Selection.Address(False, False, xlR1C1, False)
    MsgBox bereichsbezug
End Sub
```

Ermittelt werden hier die Bezüge mit der Eigenschaft `Address`. `Adress` kann auch mit optionalen Indexargumenten aufgerufen werden, die sehr weitgehende Möglichkeiten bieten. In der angegebenen Reihenfolge sind dies:

Zeile absolut – `True` oder `False`, bei `False` wird die Zeilennummer absolut wiedergegeben (z.B. A$7).

Spalte absolut – Wie oben.

Bezugsart – Mit `xlA1` wird die A1-Schreibweise verwendet, mit `xlZ1S1` die Z1S1-Schreibweise (C4 wäre dann Z4S3).

Extern – `True` oder `False`, bei `True` wird der komplette Dateiname, die Blattbezeichnung und der Tabellenbezug angegeben.

Relativ zu – Wenn bei Z1S1-Bezügen die beiden ersten Argumente `False` sind, also relative Bezüge gewählt werden, dann muß hier die Zelle angegeben werden, zu der relativ der Bezug ermittelt werden soll.

In beiden Beispielen werden die ermittelten Bezüge in Dialogen ausgegeben, die mit der Methode `MsgBox` aufgerufen werden. `MsgBox` hat eine Reihe von (teils optionalen) Argumenten, deren erstes eine Zeichenkette oder einen Ausdruck, der automatisch in eine Zeichenkette umgewandelt werden kann, angibt. Weitere (optionale) Argumente geben an, welche und wieviel Schaltflächen der Meldungsdialog haben soll, was in der Titelleiste stehen soll usw.

5.3.2 In Tabellen schreiben

Zum Schreiben wurden in den bis jetzt gezeigten Beispielen die beiden Möglichkeiten

```
ActiveCell.FormulaR1C1 = "..."
ActiveCell.Formula = "..."
```

verwendet. Zwischen diesen beiden Formen besteht nur dann ein Unterschied, wenn tatsächlich Formeln gelesen oder geschrieben werden sollen. Auf diese Unterscheidung wird noch eingegangen.

Wichtiger ist, daß – im Gegensatz zur manuellen Dateneingabe – ein VBA-Programm nicht nur in die aktive Zelle schreiben kann. Es ist also nicht erforderlich, die Zelle, in die etwas geschrieben werden soll, zuvor zur aktiven Zelle zu machen. Dies läßt sich an den folgenden beiden Beispielen demonstrieren.

```
Sub schreiben1()
    Range("B1").Select
    ActiveCell.Formula = "Tage"
    Range("B2").Formula = "Montag"
    Range("B3").Formula = "Dienstag"
End Sub

Sub schreiben2()
    ActiveCell.Formula = "Januar"
    Selection.Offset(1, 0).Formula = "Februar"
End Sub
```

Im ersten Beispiel wird zum Schreiben jeweils die absolute Adresse angegeben, im zweiten Beispiel die relative Adresse. In die beim Aufruf der Prozedur aktive Zelle wird nur zur Demonstration des Ausgangspunktes ein Eintrag gemacht.

Zwei weitere Methoden, mit denen in eine Tabelle geschrieben werden kann, zeigen die folgenden Beispiele:

```
Sub schreiben3()
    Dim i As Integer, j As Integer
    For i = 2 To 8
        For j = 3 To 9
            Cells(i, j).Formula = "Z" & i & "S" & j
        Next j
    Next i
End Sub

Sub schreiben4()
  Dim matrix
  matrix = Selection()
  Selection.Offset(1, 0).Formula = matrix
End Sub
```

Beim ersten Beispiel `schreiben3()` wird eine verschachtelte Schleife verwendet, um in einen durch Zeilen und Spalten definierten Bereich Daten zu schreiben (im Beispiel werden nur die Zeilen und Spaltennummern mit *Z* und *S* verknüpft geschrieben). Die zweite Prozedur (`schreiben4()`) liest den gerade markierten Bereich in eine Variable ein und schreibt den Inhalt dann um eine Spalte versetzt.

Schließlich soll hier noch der Unterschied zwischen dem Schreiben mit `Formula` und `FormulaR1C1` klar gemacht werden. Die Verwendung wirkt sich nur dann aus, wenn tatsächlich Formeln in die Tabelle geschrieben (oder aus ihr gelesen) werden sollen.

```
Sub schreiben5()
    Range("D4").FormulaR1C1 = "=ZS(-2)*ZS(-1)"
    Range("D5").Formula = "=B5*C5"
End Sub
```

Mit `FormulaR1C1` lassen sich Formeln unter Verwendung von Z1S1-Bezügen in eine Tabelle eintragen. Z1S1 (oder engl. R1C1-Bezüge) geben Zeilen und Spalten in einer alternativen Notation wieder, die nicht Buchstaben, $-Zeichen und Ziffern, sondern absolute oder relative numerische Zellenadressen verwendet. Zeilenangaben folgen auf den Buchstaben Z (engl. R) und Spaltenangaben auf S (engl. C). Zahlen ohne Klammern geben absolute Angaben, Zahlen in Klammern relative Bezüge an. Mit Z1S1-Bezügen läßt sich leichter rechnen, dafür sind sie etwas umständlicher zu schreiben. In der Tabelle verwandelt sich die Formel übrigens automatisch in die dort gültige Schreibweise (im Beispiel steht dann in der Zelle D4 die Formel =B4*C4).

5.3.3 Lesen aus Tabellen

Neben dem Schreiben in eine Tabelle ist das Lesen aus einer Tabelle ein oft gebrauchter Vorgang. Einige Lesevorgänge sind bereits in den oben vorgestellten Beispielen enthalten, bei denen sowohl die Inhalte als auch die Bezüge von Zellen oder Bereichen aus Tabellen gelesen wurden. Das Lesen aus Tabellen ist naturgemäß dem Schreiben sehr ähnlich, schließlich handelt es sich um den komplementären Vorgang. Diese Ähnlichkeit wird besonders deutlich im ersten der folgenden Beispiele.

```
Sub lesen1()
    Dim zellentext1, zellentext2
    zellentext1 = Range("A1").Formula
    Range("A2").Formula = zellentext1
    zellentext2 = Range("B1")
    Range("B2").Formula = zellentext2
    Range("C2").Formula = Range("C1").Formula
End Sub

Sub lesen2()
    Dim zellentext
    zellentext = Cells(1, 1)
    Cells(2, 1).Formula = zellentext
End Sub

Sub lesen3()
    Dim zellentext
    zellentext = Selection.Offset(1, 1)
    Selection.Offset(1, 0).Formula = zellentext
End Sub
```

Statt mit `Formula` einer Zelle einen Inhalt zuzuordnen (schreiben) wird einer Variablen der Inhalt einer Zelle zugeordnet. Das erste Beispiel `lesen1()` liest lediglich den Inhalt dreier Zellen und schreibt ihn dann in die darunterliegende Zellen. Bei den ersten beiden Lese-Schreib-Vorgängen wird hierzu eine Variable verwendet.

Die unterschiedlichen Möglichkeiten, eine Zelle anzusprechen, gleichen denen beim Schreiben (`lesen2()` und `lesen3()`). Daß es in VBA verschiedene Methoden gibt, den Inhalt einer Zelle zu ermitteln, zeigt das erste der beiden folgenden Beispiele:

```
Sub lesen4()
    Dim inhalt1, inhalt2, inhalt3, inhalt4, inhalt5
    inhalt1 = Range("A1")
    inhalt2 = Range("A2").Value
```

```
    inhalt3 = Range("A3").Text
    inhalt4 = Range("A4").Formula
    inhalt5 = Range("A5").FormulaR1C1
    MsgBox inhalt1
    MsgBox inhalt2
    MsgBox inhalt3
    MsgBox inhalt4
    MsgBox inhalt5
End Sub

Sub lesen5()
    Dim zelleninhalt As Integer
    zelleninhalt = Range("d5")
    Range("A2").Formula = zelleninhalt
End Sub
```

In den ersten drei Zeilen von `lesen4()` wird jeweils der Inhalt gelesen, unabhängig davon, ob es sich um Zahlen oder Text handelt und unabhängig davon, ob der Inhalt direkt eingetragen wurde oder durch eine Formel zustandekommt. Anders ist es mit den nächsten beiden Zeilen: hier wird, falls Formeln eingetragen sind, die Formel gelesen, einmal in der A1- und einmal in der Z1S1-Schreibweise. Sind keine Formeln vorhanden, dann wird der Inhalt übernommen. Die Ergebnisse der Leseoperationen werden anschließend jeweils in einem Dialogfenster ausgegeben.

Soll erzwungen werden, daß nur bestimmte Datentypen gelesen werden, muß die Variable, in die der Zellinhalt übernommen wird, zuvor mit der `Dim`-Anweisung einen bestimmten Typ erhalten (`lesen5()`). Hier erfolgt eine Fehlermeldung, wenn der Zellinhalt nicht dem vorgegebenen Datentyp entspricht. Innerhalb eines Programms müßte dieser Fehler dann durch eine geeignete Routine abgefangen werden. Grundsätzlich sollten alle verwendeten Variablen zumindest mit dem voreingestellten Typ `Variant` explizit vereinbart werden.

5.3.4 Eigene Excel-Funktionen

Grade im naturwissenschaftlichen und technischen Bereich extrem nützlich ist die Möglichkeit, mit VBA Funktionen zu definieren, die wie normale Rechenblattfunktionen arbeiten. Tatsächlich kann jede Funktion, die Sie in einem VBA-Modul nicht ausdrücklich als privat definieren, auch in jedem Rechenblattes benutzt werden, solange das Arbeitsblatt mit dem Modul geladen ist. Diese in VBA geschriebenen Funktionen können über den Funktionsassistenten genau so benutzt werden, wie die eingebauten Tabellenfunktionen von Excel – Sie finden sie standardmäßig unter der Kategorie *benutzerdefiniert*.

Als Beispiel soll hier zunächst eine Zinseszinsberechnung dienen, da sich die Formel in Basic leicht durch elementare Operatoren ausdrücken läßt:

```
Function ZZEndwert(Anfangswert, Zinssatz, Jahre)
  ZZ_Endwert = Anfangswert * (1 + Zinssatz) ^ Jahre
End Function
```

Auch hier gibt es wieder die Möglichkeit, die Datentypen von Argumenten und Ergebnis festzulegen. Oft ist es aber auch hinreichend ist, mit der einfachen Form zu arbeiten. Funktionen in VBA sind immer nach dem gleichen Muster aufgebaut.

```
Function funktionsname (argumente)
    '...
    funktionsname = ....
    '...
End Function
```

Oder, wenn Sie Einfluß auf die Typen nehmen wollen:

```
Function funktionsname (arg1 As typ1, arg2 As typ2, ...) AS Ergebnistyp
    '...
    funktionsname = ....
    '...
End Function
```

Eine so geschriebene Funktion steht unmittelbar (d.h. ohne weiteres Zutun) beim Aufruf des Funktionsassistenten unter der Kategorie *Benutzerdefiniert* zur Verfügung. Einen Schönheitsfehler hat die Funktion allerdings: der Dialog zeigt da, wo bei anderen Funktionen eine kurze Erläuterung steht, nur »Keine Hilfe verfügbar« an. Sowohl in Excel 5 und 95 als auch in Excel 97 kann die nötige Hilfeinformation leicht über den Objektkatalog bearbeitet werden. Allerdings sind Ort und Bedienung dieses Objektkataloges bei Excel 5 und 95 auf der einen Seite und Excel 97 auf der anderen Seite vollkommen unterschiedlich.

In Excel 5 und 95 kann im Menü ANSICHT der Befehl OBJEKTKATALOG gewählt werden – vorausgesetzt Ihr aktives Arbeitsblatt ist ein VBA-Modul. Im Feld OBJEKTE/MODULE des Dialogs OBJEKTKATALOG sind die Module der Arbeitsmappe aufgelistet. Bei Anwahl des die Funktion enthaltenden Moduls werden die einzelnen Funktionen aufgelistet und können ausgewählt werden. Ein Klick auf OPTIONEN öffnet einen weiteren Dialog MAKRO-OPTIONEN (Abbildung 5.12). Bei Unterprogrammen bzw. Makroprozeduren haben Sie hier auch die Möglichkeit, ihnen eine Tastenkombination und/oder einen Menüeintrag unter EXTRAS zuzuweisen (dasselbe konnte auch schon beim Aufzeichnen direkt erledigt werden, ist aber für selbst geschriebene Prozeduren nur auf diesem Wege möglich). Bei Funktionen genügt es, hier eine kurze Beschreibung einzutragen, die auch in den Dialogen des Funktionsassistenten angezeigt wird.

Der Objektkatalog kann übrigens nicht nur für selbst definierte Module eingesetzt werden, abhängig vom Kombinationsfeld Bibliotheken/Arbeitsmappen zeigt er beispielsweise links alle in Excel verfügbaren Objekte und rechts ihre Komponenten an (Bibliothek *Excel*) oder alle verfügbaren VBA-Funktionen nach Kategorien (Bibliothek *VBA*).

Unter Excel 97 ist der Objektkatalog nun als eigenes Fenster im Visual-Basic-Editor zu finden. Auch hier wird das Fenster des Objektkatalogs mit ANSICHT, OBJEKTKATALOG zur Anzeige gebracht. Dieser neue Objektkatalog hat jedoch gegenüber seinem Vorgänger eine völlig neu gestaltete Oberfläche, obwohl die Funktionalität ähnlich ist. Oben links können Sie die gewünschte Bibliothek auswählen, z.B. *VBA* für die eingebauten Basic-Funktionen, *Excel* für die Excel-Objekte, *VBAProjekt* für das aktuelle Projekt oder z.B. wie in Abbildung 5.13 gezeigt den Wert *<Alle Bibliotheken>*.

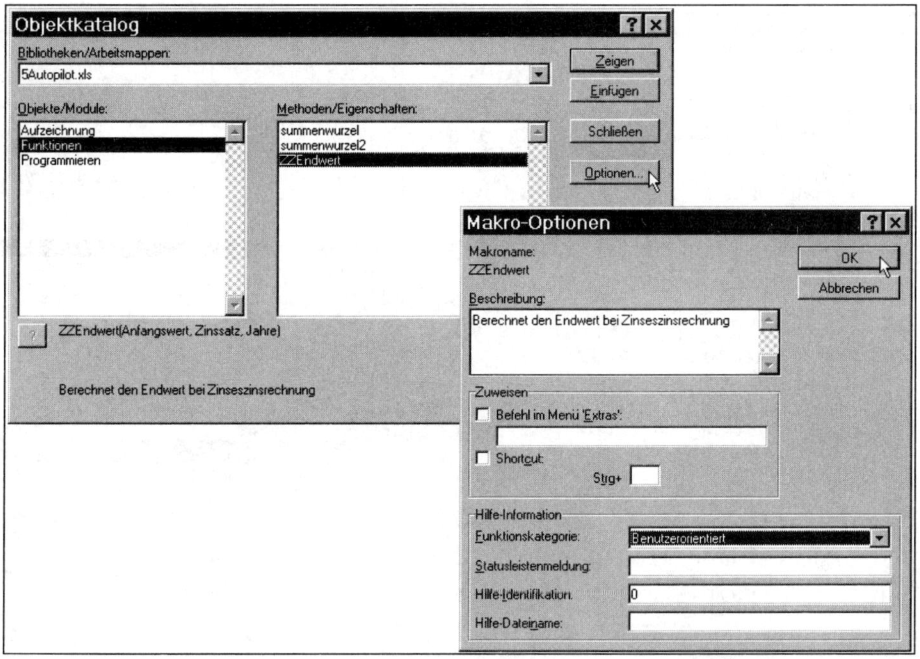

Abbildung 5.12: Objektkatalog und Kurzbeschreibung für eine Funktion in Excel 5 und 95

Unter dem Kombinationsfeld finden Sie ein Listenfeld KLASSEN mit allen Objekten oder Modulen der ausgewählten Bibliothek. Zur leichteren Unterscheidung sind Daten, Konstanten, Objekte oder VBA-Module mit unterschiedlichen Symbolen markiert. In der Fensterfläche ELEMENTE VON rechts neben dieser Liste sind alle Komponenten oder Funktionen der links ausgewählten Bibliothek angeführt. Auch hier sind unterschiedliche Funktionen, Eigenschaften, Methoden etc. durch unterschiedliche Symbole unterschieden. Wählen Sie unter Klassen den Modul *Funktionen* und rechts davon die Funktion, die Sie bearbeiten wollen.

In der Fußleiste des Objektkatalogs werden nun die Informationen zum angewählten Objekt – hier als der Funktion `ZZEndwert` – angezeigt. Um diese zu verändern, wählen Sie den Befehl EIGENSCHAFTEN des Kontextmenüs des Elementes, das Sie bearbeiten wollen. Im (wohl etwas flüchtig entworfenen) Dialog ELEMENTOPTIONEN können Sie nun den Beschreibungstext eingeben.

Es wäre natürlich bedauerlich, wenn man beim Programmieren eigener Funktionen in VBA auf die umfangreichen Tabellenfunktionen, die Excel bietet, verzichten müßte. Das hätte bei etwas umfangreicheren Funktionen einen unerträglichen Programmieraufwand zur Folge, da VBA wie alle Basic-Dialekte nur über eine mathematische Grundausstattung an Funktionen verfügt. Zusätzlich lassen sich noch technische Spezialfunktionen benutzen (davon wird später noch die Rede sein), aber der weite Bereich dessen, was Excel mit den Tabellenfunktionen bietet, wird von VBA nicht abgedeckt. Glücklicherweise gibt es in VBA eine elegante Möglichkeit, Tabellenfunktion in den VBA-Code aufzunehmen – alle Tabellenfunktionen sind als Methoden des Anwendungsobjektes erreichbar.

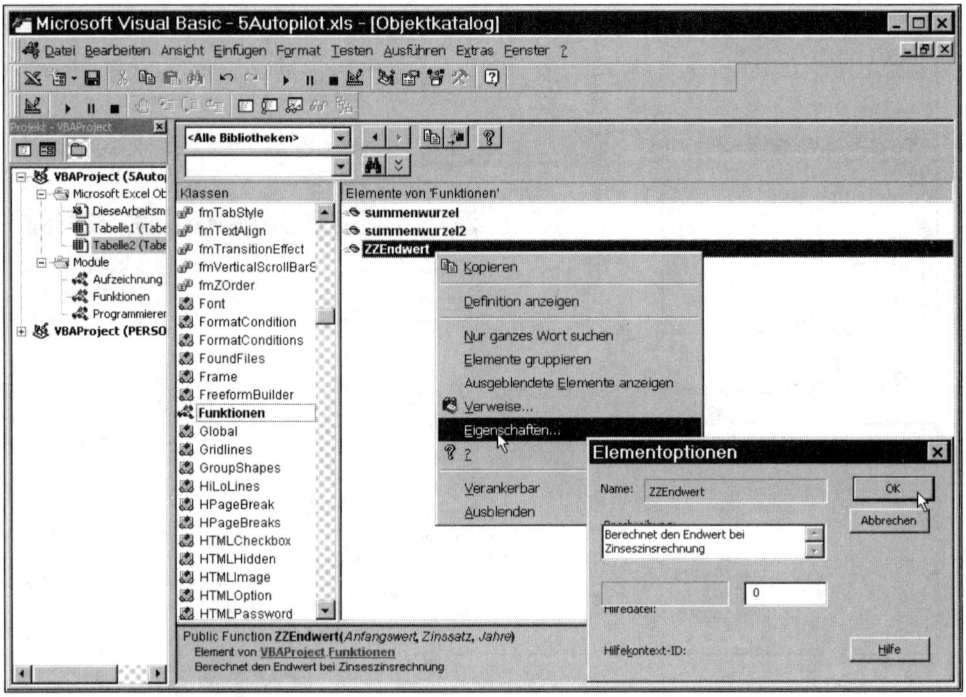

Abbildung 5.13: Objektkatalog und Kurzbeschreibung für eine Funktion in Excel 97

Eine Funktion etwa, welche die Wurzel aus einer Summe berechnet, könnte so aussehen:

```
Function summenwurzel(Range)
  summenwurzel = Sqr(Application.Sum(Range))
End Function
```

Tabellenfunktionen werden dabei in der Form `Application.Tabellenfunktion` eingegeben. Da es bei umfangreicherer Verwendung von Tabellenfunktionen lästig werden kann, immer wieder `Application` einzutippen, kann man das Verfahren auch abkürzen, indem man die folgende Zeile in die Funktion einträgt:

```
Set x = Application
```

Dabei weist die Set-Anweisung einer Objektvariablen x einen Verweis auf das Anwendungsobjekt zu, so daß sich im weiteren Verlauf statt `Application` überall synonym `x` schreiben läßt. Die umgeschriebenen Funktion lautet dann:

```
Function summenwurzel2(Range)
  Dim x As Object
  Set x = Application
  summenwurzel2 = Sqr(x.Sum(Range))
End Function
```

5.4 Testhilfen

Selbst bei einem geübten VBA-Programmierer kommt es bisweilen vor, daß anfangs nicht alles so funktioniert, wie es beim Programmieren gedacht war. Das ist sogar bei Makroaufzeichnungen oft der Fall. Entweder der Ablauf wird mit einer Fehlermeldung abgebrochen, oder das Ergebnis sieht anders aus als geplant. Hier können die umfangreichen Testmöglichkeiten nützlich sein, die VBA zur Verfügung stellt.

Als Testbeispiel soll hier eine kleines nützliches Programm dienen, mit dem sich eine Tabelle drehen läßt. Falls Sie einmal eine Tabelle eingegeben haben und anschließend feststellen, daß Sie die Spalten und Zeilen dieser Tabelle lieber vertauschen wollen, dann könnten Sie mit den normalen Möglichkeiten von Excel folgenden etwas umständlichen Weg beschreiten: Sie kopieren die Tabelle in die Zwischenablage, fügen sie an anderem Ort mit BEARBEITEN, INHALTE EINFÜGEN und der Option TRANSPONIEREN ein, löschen die ursprüngliche Tabelle und verlagern dann die transponierte Tabelle an den richtigen Ort. Das kleine Programm erledigt das einfacher: die zu drehende Tabelle wird markiert, dann wird das Unterprogramm `transponieren()` aufgerufen:

```
Sub transponieren ()
    Dim inhalte()
    Dim zeile1 As Integer, spalte1 As Integer
    Dim nzeilen As Integer, nspalten As Integer
    Dim n As Integer, m As Integer
    zeile1 = Selection.Row
    spalte1 = Selection.Column
    nzeilen = Selection.Rows.Count
    nspalten = Selection.Columns.Count
    ReDim inhalte(nzeilen, nspalten)
    For n = 0 To nzeilen
        For m = 0 To nspalten
            inhalte(n, m) = Cells(zeile1 + n, spalte1 + m)
        Next m
    Next n
    Selection.ClearContents
    Cells(zeile1, spalte1).Select
    For n = 0 To nspalten
        For m = 0 To nzeilen
            Cells(zeile1 + n, spalte1 + m).Formula = inhalte(m, n)
        Next m
    Next n
End Sub
```

5.4.1 Einzelschrittmodus

Wenn Sie diese oder eine andere VBA-Prozedur mit dem Dialog MAKRO (zu erreichen über EXTRAS, MAKRO) aufrufen, dann finden Sie im eingeblendeten Dialog eine Schaltfläche SCHRITT. Wie schon der Name sagt, dient diese dazu, ein Programm *Schritt für Schritt* abzuarbeiten. Nach Anklicken dieser Schaltfläche wird unter Excel 5 und 95 ein spezielles Testfenster eingeblendet, das eine Anzahl von Möglichkeiten bietet, den Programmablauf genau zu verfolgen. Unter Excel 97 dient zu diesem Zweck der Visual-Basic-Editor. Wenn Sie vor diesem Aufruf noch die Symbolleiste VISUAL BASIC einblenden, dann lassen sich die Testmöglichkeiten recht einfach bedienen, auch der Einzelschrittmodus kann von hier aus gestartet werden – über die Schaltfläche mit dem kleinen weißen Dreieck. Abbildung 5.14 zeigt eine typische Sitzung mit Symbolleiste VISUAL BASIC, Haltepunkt (rot unterlegt), aktueller Zeile (schwarz umrahmt) und Überwachungsfenster (oben).

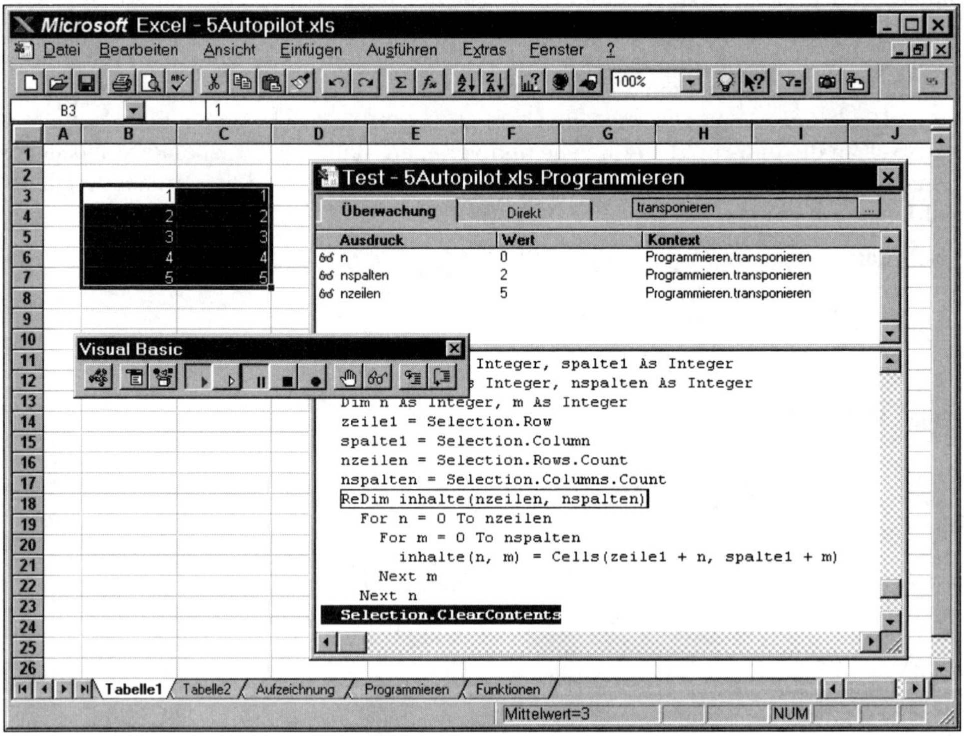

Abbildung 5.14: VBA-Programme im Einzelschrittmodus im Testfenster ausführen (Excel 5 und 95)

In Excel 97 dient anstelle eines speziellen Testfensters der Visual-Basic-Editor zur Fehlersuche. Wenn Sie hier die Symbolleiste TESTEN einblenden, dann lassen sich die Testmöglichkeiten ähnlich wie im Testfenster früherer Versionen bedienen. Eine besondere Schaltfläche zum Start des Einzelschrittmodus existiert hier nicht mehr, diese Aufgabe wird von der Schaltfläche EINZELSCHRITT mit übernommen. Abbildung 5.15 zeigt eine typische Sitzung mit Symbolleiste TESTEN, Haltepunkt (rot unterlegt), aktueller Zeile (gelb unterlegt) und Datenfenstern (unten).

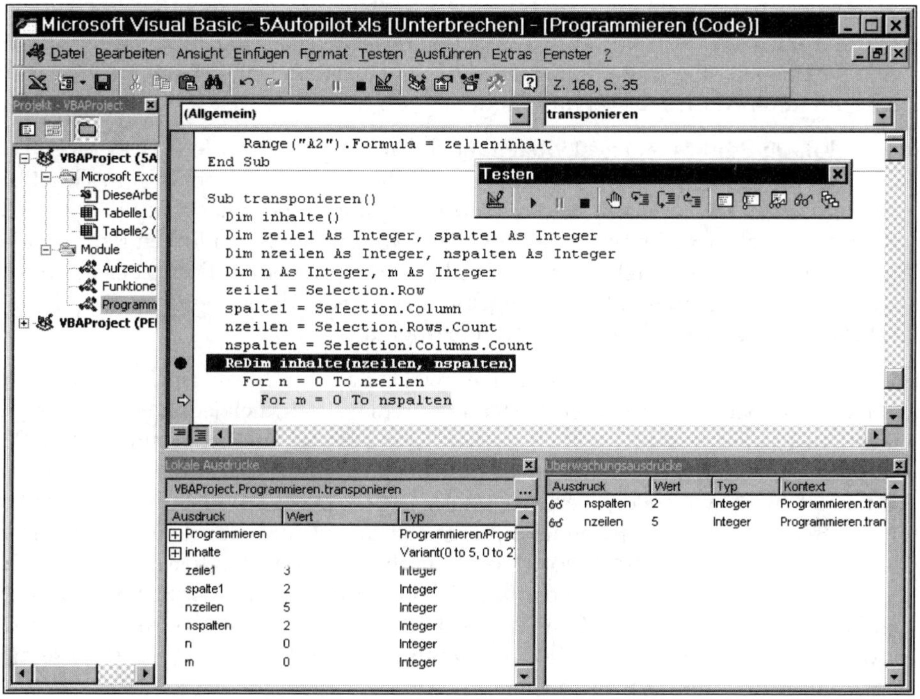

Abbildung 5.15: VBA-Programme im Visual-Basic-Editor ausführen (Excel 97)

5.4.2 Haltepunkte und Kontrolle der Variablen

Durch Anklicken der Schaltfläche EINZELSCHRITT der Symbolleiste VISUAL BASIC bzw. TESTEN wird die aktuelle Programmzeile ausgeführt und zur nächsten Zeile weitergeschaltet. Auf diese Weise können Sie ein Programm Zeile für Zeile durcharbeiten. Im allgemeinen ist es jedoch sinnvoller, in einem Programm Haltepunkte zu setzen, und dann unter Excel 5 und 95 mit MAKRO FORTSETZEN (senkrechte Doppellinie) bzw. unter Excel 97 SUB/USERFORM AUSFÜHREN (schwarzes Dreieck) das Programm jeweils bis zum nächsten Haltepunkt ablaufen zu lassen.

Um einen Haltepunkt festzusetzen, wird die Einfügemarke in die betreffende Zeile gesetzt und dann die Schaltfläche mit Handsymbol angeklickt (ein weiterer Klick schaltet den Haltepunkt wieder aus). Sichtbar wird der Haltepunkt dadurch, daß die Zeile weinrot markiert wird. Unter Excel 97 können Haltepunkte auch durch Mausklick auf den linken grauen Rand gesetzt werden. Das Programm stoppt bei einer derartigen Zeile und wird erst mit MAKRO FORTSETZEN bzw. SUB/USERFORM AUSFÜHREN bis zum nächsten Haltepunkt fortgesetzt.

Wenn Aktionen in einer Tabelle vorgenommen werden, können Sie diese Aktionen so im einzelnen verfolgen. Häufig interessiert aber mehr, welchen Wert die Variablen während des Programmablaufs annehmen. Hierzu dient bis Excel 95 das Register ÜBERWACHUNG der oberen Hälfte des Testfensters, im Visual-Basic-Editor von Excel 97 steht dagegen ein eigenes Fenster ÜBERWACHUNGSAUSDRÜCKE für diesen Zweck zur Verfügung.

Um eine Variable zu überwachen, wird die Einfügemarke irgendwo im Programm auf den Namen der Variablen gesetzt und dann das Brillensymbol angeklickt. Das kann übrigens auch inmitten des Programms geschehen, wenn das Programm durch Einzelschritt oder einen Haltepunkt unterbrochen ist. Im Überwachungsfenster wird dann die Variable mit Ihrem aktuellen Wert angezeigt.

Der Visual-Basic-Editor von Excel 97 stellt noch ein weiteres Datenfenster LOKALE AUSDRÜCKE zur Verfügung, in dem automatisch sämtliche lokalen Variablen einschließlich der dynamischen Felder überwacht werden. Variablen, die eine komplexere innere Struktur aufweisen, können mit dem Plus- bzw. Minussymbol am linken Rand mit beliebigem Detailgrad dargestellt werden. Die Fenster können überdies mit entsprechenden Schaltflächen der Symbolleiste eingeblendet bzw. aktiviert werden. Ausblenden oder ablösen erfolgt dagegen über ein Kontextmenü.

Zum Durchlaufen des Programmes stehen zwei Arten von Einzelschritten zur Verfügung. Die erste (Schaltfläche EINZELSCHRITT) durchläuft wirklich jeden Schritt des Programmes. Insbesondere folgt sie bei der Ausführung eines Unterprogrammes dem Programmfluß in dieses Unterprogramm. Gerade bei größeren Programmen ist ein solches Verhalten oft nicht wünschenswert, da oft Unterprogramme und Funktionen aufgerufen werden, von denen man bereits weiß, daß sie korrekt arbeiten. Die zweite Art von Einzelschritt (Schaltfläche PROZEDURSCHRITT) verhält sich entsprechend und behandelt Prozeduraufrufe als Einheit. Eine dritte Art von häufig benötigtem Schritt kennt der Visual-Basic-Editor von Excel 97: mit der Schaltfläche PROZEDUR ABSCHLIEẞEN springt die Programmausführung ans Ende der augenblicklichen Prozedur, verläßt diese, und springt zur aufrufenden Anweisung.

5.4.3 Das Direktfenster

Hiermit sind die Testmöglichkeiten noch nicht erschöpft. Sowohl das Testfenster bis Excel 95 als auch der Visual-Basic-Editor von Excel 97 bieten ein sogenanntes Direktfenster, in das Sie direkt Programmzeilen eingeben können, die dann sofort ausgeführt werden. Im Testfenster ist dieses Fenster durch ein Register erreichbar, im Visual-Basic-Editor dagegen ist es ein echtes Fenster. Innerhalb von Programmen ist die direkte Eingabe von Basic-Anweisungen bisweilen sinnvoll – z. B. wenn eine Variable einen nicht gewünschten Wert angenommen hat und Sie die Testsitzung nicht deswegen abbrechen wollen. In einem solchen Fall läßt sich das Problem leicht mit *variable=neuerwert* korrigieren. Wichtig ist diese Möglichkeit aber auch, wenn Sie nur den Effekt einzelner Anweisungen testen wollen. Dann ist es effektiver, den Visual-Basic-Editor oder das Testfenster zu öffnen (durch Aufruf einer beliebigen Prozedur im Einzelschrittmodus) und dann die Anweisungen direkt einzugeben.

5.5 Inhaltsverzeichnis

Mitunter sind VBA-Unterprogramme so nützlich, daß man sie ständig im Zugriff haben und Excel damit dauerhaft erweitern möchte. Module dieser Art können entweder in der normalerweise unsichtbaren Arbeitsmappe PERSONL.XLS abgelegt oder in Add-Ins umgewandelt werden. Die Arbeitsmappe PERSONL.XLS wird automatisch bei jedem Start von Excel geladen. Makros in dieser Arbeitsmappe stehen daher immer zur Verfügung. Mit FENSTER, EINBLENDEN kann diese Mappe sichtbar und mit FENSTER, AUSBLENDEN wieder unsichtbar gemacht werden. Besser zur Weitergabe sind dagegen *Add-Ins* geeignet. Dabei handelt es sich um vorübersetzte Basic-Module, die mit dem Add-In-Manager in Excel eingebunden werden können. Ein wichtiger Vorteil von Add-Ins für die Weitergabe ist, daß der in ihnen enthaltene Code nicht mehr zugänglich und daher gegen unbefugte Manipulationen geschützt ist.

Die Version 4 von Excel verfügte über ein sehr praktisches Inhaltsverzeichnis für Arbeitsmappen, das es ermöglichte, auch in Arbeitsmappen mit sehr vielen Arbeitsblättern die Übersicht zu bewahren. Diese Eigenschaft steht seit Version 5 nicht mehr zur Verfügung – offenbar war Microsoft der Meinung, daß die Register am unteren Rand der Arbeitsblätter als Navigationshilfsmittel überlegen sind. Das trifft auch zu, solange nur eine geringe Anzahl an Arbeitsblättern in einer Arbeitsmappe enthalten ist. Da aber in einer Arbeitsmappe bis zu 255 Arbeitsblätter enthalten sein können, kann das Suchen eines Blatts über die Register schon recht mühsam werden. Eine Excel-Erweiterung, die ein solches Inhaltsverzeichnis für Arbeitsmappen zur Verfügung stellt, ist ein wunderbarer Kandidat für eine dauerhafte Erweiterung von Excel. Im folgenden soll eine mögliche Lösung für dieses Problem vorgestellt werden.

Um das Ergebnis vorwegzunehmen: in das Menü BEARBEITEN wird ein neuer Befehl eingefügt mit dem Namen GEHE ZU BLATT. Nach seinem Aufruf wird ein Dialog eingeblendet, das eine Liste der Arbeitsblätter der aktiven Arbeitsmappe anzeigt, in der sich das gewünschte Blatt aussuchen läßt.

5.5.1 Der Dialog

Da das Inhaltsverzeichnis prinzipiell in allen Arbeitsmappen nützlich sein kann, wird hierfür eine eigene Arbeitsmappe eingerichtet, die nur ein Modul und ein Dialogblatt enthält. In die Arbeitsmappe werden also ein Modul und ein Dialogblatt eingefügt und alle vorhandenen Tabellenblätter gelöscht. Wenn das Dialogblatt aktiviert ist, wird gleichzeitig auch die Symbolleiste *Dialog* eingeblendet. Einen Überblick über die Funktion der einzelnen Symbole können Sie sich wie bei allen Symbolleisten schnell verschaffen, indem sie den Mauszeiger der Reihe nach auf die Symbole setzen. Nach kurzer Zeit wird dann ein sogenannter *ToolTip* erscheinen, der eine kurzen Hinweis auf die Funktion der Schaltfläche gibt. Eine etwas längere Hilfeinformation erscheint außerdem in der Statuszeile von Excel.

Unter Excel 5 und 95 werden Sie sowohl Dialog als auch Modul als Arbeitsblätter in die Arbeitsmappe einfügen. Unter Excel 97 müssen Sie den Modul im Visual-Basic-Editor mit dem Kontextmenü des Projektfensters anlegen und anschließend im Eigenschaftenfenster (anzeigen mit ANSICHT, EIGENSCHAFTENFENSTER) umbenennen. Dieses Fenster zeigt die Eigenschaften desjenigen Objektes an, das gerade im Projektfenster ausgewählt ist.

Für den Dialog haben Sie unter Excel 97 die Wahl in die Arbeitsmappe einen Excel 5-Dialog als Arbeitsblatt einzufügen oder im Visual-Basic-Editor ein *UserForm*-Objekt. Da die Arbeitsmappe jedoch ohnehin immer mindestens ein sichtbares Arbeitsblatt enthalten muß, auch im Interesse einer einheitlichen Darstellung für alle drei Excel-Versionen, soll hier die erste Variante beschrieben werden. Wenn Sie den Umgang mit dem Dialogblatt verstanden haben, bietet ein UserForm-Dialog keine zusätzlichen Schwierigkeiten.

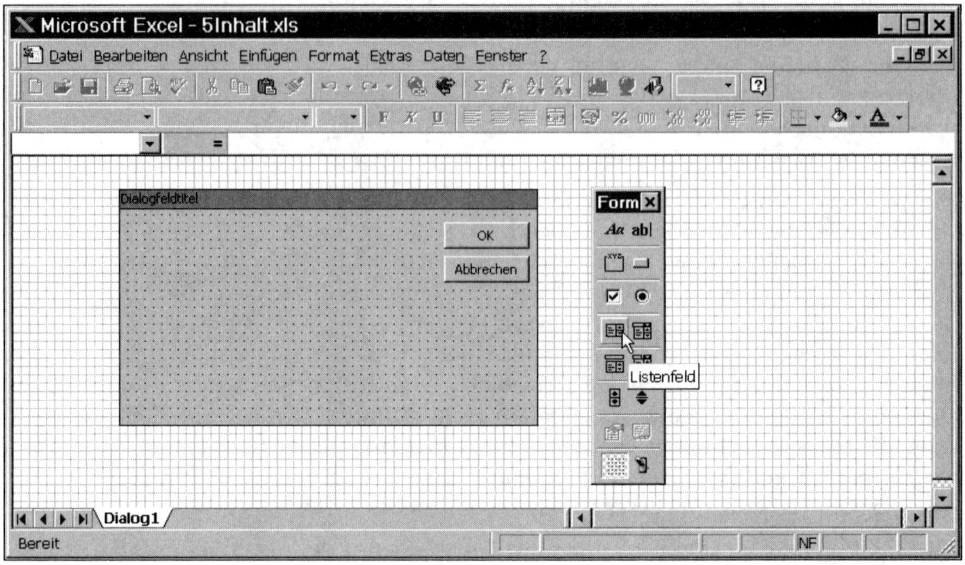

Abbildung 5.16: Neues Arbeitsblatt für einen Dialog mit Steuerelementpalette und ToolTip

Alle Symbole der hier als Palette verwendeten Symbolleiste FORMULAR (Excel 97) bzw. DIALOG (Excel 95) in Abbildung 5.16 dienen bis auf die untersten vier dazu, Dialogobjekte zu erzeugen. Im vorliegenden Zusammenhang wird hiervon nur das Symbol zum Erstellen von Listenfeldern benötigt. Ganz unten rechts ist noch ein Symbol, das einem Kippschalter nachempfunden ist. Es dient dazu, den Dialog so anzuzeigen, wie er später beim Aufruf aus einem Programm aussieht.

Als erstes sollte dem Dialog ein vernünftiger Titel gegeben werden. Wenn Sie das Feld an seiner Titelleiste anklicken, dann wird das gesamte Feld markiert. Sie können jetzt einfach einen neuen Titel eintippen, im Beispiel wurde der Text *Arbeitsblatt auswählen* verwendet.

Als nächstes wird ein Listenfeld eingebaut. Hierzu muß man lediglich das Symbol für Listenfeld auf der Symbolleiste anklicken; anschließend läßt sich das Feld durch Ziehen mit gedrückter linker Maustaste auf dem Dialog in der gewünschten Größe am gewünschten Ort positionieren. Zu große Sorgfalt ist hier nicht nötig, da sich das Listenfeld, sobald es durch Anklicken markiert ist, auch verändern läßt. An den seitlichen Markierungskästchen in Abbildung 5.17 kann man durch Ziehen mit gedrückter Maustaste Breite oder Höhe verändern; an den Ecken Breite und Höhe gleichzeitig; insgesamt läßt sich das Feld durch Ziehen verschieben.

Das gleiche gilt auch für den Dialog insgesamt. Seine Größe sollte so gewählt werden, daß nicht allzuviel freier Raum bleibt. In der Abbildung ist noch ein kleiner Hinweistext hinzugefügt, das Feld wird über die Symbolschaltfläche BEZEICHNUNGSFELD erzeugt. Die Position, die der Dialog im Arbeitsblatt einnimmt, entspricht der Positition, die es später beim Aufruf einnehmen wird.

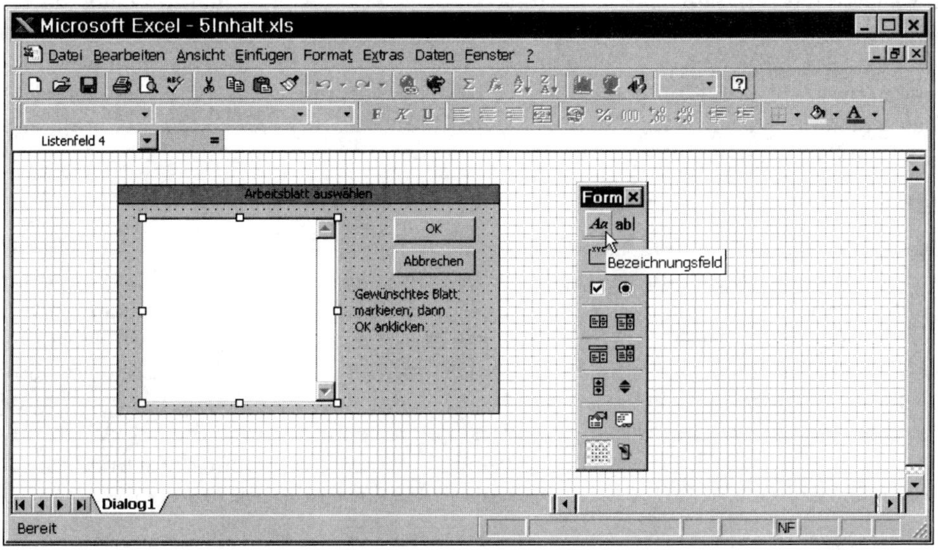

Abbildung 5.17: Dialogblatt mit markiertem Listenfeld

5.5.2 Aufruf des Dialogs

Der Aufruf des Dialogs erfordert ein kleines VBA-Programm. Die Nummern vor den Zeilen sind an sich nicht erforderlich, sie wurden lediglich eingefügt, um in den folgenden Erläuterungen darauf Bezug nehmen zu können. Dadurch, daß sie die syntaktische Form numerischer Labels haben – einem Relikt aus den frühesten Tagen von Basic – werden Sie von der Syntaxprüfung von VBA akzeptiert:

```
Sub inhaltdialog()
1:  Set verzeichnis = Workbooks("5inhalt.xls").Sheets("Dialog1")._
    DrawingObjects("listenfeld 4")
2:  x = 0
3:  For Each blätter In ActiveWorkbook.Sheets
4:    blattname = blätter.Name
5:    verzeichnis.AddItem (blattname)
6:    x = x + 1
7:  Next blätter
8:  eingabewert = Workbooks("inhalt.xls").Sheets("Dialog1").Show
9:  blattnummer = verzeichnis.Value
10: For n = 1 To x
11:   verzeichnis.RemoveItem (1)
12: Next n
13: If eingabewert = True Then
14:   If blattnummer <> 0 Then
15:     ActiveWorkbook.Sheets(blattnummer).Select
16:   End If
17: End If
End Sub
```

Der Dialog wird in dieser Prozedur über `Sheets ("Dialog 1")` angesprochen, das Listenfeld über `DrawingObjects ("Listenfeld 4")`. Da sich diese Angaben jeweils auf die gerade aktive Arbeitsmappe beziehen, und da die Prozedur ja auch von anderen Arbeitsmappen aus aufgerufen werden soll, muß noch die Arbeitsmappe, in der sich der Dialog befindet, vorangestellt werden. Die Struktur derartiger Objektbezeichnungen ist also auch hier wieder

```
Objekt.Unterobjekt.Unterunterobjekt...
```

Um zu vermeiden, daß man jedesmal, wenn das Listenfeld angesprochen werden soll, diese ellenlange Bezeichnung schreiben (oder aus einer anderen Stelle des Programms kopieren) muß, wird es in der ersten Zeile einer Objektvariablen mit dem Namen `verzeichnis` zugeordnet. Hierdurch kann im ganzen folgenden Programm das Objekt über diese Variable erreicht werden. Da die Variable nur in dieser einen Prozedur benötigt wird, und der Modul so klein ist, daß kaum Kollisionen mit globalen Namen zu befürchten sind, ist es kein Problem, die Variable hier einfach durch die `Set`-Anweisung zu definieren. Würde die Variable in mehreren Prozeduren benötigt, dann müßte sie als globale Variable am Anfang des Moduls (also vor allen Prozeduren) stehen:

```
Dim verzeichnis Als Objekt
```

Mit den Zeilen 2 bis 7 werden die Blätter der aktiven Arbeitsmappe ermittelt und deren Namen als Einträge ins Listenfeld definiert. Die Variable `blätter` ist dabei eine Variable, die nacheinander jedes Arbeitsblatt der gerade aktiven Arbeitsmappe bezeichnet. Der jeweilige Name des Arbeitsblattes wird der Variablen `blattname` zugeordnet und dann als Eintrag in das Listenfeld übernommen. Das Listenfeld wird dabei über die Objektvariable `verzeichnis` angesprochen, sonst müßte man hier die ganze Objektbezeichnung aus der ersten Zeile schreiben.

Eine Besonderheit bieten noch die Zeilen 2 und 6. In 2 wird zunächst eine Variable `x` auf 0 gesetzt, bei jedem Schleifendurchlauf erhöht sich der Wert um 1, so daß `x` nach Beendigung der `For-Each`-Schleife die Zahl der ermittelten Arbeitsblätter repräsentiert. Diese Zahl wird benötigt, um am Ende alle Einträge aus dem Listenfeld zu löschen. Die `For-Each`-Schleife ist eine Erweiterung der `For`-Schleife, die es erlaubt, automatisch alle Elemente eines Feldes (manche sagen auch Verktor) oder eines Auflistungsobjektes zu durchlaufen, ohne die Anzahl der nötigen Durchläufe vorher zu kennen.

Nach diesen Vorbereitungen wird mit der Zeile 8 der Dialog aufgerufen. Der Aufruf könnte auch ohne `eingabewert =` erfolgen. Die hier gewählte Form des Aufrufs hat den Sinn, daß abhängig von der Art der Beendigung des Dialogs (über *Ok* oder *Abbrechen*) die Variable `eingabewert` den Wert Wahr (OK) oder Falsch (Abbrechen) erhält. Abhängig hiervon erfolgen dann die weiteren Aktionen des Programms.

Nach Beendigung des Dialogs wird der Wert des Listenfelds in die Variable `blattnummer` übernommen (9). Auch hier bewährt sich wieder die Objektvariable `verzeichnis`. Mit dem Wert wird die Nummer des in der Liste gewählten Eintrags angezeigt. Diese Nummer ist identisch mit der Nummer des Blattes, dessen Namen in der Liste ausgewählt wurde.

Im nächsten Schritt (Zeilen 10 bis 12) werden alle Einträge aus dem nun nicht mehr benötigten Listenfeld gelöscht. Hier wird die Zahl der Einträge, die oben als `x` ermittelt wurde, benötigt. Bei jedem Schleifendurchlauf wird der jeweils erste Eintrag gelöscht, wobei dann der folgende Eintrag zum neuen ersten Eintrag wird. Da das Listenfeld seinen Inhalt über die Lebensdauer des Programmes behält und die Werte sogar in der Arbeitsmappendatei gespeichert werden, ist es sinnvoll, hier so früh wie möglich aufzuräumen.

Die Zeilen 13 bis 17 schließlich dienen dazu, die Ergebnisse des Dialogs in Aktionen umzusetzen. Voraussetzung ist hier, daß der Dialogf mit OK oder [↵] beendet wurde. Dies wird mit der `If` – `End If` – Struktur der Zeilen 13 und 17 abgefragt. Die `If`-Struktur der Zeilen 14 und 16 prüft, ob überhaupt ein Eintrag ausgewählt wurde – nur dann ist die `blattnummer` ungleich 0. Wenn das der Fall ist, dann wird das entsprechende Arbeitsblatt in der gerade aktiven Arbeitsmappe ausgewählt.

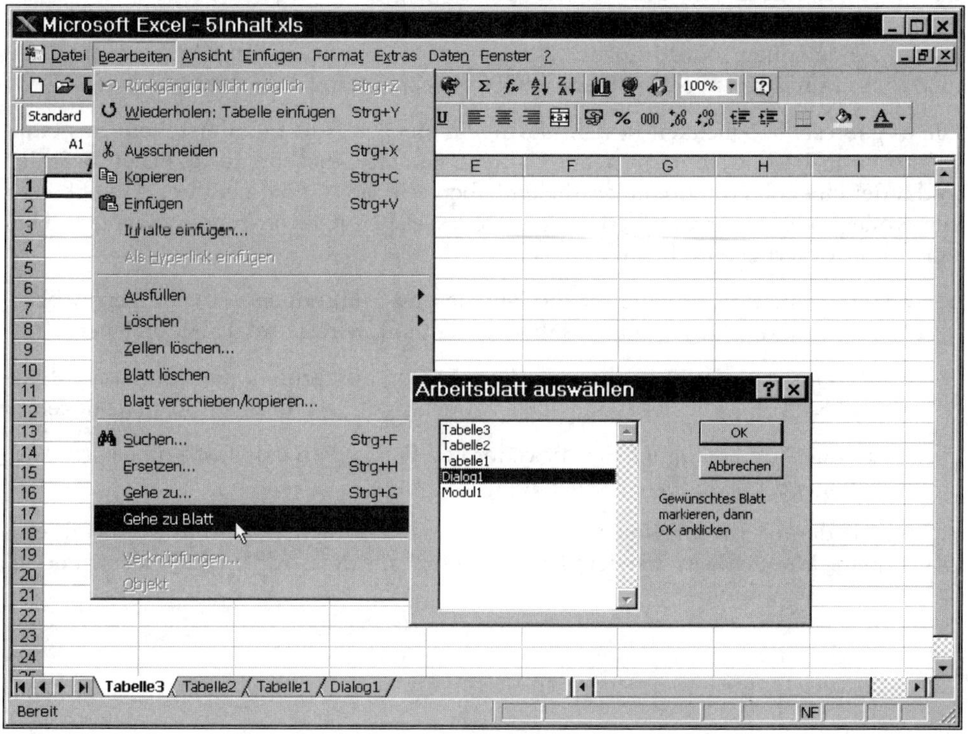

Abbildung 5.18: Anwendung des Inhaltsverzeichnisses

Ein Aufruf dieser Prozedur aus einer beliebigen Arbeitsmappe führt dann wunschgemäß zu der Einblendung des Dialogs, welches Sie nun wie im ersten Teil des Kapitels beschrieben auch in das Menü BEARBEITEN einfügen können. Den Test des neuen Menüs zeigt Abbildung 5.18 (Aufruf und Dialog wurden zusammenmontiert). Hier fällt auf, daß auch unter Excel 97 die Visual-Basic-Module weiterhin als Arbeitsblätter gespeichert sind – sie sind lediglich auf normalem Wege nicht mehr sichtbar.

5.5.3 Ein Add-In erstellen

Um mit dem neuen Menübefehl arbeiten zu können, muß die Arbeitsmappe mit diesem Befehl geladen sein. Nur dann wird der Befehl aufgenommen, und ist die Prozedur zugänglich. Um dies zu gewährleisten, gibt es mehrere Möglichkeiten. Die Möglichkeit, Dialog und Modul in der Arbeitsmappe PERSONL.XLS zu kopieren, wurde bereits angesprochen. Eine weiter Möglichkeit besteht darin, die Arbeitsmappe mit DATEI, SPEICHERN UNTER in das Verzeichnis `xlStart` zu speichern. Dann wird die Datei jedesmal mit dem Start von Excel geladen. Damit die Arbeitsmappe nicht ständig auf dem Bildschirm sichtbar ist, unternehmen Sie folgende Schritte:

Beenden Sie Excel, nachdem Sie die Arbeitsmappe in `xlStart` gespeichert haben. Starten Sie Excel erneut und blenden die Arbeitsmappe mit FENSTER, AUSBLENDEN aus. Wenn Sie jetzt Excel wieder beenden, erfolgt die Frage, ob die Veränderungen gespeichert werden sollen. Wird dies mit *Ja* beantwortet, dann wird die Arbeitsmappe mit dem Programm beim nächsten Start von Excel geladen und sofort ausgeblendet.

Die eleganteste Möglichkeit besteht darin, ein eigenes Add-In zu erstellen. Das empfiehlt sich insbesondere dann, wenn Sie eine ganze Reihe von zusätzlichen Befehlen und/oder eigenen Funktionen erarbeitet haben, die Sie ständig bei Ihrer Arbeit benutzen wollen, oder wenn Sie diese an andere Excel-Benutzer weitergeben wollen. Hier kurz die erforderlichen Schritte.

1. Die Arbeitsmappe, die alle für die Befehle und Funktionen notwendigen Arbeitsblätter – Module, Dialogblätter, Tabellen – enthält, wird normal abgespeichert.
2. Mit EXTRAS, ADD-IN ERSTELLEN wird ein Dialog aufgerufen, der dem von ABSPEICHERN UNTER gleicht. Hier können Sie Namen und Pfad für das Add-In festlegen.
3. Das fertige Add-In können Sie entweder von Fall zu Fall laden oder über den Add-In-Manager direkt in die Arbeitsmappe einbinden.

Achten Sie darauf, die Originalarbeitsmappe an einem sicheren Ort aufzubewahren – es gibt keine Möglichkeit, sich dem Programmtext aus dem Add-In zu rekonstruieren!

6 Formulare

Daß Excel nicht nur für die traditionellen kaufmännische Anwendungen gut ist, sondern auch in Naturwissenschaft und Technik von großem Nutzen sein kann, sollte in den letzten Kapiteln bereits deutlich geworden sein. Dabei ist es nicht erforderlich, daß jeder Anwender Excel in- und auswendig kennt. Excel bietet die Möglichkeit, Tabellen so zu präparieren, daß sie auch die fehlerfreie Dateneingabe durch nur gelegentliche Anwender unterstützen. Durch den Schutz von Feldern gegen unbeabsichtigte Eingaben und ein wenig Unterstützung durch Visual Basic können Formulare erstellt werden, die nahezu narrensicher sind.

6.1 Eine Zeichensatztabelle

Es gibt in Windows Zeichensätze, deren Zeichen auf keiner Tastatur zu finden sind. Da ist zum Beispiel der Zeichensatz *Symbol*, der eine Anzahl von griechischen Buchstaben sowie zahlreiche mathematische, logische und andere Symbole enthält. Oder der Zeichensatz mit dem Namen *Wingdings*, der mit einer großen Zahl von nützlichen, oder auch witzigen Symbolen aufwartet. Gerade bei der Beschriftung von Schaltflächen kann sich dieser Zeichensatz als wahre Fundgrube erweisen.

Nun stellt Windows zwar ein kleines Programm mit dem Namen Zeichentabelle zur Verfügung, aber es ist schon recht umständlich, wenn Sie sich dieses Programm in eine Anwendung holen müssen, um vielleicht ein oder zwei Zeichen zur Verfügung zu haben. Da ist es nützlich, wenn Sie sich neben den PC ein Blatt Papier legen können, auf dem die Tastaturbelegung solcher Zeichensätze dargestellt ist.

Das ist mit Excel kein Problem. Zunächst wird ein Arbeitsblatt so gestaltet, daß vier Zellen zusammen jeweils ungefähr ein Quadrat bilden. Dazu wird die gesamte Tabelle durch Anklicken der linken oberen Schaltfläche (über der 1 links vom A) markiert. Dann können Sie über die Befehle FORMAT, SPALTE, BREITE und FORMAT, ZEILE, HÖHE die gewünschte Einstellung vornehmen. 3,5 (Zeichen) für die Spaltenbreite und 22 (Punkt) für die Zeilenhöhe dürften ganz brauchbare Werte sein. Sie können sich die richtigen Zellengrößen natürlich auch mit der Maus an den Zeilen- und Spaltenköpfen einstellen, indem Sie zunächst einige Zeichen in Zellen schreiben, diese auf 14 Punkt formatieren, das ganze Blatt markieren und dann die Höhe und Breite einer Zeile bzw. Spalte nach Augenmaß einstellen. Die übrigen ausgewählten Zeilen und Spalten werden automatisch auf die gleiche Breite und Höhe eingestellt..

Mit diesem quadratischen Zellenraster können Sie die Tastatur Ihres Computers in der Tabelle nachbilden, indem Sie jeweils vier Zellen mit einem Rahmen versehen. Die so entstehenden Quadrate oder Rechtecke sollen später die beiden Tastaturzeichen (normal und mit [⇧]) und die beiden entsprechenden Zeichen des fremden Zeichensatzes aufnehmen.

6.1.1 Automatisches Umrahmen

Um eine Taste in die Tabelle zu zeichnen sind eine Reihe immer wiederkehrender Operationen erforderlich:

- In die beiden rechten Zellen der Taste müssen durch eine Formel Kopien der linken Zellen eingetragen werden. Dabei ist es sinnvoll, mit der Funktion GLÄTTEN überflüssige Leerzeichen zu entfernen, da einige Zeichen wie z.B. »+« und »–« nur mit führenden Leerzeichen in die Tabelle eingetragen werden können, andernfalls haben sie für Excel besondere Bedeutungen.
- Die beiden linken Zellen müssen formatiert werden. Wenn Sie das Format als Formatvorlage definieren, können Sie dieses später noch ändern, ohne jede einzelne Taste(ndarstellung) wieder anfassen zu müssen. Das Format sollte das Zeichen zentrieren und in einer Größe von 14 Punkt darstellen.
- Die beiden rechten Zellen müssen mit dem gewünschten Symbol-Zeichensatz formatiert werden. Auch hier ist die Verwendung einer Formatvorlage sinnvoll, da so der gewählte Zeichensatz später an genau einer zentralen Stelle – nämlich in der Formatvorlage – geändert werden kann. Auch die Symbole sollten zentriert und 14 Punkt groß sein.
- Die vier Zellen der »Taste« werden mit einer gemeinsamen Doppellinie umgeben. Die umrahmten Flächen wirken bei der Verwendung einer Doppellinie eher wie Tasten als bei der Verwendung einer einfachen Linie.

Es ist natürlich sinnvoll, diese immer wiederkehrenden Arbeiten von einem Makro erledigen zu lassen. Zunächst sollten Sie jedoch mit dem Befehl FORMAT, FORMATVORLAGE zwei Vorlagen mit den Namen *ZeichenNormal* und *ZeichenSymbol* erzeugen. Mit dem Kombinationsfeld FORMATVORLAGENNAME wählen sie die zu bearbeitende Formatvorlage aus oder geben den Namen einer neuen ein. Mit den sechs Optionsschaltflächen an der rechten Seite des Dialogs FORMATVORLAGE können Sie bestimmen, welche Eigenschaften einer Zelle durch die Formatvorlage bestimmt werden sollen und welche nicht. Die eigentlichen Festlegungen treffen Sie dann in den verschiedenen Seiten des Dialogs ZELLEN, den Sie über die Schaltfläche ÄNDERN erreichen (Abbildung 6.1).

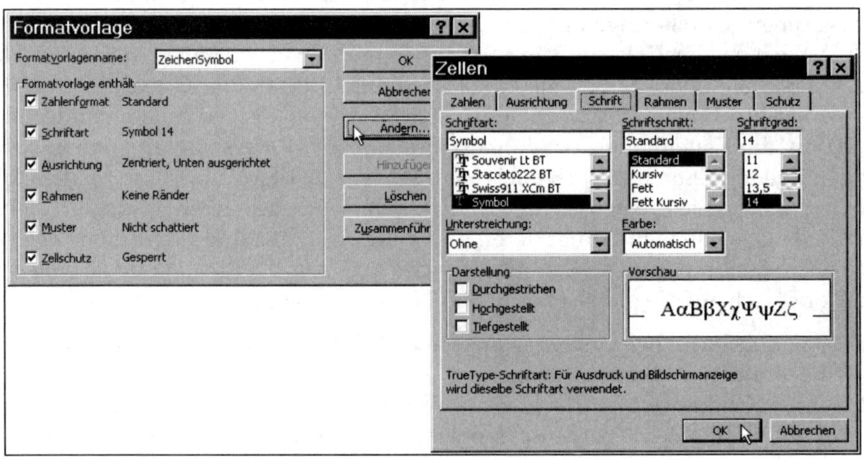

Abbildung 6.1: Formatvorlage bearbeiten

Zur Aufzeichnung des Makros gehen Sie wie folgt vor: Zunächst tragen Sie in zwei übereinanderliegende Zellen zwei Zeichen zu Testzwecken ein und wählen die obere der beiden Zellen aus. Diese beiden Zellen stehen hier für den linken Teil der »Taste«. Nun schalten Sie die Makroaufzeichnung ein. Als Namen wählen Sie *TasteAnlegen* und als zugeordnete Tastenkombination [Strg] + [T]. Das Makro sollte in der aktuellen Arbeitsmappe abgelegt werden. Achten Sie unbedingt darauf, daß Sie die relative Aufzeichnungsart gewählt haben, da Sie das Makro sonst nicht für mehrere Tasten verwenden können. Die folgenden Aktionen werden aufgezeichnet:

1. Wählen Sie die (leere) Zelle rechts neben der Ausgangszelle und tragen Sie die Formel `=GLÄTTEN(`*`Ausgangszelle`*`)` ein. Einen analogen Ausdruck tragen Sie in die darunterliegende Zelle ein.

2. Markieren Sie die beiden linken Zellen und weisen ihnen die Formatvorlage *ZeichenNormal* zu. Falls Sie das Formatvorlagen-Kombinationsfeld in einer Symbolleiste installiert haben, genügt es, die Vorlage aus diesem Kombinationsfeld auszuwählen; ansonsten wird mit dem Befehl FORMAT, FORMATVORLAGE der Dialog FORMATVORLAGE aufgerufen und dort aus dem Kombinationsfeld FORMATVORLAGENNAME die gewünschte Vorlage *ZeichenNormal* ausgewählt.

3. Markieren Sie die beiden rechten Zellen der zukünftigen Taste und weisen diesen auf gleichem Wege die Vorlage *ZeichenSymbol* zu.

4. Markieren Sie alle vier Zellen und weisen Sie diesen mit FORMAT, ZELLEN, Dialogseite RAHMEN eine Doppellinie als Umrandung zu. Trotz unterschiedlichen Layouts und gewachsener Leistungsfähigkeit funktioniert diese Dialogseite in Excel 97 und Excel 5 + 95 ähnlich. Links wählen Sie im Feld ART die Art der verwendeten Linie (Doppellinie) und wählen anschließend im Feld RAHMEN die Seiten, auf die diese Linie anzuwenden ist (Excel 5+95: Gesamt, Excel 97: Kontur). Im Prinzip können Sie hier Zug um Zug unterschiedliche Linien für die verschiedenen Seiten des Bereichs festlegen.

5. Wählen Sie das Feld rechts neben der »Taste«, wo die nächste »Taste« beginnt. Dadurch kann durch wiederholten Aufruf des Makros leicht eine Reihe nebeneinanderliegender »Tasten« bearbeitet werden.

6. Beenden Sie die Aufzeichnung.

Sie sollten nun auf dem VBA-Arbeitsblatt bzw. im Visual-Basic-Editor in etwa das folgende Makro vorfinden:

```
Sub TasteAnlegen()
    ActiveCell.Offset(0, 1).Range("A1").Select
    ActiveCell.FormulaR1C1 = "=TRIM(RC[-1])"
    ActiveCell.Offset(1, 0).Range("A1").Select
    ActiveCell.FormulaR1C1 = "=TRIM(RC[-1])"
    ActiveCell.Offset(-1, -1).Range("A1:A2").Select
    Selection.Style = "ZeichenNormal"
    ActiveCell.Offset(0, 1).Range("A1:A2").Select
    Selection.Style = "ZeichenSymbol"
    ActiveCell.Offset(0, -1).Range("A1:B2").Select
```

```
    Selection.BorderAround LineStyle:=xlDouble, ColorIndex:=xlAutomatic
    ActiveCell.Offset(0, 2).Range("A1").Select
End Sub
```

Vergleichen Sie Ihr aufgezeichnetes Makro mit dem obenstehenden, wird ihnen auffallen, daß die Aufzeichnung je nach verwendeter Excel-Version länger ausfällt. Anstelle der Zeile

```
    Selection.BorderAround LineStyle:=xlDouble, ColorIndex:=xlAutomatic
```

liefert Excel 95:

```
    Selection.Borders(xlLeft).LineStyle = xlNone
    Selection.Borders(xlRight).LineStyle = xlNone
    Selection.Borders(xlTop).LineStyle = xlNone
    Selection.Borders(xlBottom).LineStyle = xlNone
    Selection.BorderAround LineStyle:=xlDouble, ColorIndex:=xlAutomatic
```

Excel 97 ist aufgrund zusätzlicher Möglichkeiten sogar noch geschwätziger – für die gleiche Aufgabe wird hier die folgende Codewüste erzeugt:

```
    Selection.Borders(xlDiagonalDown).LineStyle = xlNone
    Selection.Borders(xlDiagonalUp).LineStyle = xlNone
    With Selection.Borders(xlEdgeLeft)
        .LineStyle = xlDouble
        .Weight = xlThick
        .ColorIndex = xlAutomatic
    End With
    With Selection.Borders(xlEdgeTop)
        .LineStyle = xlDouble
        .Weight = xlThick
        .ColorIndex = xlAutomatic
    End With
    With Selection.Borders(xlEdgeBottom)
        .LineStyle = xlDouble
        .Weight = xlThick
        .ColorIndex = xlAutomatic
    End With
    With Selection.Borders(xlEdgeRight)
        .LineStyle = xlDouble
        .Weight = xlThick
        .ColorIndex = xlAutomatic
    End With
    Selection.Borders(xlInsideVertical).LineStyle = xlNone
    Selection.Borders(xlInsideHorizontal).LineStyle = xlNone
```

Der Grund hierfür ist, daß Excel beim Erzeugen von VBA-Programmen sehr konservativ vorgeht und z.B. Werte, die nicht geändert werden, explizit auf den alten Wert setzt. Bei Excel 97 werden außerdem alle Seiten einzeln gesetzt. Ist es erforderlich, ein Makro zu optimieren, können solche überflüssigen Zeilen gefahrlos entfernt werden. Durch weitere Optimierungen wie z.B. der Verzicht auf die Aktivierung der bearbeiteten Zellen läßt sich die Länge des Makros locker noch einmal halbieren. Allerdings ist der Sinn solcher Optimierungen häufig fraglich. Makros, die wie im vorliegenden Falle nur dazu dienen, Eingaben oder den Aufbau einer Tabelle zu vereinfachen, sind nicht zeitkritisch und die zu ihrer Optimierung eingesetzte Zeit läßt sich sicher wesentlich sinnvoller einsetzen.

Nun können Sie das Makro dazu verwenden, durch wiederholtes Drücken der Tastenkombination `Strg` + `T` die Tastenreihen Ihrer Tastatur im Arbeitsblatt zu reproduzieren. Achten Sie darauf, daß die Tasten gegeneinander versetzt sind. Für die Zeichen, die z.B. in der Zahlenreihe mit Kombinationen der `AltGr`-Taste eingegeben werden, sowie für Zeichen, die nur in Kombination mit den Akzent-Tasten erreicht werden, sollten Sie außerhalb des Tastaturschemas eigene Pseudo-Tasten vorsehen. Die Zeichen in den zwei linken Zellen jeder Tastendarstellung, oben mit Umschalttaste, unten ohne, können Sie vor oder nach dem »Zeichnen« der Tasten eintragen. Wie schon erwähnt, lassen sich einige Zeichen nur mit führendem Leerzeichen eingeben. In einem solchen Fall sollten Sie auch ein Leerzeichen anhängen, damit die Zentrierung des Zeichens weiterhin funktioniert.

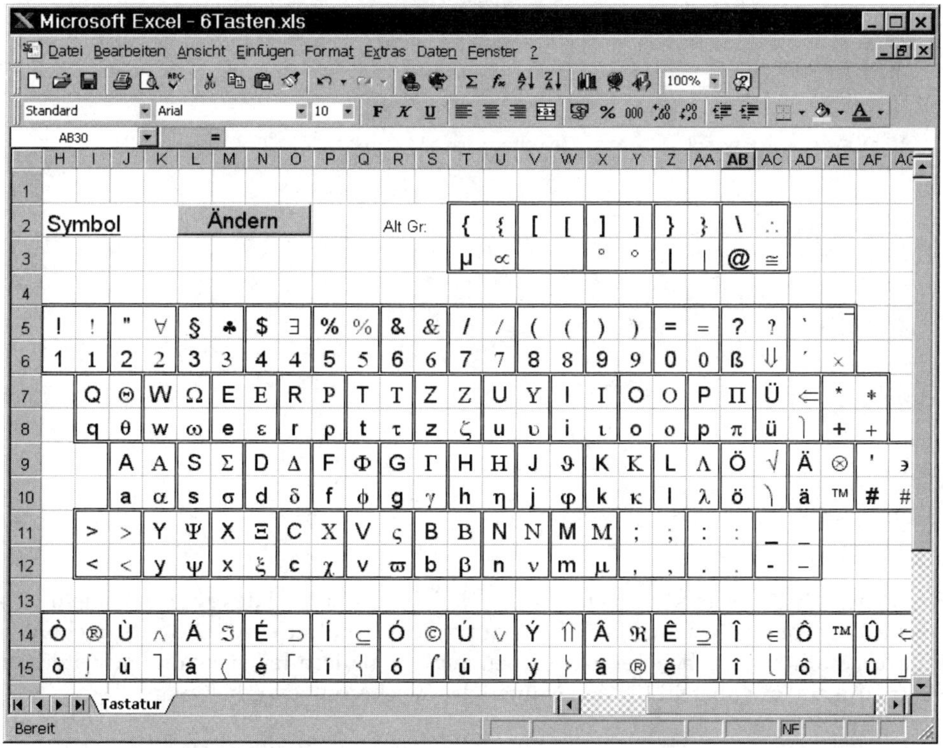

Abbildung 6.2: Tabelle für die Tastaturbelegung des Zeichensatzes »Symbol«

Da die Sonderzeichen in der Tastaturtabelle durch ein Formatvorlage formatiert sind, läßt sich der dargestellte Zeichensatz einfach ändern – es muß lediglich der Name des Zeichensatzes in der Formatvorlage geändert werden. (Achtung: dies funktioniert nur, solange keine geschützten Arbeitsblätter in der Arbeitsmappe enthalten sind, da Excel nicht »weiß«, ob die Formatvorlage nicht auch in einem geschützten Blatt verwendet wird. Dies ist der Grund, daß in diesem Kapitel das Arbeitsblatt TASTATUR eine eigenen Arbeitsmappe erhalten hat!)

Für einen gelegentlichen Anwender ist es vielleicht zu schwierig, Änderungen in einer Formatvorlage vorzunehmen. Abhilfe schaffen eine Schaltfläche und ein kleines Makro. Zunächst zeichnen Sie die Änderung der Formatvorlage *ZeichenSymbol* (FORMAT, FORMATVORLAGE, FORMATVORLAGENNAME = *ZeichenSymbol*, Schaltfläche ÄNDERN, Dialogseite SCHRIFT, SCHRIFTART = *Wingdings*) mit einem Makro auf. In dieses Makro wird auch der Name des Zeichensatzes in die Zelle G2 eingetragen:

```
Sub Zeichensatz()

    With ActiveWorkbook.Styles("ZeichenSymbol")
        .IncludeNumber = True
        .IncludeFont = True
        .IncludeAlignment = True
        .IncludeBorder = True
        .IncludePatterns = True
        .IncludeProtection = True
    End With

    With ActiveWorkbook.Styles("ZeichenSymbol").Font
        .Name = "Wingdings"

        .Size = 14
        .Bold = False
        .Italic = False
        .Underline = xlUnderlineStyleNone
        .Strikethrough = False
        .ColorIndex = xlAutomatic

    End With
    Range("G2:J2").Select
    ActiveCell.FormulaR1C1 = "Wingdings"
End Sub
```

Es fällt auch bei diesem Makro wieder auf, daß der größte Teil des aufgezeichneten Codes für den vorgegebenen Zweck überhaupt nicht benötigt wird. Die entsprechenden Teile des Makros sind oben hervorgehoben. Läßt man diese Teile weg und erweitert das Makro um ein Eingabefeld für den Namen des Zeichensatzes, erhält man:

```
Sub Zeichensatz()
    Dim zsatz As String
    zsatz = InputBox("Gib Zeichensatz:")
    ActiveWorkbook.Styles("ZeichenSymbol").Font.Name = zsatz
    Range("G2:J2").Select
    ActiveCell.FormulaR1C1 = zsatz
End Sub
```

Um das Makro zum Umschalten des Zeichensatzes zu starten, verwenden Sie eine Schaltfläche ÄNDERN, die Sie mit Hilfe der Schaltfläche SCHALTFLÄCHE der Symbolleiste FORMULAR (Excel 97) bzw. DIALOG (Excel 5 + 95) anlegen. Das Makro *Zeichensatz* können Sie im Dialog ZUWEISEN auswählen, der automatisch angezeigt wird, sobald Sie ein Rechteck für die Schaltfläche aufgezogen haben. Mit dieser Schaltfläche ist nun wirklich jeder Anwender in der Lage, Tastaturbelegungstabellen für beliebige Symbolzeichensätze zu erzeugen.

Bevor das Tastaturlayout ausgedruckt wird, muß – je nach Druckereinstellung – noch über DATEI, SEITE EINRICHTEN dafür gesorgt werden, daß der Ausdruck im Querformat erfolgt. Mit DATEI, SEITENANSICHT läßt sich dann das fertige Ergebnis in der Druckvorschau besichtigen (Abbildung 6.3). Sollte die Tabelle nicht auf eine Seite passen, können die Einstellungen auch über die Schaltfläche LAYOUT noch korrigiert und die Darstellung ggf. etwas verkleinert werden.

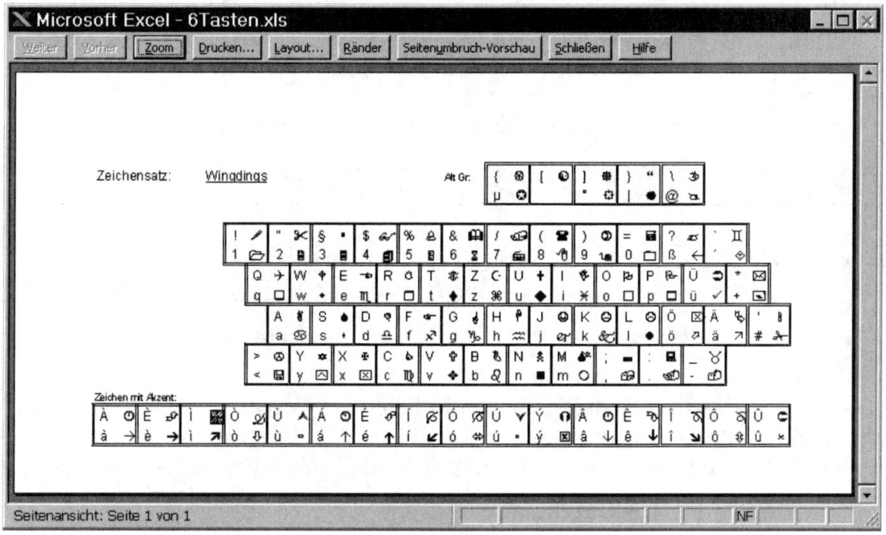

Abbildung 6.3: Druckvorschau der Tastaturbelegung des Zeichensatzes »Wingdings«

6.2 Formulare

Häufig kommt es vor, daß in immer gleiche Tabellen an immer denselben Stellen Einträge gemacht werden müssen. Das kann ein Versuchsprotokoll sein, in dem bestimmte Zellen bestimmte Einträge aufnehmen sollen, während andere Zellen beispielsweise Formeln enthalten und demnach nicht überschrieben werden dürfen. Das kann eine Statistik, eine Praktikumskarte oder dergleichen sein, kurz, jede Tabelle, in der nur bestimmte Einträge vorgenommen werden sollen.

Gerade bei derartigen Arbeiten kommt es auch häufig vor, daß Personen am PC arbeiten, die ansonsten nicht vertraut mit Excel sind. Das ist im Prinzip für Einträge in einem Formular auch gar nicht nötig. Klärt man unter diesen Voraussetzungen die Anforderungen, die an ein derartiges Formular gestellt werden müssen, dann ergibt sich:

- Die Zellen, in die Einträge gemacht werden sollen, müssen schnell und einfach erreichbar sein.
- Die Zellen sollen nach Möglichkeit immer in gleicher Reihenfolge erreicht werden.
- Einträge in dafür nicht vorgesehene Zellen sollten unmöglich sein.

All dies läßt sich in Excel leicht erreichen. Die folgende Abbildung zeigt ein Beispiel, an Hand dessen das Prinzip erläutert werden soll.

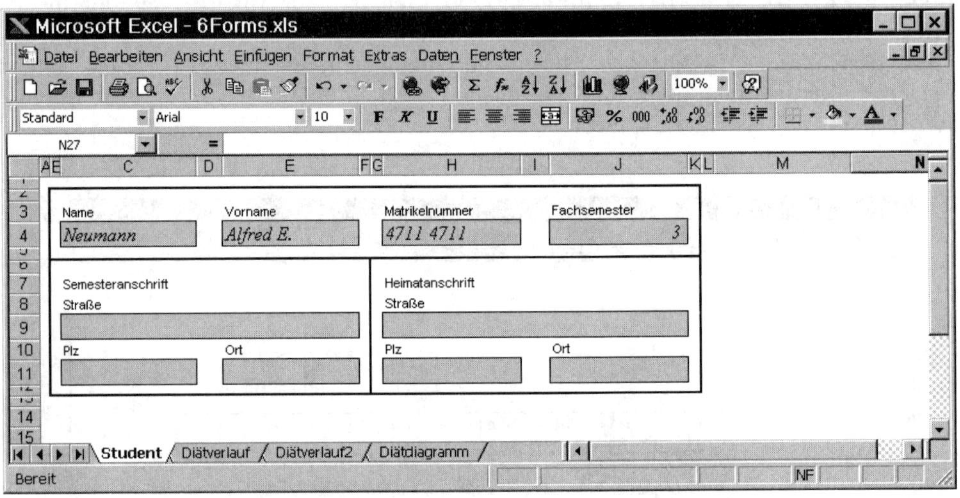

Abbildung 6.4: Formular zur Aufname von Studentendaten

Das Instrument, das Excel bereitstellt, um Zellen oder ganze Arbeitsblätter gegen Veränderungen zu schützen – und jeder Eintrag in eine Zelle ist ja eine Veränderung – ist der Dateischutz. Da dieser in den meisten Beschreibungen etwas verwirrend dargestellt wird, hier ein paar Bemerkungen.

6.2.1 Dateien schützen unter Excel

Excel hält zwei Befehle bereit, über die der Schutz eines Arbeitsblatts geregelt wird. Mit dem einen wird global der Schutz des ganzen Arbeitsblatts ein- und ausgeschaltet, mit dem anderen wird der Schutz für einzelne Zellen geregelt.

Beim Erstellen eines Arbeitsblatts sind ganz offensichtlich alle Zellen für Einträge zugänglich, also nicht gegen Veränderungen geschützt. Mit dem Befehl EXTRAS, DOKUMENT SCHÜTZEN (bis Excel 95) bzw. EXTRAS, SCHUTZ (Excel 97) können Sie entweder das aktuelle Arbeitsblatt oder auch die gesamte Arbeitsmappe gegen Veränderungen schützen, d.h., Eingaben und dergleichen sind nicht mehr möglich. Sie können hierbei auch noch ein Kennwort vergeben, das beim Aufheben des Schutzes (über den gleichen Befehl) abgefragt wird. Seien Sie jedoch bei der Vergabe des Kennwortes vorsichtig: Verwenden Sie kein Kennwort, das jeder leicht erraten kann, aber auch keines, das Sie selber schnell wieder vergessen. Ohne das Kennwort können Sie eine so geschützte Datei definitiv nicht mehr verändern!

Beim Schutz eines Arbeitsblatts können Sie noch festlegen, worauf sich dieser Schutz erstrecken soll:

Inhalte Geschützt werden Zelleninhalte und Diagrammelemente

Objekte Geschützt werden grafische Objekte aller Art gegen Veränderungen (auch vergrößern und verkleinern)

Szenarios Definitionen von Szenarios können nicht geändert werden.

Beim Schutz der ganzen Arbeitsmappe läßt sich die Reihenfolge und der Fensteraufbau schützen. Um eine ganze Arbeitsmappe komplett gegen Veränderungen zu sperren, müssen Sie zunächst die einzelnen Arbeitsblätter schützen und dann noch die Arbeitsmappe.

6.2.2 Bearbeitbare Zellen

Im vorliegenden Fall soll ein Tabellenblatt so geschützt werden, daß einzelne Zellen vom Schutz ausgenommen sind. Um dies zu erreichen, muß vor Aktivierung des Blattschutzes der Zellschutz für diejenigen Zellen, die nachher benutzbar sein sollen, ausgeschaltet werden. Standardmäßig sind alle Zellen zunächst geschützt. Der Zellenschutz wird in Excel zusammen mit den Formatierungsinformationen verwaltet und ist entsprechend auf einer eigenen Dialogseite im Dialog ZELLEN FORMATIEREN (Excel 5) bzw. ZELLEN (ab Excel 95) enthalten, den Sie über den Befehl FORMAT, ZELLEN erreichen. Wenn Sie alle in Frage kommenden Zellen zuvor markiert haben (die erste durch Anklicken, die übrigen durch Anklicken mit gedrückter [Strg]-Taste), dann können Sie für alle markierten Zellen gleichzeitig auf der Dialogseite SCHUTZ die Optionsschaltfläche GESPERRT deaktivieren.

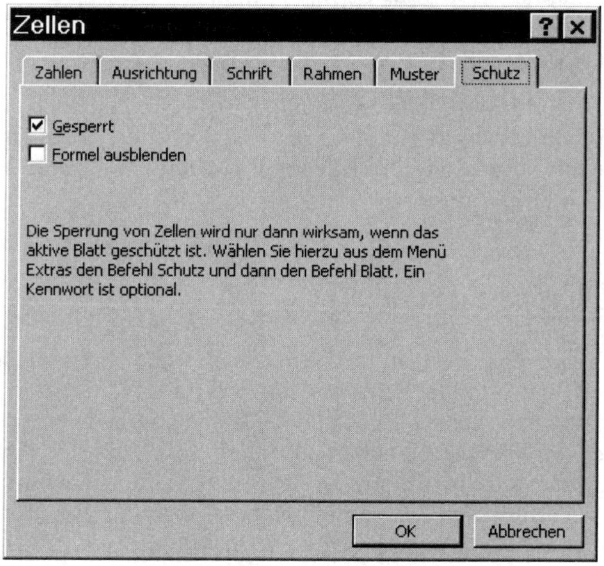

Abbildung 6.5: Sperren von Zellen

Hier gibt es noch eine weitere Option: FORMEL AUSBLENDEN. Wenn Sie diese Option wählen, dann ist eine in der betreffenden Zelle eingetragene Formel nach Aktivierung des Dateischutzes nicht mehr in der Bearbeitungszeile sichtbar. Diese Option ist sinnvoll, wenn Sie verhindern wollen, daß jemand Einblick in bestimmte Formeln eines Arbeitsblatts erhält, aber auch, wenn Sie vermeiden wollen, daß das Auftauchen von Formeln in der Bearbeitungszeile Verwirrung stiftet.

Damit die freigegebenen Zellen auf Anhieb zu erkennen sind, sollten Sie diese außerdem mit einer besonderen Formatierung versehen, hier bieten sich Beispielsweise eine farbige Hinterlegung oder Umrandung an. Diese Eigenschaften können Sie gleich bei dieser Gelegenheit auch im Formatierungsdialog ändern – hierzu dienen die Dialogseiten RAHMEN bzw. MUSTER. Unter Excel 97 können Sie außerdem auf der Dialogseite AUSRICHTUNG benachbarte Zellen zu einer größeren zusammenfassen. Dies erlaubt eine flexiblere Formulargestaltung und wurde in der Excel 97-Version der Beispielsdatei 6FORMS.XLS ausgenutzt.

Da der Zellenschutz Bestandteil des Zellenformates ist, könne Sie auch für Eingabezellen eine Formatvorlage definieren, die optisches Erscheinungsbild und Schutzeigenschaften zusammenfaßt und diese auf die Eingabezellen anwenden. Im vorliegenden Beispiel wurde hierzu eine Formatvorlage *Feld* verwendet.

Äußerlich hat sich nun (bis auf die Formatierungen) an der Tabelle nichts verändert. Wenn Sie jetzt aber den Blattschutz mit dem Befehl EXTRAS, DOKUMENT SCHÜTZEN bzw. EXTRAS, SCHUTZ einschalten und versuchen, in eine Zelle, die vorher nicht vom Schutz ausgenommen wurde, einen Eintrag zu machen, dann erhalten Sie die Meldung, daß gesperrte Zellen nicht verändert werden können.

Und noch etwas Weiteres geschieht. Wenn der Zellzeiger auf irgendeiner geschützten Zelle steht, dann springt er mit Betätigung der [Tab]-Taste auf die erste ungeschützte Zelle, von einer ungeschützten Zelle springt er mit [Tab] zur nächsten ungeschützten, mit [⇧] + [Tab] zur vorhergehenden. Damit sind die Anforderungen, die eingangs an ein Formular gestellt wurden, zufriedenstellend erfüllt.

Für eine echte Anwendung ist das vorgestellte Beispiel freilich noch etwas dürr. Denkbar ist hier eine Schaltfläche, die ein Makro startet, das jeden neu eingegebenen Datensatz in eine Datenliste kopiert oder für jeden Student eine neue Kopie des Arbeitsblattes erzeugt und in die Mappe einfügt.

6.3 Verlaufsprotokoll

Eine häufige Problemstellung ist ein fortlaufendes Protokoll, in dem eine oder mehrere Größen über einen bestimmten Zeitraum hinweg protokolliert und möglicherweise auch gleichzeitig ausgewertet werden sollen. Gleichzeitig ist es natürlich wünschenswert, falsche oder unplausible Eingaben zu unterbinden und den Anwender zu warnen, wenn bestimmte Randbedingungen nicht eingehalten werden. Als Beispiel für diesen Typus Anwendung soll hier ein (einfaches) Formular zur Protokollierung und Überwachung einer Diät durch den behandelnden Arzt dienen.

Wie bei den meisten Aufgaben ist es sinnvoll, mit einer Wunschliste zu beginnen. Das Protokollfomular sollte:

- einfach zu bedienen sein,
- übersichtlich sein,
- die Plausibilität von Eingaben überprüfen,
- nachträgliche Korrekturen ausschließen,
- Fehleingaben verhindern, und
- das Tagesdatum sollte automatisch eingetragen werden

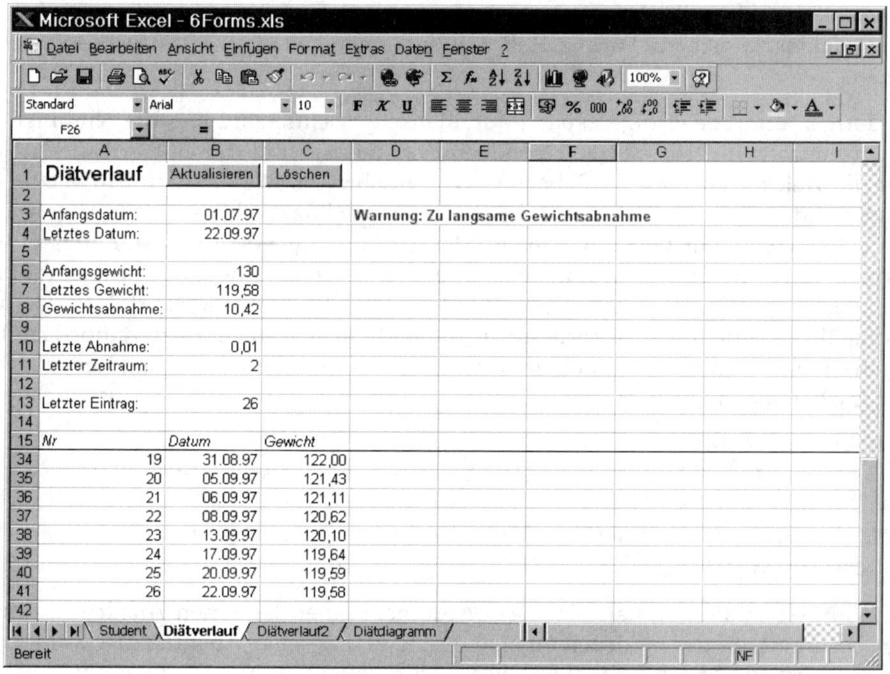

Abbildung 6.6: Formular zur Diätüberwachung

Die Gestaltung des Protokollformulars könnte so wie in Abbildung 6.6 sein. Wenn Sie das Beispiel nachvollziehen wollen, müssen Sie sich an die verwendete Einteilung und Verwendung der Zelladressen halten, da in den Makros auf diese Adressen Bezug genommen wird!

6.3.1 Gestaltung der Tabelle

In A1 kommt die Überschrift, die mit dem Steuerungselement SCHRIFTGRAD der Symbolleiste FORMAT etwas größer (z.B.14 Punkt) formatiert wird. In der Zeile 15 werden die Überschriften für die einzelnen Spalten eingetragen: *Nr.*, *Datum*, und *Gewicht*. Die Breite der Spalten wird durch Ziehen an der Grenzlinie zwischen den einzelnen Spaltenköpfen entsprechend angepaßt.

Damit der Teil der Tabelle oberhalb von Zeile 16 immer sichtbar bleibt, wird die 16. Zeile insgesamt markiert (die 16 am linken Rand anklicken) und dann mit FENSTER, FIXIEREN festgelegt. Sie erkennen die Fixierung daran, daß die Linie zwischen der 15. und 16. Zeile etwas stärker geworden ist. Wenn Sie jetzt den Zellzeiger nach unten bewegen, bleibt der obere Teil der Tabelle immer sichtbar.

Nun muß ein aussagekräftiger Formularkopf eingetragen werden. Tragen Sie in die Felder A3 bis A13 die in Abbildung 6.6 gezeigten Texte ein. Die danebenliegenden Felder der Spalte B enthalten Formeln oder werden später automatisch ausgefüllt. Das Anfangsdatum in B3 kann beispielsweise mit der Formel `=+B16` aus der ersten Zeile der Tabelle beschafft werden, ähnliches gilt für das Anfangsgewicht in Zelle B6. Die Gewichtsabnahme in Zelle B8 kann mit der Formel `=B6-B7` berechnet werden. Die beiden Datumsfelder müssen mit Format, Zellen außerdem mit einem Datumsformat versehen werden.

Die übrigen Einträge erfolgen später automatisch. Wichtig sind hier die Nummer des letzten Eintrags in B16, weil ein Eingabemakro nur anhand dieses Wertes feststellen kann, ab welcher Position die Tabelle fortzuschreiben ist. Die Werte in B10 (letzte Abnahme) und B11 (letzter Zeitraum) dienen im Beispiel dazu abzuschätzen, ob die Diät planmäßig vorangeht oder zu schnell oder zu langsam verläuft. Zwar müssen die Werte in diesen Feldern vom Eingabemakro eingetragen werden, doch die darauf basierenden Warnungen können wieder durch eine Rechenblattformel erfolgen. Um unterschiedliche Situationen zu berücksichtigen und um eine einzelne, zu unübersichtlich verschachtelte Formel zu vermeiden, werden gleich drei Formeln in den Zellen D1 bis D3 zur Überwachung eingesetzt:

```
=WENN(B13>1;WENN(B10<0;"Warnung: Gewichtszunahme";"");"")
=WENN(ISTZAHL(B10/B11);WENN(B10/B11>1,5/7;"Warnung: Zu schnelle
 Gewichtsabnahme";"");"")
=WENN(ISTZAHL(B10/B11);WENN(B10/B11<0,5/7;"Warnung: Zu langsame
 Gewichtsabnahme";"");"")
```

Die WENN-Funktion enthält als erstes Argument einen logischen Ausdruck, dessen Wert bestimmt, ob der Audruck an zweiter Stelle (logischer Ausdruck ist wahr) oder der Ausdruck an dritter Stelle (logischer Ausdruck ist falsch) ausgewertet und als Ergebnis zurückgeliefert wird. Da als zweites und drittes Argument auch wieder WENN-Funktionen stehen können, sind so komplexe verschachtelte (und leider oft auch sehr unübersichtliche) Abfragen möglich. Die drei obigen Formeln sind alle nach demselben Schema aufgebaut. Die äußere WENN-Funktion testet ein Bedingung, die erfüllt sein muß, damit die innere WENN-Funktion überhaupt sinnvoll eingesetzt werden kann. Zudem kann der Test auf eine Gewichtszunahme überhaupt nur sinnvolle Ergebnisse liefern, wenn mindesten zwei Meßpunkte eingegeben wurden. Die beiden anderen Abfragen testen die zeitliche Veränderung des Gewichts `B19/B11`. Da dieser Ausdruck anfangs zu einer Division durch Null führen kann und dann keinen sinnvollen numerischen Wert mehr hat, stellt die Funktion ISTZAHL sicher, daß der Quotient einen Wert annimmt, mit dem weitergerechnet werden kann.

Eine kontrollierte Diät sollte niemals schneller als 1500 g pro Woche und nicht langsamer als 500 g pro Woche ablaufen (in der Realität liegt der Wert anfangs eher im oberen Bereich des Intervalls und gegen Ende im unteren Bereich, doch dies zu überwachen führt im Rahmen dieses Beispiels dann doch etwas zu weit). Die Abnahme zwischen zwei Terminen sollte als umgerechnet auf einen Tag nicht mehr als 1,5/7 kg und nicht weniger als 0,5/7 kg betragen. Ist eine Warnbedingung erfüllt, ist das Ergebnis der Formel der Warnungstext an zweiter Stelle, wenn nicht die leere Zeichenkette an dritter Stelle. Damit der Warnhinweis ggf. auch ins Auge fällt, sind die Zellen D1 bis D3 mit FORMAT, ZELLEN, Dialogseite SCHRIFT rot und mit Fettdruck formatiert.

Um eine einheitliche Darstellung der eingegebenen Werte zu erreichen, sollte außerdem die Spalte C markiert und mit FORMAT, ZELLEN, Dialogseite ZAHLEN auf zwei Nachkommastellen formatiert werden.

Die Eingabe von Daten in diese Tabelle, die den Bedingungen gehorchen soll, die oben in der Wunschliste aufgestellt wurden, wird komplett über VBA-Prozeduren gesteuert. Anders wären die Bedingungen nicht zu erfüllen.

Es werden insgesamt vier Prozeduren benötigt:

- Ein Unterprogramm, das den Schutz des Tabellenblatts aufhebt, damit eine Eingabe erfolgen kann.
- Ein Unterprogramm, das nach erfolgtem Eintrag den Schutz wiederherstellt.
- Ein Unterprogramm, um einen neuen Wert in die Tabelle einzutragen.
- Ein Unterprogramm, um eine Tabelle wieder zu löschen.

In einer ernsthaften Anwendung sind natürlich weitere Unterprogramme denkbar. Nützlich wäre zum Beispiel ein Unterprogramm, das die Korrektur der letzten Eingabe oder die optionale Eingabe des Datums erlaubt. Im Beispiel wird automatisch das Tagesdatum für den Eintrag verwendet.

Damit die Forderung nach einfacher Bedienbarkeit erfüllt wird, sollen die Makros durch einfachen Mausklick gestartet werden können. Die Möglichkeiten, wie Sie zu den entsprechenden Schaltflächen kommen können, haben Sie bereits kennengelernt. Im vorliegenden Beispiel kommt entweder das Einfügen von Schaltflächen oder das Erstellen eigener Objekte entweder mit den Zeichenwerkzeugen von Excel oder mit einem Zeichenprogramm in Frage. Falls Sie sich für Schaltflächen entscheiden, müssen Sie bei der Frage nach einer Makrozuweisung die Schaltfläche ABBRECHEN betätigen, da die benötigten Makros noch nicht existieren, oder Sie warten mit der Definition der Schaltflächen, bis die benötigten Makros zur Verfügung stehen.

6.3.2 Die Prozeduren

Die Makros für das Ein- und Ausschalten des Blattschutzes lassen sich leicht durch Aufzeichnungen gewinnen. Schalten Sie die Aufzeichnung ein, wählen die Menübefehle EXTRAS, SCHUTZ, BLATT bzw. EXTRAS SCHUTZ, BLATTSCHUTZ AUFHEBEN (bis Excel 95 heiß die zweite Menüwahl noch DOKUMENT SCHÜTZEN) und beenden Sie die Aufzeichnung durch Klick auf das Halt-Symbol. Als Namen für die beiden Aufzeichnungen wählen Sie `sperren` und `entsperren`. Das Resultat sieht wie folgt aus:

```
Sub sperren ()
    ActiveSheet.Protect DrawingObjects:=True, Contents:=True, Scenarios:=True
End Sub
```

```
Sub entsperren()
    ActiveSheet.Unprotect
End Sub
```

Bei der Prozedur `sperren` fällt sofort auf, daß auch sie wieder Überflüssiges enthält (das wird Ihnen bei Aufzeichnungen noch oft begegnen): eine Szenarioliste `Scenarios` gibt es hier nicht und braucht auch nicht gesperrt werden. Wenn Sie wollen, können Sie diesen Teil aus der Prozedur löschen.

Für die Eingabeprozedur kann man leider mit einer Aufzeichnung nicht viel anfangen, da muß man schon selbst programmieren. Hier die einzelnen Programmierschritte. Die Prozedur beginnt – wie jede Prozedur – mit `sub prozedurname()`

```
Sub aktualisieren()
    Dim letztesDatum As Date
    letztesDatum = Cells(4, 2)
    If letztesDatum >= Date Then
        MsgBox "Sie haben bereits einen Wert eingegeben! Abbruch!"
        Beep
        Exit Sub
    End If
```

Da niemals mehr als ein Wert pro Tag eingegeben wird, kann eine versehentliche zweite Eingabe direkt am Anfang anhand des in Zelle B4 gespeicherten Datums erkannt und abgeblockt werden. Außerdem wird das letzte Datum für die spätere Verwendung aufbewahrt. Um unangenehme Überraschungen zu vermeiden, werden alle Variablen explizit deklariert. Um Tippfehler automatisch zu erkennen, sollte außerdem am Anfang des Moduls die Anweisung `Option Explicit` stehen.

```
    Dim nummer As Integer
    nummer = Cells(13, 2)
    Dim z As Integer
    z = nummer + 16
    Cells(z, 1).Select
```

Die Nummer des letzten Eintrags steht in der Tabelle in B13, also in Zeile 13, Spalte 2. Diese Zahl wird in die Variable `nummer` übernommen. Daraus läßt sich sofort die Zeile `z` berechnen, in die der folgende Eintrag kommt: das ist `nummer+16`. Anschließend wird der Zellzeiger in die erste Spalte dieser Zeile gesetzt. Dies ist für die späteren Schreibaktionen nicht erforderlich, empfiehlt sich aber deshalb, weil dadurch die aktuellen Einträge immer auf dem Bildschirm sichtbar bleiben.

Die nächsten Schritte dienen dazu, die Eingaben aufzunehmen und ihre Plausibilität zu überprüfen. So wie hier vorgeschlagen wird die Prozedur lediglich abgebrochen, wenn nichts eingetragen, oder als Betrag keine Zahl eingegeben wird. Der Inhalt der Zelle B7 (letztes Gewicht) wird zur späteren Verwendung in eine Variable übernommen.

```
    Dim gewicht, letztesGewicht
    letztesGewicht = Cells(7, 2)
    gewicht = InputBox("Bitte geben Sie das Gewicht ein:")
    If gewicht = "" Then Beep: Exit Sub
```

```
    If Not IsNumeric(gewicht) Then
        MsgBox "Bitte eine Zahl eingeben! Abbruch!"
        Beep
        Exit Sub
    End If
```

Die notwendige Eingabe (Gewicht) wird über ein Dialog erfaßt und der Variablen gewicht zugeordnet. Diese einfache Art der Dateneingabe in VBA wird Ihnen in weiteren Programmbeispielen noch oft begegnen. Mit der vierten Zeile wird überprüft, ob überhaupt eine Eingabe erfolgt ist. Das ist nicht der Fall, wenn nichts eingegeben wurde oder wenn das Dialog mit der Schaltfläche ABBRECHEN beendet wurde. In beiden Fällen gibt die Funktion InputBox eine leere Zeichenkette zurück. Wenn dies der Fall ist, wird die Prozedur abgebrochen. Vor dem Abbruch wird noch der PC-typische Piepser ausgegeben. Da die beiden Anweisungen Beep und Exit Sub nur kurz sind, wurde keine strukturierte if-Anweisung verwendet, sondern die beiden Anweisungen mit »:« in einer Zeile zusammengefaßt.

Eine weitere denkbare Fehleingabe besteht darin, daß für den Betrag keine Zahl, sondern eine Zeichenkette eingegeben wurde. Diese Möglichkeit wird in den letzten 5 zitierten Zeilen berücksichtigt. Mit MsgBox wird ein Dialogfenster eingeblendet, das einen Hinweis auf die Fehleingabe enthält, dann wird die Prozedur ebenfalls nach einem Piep abgebrochen. Was jetzt noch fehlt, ist die Übernahme der Eingaben in die Tabelle:

```
    entsperren
    Cells(z, 1).Formula = nummer + 1
    Cells(z, 2).Formula = Date
    Cells(z, 3).Formula = gewicht + 0
    Cells(13, 2).Formula = nummer + 1
    Cells(4, 2).Formula = Date
    Cells(7, 2) = gewicht + 0
    Cells(10, 2).Formula = letztesGewicht - gewicht
    If letztesDatum Then Cells(11, 2).Formula = Date - letztesDatum
    sperren
End Sub
```

Die Zeile, in der die Einträge erfolgen sollen, wurde bereits oben aus nummer ermittelt. In diese Zeile werden der Reihe nach eingetragen: in die erste Spalte die neue Anzahl (nummer+1), in die zweite das Tagesdatum, das die VBA-Funktion Date liefert, und in die dritte das neue Gewicht. Die Addition von Null erzwingt, daß in das Feld eine Zahl eingetragen und richtig als Zahl formatiert wird. In Zelle B13 wird für den nächsten Aufruf des Unterprogramms die neue Anzahl eingetragen. Außerdem werden in die Zellen B4 und B10 das neue Gewicht und die Gewichtsabnahme eingetragen. Falls das letzte Datum von Null verschieden ist, wird außerdem die Zeit seit dem letzten Eintrag in das Feld B11 eingetragen. Da das Formular im Normalfall gegen jede Änderung geschützt ist, wird vor diesen Einträgen das Unterprogramm entsperren aufgerufen, um die Einträge zu ermöglichen. Nach den Einträgen muß das Arbeitsblatt sofort wieder geschützt werden, dies geschieht durch den Aufruf des Unterprogrammes entsperren. Schließlich wird die Prozedur mit End Sub beendet.

Da das manuelle Löschen der Tabelle ein wenig umständlich ist, ist es sinnvoll, auch für diesen Zweck ein Makro bereitzustellen. Alle Felder, die vom vorstehenden Unterprogramm gesetzt werden, sollten von diesem Unterprogramm gelöscht werden. Ebenfalls sollten alle Tabellenzeilen gelöscht werden.

Der einfachste Weg dieses Unterprogramm zu erzeugen, besteht darin, die grundlegenden Aktionen zunächst (bei ausgeschaltetem Blattschutz) als Makro aufzuzeichnen (absolute Aufzeichnungsart!) und dann zu überarbeiten. Da Sie zum Aufzeichnungszeitpunkt des Makros beispielsweise nicht wissen, wie groß später die zu löschende Tabelle sein wird, sollten Sie manuell nur die zweite Zeile der Tabelle löschen und den Rest erst durch die Überarbeitung des Makros berücksichtigen. In der ersten Zeile der Tabelle sollten Sie nur den Inhalt, aber nicht die Zellen selber löschen, um nicht die Bezüge der Formeln oberhalb der Tabelle ungültig werden zu lassen. Nach Aufzeichnung und Überarbeitung sollte das Unterprogramm `löschen` etwa wie folgt aussehen:

```
Sub löschen()
    If MsgBox("Datenreihe wirklich löschen ?", vbOKCancel) = vbCancel Then
        Beep
        Exit Sub
    End If
    Dim nummer As Integer, i As Integer
    nummer = Cells(13, 2)
    entsperren
    Range("B4").Select
    Selection.ClearContents
    Range("B7").Select
    Selection.ClearContents
    Range("B10").Select
    Selection.ClearContents
    Range("B11").Select
    Selection.ClearContents
    Range("B13").Select
    Selection.ClearContents
    For i = 2 To nummer
        Rows("17:17").Select
        Selection.Delete Shift:=xlUp
    Next i
    Rows("16:16").Select
    Application.CutCopyMode = False
    Selection.ClearContents
    sperren
End Sub
```

Die Änderungen, die im aufgezeichneten Makro erforderlich waren, lassen sich in wenigen Punkten zusammenfassen:

- Es wurde ein Dialog hinzugefügt, der das versehentliche Löschen der Daten erschweren soll.
- Die Anzahl der Tabellenzeilen wird aus Zelle B13 ausgelesen.

- Das Makro wird um Aufrufe von der Unterprogramme `sperren` und `entsperren` erweitert.
- Das Löschen der zweiten Tabellenzeile wird zu einer `for`-Schleife erweitert, die die Zeilen der Tabelle einzeln löscht. Bei der verwendeten Methode rücken die übrigen Zeilen von unten nach.

6.3.3 Zuordnung zu den Bedienungselementen

Die Programmierarbeit ist hiermit abgeschlossen. Jetzt muß nur noch die Zuordnung der beiden Prozeduren zu den Schaltflächen (oder, wenn Sie andere grafische Objekte gewählt haben, zu diesen) erfolgen. Hierzu wird eine Schaltfläche mit der rechten Maustaste angeklickt und im Kontextmenü der Befehl ZUWEISEN bzw. MAKRO ZUWEISEN gewählt. Anschließend können Sie in einer Liste die gewünschte Prozedur aussuchen.

Bevor Sie mit dem Protokollformular arbeiten können, muß jetzt lediglich noch der Blattschutz aktiviert werden (obwohl dies auch automatisch durch die erste Verwendung der Prozedur `aktualisieren` geschieht). Dann steht einem hoffentlich erfolgreichen Test nichts mehr im Wege: ein Klick auf das Schaltfeld AKTUALISIEREN öffnet den Dialog und anschließend werden die ersten Einträge in die Tabelle eingetragen. Um weitere Eingaben an anderen Tagen zu simulieren, müssen Sie die Uhr Ihres Rechners manuell weiterstellen. Versuchen Sie es ruhig auch mit Fehleingaben: das gehört zu jedem Programmtest dazu.

Dieses Beispiel ist natürlich auf beliebige ähnliche gelagerte Situationen anwendbar, in denen Einträge der Reihe nach in eine Liste gemacht werden sollen, in denen keine nachträglichen Änderungen möglich sein sollen.

6.4 Auf den Kopf gestellt

Möglicherweise ist Ihnen bei dem letzten Beispiel (und Beispielen in früheren Kapiteln) aufgefallen, daß die Auswertungen oft nicht wie üblich unterhalb der Tabelle, sondern oberhalb angeordnet sind. Der Grund dafür ist natürlich, daß man auf diese Weise keine Annahmen über die Länge der Tabelle machen muß, sondern diese beliebig nach unten wachsen lassen kann. Das mag für den Entwickler eines Formulars oder einer Tabelle die Sache vereinfachen – schön ist das nicht. Daß es auch anders geht, will dieses Unterkapitel zeigen.

Es geht hier also darum, wie das Problem eines Protokollformulars zu lösen ist, wenn nicht von vornherein bekannt ist, wie lang die Tabelle wird und wo die abschließenden Formeln stehen sollen. Das neue Layout könnte ungefähr so aussehen wie in Abbildung 6.7 gezeigt.

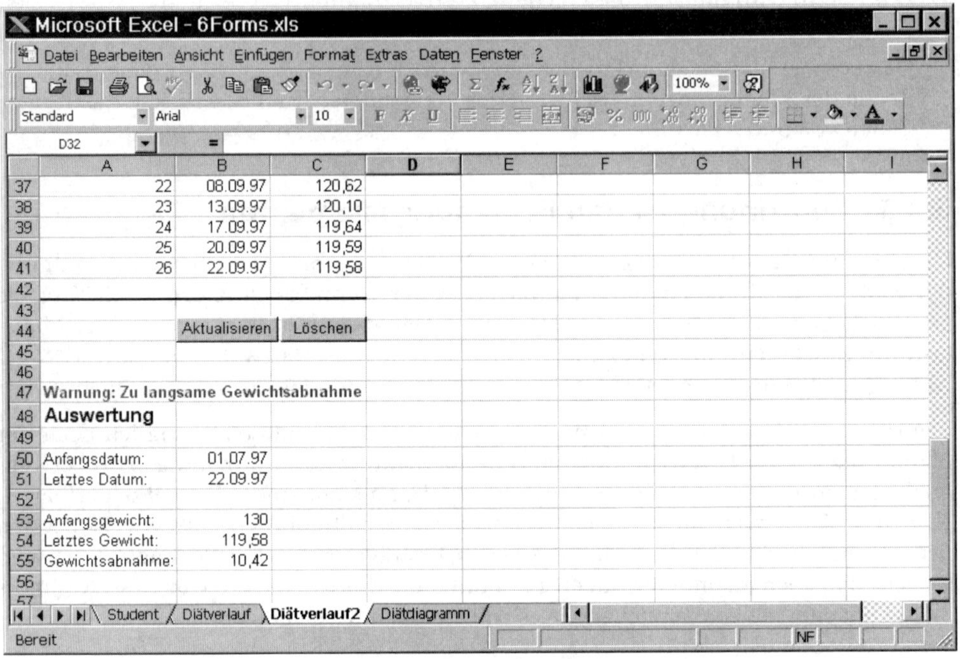

Abbildung 6.7: Auswertung unterhalb einer variabel großen Tabelle

6.4.1 Tarnen und täuschen

Im Kopf des letzten Beispiels waren Informationen, die den Anwender interessieren, vermischt mit Informationen, die nur von den VBA-Makros oder Formeln der Tabelle benötigt wurden. In den neuen Auswertungsteil unterhalb der Tabelle sollen nur noch Informationen kommen, die für den Anwender von Interesse sind. Informationen für die Makros dagegen müssen weiterhin oberhalb der Tabelle stehen, da die Daten nur dann zuverlässig aufgefunden werden können, wenn sie immer an derselben Stelle stehen. Dies gilt besonders für die Anzahl der Tabelleneinträge, alle übrigen Positionen können notfalls aus diesem Wert abgeleitet werden.

Um die Basic-Unterprogramme möglichst einfach zu halten, wird hier jedoch ein anderer Weg gewählt. Die Positionen aller Zellen, mit denen die Makros arbeiten, bleiben am Anfang der Tabelle, sie werden lediglich unsichtbar gemacht (tarnen) und die Werte durch Formeln wie =B8 in Zellen unterhalb der Tabelle reproduziert (täuschen).

Legen Sie zunächst ein neues Arbeitsblatt an, und kopieren Sie den Inhalt des letzten Beispiels in das neue Blatt. Damit die Tabelle auch im leeren Zustand nicht völlig verschwindet, sehen sie eine leere Zeile vor. Die abschließende Linie ist jedoch nicht Bestandteil dieser Zeile, sondern der obere Rand der darunterliegenden Zeile. Dies vermeidet Probleme beim Einfügen und Löschen von Zeilen der Tabelle. Ähnlich wird die Überschriftszeile der Tabelle mit einer dickeren oberen und dünneren unteren Linie versehen.

Mit dem Wort »Einfügen« ist das eigentliche Stichwort nun bereits gefallen. Diese Tabelle wird nicht gepflegt, indem sie nach unten fortgeschrieben wird, sondern es werden am unteren Rand, jedoch noch innerhalb der Tabelle neue Zeilen eingefügt. Da Excel beim Einfügen von Zellen alle Bezüge anpaßt, so daß die Beziehungen zwischen den Zellen semantisch konsistent bleiben, werden die Zellen im Auswertungsteil immer die richtigen Werte anzeigen. Auch die Fehlermeldungen können unter das Ende der Tabelle verschoben werden, da die Bezüge zu den (verborgenen) Zellen B10 und B11 erhalten bleiben. Achten Sie darauf, oberhalb der Fehlermeldungen noch etwas Platz für die Schaltflächen zu lassen.

Unterhalb der Felder mit den Fehlermeldungen tragen Sie die Überschrift *Auswertung* ein und in die Zelle darunter die Formel `=+A3`. Nun können Sie mit dem Ausfüllkästchen die Formel nach rechts und nach unten in einen zwei Spalten breiten und sechs Zeilen langen Bereich kopieren. Wo im Kopf Beschriftungen und Werte standen, werden diese nun hier wiedergegeben. In der dritten Zeile des Bereichs erscheinen dagegen Nullen, die wieder gelöscht werden können. Die beiden Datumsfelder sollten außerdem ein Datumsformat erhalten, damit die Bezüge richtig dargestellt werden.

Nun muß noch der ursprüngliche Formularkopf in den Zeilen 2 bis 13 getarnt werden. Markieren Sie dazu am linken Rand die Zeilen und wählen Sie aus dem Kontextmenü den Befehl AUSBLENDEN.

6.4.2 Einfügen automatisieren

Um eine neue Zeile in die Tabelle einzufügen, wird die unterste (leere) Zeile ausgewählt und eine Zeile eingefügt. Da kann beispielsweise durch das Kontextmenü der Zeilennummern am linken Rand geschehen. Dadurch wird die leere Zeile um eine Zeile nach unten geschoben, und eine neue Zeile (mit den Formateigenschaften der Leerzeile) steht für eine neuen Eintrag zur Verfügung. Wenn Sie diesen Vorgang nun als Makro aufzeichnen, können Sie den resultierenden Code (`Selection.EntireRow.Insert`) verwenden, um die Makroprozeduren der ersten Problemlösung anzupassen. Die neue Prozedur `aktualisieren2` unterscheidet sich nur minimal von der Vorgängerversion:

```
Sub aktualisieren2()
    ' ...
    Cells(z, 1).Select
    ' ...
    entsperren
    Selection.EntireRow.Insert  ' Ergänzung
    Cells(z, 1).Formula = nummer + 1
    Cells(z, 2).Formula = Date
    ' ...
    sperren
End Sub
```

Ähnlich minimal fallen die Änderungen an der Funktion zum Löschen der Datenreihe aus:

```
Sub löschen2()
    ' ...
    For i = 1 To nummer     ' eine Zeile mehr löschen
        Rows("17:17").Select
        Selection.Delete Shift:=xlUp
    Next i
    ' ...
End Sub
```

Um die auf den Kopf gestellte Version des Protokolls fertigzustellen, müssen Sie nun lediglich noch auf die bekannte Weise zwei neue Schaltflächen in das Arbeitsblatt einfügen und mit den Makros `Aktualisieren2` und `Löschen2` verbinden.

7 Nützliche Helfer

Excel verfügt über eine Reihe von äußerst effektiven Zusätzen, von denen Sie einen bereits kurz kennengelernt haben, den Diagrammassistenten. Drei weitere Zusätze sollen hier kurz skizziert werden, die bei der Lösung spezieller Aufgaben eine unersetzliche Hilfe sein können.

7.1 Solver

Der *Solver* (englisch *to solve* = lösen (von Problemen)) ist ein vielfältig nutzbares Element zur Lösung von Aufgaben, die in der einen oder anderen Weise zu einem System von mathematischen Gleichungen zusammengefaßt werden können. Die Arbeitsweise des Solvers soll hier an einem einfachen Beispiel vorgeführt werden.

Angenommen, es soll eine Fahrt mit einem Auto unternommen werden, die eine Strecke von 600 km umfaßt. Als Fahrer wird ein Student über eine studentische Arbeitsvermittlung gewonnen, der pro Stunde 15 DM erhält (weitere Arbeitskosten entstehen nicht). Nun ist der Benzinverbrauch (gemessen in l/100 km) von Kraftfahrzeugen in hohem Maß abhängig von der Geschwindigkeit, genauer gesagt, er steigt bei hohen Geschwindigkeit rapide an. Ganz grob läßt sich dieses Verhalten durch eine Exponentialfunktion modellieren; der Verbrauch N ist:

$$N = k_1 \exp(k_2 v)$$

wobei k_1 und k_2 Konstanten sind, die vom Typ des Autos abhängig sind, v steht für die Geschwindigkeit. Von k_2 hängt die Steilheit der Verbrauchskurve ab, k_1 bestimmt ihren tatsächlichen Betrag. Wenn Sie das Ganze für Ihren eigenen PKW durchrechnen wollen, können Sie in der PKW-Beschreibung die Verbrauchswerte für einzelne Geschwindigkeiten finden. Durch die Anpassung einer Exponentialfunktion an diese Werte läßt sich dann der Wert für die beiden Konstanten ermitteln. Im vorliegenden Fall wird k_1 mit 1,7 l/100 km und k_2 mit 0,015 h/km angesetzt.

Die Kosten der Fahrt hängen offensichtlich von zwei gegensätzlichen Faktoren ab. Je schneller der Fahrer fährt, um so weniger Zeit braucht er, und um so geringer sind auch die Arbeitskosten. Mit einer Fahrtdauer t und einem Stundenlohn p_h ist das Arbeitsentgelt:

$$Arbeitsentgelt = t \cdot p_h.$$

Mit der Strecke s und der Geschwindigkeit v berechnet sich die Fahrzeit t zu

$$t = \frac{s}{v}$$

Gleichzeitig steigt mit zunehmender Geschwindigkeit der Benzinverbrauch, die Treibstoffkosten werden also höher. Mit einem Benzinpreis p_B sind dies:

$$Benzinkosten = N \cdot p_B \cdot \frac{s}{100}$$

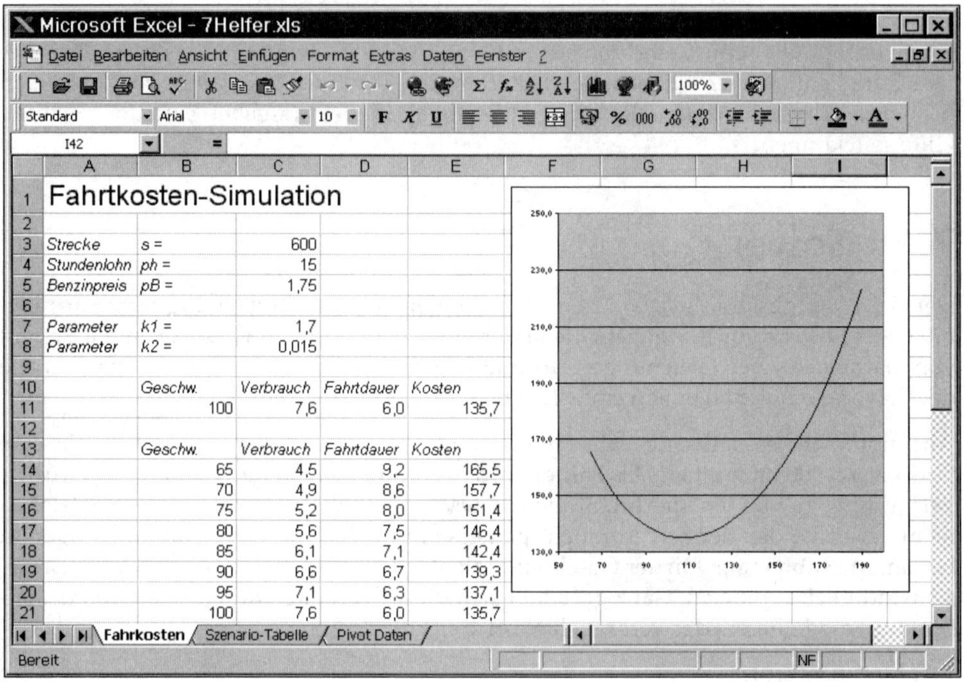

	A	B	C	D	E
1	Fahrtkosten-Simulation				
2					
3	Strecke	s =	600		
4	Stundenlohn	ph =	15		
5	Benzinpreis	pB =	1,75		
6					
7	Parameter	k1 =	1,7		
8	Parameter	k2 =	0,015		
9					
10		Geschw.	Verbrauch	Fahrtdauer	Kosten
11		100	7,6	6,0	135,7
12					
13		Geschw.	Verbrauch	Fahrtdauer	Kosten
14		65	4,5	9,2	165,5
15		70	4,9	8,6	157,7
16		75	5,2	8,0	151,4
17		80	5,6	7,5	146,4
18		85	6,1	7,1	142,4
19		90	6,6	6,7	139,3
20		95	7,1	6,3	137,1
21		100	7,6	6,0	135,7

Abbildung 7.1: Fahrtkostenberechnung für den Solver

Dem Solver wird nun die Aufgabe gestellt, zu ermitteln, bei welcher Durchschnittsgeschwindigkeit die Kosten für die Fahrt am geringsten sind. Zur Lösung der Aufgabe wird zunächst die Tabelle in Abbildung 7.1 erstellt. Konstanten wie Strecke, Stundenlohen, Benzinpreis, k_1 und k_2 sollten nicht fest in die Formel eingebaut sein, sondern zur besseren Dokumentation und Pflege des Arbeitsblattes in einer kleinen Tabelle aufgelistet werden. Damit die Formeln lesbarer werden, sind alle Bereiche benannt, wobei Excel in einigen Fällen Unterstriche an den Namen erzwingt, um sie eindeutig von Zellbezügen unterscheiden zu können.

Die eigentliche Tabelle liegt im Bereich B10 bis E11; die Tabelle ab Zeile 13 und das Diagramm dienen nur zur Übersicht und sind für den Solver nicht erforderlich. Die Spalte B trägt den Bereichsnamen v und enthält die Geschwindigkeit als unabhängige Variable. Die Spalte C enthält den geschwindigkeitsabhängigen Verbrauch (auf 100 km) mit der Formel:

```
=k1_*EXP(k2_*v)
```

Die Spalte D enthält die Fahrtdauer als Funktion der Geschwindigkeit mit der Formel:

```
=s_/v
```

In der Spalte E werden aus diesen Werten schließlich die Kosten der Fahrt berechnet, es ist also nicht erforderlich, Berechnungen für den Solver in einer einzigen Formel oder in einem einzigen Schritt zu formulieren:

```
=N*s_/100+t*ph
```

Tragen Sie nun in das Feld B11 eine Geschwindigkeit von 100 km/h ein, berechnet Excel einen Verbrauch von 7,6 l/100km und eine Fahrtdauer von sechs Stunden. Die Gesamtkosten der Fahrt betragen 135,7 DM.

Falls Sie eine Übersicht über die Funktion haben möchten, legen Sie eine weitere Tabelle an, in der Sie die Geschwindigkeit beispielsweise in Schritten von 5 km/h variieren können. Ein mit dem Diagrammassistenten erstellter Übersichtsgraph, zeigt, daß Sie mit einer Geschwindigkeit von 100 km/h schon recht dicht am Optimum liegen.

Jetzt kann der Solver aufgerufen werden. Sie markieren am besten vorweg die Zelle mit dem Betrag der Kosten und wählen dann den Befehl EXTRAS, SOLVER. Sollte der Befehl unter EXTRAS nicht zur Verfügung stehen, dann haben Sie den Solver bei der Installation von Excel nicht mit aktiviert oder Sie haben den Solver aus der AddIn-Liste entfernt. Im ersten Fall können Sie die Installation nachholen, indem Sie erneut das Setup für Excel durchführen. Im zweiten Fall können Sie über EXTRAS, ADD-IN-MANAGER den Solver aktivieren.

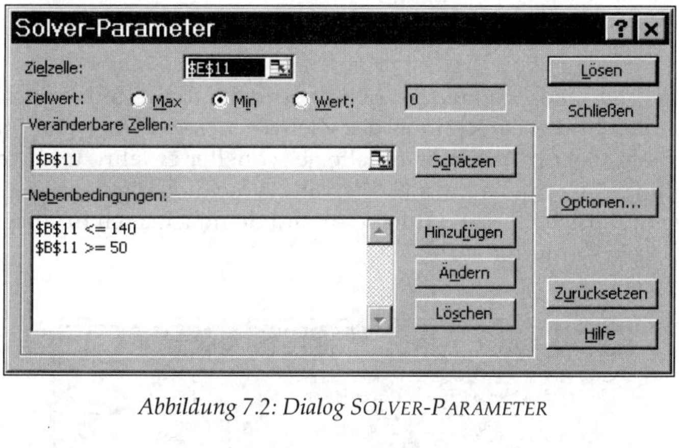

Abbildung 7.2: Dialog SOLVER-PARAMETER

Nach dem Aufruf des Solvers gelangen Sie in ein Dialog SOLVER-PARAMETER, in dem die nötigen Angaben für den Solver zu machen sind (Abbildung 7.2). Als Zielzelle wird die Zelle mit den Kosten angegeben (falls diese Zelle nicht zuvor markiert wurde, brauchen Sie sie nur anzuklicken). Als Zielwert wählen Sie MIN, d.h., die Kosten sollen minimiert werden. Die Schaltfläche SCHÄTZEN veranlaßt den Solver, anhand der Anhängigkeitsverhältnisse eine Liste von unabhängigen Variablen vorzuschlagen. Dieser Vorschlag umfaßt im vorliegenden Fall viel zu viele Zellen; im Beispiel gibt es nur eine veränderbare Zelle *v*, die nach Anklicken des Eingabefeldes VERÄNDERBARE ZELLEN, ebenfalls nur angeklickt werden muß.

107,94

Der recht dürre Dialog SOLVER-PARAMETER täuscht ein wenig darüber hinweg, was für ein ausgefeiltes Werkzeug zur Lösungssuche bei Problemstellungen mit einer oder mehreren Veränderlichen der Solver ist. Die genau Arbeitsweise des Solvers kann über einen weiteren Dialog OPTIONEN feinjustiert werden, der über die Schaltfläche OPTIONEN erreicht wird. Lesenswerte Hinweise zur Arbeitsweise des Solvers und zur Bedeutung der einzelnen Einstellungsmöglichkeiten könne dort mit der Schaltfläche HILFE zur Anzeige gebracht werden (die kontextabhängige Hilfe über die ?-Schaltfläche funktioniert hier leider nicht).

7.1.1 Nebenbedingungen einfügen

Schließlich gibt es noch ein Feld für Nebenbedingungen. Nachdem es angeklickt wurde, kommt ein neuer Dialog für die Nebenbedingungen, in dem diese definiert werden können (Abbildung 7.3). Im Beispiel sind keine Nebenbedingungen erforderlich, aber um den Solver kennenzulernen, sollen hier zwei Nebenbedingungen eingetragen werden. Die Geschwindigkeit soll nicht kleiner als 50 km/h und nicht größer als 140 km/h sein.

Abbildung 7.3: Dialog NEBENBEDINGUNGEN HINZUFÜGEN

In den Nebenbedingungen können Sie sich natürlich nur auf Zellen beziehen, die veränderlich sind und in die Berechnung des Zielwerts eingehen. Wenn im Beispiel der Fahrer um so mehr Geld pro Stunde erhielte, je schneller er fährt, und wenn noch Verschleißkosten hinzukämen, die um so höher sind, je schneller gefahren wird, dann wären mehrere veränderliche Zellen vorhanden und demnach auch für diese Zellen noch Nebenbedingungen formulierbar.

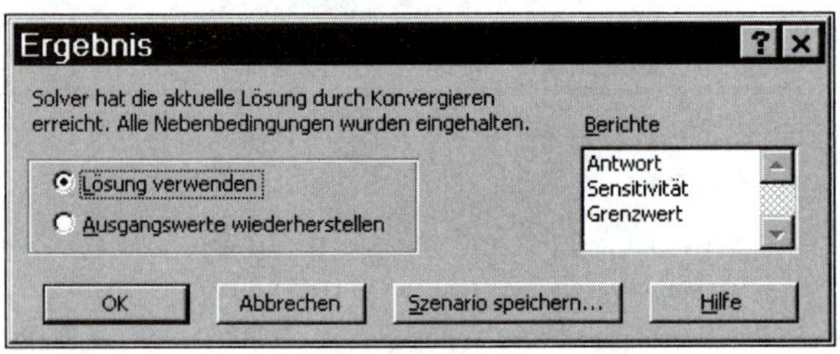

Abbildung 7.4: Solver-Dialog ERGEBNIS

Wenn Sie nach Formulierung aller Angaben für den Solver die Schaltfläche LÖSEN anklicken, dann versucht der Solver eine Lösung zu finden, im Beispiel etwa eine Geschwindigkeit zwischen 50 und 140 km/h, bei der die Gesamtkosten für die Fahrt minimal werden. Falls der Solver eine Lösung findet, kann das weitere Vorgehen des Solvers in einem weiteren Dialog ERGEBNIS festgelegt werden (Abbildung 7.4). Zum einen können Sie festlegen, ob des Ergebnis der Lösungssuche auch in der Tabelle in der Ausgangszelle (oder den Ausgangszellen) eingetragen werden soll oder nicht. Zum anderen können Sie bis zu drei unterschiedliche Berichte erzeugen lassen, die als zusätzliche Arbeitsblätter in die Arbeitsmappe eingefügt werden (Abbildung 7.5).

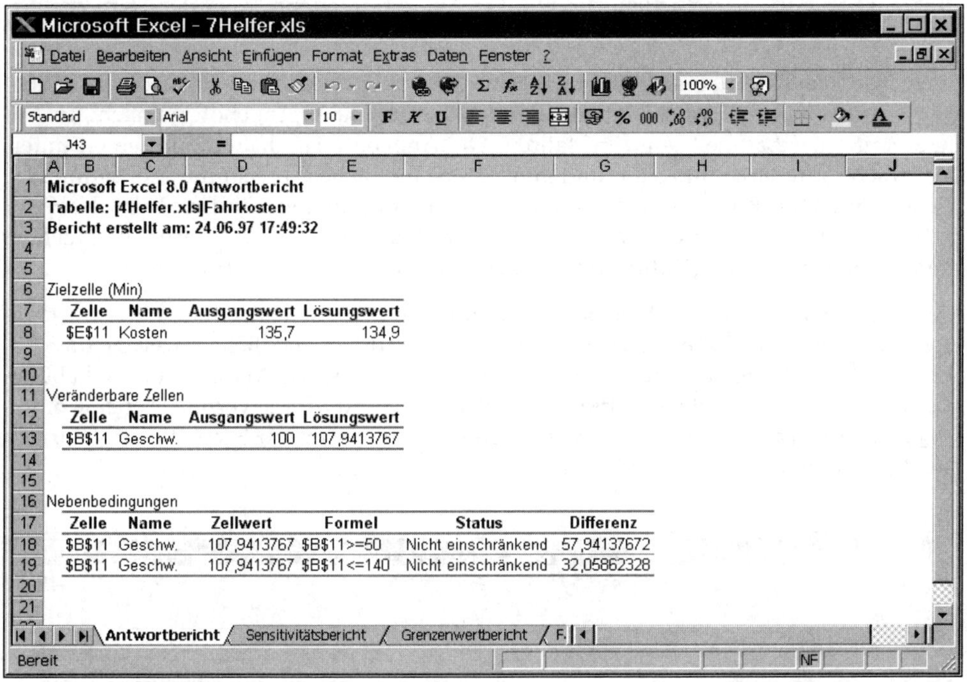

Abbildung 7.5: Das vom Solver generierte Arbeitsblatt ANTWORTBERICHT

Unter ANTWORTBERICHT sind einfach die Ergebnisse zusammengefaßt, unter SENSITIVITÄTSBERICHT werden Angaben über die Näherungsmethode gemacht und unter GRENZWERTBERICHT sind die Grenzwerte der Lösung erfaßt. Sie sollten sich bei ersten Versuchen mit dem Solver auf jeden Fall alle drei Berichte erstellen lassen (Sie können alle drei mit `Strg` + Mausklick markieren). Anschließend können Sie dann immer noch entscheiden, was von den Berichten brauchbar ist und was nicht.

Angesichts der Möglichkeiten, die der Solver bietet, ist es eigentlich verwunderlich, daß er in den meisten Büchern über Excel so stiefmütterlich behandelt wird. Sie werden in diesem Buch noch zahlreiche Beispiele kennenlernen, in denen der Solver für Aufgaben eingesetzt wird, die ohne ihn nur mit erheblichem Rechenaufwand zu lösen wären.

7.2 Szenario-Manager

Der Szenario-Manager ist in gewisser Weise die Umkehrung des Solvers. Gestattet es der Solver, einen Satz Parameter zu finden, der ein gegebenes Problem löst, minimiert oder maximiert, so erlaubt es umgekehrt der Szenario-Manager, ein Problem für unterschiedliche Sätze von Parametern durchzurechnen. Szenario-Manager und Solver ergänzen sich also komplementär. Der Szenario-Manager liefert nicht ein Ergebnis für ein Problem, sondern verschiedene Ergebnisse für verschiedene Szenarien. Um die Arbeitsweise deutlich zu machen, hier wieder ein kleines Beispiel:

Sie wollen sich eine Übersicht über die Anlagemöglichkeiten für verschiedene Geldbeträge verschaffen. Von verschiedenen Banken werden Ihnen Angebote gemacht für Anlagen mit einer Laufzeit von fünf Jahren. Die Angebote beinhalten zum einen unterschiedliche Zinssätze und zum anderen unterschiedliche Abrechnungszeiträume. Da die auflaufenden Zinsen ihrerseits zum Grundbetrag hinzugezählt und anschließend mitverzinst werden, hat die Frage, in welchen Zeitabständen die Zinsen abgerechnet werden, eine Bedeutung dafür, welcher Betrag am Ende zur Verfügung steht.

Sie können das Problem natürlich in herkömmlicher Weise lösen, indem Sie für jedes Szenario eine eigene Tabelle errichten, in der Sie für unterschiedliche Zinssätze und Abrechnungszeiträume den Endbetrag ausrechnen. Der Szenario-Manager ermöglicht dagegen, daß Sie die Tabelle nur einmal erstellen und dann für die verschiedenen Kombinationsmöglichkeiten von Zinssatz und Abrechnungszeitraum Excel die zugehörigen Tabellen automatisch erstellen lassen.

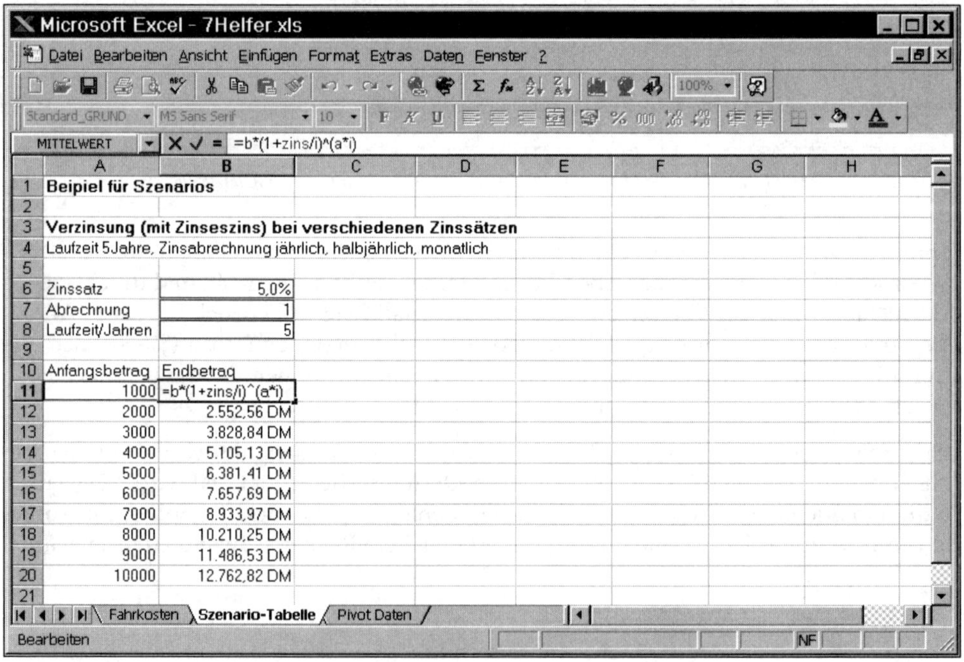

Abbildung 7.6: Eine Szenario-Tabelle

Erstellen Sie zunächst die Tabelle für Ihr Szenario wie in Abbildung 7.6. Der Zinssatz *zins*, die Anzahl der Abrechnungszeiträume *i* und die Laufzeit in Jahren *a* werden am Anfang der Tabelle in benannte Zellen eingetragen. Die Spalte mit den Anfangsbeträgen erhält den Namen *b*. Wenn Sie den Zellen, deren Werte später variiert werden sollen, Namen zuweisen, werden auch die späteren Szenarien etwas übersichtlicher. In die Zellen mit dem Endbetrag (im Beispiel B11 bis B20) kommt die Formel:

```
=b*(1+zins/i)^(a*i)
```

Durch die Verwendung benannter Zellen bzw. Bereiche ist die Formel leichter zu verstehen als eine Ansammlung von Zellbezügen: zur Berechnung eines einzelnen Verzinsungsschrittes wird der Ausgangsbetrag mit (1+*Zinssatz*) multipliziert. Für jeden Verzinsungsschritt wird diese Multiplikation wiederholt – dies wird durch den Exponenten ausgedrückt. Da der Zinssatz immer für ein ganzes Jahr angegeben ist, muß er bei nichtjährlicher Abrechnung durch die Abrechnungszeiträume geteilt und die Zeiträume entsprechend mit den Jahren multipliziert werden.

Als nächstes rufen Sie den Szenario-Manager mit EXTRAS, SZENARIO-MANAGER auf. Durch Anklicken der Schaltfläche HINZUFÜGEN im Dialog SZENARIO-MANAGER wird ein weiterer Dialog SZENARIO HINZUFÜGEN geöffnet. In diesem Dialog werden die veränderbaren Zellen durch Markieren in der Tabelle übernommen. Als Titel für das erste Szenario wird im Beispiel *Anlage1* eingetragen. Nach OK folgt ein weiterer Dialog SZENARIOWERTE, in das die Werte für das erste Szenario eingetragen werden können (Abbildung 7.7).

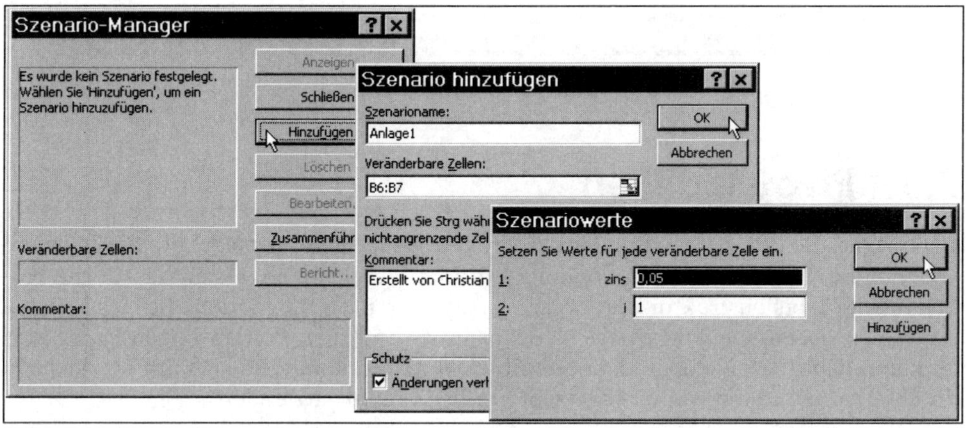

Abbildung 7.7: Hinzufügen eines Szenarios

Mit der Schaltfläche HINZUFÜGEN können Sie anschließend weitere Szenarios definieren: immer ein Name und neue Werte für die (im Beispiel zwei) Größen, für die Excel die Ergebnisse durchrechnen soll. Sobald Sie alle gewünschten Szenarios definiert haben, wird mit OK abgeschlossen. Um die Ergebnisse übersichtlich darzustellen, wird im jetzt geöffneten Dialog SZENARIO-MANAGER die Schaltfläche BERICHT angeklickt. Ein weiterer Dialog BERICHT gestattet es, die Ergebniszellen festzulegen – Excel schlägt von sich aus diejenigen Zellen vor, in denen mit den veränderbaren Werten gerechnet wird.

Mit der Option ÜBERSICHTSBERICHT erstellt Excel dann eine eigene Tabelle, in der die Ergebnisse der Berechnung zusammengefaßt sind (Abbildung 7.8). Beachten Sie, daß Excel überall, wo dies möglich ist, die Namen von Zellen verwendet, um Dialoge und Übersichtstabelle leichter lesbar zu machen.

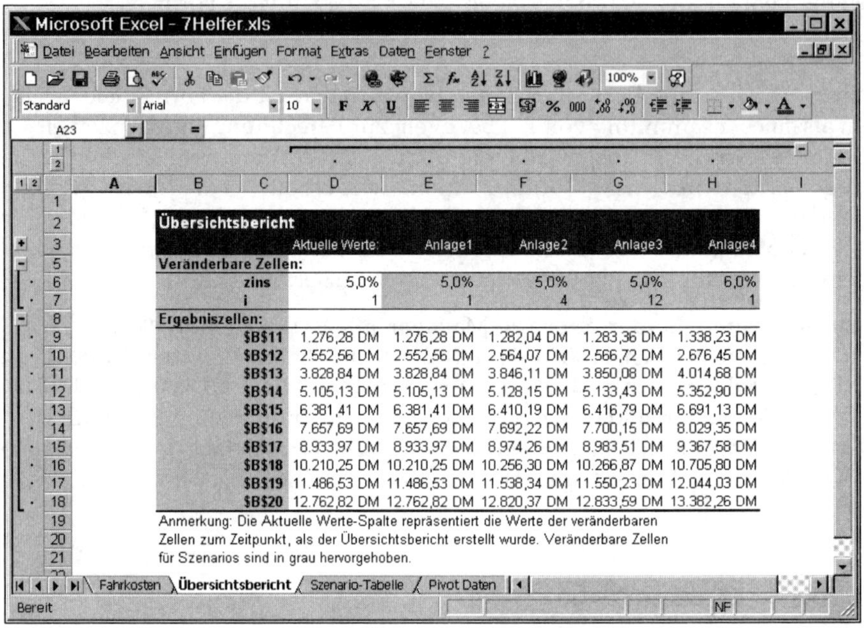

Abbildung 7.8: Der Übersichtsbericht

7.3 Pivot-Tabellen

1990 erfand die Firma *Lotus* mit dem Programm *Lotus Improv* für *NextStep* die Tabellenkalkulation neu. Dieses revolutionäre Programm verzichtete vollständig auf die herkömmliche Tabellenstruktur und organisierte Daten nach Kategorien, die sich beliebig umordnen ließen. Obwohl dieses Konzept im Grund dem Betriebsbogen-Paradigma herkömmlicher Tabellenkalkulationen überlegen war, konnte es sich am Markt nicht durchsetzen; zu fremd war das Konzept für die meisten Anwender.

Dennoch zeigte *Improv* eine nachhaltige Wirkung auf andere Tabellenkalkulationsprogramme wie z.B. Excel, welches das Konzept in Form der sogenannten *Pivot*-Tabellen adaptierte. Das englische Wort *pivot* bedeutet *Drehpunkt* und beschreibt recht gut die Kernfunktion dieses Tabellentyps: es handelt sich um Tabellen, die in mannigfaltiger Weise sehr einfach gedreht und umgruppiert werden können. Da hierbei nicht nur die nackten Daten dargestellt werden, sondern auch Berechnungen mit den Daten möglich sind, ergibt sich eine komfortable Möglichkeit der Datenauswertung. Im Gegensatz zu *Improv*-Tabellen sind Pivot-Tabellen jedoch keine echten mehrdimensionalen Tabellen sondern nur ein Mittel zur Analyse von Daten, die in Form von Datenlisten oder in einer Datenbank vorliegen.

Als Beispiel soll hier die in Abbildung 7.9 gezeigte kleine Tabelle dienen, wie sie bei einem psychologischen Test anfallen könnte. Mit einer Anzahl von Versuchspersonen wurden zwei Tests durchgeführt, wobei zwei Versuchsleiter (VL) mit der Durchführung beauftragt wurden. Neben den Testergebnissen sind das Alter und das Geschlecht der Versuchspersonen erfaßt worden.

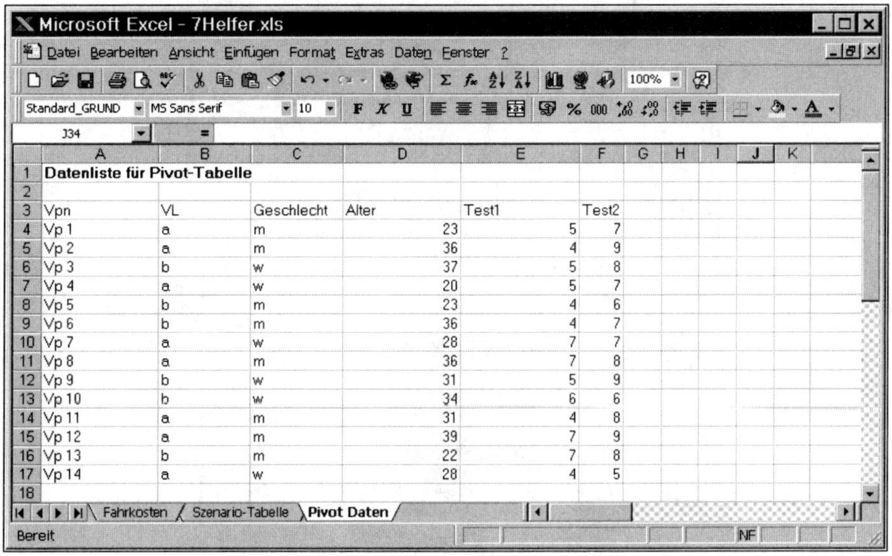

Datenliste für Pivot-Tabelle					
Vpn	VL	Geschlecht	Alter	Test1	Test2
Vp 1	a	m	23	5	7
Vp 2	a	m	36	4	9
Vp 3	b	w	37	5	8
Vp 4	a	w	20	5	7
Vp 5	b	m	23	4	6
Vp 6	b	m	36	4	7
Vp 7	a	w	28	7	7
Vp 8	a	m	36	7	8
Vp 9	b	w	31	5	9
Vp 10	b	w	34	6	6
Vp 11	a	m	31	4	8
Vp 12	a	m	39	7	9
Vp 13	b	m	22	7	8
Vp 14	a	w	28	4	5

Abbildung 7.9: Ausgangsdaten für Pivot-Tabellen

Auf der Basis dieser Daten lassen sich verschiedene Auswertungen leicht über die Pivot-Tabellen gewinnen. Fragestellungen für die Auswertung könnten etwa sein:

- Wie weit sind die Versuchsergebnisse abhängig vom Geschlecht der Versuchspersonen?
- Wie weit sind die Ergebnisse (evtl. auch geschlechtsabhängig) abhängig vom Versuchsleiter?
- Besteht ein Zusammenhang zwischen dem Geschlecht der Versuchspersonen und dem Versuchsleiter bezüglich der Ergebnisse (d.h., bevorzugt einer der Versuchsleiter Frauen oder Männer)?

Ausgangspunkt für eine Pivot-Tabelle ist eine Datenliste mit den Rohdaten. Um eine Pivot-Tabelle zu erstellen, wird der Zellzeiger auf ein Feld innerhalb der Tabelle gesetzt; dann wird über die Befehlsfolge DATEN, PIVOT-TABELLENBERICHT (bis Excel 95: DATEN, PIVOT-TABELLE) der Pivot-Tabellenassistent aufgerufen.

Im ersten Schritt des Pivot-Tabellenassistenten werden die Daten charakterisiert, aus denen Excel eine Pivot-Tabelle erstellen soll (Abbildung 7.10). Im Beispiel handelt es sich um eine Excel-Datenliste. Der zweite Schritt (Abbildung 7.11) gibt den Ort an, an dem die Daten zu finden sind. Wenn der Zellzeiger zuvor auf eine beliebige Zelle der Datenliste gesetzt wurde, zeigt Excel hier bereits den richtigen Bereich an, der dann nur noch mit WEITER bestätigt werden muß.

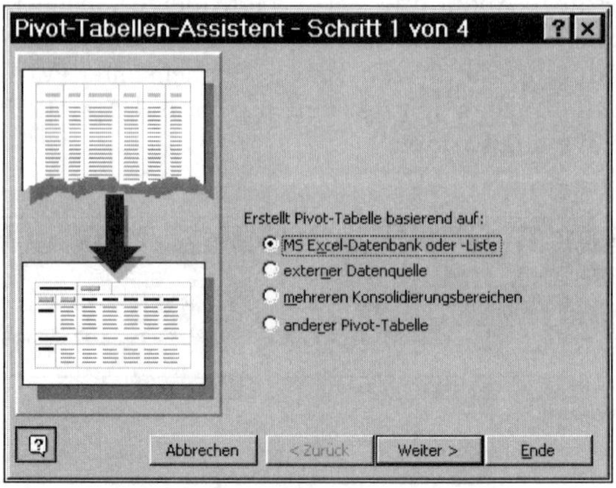

Abbildung 7.10: Pivot-Tabellenassistent – Schritt 1

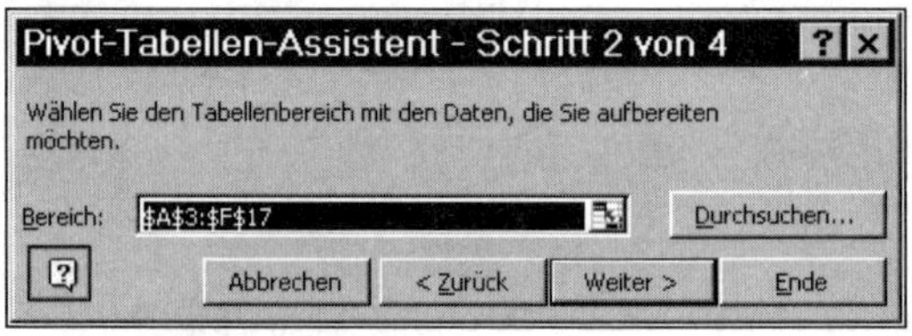

Abbildung 7.11: Pivot-Tabellenassistent – Schritt 2

Im dritten Schritt des Pivot-Tabellenassistenten findet die eigentliche Arbeit des Anordnens der Daten statt (Abbildung 7.12). In die mit SPALTE und ZEILE bezeichneten Bereiche lassen sich die einzelnen Rubriken ziehen, die als Schaltflächen neben dem Tabellenfeld abgebildet sind. Um die Position SEITE zu testen, könnten Sie (alternativ) hier z. B. das Geschlecht und als Spalte den Versuchsleiter angeben.

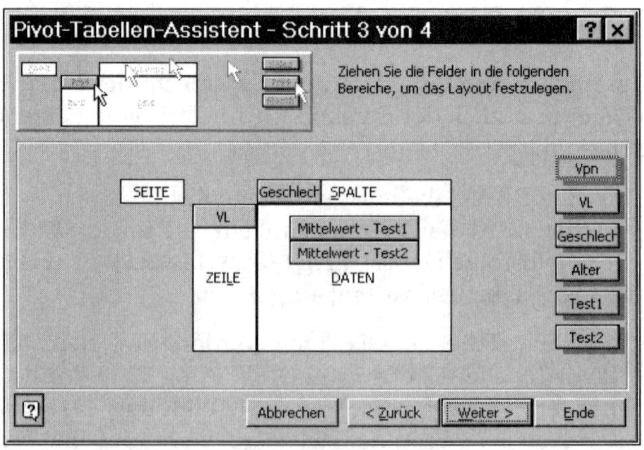

Abbildung 7.12: Pivot-Tabellenassistent – Schritt 3

In den Bereich DATEN wird dann die Rubrik gezogen, welche die auszuwertenden Daten enthält. Gemäß den oben angedeuteten Fragestellungen kommen für den Datenbereich TEST1 oder TEST2 (oder beide) in Frage, für die Rubriken der Zeilen und Spalten VL (*Versuchsleiter*) und GESCHLECHT. Zieht man eine der Testrubriken in das Datenfeld, wird zunächst die Summe der Werte angeboten. Im vorliegenden Fall könnte man damit nicht allzuviel anfangen. Durch einen Doppelklick auf die Schaltfläche innerhalb des Datenbereichs wird ein Dialog geöffnet, in dem sich die Behandlung der Daten festlegen läßt (Abbildung 7.13).

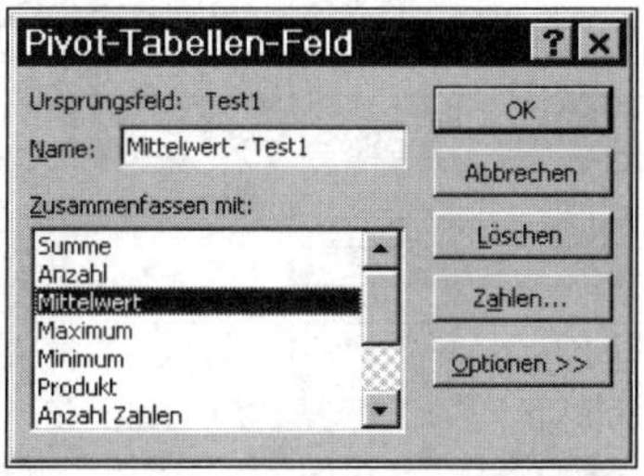

Abbildung 7.13: Mathematische Behandlung der Daten

Hier werden die wichtigsten Operationen zur statistischen Auswertung der Daten angeboten. Werden im Beispiel die Testergebnisse ausgewertet, dann ist es angebracht, den Mittelwert zu wählen. Soll etwa die Verteilung der Versuchspersonen nach Geschlecht und Versuchsleiter dargestellt werden, ist die Anzahl die richtige Kategorie. Für Spalten und Zeilen werden im Beispiel Geschlecht und Versuchsleiter gewählt.

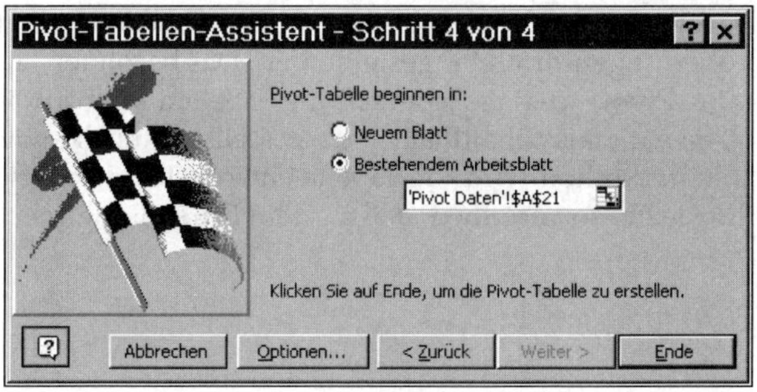

Abbildung 7.14: Pivot-Tabellen Schritt 4

Abschließend kommt man mit WEITER zum letzten Dialog des Pivot-Tabellenassistenten, in dem der Ort für die Pivot-Tabelle festgelegt werden kann (Abbildung 7.14). Die Pivot-Tabelle kann im bestehenden Arbeitsblatt an der angegebenen Position oder aber auf einem neuen Arbeitsblatt angelegt werden. Mit der Schaltfläche ENDE wird die Definition der Pivot-Tabelle abgeschlossen. Bis zur Version Excel 95 enthält der letzte Dialog des Pivotassistenten auch noch eine Reihe weiterer Einstellungsmöglichkeiten, die in Excel 97 in einen eigenen Dialog verlegt wurden. Dieser kann mit der Schaltfläche OPTIONEN erreicht werden.

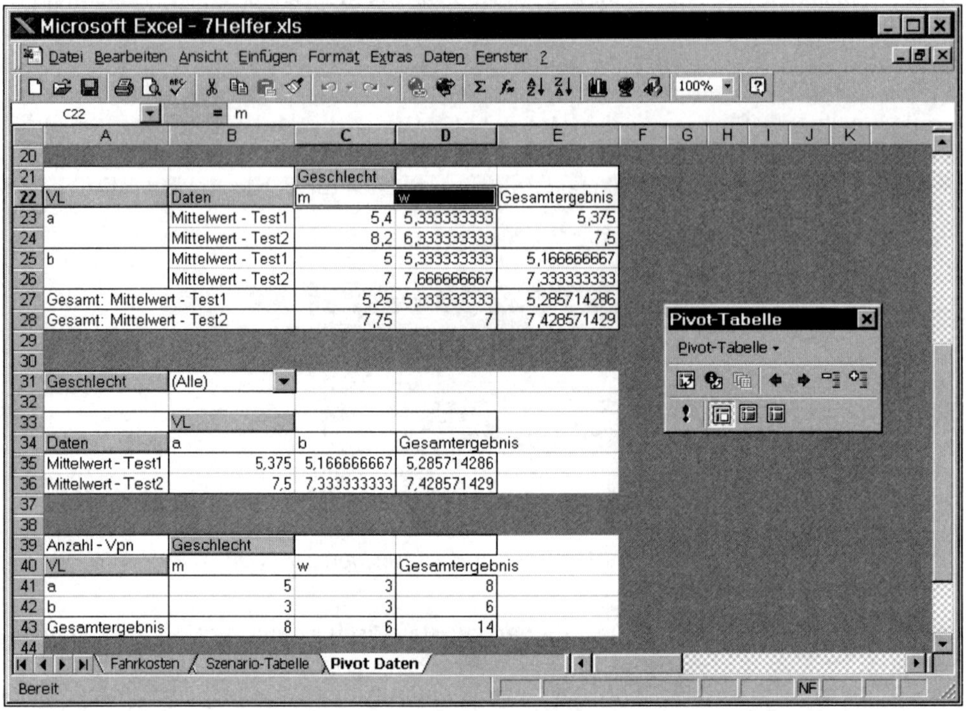

		Geschlecht		
VL	Daten	m	w	Gesamtergebnis
a	Mittelwert - Test1	5,4	5,333333333	5,375
	Mittelwert - Test2	8,2	6,333333333	7,5
b	Mittelwert - Test1	5	5,333333333	5,166666667
	Mittelwert - Test2	7	7,666666667	7,333333333
Gesamt: Mittelwert - Test1		5,25	5,333333333	5,285714286
Gesamt: Mittelwert - Test2		7,75	7	7,428571429

Geschlecht	(Alle)		
	VL		
Daten	a	b	Gesamtergebnis
Mittelwert - Test1	5,375	5,166666667	5,285714286
Mittelwert - Test2	7,5	7,333333333	7,428571429

Anzahl - Vpn	Geschlecht		
VL	m	w	Gesamtergebnis
a	5	3	8
b	3	3	6
Gesamtergebnis	8	6	14

Abbildung 7.15: Pivot-Tabellen – das Ergebnis

Die Abbildung 7.15 zeigt ein paar der Möglichkeiten, wie die vorhandenen Daten in Pivot-Tabellen ausgewertet werden können. Die drei Tabellen gestatten eine leichte Überprüfung der oben angeführten Fragestellungen. Das besondere an diesen Tabellen ist – daher der Name Pivot – daß Sie jederzeit die Tabellen umgruppieren können. Sie brauchen lediglich eine der als Schaltflächen dargestellten Rubriken mit der Maus woanders hinzuziehen, und schon wird die Tabelle entsprechend umgruppiert. Dadurch lassen sich die Daten leicht so anordnen, daß sie dem Darstellungszweck optimal angemessen sind.

8 Kurven

In der ersten Hälfte des Buches haben Sie einen Überblick über die Möglichkeiten von Excel im Einsatz für naturwissenschaftliche und technische Problemstellungen gewonnen. In der zweiten Hälfte des Buches soll an verschiedenen ausgesuchten Themenbereichen der Einsatz von Excel in Naturwissenschaft und Technik weiter vertieft werden. Diese Beispiele sind bewußt so einfach gewählt, daß sie von allen Lesern mit einer naturwissenschaftliche Grundbildung nachvollzogen werden können. So wäre ein Beispiel über die numerische Bestimmung von Eigenvektoren mit Einzel- oder Mehrschrittverfahren sicher ideal geeignet, um die Anwendung von Excel in Näherungsverfahren der numerischen Mathematik zu demonstrieren, doch könnte es von Vertretern anderer Fachrichtungen kaum mit Nutzen nachvollzogen werden.

Die Leistungsfähigkeit von Excel liegt vor allem in zwei Bereichen: im Rechnen und in der grafischen Darstellung von Zahlen. Das macht Excel interessant für alle Arten numerischer Anwendungen. Zwei Schwerpunkte lassen sich hier ausmachen: Zum einen die grafische Aufbereitung von Zahlenmaterial, wo das, was sich mit Excel erreichen läßt, weit über das hinausgeht, was sich mit einem vertretbaren Aufwand mit Bleistift und Millimeterpapier am Zeichenbrett bewerkstelligen ließe.

Der zweite Schwerpunkt liegt bei der Verwendung numerischer Näherungsverfahren. Ist die Anzahl der Näherungsschritte nicht zu groß und das Verfahren nicht zu kompliziert, kann es leicht mit Excel formuliert werden. Ein paar tausend Rechnungen sind in wenigen Sekunden erledigt, so daß es sich geradezu anbietet, auch da mit Näherungen zu arbeiten, wo andere Wege denkbar wären. Für wirklich aufwendige Näherungsverfahren sind Excel und Visual Basic natürlich nicht die richtigen Werkzeug, für Probleme dieser Klasse müssen Sie weiterhin auf C++ oder Fortran zurückgreifen. Ist das Verfahren nicht zu aufwendig, ist es jedoch oft schneller, das Problem mit einem rasch zusammengestellten Rechenblatt, evtl. auch unter Einsatz von Visual Basic zu lösen.

Wie bereits erwähnt, sollen in diesem Buch keine Beispiele verwendet werden, die nur für Spezialisten interessant sind. Vielmehr sollen die Beispiele gut nachvollziehbar sein und Ihnen als Ausgangspunkt eigener Problemlösungen dienen. Dieses Kapitel beschäftigt sich mit Beispielen aus der numerischen Analysis, also der numerischen Berechnung, Analyse und Darstellung von Funktionen und Kurven.

8.1 Funktionsgraphen

Die grafische Darstellung numerischer Daten ist eine der Stärken von Excel. Sie brauchen im Prinzip nur die Daten aufzulisten und können dann mit dem Diagrammassistenten die zu diesen Daten gehörende grafische Darstellung generieren. Praktisch ergeben sich dabei jedoch zwei Besonderheiten. Die erste besteht darin, daß Excel nur einen Diagrammtyp hat, der über zwei wirklich numerische Achsen verfügt: das *xy*-Diagramm (in mehreren Darstellungsweisen). Die andere ergibt sich aus einer Eigenheit eben dieser *xy*-Diagramme: Sie verarbeiten die Werte genau in der Reihenfolge, in der sie eingegeben wurden.

Das soll zunächst an einem einfachen Beispiel verdeutlicht werden. Es soll der Graph zu der Funktion

```
Y=WURZEL(x)
```

gebildet werden. Wählen Sie als Bereich *x=0* bis *x=12*, dann sieht die schnellste Lösung so aus, wie in Abbildung 8.1 oben gezeigt.

Es werden außer den *x*-Werten (0 bis 12) zwei Datenreihen für die positive und die negative Wurzel benötigt. Der ganze Block (also alle drei Spalten) wird dann markiert, und ein Durchlauf mit dem Diagrammassistenten führt zum abgebildeten Diagramm. Als Diagrammtyp wurde das *xy*-Diagramm ohne Punktmarkierungen gewählt.

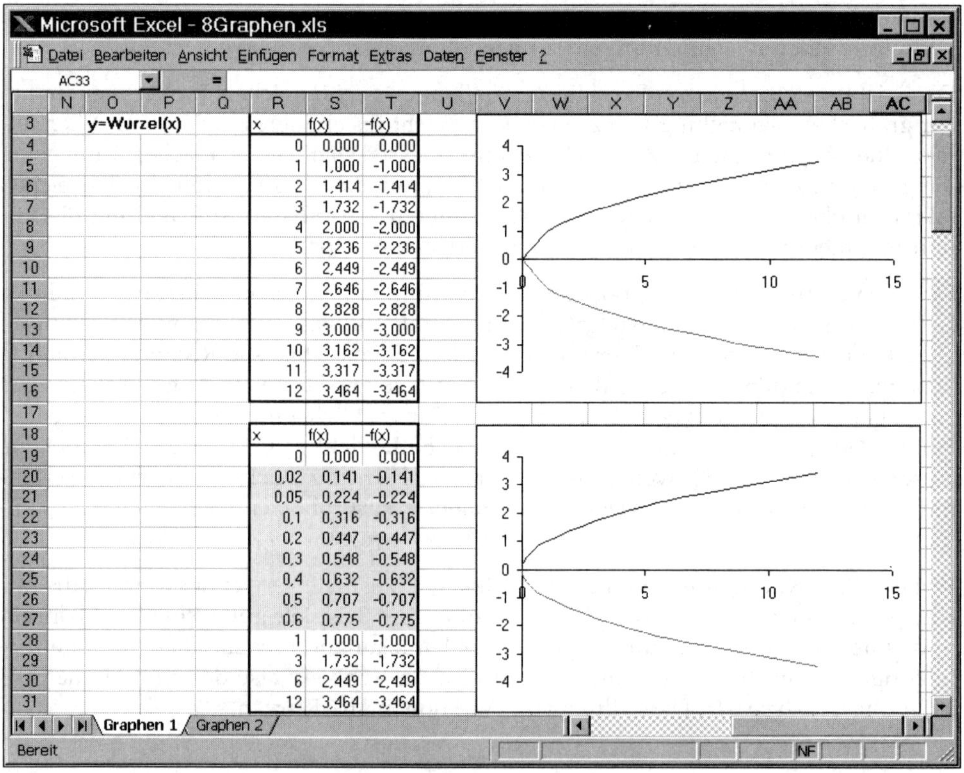

Abbildung 8.1: Auswahl der Stützstellen für einfache xy-Diagramme

Beim Durchlauf des Diagrammassistenten muß lediglich beachtet werden, daß die erste Spalte des markierten Bereichs nicht die erste Datenreihe ist, sondern die Achsenbeschriftungen liefert. Die Farbe der Linien, die ohne weiteres Zutun zunächst blau und magenta sind, läßt sich, wie im vierten Kapitel im Detail gezeigt, leicht ändern.

Unabhängig davon, ob sie das Diagramm mit geraden Verbindungsstrecken oder einer angepaßten Kurve generiert haben, hat dieses noch einen Schönheitsfehler: Die Spitze im Nullpunkt ist fern von den tatsächlichen Gegebenheiten. Wie da Abhilfe zu schaffen sei, liegt auf der Hand: Entweder müssen wesentlich mehr Werte-Tripel erzeugt werden oder die Stützstellen müssen intelligenter gewählt werden. Letzteres zeigt Abbildung 8.1 unten.

8.1.1 xy-Diagramme

Da praktisch in allen Fällen, in denen ein zweidimensionales Diagramm zur Präsentation eines Funktionsgraphen erstellt werden soll, *xy*-Diagramme verwendet werden, hier noch einige Bemerkungen zu diesem grundlegenden Diagrammtyp. Zunächst müssen bei allen Funktionen mit mehren Ästen (also z.B. alle Funktionen mit einer geradzahligen Wurzel) mehrere Kurven generiert werden, die dann durch geeignete Formatierungen vereinheitlicht werden.

Es gibt auch eine andere Möglichkeit, wie die Abbildung 8.2 zeigt. Zur Verdeutlichung sind die Formeln neben die Zellen geschrieben, in denen sie stehen. Es wird ausgenutzt, daß die Datenpunkte in der Reihenfolge ihres Auftretens in der Tabelle gezeichnet und verbunden werden, hier werden beide Zweige der Kurve in einem Zug gezeichnet. Sie müssen also nur darauf achten, daß die *x*-Werte in der Reihenfolge in der Tabelle eingetragen werden, in der sie später gezeichnet werden sollen. Da dies leicht etwas umständlich werden kann, ist es meist günstiger, auf die zweigeteilte Variante zu verwenden.

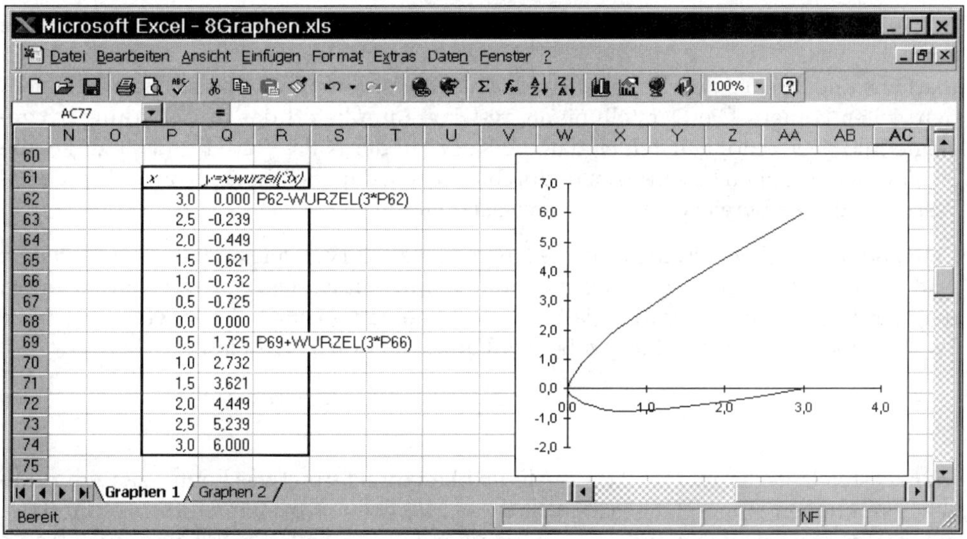

Abbildung 8.2: Funktion mit zwei y-Werten zu jedem x-Wert in einem Zug zeichnen

8.1.2 Kreisdiagramm

Die allgemeine Kreisgleichung ist

$$(x - x_0)^2 + (y - y_0)^2 = r^2$$

wobei x_0 und y_0 die Koordinaten des Mittelpunkts sind. Ein Kreis, dessen Mittelpunkt im Ursprung liegt, hat die Koordinaten (0,0), die Kreisgleichung lautet also:

$$x^2 + y^2 = r^2$$

Für den Einheitskreis, also einen Kreis mit dem Radius 1, ergibt sich demnach als Funktionsgleichung:

$$y = \sqrt{1 - x^2}$$

Um diesen Kreis grafisch darzustellen, wird eine Wertetabelle erzeugt, deren erste Spalte die *x*-Werte enthält. Die zweite und die dritte Spalte enthalten die positiven und die negativen Werte der Formel:

```
= WURZEL (1 - x^2)
```

In die ersten beiden Zellen der ersten Spalte kommen die Werte –1 und –0,9. Durch Markierung beider Zellen und Ziehen an der rechten unteren Ecke der Markierung werden die übrigen Werte automatisch erzeugt. Daß statt 0 bei diesem Verfahren häufig ein Wert wie –2E–16 (also –2 mal 10 hoch –16) erzeugt wird, ist ein Schönheitsfehler in Excel 5 und Excel 95, der sich durch Überschreiben mit 0 korrigieren läßt, den man aber auch getrost ignorieren kann, da der Wert im Vergleich zu den übrigen »praktisch Null« ist.

In die zweite und dritte Spalte kommen in die ersten Zellen (im Beispiel B5 und C5) die Formeln `=WURZEL(1-A5^2)` und `=-WURZEL(1-A5^2)`. Anschließend werden beide Zellen markiert und wieder durch Ziehen an der rechten unteren Ecke in die darunterliegenden Zellen kopiert. Die Darstellung als *xy*-Diagramm liefert das in Abbildung 8.3 gezeigte Bild. Der Schönheitsfehler, daß die Kurve in der Nähe von –1 und +1 zu gerade ist, läßt sich wie oben beschrieben dadurch beheben, daß die Abstände zwischen den *x*-Werten in diesen Bereichen geringer angesetzt werden.

Eine andere Möglichkeit, die Stützstellen auf einer Kurve gleichmäßiger zu verteilen, ist die Verwendung einer geeigneten Parameterdarstellung. Die *x*- und *y*-Komponenten der Kreisfunktion beispielsweise lassen sich abhängig von einem Parameter *t* durch die Winkelfunktionen ausdrücken, wobei der Parameter von 0 bis 2π läuft:

$$x = \cos t$$

$$y = \sin t$$

Im nächsten Unterkapitel wird diese Möglichkeit direkt für etwas kompliziertere zyklische Funktionen eingesetzt, doch steht diese Möglichkeit prinzipiell für alle Funktionen offen, die eine nichttriviale Parameterdarstellung besitzen. Weitere interessante Funktionsgraphen finden Sie übrigens in der Arbeitsmappe 8GRAPHEN.XLS.

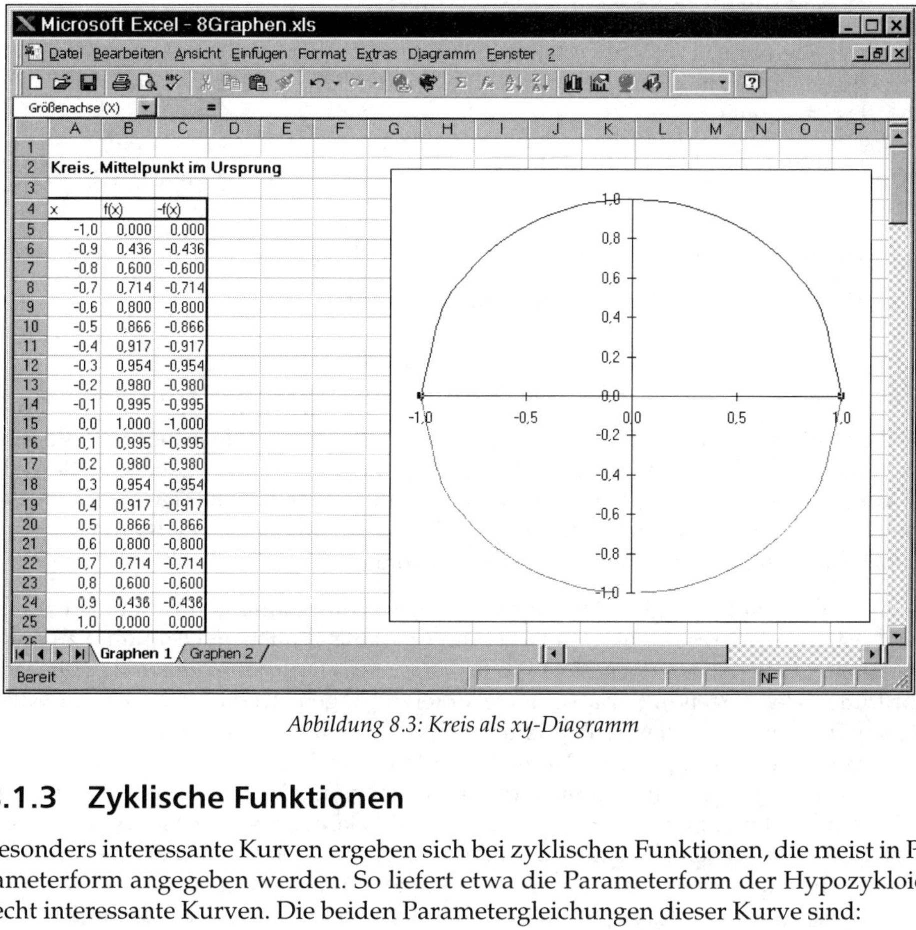

Abbildung 8.3: Kreis als xy-Diagramm

8.1.3 Zyklische Funktionen

Besonders interessante Kurven ergeben sich bei zyklischen Funktionen, die meist in Parameterform angegeben werden. So liefert etwa die Parameterform der Hypozykloide recht interessante Kurven. Die beiden Parametergleichungen dieser Kurve sind:

$$x(\varphi) = (r_a - r_b)\cos\varphi + a\cos\left(\varphi \cdot \frac{r_a - r_b}{r_b}\right)$$

$$y(\varphi) = (r_a - r_b)\sin\varphi - a\sin\left(\varphi \cdot \frac{r_a - r_b}{r_b}\right)$$

Die mechanische Konstruktion dieser Funktion besteht im Abrollen eines kleinen Kreises an der Innenseite eines größeren Kreises, wobei r_a der Radius des großen, r_b der Radius des kleinen Kreises ist. φ ist der Winkel zwischen der x-Achse und einer Geraden, die durch den Mittelpunkt des kleinen Kreises geht.

Die Form der Kurve hängt von den Werten von r_a, r_b und a ab. Um damit zu experimentieren, bilden Sie am besten eine Tabelle mit folgenden Spalten:

i Nimmt einen Zählwert auf, um den Winkel φ zu erzeugen.

φ Der Drehwinkel ist Zählwert multipliziert mit π. Auf diese Weise lassen sich, wenn der Zählwert in kleinen Schritten von 0 bis 2 erhöht wird, die Winkelwerte von 0 bis 2π erzeugen.

x In diese Spalte kommt die Formel:

```
=(ra-rb)*cos(phi)+a*cos(phi*(ra-rb)/rb)
```

Wobei für `phi` die Adresse der ersten Zelle in der Spalte mit den φ-Werten steht.

y Hier nimmt die erste Zelle folgende Formel auf:

```
=(ra-rb)*sin(phi)-a*sin(phi*(ra-rb)/rb)
```

Wobei wiederum `phi` durch die Zelladresse zu ersetzen ist.

Die Werte für r_a, r_b und a schreiben Sie am besten über die Tabelle in eigene Zellen. Als erste Werte sind 3, 1 und 2 ganz brauchbar. Durch die Benennung lassen sich die Werte direkt in die oben dargestellten Formeln übernehmen. Durch Ausfüllen nach unten erhalten Sie wieder eine Wertetabelle aus deren Spalten x und y Sie wieder mit dem Diagrammassistenten ein xy-Diagramm erzeugen können.

Bei Kurven der vorliegenden Art, deren Aussehen von bestimmten variablen Parametern abhängt, wäre es sinnvoll, den Wert dieser Parameter auch im Diagramm zu dokumentieren. Leider ist es jedoch nicht möglich, in einem Diagramm außer als Achsenbeschriftung oder Legende variable Texte unterzubringen. Dennoch ist es mit einem kleinen Trick möglich, den gewünschten Effekt zu erzielen. Hierzu tragen sie die gewünschten Beschriftungen und Parameterwerte in Tabellenfelder ein und formatieren sie wie gewünscht. Da die Parameterwerte später vom Diagramm verdeckt werden und daher nicht mehr ohne weiteres editiert werden können, sollten Sie an dieser Stelle nicht die Parameter selber plazieren, sondern mit Referenzen auf die Parameterwerte in andere Zellen des Arbeitsblattes arbeiten. Als letzten Schritt machen Sie das Diagramm wie im Beispiel mit der Alterspyramide in Kapitel 4 durchsichtig (Diagrammfläche auswählen, Dialog DIAGRAMMFLÄCHE FORMATIEREN aufrufen, Dialogseite MUSTER, Gruppenfeld AUSFÜLLEN, Optionsschaltfläche OHNE) und schieben es über die Zellen mit der Parametererläuterung. Noch besser sieht das Diagramm aus, wenn Sie die Gitternetzlinien ausblenden (EXTRAS, OPTIONEN, Dialogseite ANSICHT, Markierungsfeld GITTERNETZLINIEN).

Abbildung 8.4 zeigt eine Reihe unterschiedlicher Hypozykloiden. Das Aussehen der Hypozykloide hängt sehr stark von den Parameterwerten ab. Für $r_a = 3$, $r_b = 1$ und $a = 2$ (oben links) erhalten sie eine Schleifenkurve mit Dreiersymmetrie, für $r_a = 4$, $r_b = 1$ und $a = 1$ eine Sternkurve mit Vierersymmetrie (oben rechts). Die Symmetrie der Kurve hängt offenbar davon ab, wie oft bei einem Umlauf des großen Kreises der kleine Kreis abgerollt wird. Einfache Verhältnisse ergeben sich, wenn $r_b = 1$ ist, in diesem Fall gibt r_a direkt die Symmetrie an. Komplizierter liegen die Dinge bei rationalen Verhältnissen (unten), hier schließt sich die Kurve erst nach einer größeren Anzahl von Umläufen.

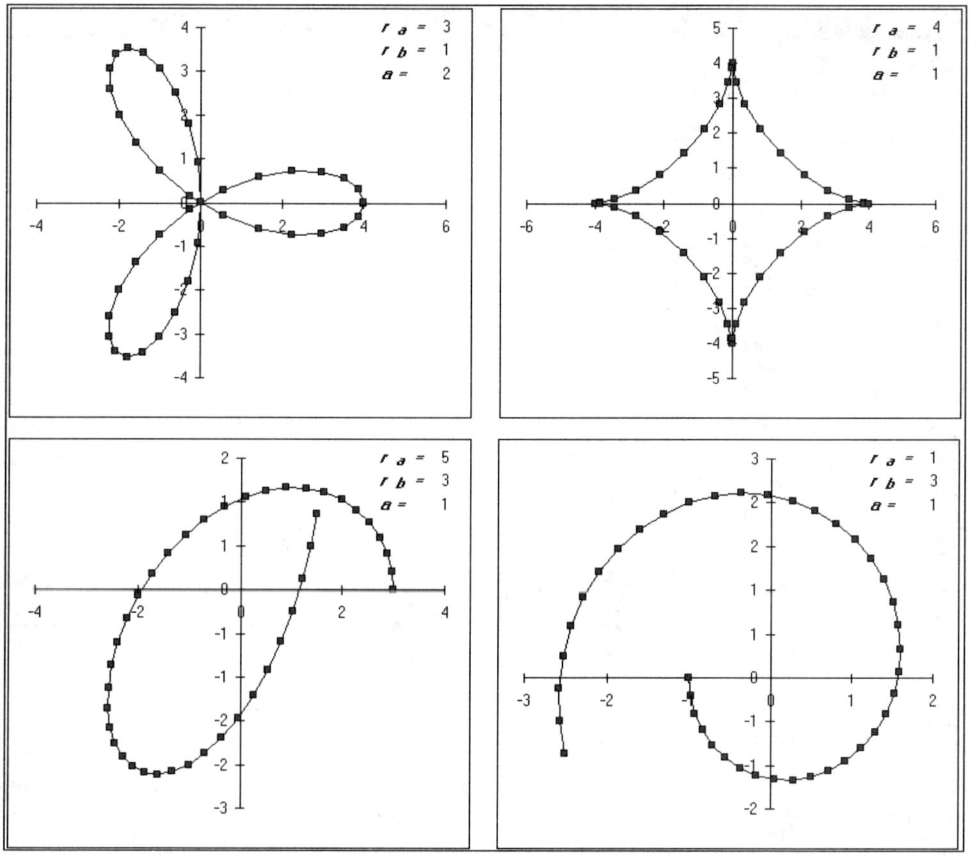

Abbildung 8.4: Hypozykloiden

8.2 Differentialrechnung

Ein ganz grundlegendes Hilfsmittel in vielen Bereichen ist die Differentialrechnung, die immer dort ins Spiel kommt, wo es um die Änderung von Größen geht. So ist die Geschwindigkeit beispielsweise nichts anderes als die zeitliche Änderung des Ortes und die Beschleunigung die zeitliche Änderung der Geschwindigkeit. Den mathematischen Apparat hierzu liefert die Differentialrechnung.

Nun bietet Excel zwar nicht die Möglichkeit, eine Funktion zu differenzieren – das bleibt speziellen Programmen vorbehalten, die auch symbolisch rechnen können – trotzdem läßt sich in Excel auf ziemlich einfache Weise zumindest eine numerische Näherung des Differenzenquotienten, d.h. der Ableitung der Funktion bestimmen. Als Beispiel für die folgenden Hinweise soll zunächst das in Abbildung 8.5 gezeigte einfache Polynom dritten Grades verwendet werden:

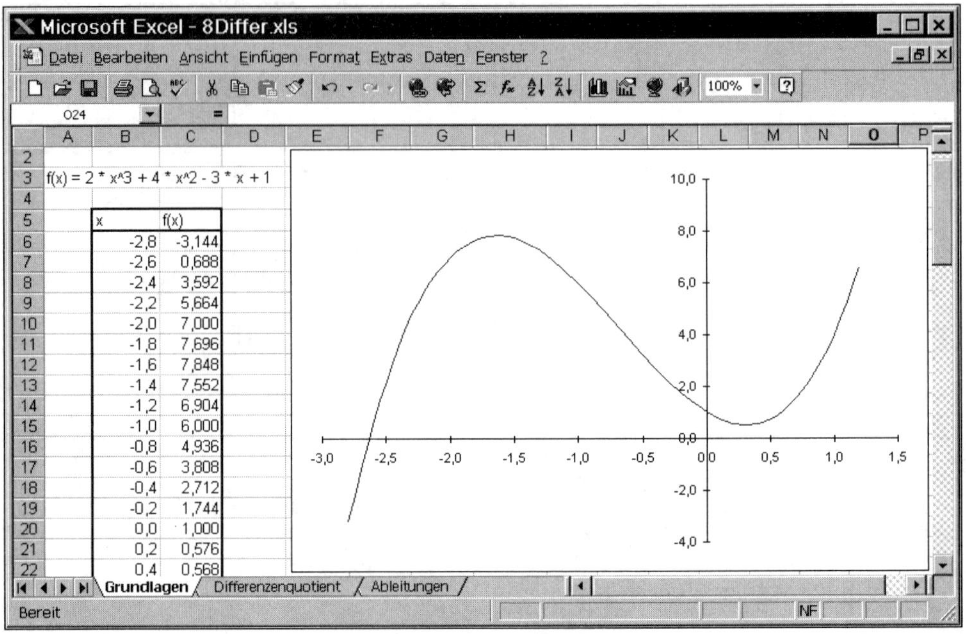

Abbildung 8.5: Funktionsgraph

8.2.1 Vorbemerkungen

Mit der Differentialrechnung wird die Änderung einer Funktion in Abhängigkeit von den unabhängigen Variablen untersucht. In der geometrischen Interpretation ist dies nichts anderes als die Steigung der Funktion. Will man die Steigung einer Kurve an irgendeinem Punkt geometrisch ermitteln, dann wird an diesem Punkt eine Tangente zur Kurve gezeichnet (Abbildung 8.6). Die Steigung dieser Tangente läßt sich durch ein Steigungsdreieck bestimmen. Dazu wählt man zwei Punkte $(x1,y1)$ und $(x2,y2)$ auf der Graden und zeichnet ein rechtwinkliges Dreieck mit einer Seite $x1$ bis $x2$ parallel zur x-Achse und einer Seite $y1$ bis $y2$ parallel zu y-Achse. ist Die Steigung der Tangentengrade ergibt sich dann als $m = (y2 - y1) \;/\; (x2 - x1)$. Dies ist nichts anderes, als der Tangens des Winkels α, zwischen der Tangente und der x-Achse (siehe Abbildung 8.6).

Für eine rechnerische Lösung steht die Tangente nicht zur Verfügung. Wenn man die Steigung in einem bestimmten Punkt berechnen will, sind als Ausgangsdaten nur Punkte auf der Kurve, also $(x, f(x))$-Wertepaare, verfügbar. Eine näherungsweise Berechnung läßt sich durchführen, indem man statt eines Punktes ein kleines Kurvenstück betrachtet und die Kurve in diesem Intervall durch eine Gerade approximiert (d.h., man verwendet statt einer Tangente eine Sekante als Näherung). Auf diese Weise erhält man wieder ein rechtwinkliges (Steigungs-)Dreieck, dessen Katheten durch die beiden x-Werte und durch die zugehörigen Funktionswerte gegeben sind als $x2 - x1$ und $y2 - y1$. Die Steigung läßt sich dann berechnen als $(y2 - y1) \;/\; (x2 - x1)$. Wenn man den Abstand zwischen $x2$ und $x1$ sehr klein macht, dann läßt sich auf diese Weise die Steigung (theoretisch) mit beliebiger Genauigkeit ermitteln.

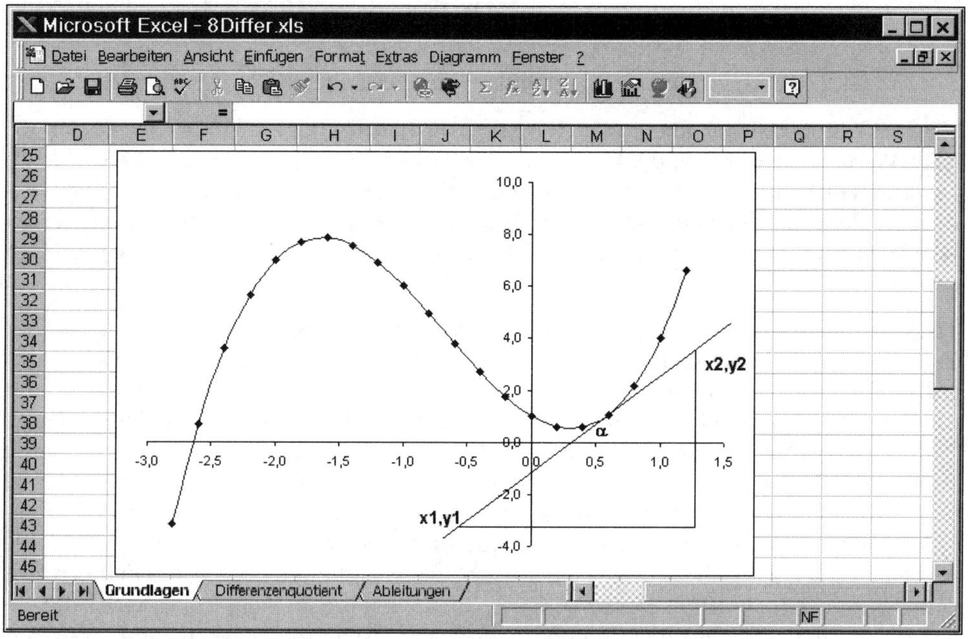

Abbildung 8.6: Geometrische Bestimmung der Steigung einer Funktion an einem gegebenen Punkt

8.2.2 Der Differenzenquotient

Der Quotient aus $y2 - y1$ und $x2 - x1$ wird auch Differenzenquotient genannt. Wenn die Differenz zwischen $x2$ und $x1$ gegen 0 geht, dann geht der Differenzenquotient in den Differentialquotienten über und wird dy/dx geschrieben. Es sei darauf hingewiesen, daß zur anschaulichen Erklärung des Differentialquotienten üblicherweise das Sekantendreieck so gebildet wird, daß der Punkt $(x1,y1)$ der Punkt ist, an dem die Steigung der Kurve ermittelt werden soll. Anschließend läßt man $x2$ immer näher an $x1$ rücken. Tatsächlich entspricht dies aber nur einer einseitigen Ableitung. Damit die Ableitung einer Funktion an einer beliebigen Stelle existiert, müssen der linksseitige und der rechtsseitige Grenzwert des Differenzenquotienten beide existieren und übereinstimmen. Für die Ermittlung des beidseitigen Grenzwerts des Differenzenquotienten läßt man daher die beiden Punkte $(x1,y1)$ und $(x2,y2)$ von beiden Seiten an den Punkt (x,y) heranlaufen, an dem man die Steigung der Funktion ermitteln will. Die Sekante nähert sich so (bei hinreichend vernünftigen Funktionen) immer weiter der Tangente an.

Bei der numerischen Ermittlung der Ableitung aus den Funktionswerten ist dieser Grenzprozeß natürlich nicht durchführbar, man behilft sich mit einem möglichst kleinen Abstand zwischen $(x1,y1)$ und $(x2,y2)$ als Näherung. Der Abstand darf aber auch nicht zu klein werden, da sich sonst bei der Differenzenbildung Rundungsfehler in die Rechnung einschleichen, die das Ergebnis vollkommen verfälschen können. Um den Differenzenquotienten und damit die Steigung einer Funktion an einem bestimmten Punkt zu berechnen, kann man in folgenden Schritten vorgehen:

1. Man berechnet die Funktionswerte für zwei Punkte, deren x-Werte um einen geringen Betrag dx größer bzw. kleiner sind als die x-Koordinate des fraglichen Punktes.
2. Man bildet mit diesen Werten den Differenzenquotienten: $(f(x+dx) - f(x-dx)) / 2\,dx$.

Für die oben als Beispiel angeführte Funktion sei dies für den Punkt $x = 1$ demonstriert. Als x-Werte werden $x2 = 1{,}0001$ und $x1 = 0{,}9999$ verwendet, d.h., dx ist 0,0001. Die zugehörigen y-Werte lassen sich dann leicht berechnen zu $y2 = 4{,}0011$ und $y1 = 3{,}9989$. Als Wert für den Differenzenquotienten ergibt sich 0,0022/ 0,0002 = 11, was (zufällig) exakt dem Wert entspricht, den man auch mit den Mitteln der Differentialrechnung ermitteln würde.

Betrachtet man das Beispiel mit den Mitteln der Fehlerrechnung (oder besser der Größtfehlerabschätzung) sieht man aber auch, daß Differenzen fast gleich großer Zahlen gebildet werden – eine Operation, die immer kritisch ist. Wenn z.B. $y1$ und $y2$ mit Rundungsfehlern der Größenordnung 10^{-9} behaftet sind, hat auch der Fehler der Differenz diese absolute Größenordnung, da sich als Daumenregel bei Strichrechunung die absoluten Fehler addieren. Da die Differenz aber um vier Größenordnungen kleiner ist als die Ausgangswerte, ist der relative Fehler der Differenz nun 10^{-5}, also um 4 Größenordnungen angewachsen. Bei Multiplikation und Division addieren sich dagegen die relativen Fehler, d.h., der relative Fehler bleibt in etwa erhalten. Rechnet man den relativen Fehler in den absoluten Fehler um, hat nun auch das Ergebnis einen absoluten Fehler von 10^{-4}! Zwei solche Operationen hintereinander oder die Differenz von zwei Werten, die sich nur um 10^{-9} unterscheiden und die Ergebnisse der Rechnung können nur noch als Hausnummern oder Zufallszahlen benutzt werden.

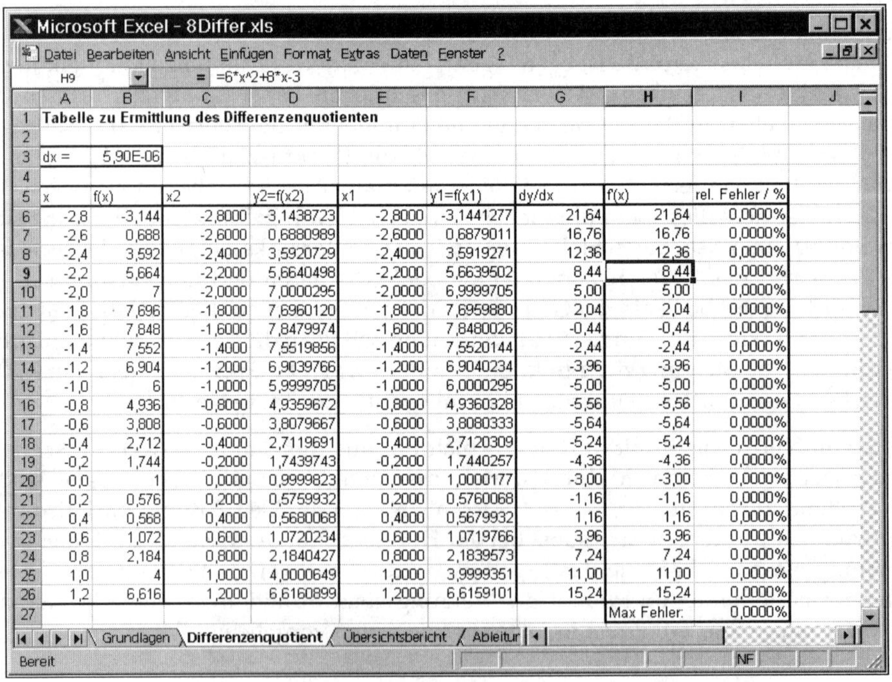

	A	B	C	D	E	F	G	H	I
1	Tabelle zu Ermittlung des Differenzenquotienten								
2									
3	dx =	5,90E-06							
4									
5	x	f(x)	x2	y2=f(x2)	x1	y1=f(x1)	dy/dx	f'(x)	rel. Fehler / %
6	-2,8	-3,144	-2,8000	-3,1438723	-2,8000	-3,1441277	21,64	21,64	0,0000%
7	-2,6	0,688	-2,6000	0,6880989	-2,6000	0,6879011	16,76	16,76	0,0000%
8	-2,4	3,592	-2,4000	3,5920729	-2,4000	3,5919271	12,36	12,36	0,0000%
9	-2,2	5,664	-2,2000	5,6640498	-2,2000	5,6639502	8,44	8,44	0,0000%
10	-2,0	7	-2,0000	7,0000295	-2,0000	6,9999705	5,00	5,00	0,0000%
11	-1,8	7,696	-1,8000	7,6960120	-1,8000	7,6959880	2,04	2,04	0,0000%
12	-1,6	7,848	-1,6000	7,8479974	-1,6000	7,8480026	-0,44	-0,44	0,0000%
13	-1,4	7,552	-1,4000	7,5519856	-1,4000	7,5520144	-2,44	-2,44	0,0000%
14	-1,2	6,904	-1,2000	6,9039766	-1,2000	6,9040234	-3,96	-3,96	0,0000%
15	-1,0	6	-1,0000	5,9999705	-1,0000	6,0000295	-5,00	-5,00	0,0000%
16	-0,8	4,936	-0,8000	4,9359672	-0,8000	4,9360328	-5,56	-5,56	0,0000%
17	-0,6	3,808	-0,6000	3,8079667	-0,6000	3,8080333	-5,64	-5,64	0,0000%
18	-0,4	2,712	-0,4000	2,7119691	-0,4000	2,7120309	-5,24	-5,24	0,0000%
19	-0,2	1,744	-0,2000	1,7439743	-0,2000	1,7440257	-4,36	-4,36	0,0000%
20	0,0	1	0,0000	0,9999823	0,0000	1,0000177	-3,00	-3,00	0,0000%
21	0,2	0,576	0,2000	0,5759932	0,2000	0,5760068	-1,16	-1,16	0,0000%
22	0,4	0,568	0,4000	0,5680068	0,4000	0,5679932	1,16	1,16	0,0000%
23	0,6	1,072	0,6000	1,0720234	0,6000	1,0719766	3,96	3,96	0,0000%
24	0,8	2,184	0,8000	2,1840427	0,8000	2,1839573	7,24	7,24	0,0000%
25	1,0	4	1,0000	4,0000649	1,0000	3,9999351	11,00	11,00	0,0000%
26	1,2	6,616	1,2000	6,6160899	1,2000	6,6159101	15,24	15,24	0,0000%
27								Max Fehler:	0,0000%

Abbildung 8.7: Tabelle zur Ermittlung des Differenzenquotienten

Glücklicherweise arbeitet Excel mit einer höheren Genauigkeit, der relative Fehler durch Rundung liegt bei etwa 10^{-15}; Differenzen von Zahlen mit einem relativen Unterschied von 10^{-7} bis 10^{-8} liegen also durchaus noch auf der sicheren Seite. Dennoch kann es auch bei dieser hohen Genauigkeit vorkommen, daß Ergebnisse durch Fehlerfortpflanzung an irgendeinem Punkt nicht mehr verläßlich sind, insbesondere wenn mehrere ungünstige Berechnungen aufeinanderfolgen. Eines der Untersuchungsgebiete der numerischen Mathematik beschäftigt sich daher gerade damit, in solchen bekannten Fällen neue Berechnungsvorschriften und Lösungswege aufzufinden, die, wie man sagt, besser konditioniert sind.

Um den Differenzenquotienten nicht nur für einen Punkt, sondern für einen bestimmten Bereich einer Funktion zu ermitteln, wird am besten eine Tabelle angelegt, in der die Werte für die einzelnen Rechenschritte ermittelt werden. Um den Einfluß der Schrittweite *dx* zu untersuchen, wird die Tabelle so aufgebaut, daß der Abstand von *x* zu *x1* bzw. x2 in einer eigenen benannten Zelle mit Namen »dx« steht. In die erste Zeile unter den Spaltenbezeichnungen kommen folgende Einträge (die Zelladressen beziehen sich auf die abgebildete Tabelle, als Funktion wurde das angeführte Beispiel gewählt):

A6 und A7 der erste und zweite *x*-Wert. Den Rest der Spalte bis zu einem Wert von 1,2 können Sie mit dem Ausfüllkästchen füllen.

B6 die Formel der Funktion `=2*x^3+4*x^2-3*x+1` (falls Sie der ersten Tabellenspalte den Namen »x« gegeben haben).

C6 `x + dx`

E6 `x - dx`

D6 die Formel der Funktion `=2*C6^3+4*C6^2-3*C6+1`

F6 Kopie von Zelle `D6`

G6 Die Formel für den Differenzenquotient `=(D6-F6)/(C6-E6)`

H6 Die Formel für die exakte Lösung `=6*x^2+8*x-3`

I6 Die Formel für den absoluten Fehler `=ABS((G6-H6)/H6)`

Die übrigen Zeilen der Tabelle werden mit dem Ausfüllkästchen gefüllt. Um das Ergebnis der Arbeit grafisch darzustellen, werden die Spalten *x*, *y* und *dy/dx* markiert (die ersten beiden durch Ziehen mit der Maus, die letzte durch zusätzliches Ziehen mit gedrückter [Strg]-Taste). Mit dem Diagrammassistenten wird ein *xy*-Diagramm erstellt, das nach Formatieren der Zeichnungsfläche aussieht wie in Abbildung 8.8 gezeigt.

Anhand der Kurve zum Differenzenquotienten läßt sich sehr schön der Verlauf der Steigung der Ausgangskurve verfolgen: Sie wird anfangs kleiner, im Maximum der Kurve 0, hat ein Minimum, wo die Kurve einen Wendepunkt hat, wird wieder größer und wird nochmals 0, wo die Kurve ein Minimum hat.

Der Einfluß der Schrittweite *dx* auf den Fehler der Berechnung läßt sich untersuchen, indem Sie diese Tabelle für unterschiedliche Szenarien (sprich für unterschiedliche Schrittweiten *dx*) durchrechnen oder den Solver benutzen, um die günstigste Schrittweite zu ermitteln. Als Zielgröße verwenden Sie in jedem Fall die Zelle I27 mit dem maximalen aufgetretenen Fehler (`=MAX(I6:I26)`). Die veränderliche Zelle ist die Zelle B3 (bzw. *dx*) mit dem Wert der Schrittweite *dx*.

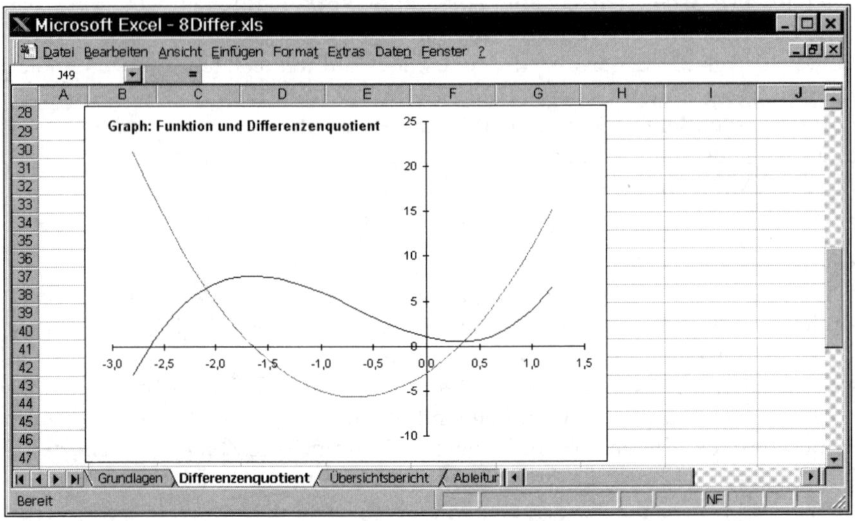

Abbildung 8.8: Graph von Funktion und Differenzenquotienten

Legen Sie Szenarien mit Namen 1 bis 14 und den Werten von 1,0E–1 bis 1,0E–14 für *dx* an. Mit der Schaltfläche BERICHT erstellen Sie einen Bericht, dessen Tabelle von veränderlichen Zellen und Ergebniszellen Sie dafür nutzen können, den Zusammenhang von Schrittweite und maximalem relativen Fehler in einem Diagramm aufzutragen. Das Resultat in doppelt logarithmischer Auftragung zeigt Abbildung 8.9 Offenbar liegt das Optimum für die Schrittweite im Bereich von 10^{-5} bis 10^{-6}.

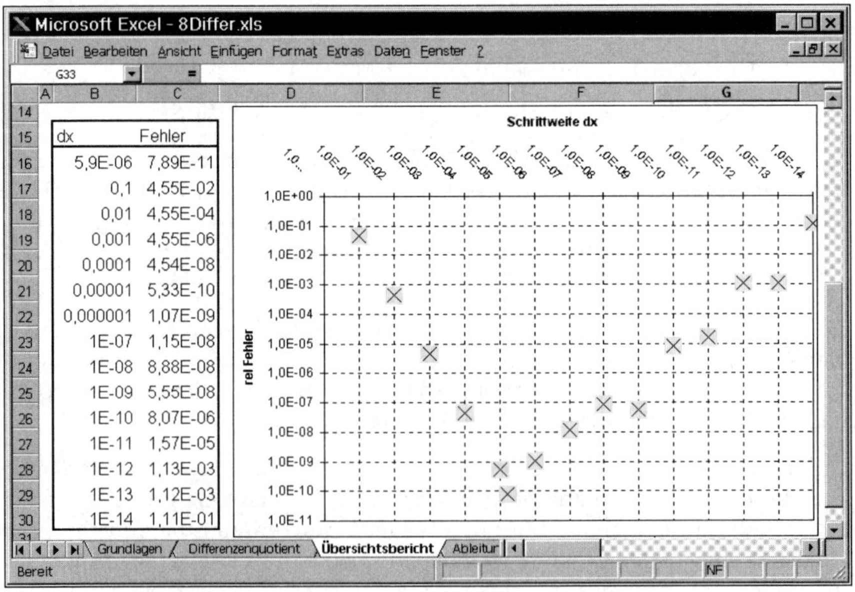

Abbildung 8.9: Fehler der Ableitung in Abhängigkeit von der Schrittweite

Den optimalen Wert für das spezielle Beispiel finden Sie mit dem Solver (EXTRAS, SOLVER). Wählen Sie als Zielzelle I27, als veränderbare Zelle B3 (dx) und als Zielwert MINIMUM. Mit der Schaltfläche LÖSEN ermitteln Sie einen Wert von 5,90E-06 für die optimale Schrittweite. Mit der Schaltfläche SZENARIEN ANWENDEN können Sie den Wert auch als Szenario übernehmen. Allerdings hat diese Funktion in Excel 97 einen *Bug*: Sie schreibt das Ergebnis in englischer Schreibweise in die interne Tabelle des Szenario-Managers, der aber die deutsche Schreibweise voraussetzt, was zu unsinnigen Zahlenwerten führt.

8.2.3 Die Ableitungen einer Funktion

In der Differentialrechnung wird natürlich nicht in erster Linie nach der grafischen Darstellung des Verlaufs der Steigung einer Funktion gefragt, sondern nach der Ableitungsfunktion, zu der die grafische Darstellung den Graph bildet. Mit dieser Funktion läßt sich die Steigung für jeden Punkt leicht berechnen. Die Ableitungsfunktion einer analytisch gegebenen Funktion ist nach den gegebenen Rechenregeln immer einfach zu bestimmen (auch wenn die Rechnung im Einzelfall langwierig werden kann). Im letzten Beispiel wurde dieses bereits genutzt, die numerisch ermittelten Ableitungen mit den exakten Werten zu vergleichen.

Nun bietet Excel auch in Grenzen die Möglichkeit, eine Funktion zu ermitteln, die zu den Daten eines Diagramms paßt. Dies kann im vorliegenden Fall auch verwendet werden, eine geschlossen Form der Ableitungsfunktion zu ermitteln. Hierzu wählen Sie im Diagramm die Datenreihe des Differenzenquotienten, indem Sie ggf. das Diagramm aktivieren und dann die Datenreihe durch einfaches Anklicken des Ableitungsgraphen markieren. Über TRENDLINIE EINFÜGEN des Kontextmenüs erhalten Sie den in Abbildung 8.10 gezeigten Dialog TRENDLINIE, in dem Excel eine Anzahl von Funktionen anbietet, mit denen vorhandene Daten angenähert werden können.

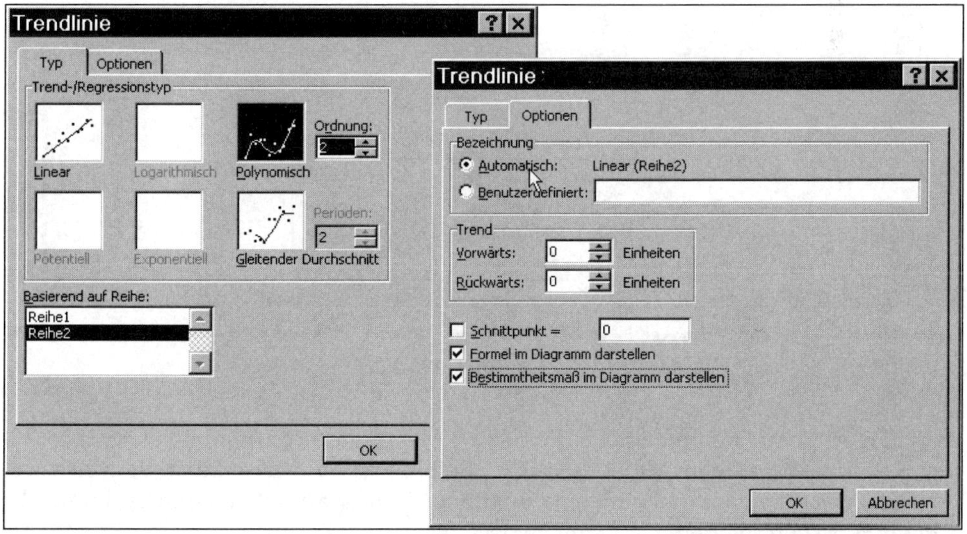

Abbildung 8.10: Dialog zum Einfügen einer Trendlinie

Das Praktische an der Trendlinie ist im vorliegenden Zusammenhang besteht darin, daß Excel nicht nur eine Trendlinie in das Diagramm einfügt, sondern bei dieser Gelegenheit auch die Funktion für diese Linie ermitteln kann. Als Funktionstypen stehen zur Verfügung

Linear: $y = a\,x + b$

Logarithmisch: $y = a \ln x + b$

Polynomisch: $y = a\,x_6 + b\,x_5 \ldots + c$

Potentiell: $y = a\,x^b$

Exponentiell: $y = a\,e^{b\,x}$

wobei a, b und c Konstanten sind, die zumindest teilweise auch negative Werte annehmen können. Auf der Dialogseite OPTIONEN läßt sich festlegen, daß die Formel und das Bestimmtheitsmaß im Diagramm dargestellt werden sollen. Nur wenn das Bestimmtheitsmaß (nahezu) 1 ist, kann die ermittelte Formel wie im vorliegenden Fall verwendet werden. Gibt man wie im Beispiel als Typ polynomisch und einen hinreichend großen Grad an (den Grad könnte man hier z.B. auch mit 6 ansetzen, dann erhält man das in Abbildung 8.11 gezeigte Ergebnis. Mit einem Bestimmtheitsmaß von Eins ist dieses Ergebnis durchaus zuverlässig; d.h., Sie erhalten genau das Ergebnis, das Sie zuvor bereits auf analytischem Wege ermittelt haben.

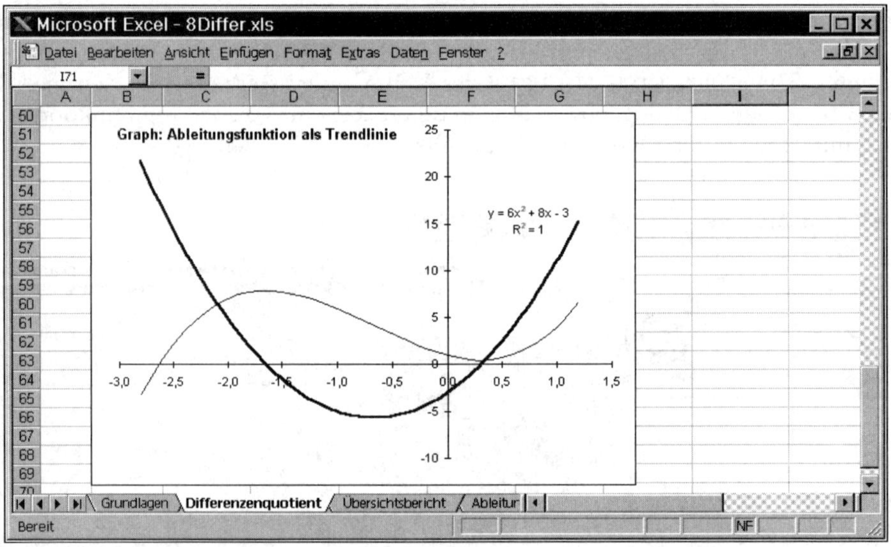

Abbildung 8.11: Polynomische Trendlinie mit Formel

In analoger Weise kann man auch die zweite Ableitung und weitere Ableitungen bilden. Die hier vorgestellte Methode ist für alle Funktionen verwendbar, die von vornherein *polynomisch* sind. Bei anderen Funktionen wird man mit anderen Typen für die Trendlinie experimentieren müssen, wobei nicht von vornherein sicher ist, ob das Ergebnis brauchbar ist. Das gilt auch dann, wenn das Bestimmtheitsmaß 1 ist.

Hier noch ein kurzes Beispiel. Gegeben sei die Funktion:

$y = \ln(x)$

Wie im vorhergehenden Beispiel wird wieder eine Tabelle aufgebaut, um den Differenzenquotienten zu ermitteln. Die so ermittelten Daten werden grafisch als *xy*-Diagramm dargestellt. Das Einfügen einer Trendlinie (Experimente führen dazu, daß nur *potentiell* geeignet ist) führt mit Formeln zu dem in Abbildung 8.12 gezeigten Ergebnis.

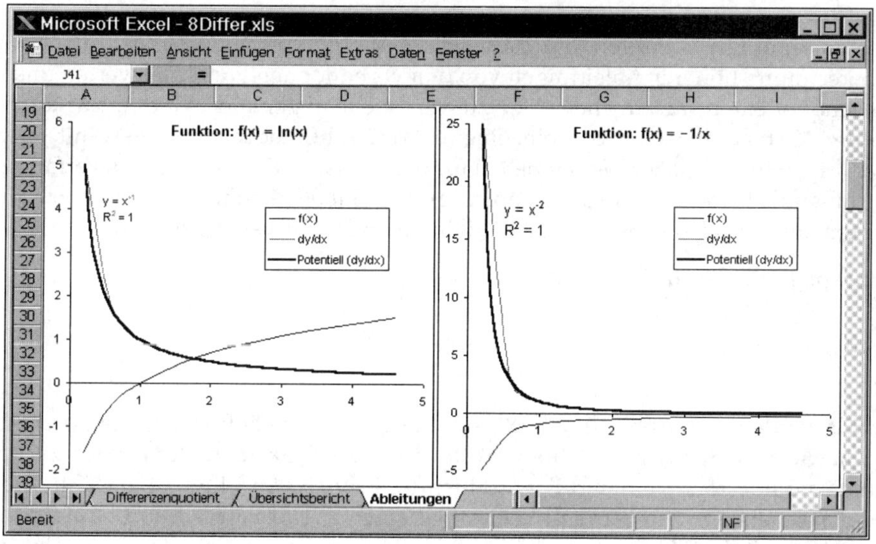

Abbildung 8.12: Erste Ableitungen von $y = \ln(x)$ *und* $y = -1/x$

Als korrektes Ergebnis für die erste Ableitung von $y = \ln(x)$ erhält man also:

$$y = x^{-1} = \frac{1}{x}$$

Bildet man auf die gleiche Weise den Differenzenquotienten der abgeleiteten Funktion, dann ergibt sich ein Problem. Die grafische Darstellung und der Versuch eine brauchbare Trendlinie zu finden, führt nicht zum Erfolg, da Excel bei manchen Trendlinien nicht mit negativen Funktionswerten umgehen kann. Das liegt daran, daß Excel das Anpassungsproblem durch Anwendung des Logarithmus auf die *y*-Werte auf die Anpassung einer Geraden oder eines Polynoms zurückführt. Erst wenn man die Werte für den Differenzenquotienten durch Multiplikation mit –1 oder Umkehrung des Vorzeichens der Funktion positiv macht, führt die beschriebene Methode zu dem Ergebnis $y = 1/x^2$. Für die vorgegebene Funktion wurde demnach mit Excel korrekt ermittelt:

$$y = ln\,(x)$$

$$y' = \frac{1}{x}$$

$$y'' = -\frac{1}{x^2}$$

Außer bei Polynomen ist dieses Verfahren also nur mit Einschränkungen anwendbar. Für den genannten Funktionstyp jedoch führt es sehr schnell zu guten Ergebnissen.

8.2.4 Näherungen für höhere Ableitungen

Die Schwierigkeit bei der Berechnung höherer Ableitungen war, daß man bei dem bisher vorgestellten Verfahren für jede Ableitung die mathematische Gleichung der Ausgangsfunktion benötigt, also bei einer höheren Ableitung die nächstniedrigere Ableitungsfunktion. Ein Verfahren, das diese Schwierigkeit vermeidet, besteht darin, auch zur Berechnung höherer Ableitungen von den vorhandenen Funktionswerten und Differenzenquotienten auszugehen. Um zu vergleichbar genauen Werten zu kommen, muß der Abstand zwischen den einzelnen x-Werten hinreichend eng gewählt werden, was zur Erstellung ganzer Wertetabellen für die grafische Darstellung das Verfahren etwas unhandlich macht, da es zu enorm großen Tabellen führt. Zu Demonstrationszwecken läßt sich aber durchaus auch mit höheren Schrittweiten arbeiten.

Als Beispiel soll hier die Funktion

$$f(x) = \sin \frac{x}{x^2 + 1}$$

gewählt werden. Die Abbildung 8.13 zeigt eine Wertetabelle für die ersten drei Ableitungen. Die erste Spalte nimmt die x-Werte auf. Da insbesondere der Bereich zwischen $-\pi$ und $+\pi$ dargestellt werden soll, wird hier der Bereich von –4 bis +4 gewählt. Die folgenden Formeln wurden in die Zeile 85 eingetragen, von wo aus sie leicht durch Kopieren (Ziehen mit der Maus am Ausfüllkästchen) auf die ganze Tabelle ausgedehnt werden können. In B85 und C85 kommen die Formeln

```
B85:  =SIN(A85)/(A85^2+1)
C85:  =(B86-B84)/$D$79
```

wobei in D79 die doppelte Schrittweite der x-Werte eingetragen ist. Die Formel aus C87 kann durch Ziehen in die Spalten D, E und F kopiert werden, dann werden die Formeln insgesamt durch Ziehen auf den Rest der Tabelle ausgedehnt, wobei sich am Ende wieder dieselbe Abstufung wie am Anfang ergibt, da für jede neue Ableitung drei Funktionswerte der vorhergehenden benötigt werden. Für die dritte Ableitung wurde noch eine Spalte erstellt, in der die Funktionswerte durch 10 geteilt sind, dies dient lediglich der grafischen Darstellung, da sonst zu große Abweichungen zwischen den verschiedenen Funktionen auftreten. Die grafische Darstellung der Funktion mit ihren Ableitungen zeigt Abbildung 8.13.

Die bessere Alternative ist die Verwendung von Nährungsformeln auch für höhere Ableitungen. Die Näherungsformel für die zweite Ableitung läßt aus der Taylor-Entwicklung von $f(x+dx)$ an der Stelle x oder aus den Formeln für die erste Ableitung konstruieren. Da der zweite Weg auch ohne tiefere mathematische Vorbildung nachvollzogen werden kann, sei er hier skizziert.

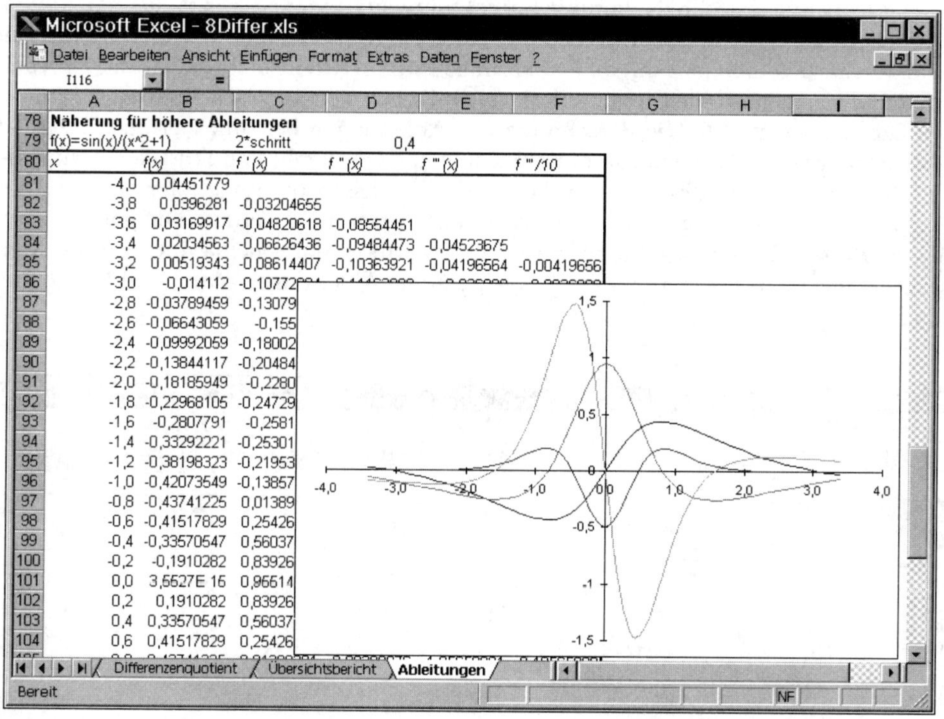

Abbildung 8.13: Funktion mit den ersten drei Ableitungen

Die zweite Ableitung wird konstruiert aus den Differenzenquotienten an den Stellen $x-dx/2$ und $x+dx/2$:

$$f'\left(x - \frac{dx}{2}\right) = \frac{f(x) - f(x + dx)}{dx}$$
$$f'\left(x + \frac{dx}{2}\right) = \frac{f(x + dx) - f(x)}{dx}$$

Einsetzen in den Differenzenquotienten für die zweite Ableitung

$$\frac{f'(x + dx) - f'(x - dx)}{2dx}$$

und Zusammenfassen liefern schließlich die gesuchte Näherungsformel:

$$f''(x) = \frac{f(x + dx) - 2f(x) + f(x - dx)}{dx^2}$$

Zur Berechnung der zweiten Ableitung benötigen Sie also nicht zwei, sondern drei Funktionswerte. Mit jedem weiteren Grad der Ableitung benötigen Sie einen Funktionswert zusätzlich. Näherungsformeln dieses Typs werden in mehrdimensionale Verallgemeinerung unter dem Namen Differenzenstern auch zur numerischen Lösung partieller Differentialgleichungen eingesetzt, allerdings dürfte dies die Möglichkeiten von Excel etwas überstrapazieren.

Auch die hier vorgestellte Näherungsformel tut nichts anderes, als aus den näherungsweise berechneten Differenzen ihrerseits Differenzenquotienten zu bilden. Es spricht daher nichts dagegen, nur mit den Näherungsformeln für die erste Ableitung zu arbeiten und die höheren Ableitungen sukzessive mit einem Dreiecksschema zu bestimmen. Ein Dreiecksschema für die Berechnung der Ableitungen bis zum vierten Grad zeigt Abbildung 8.14. Da ein Schema mit einer ungeraden Anzahl von Stützstellen nur die geraden Ableitungen direkt liefert, können und müssen die ungeraden Ableitungen aus den darüber und darunter stehenden Werten gemittelt werden. Die entsprechenden Werte sind in der Abbildung grau unterlegt. In einem Schema mit einer geraden Stützstellenzahl müssen umgekehrt die geraden Ableitungen durch Mittelung bestimmt werden.

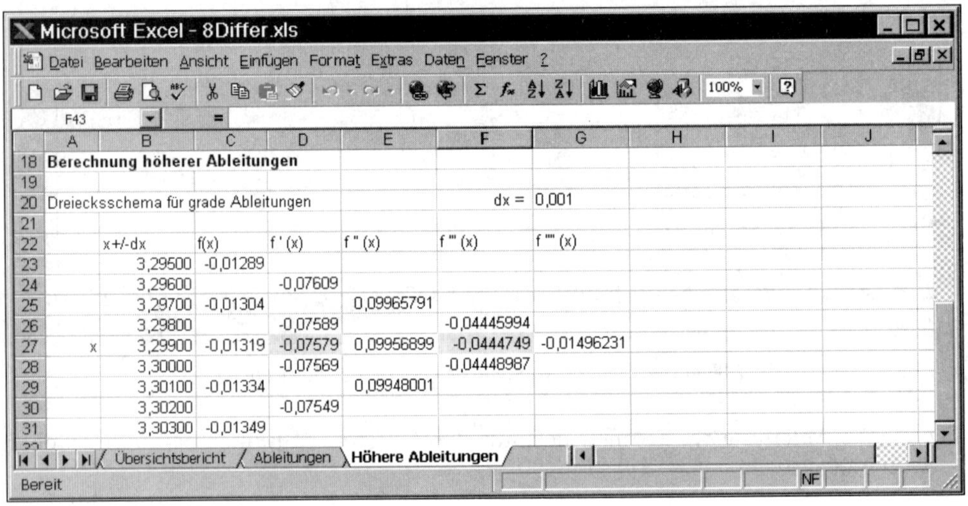

	A	B	C	D	E	F	G
18	**Berechnung höherer Ableitungen**						
19							
20	Dreiecksschema für grade Ableitungen					dx =	0,001
21							
22		x+/-dx	f(x)	f ' (x)	f " (x)	f ''' (x)	f '''' (x)
23		3,29500	-0,01289				
24		3,29600		-0,07609			
25		3,29700	-0,01304		0,09965791		
26		3,29800		-0,07589		-0,04445994	
27	x	3,29900	-0,01319	-0,07579	0,09956899	-0,0444749	-0,01496231
28		3,30000		-0,07569		-0,04448987	
29		3,30100	-0,01334		0,09948001		
30		3,30200		-0,07549			
31		3,30300	-0,01349				

Abbildung 8.14: Schema zu Berechnung höherer Ableitungen

8.3 Funktionen untersuchen

Viele Zusammenhänge in Natur und Technik lassen sich durch funktionale Zusammenhänge beschreiben. Durch die Untersuchung dieser Funktionen hinsichtlich bestimmter Eigenschaften wie asymptotisches Verhalten, Symmetrie, Extrema etc. kann man viel über die jeweiligen Gesetzmäßigkeiten lernen.

Bei der Untersuchung einer Funktion werden im einfachsten Fall folgende Fragen untersucht:

1. Welche Symmetrieeigenschaften weist die Kurve auf?
2. Wo hat die Funktion Nullstellen, d.h. Punkte, an denen der Funktionswert Null wird?
3. Wo erreicht die Kurve relative Maxima oder relative Minima (Extremwerte)?
4. Wo hat die Kurve Wendepunkte?

5. Wo gibt es Unstetigkeitsstellen (Knicke und Sprünge) und welchen Charakter haben sie?
6. Wie ist das asymptotische Verhalten wenn, x gegen $\pm\infty$ geht ?

Die bekannte Vorgehensweise ist oft mit erheblichem rechnerischen Aufwand verbunden: Man bildet zunächst die ersten drei Ableitungen der Funktion (ein mögliches Verfahren in Excel haben Sie im vorhergehenden Abschnitt kennengelernt) und muß dann eine Anzahl von Gleichungen bearbeiten:

Symmetrie	$f(-x) = f(x)$: symmetrisch zur y-Achse
	$f(-x) = -f(x)$: symmetrisch zum Ursprung
Extremwerte	$f'(x) = 0$: lokales Extremum
	$f''(x) < 0$: lokales Maximum
	$f''(x) > 0$: lokales Minimum
Wendepunkte	$f''(x) = 0$
	$f'''(x) = 0$: lokaler Wendepunkt

Selbst bei ganzrationalen Funktionen, bei denen sich die Ableitungen nach einfachen Regeln leicht bilden lassen, kann dies zu erheblichen Aufwand führen, insbesondere wenn der Grad der Funktionen etwas höher ist und dann auch noch nicht nur glatte Zahlen vorkommen. Der Aufwand ist mit Excel erheblich geringer. Z. B. können Wertetabellen und grafische Darstellung von Funktionen in einer Tabellenkalkulation blitzschnell erstellt werden.

Auf diese Weise läßt sich ein sehr guter Überblick über eine Funktion gewinnen, einzelne Werte können aber auf dieser Basis lediglich optisch geschätzt werden. Exakte Werte, die Sie von Hand bei etwas komplizierteren Funktionen nur mit ziemlich hohem Rechenaufwand erhalten könnten, lassen sich in Excel sehr einfach mit dem Solver ermitteln.

8.3.1 Ein Beispiel

Als erstes Beispiel soll die Funktion $y = \sin(x)$ gewählt werden, deren Verlauf jedem wohlbekannt sein dürfte. Vorgehensweise und Interpretation der Ergebnisse lassen sich so leichter nachvollziehen. Zur Untersuchung dieser Funktion mit der Hilfe des Solvers legen Sie sich am besten eine zweispaltige Tabelle mit folgenden Rubriken an (Abbildung 8.15 unten links):

x	Hier wird der Ausgangs-x-Wert für den Solver eingetragen, z. B. Null.
f(x)	Mit der Formel der Funktion (in diesem Beispiel `=sin(A31)`, wobei der erste x-Wert in A31 steht).

In eine weitere Tabelle mit den Spalten *Max*, *Min*, *Nullstellen* und *Fehler* werden die Ergebnisse, die der Solver liefert, eingetragen. Als erstes Ergebnis hat die Funktion bereits einen Wert geliefert: 0 für $x = 0$. Also tragen Sie in die Spalte *Nullstellen* als ersten Wert *0* ein.

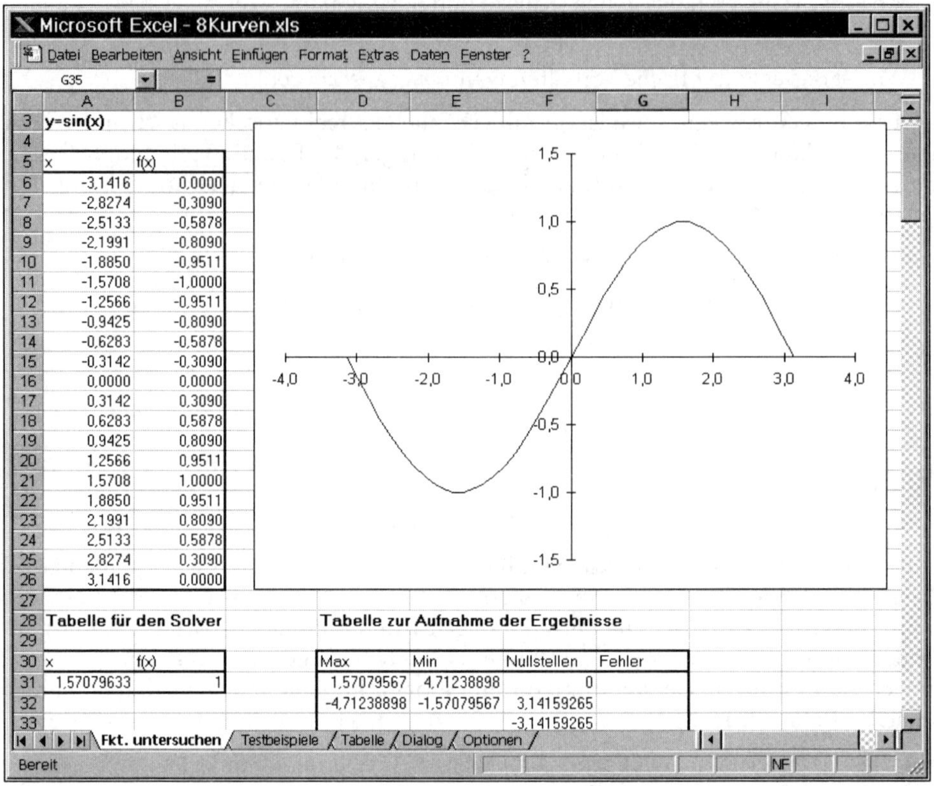

Abbildung 8.15: Untersuchung der Funktion y = sin x mit dem Solver

Nach diesen Vorbereitungen wird mir EXTRAS, SOLVER der Solver aufgerufen. Als Zielzelle wird B31 (die Zelle, in der die Formel steht) eingetragen oder durch Anklicken gewählt; als veränderbare Zelle die Zelle mit dem ersten *x*-Wert (im Beispiel A31). Im ersten Durchlauf soll nach einem Maximum gesucht werden. Also wird unter ZIELWERT die Optionsschaltfläche MAX ausgewählt.

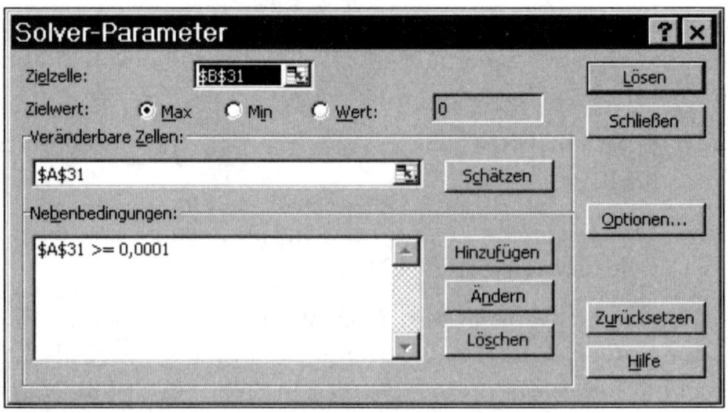

Abbildung 8.16: Einstellungen des Solvers

Zunächst soll der Bereich mit *x>0* untersucht werden. Hierzu wird das Feld mit den Nebenbedingungen gewählt. Mit der Schaltfläche HINZUFÜGEN erscheint ein Fenster für die Definition von Nebenbedingungen. Als Zellbezug wird hier wieder A31 angegeben, die Bedingung soll sein, daß *x>0* ist. Leider verfügt der Solver nicht über die Möglichkeit, diese Bedingung entsprechend zu formulieren, da er als Operatoren nur >=, =, <= und *Ganzzahl* zur Verfügung stellt. Daher müssen Sie in diesem Fall angeben: *>=0*, was im vorliegenden Fall funktioniert, gelegentlich aber zu Schwierigkeiten führen kann. In einem solchen Fall empfiehlt sich ein willkürlicher Wert der geringfügig größer als 0 ist.

Nach Rückkehr zum Solver und dem Befehl LÖSEN steht das erste Ergebnis bereit: ein Maximum beim *x*-Wert 1,57079633 mit dem zugehörigen *y*-Wert von Eins. Im Prinzip könnten zwischen diesem Maximum und dem Nullpunkt noch eine Nullstelle und ein Minimum liegen. Deshalb wird der Solver ein weiteres Mal aufgerufen und als Zielwert MIN gewählt. Alles andere bleibt unverändert. Der Solver liefert als Ergebnis 0. Auch ein Versuch mit der Nebenbedingung A33>=0,1 liefert lediglich 0,1 als neues Minimum.

Daraus folgt allerdings weder, daß bei diesem Punkt tatsächlich ein Minimum liegt, noch daß es für x>0 keine Minima gäbe. Um dies zu verstehen, muß man sich die Arbeitsweise des Solvers klarmachen. Der Solver sucht lokale Extrema mit Hilfe eines Gradientenverfahrens, das die Lage eines Minimums anhand der Steigung am Startpunkt schätzt und dies solange mit den gefundenen neuen Punkten fortsetzt, bis entweder ein lokales Minimum oder eine durch eine Nebenbedingung gegebene Grenze erreicht ist. Im ersten Fall ist nicht gewährleistet, daß der Solver alle lokalen Extrema oder auch nur die größten Extrema findet. Eine ungeschickte Wahl des Startpunktes kann bewirken, daß immer nur das gleiche unbedeutende Nebenminimum gefunden wird. Zuverlässig läßt sich ein Punkt mit dem Solver nur finden, wenn der Startpunkt hinreichend nah am Ergebnis liegt. »Vermutet« andererseits der Solver eine Lösung in einer Richtung, die Ihm durch eine Nebenbedingung versperrt ist, kann es geschehen, daß der die Grenze der Nebenbedingung für ein lokales Minimum hält. Auch bei mehrdimensionalen Problemen, also wenn die Zielgröße von mehr als einem Parameter abhängt, ist der Solver im Allgemeinen nicht in der Lage, um durch Nebenbedingungen gebildete Hindernisse herumzulaufen.

Nach dem bereits als Maximum ermittelten Wert von 1,57079633 (π/2) könnte zunächst ein Minimum und/oder eine Nullstelle liegen. Dies zu klären ist die Aufgabe des nächsten Schrittes. Ein Aufruf des Solvers mit der Suche nach einem Minimum und der Nebenbedingung A33>=1,571 liefert als Minimum den *x*-Wert 4,71238898 (3π/2) mit dem zugehörigen *y*-Wert -1. Zwischen dem letzten Maximum und dem soeben ermittelten Minimum kann eine Nullstelle liegen. Ein Versuch mit dem Solver mit dem Zielwert 0 und der Nebenbedingung A33>=1,571 erbringt die Bestätigung: Der Zielwert wird 0, wenn der *x*-Wert 3,14159265 (π) erreicht. Analog können Sie die nächste Nullstelle und das nächste Maximum mit der Nebenbedingung A33>=4,72 ermitteln.

In gleicher Weise geht die Analyse der Werte für *x*<0 vor sich. Angefangen mit der Nebenbedingung A33<=0 wird als erstes Minimum –1,57079633 (π/2) ermittelt. Mit der Nebenbedingung A33 <= –1,571 ergibt sich als nächste Nullstelle –3,14159265 (–π) und als Maximum –4,71238898 (–3π/2).

In der Spalte *Fehler* wurde bislang nichts eingetragen. Wozu sie dient, werden Sie im nächsten Beispiel kennenlernen.

8.3.2 Noch ein Beispiel

Mit diesem Rüstzeug soll nun ein Problem untersucht werden, bei dem das Ergebnis nicht von vornherein klar ist. Gegeben sei die Funktion:

$$y = \frac{x^3}{x^2 - 1}$$

Zunächst wird für die Lösung wieder eine Tabelle angelegt (Abbildung 8.17). Im Beispiel steht der Ausgangswert für *x* (als erstes wieder 0) in A43, in die danebenliegende Zelle B43 kommt demnach die Formel:

```
=A43^3/(A43^2-1)
```

Der erste Wert der Funktion, 0 bei *x = 0*, kann bereits in die Lösungstabelle unter *Nullstellen* eingetragen werden.

Für den Einsatz des Solvers wird B43 als Zielzelle angegeben, als veränderbare Zelle A43. Wenn Sie den Solver zuvor schon aufgerufen hatten, um das vorhergehende Beispiel zu bearbeiten, ist es sinnvoll, den Solver als erstes zurückzusetzen (Schaltfläche ZURÜCKSETZEN).

Die notwendigen Operationen mit dem Solver und die dabei erzielten Ergebnisse sehen dann folgendermaßen aus:

- Zielwert MAX; Nebenbedingung: *A42>=0.*

  Ergebnis: 0.

  Mit der Nebenbedingung *A42>=0,1* ist das Ergebnis 0,1 mit einem Funktionswert –0,001 Interpretation: Die Kurve fällt bei *x*>0.

- Zielwert MIN; Nebenbedingung: *A42>=0,1.*

  Ergebnis: Fehler (#DIV/0) bei *x*=1.

  Interpretation: Die Kurve geht bei *x*=1 gegen –∞, hat also eine Polstelle. Zur Kontrolle kann als zweite Nebenbedingung eingeführt werden *A42<=0,999*; der ermittelte Funktionswert von ca. –500 bestätigt die Interpretation.

  Um zu klären, ob die Funktion bei *x*>1 noch Werte hat, soll auch dieser Bereich untersucht werden.

- Zielwert MAX; Nebenbedingung *A42>=1,001.*

  Ergebnis: Für 1,001 ergibt sich ein Funktionswert von über 500. Das führt zu der Vermutung, daß die Kurve bei 1 +∞ ist. Die Suche nach einem Maximum mit der Nebenbedingung *x<=1,001* liefert den Funktionswert 1,2545E+12 bei *x*=1, was diese Vermutung stützt. Setzen Sie den Zellzeiger auf A42, dann wird oben in der Eingabezeile der *x*-Wert 1,000000000004 angezeigt. Eine weitere Verkleinerung dieses Werts Richtung 1 erhöht den Funktionswert noch, so daß die Vermutung als bestätigt gelten kann.

  Sie haben damit das Ergebnis, daß die Funktion im Bereich zwischen 0 und 1 bis –∞ fällt, dann im Bereich >1 von +∞ fällt. Demnach wird als nächstes ein Minimum gesucht.

- Zielwert MIN; Nebenbedingung: *A42>=1*.

  Ergebnis: Ein Minimum bei ca. x=1,73 mit dem Funktionswert von ca. 2,59. Es ist sinnvoll, diesen Funktionswert unter dem x-Wert in der Lösungstabelle zu notieren.

  Als nächstes muß wieder ein Maximum jenseits des soeben gefundenen Minimums gesucht werden.

- Zielwert MAX; Nebenbedingung *A42>=1,733*.

  Ergebnis: Der Solver erhöht die Zelle mit dem x-Wert auf sehr große Werte, der Funktionswert wird ebenfalls sehr groß. Gleichzeitig kommt die Meldung: Werte der Zielzelle konvergieren nicht, d.h., die Suche führt nicht zum größten Wert, da dieser immer größer wird.

  Interpretation: Oberhalb von ca. x=1,73, dem gefundenen Minimum, geht der Wert der Funktion gegen unendlich, wenn x gegen unendlich geht.

Damit ist der Verlauf der Funktion für positive x-Werte weitgehend geklärt. Der Verlauf für negative x-Werte wird auf analoge Weise geklärt:

- Suche nach MAX mit *A42<=– 0,1*: Fehler bei –1, Polstelle.
- Suche nach MIN mit *A42<=–0,1*: Minimum bei 0,1, die Funktion steigt also.
- Suche nach MAX mit *A42<=–1,001*: Maximum bei ca. x=–1,73 mit dem Funktionswert von ca. –2,59.
- Suche nach MIN mit *A42<=–1,733*: x und $f(x)$ gehen gegen $-\infty$, die Werte der Zielzelle konvergieren nicht.

Die Funktion verläuft also im negativen Bereich umgekehrt symmetrisch zu ihrem Verlauf im positiven Bereich. Grafisch ist die Funktion in Abbildung 8.17 aufgetragen.

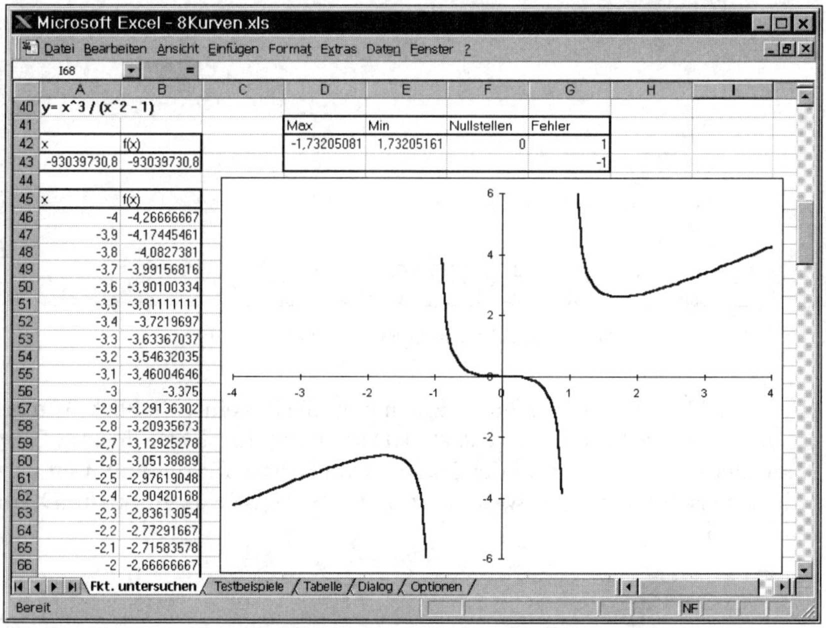

Abbildung 8.17: Funktion mit Polstellen

8.3.3 Ein anderer Ansatz

Es ist auch noch ein anderes Verfahren denkbar, bei dem die Untersuchung durch ein kleines Programm erledigt wird. Dieses Programm durchläuft ein vorgegebenes Intervall in einer vorgegebenen Schrittweite und überprüft diese Punkte auf besondere Eigenschaften. Auf diese Weise findet man zwar nicht mit absoluter Sicherheit alle interessanten Punkte, gewinnt aber schnell zumindest einen Überblick.

Ausgangspunkt sind die Überlegungen der beiden vorhergehenden Abschnitte. Angenommen, man hätte eine Wertetabelle mit sehr kleinen Schrittweiten, in der die *x*-Werte und die dazugehörigen Werte der Funktion und der ersten beiden Ableitungen angegeben sind. Baut man diese Wertetabelle so auf, wie es zur näherungsweisen Berechnung der Ableitungen weiter oben beschrieben wurde, dann könnte sie für einen beliebigen Punkt *x2* aussehen wie in Abbildung 8.18 gezeigt.

In diese Tabelle wird in A10 der jeweilige *x*-Wert eingetragen. Wenn in der mit *dx* benannten Zelle B5 der Wert für die Schrittweite steht, dann kommen in die anderen Zellen der Tabelle folgende Formeln (die Adressen stimmen so natürlich nur für das abgebildete Beispiel!)

```
B8:   =B9-dx
B9:   =B10-dx
B11:  =B10+dx
B12:  =B11+dx
```

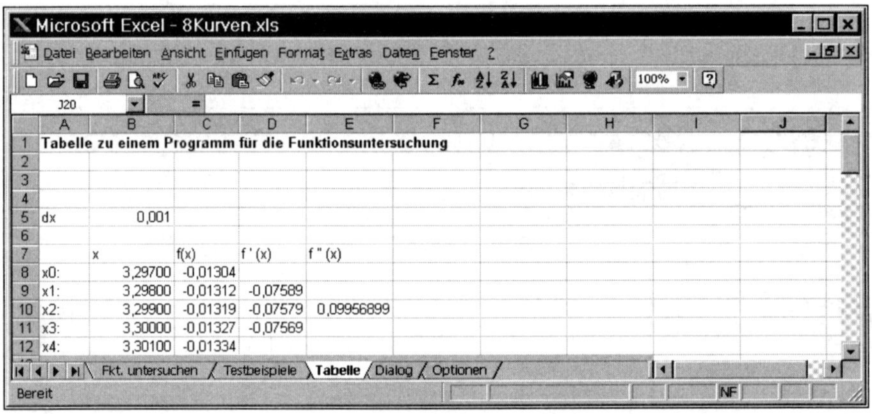

Abbildung 8.18: Berechnungsschema für Ableitungen

Der Bereich B8:B12 erhält als Namen *x* – z.B. indem Sie ihn einschließlich B7 markieren und den Namen mittels EINFÜGEN, NAMEN, ÜBERNEHMEN (bis Excel 95) bzw. ERSTELLEN (Excel 97) festlegen. Dann kann in der Spalte C die Formel für die Funktion in der gebräuchlichen Weise eingetragen werden (z.B. `=x^3+x^2-3*x-6`). In Spalte D kommen folgende Formeln:

```
D9:   =(C10-C8)/(2* dx)
D10:  =(C11-C9)/(2* dx)
D11:  =(C12-C10)/(2* dx)
```

Auf diese Weise werden, analog zur oben gezeigten Vorgehensweise die Differenzenquotienten zu den Punkten *x*1 bis *x*3 gebildet. Bei kleiner Schrittweite können diese als hinreichende Annäherung zu den Differentialquotienten gelten. In der Spalte E schließlich wird auf die gleiche Weise die zweite Ableitung angenähert:

```
E10:  =(D11-D9)/(2*dx)
```

Mit der Formel zur Berechnung der Funktion in die Spalte C erhält man so für fünf dicht beieinander liegende Punkte (abhängig von *dx*) fünf Funktionswerte, für drei Punkte die erste und für einen Punkt die zweite Ableitung. Dies kann man sich nun nutzbar machen. Tabelle 8.3 zeigt zur Erinnerung noch einmal die Merkmale der zu ermittelnden Punkte.

	f(x)	f' (x)	f'' (x)
Nullstelle	$y=0$		
Maximum	$y_2 > y_1$ *und* $y_2 > y_3$	0	< 0
Minimum	$y_2 < y_1$ *und* $y_2 < y_3$	0	> 0
Wendepunkt		$y_2' > y_1'$ *und* $y_2' > y_3'$	0
		$y_2' > y_1'$ *und* $y_2' < y_3'$	0

Tab. 8.1: Merkmale von Nullstellen, Extrema und Wendepunkten

Um diese Punkte zu finden, muß man also lediglich die Variable *x* (Zelle B10) in kleinen Schritten alle Werte des zu untersuchenden Bereichs durchlaufen lassen, und kann dann anhand der Werte, die die Funktionswerte und die Ableitungen annehmen, entscheiden, ob es sich um einen der angegebenen Punkte handelt. Da man dabei jedoch, wie bei den meisten numerischen Verfahren, nie einen Wert von exakt Null für die Funktion oder eine ihrer Ableitungen erhält, überprüft man, ob ein Wert hinreichend dicht an Null liegt.

8.3.4 Das Programm

Während die Berechnung der Ableitungen in einem Rechenblatt abläuft, wird der größte Teil der Arbeit von einem VBA-Programm erledigt, welches das Durchspielen mit einer Folge von *x*-Werten übernimmt und gleichzeitig überprüft, ob die so ermittelten Punkte eine der interessierenden Eigenschaften haben. In ähnlicher Weise können natürlich auch völlig andere Datensätze wie etwa Meßkurven auf interessierende Details untersucht werden. Auch ist dieses Programm eine schöne Gelegenheit, weitere Möglichkeiten von VBA kennenzulernen.

Da das Programm etwas umfangreicher wird, ist es sinnvoll, es in kleine logische Einheiten zu zerlegen und Variablen, die von mehreren Funktionen oder Unterprogrammen benötigt werden, vorweg zu definieren:

```
' globale Variablendeklarationen

Dim gleichung As String
Dim x As Double, xu As Double, xo As Double
Dim x1 As Double, x2 As Double, x3 As Double
```

```
Dim y1 As Double, y2 As Double, y3 As Double
Dim ya1 As Double, ya2 As Double, ya3 As Double
Dim yaa As Double
Dim xSchritt As Double, genauigk As Double
Dim dlg As Object
Dim optdlg As Object
Dim tabl As Object
Dim optOk As Boolean
```

Die Variablen werden so benannt, daß sie weitgehend selbsterklärend sind, wobei häufig Kompromisse zwischen Klarheit und Länge des Namens zu schließen sind. Alle numerischen Variablen werden als Zahlen mit doppelter Genauigkeit definiert (als Faustregel sollten in numerischen Anwendungen Variablen einfacher Genauigkeit gemieden werden, es sei denn, gewichtige Gründe sprechen für das Gegenteil und die Auswirkungen auf die Zuverlässigkeit des Ergebnisses sind bekannt). Hier ein Überblick über die Variablen:

`gleichung`	Die zu untersuchende Funktion als Zeichenfolge
`x, xu, xo`	Die Variable `x`, die alle Werte im Bereich von `xu` (untere Grenze) bis `xo` (obere Grenze) durchlaufen soll.
`x1, x2, x3`	Der aktuelle *x*-Wert (`x2`), sowie der vorhergehende (`x1`) und der folgende (`x3`)
`y1, y2, y3`	Die zu den *x*-Werten gehörenden Funktionswerte *f*(`x1`), *f*(`x2`), *f*(`x3`)
`ya1, ya2, ya3`	Die zugehörigen Werte der ersten Ableitung.
`yaa`	Der zum aktuellen *x*-Wert gehörende Wert der zweiten Ableitung $f''(x)$.
`xSchritt, genauigk`	Die Schrittweite, um die der *x*-Wert jeweils erhöht werden soll (`xSchritt`) und die Genauigkeit (`genauigk`), d.h. derjenige Wert für $f(x)$, ab dem dieser Wert als 0 gelten soll
`dlg, optdlg`	Hier handelt es sich um Objektvariablen für zwei Dialoge, der eine für die allgemeinen Eingaben, die immer gemacht werden müssen, der andere für die optionale Einstellung der Genauigkeit.
`tabl`	Eine Objektvariable für die (Hilfs-)Tabelle, in der die Funktionsberechnungen stattfinden sollen.
`optOk`	Logische Variable (Typ Boolean) für den Optionsdialog. Die Verwendung geht aus der folgenden Erklärung des Programms hervor.

Um zu vermeiden, daß das Programm zu unübersichtlich wird, empfiehlt es sich, wie schon erwähnt, das Programm in kleinere Einheiten zu zerlegen. Formulieren Sie zunächst die Problemlösung im allgemeinen, um sie dann Schritt für Schritt weiter zu verfeinern. Die Vorgehensweise wird auch als Top-Down-Methode bezeichnet. Der umgekehrte Weg, Programme aus zuvor entwickelten Prozeduren zusammenzusetzen, wird dagegen als Bottom-Up-Methode bezeichnet. Das tatsächliche Vorgehen ist häufig eine

Kombination von beiden Methoden. Man verfährt so, daß man zunächst (Top-Down) das Gesamtproblem und die Teilprobleme analysiert und die logische Abfolge des Programms plant, dann (Bottom-Up) die einzelnen Prozeduren schreibt und testet, um sie am Schluß zu einem Gesamtprogramm zusammenzufügen. Es lassen sich auch teilweise zunächst als Platzhalter leere Prozeduren erstellen, vielleicht mit einer einzigen Programmzeile

```
MeldungsDlg "Hier kommt Prozedur ..."
```

Das Programm läßt sich so leichter im Zusammenhang testen, ohne daß bereits alle Komponenten fertiggestellt sein müssen. Die übergeordnete Prozedur für das gegebene Problem sieht etwa so aus:

```
Sub untersucheFkt()
    Set dlg = Workbooks("8Kurven.xls").Sheets("Dialog")
    Set tabl = Workbooks("8Kurven.xls").Sheets("Tabelle")
    Set optdlg = Workbooks("8Kurven.xls").Sheets("Optionen")

    If eingaben() Then
       eintrageFormeln
       schreibeKopf
       rechne
    End If

    Set dlg = Nothing
    Set tabl = Nothing
    Set optdlg = Nothing
End Sub
```

Die am Anfang stehende Belegung der drei Objektvariablen dient in erster Linie dazu, unnötige Schreibarbeit zu vermeiden. So kann man z.B. `tabl` schreiben statt der ellenlangen Objektbezeichnung, die auf der rechten Seite des Gleichheitszeichens steht. Die vollständige Objektbezeichnung einschließlich der Arbeitsmappe ist erforderlich, weil das Programm auch von anderen Arbeitsmappen aus aufgerufen werden soll.

Das Kernstück des Programmes wird von einer `if`-Anweisung gebildet. Der Rumpf dieser `if`-Anweisung wird nur durchlaufen, wenn eine Funktion eingegeben wurde. Die Aufgabe der Dateneingabe, Aufbau der Hilfstabelle für die Berechnungen und eines Kopfes für Ausgabe der Ergebnisse werden durch eigene Funktionen bzw. Unterprogramme erledigt, die weiter unten genauer erläutert werden:

`eingaben` Der Eingabedialog, bei dem Funktion, Bereich etc. eingetragen werden. Wenn dieses Eingabedialog mit der Schaltfläche ABBRECHEN beendet wird, dann liefert die Funktion den Wert `False`, bei OK dagegen den Wert `True`. Die weitere Programmausführung hängt vom Ergebnis dieser Funktion ab.

`eintrageFormeln` Die eingegebene Funktionsgleichung muß in die Tabelle, in der die Funktionswerte und die Ableitungen berechnet werden sollen, eingetragen werden. Auch die Schrittweite muß in diese Tabelle übernommen werden.

`schreibeKopf` In die Tabelle, von der aus das Programm aufgerufen wird, werden zunächst allgemeine Einträge (Funktion etc.) geschrieben, später folgen die Ergebnisse der Berechnung.

`rechne` Die Variable `x` soll die Werte von `xu` bis `xo` in Schritten der Größe `xw` durchlaufen; für jeden Punkt wird ermittelt, ob er die relevanten Eigenschaften hat. Die Ergebnisse werden ggf. in die Arbeitstabelle übernommen.

Am Ende werden die Objektvariablen wieder auf `Nothing` (Nichts) gesetzt, um die von ihnen reklamierten Ressourcen freizugeben. Nun zu den Prozeduren im einzelnen.

Für den Eingabedialog wird zunächst ein Dialogblatt benötigt (Arbeitsblattregister-Kontextmenü EINFÜGEN, Dialogseite ALLGEMEIN, Vorlage (EXCEL-5.0-)DIALOG). Dieses Blatt wird so gestaltet, daß es die benötigten Eingabefelder (Bearbeitungsfelder) und Bezeichnungsfelder enthält (Abbildung 8.19). Über die Steuerelemente-Eigenschaften wird festgelegt, daß das Feld für die Funktionsgleichung als Textfeld dient, die anderen Bearbeitungsfelder als Eingabe für Zahlen.

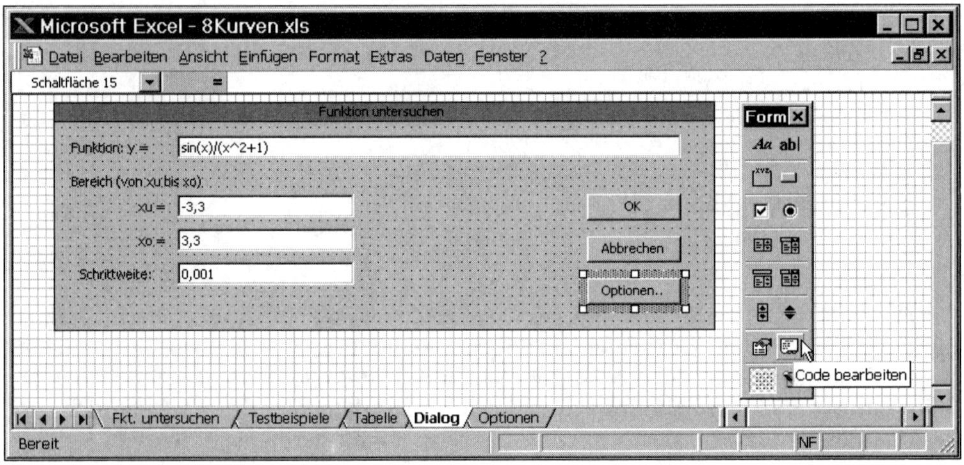

Abbildung 8.19: Entwurf des Eingabedialogs

Für den Aufruf dieses Dialogs dient die folgende private Funktion `eingaben`, wobei die Nummern der Bearbeitungsfelder bei eigenen Versuchen anders sein können (die Objekte werden im Dialogblatt der Reihe nach durchnumeriert, wobei die anfangs vorhandenen Objekte DIALOGFELD, OK und ABBRECHEN die Nummer eins bis drei einnehmen). Die Funktion ist privat, da sie nur zur Verwendung innerhalb des Moduls bestimmt ist und ihr Aufruf aus einem anderen Modul oder aus dem Dialog MAKROS nicht erwünscht ist. Die Schaltfläche OPTIONEN dient dazu, einen weiteren Dialog aufzurufen, in dem die Variable `genauigk` (Genauigkeit) individuell eingestellt werden kann.

```
Private Function eingaben() As Boolean
    optOk = False
    eingaben = False
```

```
    If (dlg.Show) Then
        eingaben = True
        gleichung = dlg.DrawingObjects("Bearbeitungsfeld 5").Text
        xu = CDbl (dlg.DrawingObjects("Bearbeitungsfeld 8").Text)
        xo = CDbl (dlg.DrawingObjects("Bearbeitungsfeld 10").Text)
        xSchritt = CDbl (dlg.DrawingObjects("Bearbeitungsfeld 12").Text)
    End If
End Function
```

Die Variable `optOk` wird zunächst auf `False` gesetzt, den Wert `True` erhält sie erst, wenn der Dialog OPTIONEN aufgerufen und mit OK beendet wird. Ebenso wird in der folgenden Zeile der Rückgabewert der Funktion auf den Wert `False` gesetzt. Der Dialog selbst wird mit `dlg.Show` aufgerufen, wobei der Rückgabewert nur dann den Wert `True` annimmt, wenn der Dialog mit OK beendet wird. Abhängig von diesem Wert wird dem Rückgabewert `eingaben` der Wert `True` zugewiesen Die Eingaben werden als Eigenschaft `Text` der Bearbeitungsfelder des Dialogs herausgezogen (auch wenn es sich um Zahlen handelt, liefern die Bearbeitungsfelder immer Text). Die Bearbeitungsfelder ihrerseits werden über ihre vom Dialogeditor vergebenen Namen als Indizes angesprochen. Da das Ergebnis eine Zeichenkette und nicht eine Zahl ist, muß diese durch die Funktion `CDbl` in eine solche umgewandelt werden, bevor sie einer der globalen Gleitkommavariablen zugewiesen wird.

Für den zweiten Dialog OPTIONEN wird ein weiteres Dialogblatt benötigt. Dieser Dialog erhält ein Eingabefeld, in welches später ein eigener Wert eingetragen werden kann, der vorgibt, unterhalb welchen Betrags ein Funktionswert als 0 betrachtet werden soll (Abbildung 8.20). Das Programm ist so aufgebaut, daß für diesen Wert zunächst derselbe Wert vorgeschlagen wird, der als Schrittweite verwendet wird. Diese Angabe könnte natürlich auch im ersten Dialog stehen, es sollte hier aber gezeigt werden, wie man mit weiteren Dialogen arbeitet.

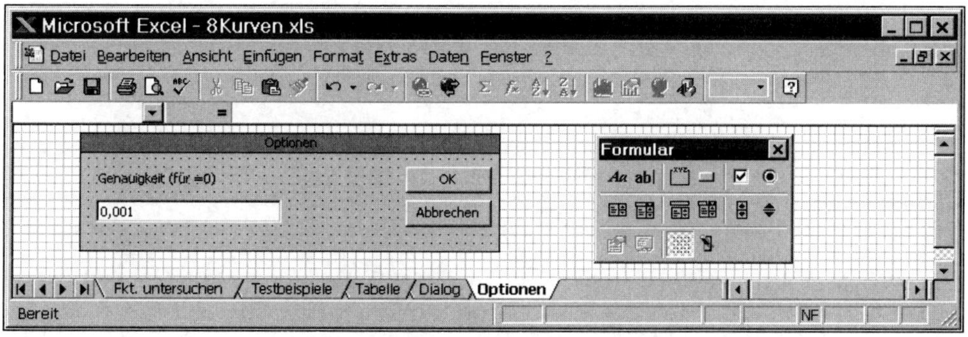

Abbildung 8.20: Dialog für Optionen

Der Dialog für die Optionen soll eingeblendet werden, wenn im Eingabedialog die Schaltfläche OPTIONEN betätigt wird. Hierzu wird eine Ereignisprozedur benötigt. Ihr Rumpf wird erstellt, indem die Schaltfläche OPTIONEN im Eingabedialog ausgewählt wird und dann die Symbolschaltfläche CODE BEARBEITEN der Symbolleiste DIALOG (bis Excel 95) bzw. FORMULAR (Excel 97) betätigt wird.

```
Private Sub Schaltfläche15_BeiKlick()
Dim xSchritt
    xSchritt = dlg.DrawingObjects("Bearbeitungsfeld 12").Text
    optdlg.DrawingObjects("Bearbeitungsfeld 5").Text = xSchritt
    optOk = optdlg.Show
    If optOk Then
        genauigk = optdlg.DrawingObjects("Bearbeitungsfeld 5").Text
    End If
End Sub
```

Da die Werte des Dialogs erst dann übernommen werden, wenn der Dialog abgeschlossen wurde, das Optionsfeld aber schon vorher aufgerufen wird, muß zunächst der Wert von `xSchritt` aus dem ersten Dialog ermittelt werden. Dieser Wert wird als Voreinstellung für die Genauigkeit (`genauigk`) in das Eingabefeld des Optionsdialogs eingetragen. Um Nebeneffekte zu vermeiden (vorzeitige Änderung der globalen Variablen `xSchritt`) muß hier übrigens unbedingt mit einer explizit definierten lokalen Variable `xSchritt` gearbeitet werden. Mit `optdlg.Show` wird das Optionsfeld angezeigt. Wird der Dialog mit der Schaltfläche OK beendet, wird `optOk` wahr und der eingegebenen Wert in die globale Variable `genauigk` übernommen Die Änderung der Variablen `genauigk` ist also bei der vorgestellten Implementierung unabhängig davon, ob der Hauptdialog mit OK beendet wird oder nicht.

Wurde der Hauptdialog mit OK abgeschlossen, liefert die Funktion `eingaben` den Wert True, und es werden von `untersucheFkt` nun die Unterprogramme `eintrageFormeln`, `schreibeKopf` und `rechne` ausgeführt. `eintrageFormeln` trägt die Funktionsgleichung und die Schrittweite in die Hilfstabelle ein, in der Funktionswerte und Ableitungen berechnet werden:

```
Private Sub eintrageFormeln()
    Dim n As Integer
    If Not optOk Then
        genauigk = xSchritt
    End If
    tabl.Cells(5, 2).Formula = xSchritt
    For n = 8 To 12
        tabl.Cells(n, 3).Formula = "=" & gleichung
    Next n
End Sub
```

Die globale Zeichenkette `gleichung`, welche die Funktionsgleichung enthält, wird hierzu mit einem Gleichheitszeichen verknüpft und in die entsprechenden Zellen der Tabelle geschrieben. Diese Verknüpfung hätte effizienter auch außerhalb der Schleife vorgenommen werden können, doch ist dieser Teil nicht zeitkritisch, so daß sich der zusätzliche Aufwand nicht lohnt. Zuvor erhält in diesem Unterprogramm für den Fall, daß der Dialog OPTIONEN nicht benutzt wurde (`optOk` bleibt dann Falsch), die Variable `genauigk` den Wert von `xSchritt`.

In die Tabelle, von der aus das Programm aufgerufen wurde (also im allgemeinen in einer eigenen Arbeitsmappe), trägt das Programm mit `schreibeKopf` die ersten Daten für die Auswertung ein. Auf Formatierungen wurde hier völlig verzichtet, hier bleiben also noch Möglichkeiten für die individuelle Gestaltung. Die Einträge beginnen mit der gerade aktiven Zelle, weshalb unbedingt zu vermeiden ist, daß der Zellzeiger etwa beim Test in dem Bereich steht, in dem die Funktionswerte berechnet werden. Unterhalb dieser Einträge erfolgen im weiteren Programmverlauf die Auswertungen:

```
Private Sub schreibeKopf()
    Selection.Offset(1, 0).Formula = "Funktion: f(x) = " & gleichung
    Selection.Offset(2, 0).Formula = "Bereich: " & xu & " <= x <= " & xo
    Selection.Offset(3, 0).Formula = "Schrittweite: " & xSchritt
    Selection.Offset(5, 0).Formula = "Punktart"
    Selection.Offset(5, 1).Formula = "x"
    Selection.Offset(5, 2).Formula = "f(x)"
    Selection.Offset(6, 0).Select
End Sub
```

Der eigentliche Kern des Programms ist die Berechnung und Auswertung der Funktionswerten innerhalb des angegebenen Bereichs. Das hierfür vorgesehene Unterprogramm `rechne` wurde seinerseits in eine Anzahl weiterer Unterprogramme (`holeWerte`, `schreibeWerte`) und Funktionen (`testNullstelle`, `testExtremum`, `testWendepunkt`) zerlegt.

```
Private Sub rechne()
    For x = xu To xo Step xSchritt
        tabl.Cells(10, 2).Formula = x
        holeWerte
        If (testNullstelle Or testExtremum Or testWendepunkt) Then schreibeWerte
    Next x
End Sub
```

Die Variable `x` durchläuft hier alle Werte von `xu` bis `xo` mit der angegebenen Schrittweite `xSchritt`. Der jeweilige Wert von `x` wird in der Tabelle in die Zelle B10 eingetragen, worauf alle anderen Werte in der Tabelle automatisch für den neuen Wert neu berechnet werden. Dies entspricht dem manuellen Eintrag eines neuen Wertes für $x2$ in der Tabelle.

Mit dem Unterprogramm `holeWerte` werden die neu berechneten Werte aus der Tabelle übernommen:

```
Private Sub holeWerte()
    y1 = tabl.Cells(9, 3).Value
    y2 = tabl.Cells(10, 3).Value
    y3 = tabl.Cells(11, 3).Value
    ya1 = tabl.Cells(9, 4).Value
    ya2 = tabl.Cells(10, 4).Value
    ya3 = tabl.Cells(11, 4).Value
    yaa = tabl.Cells(10, 5).Value
End Sub
```

Anschließend wird auf der Basis dieser Werte geprüft, ob es sich beim aktuellen Punkt um einen der relevanten Punkte handelt. Dazu werden die drei Testfunktionen `testNullstelle`, `testExtremum` und `testWendepunkt` aufgerufen. Liefert eine dieser Funktionen das Ergebnis True, werden die aktuellen Werte mit schreibeWerte in die Tabelle mit den Ergebnissen eingetragen. Die Prüfung auf die Nullstelleneigenschaft erfolgt mit der folgenden Funktion:

```
Private Function testNullstelle() As Boolean
    testNullstelle = False
    If ((y1 < 0 And y3 > 0) Or (y3 < 0 And y1 > 0)) _
                                        And (Abs(y2) < genauigk) Then
        ActiveCell.Formula = "0-Stelle"
        testNullstelle = True
    End If
End Function
```

Bei der Prüfung auf eine Nullstelle kann man sich zwei Eigenschaften zunutze machen: zum einen muß der aktuelle Funktionswert $y2 = 0$ sein, bzw. praktisch betragsmäßig kleiner als genauigk, zum anderen muß von den vorhergehenden $y1$ und folgenden $y3$ Funktionswerten der eine größer als 0, der andere kleiner als 0 sein. Ist das Ergebnis wahr, wird die Art des Punktes in die Tabelle eingetragen und der Rückgabewert auf True gesetzt.

Ganz ähnlich kann man bei der Prüfung auf Extremwerte vorgehen. Da bei Extremwerten die erste Ableitung eine Nullstelle hat, geht man wieder davon aus, daß einer der vorhergehenden oder folgenden Ableitungswerte größer als 0, der andere kleiner als 0 sein muß. Zusätzlich wird wieder die Bedingung berücksichtigt, daß der aktuelle Ableitungswert ya2 kleiner als genauigk sein muß. Unter diesen Voraussetzungen gilt für die Extremwerte:

```
Private Function testExtremum() As Boolean
    testExtremum = False
    If (ya1 < 0 And ya3 > 0) Or (ya3 < 0 And ya1 > 0) Then
        If Abs(ya2) < genauigk Then
            If y1 < y2 And y3 < y2 Then
                ActiveCell.Formula = "Maximum"
                testExtremum = True
            ElseIf y1 > y2 And y3 > y2 Then
                ActiveCell.Formula = "Minimum"
                testExtremum = True
            End If
        End If
    End If
End Function
```

Eine weitere Prozedur dient der Ermittlung von Wendepunkten. Hier wird analog verfahren, wobei zugrunde gelegt wird, daß in einem Wendepunkt die erste Ableitung einen Extremwert und die zweite Ableitung eine Nullstelle hat.

```
Private Function testWendepunkt() As Boolean
    testWendepunkt = False
    If (ya1 < ya2 And ya3 < ya2) Or (ya1 > ya2 And ya3 > ya2) Then
        If Abs(yaa) < genauigk Then
            ActiveCell.Formula = "Wendepunkt"
```

```
            testWendepunkt = True
        End If
    End If
End Function
```

Falls tatsächlich ein besonderer Punkt gefunden wurde, werden die restlichen Werte mit dem Unterprogramm `schreibeWerte` ausgegeben:

```
Private Sub schreibeWerte()
    Selection.Offset(0, 1).Formula = x
    Selection.Offset(0, 2).Formula = y2
    Selection.Offset(1, 0).Select
End Sub
```

Hier werden lediglich der aktuelle *x*-Wert und der zugehörige Funktionswert in die Tabelle übertragen und der Zellzeiger eine Zeile tiefer gesetzt.

8.3.5 Die Anwendung

Das Programm kann über EXTRAS, MAKRO und den Namen *untersucheFkt* aufgerufen werden. Die übrigen Funktionen und Prozeduren sind hier nicht sichtbar, sofern sie mit dem Schlüsselwort `Private` vereinbart wurden. Beim Aufruf muß der Zellzeiger in einer Tabelle in dem Bereich stehen, ab dem die Ergebnisse eingetragen werden sollen. Als Eintrag für die Schrittweite empfiehlt sich ein Wert zwischen 0,1 und 0,01; da das Programm durch die ständigen Veränderungen in der Tabelle erheblich gebremst wird, ergeben sich bei Schrittweiten von 0,001 schon ziemlich lange Wartezeiten. Zwei Beispiele zeigt Abbildung 8.21.

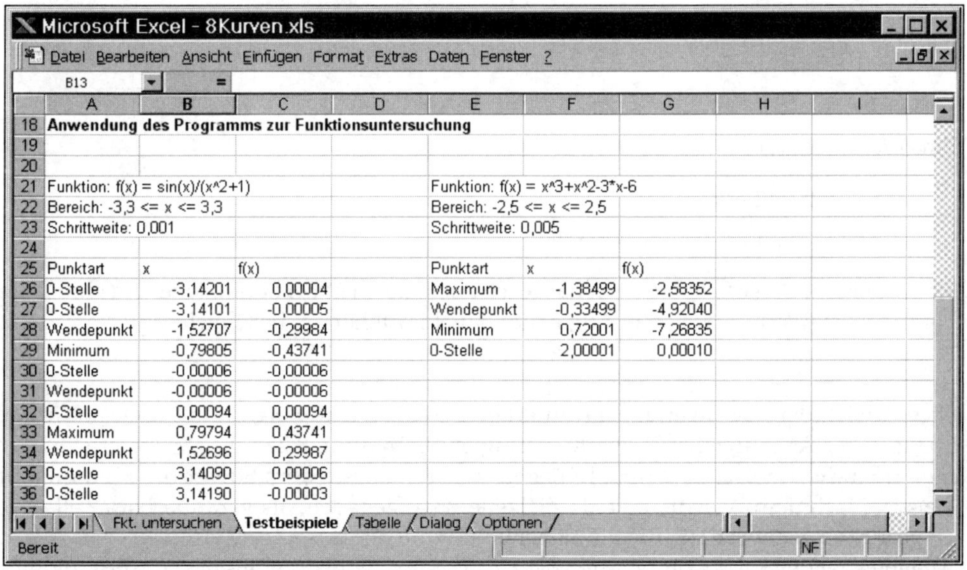

	A	B	C	D	E	F	G
18	**Anwendung des Programms zur Funktionsuntersuchung**						
19							
20							
21	Funktion: f(x) = sin(x)/(x^2+1)				Funktion: f(x) = x^3+x^2-3*x-6		
22	Bereich: -3,3 <= x <= 3,3				Bereich: -2,5 <= x <= 2,5		
23	Schrittweite: 0,001				Schrittweite: 0,005		
24							
25	Punktart	x	f(x)		Punktart	x	f(x)
26	0-Stelle	-3,14201	0,00004		Maximum	-1,38499	-2,58352
27	0-Stelle	-3,14101	-0,00005		Wendepunkt	-0,33499	-4,92040
28	Wendepunkt	-1,52707	-0,29984		Minimum	0,72001	-7,26835
29	Minimum	-0,79805	-0,43741		0-Stelle	2,00001	0,00010
30	0-Stelle	-0,00006	-0,00006				
31	Wendepunkt	-0,00006	-0,00006				
32	0-Stelle	0,00094	0,00094				
33	Maximum	0,79794	0,43741				
34	Wendepunkt	1,52696	0,29987				
35	0-Stelle	3,14090	0,00006				
36	0-Stelle	3,14190	-0,00003				

Abbildung 8.21: Zwei Beispiele für die automatisierte Untersuchung von Funktionen

Beide Beispiele wurden mit den Standardeinstellungen ermittelt. Wenn das Programm sehr dicht beieinander liegende Nullstellen angibt (so wie im linken Beispiel) dann empfiehlt es sich, mit kleineren Schrittweiten einen sehr engen Bereich zu untersuchen, eventuell auch den Wert für die Empfindlichkeit herabzusetzen. Wenn die Kurve in den Nullstellen sehr flach verläuft (entsprechend die erste Ableitung bei den Extremwerten), dann liefert die Standardgenauigkeit mehrere Nullstellen, bei sehr steil verlaufenden Kurven können Nullstellen übersehen werden. Im zweiten Beispiel mußte deshalb die Empfindlichkeit auf das Doppelte erhöht werden. Um einen groben Überblick zu gewinnen, kann man zunächst mit großer Schrittweite und einer geringen Empfindlichkeit arbeiten.

8.4 Lösung von Gleichungen

Die weiter oben vorgestellten Arbeiten mit dem Solver haben eine ganz zentrale Eigenschaft dieses Instruments gezeigt: Der Solver sucht zwar gezielt nach Lösungen für die ihm gestellten Aufgaben, aber er sucht erstens nicht zwangsläufig in der Richtung, in der Sie wollen, daß er sucht, und er sucht auch nicht unbedingt so weit, wie Sie das gerne hätten. Dies müssen Sie bei der Arbeit mit dem Solver immer im Gedächtnis behalten. Gegebenenfalls müssen Sie mit geeigneten Nebenbedingungen den Weg weisen.

Gleichwohl lassen sich Gleichungen mit einer Unbekannten relativ komfortabel auf diese Weise lösen. Sie müssen sich nur selbst einen Überblick über den Bereich verschaffen, in dem die Lösung liegen könnte, und dann dem Solver auf die Sprünge helfen. In den meisten Fällen reicht es, durch Probieren und eventuell eine kleine Wertetabelle wenigstens in die Nähe des Ergebnisses zu kommen, und dann erst den Solver aufzurufen.

Gegeben sei zum Beispiel die Gleichung:

$$x^3 + 3x^2 - 18x = 212$$

Eine grobe Schätzung könnte so aussehen:

$$x = 2 \rightarrow 8 + 12 - 36 = -16$$

$$x = 10 \rightarrow 1000 + 300 - 180 = 1120$$

Sie können für diese Schätzungen natürlich auch gleich Excel heranziehen: In eine Zelle kommt der *x*-Wert (im Beispiel A6), in die danebenstehende die Gleichung:

```
=A6^3+3*A6^2-18*A6
```

Diese Gleichung wird in einige darunterliegende Zellen kopiert, dann lassen sich in die Spalte unter A6 einige Schätzwerte eintragen (Abbildung 8.22). Das Schätzergebnis (*x* muß irgendwo zwischen 2 und 10 liegen) reicht aus, um dem Solver die Richtung zu weisen. Nach dem Aufruf wird als Zielzelle B6 angegeben, als veränderbare Zelle A6, als gesuchter Zielwert 212 und als Nebenbedingungen *A6 >= 2* und *A6 <= 10*. Mit diesen Angaben hat der Solver keine Schwierigkeit, das gesuchte Ergebnis (ca. 5,96) zu finden.

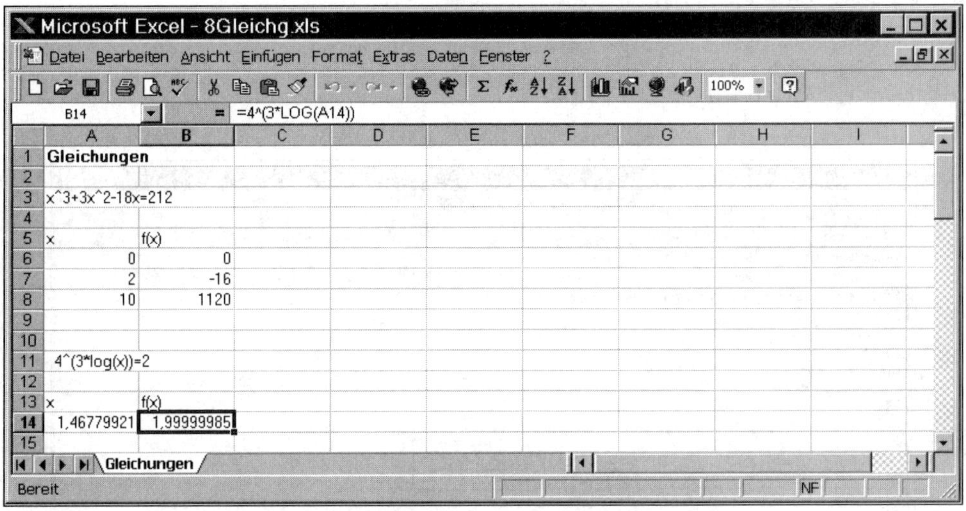

Abbildung 8.22: Gleichungen mit dem Solver lösen

Andere Gleichungen, die auf Anhieb komplizierter aussehen, machen noch weniger Schwierigkeiten. Die Gleichung $4^{3 \log x} = 2$ bedarf z.B. nur des Anhaltspunkts, daß x größer sein muß als 0 (Logarithmen von 0 und von negativen Zahlen gibt es nicht). In eine Zelle (im Beispiel A14) kommt als erster x-Wert 0,1, in die Zelle daneben die Formel

```
=4^(3*LOG10(A14))
```

Der Aufruf des Solvers mit B14 als Zielzelle, A14 als veränderlicher Zelle und 2 als Zielwert liefert ohne weitere Nebenbedingungen das korrekte Ergebnis von 1,4678.

Die wirkliche Stärke des Solvers liegt aber auf einem anderen Gebiet: beim Lösen von Gleichungssystemen mit mehreren Unbekannten, wobei sowohl lineare als auch nichtlineare Gleichungen möglich sind, und wobei das Gleichungssystem auch Ungleichungen enthalten darf. Tatsächlich läßt sich der Solver auf jedes als Excel-Modell formulierbare Problem anwenden, solange es Zellen mit variablen Ausgangsparametern und eine Zielzelle gibt, für welche eine optimaler Wert gefunden werden soll.

8.4.1 Lineare Gleichungssysteme

Als erstes Beispiel ein einfaches Gleichungssystem mit vier Unbekannten, dessen manuelle Lösung mit beträchtlicher Rechenarbeit verbunden wäre:

$$v + 2w - 2x + 3y = 5$$
$$v + 3w + 2x - 5y = 11$$
$$v + 2w - x + y = 6$$
$$w + 4x + 3y = 6$$

Es wäre ohne weiteres möglich, dieses System mit dem Solver so zu bearbeiten, wie es dasteht. Zur Vereinfachung ist es aber trotzdem sinnvoll, die Gleichungen in die sogenannte Normalform (....=0) zu bringen. Aber wie gesagt, unbedingt erforderlich ist das nicht.

$$v + 2w - 2x + 3y - 5 = 0$$
$$v + 3w + 2x - 5y - 11 = 0$$
$$v + 2w - x + y - 6 = 0$$
$$w + 4x + 3y - 6 = 0$$

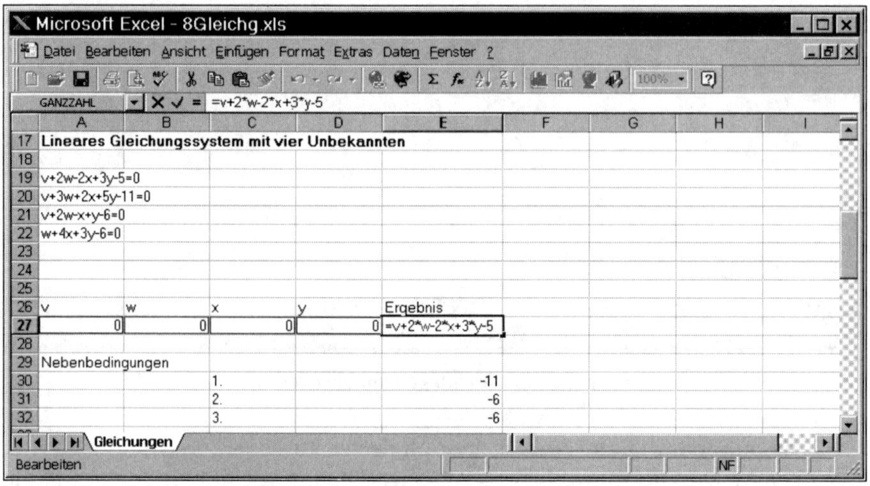

Abbildung 8.23: Lineares Gleichungssystem mit vier Unbekannten

Das Arbeitsblatt für diese Aufgabe könnte etwa so aussehen wie in Abbildung 8.23. Die Gleichungen in den Zellen A19 bis A22 sind hier nur zur Sicherheit noch einmal als Text eingetragen – das dokumentiert die Aufgabenstellung besser und erleichtert auch die Eingabe in die Ergebniszellen.

Als erstes werden in die Zellen A27 bis D27 die Startwerte für die vier Unbekannten eingetragen, 0 wird deshalb gewählt, weil so unmittelbar kontrolliert werden kann, ob die Formeln richtig eingegeben wurden. Über diese Zellen werden die Namen der Variablen (*v,w,x,y*) geschrieben und anschließend der Bereich A26:D27 markiert. Mit EINFÜGEN, NAMEN, ÜBERNEHMEN (bis Excel 95) bzw. ERSTELLEN (Excel 97) und der Option AUS OBERSTER ZEILE erhalten die Variablen in den Zellen A27:D27 die darüber eingetragenen Namen. Der naheliegende Gedanke, für die Variablen die Namen `x1`, `x2` etc. zu verwenden, funktioniert leider nicht: Excel würde diese Namen für Zelladressen halten und entsprechend falsch reagieren.

In die Ergebniszelle wird die Formel eingetragen:

```
=v+2*w-2*x+3*y-5
```

wobei als Ergebnis –5 dastehen muß (wenn alle Variablen 0 sind, ist dies das Ergebnis der ersten Gleichung). Die übrigen Gleichungen werden in gleicher Weise in die Zellen E30 bis E32 als Nebenbedingungen eingetragen:

```
E30:  =v+3*w+2*x+5*y-11
E31:  =v+2*w-x+y-6
E32:  =w+4*x+3*y-6
```

Auch hier wird gleich das Ergebnis der Nebenbedingungen für den Fall angezeigt, daß alle Variablen 0 sind, also –11, –6, –6.

Jetzt kann der Solver aufgerufen werden. Zielzelle ist E27, veränderbare Zellen A27:D27. Die Angaben werden wieder durch Anklicken bzw. Markieren übernommen. Als Nebenbedingungen werden der Reihe nach die Zellen E30 bis E32 benannt, jeweils mit der Maßgabe =0.

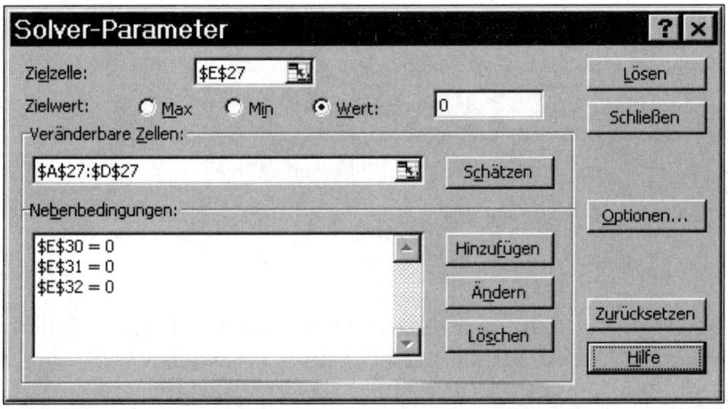

Abbildung 8.24: Beschreibung des Gleichungssystems durch Nebenbedingungen

Nach dem Befehl Lösen liefert der Solver schnell mit hinreichender Genauigkeit das korrekte Ergebnis: v=3, w=2, x=1, y=0. Die Genauigkeit läßt sich noch verbessern, wenn über die Schaltfläche OPTIONEN die Zahl der Iterationen auf 1000 und die Genauigkeit auf 0,00000001 gesetzt wird. Analog funktioniert der Solver, wenn im Gleichungssystem Ungleichungen enthalten und als Zielwerte Maxima oder Minima angegeben sind.

8.4.2 Optimierungsaufgaben

Als ein zweites Beispiel mag eine Volumenberechnung dienen: Es ist eine Dose aus Blech mit einem Volumen von 750 ml herzustellen, wobei der Materialaufwand minimal sein soll.

Das Volumen eines Zylinders wird berechnet als *Grundfläche · Höhe*, also:

$$V = 2\,\pi\, r \cdot h$$

Der Materialverbrauch ist gegeben durch die Oberfläche des Zylinders einschließlich der beiden Kreisflächen oben und unten, also:

$$F = 2\,\pi\, r \cdot h + 2\,\pi\, r^2$$

In eine Tabelle werden als veränderbare Zellen r und h (Radius und Höhe) eingetragen, die Zellen werden wieder wie oben benannt (siehe Abbildung 8.25).

In die Zielzelle (im Beispiel D39) kommt als Formel für die Fläche:

```
=2*PI()*r*h+2*PI()*r^2
```

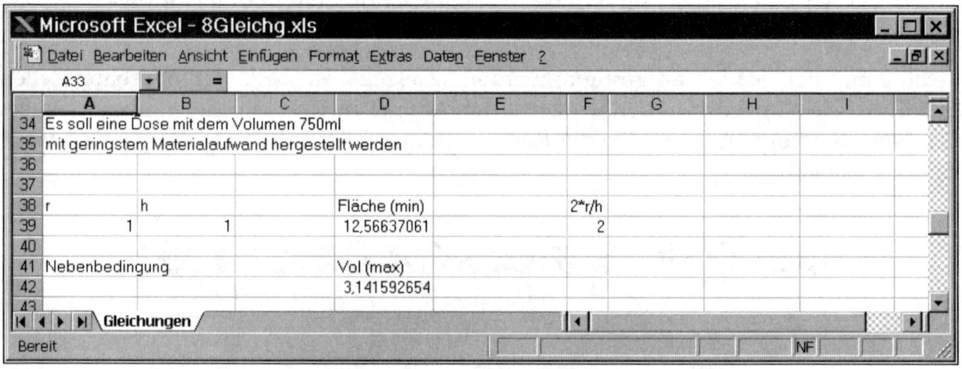

Abbildung 8.25: Minimax-Aufgabe

Als Nebenbedingung wird das Volumen (im Beispiel in D42) eingetragen mit:

```
=r^2*PI()*h
```

Beim Aufruf des Solvers wird als Zielzelle D39, als veränderliche Zellen A39:B39, als Zielwert MIN, als Nebenbedingung *D42=750* angegeben. Über OPTIONEN muß gegebenenfalls die Option LINEARES MODELL VORAUSSETZEN ausgeschaltet werden, da es sich hier nicht um ein lineares System handelt. Die Zahl der Iterationen und die Genauigkeit können ggf. wie oben verbessert werden.

Der Solver liefert als Lösung einen Radius von 4,9237261044774 und eine Höhe von 9,84744623739015, was der Lösung mit den Mitteln der Differentialrechnung exakt entspricht ($2 \cdot r = h$). Letzteres wird auch durch die Formel in Zelle F39 verifiziert. Da das Volumen in $ml = cm^3$ angegeben wurde, sind die Maße in *cm* zu verstehen. Anders als die Minimax-Rechnung mit den Mitteln der Differentialrechnung wird jedoch immer mit konkreten Zahlen gerechnet, d. h., für das Volumen muß ein konkreter Wert vorgegeben werden.

8.4.3 Nichtlineare Gleichungssysteme

Für die angeführten Beispiele gäbe es durchaus auch andere Lösungsmöglichkeiten, bei denen Sie den Solver nicht bemühen müßten, wie die Lösung des linearen Gleichungssystems mit den Mitteln der linearen Algebra (Matrix-Kalkül) oder das Dosenproblem mit der herkömmlichen Minimax-Rechnung. Deshalb abschließend ein Beispiel, das die Leistungsfähigkeit des Solvers an einem Problem demonstriert, das kaum von Hand zu bewältigen ist. Gegeben seien die Gleichungen:

$$x + \sin x + \ln y - z = -3{,}8287992$$

$$3\cos x + e^{-y} + \sqrt{z} = -0{,}108168263$$

$$(\sin x)^2 - \cos y + z^2 = 64{,}94395129$$

Um die Lösung zu finden, werden wieder als Werte für die drei Unbekannten Vorgaben gemacht (alle drei 1) und dann die Formeln in drei Zellen eingetragen. Nachdem der Zellzeiger auf die erste Ergebniszelle gesetzt ist, wird der Solver aufgerufen. Als Zielwert wird das Ergebnis der ersten Gleichung eingetragen (wenn das zu umständlich ist, hilft wieder die Umformung der Gleichungen, so daß sie mit =0 enden). Die beiden anderen Gleichungen werden wieder zu Nebenbedingungen.

Die Schaltfläche LÖSEN führt zunächst zu einer Kapitulation des Solvers. Ein weiterer Aufruf mit einer auf 10000 hochgesetzten Iterationszahl (die obere Grenze ist 32767) führt zwar zu keinem fertigen Ergebnis, aber zu Ergebnissen in den drei Ergebniszellen, die schon eine Annäherung erkennen lassen. Um auf dieser Basis weiter arbeiten zu können, wird diese Lösung erst einmal akzeptiert. Ein dritter Aufruf des Solvers (immer noch mit 10000 Iterationen) endet dann auch tatsächlich mit einem verwertbaren Ergebnis: $x = 3{,}1$; $y = 2{,}8$; $z = 8$. Genau mit diesen Zahlen wurden die Gleichungen konstruiert.

8.5 Numerische Integration

Die Umkehrung zur Differentialrechnung ist die Integralrechnung. Anders als in der Differentialrechnung, wo die Ableitung jeder (hinreichend vernünftigen) Funktion mit der Beherrschung einiger Rechenregeln elementar hingeschrieben werden kann, ist das Integral einer Funktion oft nicht geschlossen lösbar. Dagegen ist es vergleichsweise einfach, ein Integral numerisch zu lösen. In diesem Fall spricht man von numerischer Integration. Excel bietet sich hier als Hilfsmittel geradezu an.

8.5.1 Einfache Näherungen

Geometrisch kann der Wert eines bestimmten Integrals (also eines Integrals zwischen einem Start- und einem Endwert) als die Fläche unter dem Funktionsgraphen interpretiert werden. Hier setzen numerische Verfahren an, indem sie Formeln und Vorgehensweisen anbieten, mit denen diese Flächen relativ genau berechnet werden können.

Gegeben sei eine Kurve, die mit der mathematischen Funktion

$$y = x^2$$

beschrieben wird. Gesucht ist die Fläche zwischen dieser Kurve und der x-Achse im Bereich von $x = 3$ bis $x = 15$. Die Lösung läßt sich näherungsweise ermitteln, indem Sie die Fläche in Rechtecke zerlegen (Abbildung 8.26). Je schmaler die Rechtecke gewählt werden, um so genauer wird das Ergebnis. Führt man den Grenzübergang durch, indem man die Breite der Intervalle gegen Null gehen läßt, erhält man das bestimmte Integral. Dies ist in Excel natürlich nicht möglich, doch läßt sich auch hier die Genauigkeit durch eine möglichst feine Zerlegung verbessern. Numerische Probleme durch Auslöschung wie bei den Differenzenquotienten gibt es hier nicht, die numerische Integration verhält sich hier sehr viel unproblematischer. Andererseits ist es natürlich aus Zeit- und Platzgründen nicht möglich, die Anzahl der Teilflächen beliebig zu steigern.

Zur Annäherung der Fläche unter dem Integral genügt im Grunde bereits die in Abbildung 8.26 gezeigte Zerlegung in Rechtecke. Für jede Teilfläche multipliziert man den Funktionswert in der Mitte des Intervalls mit der Intervallbreite und summiert alle Teilflächen auf. Die Summation vieler ähnlich großer Teilbeträge ist auch vom Gesichtspunkt der Fehlerfortpflanzung her absolut unkritisch und neigt eher dazu, vorhandene Fehler noch zu verkleinern (man sagt nicht umsonst Differentiation rauht auf und Integration glättet).

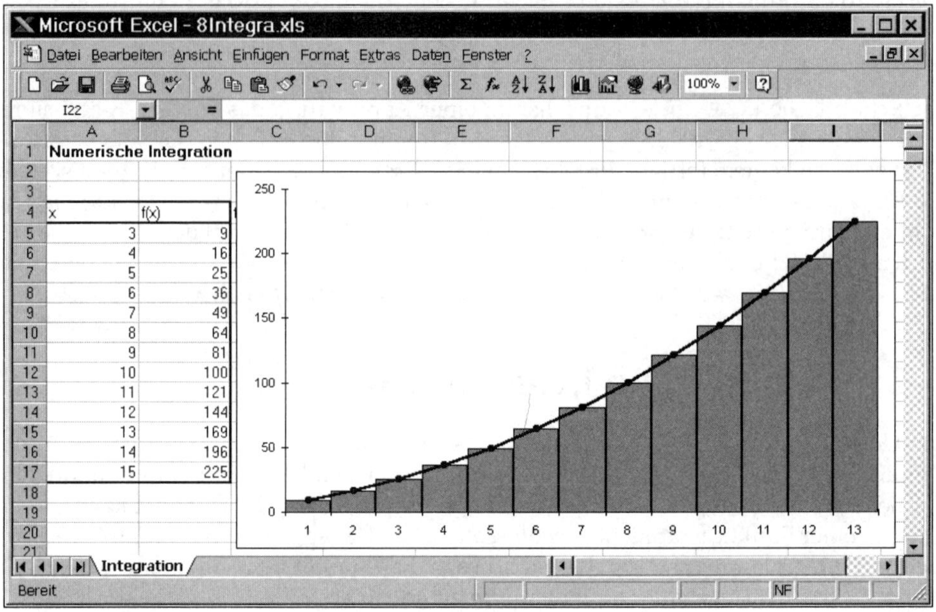

Abbildung 8.26: Annäherung der Fläche unter einer Kurve

Soll die Genauigkeit gesteigert werden, gibt es zwei mögliche Wege. Auf der einen Seite kann die Anzahl der Flächen erhöht werden, auf der anderen Seite kann man versuchen, durch eine geschicktere Beschreibung der Teilflächen den Fehler zu verkleinern. Der erste Gedanke ist, die Rechtecke durch Trapeze zu ersetzen, indem der Funktionswert am linken und am rechten Rand durch eine Gerade verbunden wird. Dies sieht zwar wesentlich überzeugender aus, doch läßt sich zeigen, daß dies außer für das erste und das letze Intervall zum gleichen Ergebnis wie die Approximation mit Rechtecken führt. (Der Grund für diese im ersten Moment überraschenden Tatsache liegt darin, daß jedes Trapez die gleiche Fläche hat wie zwei benachbarte Rechteckhälften, wenn Sie die Rechtecke in der Mitte durch eine vertikale Mittellinie halbieren.)

Intelligentere Methoden können nun entweder die obere Begrenzung der Intervalle geschickter wählen oder eine flexiblere Unterteilung der Intervallfläche vornehmen. Zu den letzteren gehören sowohl adaptive Verfahren, die die Zerlegung vom Funktionsverlauf abhängig machen und Verfahren wie die Integration nach Gauß, die bestimmte feste Zerlegungsschemata verwenden, von denen sich beweisen läßt, daß sie zu einem besonders kleinen Fehler führen. Andere Verfahren wie die Romberg-Integration arbeiten mit Rechenschemata, die eine Ausgangsnäherung immer weiter verfeinern, bis die gewünschte Genauigkeit erreicht ist.

Die hier vorgestellten Methoden zur näherungsweisen Berechnung verwenden den ersten Ansatz, indem sie im Bereich des Intervalls die Funktion durch eine Parabel (zweiten Grades) approximieren und die so begrenzte Fläche berechnen. Approximiert man die Funktion in einem einzigen Intervall, spricht man von der Näherung nach Kepler, wendet man das gleicher Verfahren in einer Anzahl gleich breiter Intervalle an, spricht man vom Simpson-Verfahren.

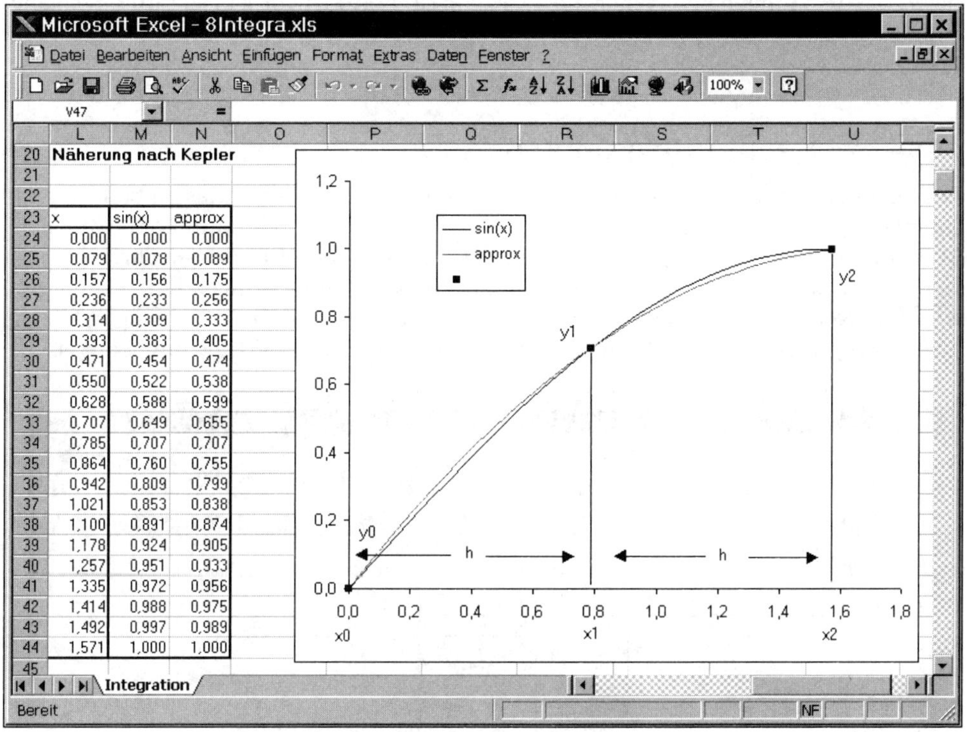

Abbildung 8.27: Integration nach Kepler

Beim Näherungsverfahren nach Kepler legt man durch die beiden Funktionswerte am Rand des Intervalls und den Funktionswert in der Mitte des Intervalls eine Parabel und integriert die Fläche unter dieser Parabel exakt. Das Ergebnis ausgedrückt durch die ursprünglichen Funktionswerte y_0, y_1 und y_2 (vgl. Abbildung 8.27) ist die folgende Formel, die die Fläche unter der Kurve gut annähert, bei Polynomen bis zum zweiten Grad sogar exakt:

$$F = \frac{h}{3} \cdot (y_0 + 4y_1 + y_2) \qquad \text{mit} \qquad h = \frac{x_2 - x_0}{2}$$

Als erstes Beispiel soll wieder eine Funktion gewählt werden, bei der das Ergebnis von vornherein feststeht: die Fläche unter einer Sinuskurve im Bereich von 0 bis $\pi/2$. Das exakte Ergebnis müßte Eins sein. Auf die Aufgabe angewendet, die Fläche unter der Sinuskurve im Bereich von 0 bis $\pi/2$ zu berechnen, gelten folgende Werte:

$$h = \frac{\pi}{4} ; y_0 = \sin(0) ; y_1 = \sin\frac{\pi}{4} ; y_2 = \sin\frac{\pi}{2}$$

Als Formel in Excel eingetragen:

```
=pi()/(4*3)*(sin(0)+sin(pi()/4)+sin(pi()/2))
```

liefert das Verfahren einen Näherungswert von ca. 1,0022, nicht schlecht für eine Näherungsformel angewendet auf solch ein breites Intervall, wie in Abbildung 8.27 gezeigt wird.

8.5.2 Das Simpson-Verfahren

Die Näherung läßt sich noch erheblich verbessern, wenn Sie nicht das zu berechnende Intervall im Ganzen nehmen, sondern es in mehrere Teilintervalle aufteilen. Wählen Sie als Intervall etwa $h = \pi/20$, ergeben sich insgesamt elf Werte für die Berechnung (es ist immer eine ungerade Anzahl von Werten für die Berechnung notwendig!). Damit geht dann das Keplersche Verfahren in die Näherungsrechnung nach Simpson über. Für die Bearbeitung wird eine Tabelle eingerichtet, die wie in Abbildung 8.28 aufgebaut ist.

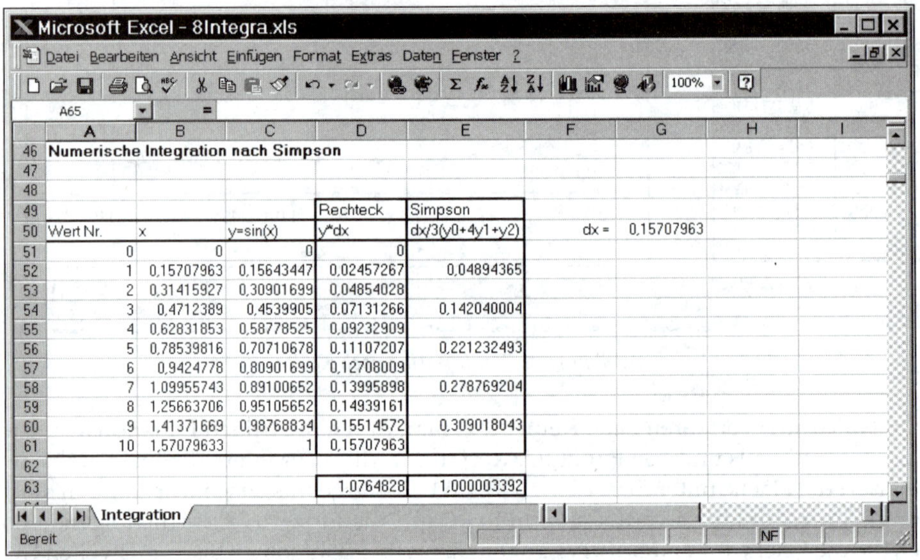

	A	B	C	D	E	F	G
46	Numerische Integration nach Simpson						
47							
48							
49				Rechteck	Simpson		
50	Wert Nr.	x	y=sin(x)	y*dx	dx/3(y0+4y1+y2)	dx =	0,15707963
51	0	0	0	0			
52	1	0,15707963	0,15643447	0,02457267	0,04894365		
53	2	0,31415927	0,30901699	0,04854028			
54	3	0,4712389	0,4539905	0,07131266	0,142040004		
55	4	0,62831853	0,58778525	0,09232909			
56	5	0,78539816	0,70710678	0,11107207	0,221232493		
57	6	0,9424778	0,80901699	0,12708009			
58	7	1,09955743	0,89100652	0,13995898	0,278769204		
59	8	1,25663706	0,95105652	0,14939161			
60	9	1,41371669	0,98768834	0,15514572	0,309018043		
61	10	1,57079633	1	0,15707963			
62							
63				1,0764828	1,000003392		

Abbildung 8.28: Integration nach Simpson

Zunächst benötigen Sie eine einzelne Zelle, in die die Schrittweite eingetragen wird (diese könnte natürlich auch eine Formel enthalten, die die Schrittweite aus Anfangswert, Endwert und Größe der Tabelle berechnet). Sie ist im Beispiel mit *dx* bezeichnet (auch wenn damit nicht das sogenannte Differential gemeint ist). Der Wert steht im Beispiel in G50 mit

```
=pi()/20
```

Für die Berechnung legen Sie die folgenden Spalten an:

Wert Nr. Hier werden die Werte durchnumeriert. Das hat den Vorteil, daß mit verschiedenen Intervallen experimentiert werden kann. Die erste Wertnummer (0) steht im Beispiel in der Zelle A51. Die folgenden Angaben beziehen sich hierauf, sofern Sie die Tabelle anders einrichten, müssen Sie also entsprechende Änderungen vornehmen.

x Die *x*-Werte werden eingetragen mit der Formel:

```
=A51*$C$48
```

Die absolute Adresse muß genommen werden, damit sie beim Kopieren der Formel in die darunterliegenden Zellen erhalten bleibt.

y=sin(x) Diese Spalte enthält die Funktionswerte:

```
=SIN(B51)
```

*y*dx* In dieser Spalte werden die Rechtecke berechnet, die sich aus den jeweiligen *y*-Werten und der Schrittweite ergeben.

dx/3(y0+4y1+y2)* In dieser Spalte werden jeweils zwei Abschnitte mit der Keplerschen Näherung berechnet. Die Formel wird in die Zelle E52 (also eine Zeile tiefer als die anderen Formeln) eingetragen:

```
=$C$48/3*(C51+4*C52+C53)
```

Nach Erzeugung der Wertenummern (tragen Sie 0 und 1 ein, dann markieren Sie beide und ziehen mit der Maus an der rechten unteren Ecke, am Ausfüllkästchen, nach unten) werden die Formeln nach unten kopiert, wobei bei der letzten Formel (Spalte E) jeder zweite Wert gelöscht werden muß. Letzteres ist natürlich unschön, ergibt sich hier aber aus der Gegenüberstellung von Rechteck und Simpson-Näherung. Eine geschicktere Anordnung verwendet, wie in Abbildung 8.29 gezeigt, eigene Spalten für die gerade und die ungerade indizierten *x*- und *y*-Werte. Mit einer solchen Anordnung lassen sich dann auch sehr leicht sehr große (sprich genaue) Berechnungen durchführen.

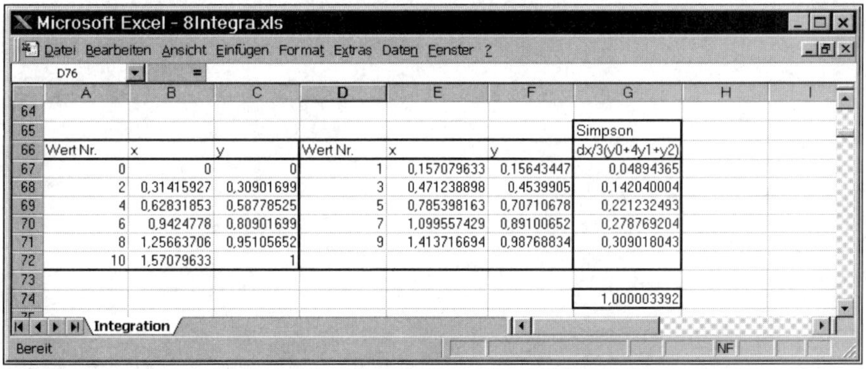

	A	B	C	D	E	F	G	H	I
64									
65							Simpson		
66	Wert Nr.	x	y	Wert Nr.	x	y	dx/3(y0+4y1+y2)		
67	0	0	0	1	0,157079633	0,15643447	0,04894365		
68	2	0,31415927	0,30901699	3	0,471238898	0,4539905	0,142040004		
69	4	0,62831853	0,58778525	5	0,785398163	0,70710678	0,221232493		
70	6	0,9424778	0,80901699	7	1,099557429	0,89100652	0,278769204		
71	8	1,25663706	0,95105652	9	1,413716694	0,98768834	0,309018043		
72	10	1,57079633	1						
73									
74							1,000003392		

Abbildung 8.29: Tabelle zur Integration nach dem Simpson-Verfahren

Die Summe der Werte in Spalte D (Rechteck-Formel) liefert ca. 1,076, also den korrekten Wert mit einer Abweichung von 8%. Die Summe der Spalte E (Simpson-Formel) bzw. G (Abbildung 8.29) ergibt dagegen den beachtlich genauen Wert von 1,00000339, ist also erheblich genauer als der oben mit dem Kepler-Verfahren ermittelte Wert von 1,0022. Um diese Genauigkeit mit der Rechteck-Formel zu erzielen, müßten Sie schon eine recht gewaltige Tabelle anlegen. Das Simpson-Verfahren ist ein Verfahren zweiter Ordnung, d.h., wird *dx* zehnmal kleiner, wird der Fehler der Näherung einhundertmal kleiner. Rechteck- und Trapez-Verfahren sind dagegen nur Verfahren erster Ordnung.

9 Nachschlagewerke

Häufig kommt es vor, daß man eine Aufgabe nur durch Rückgriff auf andere Informationen lösen kann, seien es nun bestimmte Formeln oder Zahlenwerte, die man nicht ständig im Kopf hat, oder wie im Falle der Chemie, die verschiedenen Eigenschaften der chemischen Elemente. In diesem Kapitel wird gezeigt, wie Sie Excel selber einsetzen können, um sich das Nachschlagen in normalerweise gerade nicht greifbaren Nachschlagewerken zu ersparen. Ein weiterer Vorteil, wenn Sie sich solche häufig gebrauchten Formeln und Daten in Excel bereitstellen, besteht in der integrierten Arbeitsweise: Sie sind beispielsweise nicht mehr gezwungen, für Umrechnungen lange Ziffernfolgen einzutippen – ein Funktionsaufruf genügt.

9.1 Formelsammlung

Es ist ohne weiteres möglich, mit den mathematischen Möglichkeiten von Excel so zu arbeiten, wie sie sind. Aber schon bei relativ einfachen Berechnungen werden die einzugebenden Formeln zu wahren Ungetümen, die die Übersichtlichkeit dessen, was in der Tabelle geschieht, rasch gegen Null gehen lassen. Abhilfe können Sie hier schaffen, indem Sie häufig gebrauchte oder komplizierte Formeln in Form eigener Funktionen bereitstellen. Ist die Arbeitsmappe oder das Add-In mit den Funktionen geladen, können diese genauso wie die eingebauten Funktionen benutzt werden.

Sie können sich eine Formelsammlung für jedes Spezialgebiet anlegen, das von den Funktionen von Excel nicht oder nur unvollkommen abgedeckt wird. Lassen Sie sich dabei nicht von dem abschrecken, was Sie in der VBA-Hilfe alles unter dem Schlüsselwort `Funktion` finden – es ist bei weitem nicht so kompliziert, wie es dort aussieht.

9.1.1 Programmierung einfacher Funktionen

VBA-Funktionen und ihre Verwendung als Excel-Funktionen haben Sie im fünften Kapitel bereits kennengelernt. Eine in VBA programmierte Funktion besteht aus drei Teilen:

- Dem Kopf der Funktion (Anfangszeile), welcher die nach außen sichtbaren Eigenschaften der Funktion festlegt wie Namen, Anzahl und Art der Parameter und ggf. der Rückgabetyp und Schutzangaben.
- Eine Folge von Anweisungen, die innerhalb der Funktion ausgeführt werden sollen und die eigentliche Arbeit verrichten.
- Eine Abschlußzeile `End Function`, die die Funktion abschließt.

In der Anfangszeile steht der Funktionsname und die Namen für die Argumente; eine der Anweisungen muß dem Namen der Funktion das Ergebnis der Operationen zuweisen. Für die Operationen selbst stehen Ihnen die Funktionen von VBA und alle (fest eingebauten) Tabellenfunktionen von Excel zur Verfügung, so daß es kaum ein Problem geben dürfte, was nicht relativ leicht mit einer eigenen Funktion lösbar wäre.

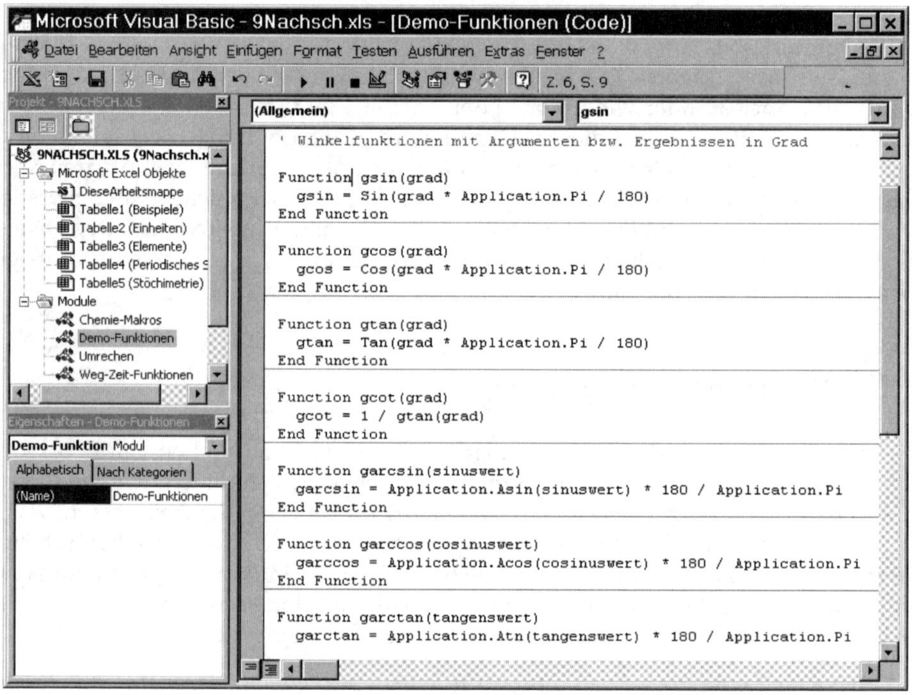

Abbildung 9.1: Winkelfunktionen mit Gradangabe (als Excel 97 VBA-Modul)

Als erstes einfaches Beispiel können die in Abbildung 9.1 für Excel 97 gezeigten Winkelfunktionen dienen, bei denen der Winkel nicht im Bogenmaß, sondern in Grad angegeben wird. In Excel 5 und Excel 95 werden diese Module noch als Blätter der Arbeitsmappe angezeigt.

Wie Sie an den Beispielen sehen können, werden die eingebauten Tabellenfunktionen von Excel einfach mit dem Vorsatz `Application.` benutzt, wobei Klammern nur geschrieben werden, wenn die Funktion Argumente benötigt. Selbst geschriebene Funktionen können genauso verwendet werden wie eingebaute, die zum normalen Funktionsumfang von VBA gehören.

Ganz analog lassen sich auch die Arcus-Funktionen programmieren, die zu einer Zahl den entsprechenden Winkel ermitteln. In diesen Funktionen werden schon jeweils zwei Tabellenfunktionen verwendet. Sollten es noch mehr werden, dann lohnt es sich, die Funktion damit zu beginnen, daß man eine Objektvariable für `Application` benutzt. Am Anfang der Funktion muß dann stehen:

```
Set a = Application
```

Dann kann auf alle Tabellenfunktionen so zugegriffen werden, daß man lediglich schreibt `a.funktion` (also z.B. `a.pi`). Am Ende der Funktion sollte dann die Zeile stehen:

```
Set a = Nothing
```

Damit wird die Bindung des Anwendungsobjektes an die Objektvariable wieder aufgehoben. VBA benötigt diese Information, um zu entscheiden, wann ein Objekt nicht mehr benötigt wird und aus dem Speicher entfernt werden kann. Eine weitere Möglichkeit, sich das Ausschreiben länger Objektbezeichnungen zu ersparen, werden Sie weiter unter kennenlernen.

Wenn Sie derartige eigene Funktionen über den Funktionsassistenten aufrufen, dann werden einige Unterschiede zu den eingebauten Funktionen deutlich:

- Die Funktionen tauchen in Kleinbuchstaben auf. Das ist hier beabsichtigt, um eine Unterscheidung zu den eingebauten Funktionen zu haben. Ist dieser Unterschied unerwünscht, muß lediglich der Namen in Großbuchstaben geschrieben werden.
- Die Funktionen erscheinen unter der Rubrik *Benutzerdefiniert*. Wie sich das ändern läßt, wurde bereits in Kapitel 5 beschrieben.
- Im Dialog steht noch keine Beschreibung. Auch das läßt sich ändern.

Die Einordnung und Beschreibung der Funktionen läßt sich über den Objektkatalog regeln, den Sie vom VBA-Editor (Excel 97) oder von Excel (bis Excel 95) über ANSICHT, OBJEKTKATALOG eingeblenden. Dieser listet unter der aktuellen Arbeitsmappe alle dort definierten Funktionen und Prozeduren auf. Nach Markieren einer Funktion führt die Schaltfläche OPTIONEN (Excel 5 + 95) bzw. der Befehl EIGENSCHAFTEN des Kontextmenüs der Funktion (Excel 97) zu einem weiteren Dialog, in dem sowohl eine Beschreibung für die Funktion (diese erscheint später im Funktionsassistenten) eingegeben werden kann, als auch (bis Excel 95) sich die Kategorie festlegen läßt, unter der die Funktion später aufgeführt wird.

9.1.2 Erweiterte Möglichkeiten bei Funktionen

Mit diesen Mitteln können Sie bereits die meisten Funktionen realisieren. Trotzdem kann es sein, daß Sie bei einzelnen Funktionen von einigen weiteren Eigenschaften der VBA-Programmierung Gebrauch machen wollen, wie z.B. der Möglichkeit, eigene Fehlerbehandlungen vorzunehmen.

Es gibt eine Anzahl von Ausdrücken, deren Wert unter bestimmten Bedingungen nicht definiert ist, weil der Ausdruck eine Division durch Null enthält. Ob der Wert des Ausdrucks $+\infty$, $-\infty$ oder ein endlicher Wert ist, kann nur eine Grenzbetrachtung zeigen. Passiert eine solche Division durch Null in einer eigenen Funktion, dann steht in der entsprechenden Zelle in einer Tabelle lediglich *#WERT*. In vielen Situationen kann es dagegen sinnvoll sein, statt dessen ein Ergebnis wie »0«, *unendlich* oder auch *** zu erzeugen oder aber das Ergebnis auf einem alternativen Weg zu ermitteln.

```
Function nulltest(a, b)
    On Error GoTo Div0        'Fehlerbehandlung einschalten
    nulltest = a / b
    On Error GoTo 0           'Fehlerbehandlung wieder ausschalten
    Exit Function
```

```
DivO:
    If err = 11 Then
    nulltest = "***"
    End If
End Function
```

Derjenige Teil der Funktion, in dem der Fehler auftreten kann (das können durchaus auch mehrere Zeilen sein) wird eingeschlossen in die Zeilen:

```
On Error GoTo ...
On Error GoTo 0
```

Hinter dem ersten `GoTo` steht der Name eines Labels, bei dem im Fehlerfall fortgefahren werden soll. Dieses Label wird innerhalb der Funktion, gefolgt von einem Doppelpunkt, eingefügt. Danach dürfen nur noch Zeilen stehen, die bei einem Fehler abgearbeitet werden sollen. Die Zeile

```
Exit Function
```

gewährleistet, daß bei einer Ausführung ohne Fehler die Fehlerbehandlung nicht durchlaufen wird. Im vorliegenden Beispiel wäre dies nicht erforderlich, da im Fehlerbehandlungsteil ohnehin mit einer `if`-Anweisung dafür gesorgt ist, daß nur bei einem bestimmten Fehler (11, d.h. Division durch Null) eine Aktion erfolgt. Wäre dies nicht der Fall, dann würde ohne `Exit Function` auch dieser Teil der Funktion immer abgearbeitet.

Für die Auswertung der Fehlernummer benötigen Sie natürlich die Fehlernummern von VBA. Diese finden Sie in der Hilfe zu VBA unter *Referenzen.* (Hinweis: In Excel 95 funktioniert die Auswertung der Fehlernummer nicht zuverlässig. Excel 5 und Excel 97 sind von diesem Problem nicht betroffen.)

So wie Sie die Funktionen bisher kennengelernt haben, können Sie bei allen Argumenten statt Zahlen auch Text eingeben – die Parameter sind vom Typ `Variant` und können damit Daten beliebigen Typs aufnehmen. Abhängig von den verwendeten Datentypen führt VBA in solchen Situationen automatisch Typumwandlungen durch. Das gelieferte Resultat im gegebenen Fall ist dadurch nicht etwa eine Fehlermeldung, sondern Null. Dieses Verhalten kann zuweilen erwünscht sein, kann aber auch dazu führen, daß unsinnige Eingangswerte nicht bemerkt werden. Dies läßt sich dadurch verhindern, daß Sie den Typ der Argumente festlegen. Hierzu muß lediglich nach dem betreffenden Argumentnamen eine Typangabe eingefügt werden:

```
As Typname
```

wobei statt `Typname` ein gültiger Datentyp stehen muß. Hier sind auch selbstdefinierte Typen (Strukturen) möglich, auf die aber hier nicht näher eingegangen werden soll. Für die meisten Zwecke kommen Sie mit den folgenden Datentypen aus:

Boolean	Logische Werte (`True` und `False`) oder numerische Werte, wobei 0 als `False`, alle anderen Zahlen als `True` gelten.
Integer und *Long*	Ganze Zahlen von –32.768 bis 32.767 (`Integer`) oder ca. –2Mrd bis 2Mrd (`Long`)
Single	Gleitkommazahlen von 1,4 E–45 bis 3,4 E38 positive und negative Zahlen

Double	Gleitkommazahlen von 4,9 E–324 bis 1,79 E308, positiv und negativ
String	Zeichenfolgen bis ca. 65000 Zeichen
Variant	Numerisch oder Zeichenfolgen

Ohne weitere Festlegung sind Argumente wie Variablen immer vom Typ `Variant`. Bei unpassenden Argumenttypen gibt die Funktion eine Fehlermeldung; im Funktionsassistenten können Sie Fehleingaben gleich sehen. Auch der Datentyp des von der Funktion zurückgegebenen Werts läßt sich auf diese Weise festlegen, indem ans Ende der Kopfzeile der Funktion noch eine Typangabe angehängt wird.

9.1.3 Relativistische Massenzunahme

Nach diesen Bemerkungen dürfte es kaum noch Probleme bereiten, für die Benutzung in Excel eine eigene Formelsammlung zu erstellen. Als Beispiel mag hier die Funktion zur Berechnung der relativistischen Massenzunahme dienen, die gleichzeitig noch einmal ein gutes Beispiel für eine detaillierte Fehlerbehandlung ist. Die Formel für die relativistische Massenzunahme ist

$$m = m_0 / (\sqrt{1 - v^2/c^2})$$

mit Geschwindigkeit v, Lichtgeschwindigkeit c, Masse m und Ruhemasse m_0. Offensichtlich machen sich relativistische Effekte erst bemerkbar, wenn die Geschwindigkeit einige Prozent der Lichtgeschwindigkeit erreicht, was im wirklichen Leben kaum vorkommen wird. In Teilchenbeschleunigern dagegen kann dieser Effekt erhebliche Massenzunahmen bewirken. Erreicht die Geschwindigkeit die des Lichtes, wird der Quotient $v/c = 1$. Dadurch verschwindet der Nenner, wodurch bei nicht verschwindender Ruhemasse m_0 die Masse m gegen unendlich geht. Da dies offensichtlich physikalisch unsinnig ist, ist es nicht möglich, die Lichtgeschwindigkeit zu erreichen. Für Geschwindigkeiten über der Lichtgeschwindigkeit ist das Ergebnis wieder definiert, jedoch wird die Masse nun imaginär, da der Wert unter der Wurzel negativ ist. Die physikalische Interpretation einer imaginären Masse ist unklar, doch weisen andere Formeln darauf hin, daß für (hypothetische) überlichtschnelle Teilchen, sog. Tachyonen, die Zeit rückwärts abläuft.

Für die relativistische Massenzunahme fügen Sie zu Ihrer Formelsammlung die Funktion `RelMasse` hinzu. Damit Sie die Lichtgeschwindigkeit auch für Berechnungen in Excel-Tabellen immer parat haben, ist es zweckmäßig, diese (wie auch andere physikalische Konstanten) als Funktionen zu realisieren, die den Wert der Konstanten als Ergebnis liefern:

```
Function c_Licht()
    c_Licht = 299792458
End Function

Function RelMasse (m0 As Double, v As Double)
    On Error GoTo fehl
    RelMasse = m0 / Sqr(1 - (v / c_Licht()) ^ 2)
```

```
    On Error GoTo 0
    Exit Function
fehl:
    Select Case err
    Case 11
        RelMasse = "unendlich"
    Case 5
        RelMasse = "Überlicht?"
    Case Else
        RelMasse = "unbestimmt"
    End Select
End Function
```

In der Funktion RelMasse wird die Eingabe von Zahlen dadurch erzwungen, daß für die Argumente als Datentyp Double vorgesehen ist. Bei der Verwendung der Funktion können aufgrund des oben diskutierten Verhaltens folgende interne Fehler auftreten:

- Die Geschwindigkeit ist gleich der Lichtgeschwindigkeit, es wird also durch 0 geteilt (Fehlernummer err=11).
- Die Geschwindigkeit ist größer als die Lichtgeschwindigkeit, es müßte die Wurzel aus einer negativen Zahl gezogen werden. Das entspricht der Fehlernummer 5 (falscher Funktionsaufruf).
- Wird die Masse mit 0 und die Geschwindigkeit als Lichtgeschwindigkeit angegeben, dann ist eine Division 0/0 die Folge. Auch das führt zu einem Fehler (Überlauf; FehlerNr= 6), der für den vorliegenden Zweck nutzbar gemacht werden kann: die Masse ist dann unbestimmt. Ein Beispiel für lichtschnelle Teilchen sind Photonen (Lichtteilchen) mit der Ruhemasse Null. Ihre Masse hängt von der Frequenz ab.

Diese Fehler werden in der Funktion dahingehend ausgewertet, daß in einem solchen Fall anstelle eines numerischen Ergebnisses eine Zeichenkette mit einer entsprechenden Mitteilung erzeugt wird. Abbildung 9.2 zeigt die Ergebnisse für Aufrufe mit verschiedenen Werten für die Argumente (das Beispiel funktioniert aufgrund eines Fehlers nicht in Excel 95! Sobald Sie die beigefügte Beispielstabelle oder die entsprechenden Zelle neu berechnen, erhalten Sie als Ergebnis nur noch den Fehler »#Wert.«).

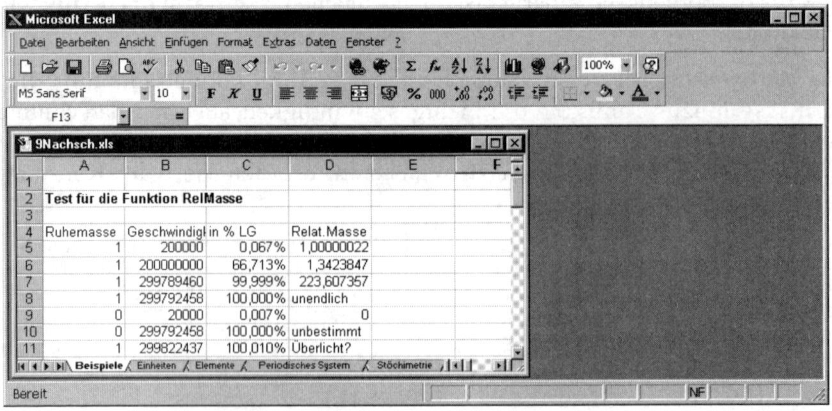

	A	B	C	D
1				
2	Test für die Funktion RelMasse			
3				
4	Ruhemasse	Geschwindigl	in % LG	Relat.Masse
5	1	200000	0,067%	1,00000022
6	1	200000000	66,713%	1,3423847
7	1	299789460	99,999%	223,607357
8	1	299792458	100,000%	unendlich
9	0	20000	0,007%	0
10	0	299792458	100,000%	unbestimmt
11	1	299822437	100,010%	Überlicht?

Abbildung 9.2: Aufruf der Funktion RelMasse

9.2 Umrechnungen

Ein sehr häufig auftauchendes Problem sind die Umrechnungen verschiedener Einheiten. Oft ist es so, daß Sie in einem Buch eine Formel finden, die die Verwendung der SI-Einheiten (z.B. Kraft in Newton, Arbeit in Joule) zugrunde legt. Sie haben aber nur ein technisches Tabellenwerk zur Verfügung, das mit älteren Einheiten arbeitet (z.B. Kraft in Kilopond, Arbeit in Kilowattstunde eventuell sogar Leistung in PS). Das Umrechnen erfordert dann ein weiteres Nachschlagen in anderen Büchern und möglicherweise mehrfaches Umrechnen, um zum gewünschten Ergebnis zu kommen. Nun findet sich bei Excel unter der Rubrik *Technisch* eine Funktion UMWANDELN(), die anbietet, Zahlen von einer Maßeinheit in eine andere umzurechnen.

9.2.1 Excels Umrechnungsfunktion

Die Umrechnungsfunktion UMWANDELN(), die Excel zur Verfügung stellt, ist einfach und flexibel einzusetzen. Sie müssen lediglich die Zahl, die Maßeinheit in der sie angegeben ist und die Zielmaßeinheit eingeben und erhalten dann als Ergebnis die umgewandelte Zahl in der neuen Einheit. Das ist also im Prinzip genau die Funktion, die gebraucht wird.

Es gibt allerdings einen kleinen Mangel bei dieser Funktion. Die zur Verfügung stehenden Maßeinheiten verraten allzu deutlich ihre Herkunft aus dem US-amerikanischen Bereich. Es findet sich zwar die Umrechnung von *Teelöffel* in *Tasse* oder *Flüssige Unze*, dagegen fehlen Einheiten, die im europäischen Bereich durchaus noch anzutreffen sind, wie *Kilopond* (kp), oder Einheiten sind falsch implementiert wie die *technische Atmosphäre* (at) für Druck (im Unterschied zur *physikalischen Atmosphäre* (atm)). Einen Überblick über die von der Funktion UMWANDELN() unterstützten Einheiten zeigt die Tabelle 9.1.

Masse	
Gramm	g
Engl. Pfund	lbm
U (atomare Masseneinheit)	u
Unze	ozm

Länge	
Meter	m
Britische Meile	mi
Nautische Meile	Nmi
Zoll	in
Fuß	ft
Yard	yd
Ångström	ang
Pica (1/72 Zoll)	Pica

Zeit	
Jahr	yr
Tag	day
Stunde	hr
Minute	mn
Sekunde	sec

Druck	
Pascal	Pa
Atmosphäre	atm
mm Quecksilbersäule	mmHg

Kraft	
Newton	N
Dyn	dyn

Tab. 9.1: Von der Funktion UMWANDELN() unterstützten Einheiten

Arbeit	
Joule	J
Erg	e
Thermodynamische Kalorie	c
Kalorie	cal
Elektronenvolt	eV
Pferdestärke mal Stunde	HPh
Watt mal Stunde	Wh
BTU	BTU

Leistung	
Pferdestärke (PS)	HP
Watt	W

Magnetismus	
Tesla	T
Gauß	ga

Temperatur	
Grad Celsius	C
Grad Fahrenheit	F
Grad Kelvin	K

Hohlmaße	
Teelöffel (Teaspoon)	tsp
Eßlöffel (Tablespoon)	tbs
Flüssige Unze	oz
Tasse (Cup)	cup
Pint	pt
Quart	qt
Gallone	gal
Liter	l

Tab. 9.1: Von der Funktion UMWANDELN() unterstützten Einheiten

Obendrein kann man vor die Einheiten noch die üblichen (und unüblichen) Vorsätze von E (für Exa 1E18) über M und k (für Mega und kilo) bis a (für Atto 1E-18) setzen – im Ganzen eine ideale Umrechnungsfunktion – bis auf den oben angedeuteten Mangel. Eigentlich hätte eine eigene Funktion also lediglich die noch fehlenden Einheiten zur Verfügung zu stellen, um die vorhandene Funktion zu ergänzen. Leider ist dies nicht so einfach, da ausgerechnet die Funktionen der Kategorie *Technik* nicht fest eingebaut sind, sondern über ein Add-In realisiert sind (Falls Sie die technischen Funktionen im Funktionsassistenten nicht finden, keine Panik. Sie können in diesem Fall das entsprechende Add-In einfach über den Add-In-Manager einbinden.). Aus diesem Grund sind anders als für die Standardfunktionen keine Schnittstellen für die technischen Funktionen im Anwendungsobjekt vorgesehen. Leider wurde aber auch vergessen, innerhalb des Add-Ins selber eine Schnittstelle zu VBA einzubauen.

Es lohnt sich also, sich Gedanken über die Programmierung einer eigenen Umrechnungsfunktion zu machen, zumal diese ja auch für ganz anderen Bereichen angepaßt werden können (z.B. Währungsumrechnung oder dergleichen).

9.2.2 Umrechnungsfunktionen

Es gibt eine ganze Anzahl von Möglichkeiten, in Excel Umrechnungsfunktionen zu programmieren. Die einfachste ist verwendbar, wenn es sich nur um wenige Umrechnungen handelt. Für die Umrechnung von Kilopond in Newton könnte die Umrechnungsfunktion in VBA so aussehen:

```
Function kp_N(einheiten)
    kp_N = einheiten * 9,80665
End Function
```

Eine andere Möglichkeit besteht darin, zur Ergänzung der eingebauten Funktion eine eigenen Umrechnungsfunktion bereitzustellen, die die Umrechnungen bewerkstelligt, welche die eingebaute Funktion nicht oder nur fehlerhaft implementiert.:

```
Function umrechnen1(zahl, von, nach)
    If von = "at" And nach = "atm" Then
        umrechnen1 = 0.96782 * zahl
    ElseIf von = "kp" And nach = "N" Then
        umrechnen1 = 9.80665 * zahl
    Else
        umrechnen1 = "NV"
    End If
End Function
```

Allerdings ist die Anwendung dieser Funktion ein wenig unbequem, da der Anwender bei jeder Umrechnung entscheiden muß, ob er für diese Excels Funktion UMWANDELN() oder die Ergänzungsfunktion benutzen will. Wesentlich eleganter ist da eine Lösung, die die eingebaute Funktion benutzt, um alle Umrechnungen vorzunehmen, die diese richtig beherrscht, und nur die fehlenden Umrechnungen beisteuert. Wie bereits erwähnt, ist dies jedoch nicht möglich, da Excels technische Funktionen innerhalb eines VBA-Programmes nicht zu benutzen sind.

In vielen Situationen läßt sich jedoch ein Trick anwenden, der es ermöglicht, auf die betreffenden Funktionen doch noch zuzugreifen. Hierzu tragen Sie die Funktion in ein (Hilfs-)Arbeitsblatt ein und schreiben und lesen von Ihrem Basic-Programm aus die Zellen mit den Eingabe- und Ergebniswerten. Ein Versuch, eine Umrechnungsfunktion auf diese Weise unter Verwendung eines Arbeitsblattes mit Namen *(Umwandlung)* zu formulieren, hätte die Form:

```
Function umrechnen2(zahl, von, nach)
    With Workbooks("9Nachsch.xls").Sheets("(UMWANDLUNG)")
        .Cells(3, 1).Formula = zahl
        .Cells(3, 2).Formula = von
        .Cells(3, 4).FormulaR1C1 = "=UMWANDELN(ZS(-3);ZS(-2);ZS(1))"
        .Cells(3, 5).Formula = nach
        umrechnen2 = .Cells(3, 4).Value
    End With
End Function
```

Diese Funktion demonstriert übrigens wie angekündigt eine weitere Möglichkeit, das wiederholte Ausschreiben (und Auswerten!) langer Ausdrücke zur Objektbezeichnung zu vermeiden. Anstatt eine Objektvariable `s` zu definieren und dieser das Objekt zuzuweisen wie in:

```
Dim s As Object
Set s = Workbooks("9Nachsch.xls").Sheets("(UMWANDLUNG)")
s.Cells(3, 1).Formula = Number
```

kann auch die `With`-Anweisung benutzt werden, um innerhalb des Geltungsbereichs der Anweisung ohne umständliche Ausdrücke (und Berechnungen) auf die Methoden und Eigenschaften des Objekts zugreifen zu können. Methoden und Eigenschaften eines so verwendeten Objekts erkennen Sie am vorangestellten Punkt.

Im vorliegenden Falle hat die vorgeschlagenen Funktion nur einen einzigen Schönheitsfehler – sie funktioniert nicht. Im Testmodus von Excel 5 und 95 (hierzu setzen Sie einen Haltepunkt innerhalb der Funktion, bevor sie diese in einer Zelle eines Arbeitsblattes benutzen) erhalten Sie die Mitteilung, daß die Eigenschaft `Formula` nicht geschrieben werden kann. In Excel 97 bricht die Ausführung im Testmodus dagegen ohne jeden weiteren Hinweis ab. Ursache ist eine Einschränkung für Funktionen, die als Funktionen in Excel-Arbeitsblättern eingesetzt werden sollen: Sie dürfen keine Änderungen an Arbeitsmappe, Arbeitsblättern oder auch nur einzelnen Zellen vornehmen. Da Funktionen üblicherweise bei der Neuberechnung eines Arbeitsblattes aufgerufen werden, wird so sichergestellt, daß sich nicht während der Neuberechnung irgendwelche Zelle verändern und so das Berechnungsergebnis verfälschen können. Für Makros, die nicht als Funktionen oder innerhalb von Funktionen eingesetzt werden, ist das beschriebene Verfahren durchaus brauchbar, um die technischen Funktionen von Excel auch in VBA-Programmen zu benutzen.

9.2.3 Tabellengesteuerte Umrechnung

Da die Funktion UMWANDELN() also nicht genutzt werden kann, bleibt für die Implementation einer Umrechnungsfunktion nur noch der »harte« Weg. Da in Excel jedoch Tabellen und VBA-Code miteinander kombiniert werden können, ist es wesentlich einfacher, eine solche Funktion zu schreiben, als es zunächst den Anschein haben mag. Die Umrechnung zwischen zwei Einheiten mit der gleichen Dimension erfolgt in der Regel durch die Multiplikation mit einem Faktor, die einzige Ausnahme sind Temperaturumrechnungen, die auch einen additiven Term enthalten. Einheiten unterschiedlicher Dimensionen (z.B. Länge und Zeit) lassen sich andererseits nicht sinnvoll ineinander umrechnen.

Da die Umrechnung zwischen Einheiten derselben Dimension linear ist, braucht die Umwandlung nicht in einem Schritt, sondern kann in mehreren Schritten erfolgen. Sie können also z.B. erst von Meter in Fuß und dann von Fuß in Zoll umrechnen, um die Umrechnung vom Meter in Zoll durchzuführen. Die Umrechnungsfaktoren können in einer Tabelle zusammengefaßt werden. Um nun zwischen verschieden Einheiten gleicher Dimension umzurechnen, suchen Sie einfach die Eingangs- und Ausgangseinheiten in der Tabelle auf und führen alle Umwandlungen zwischen ihnen durch. Je nach Umwandlungsrichtung müssen Sie entweder mit den Umwandlungsfaktoren multiplizieren oder durch diese dividieren (siehe Abbildung 9.3).

Die Verwendung einer Tabelle zur Definition der unterstützten Umrechnungen hat den Vorteil, daß diese ständig erweitert und ergänzt werden kann, ohne eine einzige Zeile Code zu ändern. Ein Auszug aus der Umrechnungstabelle ist in Abbildung 9.3 zu sehen. Für jede Umrechnung in der Tabelle benachbarter Einheiten von oben nach unten ist eine Multiplikation und in einigen Fällen auch eine Addition durchzuführen. In der umgekehrten Richtung muß natürlich umgekehrt zunächst eine Subtraktion und dann eine Division erfolgen.

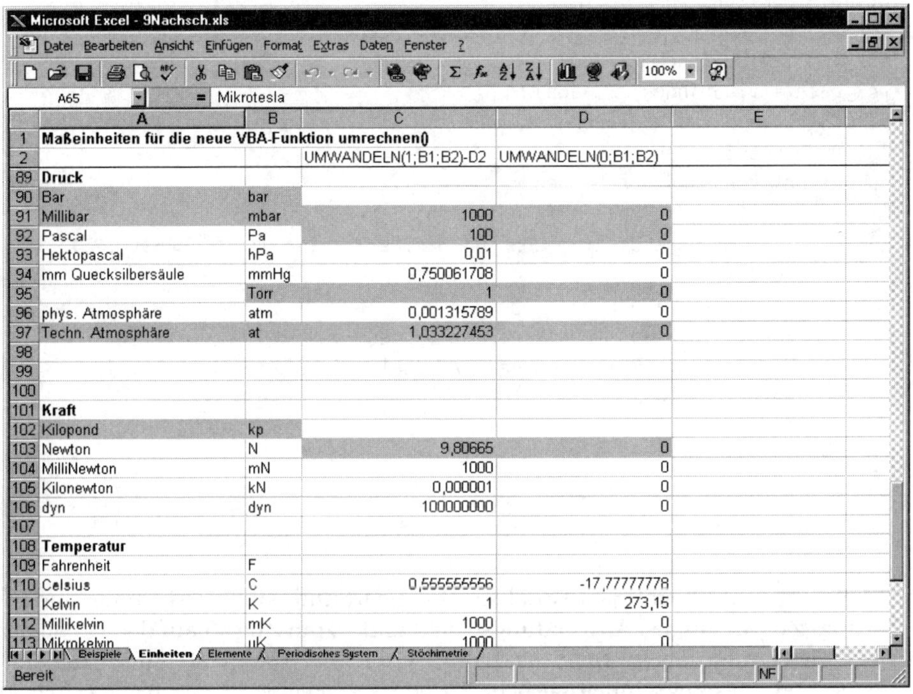

	A	B	C	D	E
1	**Maßeinheiten für die neue VBA-Funktion umrechnen()**				
2			UMWANDELN(1;B1;B2)-D2	UMWANDELN(0;B1;B2)	
89	**Druck**				
90	Bar	bar			
91	Millibar	mbar	1000	0	
92	Pascal	Pa	100	0	
93	Hektopascal	hPa	0,01	0	
94	mm Quecksilbersäule	mmHg	0,750061708	0	
95		Torr	1	0	
96	phys. Atmosphäre	atm	0,001315789	0	
97	Techn. Atmosphäre	at	1,033227453	0	
98					
99					
100					
101	**Kraft**				
102	Kilopond	kp			
103	Newton	N	9,80665	0	
104	MilliNewton	mN	1000	0	
105	Kilonewton	kN	0,000001	0	
106	dyn	dyn	100000000	0	
107					
108	**Temperatur**				
109	Fahrenheit	F			
110	Celsius	C	0,555555556	-17,77777778	
111	Kelvin	K	1	273,15	
112	Millikelvin	mK	1000	0	
113	Mikrokelvin	uK	1000	0	

Abbildung 9.3: Auszug aus der Umrechnungstabelle für die VBA-Funktion `umrechnen`

Die Werte für diese Umrechnungsfaktoren könne Sie sich in den meisten Fällen mit der Excel-Funktion UMWANDELN beschaffen (siehe Formeln in Zeile 2). Einheiten und Umrechnungsfaktoren, die von dieser Funktion nicht oder nicht richtig unterstützt werden, sind in der Tabelle grau unterlegt. Da zwischen Einträgen unterschiedlicher Dimension leere Felder liegen, ist es noch nicht einmal erforderlich, die Umrechnung zwischen unpassenden Einheiten explizit abzufangen, die Verwendung dieser Felder führt automatisch zu ungültigen Ergebnissen.

Um zu vermeiden, daß die Tabelle bei der Benutzung ständig neu berechnet wird, wird die Tabelle konsolidiert, d.h., die Formeln werden durch die reinen Zahlenwerte ersetzt. Eine Methode, das zu erreichen, besteht darin, den Bereich in die Zwischenablage zu kopieren (Bearbeiten, Kopieren) und dann als Werte wieder einzufügen (BEARBEITEN, INHALTE EINFÜGEN, Option WERTE).

Die schnellste Methode, in Excel die Position einer Zelle mit einem bestimmten Inhalt zu finden, ist die Funktion VERGLEICH() bzw. die entsprechende Methode `Match` des Anwendungsobjekts. Leider unterscheidet die Funktion nicht zwischen Groß- und Kleinschreibung, was sie für die gegebene Aufgabe unbrauchbar macht. Aus diesem Grund muß hier eine eigene Funktion `findeIndex` geschrieben werden. Mit der Verwendung dieser Hilfsfunktion hat die Funktion `umrechnen3` das Aussehen:

```
Function umrechnen3(zahl, von, nach)
    Dim a As Object, s As Object
    Dim ndx_von As Integer, ndx_nach As Integer, i As Integer
```

```
    Set a = Application
    Set s = Workbooks("9Nachsch.xls").Sheets("Einheiten")
    ndx_von = findeIndex(s, von)
    ndx_nach = findeIndex(s, nach)
    If ndx_von > 0 And ndx_nach > 0 Then
        umrechnen3 = zahl
        If ndx_von < ndx_nach Then
            For i = ndx_von + 1 To ndx_nach
                umrechnen3 = (umrechnen3 + s.Cells(i, 4)) * s.Cells(i, 3)
            Next i
        ElseIf ndx_von > ndx_nach Then
            For i = ndx_von To ndx_nach + 1 Step -1
                umrechnen3 = umrechnen3 / s.Cells(i, 3) - s.Cells(i, 4)
            Next i
        End If
    End If
    Set a = Nothing
    Set s = Nothing
End Function
```

Zunächst werden die benötigten Variablen vereinbart und initialisiert – unter anderem auch a zum Zugriff auf das Anwendungsobjekt und s zum Zugriff auf das Arbeitsblatt mit der Umrechnungstabelle. Mit findeIndex werden im Arbeitsblatt danach die Zeilen Eingangs- und Ausgangseinheit gesucht. Ist ndx_von kleiner als ndx_nach, erfolgt die Umrechnung von oben nach unten, es werden in der For-Schleife nacheinander alle Umrechnungen zwischen Eingangs- und Ausgangseinheit angewendet. Ist ndx_von dagegen größer als ndx_nach, erfolgt die Umrechnung in Rückwärtsrichtung, hier werden in einer For-Schleife alle Umkehrumrechnungen angewendet. Sind beide Einheiten gleich, wird keine der beiden Schleifen durchlaufen und der Eingangswert unverändert als Ergebnis wieder ausgegegben.

Bleibt noch die Funktion findeIndex. Da diese nur intern benötigt wird und damit quasi ein Implementationsdetail von umrechnen3 darstellt, ist sie als private Funktion vereinbart. Die Funktion tut nichts anderes, als die zweite Spalte aller Zeilen des Arbeitsblattes mit dem Suchbegriff zu vergleichen und ggf. den Index zurückzugeben.

```
Private Function findeIndex(s As Object, key As Variant) As Integer
    Dim r As Object
    For Each r In s.Rows
    If r.Cells(1, 2).Value = key Then
        findeIndex = r.row
        Exit Function
    End If
    findeIndex = -1
    Next r
End Function
```

Bevor Sie die fertige Umrechnungsfunktion auf die Menschheit loslassen, sollten Sie diese noch einmal überprüfen, indem Sie sie mit typischen Beispielen testen (Arbeitsblatt *Beispiele*). Insbesondere sollten Sie überprüfen, ob die Umrechnung von einer Einheit zu einer anderen und zurück wieder den Eingangswert ergibt, ob die Funktion auch bei nicht benachbarten Einheiten funktioniert, und wie sie auf »unmögliche« Umwandlungen reagiert. Um die Verwendung mit Argumenten falschen Typs zu verhindern, ist es außerdem zweckmäßig, nur passende Datentypen für die Parameter zuzulassen. Dadurch kann auch der Funktionsassistent den Anwender besser unterstützen:

```
Function umrechnen(zahl As Double, von As String, nach As String)
    umrechnen = umrechnen3(zahl, von, nach)
End Function
```

9.3 Eigenschaften der Elemente

Ein wichtiges Hilfsmittel für alle, die in ihrer Arbeit chemische Methoden einsetzen, oder auch sonst genauere Informationen über die Elemente benötigen, ist das Periodensystem der Elemente, in das sich alle Elemente aufgrund ihrer charakteristischen Eigenschaften einordnen lassen. Reine Nachschlagewerke für (größere) Datenbestände wird man normalerweise als Datenbank anlegen. Da für das Periodensystem jedoch kaum noch größere Änderungen oder Ergänzungen zu erwarten sind (höchstens das eine oder andere Transuran kann noch hinzukommen), und aufgrund der speziellen Anwendungsanforderungen, ist es sinnvoller, dieses als Excel-Tabelle kombiniert mit einigen VBA-Funktionen und Makros zu implementieren. Das Periodensystem und die dazugehörenden Abfragefunktionen in Excel zu implementieren ist natürlich schon ein etwas komplexeres Stück Arbeit als eine simple Funktionensammlung oder eine Umrechnungsfunktion für physikalische oder sonstige Einheiten.

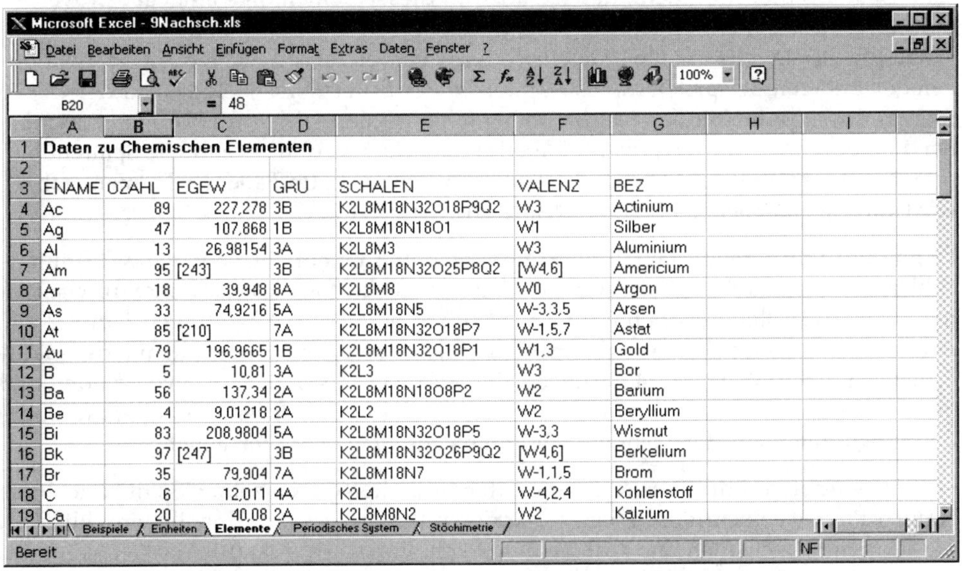

	A	B	C	D	E	F	G	H	I
1	Daten zu Chemischen Elementen								
2									
3	ENAME	OZAHL	EGEW	GRU	SCHALEN	VALENZ	BEZ		
4	Ac	89	227,278	3B	K2L8M18N32O18P9Q2	W3	Actinium		
5	Ag	47	107,868	1B	K2L8M18N18O1	W1	Silber		
6	Al	13	26,98154	3A	K2L8M3	W3	Aluminium		
7	Am	95	[243]	3B	K2L8M18N32O25P8Q2	[W4,6]	Americium		
8	Ar	18	39,948	8A	K2L8M8	W0	Argon		
9	As	33	74,9216	5A	K2L8M18N5	W-3,3,5	Arsen		
10	At	85	[210]	7A	K2L8M18N32O18P7	W-1,5,7	Astat		
11	Au	79	196,9665	1B	K2L8M18N32O18P1	W1,3	Gold		
12	B	5	10,81	3A	K2L3	W3	Bor		
13	Ba	56	137,34	2A	K2L8M18N18O8P2	W2	Barium		
14	Be	4	9,01218	2A	K2L2	W2	Beryllium		
15	Bi	83	208,9804	5A	K2L8M18N32O18P5	W-3,3	Wismut		
16	Bk	97	[247]	3B	K2L8M18N32O26P9Q2	[W4,6]	Berkelium		
17	Br	35	79,904	7A	K2L8M18N7	W-1,1,5	Brom		
18	C	6	12,011	4A	K2L4	W-4,2,4	Kohlenstoff		
19	Ca	20	40,08	2A	K2L8M8N2	W2	Kalzium		

Abbildung 9.4: Alphabetische Tabelle der Elemente und ihrer Kenndaten

Die umfangreichste Vorbereitung für den Zugriff auf das Periodensystem ist sicherlich die Eingabe aller Elemente des Periodensystems zusammen mit den Angaben, auf die zugegriffen werden soll, in eine Tabelle. Die Tabelle könnte etwa so aussehen, wie in Abbildung 9.4 gezeigt. Die einzelnen Spalten der Tabelle erhalten die Überschriften:

ENAME Für die gültige Formelbezeichnung der einzelnen Elemente

OZAHL Für die Ordnungszahl

EGEW Für das (mittlere) Atomgewicht des jeweiligen Elements

GRU Für die Gruppe, der das Element angehört

SCHALEN Für die Darstellung der Elektronenkonfiguration, d.h. für die Anzahl der Elektronen in den einzelnen Elektronenschalen

VALENZ Für die Wertigkeiten, die das jeweilige Element in verschiedenen chemischen Reaktionen hat

BEZ Bezeichnung (allgemeiner Name) des Elements

Bei den Gruppen wird unterschieden zwischen den Hauptgruppen (A) und Nebengruppen (B). Sofern Wertigkeiten gegenüber Sauerstoff von denen gegenüber Wasserstoff abweichen, sind sie mit einem Minuszeichen gekennzeichnet. Wertigkeiten in ekkigen Klammern sind theoretische Werte. Das ist insbesondere bei radioaktiven Elementen der Fall, bei denen wegen einer sehr kurzen Halbwertszeit keine chemischen Reaktionen beobachtbar sind, deren Wertigkeiten sich aber gleichwohl aus ihrer Elektronenkonfiguration erschließen lassen.

Die Tabelle muß für den Zugriff mittels der Verweisfunktion alphabetisch geordnet sein. Das bedeutet nun nicht, daß sie auch in dieser Reihenfolge eingegeben werden müßte, schließlich kann Excel eine Tabelle auch selber sortieren. Wenn Sie also eine derartige Tabelle eingeben wollen (das Periodensystem natürlich nicht, das finden Sie neben den anderen Beispielen dieses Kapitels in der Datei 9NACHSCH.XLS auf der CD zu diesem Buch), dann können Sie die Reihenfolge wählen, die Ihnen vorliegt. Anschließend brauchen Sie nur die gesamte Tabelle zu markieren, ohne eventuelle Spaltenüberschriften, und den Befehl DATEN, SORTIEREN aufzurufen. Im Falle der Elementetabelle wird aufsteigend nach der Spalte *ENAME* sortiert.

Wenn die zu sortierende Tabelle eine laufende Nummer enthält, so wie die Ordnungszahl in der Elementeliste, müssen Sie darauf achten, daß Sie diese Nummer durch automatisches Ausfüllen generieren und nicht durch eine Formel. Sie tragen 1 und 2 ein, markieren beide und ziehen an der rechten unteren Ecke der Markierung mit der Maustaste nach unten. Wenn Sie statt dessen eine Formel (in F4 z.B. =F3+1) verwenden und diese nach unten kopieren, dann bleibt die Formel beim Sortieren erhalten, d.h., die Ordnungszahlen würden nicht mehr stimmen oder ganz verloren gehen.

Um den Zugriff auf die Tabelle zu erleichtern, erhalten die einzelnen Spalten noch die Namen ihrer Überschriften. Hierzu markieren Sie die gesamte Tabelle einschließlich der Spaltenüberschriften und wählen den Befehl EINFÜGEN, NAMEN, ÜBERNEHMEN (bis Excel 95) bzw. ERSTELLEN (Excel 97). Als Option wählen Sie aus OBERSTER ZEILE und übernehmen damit die Spaltenüberschriften als Namen für die Spalten.

9.3.1 Funktionen

Auf diese Tabelle kann nun mit einer Anzahl von eigenen Funktionen zugegriffen werden, die alle nach dem gleichen Prinzip funktionieren. Als Beispiel mag hier die Funktion `atomgewicht` dienen:

```
Function atomgewicht(element)
Dim a As Object, t As Object
    Set a = Application
    Set t = Workbooks("9Nachsch.xls").Sheets("Elemente")
    On Error GoTo ff
    If a.Lookup(element, t.Range("ENAME"), t.Range("ENAME")) = element Then
        atomgewicht = a.Lookup(element, t.Range("ENAME"), t.Range("EGEW"))
    Else
        atomgewicht = 0
    End If
    On Error GoTo 0
    Set a = Nothing
    Set t = Nothing
    Exit Function
ff:
    atomgewicht = 0
    Set a = Nothing
    Set t = Nothing
End Function
```

Den Kern all dieser Funktionen bildet Excels Tabellenfunktion VERWEIS(), die in der Elementen-Tabelle direkt so verwendet werden könnte:

```
=VERWEIS("Na";ENAME;EGEW)
```

Im (englischen) VBA-Code trägt sie dagegen den aussagekräftigeren Namen `Lookup`. So wie oben in eine Zelle geschrieben würde diese Formel das Atomgewicht des Elements Natrium liefern. Die Funktion sucht in der vorliegenden Form in der mit *ENAME* benannten Spalte den Eintrag »Na« und liefert dann den Wert, der in derselben Zeile in der Spalte mit dem Namen *EGEW* steht.

Das Problem mit dieser Tabellenfunktion ist, daß sie bei einem in der Liste nicht vorhandenen Eintrag nicht etwa eine Fehlermeldung liefert, sondern den vorhergehenden Wert. Die Nachschlagefunktion muß hierauf Rücksicht nehmen und einen gefundenen Wert noch verifizieren, bevor `Lookup` ein zweites Mal eingesetzt wird, um den eigentlich interessierenden Wert zu holen.

Die ersten beiden Zeilen der VBA-Funktion dienen wieder dazu, Objektvariable zu erzeugen, die sich leichter handhaben lassen als die ellenlangen Namen in VBA. Die zweite Objektvariable `t` (bzw. der dazugehörende lange Ausdruck) ist notwendig, um den genauen Ort der Tabelle zu bestimmen, da die Funktionen ja auch von einer anderen Arbeitsmappe aus aufgerufen werden sollen. Es sei hier darauf hingewiesen, daß der Name 9NACHSCH.XLS für den Fall, daß aus einer derartigen Arbeitsmappe ein Add-In gemacht wird, durch den entsprechenden Namen des fertigen Add-Ins zu ersetzen ist! Mit den letzten beiden Zeilen werden die an die Objektvariablen gebundenen Objekte wieder freigegeben.

Die if-Anweisung dient dazu, den zu einem Element gesuchten Wert zu ermitteln. Zunächst wird nach dem mit dem Argument eingegeben Namen des Elements im Bereich *ENAME* gesucht und der gefundene Wert mit dem zur Fundstelle gehörenden Eintrag in der gleichen Spalte verglichen. Sie erinnern sich: wenn Excel den Eintrag nicht findet, nimmt es den vorhergehenden Eintrag. In diesem Fall würden der eingegebene Name und der gefundene nicht übereinstimmen! Nur wenn die beiden Namen übereinstimmen, wenn also ein gültiges Argument angegeben wurde, sucht die Funktion nach dem korrespondierenden Eintrag in einer anderen Spalte – bei der ersten Funktion nach dem unter *EGEW* stehenden Atomgewicht, sonst ergibt die Funktion als Wert 0.

Nach dem hier vorgegebenen Muster werden auch die anderen Funktionen erstellt. Da mit diesen Funktionen nicht gerechnet werden muß, benötigen sie keine Fehlerbehandlung. Sie geben entweder »unbekannt« oder eine Fehlermeldung aus, wenn das Argument nicht verwendbar ist. Als Beispiel mag hier die Funktion `ordnungszahl` dienen:

```
Function ordnungszahl(element)
    Dim a As Object, t As Object
    Set a = Application
    Set t = Workbooks("9Nachsch.xls").Sheets("Elemente")
    If element = "" Then element = "Z"
    If a.Lookup(element, t.Range("ENAME"), t.Range("ENAME")) = element Then
        ordnungszahl = a.Lookup(element, t.Range("ENAME"), t.Range("OZAHL"))
    Else
        ordnungszahl = "unbekannt"
    End If
    Set a = Nothing
    Set t = Nothing
End Function
```

Für die restlichen Funktionen, die mit Ordnungszahl weitgehend identisch sind, kann man sich viel Schreibarbeit ersparen, indem man die erste Funktion kopiert und sie eine Zeile tiefer wieder einfügt. Auf diese Weise wird die erste Funktion vervielfältigt. Anschließend sind nur geringfügige Korrekturen nötig: Der Funktionsname wird in der Kopfzeile und in den beiden Zuweisungszeilen geändert; der Spaltenname, in dem die gesuchte Information steht, wird entsprechend ersetzt. Die folgende Funktionen werden zusätzlich zu `atomgewicht` erstellt: `ordnungszahl`, `elektronen`, `gruppe`, `wertigkeit` und `bezeichnung`; die dazugehörogen Bereichsnamen sind *OZAHL, SCHALEN, GRU, VALENZ* und *BEZ*.

9.3.2 Verwendung der Funktionen

Mit den Funktionen, die auf das Periodensystem in Form einer Verweistabelle zugreifen, können Sie sich leicht in einer Tabelle benötigte Informationen zu einzelnen Elementen verschaffen. In Abbildung 9.5 sehen Sie im oberen Teil des Tabellenausschnittes, wie so etwas aussehen kann. In Spalte V sind zusätzlich die in Spalte U (und den übrigen Spalten entsprechend) verwendeten Formeln gezeigt.

Die Funktionen werden genau wie andere Excel-Funktionen benutzt: Sie können das Element entweder direkt eingeben oder eine Zelladresse angeben, in der das entsprechende Element steht.

Achten Sie dabei darauf, daß das Element bei direkter Eingabe immer in Anführungszeichen stehen muß (wie bei allen Funktionen von Excel, die als Argument(e) Text verlangen).

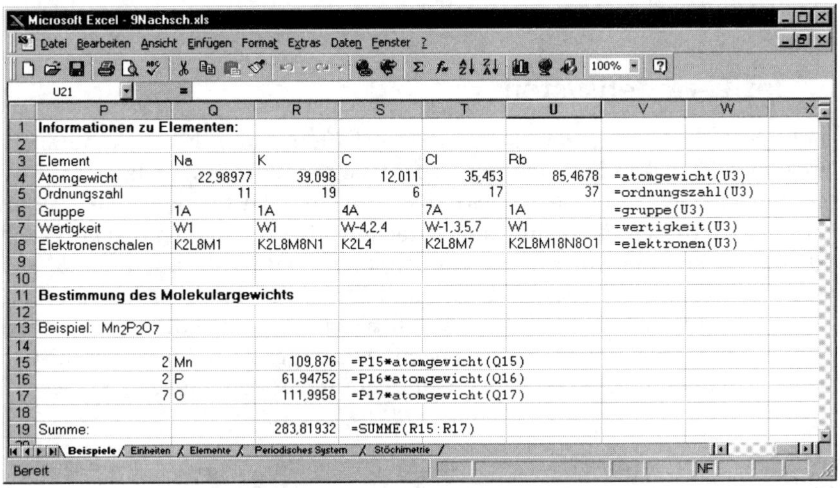

	P	Q	R	S	T	U	V
1	**Informationen zu Elementen:**						
2							
3	Element	Na	K	C	Cl	Rb	
4	Atomgewicht	22,98977	39,098	12,011	35,453	85,4678	=atomgewicht(U3)
5	Ordnungszahl	11	19	6	17	37	=ordnungszahl(U3)
6	Gruppe	1A	1A	4A	7A	1A	=gruppe(U3)
7	Wertigkeit	W1	W1	W-4,2,4	W-1,3,5,7	W1	=wertigkeit(U3)
8	Elektronenschalen	K2L8M1	K2L8M8N1	K2L4	K2L8M7	K2L8M18N8O1	=elektronen(U3)
9							
10							
11	**Bestimmung des Molekulargewichts**						
12							
13	Beispiel: $Mn_2P_2O_7$						
14							
15	2	Mn	109,876	=P15*atomgewicht(Q15)			
16	2	P	61,94752	=P16*atomgewicht(Q16)			
17	7	O	111,9958	=P17*atomgewicht(Q17)			
18							
19	Summe:		283,81932	=SUMME(R15:R17)			

Abbildung 9.5: Zwei Anwendungen der Funktionen

Im unteren Teil von Abbildung 9.5 sehen Sie, wie sich mit Hilfe der neu gewonnenen Funktionen stöchiometrische Berechnungen leicht und sicher durchführen lassen. So läßt sich etwa das Molekulargewicht einer chemischen Verbindung wie Manganphosphat $Mn_2P_2O_7$ schnell ermitteln. In eine Spalte wird die Zahl der Atome pro Molekül eingetragen, in die nächste das Element und in die dritte kommt die Funktion zur Ermittlung des Atomgewichts, multipliziert mit der Anzahl der Atome. Die Summe der Spalte der Atomgewichte ergibt dann das Molekulargewicht.

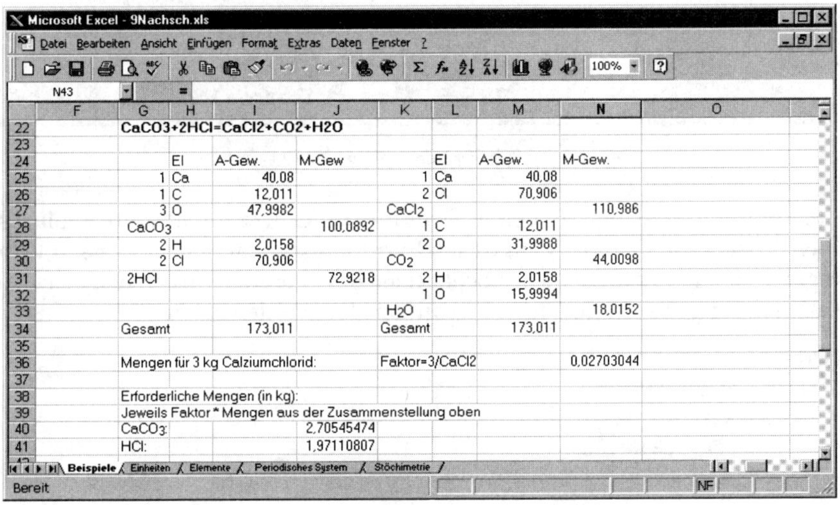

	G	H	I	J	K	L	M	N
22	**CaCO3+2HCl=CaCl2+CO2+H2O**							
23								
24		El	A-Gew.	M-Gew		El	A-Gew.	M-Gew.
25	1	Ca	40,08		1	Ca	40,08	
26	1	C	12,011		2	Cl	70,906	
27	3	O	47,9982		$CaCl_2$			110,986
28	$CaCO_3$			100,0892	1	C	12,011	
29	2	H	2,0158		2	O	31,9988	
30	2	Cl	70,906		CO_2			44,0098
31	2HCl			72,9218	2	H	2,0158	
32					1	O	15,9994	
33					H_2O			18,0152
34	Gesamt		173,011		Gesamt		173,011	
35								
36	Mengen für 3 kg Calziumchlorid:				Faktor=3/CaCl2			0,02703044
37								
38	Erforderliche Mengen (in kg):							
39	Jeweils Faktor * Mengen aus der Zusammenstellung oben							
40	$CaCO_3$:			2,70545474				
41	HCl:			1,97110807				

Abbildung 9.6: Stöchiometrische Berechnung

Für die Berechnung von Mengen in Reaktionsgleichungen ist es ebenfalls sinnvoll, eine Tabelle anzulegen (Abbildung 9.6), in der die einzelnen Molekulargewichte bestimmt werden. Sobald die einzelnen Molekulargewichte vorliegen, ist es nur noch eine einfache Dreisatzrechnung, die Mengen an Calziumcarbonat und Salzsäure zu ermitteln, die zur Herstellung von 3 kg Calziumchlorid benötigt werden.

9.3.3 Das Periodensystem

Die Funktionen zur Abfrage der Elementeigenschaften sind sicher recht nützlich. Eher zu didaktischen Zwecken läßt sich mit Hilfe dieser Funktionen auch leicht eine übersichtliche Tabelle gewinnen, die das periodische System der Elemente darstellt und die Informationen zu diesen Elementen auf einfache Weise zugänglich macht. Welche der vorhandenen Darstellungsformen Sie wählen, bleibt natürlich Ihnen überlassen. Das gleiche gilt für farbliche Hervorhebungen und Formatierungen, die in verschiedenen Darstellungen ganz verschiedene Merkmale hervorheben (etwa den metallischen Charakter, den Aggregatzustand oder dergleichen). Die folgende Abbildung ist also nur ein Vorschlag, bei dem lediglich die Elemente der Hauptgruppen fett hervorgehoben sind.

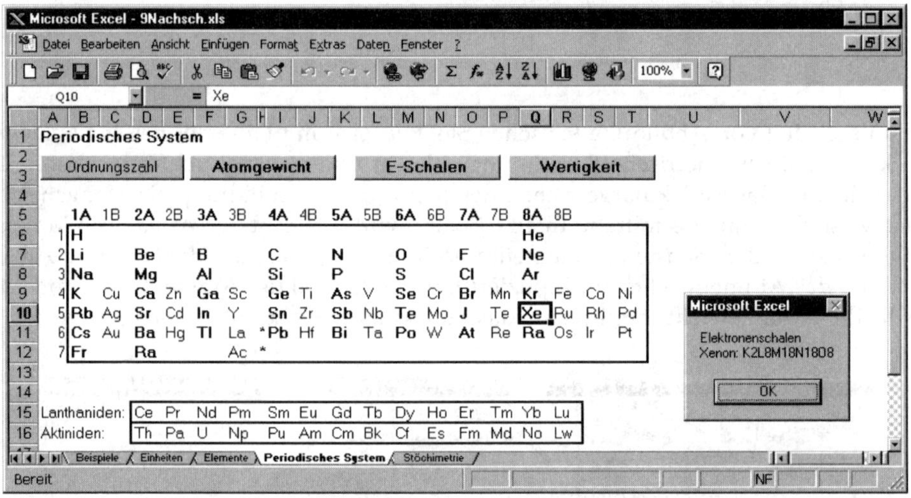

Abbildung 9.7: Periodensystem der Elemente

In der Abbildung 9.7 sehen Sie bereits, worauf das Ganze hinauslaufen soll: Es sind schon Schaltflächen vorhanden, mit denen Informationen zu den einzelnen Elementen abgefragt werden können. Zu diesen Schaltflächen gehören natürlich noch eine Anzahl von Makros, die über diese Schaltflächen aufgerufen werden sollen:

```
Sub ozahl()
    On Error Resume Next
    Dim fo As String
    fo = ActiveCell.Formula
    MsgBox "Ordnungszahl" & Chr(10) & bezeichnung(fo) & ": " & ordnungszahl(fo)
End Sub
```

```
Sub agew()
    On Error Resume Next
    Dim fo As String
    fo = ActiveCell.Formula
    MsgBox "Atomgewicht" & Chr(10) & bezeichnung(fo) & ": " & atomgewicht(fo)
End Sub

Sub eschal()
    On Error Resume Next
    Dim fo As String
    fo = ActiveCell.Formula
    MsgBox "Elektronenschalen" & Chr(10) & bezeichnung(fo) & ": " &
elektronen(fo)
End Sub

Sub wertig()
    On Error Resume Next
    Dim fo As String
    fo = ActiveCell.Formula
    MsgBox "Wertigkeiten" & Chr(10) & bezeichnung(fo) & ": " & wertigkeit(fo)
End Sub
```

Alle vier Makros sind weitgehend identisch aufgebaut: der Inhalt der Zelle, auf der gerade der Zellzeiger steht, wird in eine Variable (`fo` wie Formel) eingelesen. Dann wird ein Meldungsfenster eingeblendet, in dem die gesuchte Information steht. In allen Prozeduren wird obendrein der Name des jeweiligen Elements ausgegeben. Die verschiedenen Bestandteile der Meldung sind dabei jeweils mit `&` verknüpft; `Chr(10)` verursacht eine Zeilenumschaltung.

Ein Fehler könnte in diesen Prozeduren auftreten, wenn der Zellzeiger nicht auf einem Element steht. Da der Fehler dann in der letzten Zeile entstehen würde, ist es hinreichend, am Anfang der Prozedur mit

```
On Error Resume Next
```

dafür zu sorgen, daß die Prozedur ohne Fehlermeldung fortgesetzt, und das heißt hier beendet wird.

Sobald die Schaltflächen eingerichtet und den Prozeduren zugewiesen sind, läßt sich mit dem Periodensystem denkbar einfach arbeiten. Der Zellzeiger wird auf ein Element gesetzt. Dann genügt ein Klick auf eine der Schaltflächen, um die gesuchte Information, wie in Abbildung 9.7 bereits gezeigt, einzublenden.

9.3.4 Stöchiometrie

Bei der Entwicklung von Funktionen zum Zugriff auf die Elemententabelle wurde bereits angedeutet, wie diese Funktionen benutzt werden können, um stöchiometrische Berechnungen durchzuführen. Das dort angeführte Beispiel nutzte zwar die neuen Funktionen, nicht aber die Möglichkeiten, die Excel für die Strukturierung von Tabellen bietet. Hier deshalb noch einmal die Langversion.

Zunächst die Probleme. Um überhaupt das Molekulargewicht einer Verbindung ermitteln zu können, mußte die chemische Formel erst so zerlegt werden, daß die einzelnen Atomgewichte mit ihren jeweiligen Indizes multipliziert werden konnten. An die mühsame Schreibweise der Formeln, wo für jeden Index der Befehl FORMAT, ZELLEN aufgerufen werden mußte, gar nicht zu denken. Es liegt nahe, eine Tabelle wie in Abbildung 9.8 aufzubauen, mit der das alles viel einfacher geht.

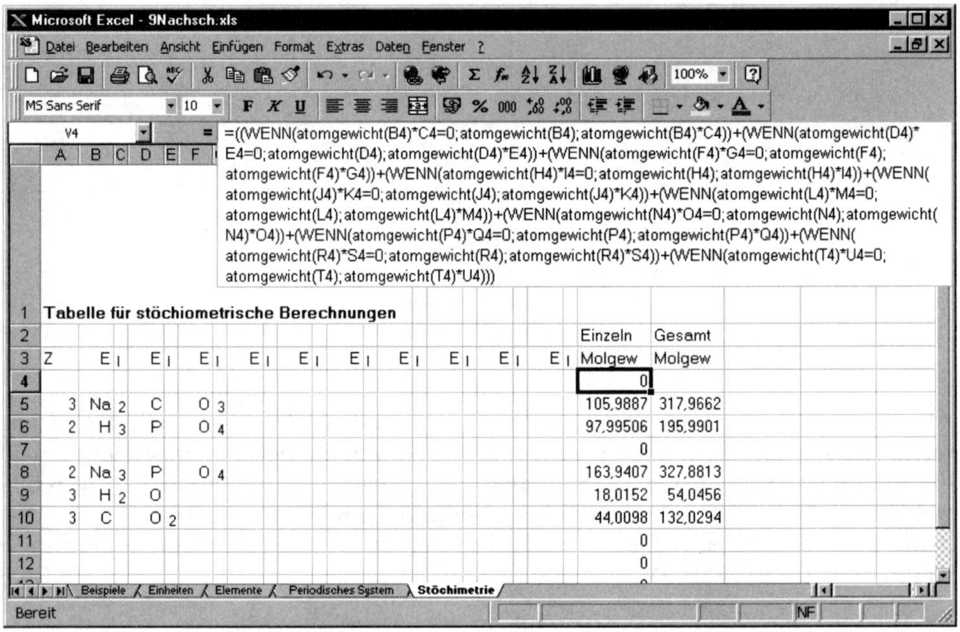

1	Tabelle für stöchiometrische Berechnungen																						
2																						Einzeln	Gesamt
3	Z	E	I	E	I	E	I	E	I	E	I	E	I	E	I	E	I	E	I	E	I	Molgew	Molgew
4																						0	
5	3	Na	2	C		O	3															105,9887	317,9662
6	2	H	3	P		O	4															97,99506	195,9901
7																						0	
8	2	Na	3	P		O	4															163,9407	327,8813
9	3	H	2	O																		18,0152	54,0456
10	3	C		O	2																	44,0098	132,0294
11																						0	
12																						0	

Abbildung 9.8: Tabelle für stöchiometrische Berechnungen

Die Tabelle ist so aufgebaut, daß die erste Spalte, die Anzahl der an einer Reaktion beteiligten Moleküle aufnimmt, die weiteren Spalten dann jeweils die Elementnamen und die Indizes. Die Breiten der einzelnen Spalten lassen sich so regulieren, daß zunächst jede zweite Spalte für die Elementnamen markiert wird (die erste durch Klick auf den Spaltenkopf, alle weiteren durch Klicks mit gedrückter `Strg`-Taste) und dann die Spaltenbreite zurechtgezogen wird.

Solange die Spalten noch markiert sind, können gleich weitere Formatierungen vorgenommen werden: bei den Elementnamen über FORMAT, ZELLEN, AUSRICHTUNG rechtsbündig, bei den Indizes über FORMAT, ZELLEN, Dialogseite SCHRIFT(ART) tiefgestellt.

Nun kann man immerhin schon eine Formel vernünftig in die Zellen schreiben, wobei bei Elementen mit einem Index von Eins dieser einfach weggelassen wird. Auch die Spalte W (Molekulargewicht gesamt) macht keine Schwierigkeiten: hier steht einfach:

```
W4:    =A4*V4
```

Diese Formel kann dann nach unten kopiert werden. Wenn Sie die Nullen stören, die dann überall als Eintrag vorhanden sind, können Sie auch schreiben:

```
W4:     =WENN(A4*V4<>0;A4*V4;"")
```

Dann bleiben die Zellen solange leer, solange nicht in den Spalten A und V numerische Werte stehen. Etwas schwieriger ist es mit der Formel für die Molekulargewichte. Hier taucht das Problem auf, daß die Indizes in den Formeln nur geschrieben werden, wenn sie ungleich 1 sind. Durch einfaches Multiplizieren des jeweiligen Atomgewichts mit den zugehörigen Indexwerten ist das Problem also nicht zu lösen. Die einfachste Möglichkeit wäre natürlich, alle nicht geschriebenen Indizes doch zu schreiben (als 1) und dann die Summe der Produkte aus dem jeweiligen Index und dem dazugehörenden Element zu bilden. Excel 97 bietet über die dort mögliche bedingte Formatierung sogar einen Weg, in Indexzellen mit dem Wert Eins nichts anzuzeigen. Eine anderer eleganter Weg für den Zugriff auf den Index ist eine Funktion, die als Ergebnis den als Argument übergebenen Indexwert oder aber eine Eins liefert. Dies kann eine selbstgeschriebene Funktion oder z.B. auch die Formel `=MAX(1;index)` sein.

Um einmal zu demonstrieren, zu welchen Formelungetümen Excel fähig sein kann, wurde hier ein anderer Weg eingeschlagen: Es wurde eine Formel gebildet, die die komplette Auswertung einer Formelzeile ermöglicht (Abbildung 9.8, oben). Die Formel sieht viel schlimmer aus, als sie ist. Die Eingabe ist zwar etwas mühsam, aber man muß die Formel ja auch nur einmal eintragen und kann sie dann nach unten kopieren (um das Ausfüllkästchen zu erreichen, muß man allerdings den Bildausschnitt entsprechend verschieben). Auch bei der Eingabe kann man sich mit Kopieren und Einfügen eine Menge Arbeit ersparen.

10 Modellbau

Excel kann nicht nur dazu dienen, trockene Berechnungen durchzuführen oder Informationen nachzuschlagen. Die Kombination von Tabellenkalkulation, Visual Basic und einer leistungsfähigen Grafikkomponente erlaubt es, viele technisch-wissenschaftliche Zusammenhänge nachzubilden und zu visualisieren. In diesem Kapitel werden Sie sogar animierte Darstellungen kennenlernen, die auf dieses Weise in Excel ganz unproblematisch erzeugt werden können.

Das erste Beispiel des Kapitels zeigt, wie einfach es ist, mit Excel technisch-physikalische Zusammenhänge zu modellieren und die Ergebnisse aufzubereiten. Weitere Beispiele demonstrieren Schwingungen und die Überlagerung von Schwingungen, Fourier-Approximation und animierte Diagramme – beispielsweise zur Visualisierung des schiefen Wurfs oder von Bahnbewegungen.

10.1 Es werde Licht

Für eine vorgegebene Leuchtenanordnung soll berechnet wird, wie groß die örtliche Beleuchtungsstärke an bestimmten Punkten in dem beleuchteten Raum ist. Die hierzu verwendete Methode wird auch als Lichtpunktmethode bezeichnet, da jede Leuchte durch eine punktförmige Lichtquelle dargestellt wird. Die Methode gestattet es, für jeden beliebigen Punkt einer Ebene, über der eine Leuchte angebracht ist, die Beleuchtungsstärke zu errechnen.

Der Einfachheit halber geht die Methode von einer punktförmigen Lichtquelle aus, d.h. von einer Lichtquelle, die in alle Richtungen gleichmäßig abstrahlt. Die Abstrahlung (mit der Dimension Lichtstärke) wird in der SI-Einheit Candela angegeben. Die Berechnung selbst ist denkbar einfach: Die örtliche Beleuchtungsstärke an einem Punkt in der Ebene ist

$$E_p = I \cos \frac{\gamma}{d^2}$$

oder anders geschrieben

$$E_p = I \cos^3 \frac{\gamma}{h^2}$$

wobei E_p die Beleuchtungsstärke (in lux) an einem bestimmten Punkt ist, I die Lichtstärke der Leuchte senkrecht nach unten, γ der Winkel zur Senkrechten, d die Entfernung zur Lichtquelle und h die Höhe der Leuchte über der Bewertungsebene. Praktisch brauchen Sie für die Berechnung der Beleuchtungsstärke an einem Punkt also nur den Winkel γ und die Höhe h (zwischen Leuchte und Nutzungsebene) zu messen und könnten dann die Beleuchtungsstärke am Punkt *P* errechnen. Da die Aufgabe aber normalerweise darin besteht, für alle Punkte in einem bestimmten Raster (meistens 1 m oder 0,5 m) die örtlichen Beleuchtungsstärken zu ermitteln, gestaltet sich das Ganze etwas komplizierter. Abbildung 10.1 zeigt die Geometrie einer Lichtquelle über der Ebene mit einem Aufpunkt *P*.

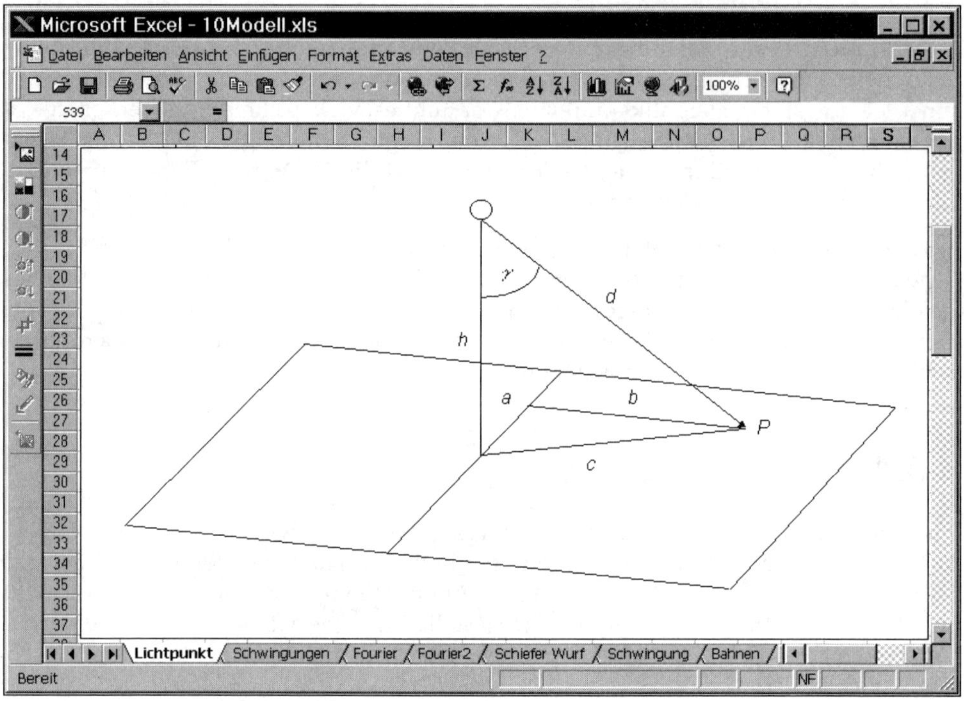

Abbildung 10.1: Lichtpunkt über Ebene

Um nur mit den Größen *a*, *b* und *h*, die in Abbildung 10.1 angedeutet sind, die örtliche Beleuchtungsstärke am Punkt *P* zu berechnen, bedarf es einiger Umformungen. So läßt sich cos γ durch *h* und *d* ausdrücken und *d* nach der dreidimensionalen Erweiterung des Satzes des Phytagoras durch *a*, *b* und *h*. Es gilt also

$$\cos\gamma = h / d = h / (a^2 + b^2 + h^2)^{1/2}$$

Durch Einsetzen in die Formel für die Beleuchtungsstärke und Kürzen von h^2 erhalten Sie:

$$E_p = \frac{I\,h}{(a^2 + b^2 + h^2)^{3/2}}$$

Diese Formel können Sie als Ausgangspunkt nehmen, um die Tabelle zu gestalten. Angenommen, es sei eine Fläche von 11*11 m gegeben, über der in 3 m Höhe eine Leuchte mit einer Lichtstärke von 600 Candela angebracht ist. Die Tabelle für die örtlichen Beleuchtungsstärken muß 11*11 Felder groß sein, hinzu kommt noch je eine Zeile und

Spalte für die Rasterkoordinaten. Diese werden so eingetragen, daß das Feld, das die örtliche Beleuchtungsstärke genau unter der Leuchte enthält, die Koordinaten 0,0 hat, von da aus wird das Raster angelegt.

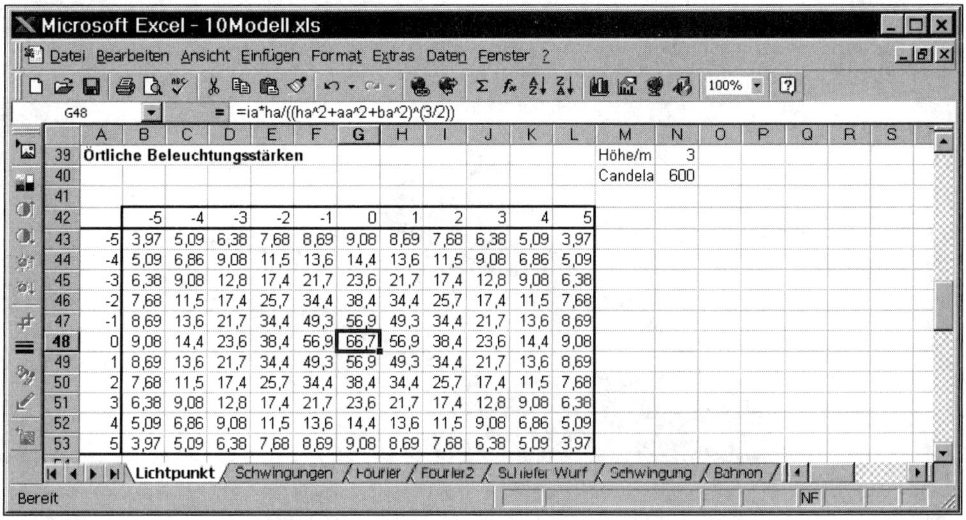

	-5	-4	-3	-2	-1	0	1	2	3	4	5
-5	3,97	5,09	6,38	7,68	8,69	9,08	8,69	7,68	6,38	5,09	3,97
-4	5,09	6,86	9,08	11,5	13,6	14,4	13,6	11,5	9,08	6,86	5,09
-3	6,38	9,08	12,8	17,4	21,7	23,6	21,7	17,4	12,8	9,08	6,38
-2	7,68	11,5	17,4	25,7	34,4	38,4	34,4	25,7	17,4	11,5	7,68
-1	8,69	13,6	21,7	34,4	49,3	56,9	49,3	34,4	21,7	13,6	8,69
0	9,08	14,4	23,6	38,4	56,9	66,7	56,9	38,4	23,6	14,4	9,08
1	8,69	13,6	21,7	34,4	49,3	56,9	49,3	34,4	21,7	13,6	8,69
2	7,68	11,5	17,4	25,7	34,4	38,4	34,4	25,7	17,4	11,5	7,68
3	6,38	9,08	12,8	17,4	21,7	23,6	21,7	17,4	12,8	9,08	6,38
4	5,09	6,86	9,08	11,5	13,6	14,4	13,6	11,5	9,08	6,86	5,09
5	3,97	5,09	6,38	7,68	8,69	9,08	8,69	7,68	6,38	5,09	3,97

Abbildung 10.2: Tabelle mit Beleuchtungsstärken

Die fertige Tabelle zeigt Abbildung 10.2. Die Höhe der Leuchte und ihre Lichtstärke werden am besten in zwei gesonderte Felder eingetragen, so daß sie geändert werden können, ohne daß deshalb die Formeln verändert werden müßten. Um die Schreibarbeit für die Formeln zu vereinfachen, ist es sinnvoll, die für die Berechnung verwendeten Bereiche zu benennen (EINFÜGEN, NAMEN). Die Spalte mit den Meterangaben erhält den Namen *ba*, die Zeile den Namen *aa*, die Zelle mit der Höhe *ha*, die Zelle mit der Lichtstärke *ia*. Das »a« in den Namen dient dazu, bei eventuellen weiteren Tabellen den Bereichen weitere eindeutige Namen geben zu können. Bei der zweiten Tabelle kann hier »b« stehen, bei der dritten »c« usw. Die Formel sieht in der Bereichsschreibweise in allen Zellen gleich aus:

```
=ia*ha/((ha^2+aa^2+ba^2)^(3/2))
```

Die Tabelle läßt sich grafisch darstellen als ein sogenanntes Luxgebirge (Abbildung 10.3). Dazu wird die Tabelle markiert und mit Hilfe des Diagrammassistenten ein 3D-Oberflächendiagramm erstellt. Zur optischen Verbesserung kann (neben einigen Formatierungen) noch das Verhältnis zwischen Höhe und Fläche auf eine Höhe von 50% von der Basis eingestellt werden. Dadurch wird das Luxgebirge etwas flacher.

Nun ist der Normalfall ein Raum, der mit mehreren Leuchten versehen ist. Um diesen Fall zu bearbeiten, werden analoge Tabellen erstellt, in denen die Koordinaten entsprechend verändert sind. Dabei ist es wesentlich einfacher, für jede Lampe eine eigene Tabelle anzulegen und die Ergebnisse in einer weiteren Tabelle zusammenzufassen.

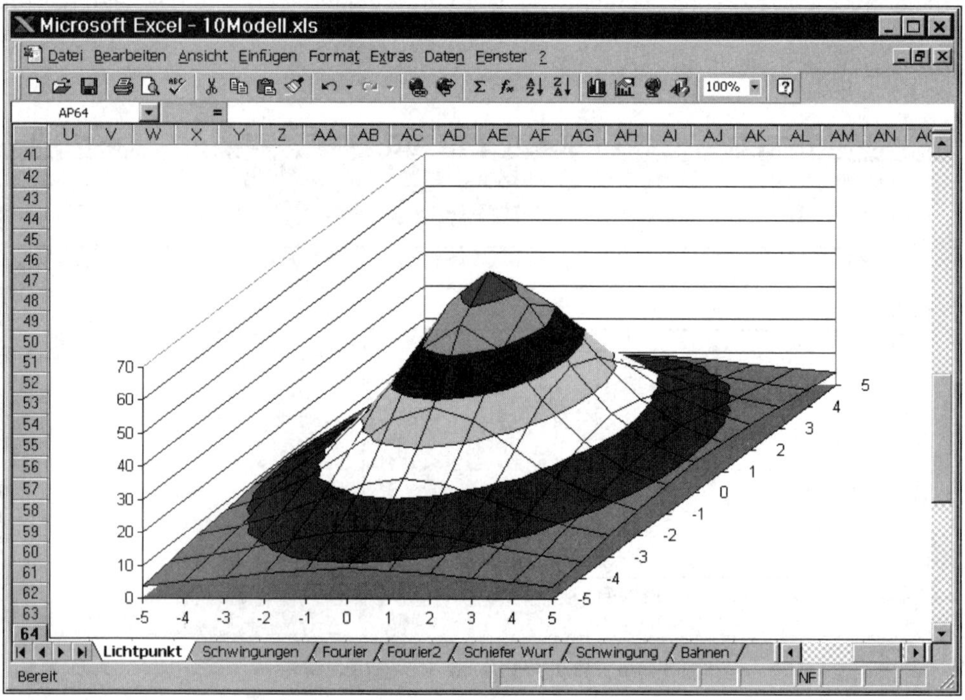

Abbildung 10.3: Darstellung als Luxgebirge

Für eine zweite Leuchte mit den Koordinaten (–3, –4) kann die Formel zunächst aus einer Zelle der ersten Tabelle übernommen werden, muß dann aber angepaßt werden. Benennt man die Spalte und die Zeile mit den Koordinaten mit *bb* und *ab*, dann sind nur geringfügige Änderungen erforderlich. Im Beispiel wurde obendrein der gleiche Leuchtentyp verwendet. Die Verschiebung der zweiten Lampe geschieht einfach, indem in den Bereichen *bb* und *ab* mit verschobenen Werten gerechnet wird.

Um die örtliche Beleuchtungsstärke bei zwei Leuchten zu erhalten, müssen die Werte der beiden Tabellen schließlich noch addiert werden. Hierzu wird eine dritte Tabelle gleicher Größe erstellt und in die erste Zelle die Formel eingetragen:

```
P51:  =B43+B57
```

Diese Formel wird in alle Zellen der Tabelle kopiert. Die Tabelle in Abbildung 10.4 enthält dann die gewünschten örtlichen Beleuchtungsstärken.

Die grafische Darstellung als 3D-Oberflächendiagramm führt zu dem in Abbildung 10.5 gezeigten Bild.

Für Leuchten, die nicht als punktförmig gelten können, die also nicht gleichmäßig nach allen Richtungen abstrahlen, müßte die Formel noch weiter verändert werden. Da sich die Lichtverteilungskurve meistens mit einer Potenz der Cosinusfunktion ganz gut annähern läßt, dürfte dieser Fall jedoch auch keine großen Schwierigkeiten machen.

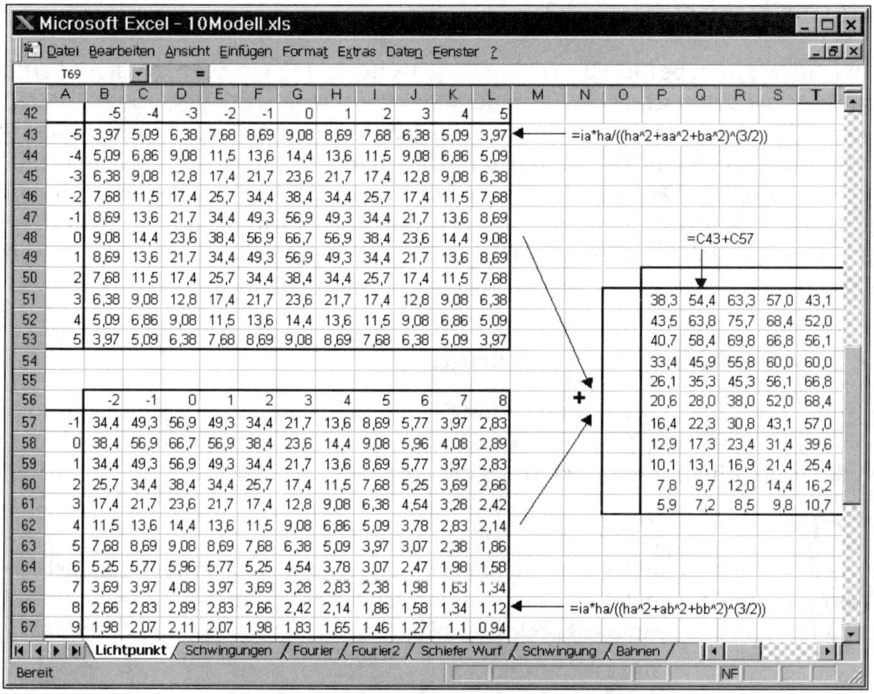

	-5	-4	-3	-2	-1	0	1	2	3	4	5
-5	3,97	5,09	6,38	7,68	8,69	9,08	8,69	7,68	6,38	5,09	3,97
-4	5,09	6,86	9,08	11,5	13,6	14,4	13,6	11,5	9,08	6,86	5,09
-3	6,38	9,08	12,8	17,4	21,7	23,6	21,7	17,4	12,8	9,08	6,38
-2	7,68	11,5	17,4	25,7	34,4	38,4	34,4	25,7	17,4	11,5	7,68
-1	8,69	13,6	21,7	34,4	49,3	56,9	49,3	34,4	21,7	13,6	8,69
0	9,08	14,4	23,6	38,4	56,9	66,7	56,9	38,4	23,6	14,4	9,08
1	8,69	13,6	21,7	34,4	49,3	56,9	49,3	34,4	21,7	13,6	8,69
2	7,68	11,5	17,4	25,7	34,4	38,4	34,4	25,7	17,4	11,5	7,68
3	6,38	9,08	12,8	17,4	21,7	23,6	21,7	17,4	12,8	9,08	6,38
4	5,09	6,86	9,08	11,5	13,6	14,4	13,6	11,5	9,08	6,86	5,09
5	3,97	5,09	6,38	7,68	8,69	9,08	8,69	7,68	6,38	5,09	3,97

	-2	-1	0	1	2	3	4	5	6	7	8
-1	34,4	49,3	56,9	49,3	34,4	21,7	13,6	8,69	5,77	3,97	2,83
0	38,4	56,9	66,7	56,9	38,4	23,6	14,4	9,08	5,96	4,08	2,89
1	34,4	49,3	56,9	49,3	34,4	21,7	13,6	8,69	5,77	3,97	2,83
2	25,7	34,4	38,4	34,4	25,7	17,4	11,5	7,68	5,25	3,69	2,66
3	17,4	21,7	23,6	21,7	17,4	12,8	9,08	6,38	4,54	3,28	2,42
4	11,5	13,6	14,4	13,6	11,5	9,08	6,86	5,09	3,78	2,83	2,14
5	7,68	8,69	9,08	8,69	7,68	6,38	5,09	3,97	3,07	2,38	1,86
6	5,25	5,77	5,96	5,77	5,25	4,54	3,78	3,07	2,47	1,98	1,58
7	3,69	3,97	4,08	3,97	3,69	3,28	2,83	2,38	1,98	1,63	1,34
8	2,66	2,83	2,89	2,83	2,66	2,42	2,14	1,86	1,58	1,34	1,12
9	1,98	2,07	2,11	2,07	1,98	1,83	1,65	1,46	1,27	1,1	0,94

38,3	54,4	63,3	57,0	43,1
43,5	63,8	75,7	68,4	52,0
40,7	58,4	69,8	66,8	56,1
33,4	45,9	55,8	60,0	60,0
26,1	35,3	45,3	56,1	66,8
20,6	28,0	38,0	52,0	68,4
16,4	22,3	30,8	43,1	57,0
12,9	17,3	23,4	31,4	39,6
10,1	13,1	16,9	21,4	25,4
7,8	9,7	12,0	14,4	16,2
5,9	7,2	8,5	9,8	10,7

Abbildung 10.4: Tabellen für zwei Leuchten

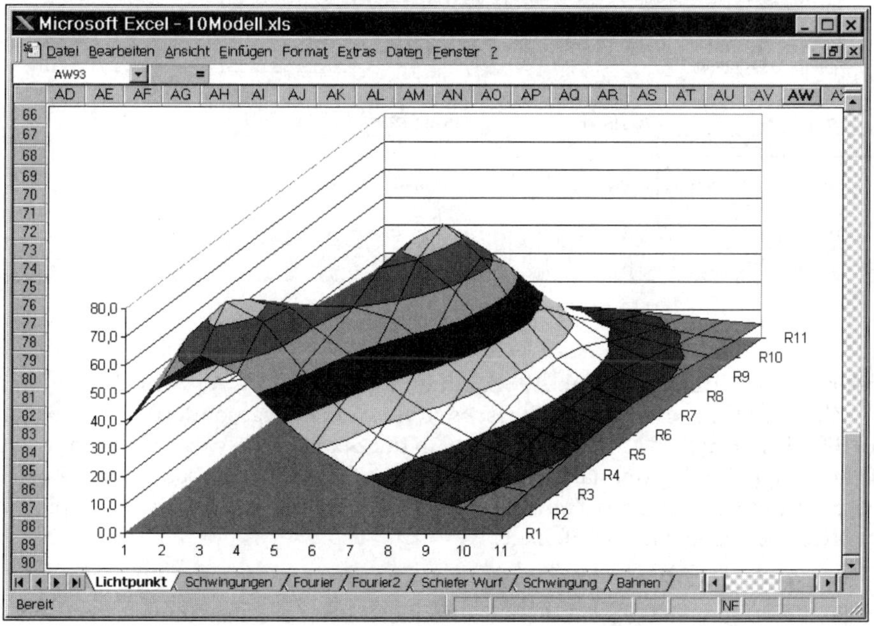

Abbildung 10.5: Luxgebirge bei zwei Leuchten

10.2 Schwingungen

Eine wichtige Aufgabe für die Darstellung technischer und naturwissenschaftlicher Sachverhalte ist deren grafische Präsentation. Hier bieten sich die grafischen Möglichkeiten von Excel geradezu an. Mit der einfachen Verwendung des Diagrammassistenten ist es hier jedoch zumeist nicht getan. Um zu einer brauchbaren und überzeugenden Darstellung von Daten und Zusammenhängen zu gelangen, bedarf es oft einiger nachträglicher Bearbeitungen eines Diagramms, wobei durchaus auch von den Zeichenwerkzeugen von Excel oder von Steuerungselementen Gebrauch gemacht werden kann.

10.2.1 Die gedämpfte Schwingung

Einige der Möglichkeiten, Zusammenhänge mit Excel zu modellieren und interaktiv zu untersuchen, sollen am Beispiel der gedämpften Schwingung demonstriert werden. Die gedämpfte Schwingung wird durch die Formel

$$y = e^{-kt} \sin \omega t$$

beschrieben, wobei ω die Kreisfrequenz, *t* die Zeit und *k* die Dämpfungskonstante ist. Die Wertetabelle zur Darstellung der gedämpften Schwingung ist schnell erzeugt, den prinzipiellen Aufbau zeigt die Abbildung 10.6.

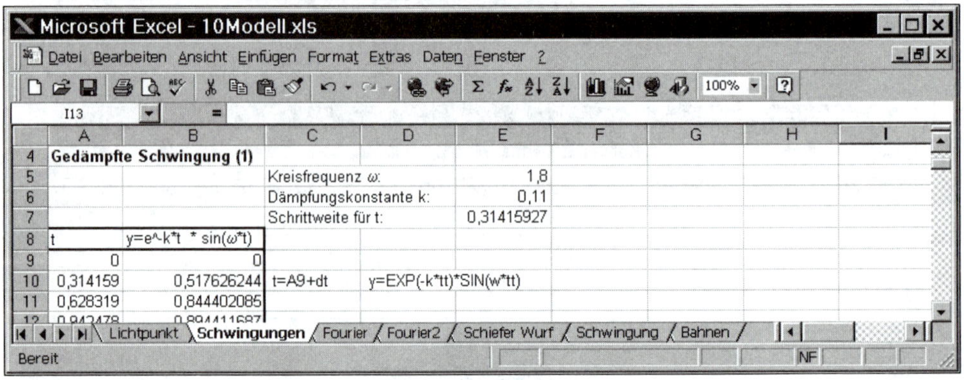

Abbildung 10.6: Tabelle gedämpfte Schwingungen

In die erste Spalte (im Beispiel ab A9) kommen die Werte für *t*. Als Schrittweite wird π/ 10 gewählt. Zur Erzeugung der Reihe ist es sinnvoll, in eine gesonderte, mit *dt* benannte Zelle (E7) die Formel `=PI()/10` einzugeben, in der Spalte der *t*-Werte als Anfangswert 0 (A9) einzutragen und in der nächsten Zelle `=A9+dt`. Diese Formel kann durch Ziehen an der rechten unteren Ecke des Zellzeigers in die darunterliegenden Zellen kopiert werden, bis der Wert ungefähr bei 30 liegt.

In die zweite Spalte (im Beispiel ab B9) kommt die Formel für die gedämpfte Schwingung. Wenn Sie dem Feld E5 mit der Kreisfrequenz den Bereichsnamen *w* und dem Feld E6 mit der Dämpfungskonstanten den Namen *k* geben, läßt sich die Schwingungsformel sehr übersichtlich mit

```
=EXP(-k*tt)*SIN(w*tt)
```

schreiben. Für die Spalte A mit den Zeitwerten wird der Name *tt* verwendet, da *t* in der Arbeitsmappe bereits anderweitig in Benutzung ist. Durch die Verwendung eigener Zellen für Kreisfrequenz und Dämpfungskonstante läßt sich sehr leicht mit verschiedenen Werten für diese experimentieren. Auch diese Formel wird durch Ausfüllen in die darunterliegenden Zellen kopiert, bis zum letzten *t*-Wert der zugehörige *y*-Wert erzeugt ist.

Zur Herstellung eines Diagramms werden nun die beiden Datenreihen markiert und der Diagrammassistent aufgerufen. Als Diagrammtyp dient das *xy*-Diagramm (Untertyp *Linien*). Auf Beschriftungen aller Art innerhalb des Diagrammassistenten kann verzichtet werden, das läßt sich ebenso im nachhinein bei der Gestaltung des Diagramms erledigen. Das erzeugte Diagramm sieht noch nicht besonders eindrucksvoll aus, ist aber als Ausgangspunkt für die weitere Arbeit durchaus geeignet.

10.2.2 Ein interaktives Diagramm

Da die Beschriftungsmöglichkeiten, die die eigentlichen Diagramm-Werkzeuge bieten, beschränkt sind, sollten Sie vor der weiteren Arbeit am Diagramm die Symbolleiste ZEICHNEN einblenden und an den unteren Bildschirmrand schieben.

Die Bearbeitungsmöglichkeiten für das Diagramm sind Ihnen aus vorhergehenden Kapiteln schon vertraut, sie erfolgen hier meist nur noch in Kurzform. Abgesehen vom schraffierten Hintergrund, den bedauerlicherweise ja alle Excel-Diagramme erst mal haben, hat das Diagramm weitere Schönheitsfehler. Die *y*-Achse geht im positiven Bereich bis 1, im negativen aber nur bis 0,8. Dann macht sich die Beschriftung der *x*-Achse mitten im Diagramm auch nicht so gut. Schließlich könnte die Diagrammlinie ruhig etwas dicker sein.

Zur Bearbeitung wird das Diagramm mit einem Doppelklick aktiviert, falls Sie mit Excel 5 oder 95 arbeiten, ansonsten genügt ein einfacher Klick innerhalb des Diagramms. Danach bearbeiten Sie die gewünschten Elemente über die Kontextmenüs. Die Diagrammfläche (Zeichnungsfläche) wird ohne Rahmen und ohne Füllung formatiert. Für die Beschriftung der *x*-Achse wählt man TIEF (statt achsennah). Bei der *y*-Achse schließlich hebt man die automatische Skalierung auf und setzt Höchst- und Tiefstwert auf 1 bzw. -1.

Zur Beschriftung fügt man (in das aktive Diagramm) noch zwei Textfelder ein: eins für die Überschrift und eines für die Formel. Bei der Formel kann man zunächst *y = ekt * sin wt* schreiben, markiert dann *kt* und sorgt über FORMAT, MARKIERTES OBJEKT (bis Excel 95) bzw. FORMAT, TEXTFELD (Excel 97) für hochgestellte Zeichen. Auf die gleiche Weise können Sie aus dem Zeichen w durch Anwendung des Symbol-Zeichensatz ein kleines Omega machen. Das fertige Diagramm könnte dann ungefähr so aussehen wie in Abbildung 10.7 gezeigt.

Excel-Tabellen und -Diagramme können auch ohne die Verwendung von Visual Basic mit Steuerungselementen verknüpft werden. Steuerungselemente werden hierzu nicht mit einem Makro verbunden, sondern mit einer Zelle des Arbeitsblattes, deren Inhalt so immer den Zustand des Steuerungselementes wiederspiegelt. Sicher sind Ihnen in der Abbildung die beiden Drehfelder (die Objekte mit den beiden Pfeilen) oberhalb der Buchstaben ω und *k* auf dem Diagramm aufgefallen.

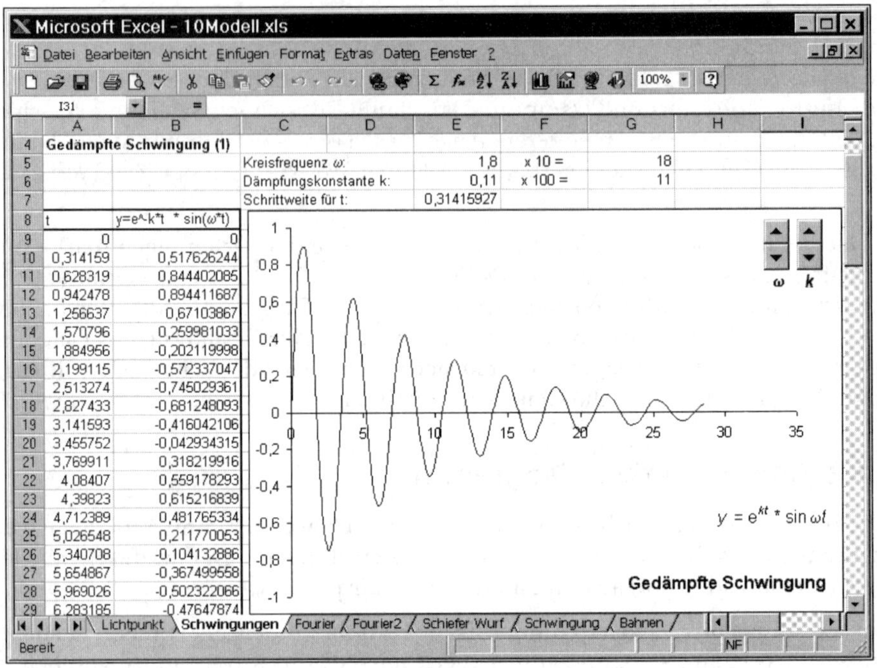

Abbildung 10.7: Fertiges Diagramm zur Schwingung

Diese haben die folgende Funktion: Soll zu Demonstrationszwecken der Einfluß von Kreisfrequenz oder Dämpfungskonstante auf das Aussehen der Schwingung erprobt werden, dann ist es sicher ein wenig umständlich, die vorhandenen Werte in den Zellen E5 und E6 mit Hand immer neu zu überschreiben. Hier erlauben die beiden Steuerungselemente eine wesentlich intuitivere Bedienung des Modells.

Zunächst zur Herstellung: Wenn Sie die Symbolleiste FORMULAR (Excel 97) bzw. DIALOG (bis Excel 95) einblenden, dann können Sie mit der Schaltfläche DREHFELD ein derartiges Objekt in der Tabelle erstellen. Klicken Sie zunächst auf die Schaltfläche und dann in die Tabelle bzw. auf das Diagramm. Excel 97 plaziert das Steurungselement sofort, in den älteren Versionen müssen Sie dagegen ein Rechteck aufziehen, um die Größe des Elementes festzulegen. Ist das Objekt markiert (entweder direkt nach dem Erstellen oder durch Anklicken mit gedrückter [Strg]-Taste), lassen sich Größe und Position des Steuerungselementes ändern und über den Kontextmenübefehl OBJEKT FORMATIEREN (bis Excel 95) bzw. STEUERELEMENT FORMATIEREN ein Dialog aufrufen, von dem im vorliegenden Zusammenhang nur die Dialogseite STEUERUNG interessiert (Abbildung 10.8).

Leider können in Drehfeldern und Rollbalken in Excel nur ganzzahlige Werte für Minimalwert, Maximalwert und Schrittweite verarbeitet werden. Abhilfe schafft ein Zwischenschritt über eine weitere Zelle des Rechenblattes, die ein (ganzzahliges) Vielfaches von Kreisfrequenz bzw. Dämpfungskonstante aufnimmt. Im Beispiel sind dies die Felder G5 und G6. In die Felder für Kreisfrequenz und Dämpfungskonstante in E5 bzw. E6 wird statt eines festen Wertes eine Formel eingesetzt, die diese Ausgangswerte durch Division durch 10 bzw. durch 100 auf den gewünschten Bereich herunterrechnet.

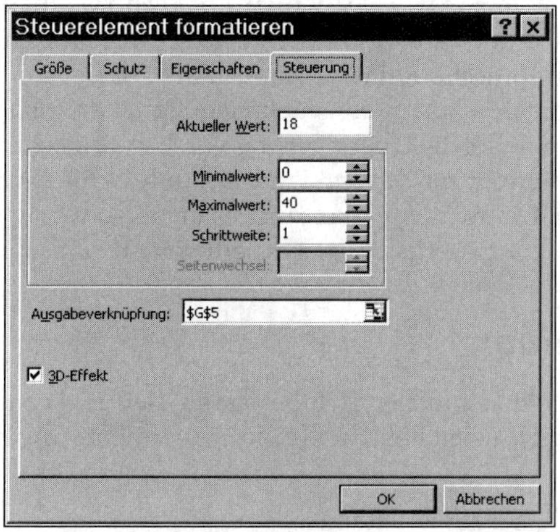

Abbildung 10.8: Eigenschaften des Drehfelds für die Kreisfrequenz ω

Als Maximalwert für die zehnfache Kreisfrequenz wird 40, als Minimalwert 0 und als Schrittweite 1 eingestellt. Die entsprechenden Werte für das Hundertfache der Dämpfungskonstanten sind 0, 100 und 1. Der Eintrag im Feld AUSGABEVERKNÜPFUNG wird durch Markieren der Zelle in der Tabelle oder Eintrag der Zelladresse festgelegt. Im Beispiel sind dies die Zellen G5 bzw. G6. Wenn Sie jetzt die Pfeile anklicken, werden Sie sehen, daß sich im Feld G5 der Wert von 1 bis 40 bzw. im Feld G6 der Wert von 1 bis 100 einstellen läßt. Jetzt muß nur noch die Verbindung zur den Modellparametern Kreisfrequenz und Dämpfungskonstante hergestellt werden. In die Zellen E5 und E6 kommen hierfür die Formeln:

```
E5:   =0,1*G5
E6:   =0,01*G6
```

Nun können die beiden Modellparameter durch die Drehfelder ganz einfach verstellt und mit der Auswirkung unterschiedlicher Parameterkombinationen experimentiert werden.

10.3 Fourier-Analyse

Bekanntlich lassen sich alle periodischen Signale durch eine Überlagerung harmonischer Schwingungen mit Vielfachen der Grundfrequenz darstellen. Hat eine Funktion die Periode *T*, so kann sie exakt oder angenährt wiedergegeben werden durch die harmonische Reihe

$$f(t) = \frac{a_0}{2} + a_1 \cos \omega t + a_2 \cos 2\omega t + \ldots + a_n \cos n\omega t$$

$$+ b_1 \sin \omega t + b_2 \sin 2\omega t + \ldots + b_n \sin n\omega t$$

mit einer Kreisfrequenz $\omega = 2\pi\ /\ T$. Dabei wird der Approximationsfehler um so kleiner, je länger die Reihe ist, d. h. die Reihe konvergiert (allerdings nur punktweise) gegen die Funktion. Die harmonische Reihe wird auch als Fourier-Reihe bezeichnet, die Bestimmung der Koeffizienten zu einem gegebenen Signal $f(t)$ als Fourier-Analyse. Excel ist ideal geeignet, um eine solche Überlagerung von harmonischen Schwingungen in einer Tabelle zu modellieren und die Auswirkung unterschiedlicher Koeffizienten und Reihenlängen zu visualisieren. Umgekehrt ist es genauso wenig ein Problem, zu einer Funktion oder einer Meßkurve die Fourier-Koeffizienten zu bestimmen.

10.3.1 Überlagerung

Die Kooeffizienten vieler einfacher Reihen lassen sich in Formelsammlungen nachschlagen. Einige Beispiele seien hier für eigene Experimente angeführt:

Sägezahn: $-\frac{\sin x}{1} - \frac{\sin 2x}{2} - \frac{\sin 3x}{3} - \frac{\sin 4x}{4} - \ldots$

Dreieck: $\frac{\sin x - \sin 3x}{32} + \frac{\sin 5x}{52} - \frac{\sin 7x}{72} + \ldots$

Rechteck: $\frac{\sin x + \sin 3x}{3} + \frac{\sin 5x}{5} + \frac{\sin 7x}{7} + \ldots$

Um einen Eindruck von dieser Methode zu bekommen, reicht es schon, die ersten drei Schwingungen der letzten Reihe (Rechteck) zu addieren (kleines Diagramm in Abbildung 10.9), besser wird die Annäherung natürlich mit mehr Reihengliedern (großes Diagramm).

Bei der Anlage der Wertetabelle (Abbildung 10.9) lohnt es sich, einige Gedanken darauf zu verwenden, die Tabelle so zu gestalten, das Koeffizientenwerte und Tabellentiefe für Experimente leicht geändert werden können. Die Koeffizienten und Reihenindizes lassen sich sicher am einfachsten ändern, wenn sie nicht in den Formeln der Tabelle fest kodiert sind, sie erhalten daher zwei Zeilen oberhalb der eigentlichen Tabelle zugewiesen. Jeder Koeffizient bzw. Index steht über der Tabellenspalte, für die er gilt. Hier tragen Sie die Indizes und darunter die Formel für die Koeffizienten der Rechteckschwingung ein. Bei den Koeffizienten des vorliegenden Beispiels ist es übrigens zweckmäßig, die Koeffizienten als Brüche zu formatieren, da so erkennbar bleibt, wie die Koeffizienten zustandegekommen sind.

In der ersten Spalte der Tabelle stehen die x-Werte, die diesmal untereinander einen Abstand von $\pi/50$ haben. Mit ca. 160 Werten werden so der Bereich von 0 bis 10, also ca. 1 1/2 Perioden abgedeckt. Auch hier empfiehlt es sich, bis auf den ersten Wert die x-Werte unter Verwendung der Schrittweite in Zelle W3 vom vorangehenden x-Wert abzuleiten. So kann ggf. die Schrittweite geändert werden, ohne die Tabelle neu anzulegen.

Die Formeln für die Reihenglieder sollten Bereichsnamen anstatt relativer und absoluter Bezüge verwenden. So besitzt die Formel in jeder Spalte der Tabelle die identische Form. Dadurch ist es problemlos möglich, Spalten zu löschen, einzufügen und oder zu kopieren. Jede andere Form von Formeln müßte bei jeder Tabellenänderung angepaßt werden. Verwenden Sie als Bereichsnamen für die Zeile 2 den Namen *n*, für die Zeile 3 den Namen *a_n* und für die Spalte J den Namen *wt* (d.i. ωt ohne Formatierung). Unter dieser Bedingung hat die Formel für ein einzelnes Reihenglied die Form:

```
=a_n*SIN(n*wt)
```

In die Spalte ganz rechts, im Beispiel die Spalte T, werden schließlich die Summe über die Reihenglieder eingetragen und alle Formeln, soweit noch nicht geschehen, mit dem Ausfüllkästchen über die ganze Tabelle kopiert.

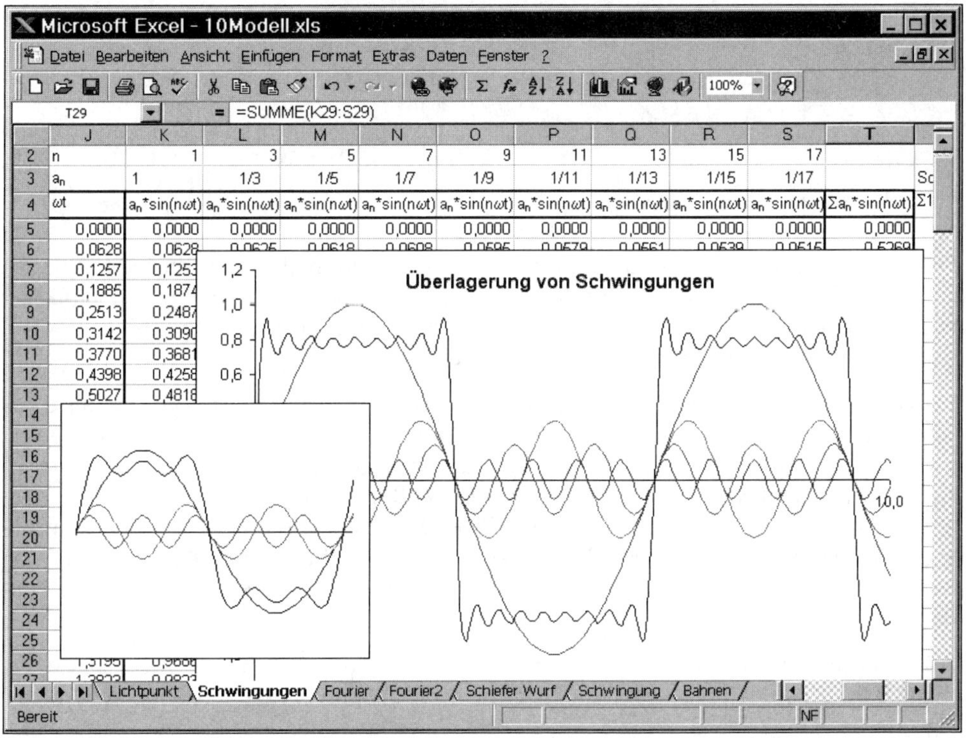

Abbildung 10.9: Synthese periodischer Signale durch Überlagerung

Zur Erzeugung eines Diagramms wird der gesamte Block mit den Werten markiert und über den Diagrammassistenten ein *xy*-Diagramm erzeugt. Nach Öffnen des Diagramms lassen sich die Formatierungen ähnlich wie im vorhergehenden Beispiel gestalten. Auch ist es zweckmäßig nach einem ersten Eindruck die Datenreihen für die höheren Harmonischen wieder aus dem Diagramm zu löschen, da sie wenig Information beitragen, aber sehr unübersichtlich sind.

Mit dieser Tabelle und dem dazugehörenden Diagramm ist es nun sehr einfach, mit den Auswirkungen unterschiedlicher Koeffizientensätze und Koeffizientenzahlen auf das Gesamtsignal zu experimentieren. Wie Sie in den beiden Diagrammen der Abbildung 10.9 sehen, erhält man mit den vorgegebenen Koeffizienten tatsächlich die Näherung einer Rechteckschwingung, die mit weiteren Reihengliedern immer besser wird. Außer der Rechteckschwingung können Sie auch einmal die Koeffizienten der Dreiecks- oder der Sägezahnschwingung ausprobieren. Mehrere Modelle können mit dem Szenario-Manager verwaltet werden.

10.3.2 Fourier-Approximation

Im Normalfall wollen Sie jedoch nicht eine Funktion aus den Fourier-Koeffizienten synthetisieren, sondern zu einer vorgegebenen Funktion oder Meßkurve die Fourier-Koeffizienten bestimmen (die physikalisch ein Spektrum der beteiligten harmonischen Schwingungen darstellen). Für Daten, die durch eine mathematische Funktion gegeben sind, können die Fourier-Koeffizienten direkt ausgerechnet werden:

$$a_k = \frac{2}{T}\int_0^T f(x)\cos k\omega t\,dt$$

$$b_k = \frac{2}{T}\int_0^T f(x)\sin k\omega t\,dt$$

Diese Formeln sehen nicht sehr kompliziert aus, erweisen sich aber oft als so sperrig, daß sie praktisch nur numerisch integriert werden können. Ist die Kurve der Funktion nur an diskreten Punkten gegeben, wie das bei einer Meßkurve im allgemeinen der Fall ist, bleibt ohnehin nur die numerische Variante.

Herkömmliche Verfahren der Fourier-Analyse tun tatsächlich nichts anderes, als diese Integrale numerisch zu berechnen. Leider ist die Berechnung der Integrale aufwendig und steigt quadratisch mit der Anzahl der zugrunde gelegten Stützstellen und Fourier-Koeffizienten an. Ein Verfahren, das die Koeffizienten mit langsamer ansteigenden Aufwand berechnen kann, ist die berühmte FFT (*Fast Fourier Transform*), die die herkömmlichen Algorithmen darum weitgehend ersetzt hat. Allerdings sprengt eine Erläuterung der FFT den Rahmen dieses Buches, so daß hier ein anderer Ansatz demonstriert werden soll.

Ansatzpunkt ist die sogenannte Fourier-Approximation. Anstatt zu einem Datensatz die Fourier-Koeffizienten durch Quadratur direkt auszurechnen, wird versucht, durch »Probieren« einen Satz Koeffizienten zu finden, mit dem die Fourier-Reihe die Meßdaten oder die Funktion möglichst gut approximiert. Es läßt sich zeigen, daß dieses Verfahren die gleichen Ergebnisse liefert wie die direkte Rechnung (sofern die richtige mathematische Formulierung für »möglichst nahe« verwendet wird). Da dieser Weg auch nicht schlechter ist als das direkte Verfahren, und unter Excel in der Form des Solvers ein Mittel zur Lösung solcher Optimierungsprobleme bereits zur Verfügung steht, soll hier gezeigt werden, wie Sie die Koeffizienten durch Fourier-Approximation berechnen können. Gleichzeitig können Sie dieses Beispiel aber auch als Modell für Approximation durch andere Funktionsfamilien nehmen.

Als Beispiel soll die Funktion

$$y = x^2$$

im Intervall -3 bis +3 zugrunde gelegt werden. Untersucht werden sollen die Koeffizienten a_0 bis a_6 und b_1 bis b_6. Die Beschränkung auf einen maximalen Index 6 dient hier nur der Übersichtlichkeit der Tabelle, für die praktische Arbeit läßt sich das beliebig erweitern. Zunächst wird eine Tabelle eingerichtet. Wie auch schon im letzten Beispiel kann durch eine geschickte Anlage der Tabelle ein Maximum an Flexibilität erreicht werden.

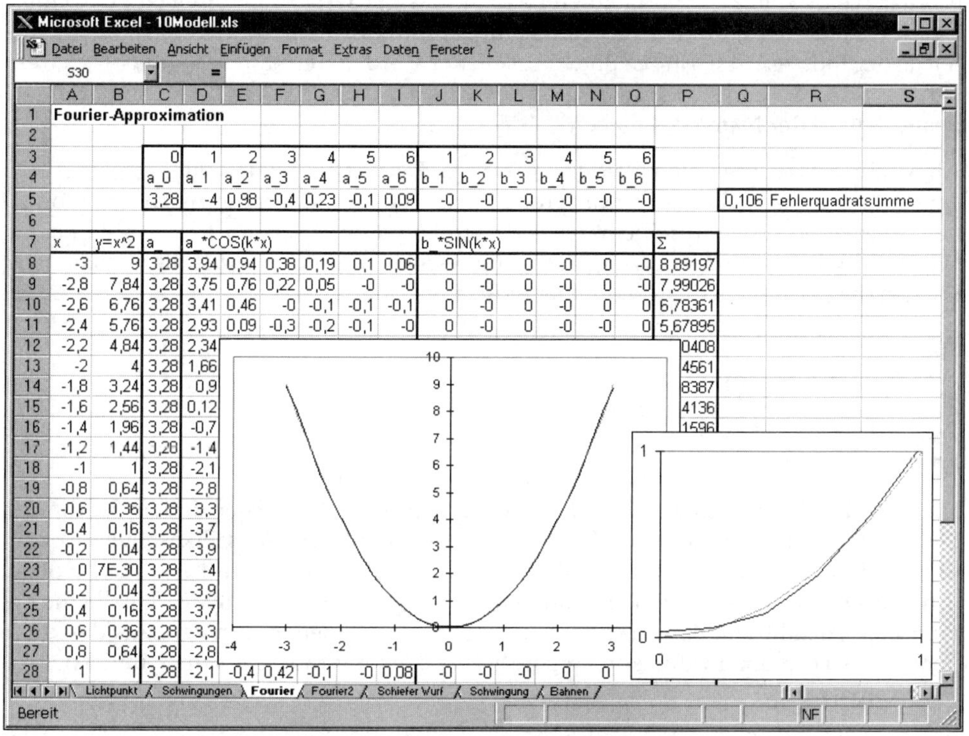

Abbildung 10.10: Tabelle für Fourier-Approximation

Der Aufbau der Tabelle ähnelt der im letzten Beispiel, ist aber durch die zusätzliche Berücksichtigung der Cosinusglieder noch etwas aufwendiger geworden als diese. Da sie aber für unterschiedliche Analysen immer wieder verwendbar und auch leicht anzupassen ist, lohnt sich der Aufwand für die Erstellung.

Die eigentliche Tabelle ist in mehrere Bereiche unterteilt. Ganz links kommen die x-Werte und die Spalte mit den Werten der zu approximierenden Funktion – hier eine einfache Parabel. Als nächstes kommt das konstante Reihenglied a_0 zunächst gefolgt von allen Cosinusgliedern und dann allen Sinusgliedern. Als letzte Spalte folgt die Reihensumme, in der die links stehenden Reihenglieder ab a_0 aufaddiert werden. Diese Aufteilung hat den Vorteil, daß möglichst große zusammenhängende Bereiche mit identischen Formeln oder Wertefolgen entstehen, die mit dem Ausfüllkästchen von Excel rasch ausgefüllt werden können.

Über den Spalten mit den Reihengliedern werden drei Zeilen mit Indizes, Namen und Werten der Koeffizienten angelegt. Die Indizes in Zeile 3 erlauben es (bei der Verwendung benannter Bereiche) in weiten Bereichen der Tabelle immer dieselbe Formel zu verwenden und nicht für jede Spalte eine eigene. Die Namen der Koeffizienten in

Zeile 4 dienen nur der Dokumentation, können aber auch mit dem Ausfüllkästchen erzeugt werden, und erleichtern die Übersicht. Die Reihe mit den Werten in Zeile 5 schließlich wird mit Null initialisiert, hier trägt später der Solver die gefundenen Werte der Koeffizienten ein. Nun müssen noch mit Einfügen, Namen die benannten Bereiche erzeugt werden, um die Formeln einheitlich und gut lesbar hinschreiben zu können. Der Bereich für die Indizes heißt *k* und kann die ganze dritte Zeile umfassen. Für die Bereiche der Indizes für Cosinus- und Sinusglieder werden die Namen *a_* und *b_* verwendet, da *a* und *b* bereits anderweitig in der Arbeitsmappe in Benutzung sind. Für die Spalte A wird der Name *x* vergeben.

Ab A7 abwärts werden die *x*-Werte eingetragen. Statt $-\pi$ bis π wurde im Beispiel -3 bis 3 gewählt – dies vermeidet die etwas problematischen Ränder bei der Approximation einer nichtperiodischen durch eine periodische Funktion. Tragen Sie die ersten beiden Werte -3 und -2,8 ein und erzeugen Sie die restlichen mit dem Ausfüllkästchen. Jetzt können die Formeln in der Zeile 7 eingetragen werden:

```
B7:       =x^2
C7:       =a_
D7-I7:    = a_*COS(k*x)
J7-O7:    = b_*SIN (k*x)
P7:       =SUMME(C7:O7)
```

Die restlichen Felder der Tabelle füllen Sie mit dem Ausfüllkästchen, indem Sie die Felder von B7 bis P7 markieren und dann den Bereich mit dem Ausfüllkästchen bis zum unteren Rand der Tabelle ziehen. Wenn Sie weitere Koeffizienten berechnen wollen, d.h. die Tabelle erweitern wollen, müssen Sie lediglich in der Mitte der Tabelle die gewünschte Anzahl von Spalten für Sinus- und Cosinusglieder einfügen, aus den alten Spalten die Formeln dorthin kopieren und die Zeilen mit Indizes, Namen und Koeffizienten anpassen.

Bis jetzt haben Sie lediglich eine etwas vollständigere Variante der Tabelle aus dem letzten Unterkapitel angelegt, die so berechnete Approximation und die Funktionswerte stehen noch ohne innere Beziehung »nebeneinander«. Nun dürfte es ziemlich aussichtslos sein, die Koeffizienten mit Hand zu verändern, bis die Funktion und die Aproximationswerte zusammenpassen – hier ist ein objektives Maß für die Güte der Anpassung und ein automatisiertes Minimierungsverfahren für den so bestimmten Fehler erforderlich. Die beste Methode hierfür ist die Summe der quadratischen Abweichungen. Es läßt sich zeigen, daß gerade die Fehlerquadratsumme dasjenige Maß ist, bei dessen Optimierung exakt die Fourier-Koeffizienten aus dem Verfahren herausfallen. Um für quadratische Abweichungen die Summe zu bilden, gibt es eine eigene Tabellenfunktion in Excel, die bei rechteckigen Bereichen (in Excel irreführend als Matrix bezeichnet, es handelt sich bei Excels Matrixfunktionen nicht um Matrixarithmetik im mathematischen Sinne) über die Quadrate der Differenzen von Werten sich auf entsprechenden Positionen summiert. Es wird also noch die folgende Formel eingetragen:

```
Q5:    =SUMMEXMY2(B8:B38;P8:P38)
```

Die ist die Zielzelle für den Solver, der nun die Fourier-Koeffizienten systematisch so minimieren soll, daß die quadratische Abweichung der Funktion und der Approximation minimal wird. Setzen Sie also den Zellzeiger auf Q5 und starten Sie mit EXTRAS, SOLVER den Solver. Zielzelle ist Q5, Zielwert ist MINIMUM, veränderbare Zellen sind die

Koeffizienten im Bereich C5:O5 (in der Tabelle markieren). Nebenbedingungen sind nicht erforderlich. Nach Betätigung der Schaltfläche LÖSEN bietet der Solver nach kurzer Rechenzeit ein Ergebnis an, bei dem die Summe der quadratischen Abweichungen bei 0,106 liegt. Die Werte in den Spalten B und P stimmen recht ordentlich überein (mit mehr Koeffizienten wäre das noch erheblich besser); die Koeffizienten b_n sind alle 0, die a_n erhalten Werte, die schon sehr dicht bei den rechnerischen Werten liegen. Ein grafischer Vergleich der beiden Kurven zeigt, daß sie kaum noch unterscheidbar sind (Abbildung 10.10, großes Diagramm). Sie müssen schon durch eine geeignete Skalierung zu einer Ausschnittsvergrößerung greifen (kleines Diagramm). Davon bleibt unberührt, daß Sie bei einer Steigerung der Anzahl der Koeffizenten die Genauigkeit beliebig erhöhen können.

Das beschriebene Verfahren läßt sich sehr gut auch auf empirische Daten anwenden. Angenommen, man hätte mit dem Oszilloskop eine Schwingung analysiert und käme dabei zu dem in Abbildung 10.11 links dargestellten Bild (die Kurve ist für den vorliegenden Zweck stark idealisiert).

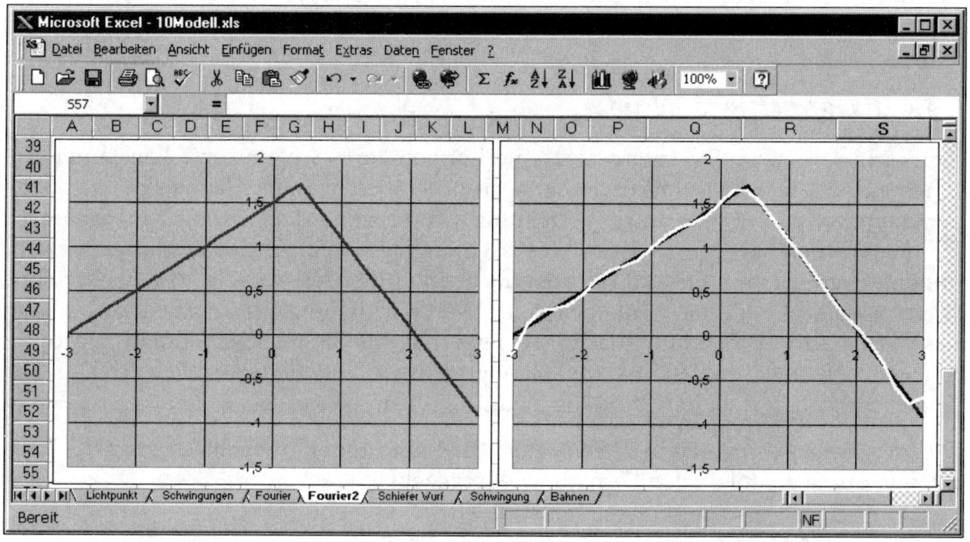

Abbildung 10.11: Ausgangsproblem für die Fourier-Analyse empirischer Daten

Um das Problem mit der Tabelle für die Fourier-Approximation zu bearbeiten, werden die einzelnen Punkte quasi wie vom Millimeterpapier in die Tabelle (y-Spalte) übertragen. Die Koeffizienten werden wieder auf 0 gesetzt. Der Aufruf des Solvers (die Zahl der Iterationen kann ruhig auf ein paar Tausend erhöht werden), führt dann zu dem rechts gezeigten ganz passablen Ergebnis. Auch hier gilt wieder, daß man bei einem echten Problem mit sehr viel mehr Koeffizienten arbeiten würde.

10.4 Animierte Diagramme

Excel ist im wesentlichen ein Werkzeug zur Berechnung und Darstellung tabellarisch erfaßter Daten. Daß man diese Diagramme auch animieren und zur Demonstration beispielsweise physikalischer Sachverhalte einsetzen kann war sicherlich von den Entwicklern nicht beabsichtigt, läßt sich aber durch den Einsatz von wenigen Zeilen Visual Basic leicht erreichen.

Wenn Sie in einer Tabelle, neben der ein Diagramm dieser Tabelle zu sehen ist, einen Wert ändern, dann werden Sie sehen, daß sich unmittelbar mit dieser Veränderung auch das Diagramm dem neuen Wert anpaßt. Die einzige Methode, das zu verhindern, besteht darin, über EXTRAS, OPTIONEN, Dialogseite BERECHNEN das automatische Neuberechnen einer Tabelle abzuschalten.

Im Moment soll diese Option jedoch keineswegs abgeschaltet, sondern der Effekt für die Animation von Diagrammen genutzt werden. Das soll an zwei Beispielen vorgeführt werden, wobei die Methoden etwas unterschiedlich sind, um wenigstens im Ansatz auf die Fülle der Möglichkeiten hinzuweisen, die Excel für die Animation von Diagrammen bietet. Als erstes Beispiel soll der schiefe Wurf dienen.

10.4.1 Der schiefe Wurf

Beim schiefen Wurf überlagern sich eine horizontale Bewegung mit konstanter Geschwindigkeit in x-Richtung und eine nach unten beschleunigte, zunächst nach oben gerichtete vertikale Bewegung in y-Richtung. Das Ergebnis der Überlagerung ist die bekannte Wurfparabel. Effekte wie die geschwindigkeitsabhängige Auswirkung der Luftreibung werden hier ignoriert, könnten in einem numerischen Excel-Modell aber ohne weiteres ebenfalls berücksichtigt werden. Die Geschwindigkeit müßte als Ableitung des Ortes nach der Zeit numerisch berechnet und eine Bremsbeschleunigung proportional zum Betrag der Geschwindigkeit angesetzt werden. In diesem Fall erhielte man keine Parabel mehr, sondern eine sogenannte ballistische Kurve.

Die Weg-Zeitabhängigkeit in x- und y-Richtung wird unter Vernachlässigung der Luftreibung durch die folgenden Formeln wiedergegeben:

$$x(t) = v_{0,x}t$$

$$y(t) = v_{0,y}t - \frac{1}{2}gt^2$$

$v_{0,x}$ und $v_{0,y}$ sind die Komponenten der Anfangsgeschwindigkeit in x- und y-Richtung. Drückt man diese Komponenten durch die Anfangsgeschwindigket v_0 und den Wurfwinkel α aus, erhält man:

$$x(t) = v_0 \cos\alpha \cdot t$$

$$y(t) = v_{0,y} \sin\alpha \cdot t - \frac{1}{2}gt^2$$

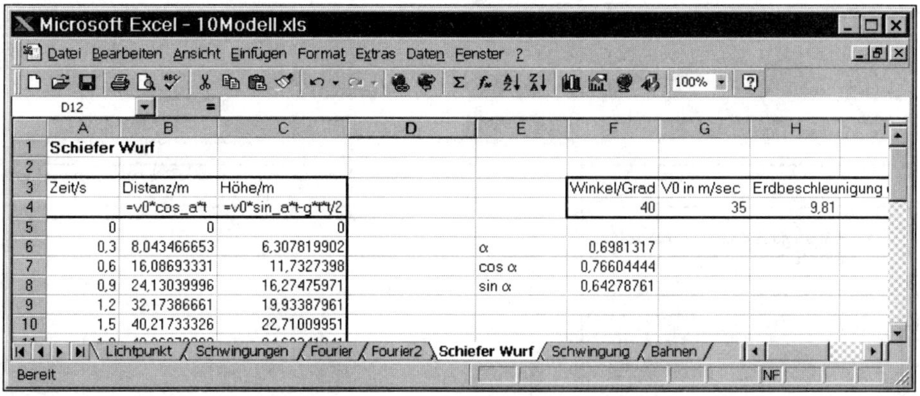

	A	B	C	D	E	F	G	H
1	Schiefer Wurf							
2								
3	Zeit/s	Distanz/m	Höhe/m			Winkel/Grad	V0 in m/sec	Erdbeschleunigung
4		=v0*cos_a*t	=v0*sin_a*t-g*t*t/2			40	35	9,81
5	0	0	0					
6	0,3	8,043466653	6,307819902		α	0,6981317		
7	0,6	16,08693331	11,7327398		cos α	0,76604444		
8	0,9	24,13039996	16,27475971		sin α	0,64278761		
9	1,2	32,17386661	19,93387961					
10	1,5	40,21733326	22,71009951					

Abbildung 10.12: Tabelle für den schiefen Wurf

Um den schiefen Wurf darzustellen, müssen Sie zunächst die Bahnpunkte berechnen. Ein geeignetes Tabellenlayout hierfür zeigt Abbildung 10.12. Für die Bahnkurve benötigen Sie sowohl eine Spalte mit x- als auch eine Spalte mit y-Werten. Da beide Größen von der Zeit abhängen (und es für die Animationsanwendung kontraproduktiv wäre, die Zeitabhängigkeit aus der Bahnkurve herauszurechnen) wird außerdem eine Spalte für die Zeit benötigt. Wie immer ist es gute Praxis, die Parameter der Rechnung wie Anfangsgeschwindigkeit und Wurfwinkel nicht direkt in die Formeln zu schreiben, sondern mit Referenzen auf Zellen zu arbeiten, die die Zahlenwerte enthalten und so leicht zu ändern zu sind. Zu diesem Zweck dienen in der abgebildeten Tabelle die Zellen F4 bis H4. Auch physikalische Konstanten wie die Erdbeschleunigung g sollten nicht direkt in die Formel geschrieben werden, sondern eine eigene Zelle erhalten. Der Winkel in Grad kann mit Excels Winkelfunktionen nicht ohne Umrechnung in Radiant verwendet werden. Es zweckmäßig (und beschleunigt die Berechnung) wenn diese Umrechnung nicht in jedem Aufruf einer Winkelfunktion von neuem vorgenommen werden muß. Aus dem gleichen Grund sollten die Werte für sin α und cos α vorab berechnet werden.

Die Zeitreihe in der Tabelle wird durch Eintragen der beiden Anfangswerte (0 und 0,3) und anschließendes Ausfüllen mit dem Ausfüllkästchen erzeugt. Im Prinzip können jetzt auch die Formeln für die x- und y-Koordinaten der Bahnkurve eingetragen werden, doch werden sie (wie die meisten Formeln) wesentlich verständlicher, wenn Sie für Anfangsgeschwindigkeit, den vorberechneten Sinus und Cosinus, die Zeitreihe und die Erdbeschleunigung benannte Bereiche (EINFÜGEN, NAMEN) verwenden. Die Formeln für Distanz $x(t)$ und Höhe $y(t)$ in den Spalten B und C sind dann:

```
=v0*cos_a*t
=v0*sin_a*t-g*t*t/2
```

Diese Formeln werden ebenfalls in die darunterliegenden Zellen kopiert. Wenn in die Zellen für den Winkel und die Anfangsgeschwindigkeit Werte eingetragen werden, dann sieht die Tabelle mit dem dazugehörenden xy-Diagramm (für die Datenreihe im Dialog DATENREIHEN FORMATIEREN, Seite MUSTER rote Kreise als Markierung einstellen) aus wie in Abbildung 10.13 gezeigt. Um für die Animation geeignet zu sein, muß im Diagramm schließlich noch die automatische Skalierung der Achsen abgeschaltet werden.

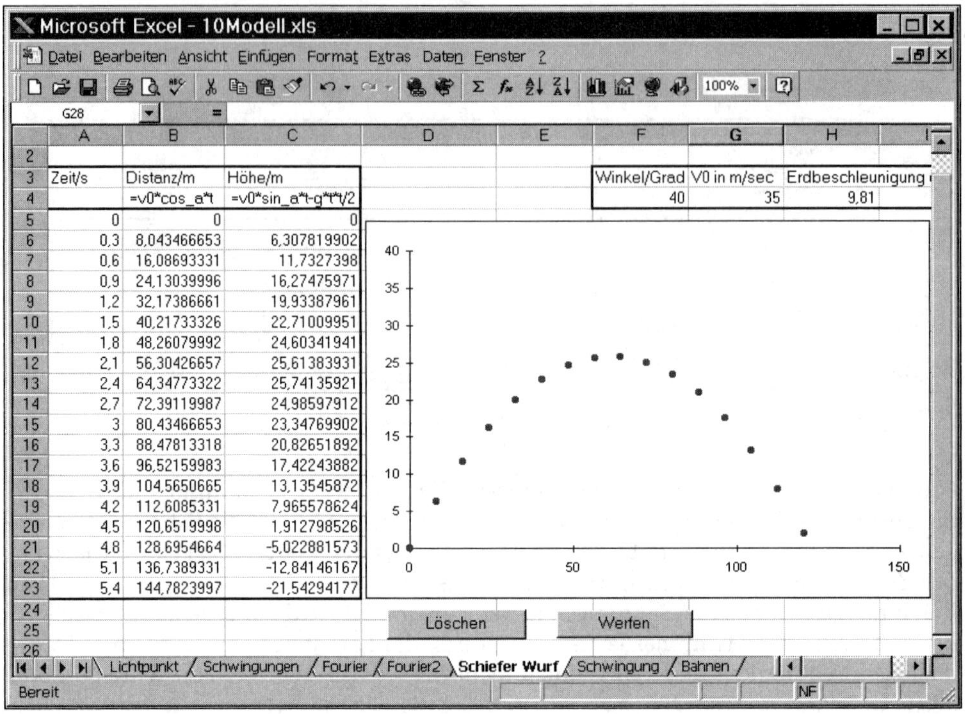

Abbildung 10.13: Diagramm des schiefen Wurfs

10.4.2 Erstellen der Animation

Die Technik der Animation von Diagrammen nutzt aus, daß ein Diagramm in Excel (fast) immer den augenblicklichen Zustand der Daten wiederspiegelt. Wenn also in die Tabelle des Diagramms die Datenpunkte nach und nach eingetragen werden, tauchen in der gleichen Reihenfolge im Diagramm auf. Auf die gleiche Weise kann auch die Position eines Datenpunktes verändert werden.

Die Aufgabe die Tabelle und damit das Diagramm nach und nach aufzubauen, soll durch ein kleines Programm übernommen werden, was nichts weiter tut, als das Kopieren der Formeln in die richtigen Felder der Tabelle zu übernehmen. Die einfachste Lösung ist auch hier eine Aufzeichnung des Vorgangs. In der Tabelle werden die Formeln bis auf die erste wieder gelöscht. Dann wird der Zellzeiger irgendwohin gesetzt und die Aufzeichnung gestartet. Nun führen Sie die folgenden Aktionen aus:

1. Die Zellen des Bereichs B5:C5 (erstes nicht gelöschtes Wertepaar) werden markiert.
2. Am Ausfüllkästchen wird die Markierung eine Zeile tiefer gezogen. Nun müssen Sie die Maustaste loslassen – der erste Punkt in der Bahn wird sichtbar.
3. Ziehen Sie das Ausfüllkästchen wieder eine Zeile weiter und lassen Sie die Maustaste los – der zweite Punkt wird sichtbar.
4. Dieser Vorgang wird wiederholt bis zum Ende der Tabelle.

Danach wird die Aufzeichnung beendet. Wenn Sie jetzt die Formeln wieder löschen und die Aufzeichnung abspielen, können Sie die Wurfbahn sehr schön verfolgen. Die Aufzeichnung selber sieht aus wie folgt:

```
Sub schieferwurf1()
    Range("B5:C5").Select
    Selection.AutoFill Destination:=Range("B5:C6"), Type:=xlFillDefault
    Range("B5:C6").Select
    Selection.AutoFill Destination:=Range("B5:C7"), Type:=xlFillDefault
    Range("B5:C7").Select
    Selection.AutoFill Destination:=Range("B5:C8"), Type:=xlFillDefault
    '...
    '...
    '...
    Selection.AutoFill Destination:=Range("B5:C21"), Type:=xlFillDefault
    Range("B5:C21").Select
    Selection.AutoFill Destination:=Range("B5:C22"), Type:=xlFillDefault
    Range("B5:C22").Select
    Selection.AutoFill Destination:=Range("B5:C23"), Type:=xlFillDefault
    Range("B5:C23").Select
End Sub
```

Es liegt auf der Hand, daß sich das auch etwas eleganter erledigen läßt. Ein weiteres Problem ist, daß mit der obenstehenden Methode nicht nur die Formeln, sondern auch die Formatierungen kopiert werden. Ist die Tabelle wie im abgebildeten Beispiel formatiert, sieht die so ausgefüllte Tabelle nach dem Ablauf des Makros nicht mehr allzu beeindruckend aus. Hier daher ein kleines Programm, das denselben Zweck wesentlich kürzer und eleganter erfüllt:

```
Sub schieferwurf2()
    Dim diag As ChartObject
    Set diag = ActiveSheet.ChartObjects("Diagramm 1")
    Range("B5").Select
    Dim n As Integer
    For n = 6 To 23
        Cells(n, 2).Formula = "=v0*cos_a*t"
        Cells(n, 3).Formula = "=v0*sin_a*t-g*t*t/2"
        diag.BringToFront
    Next n
End Sub
```

Wichtig ist eigentlich nur die `For`-Schleife, welche die Felder der Tabelle von oben nach unten mit den beiden Formeln für den x-Wert und y-Wert ausfüllt. Die Anweisung `diag.BringToFront` ist nur in Excel 97 erforderlich. Diese Excel-Version beschleunigt den Ablauf von Visual-Basic-Programmen, indem die Auffrischung des Bildschirmes unterdrückt wird, solange das Programm läuft. Für die Anzeige einer Animation ist dies natürlich wenig hilfreich, durch die `BringToFront`-Methode des Diagrammobjektes wird das Neuzeichnen erzwungen. In Excel 5 und 95 ist die Verwendung der `BringToFront`-Methode dagegen nicht nur nicht erforderlich, sondern sogar schädlich. In Excel 5 und Excel 95 müssen also alle Zeilen mit der Objektvariablen `diag` herausgelassen werden.

Die Zeile vor der Schleife vereinbart die Schleifenvariable n. Dies geschieht hier nicht nur aus prinzipiellen Gründen, sondern auch, weil Programme mit »maßgeschneiderten« Datentypen schneller ablaufen, als mit dem Allzwecktyp Variant.

Ein weiteres kleines Programm übernimmt das Löschen der Tabelle nach einer Animation für einen neuen Lauf:

```
Sub wurflöschen()
    Range("B6:C23").Select
    Selection.ClearContents
    Range("B5").Select
End Sub
```

Um die Bedienung zu vereinfachen, können noch zwei Schaltflächen LÖSCHEN und WERFEN eingefügt werden. Hierzu wird die Symbolleiste DIALOG (bis Excel 95) bzw. FORMULAR (Excel 97) eingeblendet, die erste Schaltfläche erstellt und anschließend das Makro wurflöschen gewählt und die Fläche der Schaltfläche mit *Löschen* beschriftet werden. Auf die gleiche Weise läßt sich auch die zweite Schaltfläche herstellen und mit dem Makro schieferwurf2 verbinden.

10.4.3 Eine Saitenschwingung

Eine etwas andere Methode zeigt das zweite Beispiel. Es demonstriert eine weitere Methode zur Animation eines Diagramms am Beispiel des Abklingens einer Saitenschwingung. Dabei soll es nicht auf die physikalische Korrektheit der Formel ankommen: die hier verwandte diskrete Formel gibt das exponentielle Abklingen der harmonischen Schwingung korrekt wieder.

Zunächst wird wieder eine Tabelle erzeugt, die drei Spalten enthält: den Winkel, den Sinus dieses Winkels und den negativen Sinus. Als Schrittweite für den Winkel wird diesmal $\pi/9$ gewählt. Um die Wertereihe für den Winkel zu erzeugen, schreiben Sie in die erste Zelle (B6) den Wert Null und in die zweite Zelle (B7) die Formel =PI()/9. Nun drücken Sie die Funktionstaste [F9] und die Formel in der Bearbeitungsleiste wird durch ihren aktuellen Wert ersetzt, den Sie nun mit der Eingabetaste akzeptieren können. Anschließend können Sie B6 und B7 wie gewohnt markieren und die restlichen Werte durch Ziehen am Ausfüllkästchen erzeugen (der Endwert soll 2π, also ca. 6,282 betragen).

In die Spalten für die y-Werte kommen in die ersten beiden Zellen (C6 und D6) die Formeln:

```
C6:    =$C$4*SIN(A6)
D6:    =-C6
```

Sie werden ebenfalls durch Ausfüllen nach unten kopiert. In die Zelle C4 wird ein Faktor eingetragen (als Ausgangswert für das Diagramm erst einmal 1), der später bei der Animation seinen Wert zwischen 1 und 0 ändern soll.

Von dieser Tabelle wird ein xy-Diagramm erzeugt, bei dem die Achsenbeschriftung gelöscht und die automatische Skalierung abgeschaltet wird. Beides läßt sich wieder über den Befehl ACHSE FORMATIEREN des Kontextmenüs der Achse erreichen. Als Minimal- und Maximalwerte wählen Sie für die x-Achse 0 und 7, für die y-Achse -1 und

1. Über den Befehl DATENREIHEN FORMATIEREN des Kontextmenüs der Datenreihen stellen sie außerdem beide Kurven auf die gleiche Farbe ein. Das Diagramm zeigt Abbildung 10.14.

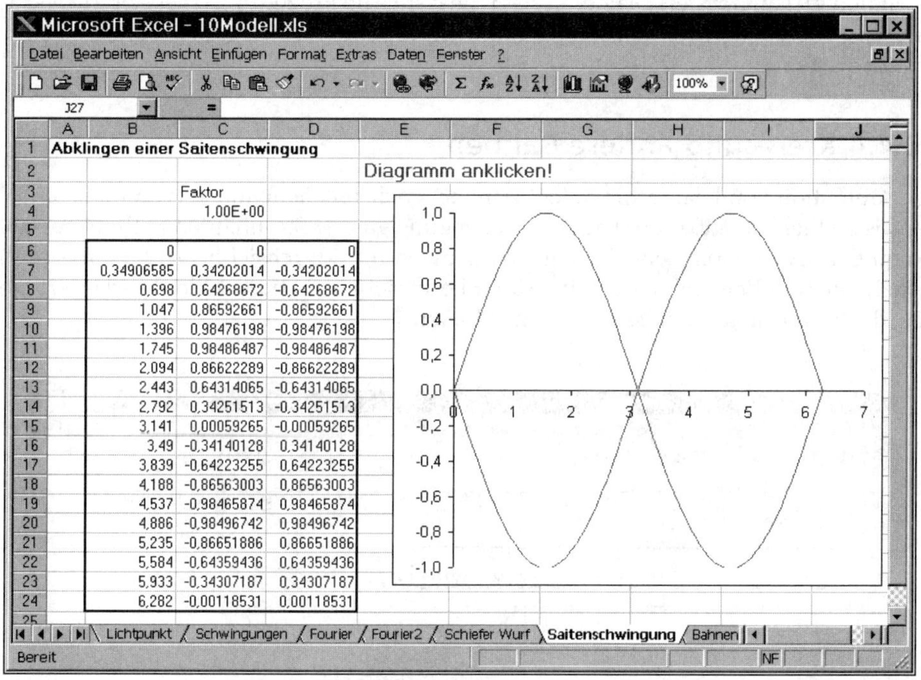

Abbildung 10.14: Eine Saitenschwingung

Wenn Sie nun testweise in die Zelle C4 Werte kleiner als 1 eintragen, ändert sich das Diagramm. Diesen Vorgang kann nun wieder eine kleine VBA-Prozedur übernehmen, die so das Abklingen der Saitenschwingung modelliert. Die wiederholte Division durch eine Konstante ist dabei eine Näherung des exponentiellen Abklingens (den Übergang zur Exponentialfunktion erhält man, wenn man die Länge der Zeitintervalle, in denen man die Näherung verwendet, gegen Null und den Faktor gegegn Eins gehen läßt):

```
Sub saitenschwingung()
    Dim diag As Object
    Set diag = ActiveSheet.ChartObjects("Diagramm 1")
    Dim a As Double, n As Integer
    a = 1
    For n = 1 To 50
        a = a / 1.1
        Cells(4, 3).Formula = a
        diag.BringToFront
    Next n
End Sub
```

Die Amplitude wird bei jedem Schleifendurchgang durch 1,1 dividiert, nach den vorgesehenen 50 Durchgängen ist sie praktisch 0. Um die Prozedur zu starten, können Sie sie mit dem Diagramm verknüpfen: ein Klick mit der rechten Maustaste auf das Diagramm öffnet ein Kontextmenü mit dem Befehl MAKRO ZUWEISEN. Mit diesem gelangen Sie in den gleichnamigen Dialog, in dem Sie dann die Prozedur `saitenschwingung` aus einer Liste aussuchen können. Jetzt genügt ein Klick auf das Diagramm, um die Animation zu starten.

10.4.4 Kreis- und andere Bahnen

Die Animation von Diagrammen legt es nahe, auch Teilchenbahnen (von Planetenbahnen bis zu Elektronenbahnen) oder die Bewegung ganzer Sternhaufen in Excel zu simulieren. Um das Beispiel jedoch möglichst einfach und durchsichtig zu halten, soll das Prinzip hier am Beispiel der bereits früher beschriebenen Hypozykloide erläutert werden, die hinreichend interessante Bahnen bietet.

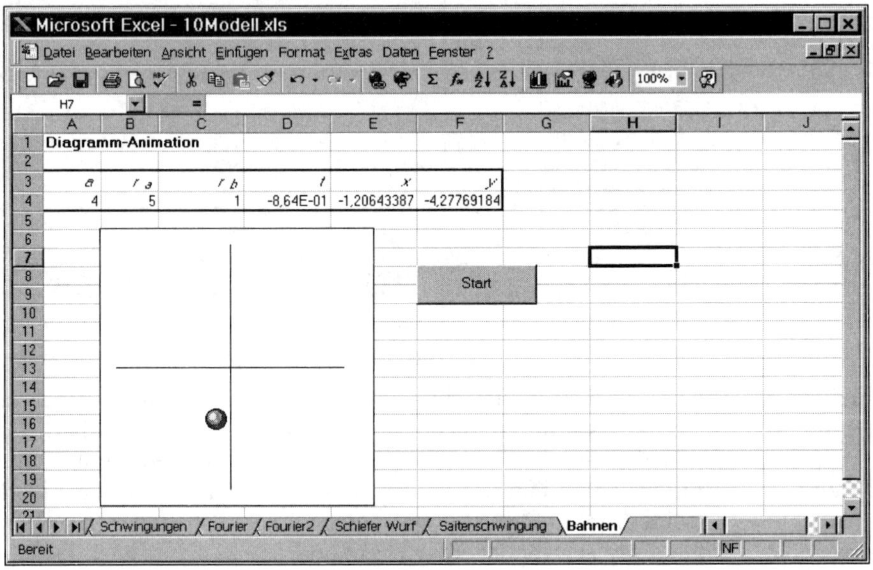

Abbildung 10.15: Tabelle und Diagramm für animierte Hypozykloide

Als Tabelle genügt eine Minimalform: Sie besteht lediglich aus je einem Wert für x und einem für y. Hinzu kommen die Parameter, die in der Formel für die Hypozykloide verwendet werden. Die Zellen A4 bis D4 erhalten der Reihe nach die Namen für die darunterliegenden Werte a, r_a, r_b und t. In die darunterliegenden Zellen werden als Startwerte 4, 5, 1 und 0 eingetragen. Nachdem die Namen mit den Werten markiert wurden, bekommen die Zellen mit den Werten über EINFÜGEN, NAMEN die Namen aus der darüberliegenden Zeile.

In die Zellen E4 und F4 werden die beiden Formeln eingetragen, die schon aus der Beschreibung der Hypozykloide vertraut sind:

```
E4:    =(ra-rb)*COS(t)+a*COS(t*(ra-rb)/rb)
F4:    =(ra-rb)*SIN(t)-a*SIN(t*(ra-rb)/rb)
```

Für das Diagramm werden die Zellen E5 und E6 markiert und dann der Diagrammassistent aufgerufen. Als Diagrammtyp wird wieder das *xy*-Diagramm gewählt, als Varianten nur Datenpunkte. Achten Sie darauf, daß die Datenreihen in Spalten angeordnet sind, und daß die erste Spalte die *x*-Werte enthält (bei nur zwei Daten ist sich da der Diagrammassistent nicht immer so sicher). Die Achsen müssen wieder nach dem schon bekannten Verfahren formatiert werden: keine Beschriftungen, Wert von -10 bis 10, Schnittpunkt bei 0. Die Zeichnungsfläche wird, wie bei fast allen Diagrammen in diesem Buch, ohne Füllung und ohne Rand abgebildet.

Nach diesen Schritten müßte das Diagramm schon fast so aussehen wie in Abbildung 10.15. Da der kleine Datenpunkt für eine Teilchenbahn nicht so attraktiv aussieht, kann man ihn noch durch ein etwas hübscheres Gebilde ersetzen. Mit Hilfe der Zeichenwerkzeuge von Excel können Sie beispielsweise eine kleine Kugel (aus mehreren unterschiedlich gefärbten Scheiben) anfertigen. Eine derartige Kugel kann man auf das rechte Maß verkleinern (mit gedrückter Umschalttaste an der Ecke ziehen), dann kopieren und bei aktiviertem Diagramm und markiertem Datenpunkt wieder einfügen (`Strg`+`V` oder BEARBEITEN, EINFÜGEN). Der Datenpunkt wird dann durch das neue Symbol ersetzt. Auf die gleiche Weise können Sie auch eine beliebige (kleine) Bitmap als Markierung einfügen.

Manuell kommt eine Bewegung des Datenpunktes zustande, wenn der *t*-Wert in D4 zwischen $-\pi$ und π variiert wird. Diese Aufgabe kann natürlich auch wieder ein kleines Programm übernehmen:

```
Sub bahnen()
    Dim diag As Object
    Set diag = ActiveSheet.ChartObjects("Diagramm 10")
    Dim e As Double, a As Double, s  As Double, w As Double, n As Integer
    e = Application.Pi()
    a = -e
    s = e / 40
    For n = 0 To 5
        For w = a To e - s Step s
            Cells(4, 4).Formula = w
            diag.BringToFront
        Next w
    Next n
End Sub
```

Das Programm schreibt lediglich in die Zelle mit dem *t*-Wert bei jedem Durchlauf der inneren Schleife einen neuen Wert. Bei Excel 97 muß außerdem wieder das Neuzeichen des Diagramms mit `BringToFront` erzwungen werden. Für die älteren Excel-Versionen entfallen die Zeilen mit der Objektvariablen `diag` natürlich wieder. Der ganze Vorgang wird fünfmal wiederholt.

Für den Start wird wieder eine Schaltfläche erstellt, der die Prozedur `bahnen` zugewiesen wird. Soll das Programm vorher abgebrochen werden, genügt ein Druck auf die `Esc`-Taste.

11 Statistik

Im naturwissenschaftlichen, technischen und sozialwissenschaftlichen Bereich spielt die statistische Auswertung von Daten eine große Rolle (Auswertung und Interpretation von Meßreihen bzw. Interpretation von empirischen Erhebungsdaten). Die Auswertung in den Naturwissenschaften ist den Anfangsoperationen der sozialwissenschaftlichen Anwendung durchaus ähnlich, danach trennen sich jedoch die Wege. Während sich der Versuch, der Entwicklung der Daten eine mathematische Beschreibung anzupassen, in den Sozialwissenschaften auf einige wenige mathematische Modelle beschränkt (Geraden und Exponentialkurven), verlangt die naturwissenschaftliche Anwendung größere Präzision. Gesucht werden hier mathematische Funktionen, die nicht nur eine Annäherung bringen, sondern auch den inneren Zusammenhängen des Untersuchungsgegenstands gerecht werden. Auch hierzu werden Sie in diesem Kapitel einige Hinweise finden.

Daß Excel für die Auswertung statistischer Daten ein überaus brauchbares Instrument ist, verdankt es zwei Faktoren: zum einen der umfangreichen Rechenmöglichkeiten einschließlich der Nutzung der (sogenannten) Matrix-Formeln, zum anderen der Vielfalt von Funktionen zur statistischen Auswertung von Daten. Schon mit der Version 5 ist Microsoft offensichtlich nach der Maxime vorgegangen, daß es keine Funktion geben soll, die man in Excel nicht finden kann. Trotzdem bleiben, wie Sie in diesem Kapitel sehen werden, immer noch einige Wünsche offen, die sich allerdings durch die Möglichkeit, eigene Funktionen zu erstellen, leicht erfüllen lassen.

Angesichts der Bedeutung statistischer Analysen und der umfangreichen Funktionen, die Excel in diesem Bereich aufweist, sind zwei Umstände bedauerlich: Die statistischen Funktionen werden in den meisten Büchern über Excel eher stiefmütterlich behandelt. Und, was gravierender ist, die Hilfe für Excel ist bei der Beschreibung der statistischen Funktionen manchmal etwas dunkel, um es vorsichtig auszudrücken.

11.1 Eine Frage der Genauigkeit

Besonders in naturwissenschaftlichen und technischen Anwendungen wird oft mit Zahlen hoher Genauigkeit gerechnet. Wie Sie bereits im Abschnitt über numerische Differentiation gesehen haben, kann dies in Excel (wie übrigens in den meisten Statistikprogrammen auch) zu Problemen führen. Angenommen, Sie wollen eine Meßreihe statistisch auswerten, bei der sich einzelne Daten erst ab der zehnten Stelle hinter dem Komma unterscheiden – das kann etwa in der Physik durchaus vorkommen. Um nachzuvollziehen, was Excel mit derartigen Daten anfängt, zeigt Abbildung 11.1 ein kleines Experiment.

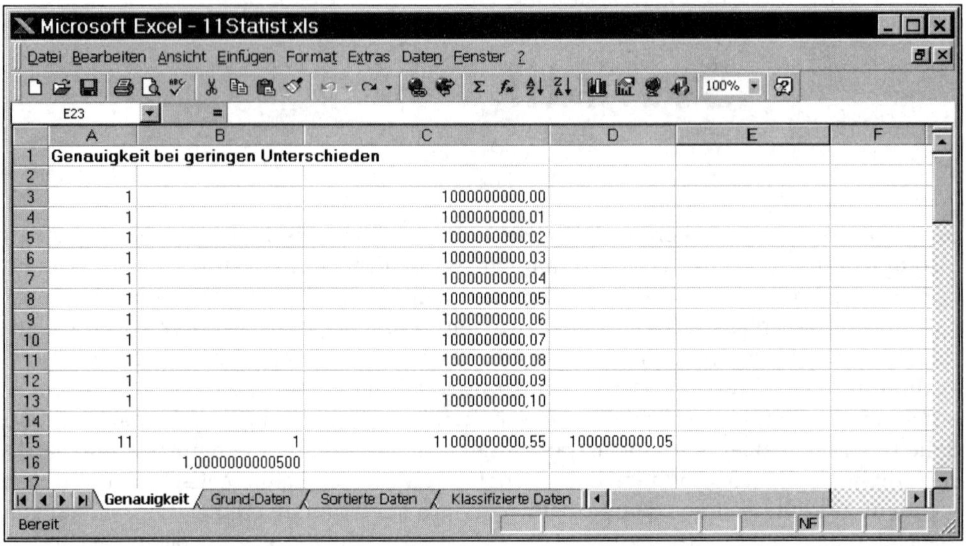

	A	B	C	D	E	F
1	Genauigkeit bei geringen Unterschieden					
2						
3	1		1000000000,00			
4	1		1000000000,01			
5	1		1000000000,02			
6	1		1000000000,03			
7	1		1000000000,04			
8	1		1000000000,05			
9	1		1000000000,06			
10	1		1000000000,07			
11	1		1000000000,08			
12	1		1000000000,09			
13	1		1000000000,10			
14						
15	11	1	11000000000,55	1000000000,05		
16		1,0000000000500				
17						

Abbildung 11.1: Genauigkeit bei geringen Unterschieden

An der Tabelle fällt erst einmal nichts weiter auf, außer daß in der ersten Spalte 11 mal die 1 steht, dann offensichtlich die Summe (11) und daneben wieder 1 (tatsächlich steht in dieser Zelle das arithmetische Mittel aus den 11 Einsen). In der Spalte C sind die Zahlen aus der Spalte A mit 10^9 multipliziert und so formatiert, daß zwei Stellen hinter dem Komma dargestellt werden. Hier sieht man dann, daß in der ersten Spalte keineswegs lauter Einsen standen. Wenn man das arithmetische Mittel aus B15 (übertragen nach B16) so formatiert, daß genügend Stellen hinter dem Komma angezeigt werden, erhält man auch das richtige Ergebnis.

Soweit kann man die Abweichungen der in der Tabelle dargestellten von den eingegebenen Werten noch als ein reines Formatierungsproblem betrachten. Schließlich sind die tatsächlichen Werte da, auch wenn man sie nicht sieht. Ernster wird das Problem aber, wenn es sich tatsächlich um rechnerische Ungenauigkeiten handelt. Wahrscheinlich ist Ihnen schon aufgefallen, daß Excel beim Generieren einer Reihe (z.B. um die x-Werte für ein Diagramm herzustellen) oft statt einer 0 eine Zahl liefert, die nur fast Null ist. Das ist kein ernsthaftes Problem, wenn die Reihe nur für ein Diagramm benötigt wird. Anders ist es, wenn die Zahlen in Berechnungen mit hoher Genauigkeit eingehen sollen und die Rechenfehler z. B. bei der Bildung von Differenzen explosionsartig verstärkt werden. Nehmen Sie etwa folgendes Beispiel in Abbildung 11.2.

Die Zahlen in Spalte A sind so erzeugt, daß die ersten beiden Zahlen eingetragen wurden, die restlichen wurden dann (mit Excel 5 bzw. 95) durch Markieren der beiden ersten und Ziehen am Ausfüllkästchen erzeugt. In der zweiten Spalte sind die ersten Zahlen mit 10^9 multipliziert. Es zeigt sich dabei, daß die zu erwartende Null keineswegs exakt Null ist, und auch die vorhergehende Zahl weicht von dem Wert, den sie haben sollte, wenn auch nur geringfügig, ab. Wenn mit diesen Zahlen gerechnet wird, kann sich der Fehler verstärken. In der dritten Spalte etwa wird 0,0000001 durch die erste Spalte geteilt.

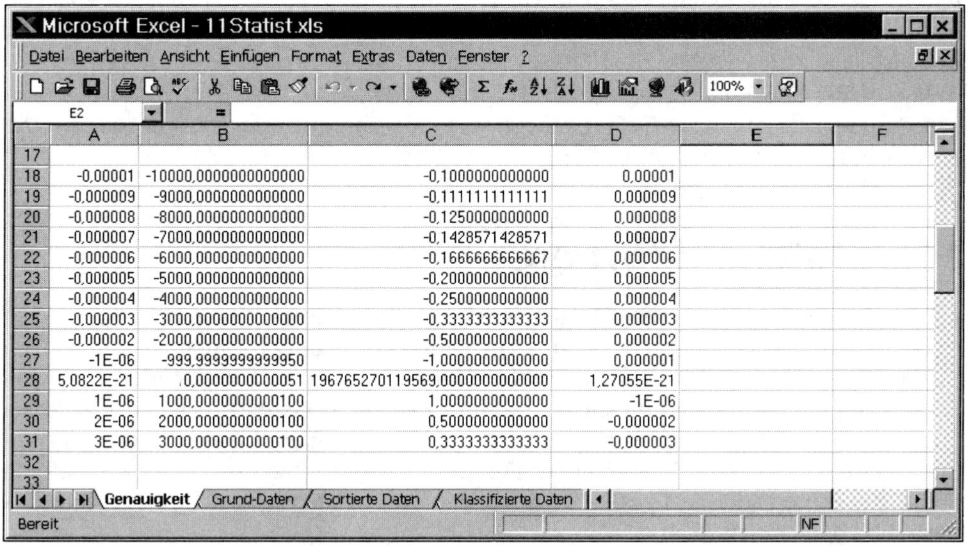

	A	B	C	D	E	F
17						
18	-0,00001	-10000,0000000000000	-0,1000000000000	0,00001		
19	-0,000009	-9000,0000000000000	-0,1111111111111	0,000009		
20	-0,000008	-8000,0000000000000	-0,1250000000000	0,000008		
21	-0,000007	-7000,0000000000000	-0,1428571428571	0,000007		
22	-0,000006	-6000,0000000000000	-0,1666666666667	0,000006		
23	-0,000005	-5000,0000000000000	-0,2000000000000	0,000005		
24	-0,000004	-4000,0000000000000	-0,2500000000000	0,000004		
25	-0,000003	-3000,0000000000000	-0,3333333333333	0,000003		
26	-0,000002	-2000,0000000000000	-0,5000000000000	0,000002		
27	-1E-06	-999,9999999999950	-1,0000000000000	0,000001		
28	5,0822E-21	0,0000000000051	196765270119569,0000000000000	1,27055E-21		
29	1E-06	1000,0000000000100	1,0000000000000	-1E-06		
30	2E-06	2000,0000000000100	0,5000000000000	-0,000002		
31	3E-06	3000,0000000000100	0,3333333333333	-0,000003		
32						
33						

Abbildung 11.2: Genauigkeit bei generierten Reihen

Da wo eigentlich eine Fehlermeldung stehen müßte (DIV/0), steht statt dessen eine sehr große Zahl. Das mag als Indiz dafür, daß hier der Wert gegen unendlich geht (etwa ein Pol bei einer Funktion), nützlich sein, für exakte Berechnungen aber ist es unbrauchbar.

Fast derselbe Fehler tritt übrigens auch auf (aber eben nur fast!), wenn eine analoge Reihe so erzeugt wird, daß in der zweiten Zelle der Spalte =D18-0,000001 steht. Offensichtlich bleibt einem da nichts anderes übrig, als die Reihen nachzuprüfen und an kritischen Punkten die richtigen Werte von Hand einzufügen.

Die Ursache des Problems liegt darin begründet, daß viele Dezimalzahlen, die im Dezimalsystem eine endliche Darstellung haben, im Binärsystem nur durch unendlich viele Nachkommastellen dargestellt werden können. Da Excel aber intern nur eine endliche Anzahl von Nachkommastellen berücksichtigen kann, treten unvermeidlich Rundungsfehler auf, die sich bei Excel 5 und 95 so offensichtlich äußern. In Excel 97 wurden die verwendeten Rundungsalgorithmen offensichtlich so überarbeitet, daß Rundungsfehler in den beschriebenen Fällen nicht mehr auftreten. Prinzipiell bleibt aber das Problem bestehen, daß die meisten reellen Zahlen im Rechner nur mit endlicher Genauigkeit gespeichert werden können und Fehler durch Rundung daher unvermeidlich sind.

Da in VBA mit ähnlichen Problemen zu rechnen ist, muß man insbesondere beim Programmieren von statistischen (und ganz allgemein allen mathematischen) Anwendungen immer im Kopf behalten, daß die Darstellung von Gleitkommazahlen und Berechnungen mit ihnen immer mit einer kleinen Ungenauigkeit behaftet sind. Insbesondere sollte nie in einem Programm die Frage gestellt werden, ob ein Wert 0 wird, wenn von der Antwort irgend etwas abhängt. Durch die Verwendung des doppelt genauen Datentyps `Double` kann das Problem jedoch zumindest etwas gemildert werden.

Für die Bearbeitung statistischer Aufgaben gilt ganz allgemein: Wenn Sie es mit Zahlen hoher Genauigkeit zu tun haben, die im Wert nur geringfügig voneinander abweichen, dann ist es auf jeden Fall sinnvoll, das Problem so umzuformulieren (z. B. durch Subtraktion eines konstanten Wertes), daß sich die Zahlen in anderen Dimensionen bewegen. Andernfalls laufen Sie Gefahr, erhebliche Fehler durch die sogenannte numerische Auslöschung zu erhalten.

11.2 Daten importieren

Bei der Erhebung empirischer Daten – etwa bei einer Umfrage, einem sozialwissenschaftlichen Experiment etc. – fällt zunächst eine Unmenge von Daten an, bei der sich die Frage stellt, in welcher Auswahl und in welcher Form die Daten überhaupt in eine Tabelle aufgenommen werden sollen. Häufig ist es bei größeren Projekten so, daß die Urdaten (Fragebögen, Strichlisten etc.) bereits in maschinenlesbarer Form vorliegen und über eigens für die Datenerfassung eingerichtete Programme eingelesen werden. Sollen derartige Daten in Excel weiter verarbeitet werden, dann sieht die Vorgehensweise im allgemeinen so aus:

1. Die Daten werden in der fremden Anwendung in einem Format abgespeichert, das Excel verarbeiten kann. Hierfür kommen im Prinzip fast alle gebräuchlichen Datenbank- und Tabellenformate in Frage. Als Standardlösung steht auch immer die Abspeicherung als *DOS-Text* oder als *nur Text mit Trennzeichen* zur Verfügung.
2. Die Daten werden in Excel mit dem Befehl DATEI, ÖFFNEN eingelesen. Unter Dateityp können Sie das gewünschte Dateiformat aussuchen. Sollte Excel das Dateiformat nicht direkt verarbeiten können, bleibt immer noch der Dateityp *Textdateien*, mit deren Hilfe sich reine Textdateien mit oder ohne Trennzeichen einlesen lassen.

Hier nur ein kleines Beispiel. Das Datenmaterial liege als reine Textdatei vor, wobei außer Leerzeichen und Zeilenschaltungen keinerlei Trennzeichen eingefügt sein sollen. Zum Experimentieren könnten Sie eine kleine Datei 11TEST.TXT erzeugen, die etwa so aussieht:

```
eins  zwei  drei
12    14    16
24    28    30
126   128   999
1000  2000  300
```

So ähnlich könnte eine Datei mit Daten aus einer automatisch erfaßten Meßreihe aussehen. Die unterschiedliche Zeichenlänge der einzelnen Kategorien wurde absichtlich gewählt, um zu zeigen, wie Excel damit umgeht.

Wenn Sie nun eine derartige Datei in Excel einlesen wollen, sind nur wenige Schritte nötig. Im Dialog DATEI ÖFFNEN haben Sie unter DATEITYP die Möglichkeit auszuwählen, welche Art von Dateien in der Dateiliste angezeigt werden. Die Auswahl, die Sie hier treffen, hat zunächst in erster Linie mit der Dateiendung zu tun, weniger mit dem Format, in dem die Datei tatsächlich abgespeichert ist. Es kann durchaus sein, daß die Anwendung, in der Ihre Daten erstellt sind, in der Liste nicht vorkommt, aber tatsächlich gibt es in fast allen Anwendungen die Möglichkeit, die Daten in einem der von

Excel lesbaren Formate abzuspeichern. Für das angeführte Beispiel wird *Textdateien* oder *alle Dateien* eingestellt. Nach dem Markieren der gewünschten Datei (im Beispiel 11TEST.TXT) meldet sich Excel mit dem ersten Dialog des Textassistenten (siehe Abbildung 11.3).

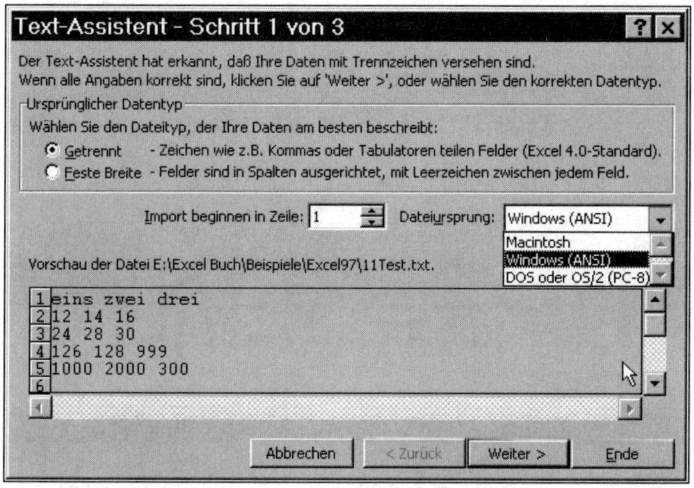

Abbildung 11.3: Der erste Schritt des Textassistenten

Wegen der unterschiedlichen Codierung von Sonderzeichen, Umlauten und Zeilenenden muß als Dateiursprung das Herkunftsbetriebssystem eingestellt werden, ansonsten können Sie davon ausgehen, daß Excel die Daten in diesem Stadium bereits so weit analysiert hat, daß es erkennt, wie die Daten anzuordnen sind. Im vorliegenden Beispiel sind die Daten getrennt (hier durch Leerzeichen), es wäre aber auch durchaus möglich, daß die Daten in Spalten ausgerichtet sind, wobei die jeweils fehlenden Zeichen durch Leerzeichen aufgefüllt sind. Das kann z.B. der Fall sein, wenn die Daten aus einem Programm stammen, in dem sie in Felder mit fester Zeichenlänge abgespeichert wurden (siehe Abbildung 11.4).

Im zweiten Schritt bietet der Textassistent bereits eine Vorschau auf die Daten, so wie sie nachher in der Tabelle aussehen werden (Abbildung 11.4). Sie können hier angeben, wie die einzelnen Daten getrennt sind und ob mehrere Trennzeichen als ein Trennzeichen behandelt werden sollen. Dies kann wichtig sein, wenn die Daten mit einem Textverarbeitungsprogramm erfaßt wurden. Wurden etwa die Daten so in Spalten geschrieben, daß die Spaltenanfänge zum Teil mit mehreren Tabulatorensprüngen angewählt wurden, müssen die Trennzeichen zusammengefaßt werden. Sie können auch unerwünschte Zeichen herausfiltern, indem Sie sie einfach als Trennzeichen deklarieren.

Im dritten Schritt des Textassistenten (Abbildung 11.5) haben Sie die Möglichkeit, für jede Spalte das Datenformat festzulegen. Obendrein können Sie hier auch einzelne Spalten ganz entfernen, so daß Sie hinreichend flexibel auf den Charakter der einzulesenden Daten reagieren können. Nach Abschluß dieses Schritts liegen die Daten in Form einer Excel-Tabelle vor. Excel erstellt hierfür eine eigene Arbeitsmappe mit dem Dateinamen der ausgewählten Daten (Abbildung 11.6).

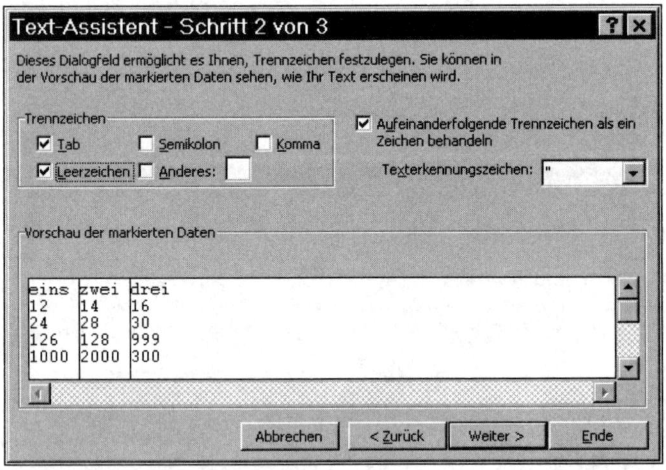

Abbildung 11.4: Der zweite Schritt des Textassistenten

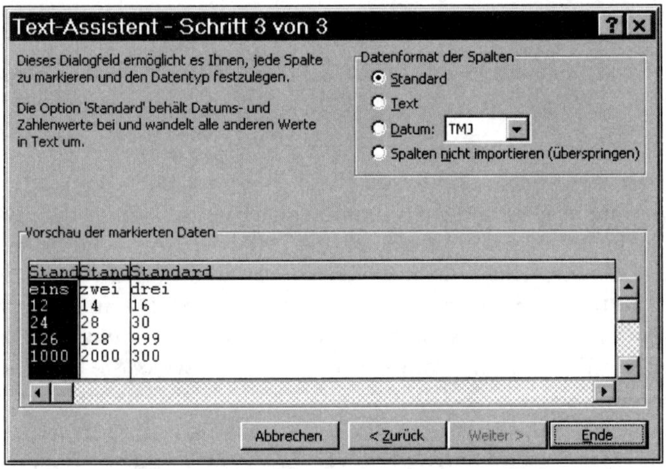

Abbildung 11.5: Der dritte Schritt des Textassistenten

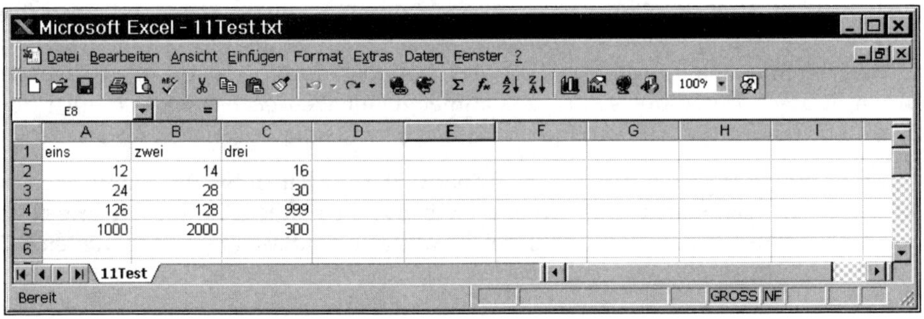

Abbildung 11.6: Die Daten in Excel

Auch wenn Sie die Daten direkt aus einer Windows-Anwendung über die Zwischenablage in eine Tabelle einfügen, haben Sie die Möglichkeit, die so eingefügten Daten mit dem Textassistenten zu bearbeiten. Nachdem Sie die Daten als Text in die Tabelle eingefügt haben, brauchen Sie diese lediglich zu markieren und dann den Befehl DATEN, TEXT IN SPALTEN aufzurufen.

Da Excel 5 und 95 in einer Tabelle immerhin über circa 16000 Zeilen verfügen und Excel 97 sogar über ca. 65000 Zeilen dürfte der Platz selbst für umfangreiche Datenbestände reichen. Hier setzen dann die Vorüberlegungen für die Strukturierung der Daten ein. Es müssen Entscheidungen getroffen werden, welche Daten in welcher Genauigkeit für die weitere Arbeit überhaupt benötigt werden. Das gilt auch dann, wenn die Daten von Hand in die Tabelle eingegeben werden müssen: Hier läßt sich durch eine vernünftige Vorausplanung eine Menge Arbeit sparen.

Die weiteren Planungen hängen davon ab, wie die Daten beschaffen sind und welche Operationen Sie mit ihnen vornehmen wollen. Zu dieser Frage können hier angesichts der Vielfalt möglicher Ausgangssituationen nur einige allgemeine Hinweise gegeben werden.

11.2.1 Qualitative und quantitative Variablen

Das zunächst wichtigste Unterscheidungsmerkmal für Daten ist, ob es sich um qualitative oder quantitative Merkmale handelt. Qualitative Merkmale beschreiben das Vorhandensein oder Nichtvorhandensein einer besonderen Qualität des Untersuchungsobjekts. Das kann bei sozialwissenschaftlichen Untersuchungen das Geschlecht, die Hautfarbe, die Staatszugehörigkeit, der Familienstand, die Zugehörigkeit zu einer sozialen, beruflichen, gesellschaftlichen Gruppe sein oder ähnliches. Eine derartige Variable kann zwar immer auch durch Zahlen codiert werden, eine derartige Codierung hat aber grundsätzlich einen anderen Charakter als die Zahlen bei quantitativen Merkmalen.

Handelt es sich bei den Merkmalen dagegen um numerisch meßbare Größen, so haben Sie es mit quantitativen Variablen zu tun. In sozialwissenschaftlichen Untersuchungen sind das z.B. Größe, Gewicht, Einkommen usw. Die quantitativen Variablen können noch weiter differenziert werden. Wenn die Werte beliebig dicht nebeneinander liegen können, so spricht man von stetigen Variablen, z.B. im Falle einer Temperaturangabe, andernfalls von diskreten Variablen, z.B. Anzahl der Kinder einer Familie.

Diese Unterscheidung hört sich klarer und strenger an, als sie tatsächlich ist. Gerade in sozialwissenschaftlichen Untersuchungen geht die Tendenz dahin, nach Möglichkeit zu quantitativen Größen zu kommen. Hier nur ein Beispiel: viele Fragen in einer Untersuchung, die im Prinzip mit Ja oder Nein beantwortet werden könnten, werden so gestellt, daß sich die Antwort in eine Skala einordnen läßt: Auf gar keinen Fall – Eigentlich nicht – Weiß nicht – Eventuell – Ja bestimmt – liefert Antworten, die sich etwa von –2 bis +2 quantifizieren lassen.

Außer der Unterscheidung der Variablen danach, ob sie qualitativ oder quantitativ ausgeprägt sind, lassen sie sich auch hinsichtlich der Art ihrer Skalierung einteilen. Im einfachsten Fall handelt es sich um nominalskalierte Variablen. Für diese Art von Variablen trifft zu, was schon weiter oben über den qualitativen Typ gesagt wurde. Lassen sich qualitative Merkmale zudem noch ordnen, handelt es sich um ordinalskalierte Variablen, wenn zum Beispiel Einstufungen vorgenommen werden wie »günstig«, »weniger günstig«, »schlecht«. Es läßt sich also etwas darüber aussagen, ob eine Sache als besser oder schlechter empfunden wird.

Wenn darüber hinaus noch angegeben werden kann, um wieviel eine Sache besser oder schlechter ist, so wird dieser Typ intervallskalierte Variable genannt. Wenn zu diesem noch eine weitere Merkmalsausprägung tritt, wenn z.B. ein absoluter Nullpunkt existiert, dann handelt es sich um verhältnisskalierte Variable. Hierbei ist es auch möglich, Aussagen wie halb so alt oder doppelt so viel zu treffen.

11.2.2 Planung der Datenerhebung

Alle diese Überlegungen haben zwei Aspekte. Sie sollten eigentlich bereits in die Vorplanung der Untersuchung eingehen, damit die Daten dem späteren Ziel der Auswertung entsprechen. Sie entscheiden aber auch, was an Auswertung bei vorhandenen Daten überhaupt möglich ist. Rein qualitative Daten können eben nur gezählt werden, um sie in eine mathematisch aussagekräftige Beziehung zu anderen Daten zu bringen. Mit quantitativen Daten läßt sich dagegen rechnen.

Eine letzte Vorüberlegung für die Arbeit mit den Daten in Excel ist, ob die Daten als Tabelle oder als Datenbank angelegt werden sollen. Um hier einige Kriterien aufzulisten:

- Eine Tabelle ist jederzeit in allen Richtungen erweiterbar. Eine Datenbank darf nicht mehr als 32 Rubriken (Spalten) umfassen.
- In einer Datenbank stehen komfortable Such- und Selektionsbefehle zur Verfügung sowie eine Anzahl statistischer Funktionen, die sich von den statistischen Tabellenfunktionen dadurch unterscheiden, daß in sie Auswahlkriterien mit eingehen.
- Alle Tabellenfunktionen stehen auch für Datenbanken zur Verfügung.

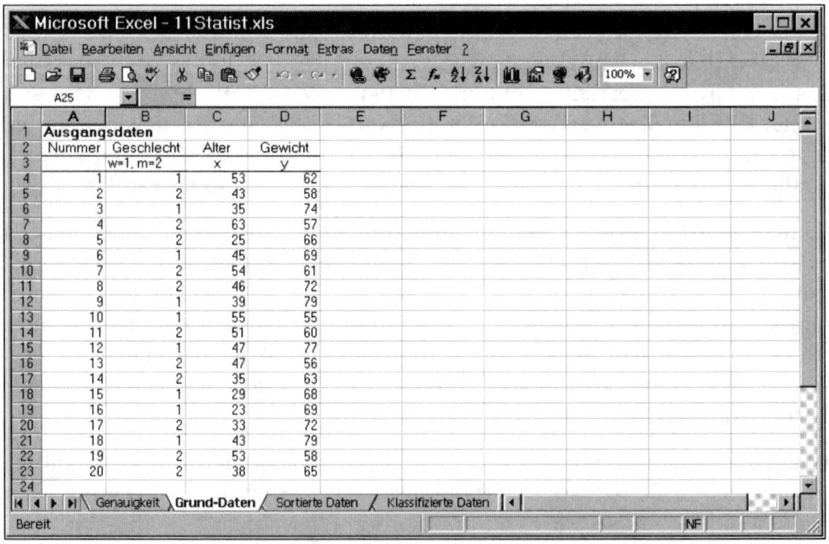

Ausgangsdaten

Nummer	Geschlecht	Alter	Gewicht
	w=1, m=2	x	y
1	1	53	62
2	2	43	58
3	1	35	74
4	2	63	57
5	2	25	66
6	1	45	69
7	2	54	61
8	2	46	72
9	1	39	79
10	1	55	55
11	2	51	60
12	1	47	77
13	2	47	56
14	2	35	63
15	1	29	68
16	1	23	69
17	2	33	72
18	1	43	79
19	2	53	58
20	2	38	65

Abbildung 11.7: Grunddaten

Die Vorteile von Datenbanken sind besonders bei großen Datenmengen offensichtlich. Da aber alle Operationen, die in einer Tabelle möglich sind, auch für Datenbanken zugänglich sind, beschränkt sich die vorliegende Darstellung zunächst auf Tabellen. Als Beispiel soll eine kleine Menge von Daten dienen, in denen für 20 Personen Geschlecht, Alter und Gewicht erfaßt sind (Abbildung 11.7). Die Datenmenge wurde für das Beispiel bewußt so klein gehalten, damit die Tabelle in allen Stadien der Bearbeitung überschaubar bleibt. Sinnvolle statistische Aussagen lassen sich aus einer so kleinen Datenmenge natürlich nicht treffen.

11.3 Sortieren und Klassifizieren

Für einen ersten Überblick über das vorliegende Datenmaterial ist es oft sinnvoll, die Daten nach verschiedenen Kriterien zu sortieren. Eine Durchnumerierung der Datensätze von 1 bis *N* gewährleistet dabei, daß die alte Reihenfolge immer wiederhergestellt werden kann.

Die Reihenfolge der Datensätze ist insbesondere dann wichtig, wenn es auch die Reihenfolge ist, in der die Datensätze erhoben wurden. Es läßt sich dann leicht feststellen, ob sich während der Erhebung etwas verändert hat, sei es an der Stichprobe, sei es an den objektiven oder subjektiven Bedingungen der Erhebung.

Alle Sortier-, Klassifizier- und Auswertungsarbeiten sollten nach Möglichkeit getrennt von den Ausgangsdaten in einer neuen Tabelle stattfinden. Stellen Sie sich nur vor, was passiert, wenn Sie eine Tabelle mit ca. tausend Sätzen und zehn Spalten sortieren, und dabei nur einen Teil der Spalten markiert haben.

Zur Verdoppelung der Daten können Sie entweder die vorhandenen Grunddaten abspeichern und dann die gleiche Arbeitsmappe noch einmal unter einem neuen Namen abspeichern. Sie können aber auch für die Daten ein weiteres Tabellenblatt in der Arbeitsmappe einrichten. Die erste Möglichkeit ist insbesondere bei größeren Datenmengen vorzuziehen, nicht nur, weil sonst Speicherprobleme auftreten könnten, sondern weil damit auch gewährleistet ist, daß die urprünglichen Daten auf jeden Fall erhalten bleiben. Das schließt ein, daß die Ausgangsdaten nicht allein auf der Festplatte, sondern zusätzlich auch auf einem anderen Datenträger (Diskette, Band, CD-ROM) weggelegt werden sollten.

Das Sortieren geschieht nach dem schon mehrfach erwähnten Schema: Die gesamten zu sortierenden Daten werden markiert, DATEN, SORTIEREN führt zu einem Dialog, in das die Sortierschlüssel, die Sortierreihenfolge und über die Schaltfläche OPTIONEN die Wahl, ob nach Zeilen oder Spalten sortiert werden soll, eingetragen werden. Wenn die Spalten Überschriften haben, was eigentlich immer der Fall sein sollte, lassen sich die Sortierschlüssel einfach nach den Überschriften festlegen. Im Beispiel ist es sinnvoll, nach Geschlecht und Alter zu sortieren, um einen Überblick zu gewinnen und erste Auswertungen vornehmen zu können (siehe Abbildung 11.8).

Mit den so sortierten Daten (Abbildung 11.9) können Sie jetzt einfache Auszählungen, wie beispielsweise für das Geschlecht, über die Funktionen ANZAHL() oder ANZAHL2() vornehmen und auf diesem Wege schon absolute und weitergehend auch relative Häufigkeiten für nominal- oder ordinalskalierte Daten darstellen.

Abbildung 11.8: Sortieren der Grunddaten

Auch über die Größenordnungen der quantitativen Daten läßt sich ein erster Eindruck gewinnen. Die Funktionen MAX() und MIN() liefern hier Anhaltspunkte, wobei als Argumente noch die leicht unterscheidbaren Bereiche von männlich und weiblich gewählt werden können.

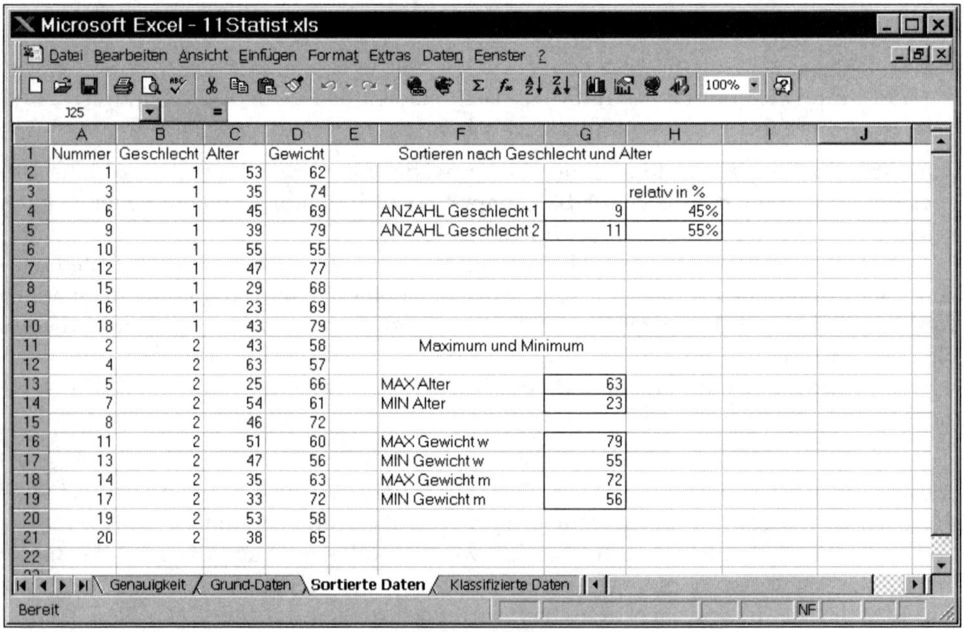

	A	B	C	D	E	F	G	H
1	Nummer	Geschlecht	Alter	Gewicht		Sortieren nach Geschlecht und Alter		
2	1	1	53	62				
3	3	1	35	74				relativ in %
4	6	1	45	69		ANZAHL Geschlecht 1	9	45%
5	9	1	39	79		ANZAHL Geschlecht 2	11	55%
6	10	1	55	55				
7	12	1	47	77				
8	15	1	29	68				
9	16	1	23	69				
10	18	1	43	79				
11	2	2	43	58		Maximum und Minimum		
12	4	2	63	57				
13	5	2	25	66		MAX Alter	63	
14	7	2	54	61		MIN Alter	23	
15	8	2	46	72				
16	11	2	51	60		MAX Gewicht w	79	
17	13	2	47	56		MIN Gewicht w	55	
18	14	2	35	63		MAX Gewicht m	72	
19	17	2	33	72		MIN Gewicht m	56	
20	19	2	53	58				
21	20	2	38	65				
22								

Abbildung 11.9: Sortierte Daten und erste Auswertungen

11.3.1 Einteilung in Klassen

Bei etwas größeren Datenmengen und dann, wenn es sich nicht um so einfach unterscheidbare Größenpaare wie *m/w* oder 1/2 handelt, wird die Arbeit mit der Funktion ANZAHL() schnell unhandlich. Geeigneter ist hier die Matrixfunktion HÄUFIGKEIT(), mit der die Daten nach ihrer Häufigkeit Klassen zugeordnet werden können.

Die Klassen sollten in der Regel gleich breit sein, um Interpretationsfehler zu vermeiden. Die Anfangs- und Endklassen bleiben aber oftmals offen, um auch fernab liegende Einzelwerte mitzuerfassen. Wenn Ihre Urliste nicht allzu viele Einträge hat, sollte es keine Schwierigkeiten geben, die Werte für Anfangs- und Endklasse zu finden. Bei einer umfangreicheren Tabelle sind die Funktionen MAX() und MIN() sehr hilfreich.

Auf dieser Basis läßt sich die Klasseneinteilung leicht gestalten. Die Klasseneinteilung sollte so vorgenommen werden, daß die Anzahl der Klassen hinreichend groß ist, um noch aussagekräftige Unterscheidungen zu ermöglichen, aber auch hinreichend klein, um die angestrebte Übersichtlichkeit zu erreichen. Feste Regeln lassen sich hierfür nicht aufstellen.

Die Klassifizierung der Daten erfolgt in zwei Schritten. Zunächst werden in einer Spalte die jeweils oberen Klassengrenzen eingetragen. Statt einer Angabe »von 30 bis 40 Jahre« genügt es also, wenn Sie die Zahl 40 eingeben. Excel (oder genauer die Funktion HÄUFIGKEIT()) interpretiert diese Angabe als »bis einschließlich 40«. Haben Sie in der darüber liegenden Zelle den Wert 30 angegeben, dann bedeutet der Eintrag »40« eben »von über 30 bis einschließlich 40«. Der erste Wert in der Spalte mit den Klassengrenzen ist dagegen zu lesen als »alle bis einschließlich«, nach dem letzten Wert ist noch eine Zelle zu denken, mit der Bedeutung »alle über dem letzten vorhergehenden Wert«.

HÄUFIGKEIT() gehört zu einer Gruppe von Funktionen, die unter Excel mit dem etwas irreführenden Namen Matrixfunktionen bezeichnet werden. Matrix ist hier nicht im mathematischen Sinne zu verstehen, sondern als »rechteckiges Schema von Zahlen«. Anders als normale Funktionen können Matrixfunktionen ihre Ergebnisse in einen Bereich schreiben, der größer ist als eine einzige Zelle. Dieser Bereich muß vor der Eingabe der Matrixfunktion markiert werden. Um also als zweiten Schritt der Anlage einer Häuigkeitstabelle die Funktion HÄUFIGKEIT() einzugeben, wird in der Spalte neben den Klassengrenzen der Bereich markiert, in dem die Ergebnisse stehen sollen. Dieser sollte um genau eine Zelle nach unten länger sein, als die Spalte mit den Klassengrenzen, um auch die Werte oberhalb der obersten Klasse zu erfassen. Falls keine existieren, erscheint hier später die Fehlermeldung NV.

Die Funktion HÄUFIGKEIT() können Sie mit dem Funktionsassistenten eingeben oder direkt in die Bearbeitungszeile schreiben. Für die Festlegung der Argumente markieren Sie für die Daten die Spalte unter der Überschrift *Alter* und für die Klassen den Bereich mit den Grenzen der Klasseneinteilungen. Bestätigt wird die Formel mit der für alle Matrixfunktionen gültigen Tastenkombination [Strg]+[⇧]+[↵] ([↵] alleine funktioniert nicht, da so die Funktion nur in die aktive Zelle eingetragen wird). Die Häufigkeitswerte für die einzelnen Klassen werden nun in der zuvor markierten Matrix ausgegeben. Die Formel hat in der Bearbeitungszeile als Zeichen für eine Matrixformel geschweifte Klammern. Wenn Sie die Funktion mit dem Funktionsassistenten einfügen, dann müssen Sie nach Abschluß mit ENDE die Formel noch einmal in der Bearbeitungszeile markieren (einfach die Einfügemarke irgendwohin setzen) und dann mit der genannten Tastenkombination als Matrixfunktion bestätigen. Aus unerklärlichen Gründen gibt es in Excel keine Möglichkeit, eine Matrixformel komplett mit dem Funktionsassistenten abzuschließen.

Die Aussagekraft von den so gewonnenen Häufigkeiten läßt sich verbessern, wenn zu den absoluten Häufigkeiten eine weitere Spalte mit den relativen hinzugefügt wird (Häufigkeit/Anzahl, als Prozent formatiert). Werden die Häufigkeiten zusätzlich noch kumuliert, die Häufigkeit einer Merkmalsausprägung also zu den vorhergehenden addiert, so lassen sich schon einzelne Aussagen wie »bis zu 40 Jahren sind es 8 Personen oder 40%« treffen.

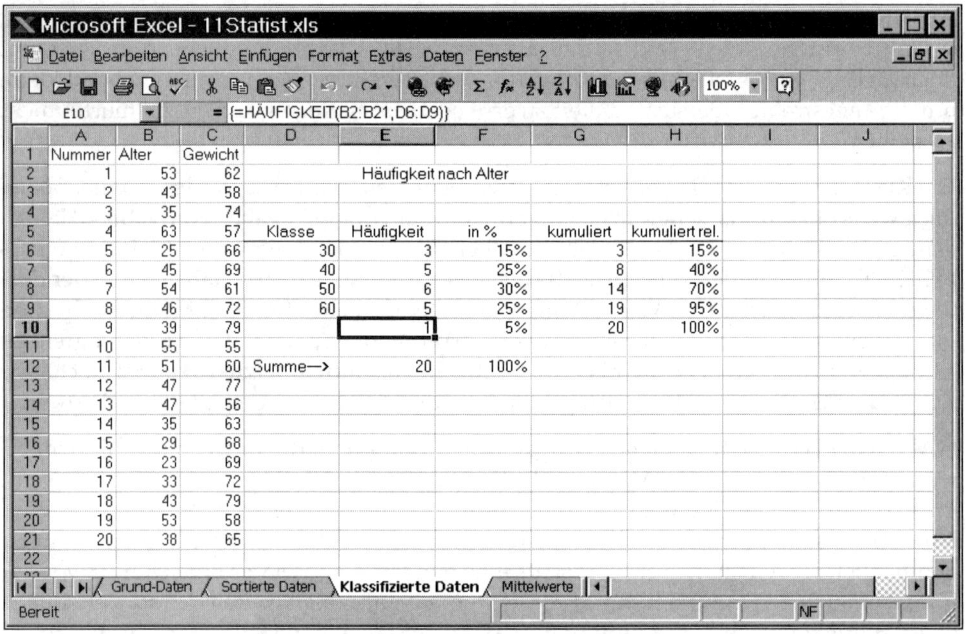

	A	B	C	D	E	F	G	H
1	Nummer	Alter	Gewicht					
2	1	53	62		Häufigkeit nach Alter			
3	2	43	58					
4	3	35	74					
5	4	63	57	Klasse	Häufigkeit	in %	kumuliert	kumuliert rel.
6	5	25	66	30	3	15%	3	15%
7	6	45	69	40	5	25%	8	40%
8	7	54	61	50	6	30%	14	70%
9	8	46	72	60	5	25%	19	95%
10	9	39	79		1	5%	20	100%
11	10	55	55					
12	11	51	60	Summe—>	20	100%		
13	12	47	77					
14	13	47	56					
15	14	35	63					
16	15	29	68					
17	16	23	69					
18	17	33	72					
19	18	43	79					
20	19	53	58					
21	20	38	65					

Abbildung 11.10: Klassifizierte Daten

11.4 Mittelwerte und Streuung

Häufigkeitsverteilungen sind ein gutes Mittel, um einen Überblick über die Struktur der Daten zu gewinnen. Weitere wichtige Aussagen liefert die Bildung der Mittelwerte. Hier sind drei Werte von Bedeutung: der Median, das arithmetische Mittel und das geometrische Mittel, wobei das arithmetische Mittel der wichtigste ist.

Der Median oder Zentralwert einer Verteilung sortiert die Daten in zwei Hälften, wobei jede Hälfte die gleiche Anzahl von Merkmalsausprägungen enthält. Der Medianwert ist somit sehr anschaulich, unempfindlich gegen Ausreißer und kann auch bei klassifizierten Daten erhoben werden. Da Excel hierfür die Funktion MEDIAN() bereithält, ist es sehr einfach, diesen lagetypischen Mittelwert zu ermitteln (bei einer ungeraden Anzahl von Werten ermittelt Excel den Mittelwert der beiden mittleren Werte, um ihn als Median auszugeben).

Das arithmetische Mittel ist das wohl am meisten verwendete Werkzeug für die Mittelbildung. Dieser mittlere Wert, um den sich diesmal nicht rang-, sondern rechenmäßig die Werte gruppieren, ist wahrscheinlich auch deshalb so beliebt, weil er sich sehr leicht errechnen läßt. Es ist die Summe aller Werte dividiert durch die Anzahl der Werte. Excel stellt für die Berechnung die Funktion MITTELWERT() bereit.

Das gilt natürlich nur, wenn die Daten als Urliste vorliegen. Wenn das Datenmaterial dagegen schon aufbereitet und klassifiziert ist, müssen Sie eigene Berechnungen anstellen. Um bei klassifizierten Daten zumindest angenährt den Mittelwert bilden zu können, bedarf es einer zusätzliche Spalte, in der die Klassenmitten eingetragen werden. Dabei bilden die erste und letzte Klasse ein Problem, weil sie keine Ober- bzw. Untergrenze haben. Für diesen Fall wird angenommen, daß sie die gleiche Breite wie die anderen Klassen haben.

In einer weiteren Spalte wird nun das Produkt aus Klassenmitte und Häufigkeit gebildet. Die Summe dieser Spalte geteilt durch die Summe aller Häufigkeiten (= die Anzahl der Werte, die in die Tabelle eingegangen sind), ergibt, wie ein Vergleich der Ergebnisse zeigt, eine brauchbare Näherung des arithmetische Mittels, das in dieser Form gewogenes arithmetisches Mittel genannt wird (siehe Abbildung 11.11).

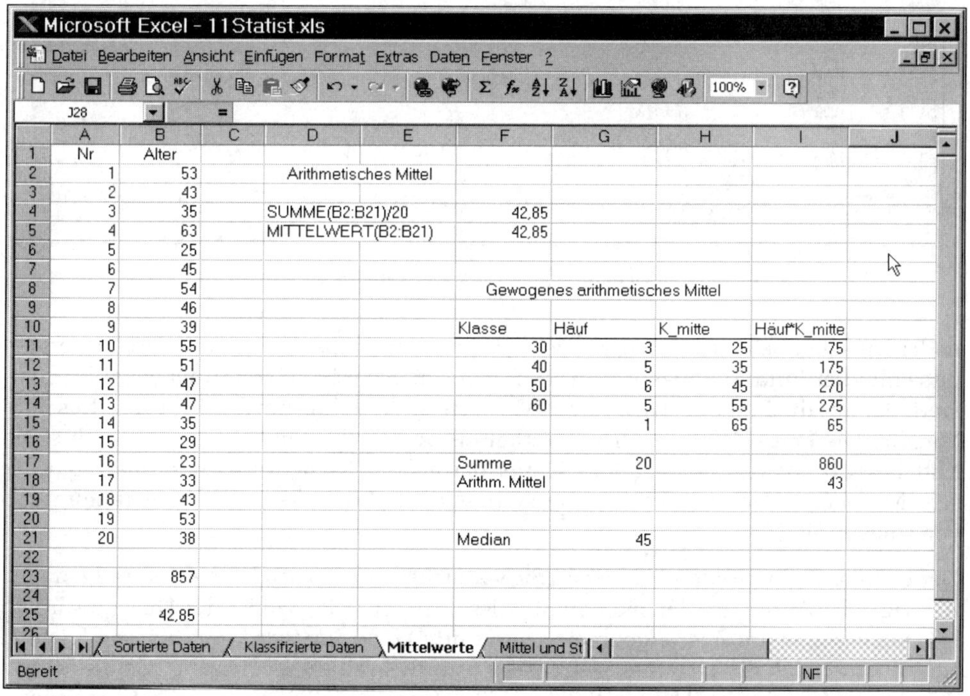

	A	B	C	D	E	F	G	H	I	J
1	Nr	Alter								
2	1	53		Arithmetisches Mittel						
3	2	43								
4	3	35		SUMME(B2:B21)/20		42,85				
5	4	63		MITTELWERT(B2:B21)		42,85				
6	5	25								
7	6	45								
8	7	54				Gewogenes arithmetisches Mittel				
9	8	46								
10	9	39				Klasse	Häuf	K_mitte	Häuf*K_mitte	
11	10	55				30	3	25	75	
12	11	51				40	5	35	175	
13	12	47				50	6	45	270	
14	13	47				60	5	55	275	
15	14	35					1	65	65	
16	15	29								
17	16	23				Summe	20		860	
18	17	33				Arithm. Mittel			43	
19	18	43								
20	19	53								
21	20	38				Median	45			
22										
23		857								
24										
25		42,85								

Abbildung 11.11: Arithmetisches Mittel

Das geometrische Mittel wird errechnet als n-te Wurzel aus dem Produkt aller Werte, wobei n die Anzahl der Werte ist. Die anschauliche Interpretation ist die Kantenlänge eines n-dimensionalen Würfels, der denselben Inhalt hat wie der n-dimensionalen Quader mit den Einzelwerten als Kantenabmessungen. Das geometrische Mittel findet in erster Linie dort Anwendung, wo Wachstums- oder Minderungsprozesse betrachtet werden, bei denen der Zuwachs (oder die Minderung) nicht um einen festen Betrag stattfindet, sondern um einen Prozentsatz, der natürlich schwanken kann.

Aus einer Umsatztabelle können Sie z.B mit dem arithmetischen Mittel den mittleren Jahresumsatz errechnen, wollen Sie aber die Umsatzentwicklung über einen Zeitraum betrachten, so werden Sie mit dieser Mittelwertbildung nur ungenügende Ergebnisse erzielen. Hier ist das geometrische Mittel erheblich brauchbarer. Ein Beispiel zeigt Abbildung 11.12.

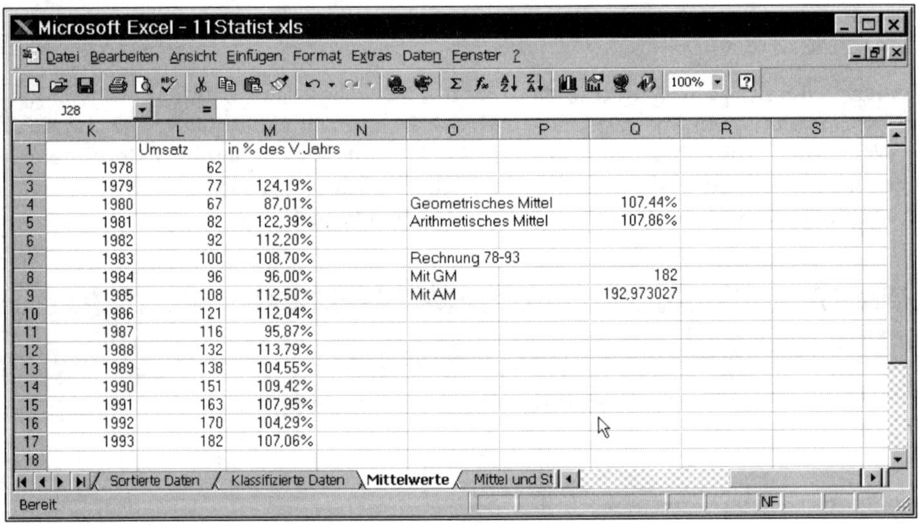

	K	L	M	N	O	P	Q	R	S
1		Umsatz	in % des V.Jahrs						
2	1978	62							
3	1979	77	124,19%						
4	1980	67	87,01%		Geometrisches Mittel		107,44%		
5	1981	82	122,39%		Arithmetisches Mittel		107,86%		
6	1982	92	112,20%						
7	1983	100	108,70%		Rechnung 78-93				
8	1984	96	96,00%		Mit GM		182		
9	1985	108	112,50%		Mit AM		192,973027		
10	1986	121	112,04%						
11	1987	116	95,87%						
12	1988	132	113,79%						
13	1989	138	104,55%						
14	1990	151	109,42%						
15	1991	163	107,95%						
16	1992	170	104,29%						
17	1993	182	107,06%						
18									

Abbildung 11.12: Geometrisches Mittel

In der Umsatztabelle wurden die jeweiligen Jahresergebnisse durch die Vorjahresergebnisse dividiert und im Prozentformat ausgegeben. Sie erhalten dadurch einen Prozentwert, der auf die Frage Antwort gibt: Wie groß ist der Jahresumsatz im Verhältnis zum Vorjahr? Die Frage: Wie war dieses Verhältnis im Durchschnitt? läßt sich durch einen Mittelwert beantworten. Rechnen Sie hier das arithmetische Mittel und das geometrische Mittel aus, kommen Sie zu zwei Werten, die auf den ersten Blick nicht einmal so verschieden sind.

Der Unterschied wird deutlich, wenn Sie versuchen, aus diesen Werten eine allgemeine Aussage abzuleiten. Im Beispiel könnte diese heißen: Seit 1978 ist der Umsatz jährlich im Durchschnitt um 7,44% (geometrisches Mittel) bzw. um 7,86% gewachsen. Rechnet jetzt jemand nach der allgemeinen Zinseszinsformel mit dieser Angabe hoch, wie groß der Umsatz für 1993 ist ($Umsatz(1978) \cdot ((100 + Zuwachs)/100)^{15}$), dann führt das geometrische Mittel zum korrekten Ergebnis, das arithmetische Mittel dagegen nicht.

Die Anwendung geht natürlich über die Rechnung bei Umsatzzuwächsen beträchtlich hinaus. Gerade in den Naturwissenschaften stößt man auf zahlreiche Wachstumsprozesse, wo man ganz ähnliche Verhältnisse antrifft. Hier bietet sich also ein weiter Anwendungsbereich für das geometrische Mittel.

11.4.1 Abweichung vom Mittelwert

Aus der Angabe von Mittelwerten folgt unmittelbar eine weitere Frage: Wie sehr weichen die vorliegenden Daten von einem Mittelwert ab? Schließlich ist etwa die Aussage, die Schüler einer Klasse seien im Durchschnitt 166 cm groß, erst dann aussagekräftig, wenn auch bekannt ist, mit welchen Größenunterschieden zu rechnen ist. Um anzugeben, wie eng oder wie weit sich der größte Teil der Daten um den Mittelwert herum verteilt, werden Varianz und Standardabweichung als die gebräuchlichsten Maße benutzt.

Die Überlegungen, die zur Standardabweichung führen, gehen von der Forderung aus, ein brauchbares Maß für – ganz allgemein gesagt – die durchschnittliche Abweichung der Einzelwerte vom Mittelwert zu finden. Der naheliegende Gedanke, einfach das arithmetische Mittel der Abweichungen zu nehmen, scheitert daran, daß das Resultat Null wäre, da sich die Abweichungen nach oben und nach unten gegenseitig aufheben. Werden dagegen die absoluten Werte der Abweichungen genommen, dann erhalten Sie ein aussagekräftiges Ergebnis.

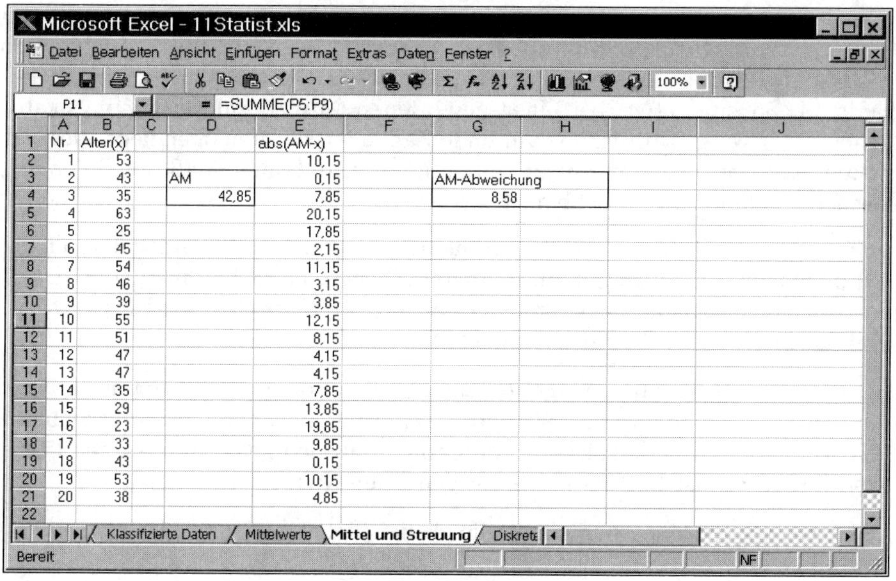

	A	B	C	D	E	F	G
1	Nr	Alter(x)			abs(AM-x)		
2	1	53			10,15		
3	2	43		AM	0,15		AM-Abweichung
4	3	35		42,85	7,85		8,58
5	4	63			20,15		
6	5	25			17,85		
7	6	45			2,15		
8	7	54			11,15		
9	8	46			3,15		
10	9	39			3,85		
11	10	55			12,15		
12	11	51			8,15		
13	12	47			4,15		
14	13	47			4,15		
15	14	35			7,85		
16	15	29			13,85		
17	16	23			19,85		
18	17	33			9,85		
19	18	43			0,15		
20	19	53			10,15		
21	20	38			4,85		
22							

Abbildung 11.13: Arithmetisches Mittel und Streuung

Obwohl dieses Maß der mittleren Abweichung recht einfach zu berechnen ist, haben sich statt dessen Standardabweichung und Varianz durchgesetzt. Grund hierfür waren theoretische Überlegungen, die im nächsten Abschnitt besprochen werden sollen. Ganz allgemein ist die Varianz das arithmetische Mittel der Quadrate der Abweichung der Einzelwerte vom (arithmetischen) Mittel. Die Varianz wird daher auch anschaulicher als mittlerer quadratischer Fehler bezeichnet. Dieses Maß hat unabhängig von seiner theoretischen Begründung zwei wichtige Eigenschaften:

- Positive und negative Abweichungen werden bei der Quadratbildung gleichermaßen positiv, heben sich also bei der Aufsummierung nicht gegenseitig auf.
- Durch die Quadratbildung fallen große Abweichungen stärker ins Gewicht als kleine Abweichungen.

Die Standardabweichung ist die Wurzel aus der Varianz, macht also die Quadratbildung sozusagen wieder rückgängig und bringt damit das Abweichungsmaß wieder in die Größenordnung der tatsächlich vorliegenden Abweichungen. Auch für die Standardabweichung existiert eine geometrisch Interpretation. Ist jede einzelne Abweichung die Kante eines n-dimensionalen Quaders, so gibt die Standardabweichung die Länge der Diagonale dieses Quaders an.

11.5 Wahrscheinlichkeitsverteilungen

Dem Maß der Standardabweichung liegen theoretische Vorstellungen zugrunde, die hier wenigstens kurz angedeutet werden sollen. Zentral sind dabei die Begriffe Zufall und Wahrscheinlichkeit. Die zugrundeliegende Überlegung ist die, daß in vielen Fällen Ereignisse so auftreten, daß sie nicht eindeutig vorhersehbar sind. Daß kann prinzipielle Gründe haben wie in der Mikrophysik, wo Teilchen sich tatsächlich zufällig verhalten, das kann aber auch lediglich daran liegen, daß die Ursachen nicht hinreichend erfaßbar sind. So sind etwa bei einer geworfenen Münze zahlreiche physikalische Ursachen dafür verantwortlich, ob am Ende Zahl oder Wappen oben liegt, diese Ursachen sind aber normalerweise nicht eindeutig zu ermitteln, so daß das Ergebnis des Wurfs nicht eindeutig voraussehbar ist.

Diese Zufälligkeit gilt für zahlreiche Erscheinungen, die Gegenstand statistischer Untersuchungen sind. Und sie gilt auf mehreren Ebenen. Betrachtet man etwa das oben schon verwendete Beispiel, wo von einer Anzahl von Menschen die Körpergröße gemessen wurde, dann ergeben sich mehrere Ebenen der Zufälligkeit:

1. Die Größe von Menschen hängt von einer Vielfalt von genetischen und umweltbedingten Faktoren ab (Größe der Eltern, Ernährung etc.). Die Größen verschiedener Menschen unterscheiden sich also dergestalt, daß sich nicht voraussagen läßt, wie groß ein Mensch ist, bevor seine Größe gemessen wurde.
2. Die Auswahl der Menschen, die in die als Beispiel aufgeführte Messung eingehen, ist zufällig.
3. Bei der Messung selbst treten Meßfehler auf, die ihrerseits wieder zufällig sind. Würde jeder Meßvorgang hundertmal wiederholt, so ergäben sich 100 voneinander abweichende Meßwerte.

11.5.1 Das Maß der Wahrscheinlichkeit

Nun läßt sich zumindest bei all jenen Ereignissen, die der statistischen Untersuchung zugänglich sind, ein Maß für die Wahrscheinlichkeit angeben, mit der diese Ereignisse eintreten. Hierbei gibt es zwei mögliche Definitionen der Wahrscheinlichkeit: die theoretische und die empirische Wahrscheinlichkeit.

Die theoretische Wahrscheinlichkeit wird bestimmt als der Bruch

$$p = \frac{g}{m},$$

wobei g die Anzahl der günstigen und m die Anzahl der möglichen Fälle ist. So ist etwa die Wahrscheinlichkeit, beim Münzwurf Zahl zu werfen 1/2, da es einen günstigen Fall (Zahl) und zwei mögliche Fälle (Zahl und Wappen) gibt. Entsprechend ist beim Würfeln die Wahrscheinlichkeit für eine bestimmte Zahl 1/6. Voraussetzung hierbei ist, daß alle Fälle wirklich gleichberechtigt sind.

In vielen Fällen ist man aber nicht imstande, die Zahl der möglichen Ereignisse zu bestimmen oder die Frage nach der Gleichberechtigung der Ereignisse zu beantworten. Hier wird dann die empirische Wahrscheinlichkeit verwendet. Als Maß gilt dann

$$w = \frac{h}{n},$$

wobei h die Häufigkeit ist, mit der das Ereignis auftritt, und n die Anzahl der Versuche, die dazu gemacht wurden. Dieses Maß kann natürlich keine exakte Bestimmung der Wahrscheinlichkeit sein, aber man kann davon ausgehen, daß bei einer hinreichend großen Anzahl von Versuchen w sehr dicht an p herankommt.

11.5.2 Kombinatorik

Um die theoretische Wahrscheinlichkeit bei Ereignissen zu berechnen, wo die Verhältnisse nicht ganz so überschaubar sind wie bei einem Münz- oder Würfelwurf, gibt es eine Anzahl von Verfahren, für die auch Excel Funktionen zur Verfügung stellt. Diese sollen hier an einigen einfachen Beispielen erläutert werden. Bekannt ist immer die Zahl der sogenannten günstigen Ereignisse, da dies ja die Ereignisse sind, deren Wahrscheinlichkeit bestimmt werden soll. Unbekannt dagegen ist zunächst die Zahl der möglichen Ereignisse, für die im folgenden einige Rechenmethoden vorgestellt werden.

Permutationen. Permutationen von n Elementen sind die Anordnungen dieser Elemente (durch Vertauschung) in unterschiedlichen Reihenfolgen. Die Anzahl aller möglichen Permutationen ist:

$$P(n) = n! = FAKULTÄT(n)$$

Bei einem Stapel von 32 Skatkarten etwa gibt es ca. $2{,}6 \cdot 10^{35}$ mögliche Reihenfolgen. Die Wahrscheinlichkeit dafür, daß die Karten in einer bestimmten Reihenfolge angeordnet sind, ist also 1 geteilt durch diese Zahl!

Gibt es unter den Elementen solche, die nicht unterscheidbar sind, müssen alle Anordnungen, die nicht unterscheidbar sind, bis auf eine aus der Gesamtanzahl herausgenommen werden. Die Zahl der möglichen Anordnungen ist dann nur noch

$$P_w(n) = \frac{n!}{(a! \cdot b! \ldots)}$$

wobei *a*, *b* etc. die Anzahl der Wiederholungen ist. In Excel läßt sich dies entweder mit der Funktion FAKULTÄT() oder mit der Funktion POLYNOMIAL() berechnen, wobei bei letzterer als Argumente für alle Elemente die Anzahl ihres Vorkommens (also auch wenn sie nur einmal vorkommen) angegeben werden muß. Die Frage etwa, wie viele sechsstellige Zahlen aus den Ziffern 1, 1, 2, 2, 2, 3 gebildet werden können, liefert:

P_w = *POLYNOMIA (2;3;1) = 60*

Variationen. Werden aus *n* verschiedenen Elementen *k* Elemente ausgewählt, so ergibt sich die Zahl der möglichen Reihenfolgen als:

$$V_K(n) = \frac{n!}{(n-k)!} = VARIATIONEN(n;k)$$

Soll etwa für einen psychologischen Versuch berechnet werden, wie viele Möglichkeiten es gibt, aus 20 Personen Zweiergruppen zu bilden, bei denen jeweils die erste Person Fragen stellen, die zweite Fragen beantworten soll, dann ergeben sich

$V_k(n)$ = *VARIATIONEN*(20;2) = 380

Möglichkeiten. Ein häufig auftretender Fall sind die sogenannten Variationen mit Wiederholung, bei denen auch Elemente mit sich selbst kombiniert werden können. Werden wieder aus *n* Elementen Gruppen von *k* Elementen gebildet, dann ist die Zahl der möglichen Anordnungen hier:

$V_{wk}(n) = n^k$

Die Zahl der möglichen zweistelligen Zahlen aus den 10 Ziffern 0 bis 9 ergibt sich damit als $10^2 = 100$, wobei die Variationen 00, 01 bis 09 eingeschlossen sind.

Kombinationen. Werden aus *n* Elementen *k* Elemente herausgegriffen, wobei die Reihenfolge unerheblich ist, dann ist die Zahl der möglichen Kombinationen dieser Elemente:

$$C(k, n) = \frac{n!}{(k! \cdot (n-k)!)} = KOMBINATION(n;k)$$

Das bekannteste Beispiel hierfür ist die Frage, wie viele Möglichkeiten es gibt, aus 49 Zahlen 6 verschiedene Zahle auszuwählen.

```
KOMBINATIONEN(49;6) = 13.983.816
```

Die Wahrscheinlichkeit, mit einer Sechserkombination 6 Richtige zu erzielen, ist demnach ca. 1/14 Millionen.

11.5.3 Zusammengesetzte Wahrscheinlichkeiten

In den meisten Fällen interessiert die Wahrscheinlichkeit eines einzelnen Ereignisses nur insofern, als sie der Ausgangspunkt ist, um die Wahrscheinlichkeit von Ereignissen zu berechnen, die ihrerseits eine Kombination von mehreren Ereignissen sind. Diese Kombination von Ereignissen läßt sich leicht mit den Mitteln der Logik beschreiben. Folgende elementare Kombinationen sind zu unterscheiden:

A und B. Die beiden Ereignisse A und B (beide sind voneinander unabhängig) treten beide ein. Die Wahrscheinlichkeit hierfür ist:

$$p(A \wedge B) = p(A) \cdot p(B)$$

A oder B. Von den beiden Ereignissen A oder B tritt eines ein. Die beiden Ereignisse sollen hierbei unverträglich sein, d.h. nicht beide zugleich eintreten können. Die Wahrscheinlichkeit ist dann:

$$p(A \vee B) = p(A) + p(B)$$

Aus den oben gegebenen Definitionen für die Wahrscheinlichkeit folgt unmittelbar, daß auch bei diesen Rechenoperationen die Wahrscheinlichkeit nie größer werden kann als Eins.

11.5.4 Wahrscheinlichkeitsverteilungen

Sobald die Wahrscheinlichkeit eines Ereignisses bekannt ist, sei es aufgrund theoretischer Überlegungen und Berechnungen, sei es auf empirischer Grundlage durch eine große Anzahl an Versuchen oder durch Schätzung auf der Basis einer kleineren Anzahl von Versuchen, dann läßt sich eine weitere Fragestellung entwickeln: Wie groß ist die Wahrscheinlichkeit, daß bei einer bestimmten Zahl von Versuchen das Ereignis eine bestimmte Anzahl mal eintritt. Man könnte diese Wahrscheinlichkeit für jede Anzahl gesondert berechnen (z.B. bei 10 Versuchen tritt das Ereignis 1, 2, 3 ... 10 mal auf), man kann sie aber auch als Funktion darstellen.

Je nach Charakter des Versuchs und der zu bewertenden Ereignisse gibt es eine Anzahl verschiedener mathematischer Modelle, die zur Beschreibung verwendet werden können. Hier sollen nur die wichtigsten kurz besprochen werden.

11.5.5 Binomialverteilung

Wenn es sich bei den Ereignissen um diskrete Werte handelt, dann dient als mathematisches Modell die Binomialverteilung. Zur Illustration ein kleines Beispiel. Durch längere Beobachtungsreihen sei festgestellt, daß bei einer bestimmten Population genau 50% der Mitglieder weiblich sind. Die Wahrscheinlichkeit dafür, daß ein zufällig ausgewähltes Individuum weiblich ist, beträgt also 0,5. Werden nun aus dieser Population 10 Individuen zufällig ausgewählt, dann können in der ausgewählten Gruppe von 0 bis 10 Individuen weiblich sein. Für jede dieser Möglichkeiten läßt sich die Wahscheinlichkeit mit der Binomialverteilung angeben.

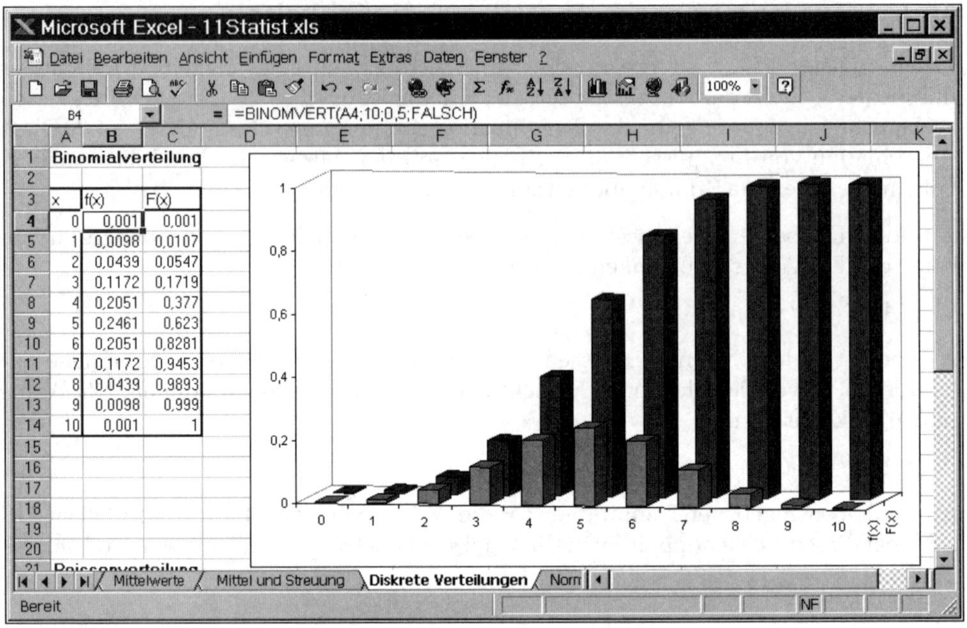

Abbildung 11.14: Binomialverteilung

Mit *f(x)* ist hier jeweils die Wahrscheinlichkeit dafür angegeben, daß in der ausgewählten Gruppe *x* weibliche Individuen sind (symmetrische Datenreihe in Abbildung 11.14). Die Funktion *F(x)* liefert die Wahrscheinlichkeit dafür, daß zwischen 0 und *x* (beides eingeschlossen) Individuen weiblich sind (monoton ansteigende Datenreihe). Normalerweise wird die erste Funktion (zumindest bei kontinuierlichen Verteilungen) als *Dichtefunktion*, die zweite als *Verteilungsfunktion* bezeichnet. Excel verwendet hierfür einheitlich bei diskreten und bei kontinuierlichen Verteilungen die Bezeichnung *kumuliert* und *nicht kumuliert*, obwohl dies eigentlich nur bei diskreten Verteilungen korrekt ist.

Die Tabellenfunktion für die Binomialverteilung ist

```
=BINOMVERT(Erfolge;Versuche;Erfolgswahrscheinlichkeit;kumuliert),
```

wobei für `kumuliert` ein Wahrheitswert steht, der bestimmt, ob die Wahrscheinlichkeiten aufsummiert (`kumuliert = WAHR`) werden sollen oder nicht (`kumuliert = FALSCH`). Die Formel für die Binomialverteilung finden Sie in der Excel-Hilfe, so daß auf eine Darstellung hier verzichtet werden kann.

11.5.6 Poissonverteilung

Wird die ausgewählte Gruppe (Stichprobe) sehr groß und die Wahrscheinlichkeit für das Auftreten eines Merkmals sehr klein, geht die Binominalverteilung in die Poissonverteilung über. Auch hierzu wieder ein kleines Beispiel. Es sei in einem Teilchenbeschleuniger ermittelt, daß die Wahrscheinlichkeit für das Auftreten eines Zusammenstoßes zweier Teilchen 0,0002 ist. Ermittelt werden soll, wie viele Zusammenstöße bei der Beobachtung von 5000 Versuchen mit welchen Wahrscheinlichkeiten auftreten. Der Mittelwert der Ereignisse liegt bei 5000*0,0002 = 1, d.h., bei 5000 Versuchen wird im Mittel 1 Ereignis zu beobachten sein.

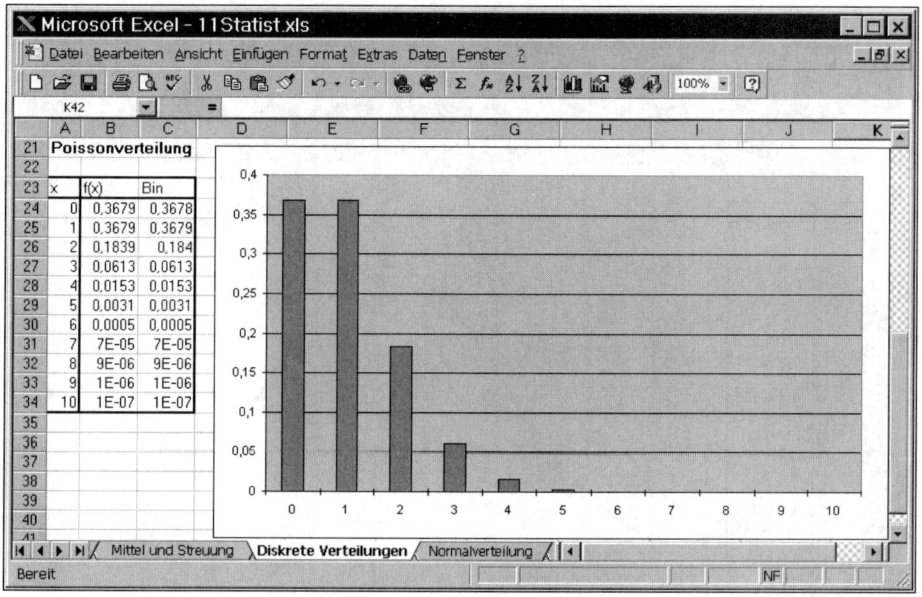

Abbildung 11.15: Beispiel für die Poissonverteilung

Auch hier läßt sich wieder die Dichtefunktion (`kumuliert = FALSCH`) oder die Verteilungsfunktion (`kumuliert = WAHR`) wählen. In der Abbildung 11.15 ist neben der Dichtefunktion der Poissonverteilung zum Vergleich auch die entsprechende Dichtefunktion der Binomialverteilung tabelliert. Bei manueller Rechnung wurde die Poissonverteilung im wesentlichen dazu verwendet, die Rechenarbeit für große Zahlen zu erleichtern (d.h., um für diesem Fall die aufwendigere Binomialverteilung zu ersetzen).

11.5.7 Normalverteilung

Die in der Statistik wichtigste Verteilung ist die sogenannte Normalverteilung. Sie ergibt sich aus der Binominalverteilung, wenn man zu einer kontinuierlichen Meßgröße oder einer großen Anzahl an Versuchen bzw. einer sehr großen Stichprobe übergeht. Angenommen, die Größe eines Meßwerts weicht rein zufällig vom Mittelwert ab. Dies ist praktisch bei fast allen Erhebungen näherungsweise der Fall. Die erhobenen Daten verteilen sich dann um den Mittelwert nach einem einheitlichen Schema, das bei kontinuierlichen Daten (und bei einer genügend großen Anzahl) der Normalverteilung entspricht. Das mathematische Modell für diese Normalverteilung ist:

$$f(x) = \frac{1}{\sigma\sqrt{2\pi}} \exp\left(-\frac{(x-x_0)^2}{2\sigma^2}\right)$$

Auch hier wieder ein kleines Beispiel. Bei einer biologischen Untersuchung habe sich ergeben, daß der Durchmesser einer bestimmten Sorte von Pilzsporen im Mittel bei 20 μ (0,02 mm) liegt mit einer Standardabweichung von 4 μ (0,004 mm). Die Dichtefunktion der Normalverteilung sieht dann aus wie in Abbildung 11.16.

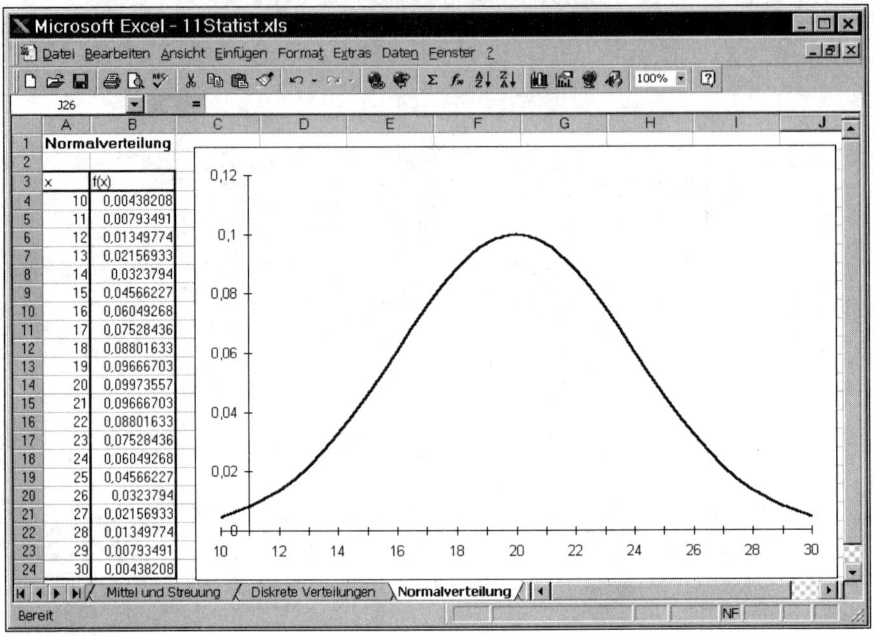

Abbildung 11.16: Dichtefunktion der Normalverteilung

Im Gegensatz zu den diskreten Verteilungen sagt die Dichtefunktion bei kontinuierlichen Verteilungen nichts über die Wahrscheinlichkeit eines bestimmten Wertes aus. Es wäre also ein Irrtum, aus dem abgebildeten Beispiel zu entnehmen, daß die Wahrscheinlichkeit, eine zufällig ausgewählte Spore habe 20 μ Durchmesser, ca. 0,1 sei (was ja hieße, daß durchschnittlich jede zehnte Spore genau 20 μ habe). Das leuchtet auch unmittelbar ein, da die Wahrscheinlichkeit, daß die Messung genau 20 ergibt (auf beliebig viele Stellen hinterm Komma genau!) praktisch bei 0 liegen muß.

Um die Wahrscheinlichkeit für ein bestimmtes Maß zu ermitteln, muß man daher mit der Verteilungsfunktion (bei Excel: mit der kumulierten Dichtefunktion) arbeiten. Die Wahrscheinlichkeitsverteilung liefert die Wahrscheinlichkeit dafür daß der gemessene Wert gleich oder kleiner als der jeweilige x-Wert liegt. Um für ein bestimmtes Intervall die Wahrscheinlichkeit anzugeben, im Beispiel etwa dafür, daß eine Spore zwischen 19,8 und 20,2 μ liegt, ist demnach zu rechnen mit

```
NORMVERT(22,2;20;4;WAHR)-NORMVERT(19,8;20;4;WAHR)
```

Das Ergebnis ist dann ca. 0,04, d.h., 4% der gemessenen Sporen werden im Schnitt in diesem Intervall liegen. Sie könnten diesen Wert übrigens auch ermitteln, indem Sie das bestimmte Integral der Dichtefunktion im Intervall 19,8 bis 20,2 bilden, Verfahren zur numerischen Quadratur wurden in Kapitel 8 vorgestellt.

11.5.8 Mittelwert und Streuung

Die besondere Eigenschaft der Normalverteilung ist, daß die quadratischen Abweichungen der Einzelwerte vom Mittelwert bei dieser Verteilung wiederum normalverteilt sind, also demselben Schema folgen. Auf diese Weise läßt sich ein präzises mathematisches Modell für zufällige Abweichungen von einem Mittelwert angeben.

Obwohl natürlich nicht alle Meßdaten in statistischen Erhebungen rein zufällig und damit normalverteilt sind, kann trotzdem in all jenen Fällen, wo die Abweichungen vom Mittelwert auf eine Vielzahl voneinander unabhängige Faktoren zurückgehen, von einer Annäherung an die Normalverteilung ausgegangen werden.

Die Normalverteilung der Daten vorausgesetzt, gilt für die Standardabweichung eine ganz wichtige Eigenschaft: Sie läßt zugleich eine Aussage darüber zu, wie viele Einzeldaten innerhalb welcher Grenzen liegen. Dabei sind vor allem folgende Vielfache der Standardabweichung σ für praktische Zwecke relevant:

σ	Im Bereich Arithmetisches Mittel $\pm \sigma$ liegen insgesamt 68,3% der Fälle.
2σ	Im Bereich $\pm 2 \cdot \sigma$ liegen 95,5% der Fälle.
3σ	Im Bereich $\pm 3 \cdot \sigma$ liegen 99,7% der Fälle.

Für die Berechnung von Standardabweichung σ und Varianz σ^2 liegen in Excel die entsprechenden Funktionen in je zwei Ausprägungen vor.

STABW()	Standardabweichung einer Stichprobe.
VARIANZ()	Berechnet die Varianz einer Stichprobe.
STABWN()	Standardabweichung für eine Grundgesamtheit.
VARIANZEN()	Berechnet die Varianz für eine Grundgesamtheit. (Die Funktion müßte eigentlich VARIANZN heißen, hier hat offensichtlich bei der Übersetzung ins Deutsche ein Korrektor ohne Sachkenntnis zugeschlagen.)

Bei den aus einer Stichprobe ermittelten Werten für das arithmetische Mittel und die Standardabweichung handelt es sich – neben der Tatsache daß diese Werte als beschreibende Kennziffern für die Stichprobe nützlich sind – immer um die Schätzwerte für die entsprechenden Größen der Grundgesamtheit, der die Stichprobe entnommen wurde.

Wenn Ihre Daten als Urliste vorliegen, gibt es kein Problem mit dem Errechnen der gewünschten Werte. Liegen die Werte aber klassifiziert vor, wie bei der Berechnung des gewogenen arithmetischen Mittels, wird die Rechnung etwas aufwendiger. Weil Sie für die Berechnung von Varianz und Standardabweichung aus klassifiziertem Material auch das gewogenene arithmetische Mittel benötigen, können Sie den Tabellenaufbau, wie oben beschrieben, verwenden.

Zusätzlich sind noch zwei weitere Spalten zu erstellen. In die erste weitere Spalte werden die Werte der Differenz von Klassenmitte und arithmetischem Mittel eingetragen. In der zweiten Spalte werden diese Werte quadriert und mit den Häufigkeiten multipliziert. Die Summe dieser Spalte wird dann durch die Summe der Häufigkeiten geteilt, und Sie erhalten näherungsweise die Varianz. Für die Standardabweichung ziehen Sie die Wurzel aus dem Wert für die Varianz.

Da im vorliegenden Beispiel die Klassen erst aus der Urliste gebildet wurden, können die Streuungsmaße zum Vergleich aus der Urliste gebildet werden. Wie beim gewogenen arithmetischen Mittel zeigt es sich, daß die gewonnenen Werte aus klassifizierten Daten nur Näherungswerte darstellen können.

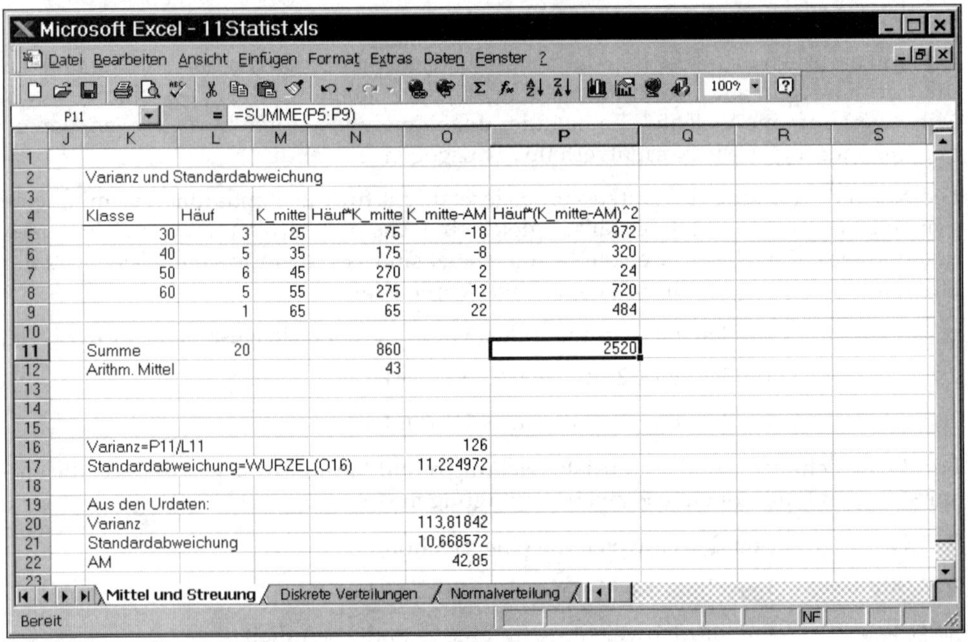

	K	L	M	N	O	P
1						
2	Varianz und Standardabweichung					
3						
4	Klasse	Häuf	K_mitte	Häuf*K_mitte	K_mitte-AM	Häuf*(K_mitte-AM)^2
5	30	3	25	75	-18	972
6	40	5	35	175	-8	320
7	50	6	45	270	2	24
8	60	5	55	275	12	720
9		1	65	65	22	484
10						
11	Summe	20		860		2520
12	Arithm. Mittel			43		
13						
14						
15						
16	Varianz=P11/L11				126	
17	Standardabweichung=WURZEL(O16)				11,224972	
18						
19	Aus den Urdaten:					
20	Varianz				113,81842	
21	Standardabweichung				10,668572	
22	AM				42,85	

Abbildung 11.17: Werte aus klassifizierten Daten

Den beiden unterschiedlichen Funktionen für Varianz und Standardabweichung, je nachdem, ob es sich um eine Stichprobe oder eine Grundgesamtheit handelt, entsprechen unterschiedliche Berechnungsmethoden. Ob es sich um eine Stichprobe oder eine Grundgesamtheit handelt, hat nichts mit der Anzahl der Meßwerte zu tun, sondern lediglich mit der Frage, ob von den Meßwerten auf die Werte in einer größeren Gesamtheit geschlossen werden soll oder nicht.

Die gleiche Menge an Daten kann demnach sowohl als Stichprobe als auch als Grundgesamtheit behandelt werden. In der Statistik gibt es konsequenterweise noch eine dritte Variante der beiden Maße, die dann gilt, wenn von einem Teil der Stichprobe auf die Stichprobe selbst geschlossen werden soll. Für diese Maße hält Excel keine eigenen Funktionen bereit, sie werden jedoch weiter unten besprochen.

Die Berechnungswege und Ergebnisse für die Altersverteilung des Beispielsdatensatzes zeigt die Abbildung 11.18 (die Formeln wurden mit dem in Excel und anderen Microsoft-Programmen integrierten Formeleditor erstellt). Es sei darauf hingewiesen, daß die Unterschiede zwischen den Formeln für Stichproben und denen für eine Grundgesamtheit um so geringer werden, je größer die Anzahl der Werte wird.

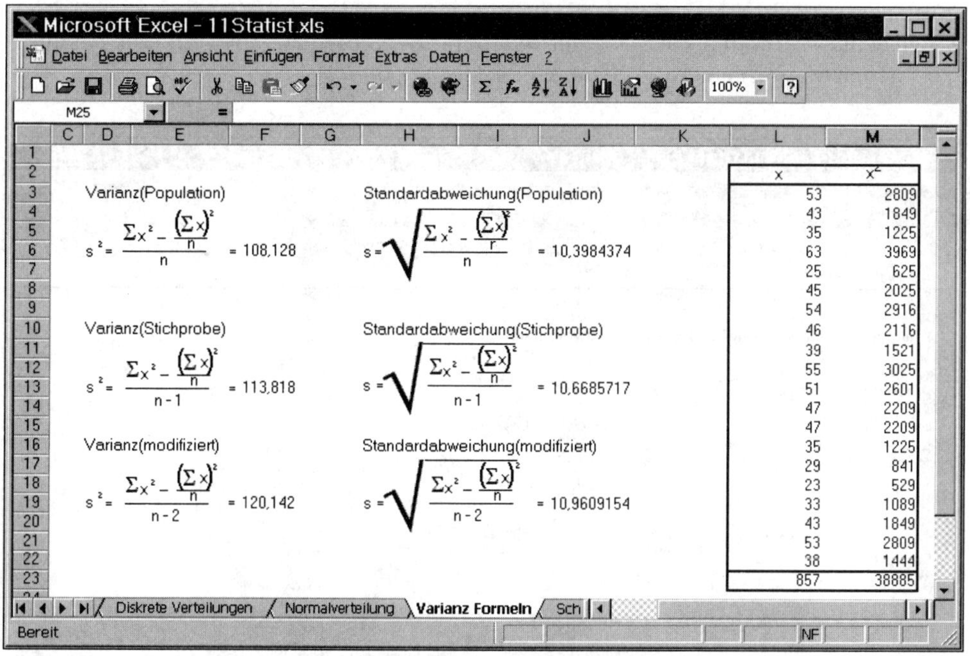

Abbildung 11.18: Varianz und Standardabweichung

11.6 Schließende Statistik

Die dargestellten statistischen Maßzahlen, in erster Linie das arithmetische Mittel und die Standardabweichung, haben durchaus eigenen Wert und Aussagekraft. Trotzdem ist es nicht der einzige Zweck einer Untersuchung, Aussagen über den untersuchten Bereich zu treffen. Häufig besteht das Ziel darin, von der untersuchten Menge auf eine nicht untersuchte Menge zu schließen, d. h., begründete Vermutungen anzustellen. Für diese Vermutungen hat die schließende Statistik eine Anzahl von Verfahren entwickelt, die im wesentlichen auf zwei Angaben hinauslaufen:

1. Aus den Maßen, die an einer Stichprobe ermittelt werden, werden Schlüsse gezogen, wie die entsprechenden Maße in der Gesamtheit aussehen könnten, der die untersuchte Stichprobe entnommen wurde, oder in einer anderen Stichprobe, die der gleichen Gesamtheit entnommen wurde. Das schließt auch die Möglichkeit ein, zu überprüfen, ob zwei Stichproben der gleichen Gesamtheit entnommen wurden.

2. Derartige Vermutungen sind nur dann sinnvoll, wenn sich gleichzeitig angeben läßt, wie groß die Wahrscheinlichkeit ist, daß die Vermutung falsch ist. Hierfür wird die Irrtumswahrscheinlichkeit ermittelt. Die Vorgehensweise ist normalerweise so, daß mit den Schätzungen ermittelte Kennziffern mit Werten in einer Tabelle verglichen werden, die Angaben zur Irrtumswahrscheinlichkeit enthält.

Für derartige Schätzverfahren hält Excel eine Anzahl von Funktionen bereit, die das sonst lästige Nachschlagen in Tabellenwerken ersparen können. Bevor aber wenigstens einige Schließverfahren kurz skizziert werden, sollen die Prinzipien an den schon besprochenen Maßzahlen etwas genauer erläutert werden.

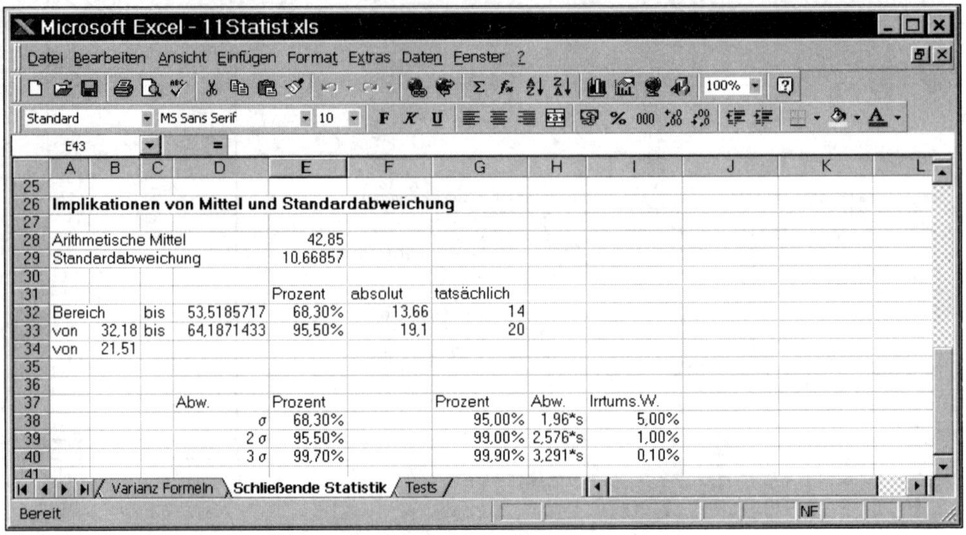

Abbildung 11.19: Standardabweichung und arithmetisches Mittel

Die beiden wichtigsten Kennziffern, das arithmetische Mittel und die Standardabweichung, enthalten zusammengenommen bereits ein derartiges Verfahren, ohne daß dies von vornherein sichtbar wurde. Wenn etwa, wie im oben schon skizzierten Beispiel, bei einer größeren Stichprobe ein durchschnittliches Alter von circa 43 Jahren mit einer Standardabweichung von circa 11 Jahren vorliegt, sind mit diesen Daten bereits einige Vermutungen möglich (Abbildung 11.19). Die Angaben lassen sich z.B. so interpretieren:

Die Wahrscheinlichkeit, daß ein beliebig herausgegriffener Alterswert zwischen 32,2 und 53,5 liegt, beträgt 68,3%, d.h., wenn Sie diese Vermutung hundertmal anstellen, werden Sie sich voraussichtlich um die dreissigmal irren. Es sei daran erinnert, daß dies von der Annahme ausgeht, die Normalverteilung wäre ein brauchbares Modell für die Stichprobe, was nur angenähert gilt.

Die aus der Normalverteilung abgeleiteten Wahrscheinlichkeitswerte werden in zweierlei Form verwendet und sind deshalb in der Abbildung auch so dargestellt. Zum einen wird für vorgegebene Abweichungen vom arithmetischen Mittel angegeben, wieviel Prozent der Fälle innerhalb des Abweichungsbereichs liegen, zum anderen, wie groß der Abweichungsbereich für vorgegebene Prozentzahlen ist. Die Zahlen für den Abweichungsbereich werden häufig auch mit der Irrtumswahrscheinlichkeit (1–Wahrscheinlichkeit) verknüpft. Wenn also die Wahrscheinlichkeit für eine zutreffende Vermutung 95% ist, dann ist die Irrtumswahrscheinlichkeit derselben Vermutung 5%.

Die Werte 5% und 1% für die Irrtumswahrscheinlichkeit haben sich in der Statistik als zwei Größen eingebürgert, die die Grenzen markieren, innerhalb derer eine Vermutung als sicher gelten kann. In der medizinischen Statistik wird auch mit noch geringeren Irrtumswahrscheinlichkeiten (0,1%) gearbeitet.

11.6.1 Schätzverfahren

Die Verwendung der Normalverteilung, um Irrtumswahrscheinlichkeiten zu beurteilen, ist nicht in allen Fällen möglich. Sie ist an die Voraussetzung geknüpft, daß die Normalverteilung ein brauchbares Modell für den jeweiligen Fall darstellt, und dies wiederum ist eigentlich nur bei sehr großen Stichproben der Fall. Für die Verwendung in statistischen Tests gibt es eine Anzahl anderer Verteilungen für die Irrtumswahrscheinlichkeit, für die Excel auch Funktionen bereitstellt.

Das allgemeine Verfahren sieht so aus, daß anhand der zu schätzenden Größen oder der zu überprüfenden Vermutung ein Wert errechnet wird, der anschließend mit den Werten aus einer Tabelle verglichen wird (ähnlich wie die Zuordnung von Abweichungsmaßen zu Irrtumswahrscheinlichkeiten bei der Normalverteilung). Auf der Basis diese Vergleichs wird eine Prüfhypothese entweder akzeptiert oder verworfen. Die Prüfhypothese wird im allgemeinen als sogenannte Nullhypothese formuliert.

Nullhypothese: Beziehungen zwischen den zu vergleichenden Größen sind zufällig.

Dabei kann Excel zumindest das Nachschlagen in der Tabelle ersparen; es gibt auch Funktionen, die einen kompletten Test übernehmen können. Hier die wichtigsten in der Praxis vorkommenenden Fragestellungen.

11.6.2 Vergleich der Mittelwerte von Stichprobe und Grundgesamtheit

Verglichen wird der in einer Stichprobe für irgend ein Merkmal ermittelte Mittelwert mit dem entsprechenden Mittelwert der Grundgesamtheit, aus der die Stichprobe entnommen ist. Das Verfahren ist überaus nützlich, um festzustellen, ob es sich wirklich um eine zufällige Stichprobe handelt oder nicht. Wenn etwa aus einer Grundgesamtheit von Kosmetikpackungen eine Stichprobe gezogen wird, die auf chemische Rückstände überprüft werden soll, dann kann man zunächst einen bekannten Wert der Grundgesamtheit mit dem entsprechenden Stichprobenwert vergleichen. Wenn sich hier herausstellt, daß die Unterschiede nicht zufällig sind, kann man davon ausgehen, daß die Stichprobe nicht wirklich zufällig ausgewählt ist und damit auch nicht repräsentativ ist.

Auf der Grundlage der oben gegebenen Hinweise sei noch einmal betont, daß bei einer gewählten Irrtumswahrscheinlichkeit von 5% (man spricht hier auch von dem *Signifikanzniveau*) als gesichert gelten kann, daß eine Stichprobe von der Grundgesamtheit abweicht, wenn die Wahrscheinlichkeit für das Übereinstimmen kleiner ist als 5%. Umgekehrt kann die Übereinstimmung als gesichert gelten, wenn die Wahrscheinlichkeit hierfür größer ist als 95%. Für den gesamten Bereich dazwischen lassen sich keine sicheren Angaben machen.

Das rechnerische Verfahren erfolgt in zwei Schritten. Zunächst wird aus den vorhandenen Werten der Student'sche t-Wert errechnet, dann wird dieser t-Wert mit einem Tabellenwert verglichen, den eine Excel-Funktion liefert. Der t-Wert errechnet sich als

$$t = \frac{|mw_{st} - mw_{gg}|}{\sigma_{st} / \sqrt{n}}$$

wobei mw_{st} und mw_{gg} die Mittelwerte von Stichprobe und Grundgesamtheit sind, σ_{st} die Standardabweichung der Stichprobe und n die Größe der Stichprobe.

Der Übersichtlichkeit halber soll dieser Test und die folgenden Tests immer am gleichen (auch oben schon verwendeten) Beispiel demonstriert werden. Eine (fiktive) Stichprobe von 20 Personen wurde hierzu in zwei mit je 10 Personen unterteilt. Hierdurch stehen für zwei Stichproben und für die ungeteilte Stichprobe die Mittelwerte und die Standardabweichungen zur Verfügung, sowie der (ebenfalls fiktive) Mittelwert der Grundgesamtheit. (siehe Abbildung 11.20)

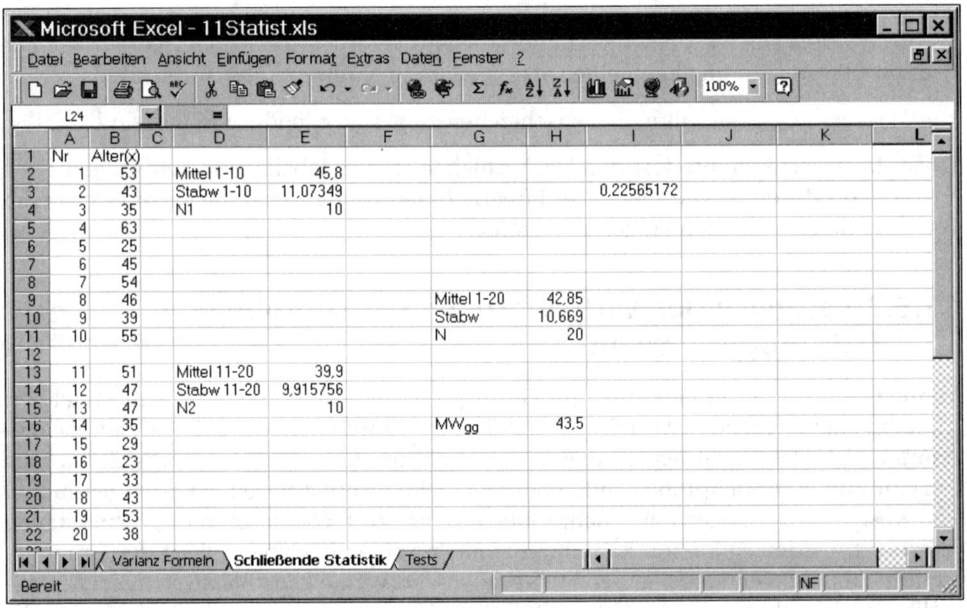

Abbildung 11.20: Ausgangsmaterial für Testverfahren

Um den Mittelwert der Gesamtstichprobe mit dem Mittelwert der Grundgesamtheit zu vergleichen und zu entscheiden, ob die Stichprobe nur zufällig von der Grundgesamtheit abweicht, sind zwei Schritte erforderlich:

- Mit der oben angegeben Formel wird der t-Wert errechnet.
- Dieser Wert wird mit dem durch die Excel-Funktion TINV() gelieferten Tabellenwert verglichen.

Ist der errechnete Wert größer als der Tabellenwert, dann wird die Nullhypothese (Unterschiede sind zufällig) verworfen.

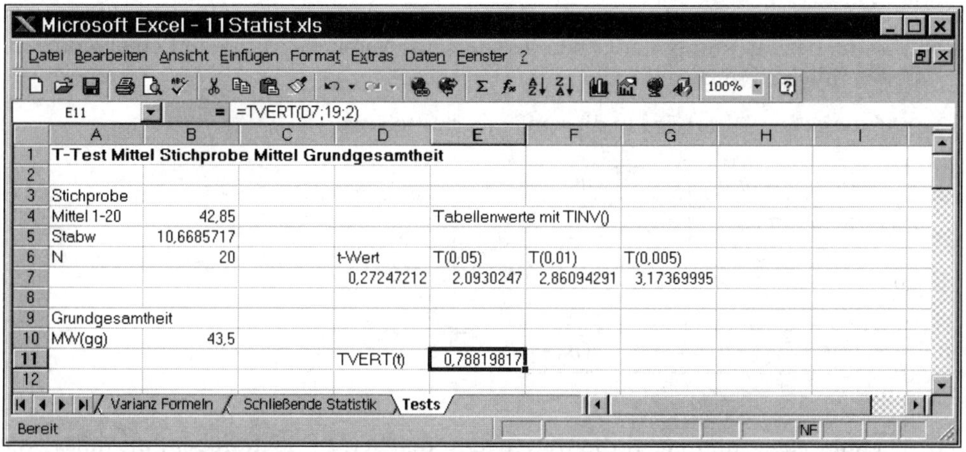

Abbildung 11.21: t-Test zum Vergleich Stichprobe – Grundgesamtheit

Den Tabellenwert von *t* errechnet man mit der Excel-Funktion:

`=TINV(Wahrsch;Freiheitsgrade)`

Zu diesen Argumenten einige Hinweise. Mit `Wahrsch` wird die Irrtumswahrscheinlichkeit angegeben, d.h. diejenige Wahrscheinlichkeit, mit der die Nullhypothese auch dann noch richtig sein kann, wenn sie durch den Test verworfen wird. Im abgebildeten Beispiel sind mehrere Irrtumswahrscheinlichkeiten angegeben.

Da im Beispiel der errechnete *t*-Wert nicht über dem Tabellenwert liegt, wird die Nullhypothese nicht verworfen, d.h., man kann davon ausgehen, daß die Stichprobe sich nur zufällig von der Grundgesamtheit unterscheidet. Will man wissen, wie sicher diese Annahme ist, dann kann man zu dem errechneten *t*-Wert die Wahrscheinlichkeit mit der Funktion TVERT() ermitteln. Sie liefert im Beispiel ca. 0,79. Das heißt, daß die Annahme, die Stichprobe sei repräsentativ, mit einer Wahrscheinlichkeit von 0,79 (also 79 %) richtig ist, also immerhin in 21 % der Fälle falsch.

Bei beiden Funktionen, TINV() und TVERT() taucht als Argument *Freiheitsgrade* auf. Im vorliegenden Fall werden die Freiheitsgrade ermittelt als

`Freiheitsgrade =` *`Stichprobengröße - Zahl der Merkmale`*,

also 20-1=19. Ein weiteres Argument, welches in TVERT() explizit, in TINV() implizit enthalten ist, ist die Frage, ob der Test einseitig oder zweiseitig ist. Wenn Abweichungen in beiden Richtungen möglich sind (so wie im vorliegenden Fall) handelt es sich um einen zweiseitigen Test.

11.6.3 Vergleich von zwei Mittelwerten zweier Stichproben

Eine weitere Frage, die ebenfalls mit einem *t*-Test behandelt wird, ist die, ob sich zwei Stichproben in ihren Mittelwerten signifikant unterscheiden. Diese Frage stellt sich z.B. dann, wenn bei einem medizinischen Versuch eine Versuchsgruppe mit einer Kontrollgruppe verglichen wird.

Der rechnerische *t*-Wert wird in diesem Fall ermittelt als:

$$t = \left|\frac{mw_{st1} - mw_{st2}}{\sigma_d}\right| - \sqrt{\frac{n_1 \cdot n_2}{n_1 + n_2}}$$

mit

$$\sigma_d = \sqrt{\frac{\sigma_{st1}^{\;2} \cdot (n_1 - 1) + \sigma_{st2}^{\;2}\,(n_2 - 1)}{(n_1 + n_2 - 2)}}$$

Hierbei sind mw_{st1} und mw_{st2} die Mittelwerte der beiden Stichproben, n_1 und n_2 die Größen der beiden Stichproben, σ_{st1} und σ_{st2} die Standardabweichungen der beiden Stichproben. Der so errechnete *t*-Wert wird wieder mit dem mit TINV() ermittelten Tabellenwert verglichen. (siehe Abbildung 11.22)

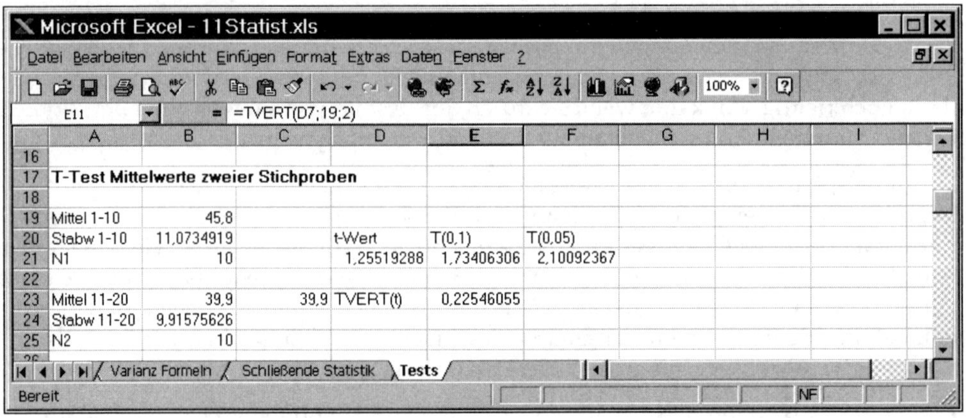
Microsoft Excel - 11Statist.xls

E11 = =TVERT(D7;19;2)

	A	B	C	D	E	F
16						
17	**T-Test Mittelwerte zweier Stichproben**					
18						
19	Mittel 1-10	45,8				
20	Stabw 1-10	11,0734919		t-Wert	T(0,1)	T(0,05)
21	N1	10		1,25519288	1,73406306	2,10092367
22						
23	Mittel 11-20	39,9	39,9	TVERT(t)	0,22546055	
24	Stabw 11-20	9,91575626				
25	N2	10				

Varianz Formeln / Schließende Statistik / Tests

Abbildung 11.22: Vergleich der Mittelwerte zweier Stichproben

Auch hier sind wieder die Tabellenwerte (mit TINV() ermittelt) für mehrere Irrtumswahrscheinlichkeiten angegeben (Abbildung 11.22). Da der errechnete Wert unterhalb von T(0,05) liegt, sogar noch unterhalb von T(0,1), wird die Annahme, die Stichproben seien nur zufällig verschieden, akzeptiert. Die Wahrscheinlichkeit für die Richtigkeit dieser Annahme beträgt ca. 23%. Die Zahl der Freiheitsgrade ist in diesem Test als $n_1 + n_2 - 2$ anzusetzen (Gesamtzahl der beiden Stichproben minus die Zahl der untersuchten Merkmale, d.h. zwei Mittelwerte).

Dieses letzte Resultat ist ein Hinweis darauf, daß die wichtigste Frage bei allen hier besprochenen Tests die ist, was mit dem Test bewiesen werden soll. In den meisten Fällen ist es so, daß der Unterschied zwischen zwei Kennziffern beweisbedürftig ist – deshalb sind auch alle hier vorgestellten Verfahren so konzipiert. Und genau dieser Beweis konnte für die beiden im Beispiel zitierten Stichproben nicht erbracht werden. Trotzdem ist das kein Beweis dafür, daß die Stichproben sich nicht wesentlich unterscheiden; hierfür reicht das vorgelegte Material nicht aus. Die Wahrscheinlichkeit, die zu dem errechneten *t*-Wert gehört, ist lediglich 23%, was also kaum als Beweis für die Übereinstimmung gelten kann. Nimmt man 5% als Irrtumswahrscheinlichkeit, dann müßte für den Beweis der Nullhypothese eine Wahrscheinlichkeit von 95% herauskommen.

11.6.4 Vergleich der Häufigkeiten einer Stichprobe mit der Grundgesamtheit

Ganz ähnlich, wie sich oben das arithmetische Mittel einer Stichprobe mit dem Mittel einer Grundgesamtheit vergleichen ließ, so läßt sich auch die Häufigkeit, mit der ein Merkmal in einer Stichprobe auftritt, mit seiner Häufigkeit in der Grundgesamtheit vergleichen. Auch hierfür kann der *t*-Test verwendet werden.

Der mit dem Tabellenwert zu vergleichende *t*-Wert wird berechnet als

$$t = \frac{|h - np|}{\sqrt{np \cdot (1-p)}},$$

wobei h die Häufigkeit in der Stichprobe, n die Größe der Stichprobe und p die Wahrscheinlichkeit des Merkmals in der Grundgesamtheit ist. Die Wahrscheinlichkeit p ist die Häufigkeit des Merkmals in der Grundgesamtheit geteilt durch die Größe der Grundgesamtheit.

Auch hierzu wieder ein kleines Beispiel. Es sei bekannt, daß bei einem bestimmten Herstellungsverfahren 12% der Produkte fehlerhaft sind. Die Wahrscheinlichkeit, daß ein Produkt fehlerhaft ist, beträgt also 0,12. Beim Test eines veränderten Verfahrens wird eine Stichprobe von 200 Stück genommen und festgestellt, daß 14 Stück fehlerhaft sind. Die Nullhypothese ist, daß das neue Verfahren sich vom alten nur zufällig unterscheidet.

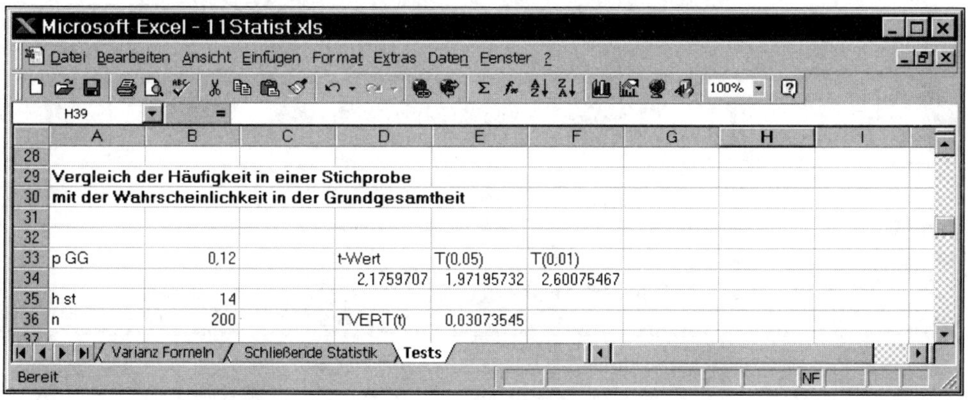

Abbildung 11.23: Vergleich Häufigkeit in einer Stichprobe und Wahrscheinlichkeit in der Grundgesamtheit

Der Test ergibt, daß der errechnete *t*-Wert größer ist als der mit TINV() ermittelte Wert für 0,05, die Nullhypothese wird also verworfen. Das neue Verfahren kann also als besser gelten, wobei die Wahrscheinlichkeit eines Irrtums kleiner als 0,05 (5%) ist. Die Wahrscheinlichkeit für die Nullhypothese (wieder mit TVERT() bestimmt) beträgt 0,03.

11.6.5 Vergleich von zwei Varianzen zweier Stichproben

Auch wenn zwei Stichproben hinsichtlich ihrer Mittelwerte sehr dicht beieinander liegen, kann doch ein Unterschied zwischen den beiden Stichproben bestehen. Dieser Unterschied kann sich dann in der Abweichung der beiden Varianzen voneinander niederschlagen. Hier wird ein anderes Testverfahren (*F*-Test) verwendet, wobei sich allerdings die formale Vorgehensweise nur geringfügig von den bisher besprochenen unterscheidet.

Hierbei wird aus den Varianzen der beiden Stichproben ein *F*-Wert errechnet, der dann mit einem Tabellenwert verglichen wird, den die Excel-Funktion FINV() liefert. Der *F*-Wert wird berechnet als

$$F = v_1 / v_2 \quad \text{mit } v_1 > v_2$$

wobei v_1 und v_2 die Varianzen der beiden Stichproben sind. Statt dessen kann man natürlich auch mit s_1^2 und s_2^2 rechnen.

Auch hierzu wieder ein kleines Beispiel aus der Fertigung. Mit zwei verschiedenen Fertigungsabläufen werden Packungen gefertigt, die 1000 g enthalten sollen. Um festzustellen, ob die Toleranz bei beiden Prozessen gleich ist, werden aus beiden Prozessen Stichproben entnommen, die den gleichen Mittelwert (1000 g) aufweisen, wobei die Varianz aber unterschiedlich ist.

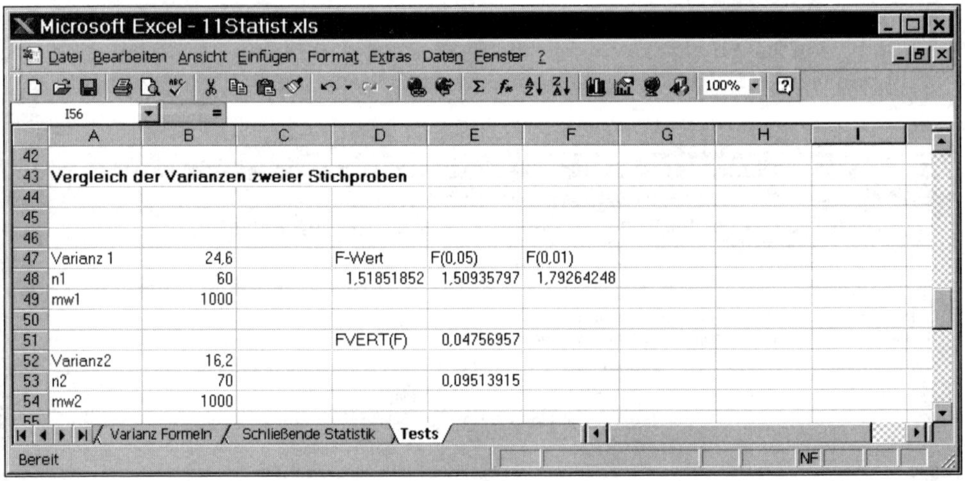

Abbildung 11.24: Vergleich zweier Varianzen

Der errechnete F-Wert ist größer als der Tabellenwert $F(0{,}05)$; die Hypothese, die beiden Prozesse seien gleichwertig, muß also verworfen werden. Der Tabellenwert von F wird mit der Funktion FINV() berechnet, die als Argumente die Irrtumswahrscheinlichkeit (im Beispiel 0,05) und die Freiheitsgrade beider Stichproben erfordert. Als Freiheitsgrade werden dabei jeweils die Stichprobengröße minus 1 eingesetzt.

11.6.6 Vergleich einer empirischen mit einer theoretischen Verteilung

Ein letzter Test sei noch erwähnt. Während alle vorangegangen Tests davon ausgingen, daß die Grundgesamtheit hinreichend genau durch eine Normalverteilung beschrieben werden könne, gibt es auch einen Test, der genau das zum Thema hat: stimmt eine empirische Verteilung tatsächlich mit einer theoretischen Verteilung überein. Dabei kann es sich nicht nur um eine Normalverteilung handeln, sondern auch um jede beliebige andere theoretisch vorgegebene Verteilung.

Auch hier ähnelt die Vorgehensweise wieder den schon besprochenen Tests: man errechnet aus den gegebenen Daten einen Wert, der dann mit einem (von einer Excel-Funktion gelieferten) Tabellenwert verglichen wird.

Ausgangspunkt ist eine Häufigkeitsverteilung, bei der (ähnlich wie bei dem oben zitierten Beispiel zur Klasseneinteilung) den verschiedenen Merkmalsklassen die jeweiligen Häufigkeiten zugeordnet werden. Normalerweise wird man, bevor man die Klasseneinteilung vornimmt, aus den ursprünglichen Daten bereits das arithmetische Mittel und die Standardabweichung berechnen. Da es in der Praxis aber häufig vorkommt, daß die Daten bereits in Klassen zusammengefaßt vorliegen, soll dieser Weg hier eingeschlagen werden.

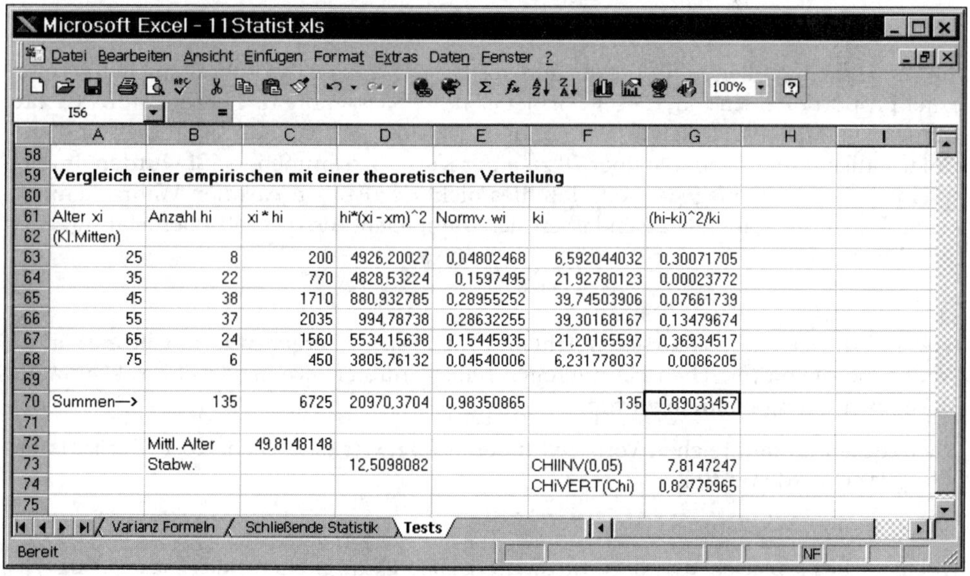

	A	B	C	D	E	F	G
58							
59	**Vergleich einer empirischen mit einer theoretischen Verteilung**						
60							
61	Alter xi	Anzahl hi	xi * hi	hi*(xi - xm)^2	Normv. wi	ki	(hi-ki)^2/ki
62	(Kl.Mitten)						
63	25	8	200	4926,20027	0,04802468	6,592044032	0,30071705
64	35	22	770	4828,53224	0,1597495	21,92780123	0,00023772
65	45	38	1710	880,932785	0,28955252	39,74503906	0,07661739
66	55	37	2035	994,78738	0,28632255	39,30168167	0,13479674
67	65	24	1560	5534,15638	0,15445935	21,20165597	0,36934517
68	75	6	450	3805,76132	0,04540006	6,231778037	0,0086205
69							
70	Summen—>	135	6725	20970,3704	0,98350865	135	0,89033457
71							
72		Mittl. Alter	49,8148148				
73		Stabw.		12,5098082		CHIINV(0,05)	7,8147247
74						CHIVERT(Chi)	0,82775965
75							

Abbildung 11.25: Beispiel für den χ^2-Test

Um das arithmetische Mittel und die Standardabweichung zu berechnen, werden zunächst die Summen aus den Häufigkeiten und aus den Häufigkeiten multipliziert mit den Klassenmitten gebildet (Abbildung 11.25). Das arithmetische Mittel ist dann gegeben durch die Excel-Formel:

```
=Summe(xi*hi)/Summe(hi),
```

wobei `xi` die Klassenmitten und `hi` die zugehörigen Häufigkeiten sind. Die Standardabweichung läßt sich dann berechnen als

```
=wurzel(summe(hi*(xi-xm)^2)/n-1)
```

mit dem arithmetischen Mittel *xm* und der Anzahl *n* (Summe der Häufigkeiten). Diese empirische Häufigkeitsverteilung soll nun mit einer theoretisch gegebenen Häufigkeitsverteilung verglichen werden. Im vorliegenden Beispiel wurde hierfür die Normalverteilung gewählt, aber es könnte sich auch um ein anderes mathematisches Modell handeln.

Um die theoretischen Häufigkeiten zu berechnen, die zu erwarten wären, wenn es sich tatsächlich um eine Normalverteilung handelte, gibt es zwei Wege. Der etwas ungenauere, aber dafür weniger aufwendige ist der von der Dichtefunktion auszugehen.

Mit

```
=NORMVERT(xi;xm;s;FALSCH)
```

wird dann zu jedem *xi* die Wahrscheinlichkeitsdichte berechnet. Hierbei ist *s* die Standardabweichung. Wenn die Klassenmitten hinreichend dicht beieinander liegen, kann man davon ausgehen, daß die Wahrscheinlichkeitsdichten der Klassenmitten den entsprechenden Häufigkeiten proportional sind.

Genauer aber etwas aufwendiger ist es, von der Verteilungsfunktion auszugehen. Dann liefert die Formel

```
=NORMVERT(xi+d/2;xm;s;WAHR)-NORMVERT(xi-d/2;xm;s;WAHR)
```

die Wahrscheinlichkeiten für die einzelnen Klassen, die den theoretischen Häufigkeiten exakt proportional sind. In dieser Formel ist *d* die Klassenbreite. Hierbei muß beachtet werden, daß die beiden Randklassen möglicherweise so zustandegekommen sind, daß einfach alle unter 30 und alle über 70 zu einer Klasse zusammengefaßt wurden. Im Beispiel wurde davon ausgegangen, daß dies nicht der Fall ist. Aus den Wahrscheinlichkeiten für die einzelnen Klassen lassen sich dann leicht die theoretischen Häufigkeiten berechnen:

```
ki = wi*n/summe(wi),
```

wobei `wi` die jeweilige Wahrscheinlichkeit ist. Die sich so ergebende Tabelle enthält die Wertec die die empirischen Häufigkeiten haben müßten, wenn es sich exakt um eine Normalverteilung handeln würde.

Nach diesen umfangreichen Vorbereitungen erfolgt der eigentliche Test. Der rechnerische χ-Wert wird ermittelt als

```
summe((hi-ki)^2/ki),
```

wobei `hi` die empirischen und `ki` die theoretischen Häufigkeiten sind. Dieser Wert wird verglichen mit dem Wert, den man aus der Funktion

```
=CHIINV(a;df)
```

erhält, wobei `a` die Irrtumswahrscheinlichkeit und `df` die Zahl der Freiheitsgrade ist. Die Freiheitsgrade werden hier ermittelt aus der Zahl der Klassen (im Beispiel 6) minus der Zahl der zu vergleichenden Parameter (im Beispiel 2, nämlich Mittelwert und Standardabweichung) minus 1. Im Beispiel ergeben sich also drei Freiheitsgrade.

Da der rechnerische χ-Wert kleiner ist als der Tabellenwert, wird die Nullhypothese (Unterschiede sind zufällig) beibehalten. Die exakte Wahscheinlichkeit für diese Annahme ergibt sich mit der Funktion CHIVERT() zu 0,82; d.h., die Nullhypothese ist mit einer Wahscheinlichkeit von 82% richtig. Als Beweis ist das nach strengen Gesichtspunkten nicht hinreichend, dazu müßten es schon 95% oder mehr sein.

11.6.7 Excel-Funktionen für die Tests

Excel hält zumindest für einen Teil der angeführten Tests eigene Funktionen bereit, die es gestatten, den jeweiligen Test direkt anhand der Ausgangsdaten durchzuführen, ohne also zuvor Mittelwerte und Varianzen bzw. Standardabweichungen zu ermitteln. Wie nützlich diese Funktionen sind, ist eine andere Frage, da man im allgemeinen diese Werte ohnehin benötigt. Obendrein kann es sich bei den Ausgangsdaten um ziemlich große Datenmengen handeln, was die Anwendung der Funktionen etwas unhandlich macht. Die Testfunktionen sind im einzelnen:

TTEST(Matrix1;Matrix2;Seiten;Typ)

Mit diesem Test werden zwei Stichproben hinsichtlich ihrer Mittelwerte miteinander verglichen. Die Daten der beiden Stichproben werden direkt als *Matrix1* und *Matrix2* eingegeben. Mit *Seiten* (1 oder 2) wird festgelegt, ob der Test einseitig oder zweiseitig durchgeführt wird, d.h., ob die zu überprüfenden Werte nach einer oder nach beiden Seiten voneinander abweichen können. Mit *Typ* (1,2,3) schließlich wird bestimmt, welcher Test vorgenommen werden soll: 1: Zwei Stichproben gleicher Größe; 2: zwei Stichproben unterschiedlicher Größe aber gleicher Standardabweichung; 3: zwei Stichproben unterschiedlicher Größe und unterschiedlicher Standardabweichung. Die Funktion liefert direkt die Wahrscheinlichkeit dafür, daß die beiden Stichproben übereinstimmen.

FTEST(Matrix1;Matrix2)

Zwei Stichproben, die direkt mit *Matrix1* und *Matrix2* eingegeben werden, werden hinsichtlich ihrer Standardabweichung miteinander verglichen. Geliefert wird direkt die Wahrscheinlichkeit dafür, daß sie übereinstimmen.

CHITEST(Matrix1;Matrix2)

Eine Stichprobe (Klassen mit Häufigkeiten) wird mit einer theoretischen Verteilung verglichen. Die empirischen Häufigkeiten (*Matrix1*) und die theoretischen Häufigkeiten (*Matrix2*) werden direkt eingegeben. Die Funktion soll die Wahrscheinlichkeit dafür liefern, daß die beiden Verteilungen übereinstimmen. Da die Funktion offenbar bei Beispielen wie dem oben angeführten die Zahl der Freiheitsgrade immer auf Zahl der Klassen minus 1 setzt, ist sie hier unbrauchbar.

Zusätzlich zu diesen Funktionen stellt Excel auch noch weitere Analysefunktionen zur Verfügung, die über EXTRAS, ANALYSE-FUNKTIONEN aufgerufen werden können. Voraussetzung ist, daß das Add-In *Analyse-Funktionen* geladen ist. Sie bieten die angeführten und weitere Tests an, wobei auch hier jeweils die Urdaten einzugeben sind. Als Ergebnis werden Mittelwert, Standardabweichung und die jeweiligen Tests ausgegeben. Allerdings sind weder die erforderlichen Eingaben noch die ausgegebenen Ergebnisse auf Anhieb durchschaubar, so daß der Nutzen zumindest für den Gelegenheits-Statistiker beschränkt bleibt.

11.6.8 Eigene Testfunktionen

Auf der Grundlage dessen, was Sie bisher über die Möglichkeiten statistischer Tests in Excel kennengelernt haben, bleibt eigentlich nur ein Wunsch offen. Da in den meisten Fällen zu dem Zeitpunkt, zu dem Testverfahren aktuell werden, längst nicht mehr mit den Ausgangsdaten, sondern mit den statistischen Kennziffern Mittelwert, Varianz, Standardabweichung und Stichprobengröße gearbeitet wird, wären Funktionen wünschenswert, die direkt auf der Basis dieser Größen Angaben zur Wahrscheinlichkeit machen. Das ist in VBA kein Problem. Die Funktionen sind anhand der vorgegebenen Testverfahren leicht zu erstellen (um die Beispiele klein zu halten wurde hier auf die Deklaration der Variablen verzichtet).

tTest_mS1mS2. Diese Funktion vergleicht die Mittelwerte zweier Stichproben. Sie wiederholt exakt den oben beschriebenen Rechenvorgang. Geliefert wird direkt die Wahscheinlichkeit dafür, daß die Stichproben nur zufällig voneinander abweichen. Nimmt man 0,05 als Irrtumswahrscheinlichkeit an, dann kann bei einem Ergebnis kleiner als 0,05 als sicher gelten, daß sich die Stichproben unterscheiden; bei einem Ergebnis größer als 0,95, daß sie sich nicht unterscheiden.

```
Function tTest_mS1mS2(MittelwertS1, StabwS1, nS1, MittelwertS2, StabwS2, nS2)
  m1 = MittelwertS1
  m2 = MittelwertS2
  s1 = StabwS1
  s2 = StabwS2
  df = nS1 + nS2 - 2
  sd = Sqr((s1 ^ 2 * (nS1 - 1) + s2 ^ 2 * (nS2 - 1)) / (nS1 + nS2 - 2))
  tr = Abs((m1 - m2) / sd) * Sqr(nS1 * nS2 / (nS1 + nS2))
  tTest_mS1mS2 = Application.TDist(tr, df, 2)
End Function
```

tTest_mSmG. Verglichen wird hier der Mittelwert einer Stichprobe mit dem Mittelwert der Grundgesamtheit. Ergebnis ist die Wahrscheinlichkeit dafür, daß die Werte der Stichprobe und der Grundgesamtheit übereinstimmen, daß die Stichprobe also wirklich zufällig aus der Grundgesamtheit entnommen ist. Bei einer Irrtumswahrscheinlichkeit von 0,05 kann bei einem Ergebnis kleiner 0,05 als sicher gelten, daß die Stichprobe sich nicht nur zufällig von der Grundgesamtheit unterschiedet (die Stichprobe ist also nicht repräsentativ); bei einem Ergebnis größer 0,95 kann als sicher gelten, daß die Stichprobe sich nur zufällig unterscheidet (die Stichprobe ist also repräsentativ).

```
Function tTest_mSmG(MittelwertS, StabwS, nS, MittelwertGG)
  ms = MittelwertS
  mg = MittelwertGG
```

```
  s = StabwS
  df = nS - 1
  tr = Abs(ms - mg) / (s / Sqr(nS))
  tTest_mSmG = Application.TDist(tr, df, 2)
End Function
```

tTest_hSpG. Mit dieser Funktion wird die Häufigkeiten einer Merkmals in einer Stichprobe verglichen mit der Wahrscheinlichkeit, mit der dieses Merkmal in der Grundgesamtheit auftritt. Ergebnis ist wieder direkt die Wahrscheinlichkeit dafür, daß sich die Stichprobe nur zufällig von der Grundgesamtheit unterscheidet: kleiner 0,05 ist der Unterschied so gut wie bewiesen; größer 0,95 ist die Gemeinsamkeit so gut wie sicher (Irrtumswahrscheinlichkeit 0,05).

```
Function tTest_hSpG(WahrschGG, HäufigkeitS, nS)
  h = HäufigkeitS
  p = WahrschGG
  df = nS - 1
  tr = Abs(h - nS * p) / Sqr(nS * p * (1 - p))
  tTest_hSpG = Application.TDist(tr, df, 2)
End Function
```

FTest_v1v2. Diese Funktion testet, ob sich zwei Stichproben hinsichtlich ihrer Varianz (Quadrat der Standardabweichung) signifikant unterscheiden. Das einzig Besondere an dieser Funktion ist, daß sie die für die rechnerische Ermittlung des F-Wertes erforderliche Unterscheidung zwischen der größeren und der kleineren Varianz überflüssig macht. Bei falscher Reihenfolge würde die Funktion eine Wahrscheinlichkeit größer 1 liefern; unter dieser Voraussetzung wird die Reihenfolge einfach vertauscht. Der naheliegende Gedanke, die Reihenfolge von dem Größenverhältnis der Varianzen abhängig zu machen, funktioniert leider dehalb nicht, weil bei sehr eng beieinander liegenden Varianzen in das Größenverhältnis der Varianzen das Größenverhältnis der Stichproben einbezogen werden müßte.

```
Function FTest_v1v2(Varianz1, nS1, Varianz2, nS2)
  v1 = Varianz1
  v2 = Varianz2
  df1 = nS1 - 1
  df2 = nS2 - 1
  fr = v1 / v2
  FTest_v1v2 = Application.FDist(fr, df1, df2) * 2
  If FTest_v1v2 > 1 Then
        v1 = Varianz2
        v2 = Varianz1
        df1 = nS2 - 1
        df2 = nS1 - 1
        fr = v1 / v2
        FTest_v1v2 = Application.FDist(fr, df1, df2) * 2
  End If
End Function
```

Für den χ^2-Test (vergleich der empirischen mit den theoretischen Häufigkeiten) läßt sich leider in VBA nur schwer eine brauchbare Funktion programmieren, da hier – ähnlich wie bei der Excel-Funktion CHITEST() zwei Datenbereiche (Matrix) verglichen werden müßten. Matrixoperationen sind in VBA-Funktionen nur in beschränktem Umfang möglich. Was sich aber mit zwei Funktionen leicht erledigen läßt, ist das doch recht umständliche Berechnen des arithmetischen Mittels und der Standardabweichung bei klassifizierten Daten.

```
Function MittelKlassen(Klassenmitten, Häufigkeiten)
  xi = Klassenmitten
  hi = Häufigkeiten
  MittelKlassen = Application.SumProduct(xi, hi) / Application.Sum(hi)
End Function

Function StabwKlassen(Klassenmitten, Häufigkeiten)
  xi = Klassenmitten
  hi = Häufigkeiten
  n = Application.Sum(hi)
  StabwKlassen = Sqr(1 / (n - 1) * _
   (Application.SumProduct(xi, xi, hi) - Application.SumProduct(xi, hi) ^ 2 /
n))
End Function
```

Diese beiden Funktionen werden ganz ähnlich gehandhabt wie die analogen Tabellenfunktionen MITTELWERT() und STABW(). Nach Aufruf müssen lediglich die Klassenmitten und die dazugehörenden Häufigkeiten markiert werden.

Eigene Umrechnungsfunktionen für die theoretischen Häufigkeiten, die für den χ^2-Test benötigt werden, ließen sich ebenfalls erstellen; angesichts der Fülle möglicher theoretischer Verteilungen ist das an dieser Stelle aber nicht besonders sinnvoll.

11.7 Datenbankstatistik

Wie oben schon erwähnt bietet die statistische Auswertung von Daten, die in einer Datenbank oder Datenliste zusammengefaßt sind, einige Vorteile gegenüber einer Tabelle. Dies gilt insbesondere dann, wenn die Fragestellungen, die an die Auswertung gestellt werden, auch beinhalten, daß bestimmte Datengruppen ausgewählt werden müssen.

Um die Vorgehensweise zu demonstrieren, hier ein kleines Beispiel. In einem Leistungstest, der Ergebnisse von 0 – 100 Punkten erbringen konnte, wurden insgesamt 36 Versuchspersonen, darunter 18 Frauen und 18 Männer, von drei Versuchsleitern getestet. Sie wurden vor dem Test aufgefordert, ihr eigenes Befinden einzuschätzen und mit Noten von 1 bis 6 zu bewerten. Ziel des Tests war es, festzustellen, ob die Leistungen im Test vom Wohlbefinden abhängen. Die Daten wurden in einer Datenliste erfaßt, die in Abbildung 11. 26 ausschnittweise zu sehen ist. (Abbildung 11.26)

Die Datenliste wird ganz normal als Tabelle eingerichtet. Obwohl es nicht zwingend erforderlich ist, ist es sinnvoll, sowohl bei dieser Datenliste als auch bei dem für die Such- bzw. Filterkriterien bestimmten Bereich durchweg mit benannten Bereichen zu arbeiten.

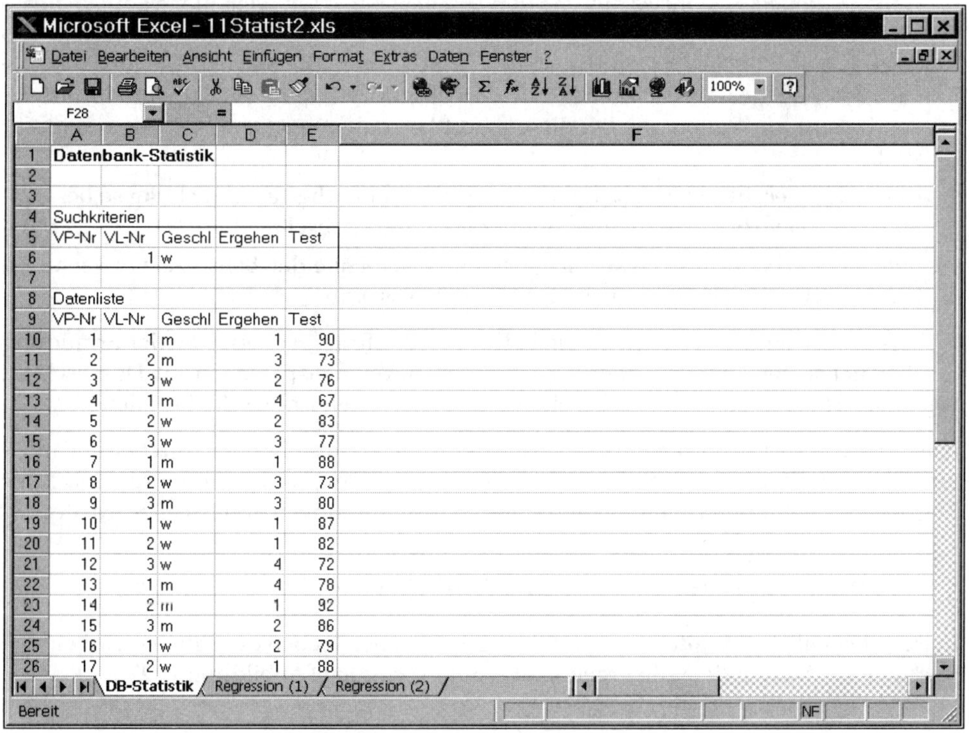

Microsoft Excel - 11Statist2.xls

	A	B	C	D	E
1	**Datenbank-Statistik**				
2					
3					
4	Suchkriterien				
5	VP-Nr	VL-Nr	Geschl	Ergehen	Test
6		1	w		
7					
8	Datenliste				
9	VP-Nr	VL-Nr	Geschl	Ergehen	Test
10	1	1	m	1	90
11	2	2	m	3	73
12	3	3	w	2	76
13	4	1	m	4	67
14	5	2	w	2	83
15	6	3	w	3	77
16	7	1	m	1	88
17	8	2	w	3	73
18	9	3	m	3	80
19	10	1	w	1	87
20	11	2	w	1	82
21	12	3	w	4	72
22	13	1	m	4	78
23	14	2	m	1	92
24	15	3	m	2	86
25	16	1	w	2	79
26	17	2	w	1	88

DB-Statistik / Regression (1) / Regression (2)

Abbildung 11.26: Datenliste für statistische Daten

Um einen Bereich für die Filterkriterien festzulegen, werden zunächst die Spaltennamen einige Zeilen nach oben kopiert. Anschließend wird die Namenszeile zusammen mit der darunterliegenden Zeile (in der Abbildung eingerahmt) mit EINFÜGEN, NAMEN, FESTLEGEN mit dem Namen *kriterien* belegt. Der Bereich der Datenliste erhält (einschließlich der Spaltenüberschriften) ebenfalls einen Namen, im vorliegenden Beispiel wurde der Name *Versuch1* gewählt. Schließlich werden noch die einzelnen Spalten benannt. Dazu wird die ganze Datenliste einschließlich der Spaltenüberschriften markiert. Mit EINFÜGEN, NAMEN, ÜBERNEHMEN (bis Excel 95) bzw. ERSTELLEN (Excel 97) und der Option AUS OBERSTER ZEILE erhalten die einzelnen Datenspalten die Namen ihrer Überschriften.

11.7.1 Übliche Fragestellungen

Nun zu einigen üblichen Fragestellungen, mit denen das vorliegende Testmaterial bearbeitet werden kann.

- Besteht ein signifikanter Zusammenhang zwischen der Einschätzung der eigenen Befindlichkeit und dem Abschneiden bei dem durchgeführten Leistungstest? Diese Frage ist für die Bewertung eines Tests insofern wichtig, als sich aus ihr Korrekturmöglichkeiten für die abschließende Bewertung – etwa bei Bewerbungen – gewinnen lassen.

- Hängen die Testergebnisse nur von den Versuchspersonen oder auch vom Versuchsleiter ab? Diese Frage ist wichtig geworden, seit sich herausgestellt hat, daß selbst so objektive Tests wie Labyrinth-Versuche mit Ratten unterschiedlich ausfallen, je nachdem, ob der Versuchsleiter mit der Vorinformation den Test durchführt, es handle sich um Ratten, die bei diesem Test besonders gut oder besonders schlecht sind.
- Ist der Test geschlechtsneutral? Oder ist der Test oder die Testumgebung so beschaffen, daß von vornherein Männer oder Frauen besser abschneiden?
- Eine weitere Frage, die die Versuchsleiter betrifft: Schneiden bei einzelnen Versuchsleitern im Durchschnitt Frauen oder Männer besser ab?

Weitere Fragestellungen wären möglich: Hängen die Testergebnisse von der Ermüdung der Versuchsleiter ab? Schneiden also die ersten Versuchspersonen im Durchschnitt besser ab als die letzten? Ist das bei einzelnen Versuchsleitern so oder bei allen?

Auch in einer normalen Tabelle lassen sich derartige Fragestellungen durchaus bearbeiten. Hierzu müßten die Daten jeweils umsortiert werden, und dann würden einzelne Bereiche der sortierten Daten mit den statistischen Funktionen von Excel bearbeitet.

11.7.2 Vorzüge der Datenbankfunktionen

In einer Datenliste gestaltet sich das alles viel einfacher. Neben der Tabelle wird ein Bereich eingerichtet, in dem die Ergebnisse ermittelt werden (Abbildung 11.27).

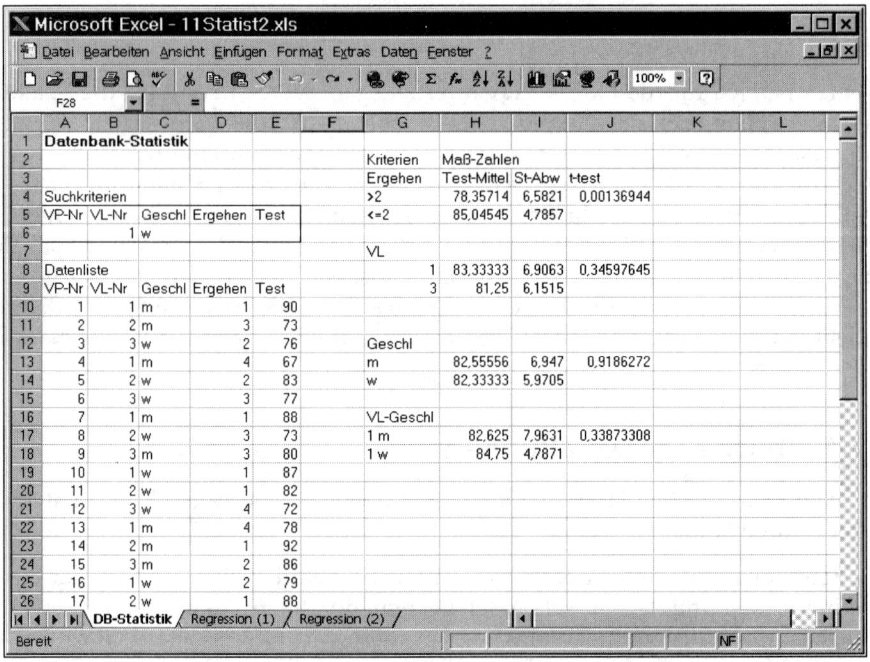

	A	B	C	D	E	F	G	H	I	J	K	L
1	Datenbank-Statistik											
2							Kriterien	Maß-Zahlen				
3							Ergehen	Test-Mittel	St-Abw	t-test		
4	Suchkriterien						>2	78,35714	6,5821	0,00136944		
5	VP-Nr	VL-Nr	Geschl	Ergehen	Test		<=2	85,04545	4,7857			
6		1	w									
7							VL					
8	Datenliste						1	83,33333	6,9063	0,34597645		
9	VP-Nr	VL-Nr	Geschl	Ergehen	Test		3	81,25	6,1515			
10	1	1	m	1	90							
11	2	2	m	3	73							
12	3	3	w	2	76		Geschl					
13	4	1	m	4	67		m	82,55556	6,947	0,9186272		
14	5	2	w	2	83		w	82,33333	5,9705			
15	6	3	w	3	77							
16	7	1	m	1	88		VL-Geschl					
17	8	2	w	3	73		1 m	82,625	7,9631	0,33873308		
18	9	3	m	3	80		1 w	84,75	4,7871			
19	10	1	w	1	87							
20	11	2	w	1	82							
21	12	3	w	4	72							
22	13	1	m	4	78							
23	14	2	m	1	92							
24	15	3	m	2	86							
25	16	1	w	2	79							
26	17	2	w	1	88							

Abbildung 11.27: Datenbank mit Ergebnissen

Im Kriterienbereich wird zunächst als Kriterium unter *Ergehen* mit >2 eingetragen, es sollen also die Versuchspersonen ausgewählt werden, die ihre Befindlichkeit mit schlechteren Noten als zwei bewertet haben. Anschließend können in die Ergebniszellen für das arithmetische Mittel und für die Standardabweichung die beiden Formeln eingegeben werden:

```
=DBMITTELWERT(Versuch1;"Test";kriterien)
=DBSTABW(Versuch1;"Test";kriterien)
```

Wenn Sie die Funktionen eingeben, können Sie auch die Bereiche für die Datenliste und die Filterkriterien markieren; die Arbeit mit den benannten Bereichen ist aber eleganter und bei größeren Datenlisten auch effektiver.

Anschließend können Sie die beiden Formeln in alle die Felder kopieren, in denen sie benötigt werden. Es stehen dann in allen Ergebniszellen zunächst identische Ergebnisse, da überall das in den Kriterienbereich eingetragene Kriterium gilt. Wenn Sie jetzt testweise ein anderes Kriterium eintragen (z.B. unter Ergehen <2), dann ändern sich alle Ergebnisse gleichzeitig.

Um zu verhindern, daß immer in allen Ergebnissen mit den gleichen jeweils zuletzt eingetragenen Kriterien gearbeitet wird (schließlich sollen ja die Unterschiede festgehalten werden), gehen Sie folgendermaßen vor.

Das erste Kriterium (unter Ergehen >2) wird eingetragen. Dann wird der Zellzeiger auf die Zelle mit dem dazugehörigen Mittelwert gesetzt. Mit [F2] schalten Sie dann in den Editier-Modus um, mit [F9] wird die Formel in ihr Ergebnis verwandelt, mit [↵] wird das Ergebnis in die Zelle übernommen. Genauso gehen Sie bei der Standardabweichung vor.

Als nächstes können Sie jetzt das zweite Kriterium (Ergehen <=2) eintragen. Alle Ergebnisse in den Ergebniszellen ändern sich, bis auf die ersten beiden, wo in den Zellen nicht mehr die Formeln, sondern die Werte stehen. Wieder werden die beiden nebeneinander liegenden Zellen mit [F2] editiert und mit [F9] die Formeln in ihre Werte umgewandelt. In gleicher Weise werden alle Ergebniszellen bearbeitet.

Für die letzte Frage, ob Frauen oder Männer bei bestimmten Versuchsleitern bessere Ergebnisse erzielen (im Beispiel nur für einen Versuchsleiter ermittelt), werden zwei Kriterien eingetragen: unter VL-Nr im Kriterienbereich steht 1, unter Geschl *w* bzw. *m*.

Als letztes stellt sich die entscheidende Frage: Sind die Unterschiede, die sich in den arithmetischen Mitteln der Testergebnisse bei den einzelnen Fragen stellen, signifikant oder nicht? Hierzu wird für jeweils ein Paar von Ergebnissen ein T-Test durchgeführt. Sie können hierzu die oben definierte Funktion *tTest_mS1mS2* verwenden, die dann direkt die Wahrscheinlichkeit dafür liefert daß sich die Stichproben nicht unterscheiden. Bei Ergebnissen, die hier unter 0,05 liegen, kann man davon ausgehen, daß die Stichproben tatsächlich Unterschiede aufweisen.

```
=tTest_mS1mS2(H4;I4;18;H5;I5;18)
```

Diese Formel kann direkt in die anderen Zellen für die *t*-Werte kopiert werden, da die Argumente immer gleich relativ zur Ergebniszelle liegen. Die Bezüge werden also automatisch richtig angepaßt.

Von den ermittelten Wahrscheinlichkeiten ist lediglich die Wahrscheinlichkeit beim Vergleich der Testergebnisse von Versuchspersonen, die sich gut fühlen und solchen, die sich schlecht fühlen, so, daß ein Unterschied als nachgewiesen gelten kann. Dieses Ergebnis kann also als signifikant gelten, während die anderen Unterschiede zufällig zustandegekommen sein können.

11.8 Korrelation und Regression

Eine weitere zentrale Frage statistischer Untersuchungen ist die nach dem Zusammenhang verschiedener Daten. Hier nur einige Beispiele:

Besteht ein Zusammenhang bei Kindern zwischen guten Erfolgen im Mathematikunterricht und positivem Abschneiden bei Intelligenztests? Lassen sich aus der räumlichen Nähe zu einem Kernkraftwerk Aussagen über die Krebshäufigkeit bei Kindern ableiten? Welcher statistische Zusammenhang besteht zwischen dem Anwachsen der Konzentration von Treibhausgasen und dem Anstieg der durchschnittlichen Temperatur?

All diesen Fragen ist gemeinsam, daß (mindestens) zwei verschiedene Datengruppen (Variable) in die Fragestellung eingehen. Die Methoden, die die Statistik zur Bearbeitung dieser Problemlage bereithält, lassen sich unter den beiden Oberbegriffen Korrelation und Regression zusammenfassen.

Mit der Regression wird ein mathematisches Modell gesucht, das den Zusammenhang zwischen den Variablen näherungsweise beschreibt.

Die Korrelation liefert Anhaltspunkte dafür, wie gut das mathematische Modell die Daten repräsentiert. Sie vergleicht demnach die urprünglichen Daten mit denen, die auf der Grundlage der Regression geschätzt werden. In anderen Zusammenhängen dient dieses Maß auch zum Vergleich zweier Stichproben und liefert dabei einen Anhaltspunkt für die Stärke ihres Zusammenhangs.

In Excel gibt es für die Analyse statistischer Daten mit mehreren Variablen folgende Funktionen, die vorab charakterisiert werden sollen:

RGP() Zur Ermittlung der Kennziffern für lineare Regression.

RKP() Zur Ermittlung der Kennziffern für eine nichtlineare Regression.

TREND() Zur Voraussage von Daten bei vorliegender linearer Regression.

VARIATION() Zur Voraussage von Daten bei vorliegender nichtlinearer Regression.

Darüber hinaus gibt es den lohnenden Umweg über Trendlinien in einem Diagramm, der schon in anderen Zusammenhängen erwähnt wurde. Hierzu mehr in Abschnitt 11.9.3.

11.8.1 Organisation der Arbeitsschritte

Bevor die Möglichkeiten der Regressions- und Korrelationsanalyse im einzelnen erörtert werden, hier zunächst ein Überblick über die Arbeitsschritte.

1. Am Anfang steht eine Frage, die der eigentlichen Analyse vorgelagert ist: Kann überhaupt ein Zusammenhang zwischen den Daten bestehen, oder handelt es sich (wenn sich rechnerisch ein Zusammenhang ermitteln ließe) von vornherein um eine zufällige Übereinstimmung oder eine, die von ganz anderen Faktoren abhängt? Das beliebteste Beispiel unter Statistikern ist hierfür die Abnahme der Anzahl an Störchen in Deutschland und der gleichzeitige Rückgang der Geburtenrate. Hieraus kann nicht geschlossen werden, daß der Klapperstorch die Babys bringt, sondern allenfalls, daß beiden Erscheinungen eine verdeckte Größe (steigender Wohlstand und Industrialisierung) zugrunde liegt.

2. Wenn ein Zusammenhang sachlich möglich und begründet ist, lassen sich erste Untersuchungen anstellen, die in Excel am besten grafisch erfolgen. Es wird ein sogenanntes Streuungsdiagramm erstellt, und an diesem Diagramm optisch ermittelt:
   - Ist eine Gleichförmigkeit erkennbar? Sind die Datenpunkte des Diagramms gleichmäßig verteilt oder ist eine Struktur erkennbar?
   - Ist der Zusammenhang linear oder nichtlinear? Sind also die Datenpunkte erkennbar um eine Gerade (länglich gerade gestreckte Wolke) oder um eine Kurve (länglich geschwungene Wolke) angeordnet?
   - Ist der Zusammenhang stark (Punkte dicht bei einer gedachten Linie) oder schwach (Punkte weit gestreut) ausgeprägt?
   - Besteht ein positiver (Wolke steigend) oder negativer (Wolke fallend) Richtungszusammenhang?

3. Die Art des Zusammenhangs läßt sich in beschränktem Umfang (sofern der Zusammenhang linear oder exponentiell ist) mit den Funktionen RGP() und RKP() feststellen.

4. Die Stärke des Zusammenhangs wird über die Ermittlung der Korrelation bestimmt. Sofern der Zusammenhang linear oder exponentiell ist, läßt sich das Maß für die Korrelation ebenfalls mit RGP() und RKP() ermitteln.

Als Beispiel zur Demonstration des Verfahrens sollen wieder die schon mehrfach benutzten Daten zu Alter und Gewicht dienen. Für die zu ermittelnden Maßzahlen spielt die Reihenfolge der Daten keine Rolle, aber für die grafische Darstellung in *xy*-Diagrammen ist die Reihenfolge relevant, da in diesen Diagrammen die Datenpunkte (und damit auch eventuelle Verbindungslinien) in der Reihenfolge gesetzt werden, in der sie aufgelistet sind.

11.8.2 Durchführung der Analyse

1. Ein Zusammenhang zwischen Alter und Gewicht scheint zumindest wahrscheinlich. Es ist bekannt, daß Menschen mit steigendem Alter häufig an Gewicht abnehmen.

2. Ein xy-Diagramm der nach dem Alter sortierten Daten zeigt eine langgestreckte Wolke von Punkten mit leicht fallender Tendenz. Der Zusammenhang ist deutlich erkennbar, erscheint aber nicht als besonders stark. Ob der Zusammenhang linear ist, läßt sich auf Anhieb nicht eindeutig erkennen.

3. Damit sind weitere Untersuchungen hinsichtlich der Art des Zusammenhangs (Regression) und seiner Stärke (Korrelation) angebracht.

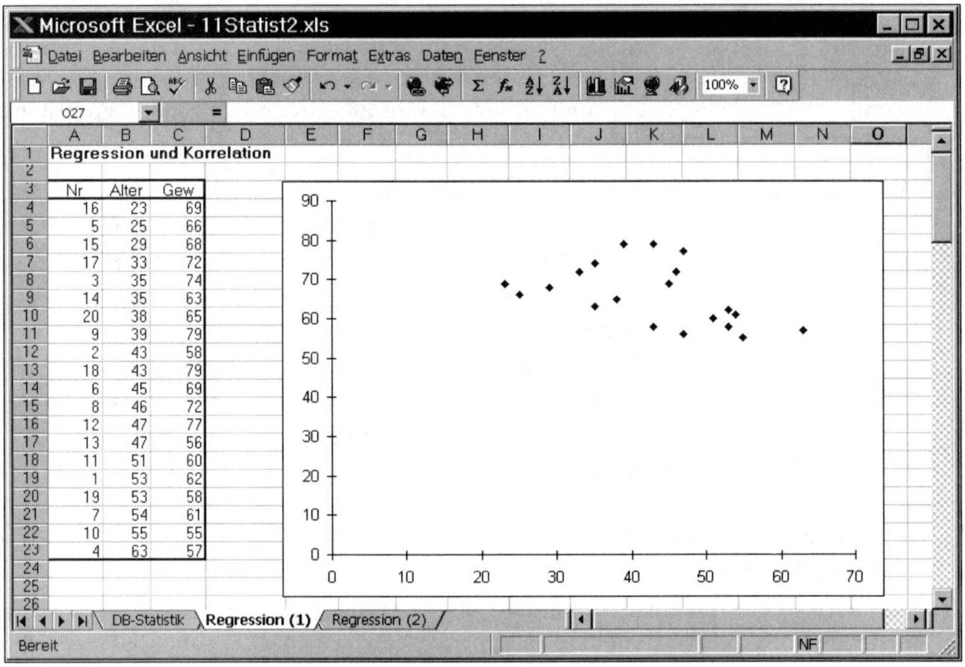

Abbildung 11.28: Streudiagramm Alter(x), Gewicht(y)

Zur Klärung dieser Fragen dienen im wesentlichen die beiden Funktionen RGP() und RKP(), die einen linearen (RGP) bzw. einen exponentiellen (RKP) Zusammenhang unterstellen. Die beiden Gleichungen, die hier verwendet werden, sind:

$y = m\,x + b$ *(Gerade bei RGP)*

$y = b\,m^x$ *(exponentielle Kurve bei RKP)*

Die Funktionen ermitteln jeweils die Parameter m und b für Gleichungen, mittels derer sich für jeden beliebigen x-Wert (im Beispiel das Alter) ein y-Wert (im Beispiel Gewicht) errechnen läßt. Dabei werden im Falle der linearen Regression RPG() die Parameter so bestimmt, daß die Summe der quadratischen Abweichungen minimiert wird. Im Falle der exponentiellen Regression RKP() wird das Problem intern durch Logarithmierung der y-Werte auf die lineare Regression zurückgeführt. Über die sich dadurch ergebenden möglichen Probleme für die Minimierung des quadratischen Fehlers wird unten noch zu sprechen sein. Zunächst ergibt sich daraus jedoch, daß y-Werte für die Anwendung der Funktion RKP() grundsätzlich positiv sein müssen und daher gegebenenfalls in diesen Wertebereich umgerechnet werden müssen. Beide Funktionen sind Matrixfunktionen, d.h., es muß vor ihrer Eingabe ein Bereich markiert werden, und die Eingabe wird mit [Strg]+[⇧]+[↵] abgeschlossen.

Die Größe des Ausgabebereichs beträgt fünf Zeilen und mindestens zwei Spalten. Zwei Spalten sind notwendig, wenn zwei Variablen vorhanden sind (im vorliegenden Fall Alter und Gewicht). Da die Funktionen auch für *multi*lineare bzw. *multi*exponentielle Regression eingesetzt werden können, kommt für jede weitere unabhängige Variable eine Spalte hinzu. Für das Beispiel sind also für beide Funktionen Bereiche von fünf Zeilen und zwei Spalten zu markieren. Die Argumente sind bei beiden Funktionen gleich:

Y_Werte Das sind die vorliegenden *y*-Werte, im Beispiel die Zahlen für das Gewicht. (Hier wie beim nächsten Argument ist die Bemerkung im Funktionsassistenten aller Excel-Versionen, es handele sich um Werte, die aus der Beziehung $y = m\,x + b$ bekannt seien, schlicht Unsinn!).

X_Werte Das sind die vorliegenden Werte der unabhängigen Variable(n), im Beispiel das Alter. Falls hier nichts angegeben wird, fügt Excel die Nummern 1 bis *n* ein.

Konstante Hier läßt sich eine Vorentscheidung über die Konstante *b* treffen. Mit 0 als Argument wird *b* bei RGP auf 0 gesetzt, bei RKP auf *1*. Die beiden Gleichungen gehen also in die Form $y = m\,x$ bzw. $y = m^x$ über. Wird dieses Argument mit 1 angegeben oder ausgelassen, dann berechnet die Funktion den optimalen Wert für *b*.

Stats Ist dieses Argument 0, dann liefert die Funktion nur die Konstanten *b* und *m*; bei 1 werden zusätzliche statistische Kennziffern für die Regression geliefert.

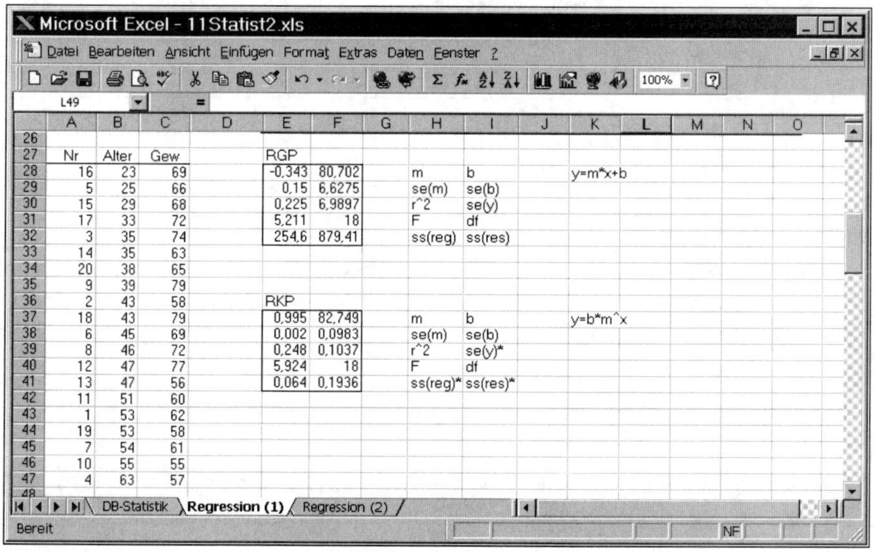

	A	B	C	D	E	F	G	H	I	J	K
26											
27	Nr	Alter	Gew		RGP						
28	16	23	69		-0,343	80,702		m	b		y=m*x+b
29	5	25	66		0,15	6,6275		se(m)	se(b)		
30	15	29	68		0,225	6,9897		r^2	se(y)		
31	17	33	72		5,211	18		F	df		
32	3	35	74		254,6	879,41		ss(reg)	ss(res)		
33	14	35	63								
34	20	38	65								
35	9	39	79								
36	2	43	58		RKP						
37	18	43	79		0,995	82,749		m	b		y=b*m^x
38	6	45	69		0,002	0,0983		se(m)	se(b)		
39	8	46	72		0,248	0,1037		r^2	se(y)*		
40	12	47	77		5,924	18		F	df		
41	13	47	56		0,064	0,1936		ss(reg)*	ss(res)*		
42	11	51	60								
43	1	53	62								
44	19	53	58								
45	7	54	61								
46	10	55	55								
47	4	63	57								

Abbildung 11.29: Die Funktionen RGP() und RKP()

Die beiden ersten Argumente (bekannte *y*-Werte und *x*-Werte) werden durch Markieren der betreffenden Bereiche eingegeben. Im Beispiel in Abbildung 11.29 sind beide Funktionen auf die Daten angewandt. Im Falle der Funktion RKP() dient dies nur der Demonstration – weniger noch als bei der linearen Anpassung, die zumindest als erste Näherung eines bestehenden Zusammenhanges aufgefaßt werden kann, gibt es für einen exponentiellen Zusammenhang eine theoretische Rechtfertigung.

11.8.3 Die Ergebnisse

Die Angaben, um was es sich bei den einzelnen Zahlen handelt, sind neben dem jeweiligen Ausgabebereich zu finden. Zur Bedeutung der einzelnen Kenngrößen in Abbildung 11.29 hier ein Überblick:

m und b. Dies sind zwei Konstanten, die bei der grafischen Darstellung bei zwei Variablen die Parameter für eine Gerade (RGP) bzw. eine exponentielle Kurve (RKP) liefern. Wichtig ist dabei natürlich nicht sosehr die grafische Darstellung, sondern die Tatsache, daß die zugehörige Gleichung es gestattet, aus einem bekannten *x*-Wert einen dazugehörenden Schätzwert für *y* zu berechnen. Wird im Beispiel lineare Regression vorausgesetzt, dann ließe sich das Gewicht eines 74-jährigen Menschen schätzen mit:

$$Gewicht = -0{,}343\ kg/a \cdot 74\ a + 80{,}702\ kg = 55{,}3\ kg$$

Schätzwerte, die sich auf *x*-Werte beziehen, die weit außerhalb der *x*-Werte liegen, die der Regression zugrunde lagen, sind dabei mit Vorsicht zu genießen. Ein 0-jähriger müßte im Beispiel sonst 80,702 kg wiegen. Die beiden möglichen Regressionen (die lineare Anpassung ist gestrichelt dargestellt) zeigt die Abbildung 11.30, die auch deutlich macht, daß die empirischen Daten ziemlich stark um die Kurve streuen.

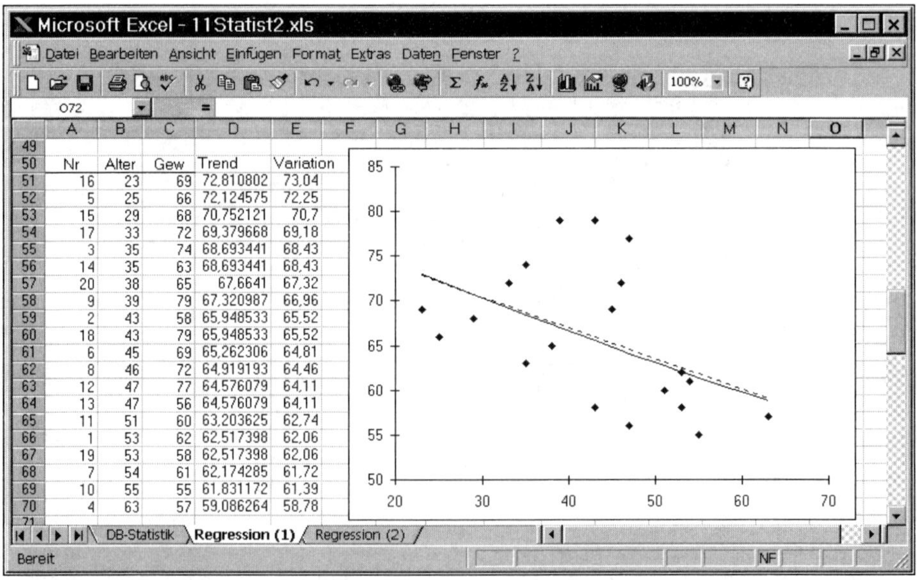

	A	B	C	D	E
49					
50	Nr	Alter	Gew	Trend	Variation
51	16	23	69	72,810802	73,04
52	5	25	66	72,124575	72,25
53	15	29	68	70,752121	70,7
54	17	33	72	69,379668	69,18
55	3	35	74	68,693441	68,43
56	14	35	63	68,693441	68,43
57	20	38	65	67,6641	67,32
58	9	39	79	67,320987	66,96
59	2	43	58	65,948533	65,52
60	18	43	79	65,948533	65,52
61	6	45	69	65,262306	64,81
62	8	46	72	64,919193	64,46
63	12	47	77	64,576079	64,11
64	13	47	56	64,576079	64,11
65	11	51	60	63,203625	62,74
66	1	53	62	62,517398	62,06
67	19	53	58	62,517398	62,06
68	7	54	61	62,174285	61,72
69	10	55	55	61,831172	61,39
70	4	63	57	59,086264	58,78

Abbildung 11.30: Lineare und exponentielle Regression

sem und seb. Die Standardschätzfehler für die beiden Konstanten *m* und *b*. Wie die Bezeichnung Standardschätzfehler vermuten läßt, markieren diese beiden Größen (ähnlich wie die Standardabweichung) die Grenzen, innerhalb derer die Angaben von *m* und *b* unsicher sind.

sey. Der Standardfehler der aus der Regression berechneten *y*-Werte. Wenn im Beispiel aus einer vorhandenen Altersangabe auf Grund der Regressionsgleichung ein Gewicht errechnet wird, dann erlaubt der Wert von s_y folgende Aussage: In ca. 68% der Fälle, in denen eine derartige Berechnung angestellt wird, wird das tatsächliche Gewicht im Bereich errechneter Wert plus/minus Standardfehler der Schätzung liegen.

Ausgangspunkt für die Schätzfehler ist folgende Überlegung: Da es sich um eine Stichprobe handelt (sonst wäre eine Regressionsanalyse überflüssig), sind sowohl die Ergebnisse der Regression als auch die hieraus abgeleiteten Schätzungen mit einem Fehler behaftet.

Hätten Sie im Beispiel statt bei 20 Menschen das Gewicht bei 10.000 aufgenommen, so wäre die Grundlage für die Regression, daß es zu jedem Alter eine ganze Anzahl von Gewichten gäbe, die jeweils um ein arithmetisches Mittel schwanken. Angenommen, diese Schwankungen wären normalverteilt, dann würde eine auf dieser Basis ermittelte Regression äußerst geringe Schätzfehler für *m* und *b* aufweisen. Der Schätzfehler für *y* dagegen wäre fast identisch mit der durchschnittlichen Standardabweichung der Gewichtswerte zu den einzelnen Altersstufen. Die Voraussage des Gewichts auf der Basis des Alters würde nämlich jeweils zum arithmetischen Mittel der Gewichte der betreffenden Altersstufen führen. Den Zusammenhang verdeutlicht die Grafik in Abbildung 11.31.

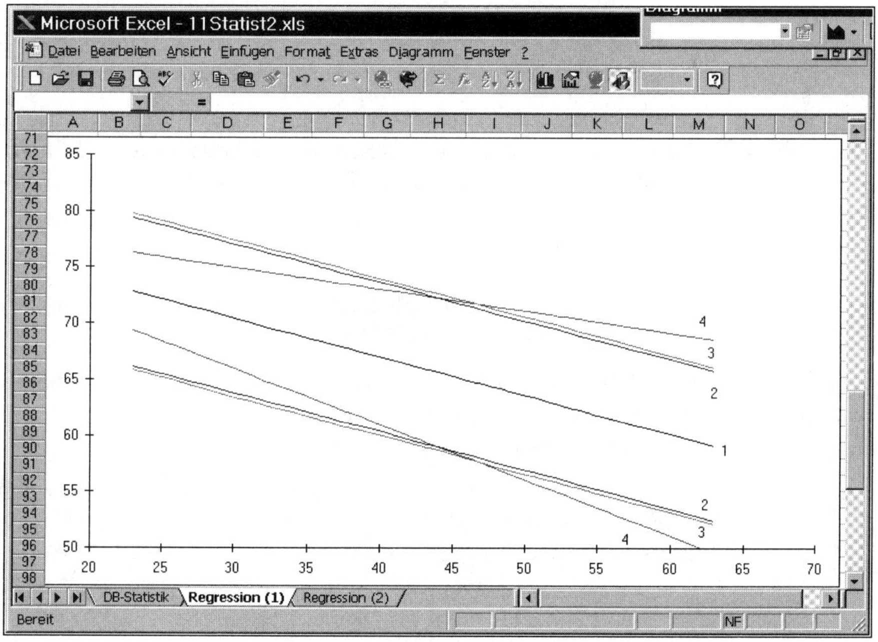

Abbildung 11.31: Lineare Regression, Fehler der Schätzung

Die einzelnen Geraden markieren die Standardschätzfehler. Jedes Paar von Geraden *(y ± s)* markiert einen Bereich, innerhalb dessen sich ca. 68 % der Fälle der betreffenden Größe bewegen. Sie gehorchen den Gleichungen:

(1) $m\,x + b = y$ *(die errechnete Regressionsgerade)*

(2) $m\,x + b \pm se_b$

(3) $m\,x + b \pm se_y$

(4) $(m \pm se_m)\,x + b$

11.8.4 Weitere Kenngrößen

r2. Der Determinationskoeffizient oder das Bestimmtheitsmaß r^2 ist eine Kennziffer für die Stärke der Korrelation zwischen den vorliegenden Daten. Er ist 1 bei völliger Übereinstimmung und 0 bei völlig fehlender Korrelation. Er sagt nichts darüber aus, ob zwischen den Daten ein kausaler Zusammenhang besteht.

F und df. *F* ist ein Wert zur Ermittlung der Irrtumswahrscheinlichkeit für die einzelnen Schätzwerte der Parameter der Regression (vgl. hierzu das im vorhergehenden Abschnitt Gesagte). *df* sind die Freiheitsgrade. Beide Werte zusammen erlauben es, mit Hilfe der Funktion FVERT() nachzuprüfen, mit welcher Wahrscheinlichkeit die Schätzungen für *m* und *b* akzeptiert oder verworfen werden sollten.

Die Funktion FVERT() verlangt als Argumente neben dem *x*-Wert (hier ist der von RGP() ausgegebene Wert einzutragen) zwei Freiheitsgrade.

Freiheitsgrade1 ist die Zahl der unabhängigen Variablen (im Beispiel 1, nämlich das Alter).

Freiheitsgrade2 wird berechnet mit Stichprobengröße – Zahl der Variablen insgesamt (im Beispiel 20 – 2 = 18). Diese Freiheitsgrade werden von RGP() und RKP() ausgegeben.

Die Angabe des Funktionsassistenten, das eine seien die Freiheitsgrade im Zähler, das andere die im Nenner, ist also nicht besonders hilfreich. Für das vorliegende Beispiel liefert

```
FVERT(5,211;1;18)
```

einen Wert von 0,035. Die Wahrscheinlichkeit also, daß sich die beiden Datenreihen Alter und Gewicht nur zufällig unterscheiden, ist 0,035.

ssreg und ssres. Die Quadratsumme der Residuen ss_{res} ist die Summe der Abweichungsquadrate der tatsächlichen *y*-Werte verglichen mit den berechneten. Dies ist der Wert, der bei der Bestimmung der Regression minimiert wird.

Die Quadratsumme der Regression ss_{reg} ist die Summe der quadratischen Abweichungen der geschätzten *y*-Werte von ihrem arithmetischen Mittel. Teilen Sie ss_{reg} durch $n - 1$ (Stichprobengröße minus 1), dann erhalten Sie die Varianz der geschätzten *y*-Werte.

11.8.5 Linearisierungprobleme

Bei dem Ergebnis von RKP() sind die beiden Werte ss_{reg} und ss_{res} sowie der Wer se_y oben in der Abbildung mit einem Sternchen versehen. Die Hilfe weist darauf hin, daß die zusätzlichen Kenngrößen von der linearisierten Fassung des Modells ausgehen:

$$\ln y = x \ln m + \ln b$$

Mit den statistischen Kenngrößen, die RKP() liefert, können also nur die Eigenschaften der linearisierten Form des Problems beschrieben werden, eine Anwendung auf die exponentielle ist nicht sinnvoll. Wie hilfreich diese Größen dann in der Ausgabe von RKP() noch sein sollen, ist eine andere Frage.

Diese Sachlage spiegelt aber ein allgemeines Problem der exponentiellen Regression wieder, das sich die wenigsten Anwender klar machen. Es ist allgemein üblich, Daten, die auf exponentielle Zusammenhänge wie Zerfalls- oder Wachstumsprozesse zurückgehen durch die Anwendung des Logarithmus aus einen linearen Zusammenhang zurückzuführen. Was dabei zumeist übersehen wird, ist, daß ein möglicherweise ursprünglich normalverteilter Fehler der Ausgangsdaten nach der Umrechnung garantiert nicht mehr normalverteilt ist, und damit auch die Geschäftsgrundlage für die Anwendung der linearen Regression mit der Fehlerquadratsumme als Anpassungskriterium hinfällig wird. Excels Funktion RKP() arbeitet genauso und führt die Lösung des Problems dadurch mit den beschriebenen Problemen auf die Anwendung der linearen Regression mit der Funktion RGP() zurück.

Nehmen Sie an, sie beobachten das Wachstum einer Bakterienkolonie. Sie dividieren alle Werte, die sie auftragen, durch eine Größe, wie etwa den ersten Meßwert, da es äußerst unschön ist, eine vorzeichenbehaftete Größe zu logarithmieren – der Logarithmus eines Meters oder einer Bakterie muß erst noch entdeckt werden. Nun tragen Sie die Daten und die theoretische Kurve in einem Diagramm auf. (Abbildung 11.32). Da die Daten für dieses Beispiel künstlich erzeugt wurden, ist die exakte Kurve ebenfalls bekannt und kann zum Vergleich aufgetragen werden.

Die Auftragung der Koloniegröße in relative Einheiten gegen die Zeit zeigt eine Exponentialfunktion (untere Kurve, linke Skala), um welche die zufällig streuenden Datenpunkte verteilt sind. Es ist zu erkennen, daß alle Datenpunkte im Mittel um den gleichen Betrag streuen. Die Auftragung der logarithmierten Werte (obere Kurve, rechte Skala) zeigt, daß die Streuung der Datenpunkte je nach Größe der Funktionswerte stark verzerrt wird. Für kleine Werte macht sich der gleiche absolute Fehler wesentlich stärker bemerkbar als für große Funktionswerte. Dies bedeutet, daß bei der Berechnung einer Anpassungsgeraden die Fehler im Anfangsbereich sich wesentlich stärker bemerkbar machen als die Fehler im Endbereich und daß negative Abweichungen sich stärker auswirken als Abweichungen nach oben. Die Steigung der berechneten Regressionsgeraden (und damit die Wachstumskonstante der Exponentialfunktion) werden so systematisch überschätzt. Sie können dies auch leicht überprüfen, indem Sie Excel eine Trendlinie für die logarithmierte Datenreihe einfügen lassen und diese mit der Geraden der ursprünglichen Wachstumsfunktion vergleichen.

Wenn Sie davon ausgehen können, daß der absolute Fehler einer Größe normalverteilt ist, ist es also in den meisten Fällen besser, eine echte exponentielle Regression durchzuführen als die Daten explizit oder implizit (RKP) zu linearisieren.

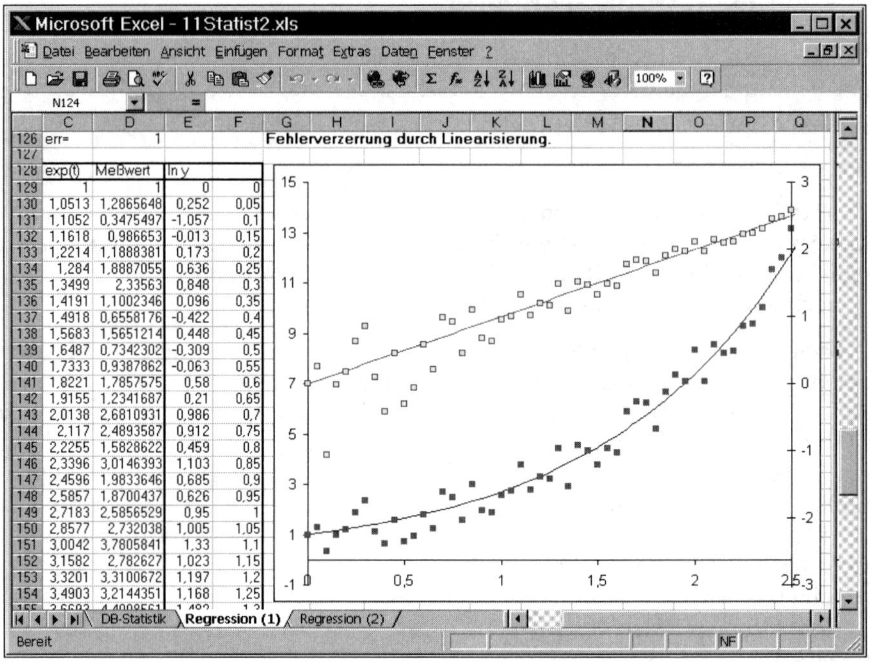

Abbildung 11.32: Fehler bei Rohdaten und logarithmierten Daten

Wie das geht, werden Sie im nächsten Unterkapitel erfahren, das Grundprinzip haben sie jedoch bereits im Abschnitt über die Fourier-Approximation kennengelernt. Eine Linearisierung der Daten wie durch RKP() bzw. durch Anwendung des Logarithmus auf die abhängige Größe ist dagegen nur zulässig, wenn die Streuung der Meßwerte um die Exponentialfunktion so klein ist, daß der Fehler auch nach der Transformation noch annährend normalverteilt ist, oder wenn aus theoretischen Gründen eine Normalverteilung für die logarithmierte Größe anstatt für die ursprüngliche Meßgröße angenommen werden kann (in anderen Worten, wenn der relative Fehler normalverteilt ist).

11.9 Andere Regressionstypen

Die bisher behandelte Regression ist in zweierlei Hinsicht ein Spezialfall. Zum einen handelte es sich von den beliebig vielen Regressionen nur um die lineare und die »exponentielle«, die aber zweifellos eine Vielzahl von Fällen abdecken. Zum anderen war bislang nur von zwei Variablen (x und y) die Rede.

11.9.1 Mehrere Variable

Für mehrere Variablen, von denen eine als abhängig (y) und alle anderen als unabhängig ($x1, x2, x3$ ...) betrachtet werden, lassen sich die Funktionen RGP() und RKP() ebenfalls verwenden. Sie liefern dann zusätzliche Werte für m einschließlich der zugehörigen Standardfehler der Schätzung. Im Falle der Funktion RGP() wird so aus der linearen Regression eine multilineare Regression, im Falle von RKP() aus der exponentiellen die multiexponentielle Regression (wobei letztere durch Linearisierung wieder auf den ersten Fall zurückgeführt werde – mit allen Problemen).

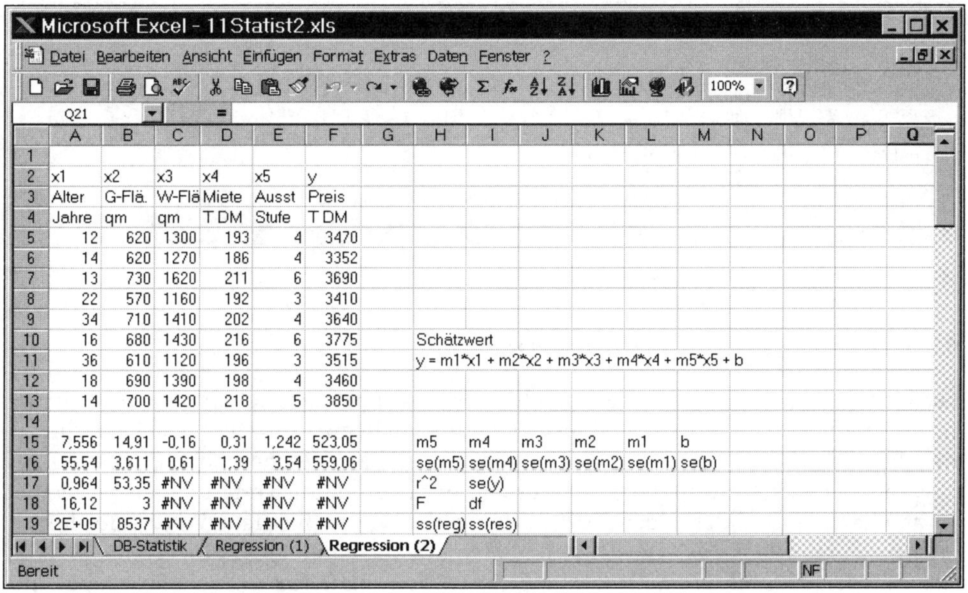

	A	B	C	D	E	F	G	H	I	J	K	L	M
1													
2	x1	x2	x3	x4	x5	y							
3	Alter	G-Flä.	W-Flä	Miete	Ausst	Preis							
4	Jahre	qm	qm	TDM	Stufe	TDM							
5	12	620	1300	193	4	3470							
6	14	620	1270	186	4	3352							
7	13	730	1620	211	6	3690							
8	22	570	1160	192	3	3410							
9	34	710	1410	202	4	3640							
10	16	680	1430	216	6	3775		Schätzwert					
11	36	610	1120	196	3	3515		y = m1*x1 + m2*x2 + m3*x3 + m4*x4 + m5*x5 + b					
12	18	690	1390	198	4	3460							
13	14	700	1420	218	5	3850							
14													
15	7,556	14,91	-0,16	0,31	1,242	523,05		m5	m4	m3	m2	m1	b
16	55,54	3,611	0,61	1,39	3,54	559,06		se(m5)	se(m4)	se(m3)	se(m2)	se(m1)	se(b)
17	0,964	53,35	#NV	#NV	#NV	#NV		r^2	se(y)				
18	16,12	3	#NV	#NV	#NV	#NV		F	df				
19	2E+05	8537	#NV	#NV	#NV	#NV		ss(reg)	ss(res)				

Abbildung 11.33: (Multi-) Lineare Regression mit mehreren Variablen

Als Beispiel soll eine kleine Aufstellung von Immobilienpreisen dienen. Als unabhängige Parameter sind gegeben: Alter, Grundstücksfläche, Wohnfläche, Jahresmiete und Ausstattungsstufe. Die Ausgangsdaten und der Aufbau der Ergebnismatrix sieht dann so aus, wie in Abbildung 11.33 gezeigt.

Die Gleichung $y = m_1 x_1 + m_2 x_2 + m_3 x_3 + m_4 x_4 + m_5 x_5 + b$ beschreibt natürlich nicht, wie die Hilfe von Excel behauptet, eine Gerade. Bei drei Variablen (x_1, x_2, y) würde sie eine Fläche beschreiben, bei mehr Variablen handelt es sich um eine n-Dimensionale Hyperfläche.

Im dargestellten Beispiel ist die Regression ziemlich zuverlässig: Die Korrelation ist nahe bei 1. Die Regressionsgleichung erlaubt es also, aus einem Set von Angaben über ein Grundstück dessen Preis einigermaßen zuverlässig zu schätzen.

Die Werte für die Parameter der Regressionsgleichung lassen noch weitere Schlüsse zu: Da der Standardschätzfehler für m_4 bezogen auf den zugehörigen Parameter relativ klein ist, ist die Variable x_4 (Jahresmiete) diejenige, die am sichersten für die Berechnung ist. Sie hat auch in der Gleichung das größte Gewicht. So tragen die einzelnen Variablen zum geschätzten Preis unterschiedlich bei. Errechnen Sie den Schätzwert eines Hauses mit dieser Gleichung, dann sieht das so aus wie in Abbildung 11.34. Es ist deutlich, daß die Variable x_4 (Jahresmiete) den größten Beitrag für die Errechnung des Preises leistet.

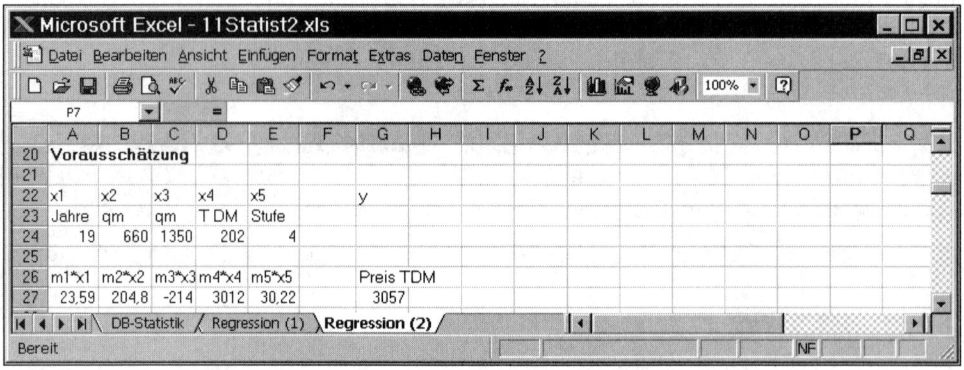

	A	B	C	D	E	F	G
20	Vorausschätzung						
21							
22	x1	x2	x3	x4	x5		y
23	Jahre	qm	qm	T DM	Stufe		
24	19	660	1350	202	4		
25							
26	m1*x1	m2*x2	m3*x3	m4*x4	m5*x5		Preis TDM
27	23,59	204,8	-214	3012	30,22		3057

Abbildung 11.34: Vorausschätzung bei multilinearer Regression

11.9.2 Exponentielle Regression

Die bisher vorgestellte Regressionsanalyse mit Excel behandelte vorwiegend den Spezialfall der linearen Regression. Für die nichtlineare Regression stellt Excel lediglich einen Typ vor: die exponentielle Regression, die wie Sie gesehen haben, hier letztlich auch nur eine verkappte lineare Regression mit allen damit verbundenen Problemen ist. Ist die Streuung klein oder der von den y-Werten durchlaufene Wertebereich nicht zu groß, kann jedoch auch diese Form der exponentiellen Regression vorteilhaft eingesetzt werden. Notfalls kann die Eignung eines Datensatzes für die (pseudo-) exponentielle Regression dadurch verifiziert werden, indem er in einem Diagramm mit logarithmischer x-Achse dargestellt wird.

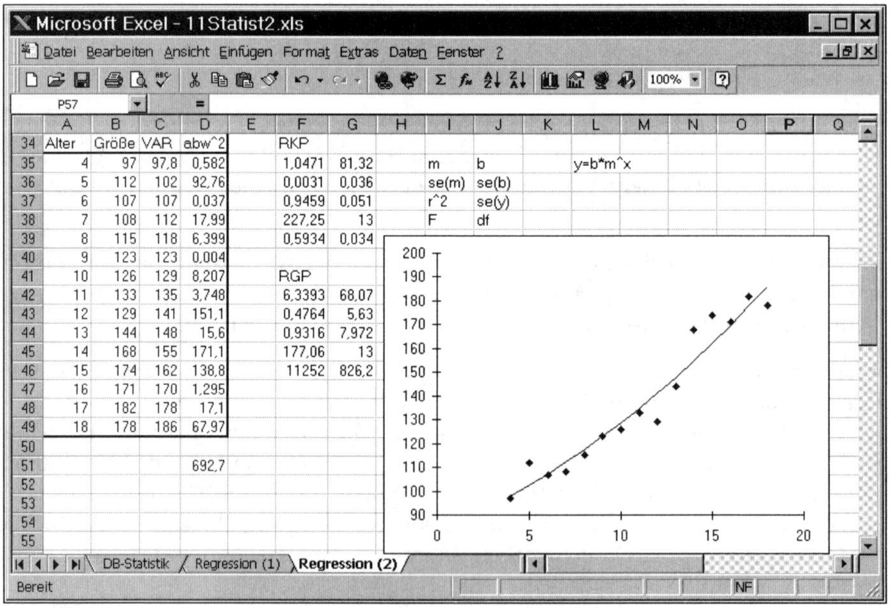

	A	B	C	D	E	F	G	H	I	J	K	L
34	Alter	Größe	VAR	abw^2		RKP						
35	4	97	97,8	0,582		1,0471	81,32		m	b		y=b*m^x
36	5	112	102	92,76		0,0031	0,036		se(m)	se(b)		
37	6	107	107	0,037		0,9459	0,051		r^2	se(y)		
38	7	108	112	17,99		227,25	13		F	df		
39	8	115	118	6,399		0,5934	0,034					
40	9	123	123	0,004								
41	10	126	129	8,207		RGP						
42	11	133	135	3,748		6,3393	68,07					
43	12	129	141	151,1		0,4764	5,63					
44	13	144	148	15,6		0,9316	7,972					
45	14	168	155	171,1		177,06	13					
46	15	174	162	138,8		11252	826,2					
47	16	171	170	1,295								
48	17	182	178	17,1								
49	18	178	186	67,97								
50												
51				692,7								
52												
53												
54												
55												

Abbildung 11.35: Exponentielle Regression

Ein Beispiel für einen solchen (fiktiven) Datensatz, der sich durch die folgenden Beispiele zieht, zeigt Abbildung 11.35. Untersucht wird der Zusammenhang zwischen dem Alter einer Gruppe von Kindern und Jugendlichen und ihrer Körpergröße. Die ermittelten Werte und die Regressionskurve für eine exponentielle Regression mit der Excel-Funktion RKP() zeigt Abbildung 11.35.

Es liegt natürlich nahe, die Entscheidung zwischen den beiden von Excel angebotenen Regressionstypen (und anderen) aufgrund Bestimmtheitsmaß und F-Wert zu treffen. Das größere Bestimmtheitsmaß und der höhere F-Wert entscheiden über die Brauchbarkeit, wobei dem höheren F-Wert größere Bedeutung zukommt. Ein Vergleich der Quadratsumme der Residuen ss_{res}, der sehr aussagekräftig wäre, ist auf Anhieb nicht möglich, da RKP() diesen Wert nicht zur Verfügung stellt. Er ließe sich aber errechnen, indem die Differenzen zwischen den geschätzten y-Werten und den dazugehörigen tatsächlichen Werten quadriert werden und hieraus die Summe gebildet wird. Im vorliegenden Beispiel fiele dieser Vergleich eindeutig zugunsten der exponentiellen Regression aus (obwohl es offensichtlich Unsinn ist, das Wachstum junger Menschen mit einer Exponentialfunktion beschreiben zu wollen).

Tatsächlich ist es natürlich kein korrektes Vorgehen, alle möglichen und unmöglichen Regressionstypen durchzuprobieren, und zur Beschreibung der Daten dann denjenigen zu verwenden, der die beste Anpassung liefert. Zum einen gibt es Regressionstypen wie die Fourier-Approximation und die Polynomregression, mit denen sich bei hinreichend viele Koeffizienten wirklich jeder Datensatz mit beliebiger Genauigkeit approximieren läßt. Zum anderen haben die aus einer Regression bestimmten Parameter nur dann eine Bedeutung, wenn sich die ausgewählten Regressionsformeln durch einen zugrundeliegenden mathematischen oder physikalischen Zusammenhang rechtfertigen lassen. Grundlage einer Regression muß also immer ein stichhaltiges Modell des zu beschreibenden Zusammenhangs sein und nicht Taschenspielertricks mit den Rohdaten.

11.9.3 Regressionen mit einem Umweg

Es wurde schon mehrfach erwähnt, daß Excel auch noch weitere Typen der Regression über einen kleinen Umweg bietet: gemeint ist die Methode, eine Trendlinie in ein Diagramm einzufügen. Diese Möglichkeit wurde in einem früheren Kapitel bereits schon kurz besprochen. Zur Erinnerung hier noch einmal die Regressionstypen, die bei Diagrammen angeboten werden:

Linear: $y = a\,x + b$

Logarithmisch: $y = a \cdot \ln x + b$

Polynomisch: $y = a \cdot x^6 + b \cdot x^5 \ldots + f \cdot x + g$

Potentiell: $y = a \cdot x^b$

Exponentiell: $y = a \cdot e^{bx}$

Für alle diese Funktionen liefert der Umweg über ein Diagramm unmittelbar die Gleichung, nach der die y-Werte aus den x-Werten berechnet werden kann. Da mit der Gleichung auch das Bestimmtheitsmaß ausgegeben werden kann, erhält man auch eine ganz gute Kontrolle darüber, wie brauchbar die Regression ist.

Behandelt man das oben angeführte Beispiel nach dieser Methode, dann liefert die Trendlinie mit Formel und Bestimmtheitsmaß eine exponentielle Kurve, die der von der Funktion RKP() gelieferten äquivalent ist, auch wenn sie etwas anders formuliert ist.

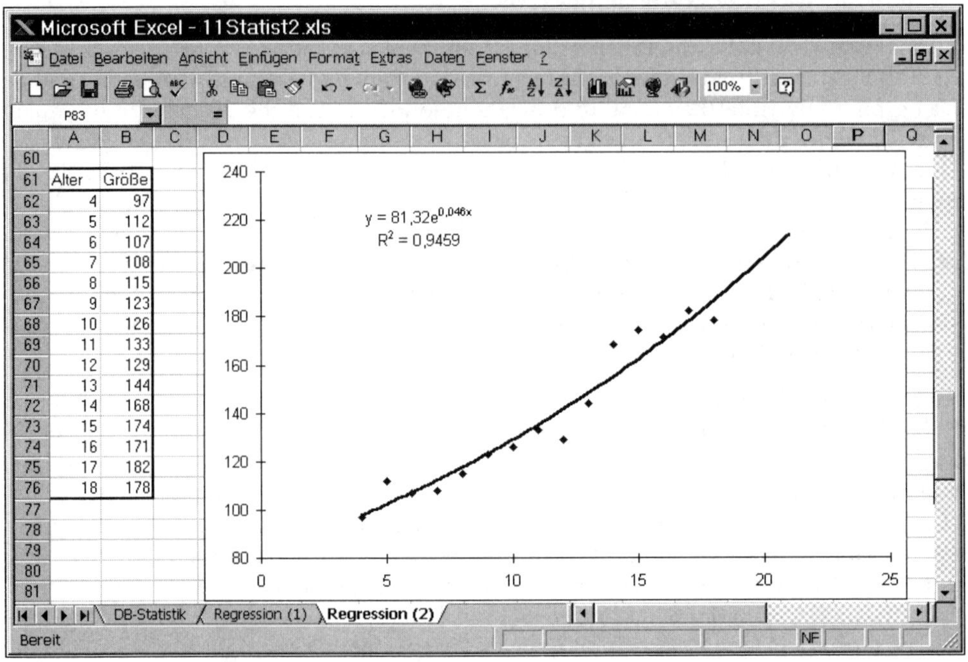

Abbildung 11.36: Exponentielle Regression über ein Diagramm

Hier noch einmal kurz die Arbeitsschritte:

1. Aus den Daten wird ein *xy*-Diagramm erstellt. Zur besseren Übersichtlichkeit kann die *y*-Achse so skaliert werden, daß die Datenpunkte nicht irgendwo am oberen Rand des Diagramms schweben (im Beispiel: Tiefstwert = 80).

2. Das Diagramm wird aktiviert und die Datenpunkte werden markiert. Über das Kontextmenü zu den Datenpunkten wird eine Trendlinie eingefügt. Unter die Dialogseite TYP wird die Funktion gewählt.

3. Unter der Dialogseite OPTIONEN wird festgelegt, daß die Formel und das Bestimmtheitsmaß im Diagramm dargestellt werden sollen. Daneben bietet sich hier noch die Möglichkeit, zusätzliche Daten voraus oder rückwärts zu schätzen, also quasi zu extrapolieren.

Die übrigen Kenngrößen, die die Funktionen RGP() und RKP() liefern, lassen sich nach den oben gegebenen Hinweisen auch hier leicht berechnen, allerdings müssen zuvor die ermittelten Werte manuell aus dem Diagramm in die Tabelle übertragen werden. Es sei hier am Rande noch einmal auf Excels Funktion SUMMEXMY2() hingewiesen, die derartige Berechnungen beträchtlich erleichtert. Die Funktion berechnet die Quadratsumme der Abweichungen der beiden als Argumente angegebenen Bereiche.

Ein besonders vielseitiger Typus von Regression ist die in Excel als polynomisch bezeichnete Trendlinie, die auch unter der Bezeichnung allgemeine Parabel bekannt ist. Sie gestattet es, nahezu alle Daten mit einem mathematischen Modell zu beschreiben. Allerdings ist hier Vorsicht angebracht: durch ihre Flexibilität macht diese Kurve fast jeden Datenfehler mit. Das Bestimmtheitsmaß erhält hier einen sehr brauchbaren Wert, aber wie die Abbildung zeigt, legt sie auch den Eindruck nahe, daß ab dem 17. Lebensjahr die Körpergröße rapide wieder abnimmt. Nur wenn eine Trendlinie auf einer vernünftigen theoretischen Grundlage basiert, können auch bei einer Extrapolation der Trendlinie vernünftige Daten erwartet werden. Mit anderen Funktionen lassen sich die Daten zwar möglicherweise gut approximieren, aber sobald das Approximationsintervall verlassen wird, können die Ergebnisse der Schätzung extrem unzuverlässig werden.

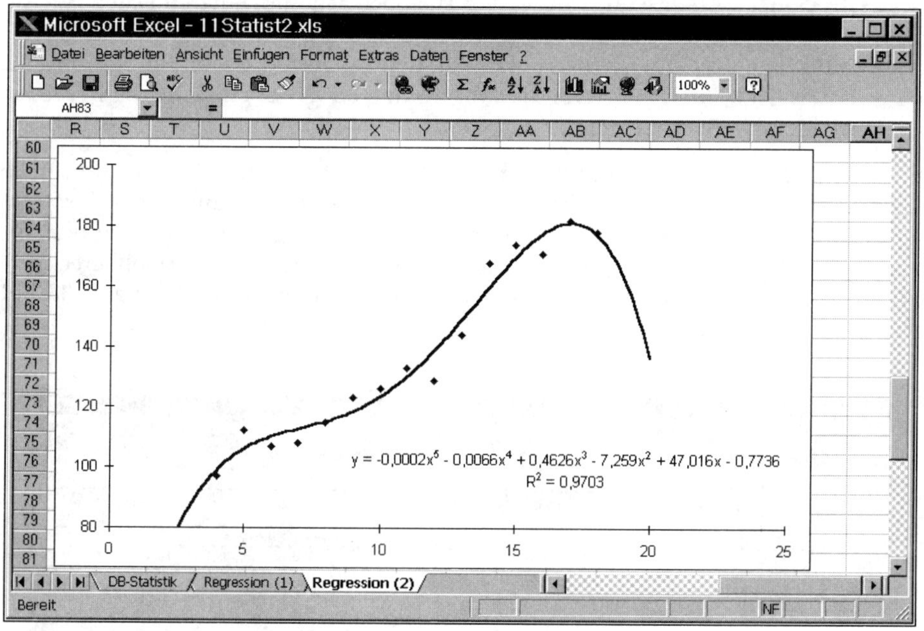

Abbildung 11.37: Anpassung durch ein Polynom

11.9.4 Andere Regressionstypen

Neben den bisher behandelten Regressionstypen gibt es noch einige allgemein brauchbare Typen, von denen hier nur drei erwähnt werden sollen:

Exponentiell $y = a + b \cdot e^{c\,x}$

Logistisch $y = a + b \,/\, (c \cdot e^{d\,x} + 1)$

Hyperbel $y = a + b \,/\, (c \cdot x + d)$

Hinzu kommen noch all jene mathematischen Zusammenhänge, die in den naturwissenschaftlichen Anwendungen eine Rolle spielen, und für die hier kurz eine Methode gezeigt werden soll, wie sie sich in Excel bearbeiten lassen.

Die Exponentialfunktion in der allgemeinen Form ist an dieser Stelle aufgeführt, da dieser Fall von den eingebauten Funktionen zur exponentiellen Regression nicht abgedeckt ist und auch dort, wo exponentielle Zusammenhänge linearisiert werden können, dies nicht unproblematisch ist. Exponentielle Meßkurven dieser Form (meist das Meßsignal eines Zerfallsprozesses plus einem a priori nicht bekannten störenden konstanten Untergrund) können mit den gleichen Methoden angepaßt werden, wie die im folgenden besprochene logistische Kurve.

Gerade die logistische Kurve ist für Wachstumsprozesse, die eine Obergrenze haben – und dazu gehören die meisten Wachstumsprozesse, die in der Natur beobachtbar sind – besser geeignet, als alle bisher vorgestellten Modelle.

Wie eine Regression mittels dieser oder anderer Gleichungen durchzuführen ist, soll an der logistischen Kurve gezeigt werden. Für die oben schon benutzten Daten für Alter und Größe ergab die exponentielle Regression scheinbar recht brauchbare Werte. Da aber bekannt ist, daß Menschen nicht unbeschränkt wachsen, sondern ihre Größe einen Grenzwert erreicht, müssen Sie von der Vermutung ausgehen, daß für die Regression eher eine logistische Kurve geeignet ist.

Um die Regression für diese Kurve durchzuführen, läßt sich der Solver benutzen. Um die Arbeit zu erleichtern, wird ein eigener Bereich mit den Parametern *a*, *b*, *c* und *d* angelegt, wobei die Werte zur Erleichterung der Formeleingabe benannt werden. Eine Spalte neben den Ausgangswerten nimmt dann die mit Hilfe der Formel berechneten *y*-Werte (Schätzwerte für das Alter) auf. Die Formel steht in Abbildung 11.38 links neben der ersten Zelle.

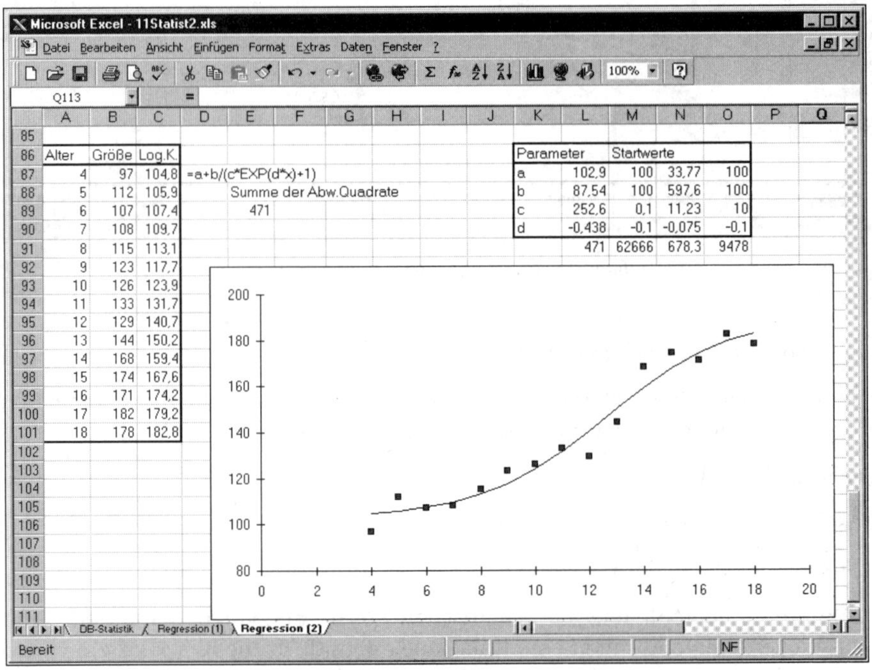

Abbildung 11.38: Regression mit logistischer Kurve

Die Summe der Abweichungsquadrate liefert die schon erwähnte Funktion SUMMEXMY2(), wobei der Bereich der x-Werte die gemessene Größe, der Bereich der y-Werte die mit der Formel für logistisches Wachstum berechnete Größe ist. Für den Solver wird die Zelle mit der Summe der Abweichungsquadrate als Zielzelle mit dem Ziel MINIMUM festgelegt; als veränderbare Zellen werden die Zellen mit den Parametern a bis d angegeben.

Mit der Ermittlung der Lösung, die eine sehr gute Anpassung der Kurve an die tatsächlichen y-Werte liefert (die Summe der Abweichungsquadrate beträgt 471 gegenüber 692 bei der exponentiellen Anpassung), tut sich der Solver allerdings etwas schwer. Abhängig von den Ausgangswerten kommt er zu ganz unterschiedlichen unbrauchbaren Ergebnissen, die damit zu tun haben, daß der Solver nicht intelligent genug ist, immer in der richtigen Richtung suchen. Wie alle Gradientenverfahren und verwandte Verfahren, sucht der Solver immer auf der durch die Antwortfunktion (d.h. die Fehlerquadratsumme) gegebenen Hyperfläche in der Richtung, in der es am stärksten »bergab« geht. Man kann sich das wie einen Ball vorstellen, der in einer Berg und Tallandschaft den Hang hinabrollt. Auch dieser Ball hat die Neigung, in irgendwelchen Nebentälern liegenzubleiben, da er das vielleicht benachbarte tiefere Tal nur über einen Berg hinweg erreichen könnte. So kann es leicht geschehen, daß der Solver nicht wirklich das Optimum, sondern nur ein lokales Minimum der Fehlerquadratsumme findet.

Wie immer ist es hilfreich, vor der Lösung einer Aufgabe das Ergebnis (zumindest annäherungsweise) zu kennen. Dem dienen einige Vorüberlegungen. Die gewählte Kurve hat die Gleichung:

$$y = a + \frac{b}{c \cdot e^{dx} + 1}$$

Der Nenner des zweiten Terms wird also von einer Exponentialfunktion gebildet. Bei positivem d wächst die Funktion, d.h., sie beschreibt ein exponentielles Wachstum, bei negativem d beschreibt sie dagegen einen exponentiellen Zerfall. Da ein wachsender Nenner bedeutet, das der Bruch kleiner wird und ein fallender Nenner, daß der Bruch insgesamt wächst, kann für den von den Daten wiedergegebenen Zusammenhang nur die zweite Möglichkeit vorliegen. Der Nenner muß also eine fallende Exponentialfunktion sein, d.h., d ist kleiner Null.

Für x-Werte gegen $-\infty$ wird der Nenner daher sehr groß, und der Bruch insgesamt geht gegen Null, d.h., die logistische Kurve nähert sich asymptotisch dem Wert a. Für sehr große x geht die fallende Exponentialfunktion dagegen gegen Null und der Nenner des Bruches wird Eins. Die logistische Kurve strebt für wachsende x also asymptotisch gegen den Wert $a + b$. Damit ist die Interpretation von a und $a + b$ klar, es handelt sich um die oberen und unteren Grenzen der logistischen Kurve. Startwerte von 100 *cm* für a und 200 *cm* für $a + b$, d.h. 100 *cm* für b sind hier sicher realistische Startwerte.

Die verbliebenen Parameter c und d, die die Schnelligkeit des exponentiellen Abfalls des Nenners (und damit des Anstiegs der logistischen Kurve) beschreiben, lassen sich sicher auf ähnliche Weise abschätzen. Da aber nun nur noch für zwei Parameter plausible Startnäherungen gefunden werden müssen, haben Sie die Chance mit einer anderen Methode weiterzukommen, die eine der Stärken von Excel ist: schlichtes Ausprobieren. So erhalten Sie mit Werten von c und d von 0,1 und -0,1 (Sie erinnern sich, d muß negativ sein) im Diagramm einen Funktionsverlauf, der tendentiell richtig ist, auch wenn er viel zu langsam ansteigt. Wenn Sie den Solver nun testweise starten, erhalten Sie ein Ergebnis, das eher an eine Exponentialfunktion erinnert, als eine logistische Kurve. Auch die Größe der Fehlerquadratsumme liegt in dem Bereich, der mit der Exponentialfunktion erreicht werden konnte. Der Solver hat also eine lokale Lösung gefunden, indem er einen kleinen Bereich im Anstieg der logistischen Kurve an die Daten angepaßt hat, speziell der Wert von *b* ist in dieser Lösung absurd groß. Der Wert von ca. 11 für *c* weist jedoch darauf hin, daß dieser Wert bei den Anfangsparametern mit 0,1 möglicherweise viel zu klein angesetzt wurde.

Eine Wiederholung mit den alten Startwerten und lediglich einem neuen Wert von 10 für *c* führt zu dem in der Abbildung 11.38 gezeigten »optimalen« Ergebnis. Die Kurve liefert vernünftige Werte für die Parameter und paßt die empirischen Daten wesentlich besser an als ein linearer oder exponentieller Zusammenhang. Damit ist freilich nicht gesagt, daß dies wirklich schon das absolute Optimum ist, speziell bei der Anpassung an fehlerbehaftete Meßdaten ergibt sich aus den Schwankungen der Meßwerte eine gewisse Rauhigkeit der Antwortfunktion, so daß sich viele ähnliche lokale Minima in der Nähe der Talsohle befinden können. Sie können daher versuchen, das Ergebnis noch weiter zu verbessern, indem Sie die gefunden Lösung etwas stören und als Ausgangspunkt einer neuen Suche nehmen. Solche Experimente vermitteln außerdem ein Gefühl für die Schwankungen und damit die Zuverlässigkeit der so ermittelten Parameter, was insbesondere dann von Bedeutung ist, wenn aus den ermittelten Parametern weitere Schlußfolgerungen gezogen werden sollen.

11.10 Der Psi-Test von Rhine

Nach so viel Theorie scheint es angebracht, das Kapitel über Statistik mit einem etwas praktischeren (und nicht ganz unumstrittenen) Beispiel abzuschließen. Um die Arbeit mit den Statistikfunktionen von Excel an einem Anwendungsbeispiel zu demonstrieren, soll hier ein kleiner Test vorgestellt werden, an dem sich einige Elemente der Testerstellung und -auswertung zeigen lassen. Es handelt sich um einen »parapsychologischen« Test, der an den berühmten Psi-Test von Rhine angelehnt ist.

Der Rhine-Test besteht darin, daß aus einem Kartenset einzelne Karten gezogen werden, die vier verschiedene Symbole enthalten. Da das Set aus gleichen Anzahlen der vier Symbole besteht, ist die Wahrscheinlichkeit für alle vier Symbole gleich groß.

Je nach Ziel des Tests gibt es unterschiedliche Versuchsanordnungen:

Zur Untersuchung der Begabung zum Hellsehen werden die gezogenen Karten der Reihe nach, ohne daß sie jemand ansieht, verdeckt auf den Tisch gelegt. Die Versuchsperson notiert ihre Vermutung, welches Symbol gezogen wurde, dann wird die nächste Karte gezogen. Am Schluß des Versuchs steht der Vergleich zwischen den notierten Vermutungen und den tatsächlich gezogenen Karten.

Beim Test auf telepathische Fähigkeiten (Gedankenübertragung) zieht eine Versuchsperson eine Karte und sieht sie sich an. Die andere Versuchsperson notiert ihre Vermutung, um welches Symbol es sich handelt. Am Ende werden wieder die Resultate verglichen.

Dieser Test läßt sich leicht mit Excel nachahmen. Es wird zufällig unter vier Symbolen ausgewählt (im hier vorgestellten Test die Zeichen +, –, *, o). Das ausgewählte Symbol erscheint auf dem Bildschirm. Nach einer Wartezeit ertönt ein Signal und die Versuchsperson gibt auf der Tastatur das von ihr vermutete Zeichen ein.

Der Test auf Hellsehen läßt sich von einer Person alleine durchführen: Sie startet den Versuch, ohne auf den Monitor zu sehen, und gibt dann nach jedem Signal eines der vier Symbole über die Tastatur ein. Beim Telepathie-Test dagegen sitzt die eine Versuchsperson vor dem Monitor, die andere vor der Tastatur. Die vorgegebenen Symbole und die eingegebenen Vermutungen werden automatisch in eine Tabelle übertragen und können anschließend statistisch ausgewertet werden.

11.10.1 Einrichten der Tabelle

Als Anwenderschnittstelle und zur Auswertung des Tests dient eine Excel-Tabelle. Gemäß der Zielsetzung zerfällt diese in zwei Bereiche. Der in Abbildung 11.39 gezeigte obere Teil übernimmt die Interaktion mit einer Testperson, der untere Teil wertet die Ergebnisse auf Signifikanz aus, d.h. darauf hin, ob die Trefferquote signifikant besser oder schlechter ist, als statistisch zu erwarten.

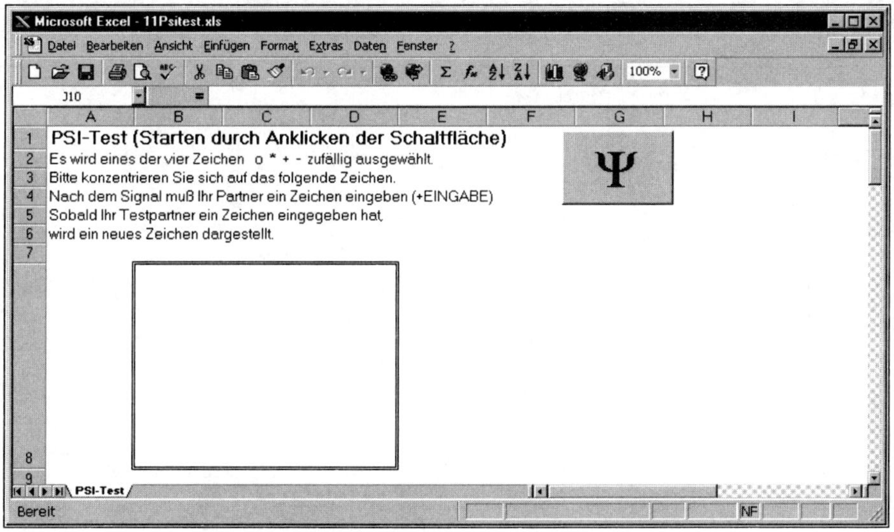

Abbildung 11.39: Tabelle für den Psi-Test

In die Zelle C8 wird später das zufällig ausgewählte Zeichen eingeschrieben, sie muß daher entsprechend formatiert werden. Mit FORMAT, ZEILE, HÖHE wird ihre Höhe auf 163 eingestellt, die Spaltenbreite bleibt bei 10,71. Die Zeichengröße wird mit FORMAT, ZELLEN, Seite SCHRIFT auf 127 festgelegt, so daß das Zeichen später als Symbol gut sichtbar ist. Anschließend wird um die Zellen C7 bis C9 mit FORMAT, ZELLEN, Dialogseite RAHMEN ein doppelter Rahmen gezogen. Die Spalten und Zeilenköpfe können später, wenn sie stören, mit EXTRAS, OPTIONEN, Seite ANSICHT, Markierungsfeld ZEILEN- UND SPALTENKÖPFE ausgeschaltet werden.

Für die Auswertung ist der in Abbildung 11.41 gezeigte Bereich ab der zehnten Zeile vorgesehen, der beim Versuch selbst nicht sichtbar sein sollte. Er enthält ab Zelle A15 die folgenden Rubriken (die Adressen müssen genau so eingehalten werden, da das Programm sich auf diese Adressen bezieht):

Nr Hier trägt das Programm für den Psi-Test die laufende Nummer des Rateversuchs ein.

gegeben In diese Spalten werden nacheinander die zufälligen Vorgaben eingetragen, also die Zeichen, die oben innerhalb des Rahmens dargestellt werden.

geraten Diese Spalte nimmt die Zeichen auf, die nach jedem Signal über die Tastatur eingegeben werden.

richtig In die erste Zelle (D16) dieser Spalte wird die Formel eingetragen:

```
=WENN(B16=C16;1;0)
```

Die Zelle erhält bei Übereinstimmung von Vorgabe und Raten also eine 1, sonst eine 0. (Abbildung 11.40)

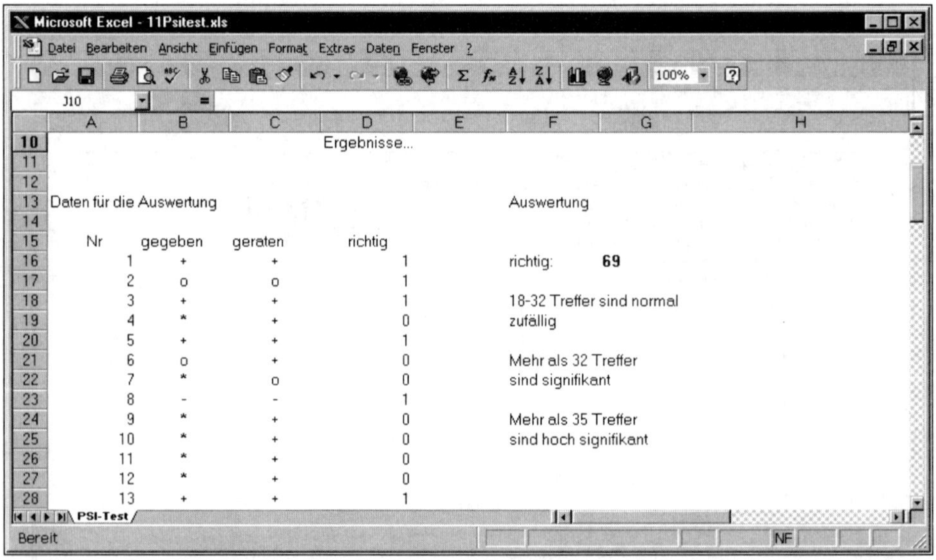

Abbildung 11.40: Auswertungsbereich des Psi-Tests

Die Formel aus D16 wird in der Spalte D abwärts bis in die Zelle D115 kopiert. Anschließend wird der Bereich D15:D115 markiert. Mit dem Befehl EINFÜGEN, NAMEN, ÜBERNEHMEN (bis Excel 95) bzw. ERSTELLEN (Excel 97) und der Option AUS OBERSTER ZEILE erhält der Bereich D16:D115 dann den Namen *richtig*.

Zur statistischen Auswertung kommt in die Zelle G16 die Formel =SUMME(richtig). Damit steht in dieser Zelle nach jedem Versuch die Zahl der richtig geratenen Symbole. Da insgesamt 100 Ratevorgänge stattfinden, müßten bei zufälligem Raten ungefähr 25 richtige Antworten gegeben werden.

Die Wahrscheinlichkeit für die einzelnen Trefferzahlen lassen sich mit der Funktion BINOMVERT() ermitteln. Um die Wahrscheinlichkeit dafür zu ermitteln, daß jemand eine Trefferzahl über 30 erzielt, müssen die Wahrscheinlichkeiten für alle Treffer über 30 errechnet und aufsummiert werden. Analog läßt sich die Wahrscheinlichkeit für weniger als 20 Treffer durch Summieren aller Wahrscheinlichkeiten bis 19 Treffer ermitteln. Dies führt zu den in Tabelle 11.1 gezeigten Ergebnissen.

Über 30	10,3%	Unter 20	9,9%
Über 31	6,9%	Unter 19	6,3%
Über 32	4,45%	Unter 18	3,7%
Über 33	2,7%	Unter 17	2,1%
Über 34	1,6%	Unter 16	1,1%
Über 35	0,9%	Unter 15	0,5%

Tab. 11.1: Trefferwahrscheinlichkeiten des Rhine-Tests

Ergebnisse mit einer Wahrscheinlichkeit kleiner als 5% können als signifikant gelten, solche mit einer Wahrscheinlichkeit kleiner als 1% als hochsignifikant, d.h., es ist kaum anzunehmen, daß sie zufällig entstanden sind. Erzielen eine Testperson also mehr als 32 oder weniger als 18 Treffer (und das eventuell noch des öfteren), könnte das als Hinweis auf eine parapsychologische Begabung gewertet werden.

11.10.2 Die Programmierung des Tests

Für die Programmierung des Tests genügen einige wenige VBA-Prozeduren. Um zu gewährleisten, daß die beiden Variablen, die das jeweils vorgegebene Zeichen und das Ergebnis des Rateversuchs aufnehmen sollen, in allen Prozeduren verwendet werden können, werden sie am Anfang des Programms deklariert.

```
Dim vorgabe As String
Dim geraten As String

Sub psistart()
    start = MsgBox("Psi-Test mit ENTER starten", 1)
    If start = 1 Then
        psitest
    End If
End Sub
```

Die Startprozedur dient lediglich dazu, ein Dialogfenster mit den Schaltflächen OK und ABBRECHEN einzublenden, das es gestattet, den Psi-Test mit ↵ zu starten. Das gibt die Möglichkeit, nach Anklicken des Symbols, das dieser Prozedur zugeordnet ist, den Monitor abzublenden oder wegzudrehen, bzw. bei zwei Versuchspersonen dafür zu sorgen, daß die ratenden Person den Monitor nicht sieht. Nur wenn ↵ betätigt wird (oder OK angeklickt), liefert das Dialogfenster den Wert 1 und die Prozedur `psitest` wird aufgerufen:

```
Sub psitest()
    For z = 16 To 115
        zufall
        Cells(8, 3).Formula = vorgabe
        Application.Wait (Time + #12:00:05 AM#)
            Beep
            Beep
            Beep
        geraten = InputBox("Jetzt das Zeichen eingeben!", , , 250, 100)
        If geraten = "" Then Exit Sub
        Cells(z, 1).Formula = z - 15
        Cells(z, 2).Formula = vorgabe
        Cells(z, 3).Formula = geraten
    Next z
    abschluss
End Sub
```

Da insgesamt 100 Versuche gemacht werden sollen, deren Ergebnisse in die Zeilen 16 bis 115 geschrieben werden, wird eine Schleife gewählt, die von 16 bis 115 durchlaufen wird. So läßt sich der Schleifenzähler gleich als Zeilennummer für die Ergebnisse verwenden.

Bei jedem Schleifendurchlauf wird zunächst eine Prozedur `zufall` aufgerufen (sie wird später noch erklärt), die zufällig eines der vier möglichen Zeichen für den Test auswählt und der Variablen `vorgabe` zuweist. Dieses Zeichen wird in die Zelle 8;3 (8. Zeile, 3. Spalte = C8) geschrieben. Nach einer Wartezeit von 5 Sekunden wird das PC-typische Piep-Signal dreimal aufgerufen, dreimal damit es nicht ganz so dürftig klingt. Danach wird ein Dialogfenster eingeblendet, das die Versuchsperson nicht sieht, da sie ja nicht den Monitor im Blick hat. Trotzdem kann die Versuchsperson jetzt ein Zeichen eingeben und mit [↵] bestätigen.

Wird statt [↵] die [Esc]-Taste gedrückt, dann wird der Versuch an diesem Punkt abgebrochen. Sonst wird in der durch den Schleifenzähler bestimmten Zeile und die erste Spalte die Versuchsnummer, in die zweite Spalte das vorgegebene und in die dritte das geratene Zeichen geschrieben. Anschließend beginnt ein neuer Schleifendurchlauf, solange bis mit dem 100. Rateversuch und der 115. Zeile der Test beendet ist. Danach liefert die Prozedur `abschluss` das Ergebnis des Versuchs. Zunächst jedoch zur schon erwähnten Prozedur `zufall`.

```
Sub zufall()
    Randomize
    zuf = Fix(Rnd * 4 + 1)
    Select Case zuf
        Case 1
            vorgabe = "*"
        Case 2
            vorgabe = "+"
        Case 3
            vorgabe = "-"
        Case 4
            vorgabe = "o"
    End Select
End Sub
```

Um zu gewährleisten, daß der Zufallsgenerator wirklich zufällige und nicht reproduzierbare Folgen von Zahlen und damit auch Zeichen liefert, muß er mit `Randomize` initialisiert werden. Das hängt damit zusammen, daß jeder in Software realisierte Zufallszahlengenerator, wie die Funktion `Rnd` von VBA, ausgehend von einer Anfangszahl nur eine Folge von Pseudozufallszahlen liefert, die bei gleicher Ausgangszahl exakt reproduzierbar sind. Die wiederholte Initialisierung (basierend auf sich ständig ändernden Systemeigenschaften wie der Systemuhr) unterbindet diese Reproduzierbarkeit.

Da die Zufallszahl immer zwischen 0 und 1 liegt (Intervall ohne die 1), muß die generierte Zufallszahl durch den Ausdruck `Rnd * 4 + 1` in den benötigten Bereich umgerechnet werden. Durch Abschneiden der Nachkommastellen mit `Fix` bleiben nur die vier Werte 1 bis 4 übrig. Abhängig von dieser Zahl wird eines der vier Zeichen der Variablen `vorgabe` zugeordnet.

Die Prozedur `abschluß` wurde bereits oben erwähnt. Nach allen Schleifendurchläufen, also nach 100 Rateversuchen, liefert die Prozedur im 1-Sekunden-Abstand dreimal ein Signal, damit die Versuchsperson weiß, daß der Versuch beendet ist. Anschließend wird der Wert der Zelle G16 (Zeile 16, Spalte 7) gelesen – hier steht jetzt die Summe der richtigen Ergebnisse – und in einem Dialogfenster ausgegeben. Abschließend wird ein leeres Zeichen in die Zelle geschrieben, in der die Zeichen dargeboten wurden, um diese Zelle für den nächsten Versuch frei zu machen.

```
Sub abschluss()
    For n = 1 To 3
        Application.Wait (Time + #12:00:01 AM#)
        Beep
        Beep
    Next n
    ergebnis = Cells(16, 7).Value
    MsgBox "Richtig geraten:  " & ergebnis
    Cells(8, 3).Formula = ""
End Sub
```

Um den Psi-Test einfach starten zu können, positionieren Sie schließlich noch in der Tabelle eine Schaltfläche und verbinden diese mit der Prozedur `psistart`. Im Beispiel wurde diese mit dem Zeichen Ψ für Psi aus dem Zeichensatz *Symbol* beschriftet.

12 Logik

Logisches Schließen und die folgerichtige Verknüpfung von Aussagen ist die Grundlage allen wissenschaftlichen Arbeitens. Fakten werden zueinander in Beziehung gesetzt, Aussagen gemacht und Schlußfolgerungen getroffen. Auch der Computer ist eine logische Maschine, die auf der niedrigsten Ebene Informationszustände verarbeitet, die für wahr (1, eingeschaltet) und falsch (0, ausgeschaltet) stehen. Auf der logischen Verknüpfung dieser beiden Zustände mit geeigneten logischen Schaltkreisen basiert letztlich die gesamte Digital- und Computertechnik. Auch die Software des Computers ist ohne Logik nicht denkbar – alle Programmiersprachen enthalten die Möglichkeiten, Bedingungen zu testen und logisch zu verknüpfen, um so abhängig von Aussagen, die so über den augenblicklichen Zustand des Programmes gemacht werden können, über die Richtung des weiteren Programmanblaufes entscheiden.

Excels Entsprechung solcher Kontrollstrukturen und boolscher Ausdrücke sind die logischen Tabellenfunktionen, die es erlauben Bedingungen zu testen oder Wahrheitswerte und boolsche Aussagen zu verarbeiten. Der Ergebnisse unterschiedlicher Tests können so logisch verknüpft und abhängig vom Ergebnis unterschiedliche Berechnungen vorgenommen werden. Im folgenden Kapitel werden Sie diese logischen Funktionen von ganz unterschiedlichen Seiten kennenlernen. Auf der einen Seite können Sie beispielsweise benutzt werden um die Grundlagen der Aussagenlogik zu überprüfen. Auf der anderen Seite können logische Funktionen in Verbindung mit Excels visuellen Elementen sogar dazu benutzt werden, logische Gatter, die Grundbausteine jeden (digitalen) Computers zu simulieren.

12.1 Grundlagen

Wenn einem heute Logik in der Naturwissenschaft begegnet, dann in erster Linie in Bereichen der Mathematik und der Informatik. Nun ist ein PC ja eine logische Maschine per se, und der Gedanke liegt auf der Hand, daß gerade im Bereich der Logik der PC eine große Arbeitshilfe sein kann. Eine Tabellenkalkulation mit ihren logischen Funktionen ist hierfür gerade das richtige Instrument.

12.1.1 Logische Schlüsse

Die Aussagenlogik ist in der Geschichte der (philosophischen) Logik eine relativ späte Erscheinung, obwohl sie heute als die Grundlage der Logik überhaupt gilt. Die klassische Logik, wie sie von der griechischen Philosophie entwickelt und im europäischen Mittelalter gepflegt wurde, hatte ihren Schwerpunkt in der Syllogistik. Sie befaßte sich mit logischen Schlüssen wie

Alle Menschen sind sterblich.
Sokrates ist ein Mensch.
Sokrates ist sterblich.

oder

Einige Tiere haben Flügel.
Alle Löwen sind Tiere.
Einige Löwen haben Flügel.

von denen der erste allem Anschein nach richtig und der zweite falsch ist. Diese Art des logischen Schließens wird heute in der Mathematik in der Mengenlehre, in der Philosophie in der Klassenlogik und in der Prädikatenlogik bearbeitet. Erst in der jüngeren Vergangenheit griffen Mathematiker und Philosophen wie Frege und Russel die ebenfalls schon bei den Griechen und im Mittelalter entwickelte, dann aber fast in Vergessenheit geratene Aussagenlogik auf und entwickelten sie in systematischer Form weiter.

12.1.2 Logische Prinzipien

Die Aussagenlogik beschäftigt sich mit einer Fülle von logischen Formen, Schlüssen, Prinzipien, Tautologien (Sätzen die immer wahr sind) usw., von denen hier nur eine kleine Auswahl wenigstens gestreift werden kann. Hier einige Beispiele.

- Der Satz vom ausgeschlossenen Dritten: eine Aussage ist entweder wahr oder sie ist nicht wahr. Eine dritte Möglichkeit gibt es nicht.
- Prinzip der doppelten Negation: die Aussage *»es ist nicht wahr, daß a nicht wahr ist«* ist äquivalent mit der Aussage *»a ist wahr«*.
- Das Prinzip des Nichtwiderspruchs: eine Aussage kann nicht gleichzeitig wahr und nicht-wahr sein.
- Eine gültige Umformungsregel: die Aussage *»a oder b ist der Fall«* ist äquivalent mit der Aussage *»es ist nicht der Fall, daß a und b beide nicht der Fall sind«*.
- Eine der gültigen Arten des logischen Schließens: wenn es wahr ist, daß aus der Aussage a die Aussage b folgt, und wenn a wahr ist, dann ist auch b wahr.
- Ein weiterer gültiger logisches Schluß: wenn gilt, daß von den beiden Aussagen a oder b mindestens eine falsch ist, und wenn gleichzeitig gilt, daß a wahr ist, dann muß b falsch sein.

Um derartige Aussagen besser handhaben zu können, wurden mehrere Methoden der Formalisierung entwickelt, die sich grundsätzlich in zwei Gruppen einteilen lassen. Die erste, der die meisten mathematischen Darstellungen (und die meisten Programmiersprachen) folgen, orientiert sich eng an der sprachlichen Formulierung, wobei in der Mathematik für die logischen Operationen zumeist besondere Operatorsymbole verwendet werden wie »$\wedge$« »$\vee$«, »$\neg$« und »$\equiv$« für *und*, *oder*, *nicht* und *äquivalent*:

$$(a \vee b) \vee \neg (\neg a \wedge \neg b)$$

oder für Nichtmathematiker verständlicher:

(*a* oder *b*) äquivalent nicht(nicht *a* und nicht *b*)

In einer ganz ähnlichen Form sind logische Strukturen z.B. in VBA ausgeführt. Die andere Methode, die in erster Linie von polnischen Logikern entwickelt wurde (deshalb auch unter dem Namen »polnische Notation« bekannt), und die ebenfalls in einigen Programmiersprachen verwendet wird, stellt dieselbe Aussage so dar:

`äquivalent(oder(`*a*,*b*`),nicht(nicht(`*a*`),nicht(`*b*`)))`

Auch diese Form, die in der ursprünglichen polnischen Notation übrigens viel eleganter nur EAabNKNaNb geschrieben wird, ist in Excel zu finden: analog sind die Tabellenfunktionen aufgebaut.

Zur Untersuchung logischer Aussagen dienen Wahrheittabellen. Für eine Aussage etwa wie *a* oder *b* werden alle Kombinationen von Wahrheitswerten der beiden Einzelaussagen *a* und *b* aufgelistet und dann angegeben, welchen Wahrheitswert die verknüpfte Aussage hat.

12.1.3 Funktionen und Wahrheitstabellen

In der Aussagenlogik gibt es vier einstellige Operatoren (Negation, Identität, immer wahr, immer falsch)), von denen nur einer in der Logik allgemein benutzt wird (die Negation), und insgesamt 16 zweistellige, von denen allerdings in Excel nur zwei (nämlich UND() und ODER()) vertreten sind. Mit diesen beiden mag man für den Tabellengebrauch auskommen, für die Untersuchung aussagenlogischer Probleme ist das allerdings etwas knapp. Hier kann man leicht mit ein paar eigenen Funktionen einspringen:

```
Function äqui(a As Boolean, b As Boolean)
  äqui = a Eqv b
End Function

Function impl(a As Boolean, b As Boolean)
  impl = a Imp b
End Function

Function excl(a As Boolean, b As Boolean)
  excl = Not (a And b)
End Function

Function kontv(a As Boolean, b As Boolean)
  kontv = Not (a Eqv b)
End Function

Function rejek(a As Boolean, b As Boolean)
  rejek = Not (a Or b)
End Function
```

Mit diesen Funktionen werden die logischen Funktionen Excels um die gebräuchlichsten ergänzt. Alle logischen Funktionen lassen sich natürlich auch sprachlich definieren:

und (a,b) ist wahr, wenn *a* wahr ist und *b* wahr ist.

oder(a,b) ist wahr, wenn mindestens eines der beiden Argumente wahr ist.

äqui(a,b) (*a* ist äquivalent *b*) ist wahr, wenn beide Argumente den gleichen Wahrheitswert haben.

impl(a,b) (*a* impliziert *b*) ist wahr, wenn nicht *a* wahr und *b* falsch ist.

kontv(a,b) (*a* ist kontravalent *b*) ist wahr, wenn die beiden Argumente verschiedene Wahrheitswerte haben. Diese Funktion ist auch als exklusives Oder bekannt (*xor, xoder*).

excl(a,b) (*a* exkludiert *b*) ist wahr, wenn höchstens eines der Argumente wahr ist. Diese Funktion wird in der Digitalelektronik mit »nand« (*not and*, engl. für *nicht und*) bezeichnet.

rejek(a,b) (*a* rejiziert *b*) ist wahr, wenn keines der beiden Argumente wahr ist. Diese Funktion wird in der Informatik mit »nor« (*not or*, engl für *nicht oder*) bezeichnet.

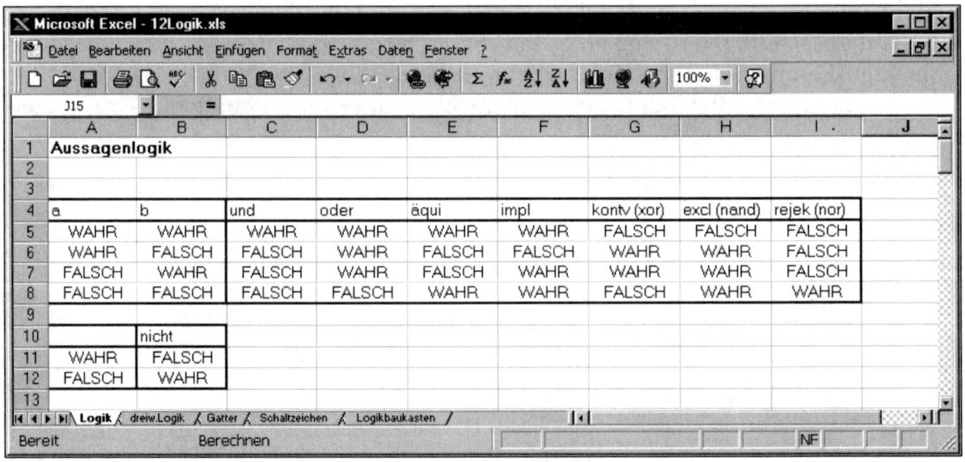

	A	B	C	D	E	F	G	H	I
1	Aussagenlogik								
2									
3									
4	a	b	und	oder	äqui	impl	kontv (xor)	excl (nand)	rejek (nor)
5	WAHR	WAHR	WAHR	WAHR	WAHR	WAHR	FALSCH	FALSCH	FALSCH
6	WAHR	FALSCH	FALSCH	WAHR	FALSCH	FALSCH	WAHR	WAHR	FALSCH
7	FALSCH	WAHR	FALSCH	WAHR	FALSCH	WAHR	WAHR	WAHR	FALSCH
8	FALSCH	FALSCH	FALSCH	FALSCH	WAHR	WAHR	FALSCH	WAHR	WAHR
9									
10		nicht							
11	WAHR	FALSCH							
12	FALSCH	WAHR							
13									

Abbildung 12.1: Wahrheitstabellen für logische Funktionen

Abbildung 12.1 zeigt die Wahrheitstabellen der eingebauten und der ergänzten logischen Funktionen. Bei der Eingabe der Wahrheitswerte und Funktionen muß beachtet werden, daß Excel bei logischen Funktionen nicht so recht mit Bereichen umgehen kann. Es funktioniert also nicht, die Bereiche mit den Wahrheitswerten der beiden Argumente mit *a* und *b* zu benennen und dann Formeln einzugeben wie:

```
=UND(a;b)
```

Excel nimmt dann die ganze Matrix als Argument und reagiert mit einer Fehlermeldung. Man muß also wohl oder übel mit den Zelladressen arbeiten (z.B. =UND(a5;b5)) und die Formeln dann durch Kopieren vervielfältigen.

12.1.4 Immer falsche und immer wahre Aussagen

Mit Hilfe der Funktionen und Wahrheitstabellen lassen sich leicht zusammengesetzte Aussagen überprüfen. Abbildung 12.2 zeigt einige Beispiele, die zu den Prinzipien der Logik gehören. Zur Erklärung einige Hinweise.

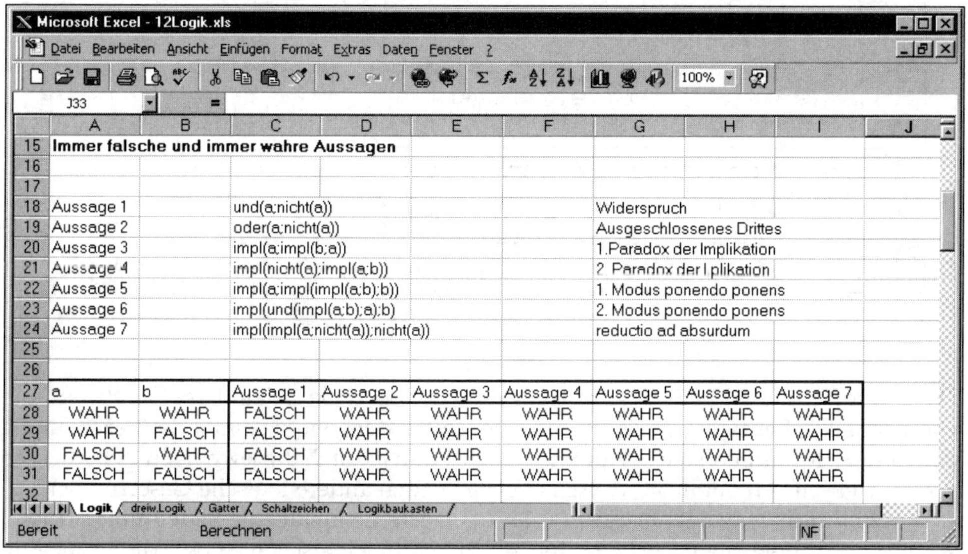

	A	B	C	D	E	F	G	H	I
15	Immer falsche und immer wahre Aussagen								
16									
17									
18	Aussage 1		und(a;nicht(a))				Widerspruch		
19	Aussage 2		oder(a;nicht(a))				Ausgeschlossenes Drittes		
20	Aussage 3		impl(a;impl(b;a))				1.Paradox der Implikation		
21	Aussage 4		impl(nicht(a);impl(a;b))				2. Paradox der I plikation		
22	Aussage 5		impl(a;impl(impl(a;b);b))				1. Modus ponendo ponens		
23	Aussage 6		impl(und(impl(a;b);a);b)				2. Modus ponendo ponens		
24	Aussage 7		impl(impl(a;nicht(a));nicht(a))				reductio ad absurdum		
25									
26									
27	a	b	Aussage 1	Aussage 2	Aussage 3	Aussage 4	Aussage 5	Aussage 6	Aussage 7
28	WAHR	WAHR	FALSCH	WAHR	WAHR	WAHR	WAHR	WAHR	WAHR
29	WAHR	FALSCH	FALSCH	WAHR	WAHR	WAHR	WAHR	WAHR	WAHR
30	FALSCH	WAHR	FALSCH	WAHR	WAHR	WAHR	WAHR	WAHR	WAHR
31	FALSCH	FALSCH	FALSCH	WAHR	WAHR	WAHR	WAHR	WAHR	WAHR
32									

Abbildung 12.2: Überprüfung einiger logischer Prinzipien

1. *»a und nicht a«* ist immer falsch, unabhängig davon ob *a* wahr oder falsch ist.
2. Da *a* nur den Wert wahr oder falsch annehmen kann, gilt auf jeden Fall *»a oder nicht a«*.
3. Eine wahre Aussage folgt aus jeder Aussage. »Wenn die Sonne scheint, dann ist zwei mal zwei vier« stimmt immer, egal ob die Sonne scheint.
4. Aus einer falschen Aussage folgt jede Aussage. »Wenn im Himmel Jahrmarkt ist, dann stehen hier unten die Buden« ist insgesamt wahr.
5. Wenn *a* gilt, dann gilt, wenn *a b* impliziert, auch *b*. Das ist einer der (schon im Altertum bekannten) gültigen logischen Schlüsse.
6. Wenn *a b* impliziert und *a* wahr ist, dann ist auch *b* wahr. Das ist eine abgewandelte Form von 5.
7. Wenn aus *a nicht a* folgt, dann gilt auf jeden Fall *nicht a*.

12.1.5 Logische Äquivalenzen

Bei logischen Gesetzen handelt es sich um zusammengesetzte Aussagen, die immer wahr sind, deren Wahrheitswert also nicht von den Wahrheitswerten der einzelnen Argumente abhängt. Hier als Beispiel zunächst die de Morgan'schen Regeln, die es gestatten Ausdrücke mit *und* in solche mit *oder* umzuformen und umgekehrt.

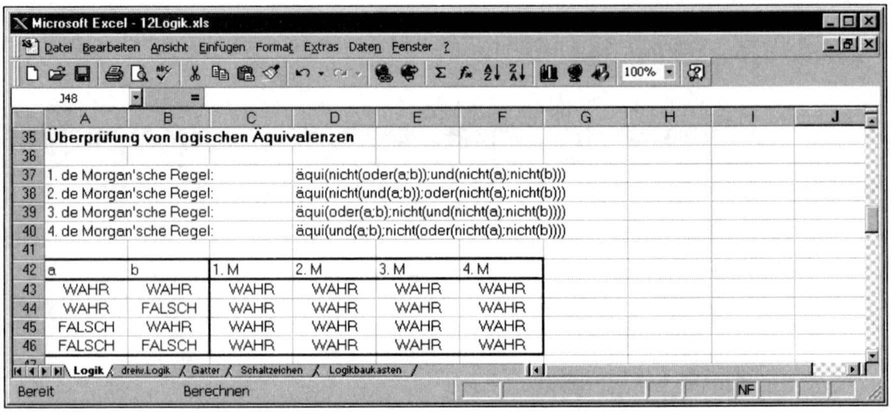

Abbildung 12.3: Überprüfung der de Morgan'schen Regeln

Die Überprüfung (Abbildung12.3) ergibt erwartungsgemäß, daß diese Gesetze immer wahr sind. Die Formeln können so geschrieben werden, wie sie hinter der Bezeichnung der Gesetze formuliert sind; es muß lediglich *a* und *b* durch die jeweiligen Zelladressen ersetzt werden. Auf ähnliche Weise lassen sich auch andere logische Gesetze überprüfen. Abbildung 12.4 zeigt ein Beispiel, an dem sich die inhaltliche Bedeutung der logischen Implikation, die schon von den Anfängen der logischen Entwicklung her umstritten war, zu klären.

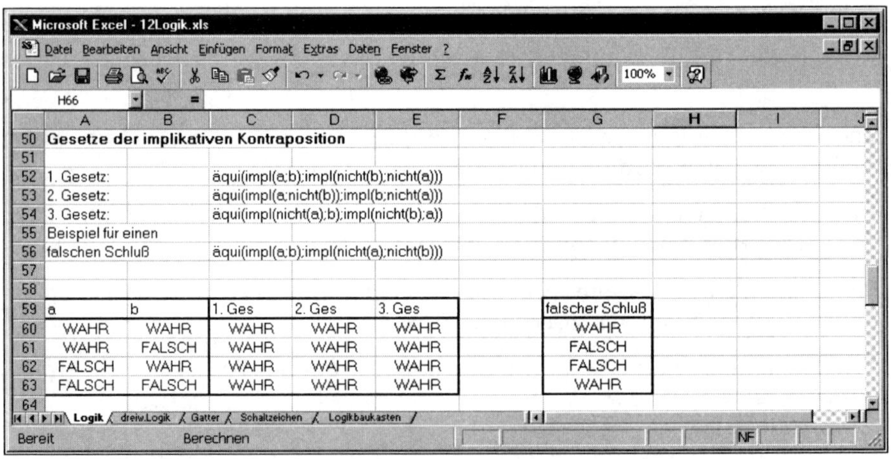

Abbildung 12.4: Gesetze der implikativen Kontraposition

Auch hierzu wieder einige kurze Hinweise.

1. *a* impliziert *b* ist äquivalent mit der Aussage *nicht b* impliziert *nicht a*. Wenn also *b* aus *a* folgt und *b* ist falsch, dann ist auch *a* falsch und umgekehrt.
2. *a* impliziert *nicht b* ist äquivalent mit der Aussage *b* impliziert *nicht a*. Hier ist lediglich im ersten Beispiel *b* durch *nicht b* ersetzt.
3. Hier ist in 1 *a* durch *nicht a* ersetzt.
4. Ein Beispiel für einen *logischen Fehlschluß*, der sich in Debatten einer außerordentlichen Beliebtheit erfreut: wenn aus *a b* folgt, dann folgt aus *nicht a nicht b*.

12.1.6 Reduktion auf einen Operator

Als Überleitung zum Rest des Kapitels sei ein Beispiel angeführt, das in der Digitalelektronik von großer Bedeutung ist. Anfang des Jahrhunderts entdeckten unabhängig voneinander Peirce und Sheffer, daß sich alle logischen Operatoren auf einen einzigen zurückführen lassen. Hierfür kommen die von Sheffer verwendete Exklusion und die Rejektion in Frage.

Um alle Operatoren auf die Exklusion zurückzuführen, sind teilweise sehr umfangreiche logische Formeln erforderlich. Aber abgesehen von der logisch-philosophischen Bedeutung – daß eben tatsächlich alle logischen Operatoren durch einen einzigen zu ersetzen sind – besteht hier auch eine technische Bedeutung: da die Exklusion dem besonders einfach herzustellenden logischen NAND-Gatter entspricht, liefern die angeführten logischen Operationen gleichzeitig ein Vorbild dafür, wie logische Verknüpfungen aller Art mit einem einzigen Schaltbaustein realisierbar sind (Abbildung 12.5).

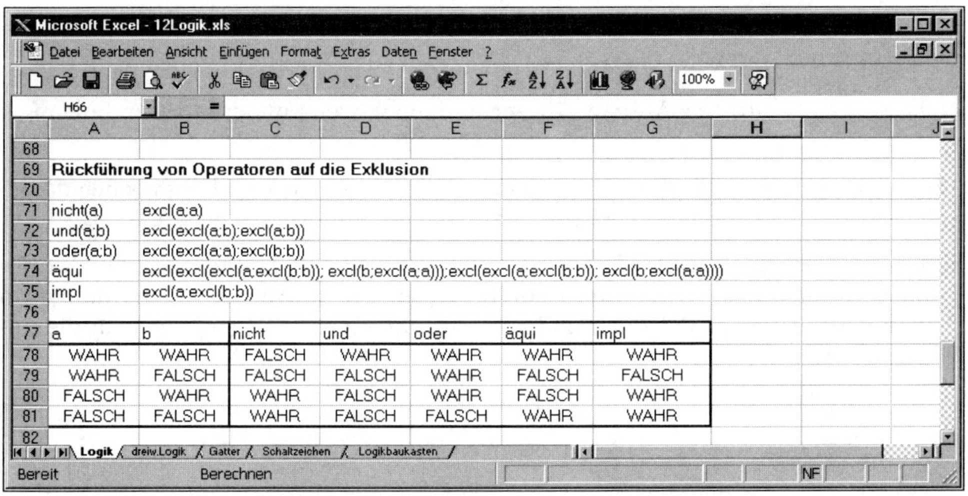

Abbildung 12.5: Rückführung auf einen Operator

12.2 Logikbaukasten

In zahlreichen Bereichen, nicht nur in Ihrem PC, sondern auch in der Steuerungs- und Regelungstechnik, in der Konsumelektronik und der Musikelektronik, wird mit logischen Schaltkreisen gearbeitet. Das sind Schaltkreise, die sich durch zweierlei Eigenschaften auszeichnen:

1. Es werden Signale verwendet, die nur zwei Zustände annehmen können. Sie werden mit 1-0, H-L (für *high* und *low*), oder einfach *wahr* – *falsch* bezeichnet. Hier soll immer 0-1 verwendet werden.
2. Der Ausgangszustand derartiger Schaltkreise ist vom Zustand eines oder mehrerer Eingänge abhängig.

Ein Beispiel für einen solchen logischen Schaltkreis ist das bereits im letzten Abschnitt vorgestellte NAND-Gatter, das die Signale der Eingänge mit der Exklusion (*nicht und*) verknüpft. Für die Untersuchung logischer Schaltkreise und ihres Zusammenwirkens spielt die Frage, wie sie technisch realisiert werden, keine Rolle. Gleichgültig, ob es sich um elektronische, pneumatische oder neuerdings auch biotechnische Varianten handelt – das Grundprinzip und die logische Funktionsweise sind immer gleich.

Einfache logische Schaltkreise können zu immer komplexeren Funktionseinheiten zusammengesetzt werden. Um das Prinzip verständlich und nachvollziehbar zu machen, genügt es daher, zunächst mit den Basiseinheiten zu beginnen. Die grundlegenden Elemente logischer Schaltkreise sind die sogenannten Gatter. Dies sind Schaltkreise, die zwei oder mehr Eingänge haben, von deren Zuständen der Ausgang unmittelbar logisch abhängt. Vier dieser Gatter haben dabei besondere Bedeutung erlangt:

AND Der Ausgang ist genau dann 1, wenn alle Eingänge 1 sind, sonst ist er 0.

OR Der Ausgang ist genau dann 1, wenn mindestens ein Eingang 1 ist.

NAND (NOT AND) Der Ausgang ist genau dann 0, wenn alle Eingänge 1 sind.

NOR (NOT OR) Der Ausgang ist genau dann 0, wenn mindestens ein Eingang 1 ist.

Die Eigenschaften der Gatter werden häufig in sogenannten Wahrheitstabellen dargestellt (in der Abbildung12.6 gleich mit den zugehörigen Schaltsymbolen).

Es ist kein Problem, derartige Gatter in Excel mit jeweils einer Formel nachzubilden. Sie können von den oben gegebenen Definitionen ausgehen. Angenommen, die beiden Eingänge stehen in den Zellen A1 und A3, dann kann in der Ausgangszelle für die einzelnen Gatter stehen:

AND `=WENN(UND(A1=1;A3=1);1;0)`

OR `=WENN (ODER(A1=1;A3=1);1;0)`

NAND `=WENN (NICHT(UND(A1=1;A3=1));1;0)`

NOR `=WENN (NICHT (ODER (A1=1;A3=1));1;0)`

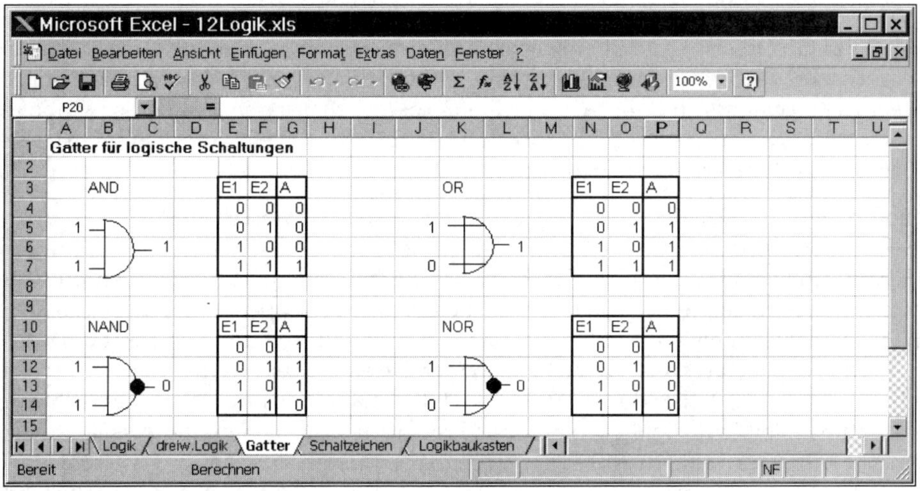

Abbildung 12.6: Logikgatter mit Wahrheitstabellen

Wollen Sie sich mit WAHR und FALSCH für die beiden Schaltzustände begnügen, würde es reichen zu schreiben:

AND `=UND (A1;A3)`

Schon beim Zusammenschalten mehrerer Schaltkreise wird dieses Verfahren umständlich. Um etwa zwei AND-Gatter mit einem OR-Gatter so zu verbinden, daß die Ausgänge der beiden AND-Gatter auf dem OR-Gatter liegen, müssen Sie als Formel verwenden:

```
=WENN (ODER (UND (A1=1;A3=1);UND(A5=1;A7=1));1;0)
```

(Wobei die Eingänge der AND-Gatter auf A1-A3 und A5-A7 liegen). Je komplexer die Zusammensetzung wird, um so umständlicher wird das Verfahren, wenn Sie auf diese Weise mit geschachtelten Ausdrücken arbeiten. Einfacher wird die Verknüpfung, wenn Sie die Ergebniszelle eines Gatters per Verweis wieder als Eingang verwenden. Hierzu kann auch ein Logikbaukasten dienen, der die wichtigsten Gatter zur Verfügung stellt, so daß Sie diese einfach mit einem Klick zusammensetzten können. Sie müssen die Gatter dann lediglich noch miteinander verknüpfen.

12.2.1 Erstellung der Schaltzeichen

Die Schaltzeichen lassen sich mit den Zeichenwerkzeugen von Excel oder mit irgend einem Zeichenprogramm, z.B. MS-Paint, gestalten. Aus einem Malprogramm über die Zwischenablage übernommene Zeichnungen verbrauchen zwar erheblich mehr Speicherplatz; doch sind die spezialisierten (Pixel-) Malprogramme oder (Vektor-) Zeichenprogramme meist leistungsfähiger und/oder einfacher zu bedienen als die Werkzeuge, die Excel zur Verfügung stellt. Bei der Verwendung der Zeichenwerkzeuge von Excel 5 und 95 ergeben sich aber auch zuweilen Probleme, deren Ursache nicht eindeutig zu klären ist. Um die genannten Schwierigkeiten (Abstürze!) zu vermeiden, sind Vorsichtsmaßnahmen angebracht:

1. Speichern Sie Ihre Datei möglichst nach jedem Arbeitsschritt.
2. Bei der Gruppierung von Objekten ergibt sich bei komplexeren Zeichnungen eine geschachtelte Gruppierungshierarchie, die möglicherweise Ursache der Probleme ist. Es empfiehlt sich daher, das fertige Objekt zu markieren, dann das Symbol für GRUPPIERUNG AUFHEBEN so oft anzuklicken, bis das Objekt komplett entgruppiert ist, und es dann erneut zu gruppieren.

Beim Erstellen der Schaltzeichen gibt es lediglich eine Schwierigkeit: Weder Excel noch MS-Paint verfügen über einen Halbkreis. Die Vorgehensweise soll hier kurz für MS-Paint (für Windows 95) beschrieben werden, bei anderen Programmen oder Programmversionen ist die Vorgehensweise entsprechend anzupassen. In MS-Paint erstellen Sie zunächst einen Kreis indem Sie das Symbol anklicken und den Kreis aufziehen. Um daraus einen Halbkreis zu machen, können Sie einfach ein weißes Rechteck (vorher weiße Farbe wählen) über die überflüssige Hälfte des Kreises ziehen. Waagerechte und senkrechte Linien (zum Schließen des Halbkreises und für die Ein- und Ausgänge) werden mit Hilfe des Linienwerkzeuges gezogen. Es lohnt sich, bei den verschiedenen Schaltzeichen mit Kopien zu arbeiten, damit man nicht die gleichen Arbeiten öfter machen muß. Eine Kopie läßt sich in MS-Paint erstellen, indem Sie um das Objekt einen Kopierrahmen ziehen (gestricheltes Rechteck-Werkzeug), es dann mit der Tastenkombination [Strg]+[C] in die Zwischenablage kopieren und schließlich mit [Strg]+[V] wieder einfügen und positionieren.

Die fertigen Bilder werden auf die gleiche Weise in die Zwischenablage übernommen und dann in Excel eingefügt. Achten Sie darauf, daß Sie die Symbole als Bitmaps und nicht als OLE-Objekte einfügen (BEARBEITEN, INHALTE EINFÜGEN). Letztere erkennen Sie daran, daß sie bei einem Doppelklick die Anwendung starten, die in Windows für diesen Datentyp registriert ist – meist wird dies dasjenige Programm sein, mit dem Sie die Schaltsymbole erstellt haben. Als nächster Schritt werden die Schaltzeichen auf die richtige Größe gebracht. Wenn Sie alle auf einmal markieren (das Symbol OBJEKTE MARKIEREN der Symbolleiste ZEICHNEN anklicken und dann um alle einen Rahmen ziehen), kann man bei allen zugleich über den Kontextmenübefehl FORMAT OBJEKT (Excel 5 + 95) bzw. GRAFIK FORMATIEREN (Excel 97) auf der Dialogseite MUSTER (Excel 5 + 95) bzw. FARBEN UND LINIEN (Excel 97) den Rahmen entfernen und unter EIGENSCHAFTEN (alle Versionen) die Abhängigkeit von den Zellpositionen aufheben. Im Fall von Excel 97 können Sie schließlich mit der Schaltfläche TRANSPARENTE FARBE BESTIMMEN der Dialogleiste GRAFIK die Schaltzeichen den Hintergrund der Schaltzeichen transparent machen. Eine ähnliche Schaltfläche für ältere Excel Versionen ist leider nicht vorhanden, so daß Sie sich damit abfinden müssen, daß im Bereich der Schaltzeichen der weiße Hintergrund der Bitmaps die Tabellenlinien verdeckt.

Alternativ können Sie die Symbole auch innerhalb von Excel mit den eingebauten Zeichenwerkzeugen als Vektorgrafiken anlegen. Die prinzipielle Vorgehensweise bei Excel 5 + 95 ist dieselbe wie oben: Sie blenden die Symbolleiste ZEICHNEN ein, wählen die Schaltfläche ELLIPSE ziehen einen Kreis auf. Dann wählen Sie die Schaltfläche RECHTECK und ziehen eine Rechteck auf, daß den halben Kreis überdeckt. Mit dem Befehl OBJEKT formatieren des Kontextmenüs schalten Sie auf der Dialogseite MUSTER die Umrandungslinie ab und die Füllfarbe weiß für die Fläche ein. Die gerade Begrenzung des Halbkreises und die Anschlüsse erhalten Sie über das Linienwerkzeug, wobei es genügt, einen Anschluß zu zeichnen und diesen, solange noch markiert, mit [Strg]+[C] in die Zwischenablage kopieren. Mit [Strg]+[V] können Sie dann eine Kopie einfügen und an die gewünschte Stelle verschieben. Die unten abgebildeten Beispiele wurden mit einer anderen Technik konstruiert, hier wurde der Hablkreis aus zwei Viertelkreisen und einer Linie zusammengefügt. Ist Ihr Schaltsymbol fertig oder wollen Sie das bisher erreichte gegen versehentliche Änderungen schützen, wählen Sie alle Elemente der Zeichnung mit der Schaltfläche OBJEKTE MARKIEREN und Aufziehen eines Rechteckes aus. Durch die Schaltfläche OBJEKTGRUPPIERUNG werden die Elemente zu einer Gruppe zusammengefaßt, die sich wie ein einziges Objekt verhält, bis Sie die Gruppierung wieder aufheben. Es ist vorteilhaft, für die Zeichenoperationen mit einer Vergrößerung von mindestens 200 % zu arbeiten, da andernfalls ein genaues Arbeiten schwierig ist.

In Excel 97 ist die Vektorgrafik, wie vieles andere auch, vollständig überarbeitet worden. Excel 97 (und die übrigen Programme von Office 97) arbeiten anstatt mit einfachsten Grafikprimitiven nun mit sogenannten Autoformen, die teilweise schon recht komplex sein können. Wenn Sie ein solches vorgefertigtes Zeichnungselement in der Symbolleiste ZEICHNEN, Steuerungselement AUTOFORMEN, auswählen und dann in die Tabelle klicken, wird das Objekt dort in einer Standardgröße erzeugt. Sie können es nun vergrößern und verkleinern und mit Hilfe der vorhandenen Anfasser im vorgegebenen Rahmen verändern. Es ist zwar (noch) kein fertiger Satz Schaltsymbole unter den Autoformen vorhanden, dafür aber Linien, Verbindungen, Standardformen, Blockpfeile, Flußdiagrammsymbole, Sterne und Banner und schließlich Legendensymbole und Sprechblasen. Unter den Standardsymbolen finden Sie einen Viertelkreis, den Sie an einem Anfasser zu einem Halbkreis ausziehen können. Die beiden Endpunkte des Halbkreises können Sie mit einer geraden Verbindunglinie verbinden. Linien für die Anschlüsse fügen Sie auf die gleiche Weise ein, wobei Sie durch Halten der Unmschalt-Taste erreichen, daß die Linie nur bestimmte Winkel annehmen kann. Auch hier können Sie am Ende alle Elemente markieren, indem Sie mit niedergedrückter Schaltfläche um die Objekte ein Rechteck aufziehen. Den Befehl zum Gruppieren finden Sie im Kontextmenü der ausgewählten Objekte.

Um die folgenden Experimente durchzuführen, werden die vier Grund-Gatter mit je zwei Eingängen benötigt, zusätzlich je ein NAND- und ein NOR-Gatter mit drei Eingängen. Dem weiteren Ausbau steht natürlich nichts im Wege, immerhin werden für manche Schaltungen auch Gatter mit 16 Eingängen benutzt.

Die Zeichen werden so, wie es die folgende Abbildung zeigt, in eine Tabelle eingefügt. Damit sie exakt zur Spaltenbreite passen, werden sie noch etwas schmaler gemacht, so daß Ziffern (1 oder 0) die vor die Eingänge oder hinter die Ausgänge geschrieben werden, gerade noch sichtbar sind. Ist das erledigt, werden sie alle markiert und die Abhängigkeit von der Zellposition und -größe hergestellt. Das gewährleistet, daß die Schaltzeichen beim Kopieren exakt plaziert werden und daß sie sich bei Größenveränderungen der Zellen mitverändern (siehe Abbildung 12.7).

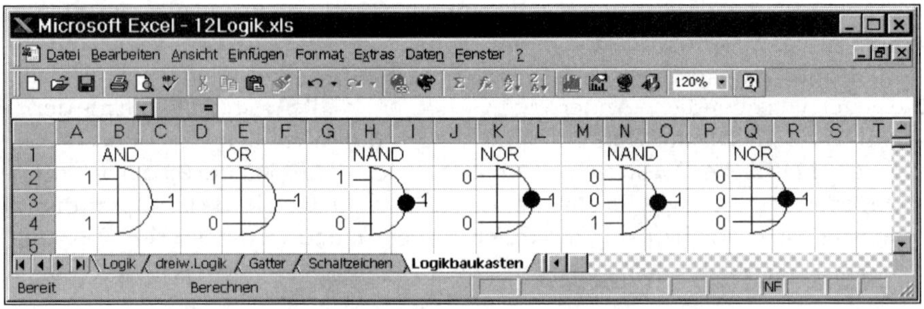

Abbildung 12.7: Schaltzeichen Logik

12.2.2 Zuweisen der Funktionen

Die fertigen Schaltzeichen haben natürlich noch keine Funktion, die müssen sie erst mit Hilfe von Formeln erhalten, die dafür sorgen, daß die Ausgänge in richtiger Weise auf die Eingangszustände reagieren.

Die Formeln hierfür wurden oben schon besprochen, es genügt hier also eine einfache Aufzählung. Wenn die grafischen Objekte so angeordnet sind wie in der Abbildung, dann gehören zu ihnen folgende Formeleinträge (am Anfang steht immer die Zelle, die den Eintrag aufnimmt):

```
C3:    =WENN(UND(A2=1;A4=1);1;0)
F3:    =WENN(ODER(D2=1;D4=1);1;0)
I3:    =WENN(NICHT(UND(G2=1;G4=1));1;0)
L3:    =WENN(NICHT(ODER(J2=1;J4=1));1;0)
O3:    =WENN(NICHT(UND(M2=1;M3=1;M4=1));1;0)
R3:    =WENN(NICHT(ODER(P2=1;P3=1;P4=1));1;0)
```

12.2.3 Prozeduren für den Logikbaukasten

Wenn Sie jetzt mehrere dieser Schaltkreise zu einer Schaltung zusammenfügen wollen, dann müßten Sie in zwei Schritten vorgehen. Sie kopieren die Formel an den entsprechenden Ort und anschließend davon getrennt das Schaltzeichen. Dieser doppelte Prozeß ist etwas lästig, so daß es sich empfiehlt, hierfür VBA-Prozeduren zu entwickeln. Die Prozeduren für die verschiedenen Gatter sind weitgehend identisch, sie unterscheiden sich lediglich an zwei Punkten: an der Bezeichnung des zu kopierenden Schaltzeichens (»Gruppe n« bei Excel-Zeichnungen) und an der Zelladresse, aus der die Formel übernommen werden soll. Es sei daran erinnert, daß Sie die Bezeichnung eines angewählten Objekt immer dem Namensfeld in der Bearbeitungszeile entnehmen können.

Wenn eine Gruppe von Unterprogrammen so weitgehend übereinstimmt, ist es sicher sinnvoll, alle Funktionen auf eine einzelne zurückzuführen, die dann im Idealfall als einzige gewartet werden muß, falls Änderungen notwendig werden:

```
Sub setze_gatter(name As String, quelle As String)
    Dim hier
    hier = ActiveCell.Address()
```

```
    ActiveSheet.Shapes(name).Copy                  ' ← --Excel 97
   'ActiveSheet.DrawingObjects(name).Copy          ' ← --Excel 95
    ActiveSheet.Paste
    Selection.OnAction = "" 'Kopie ohne Makro!
    Range(hier).Select
    Selection.Offset(1, 1).Range("A1").Select
    ActiveCell.FormulaR1C1 = Range(quelle).FormulaR1C1
    Selection.Offset(0, 1).Range("A1").Select
End Sub
```

Der erste Schritt ist, daß die Adresse der aktive Zelle, d.h. der Zelle, in der beim Aufruf des Makros der Zellzeiger steht, in die Variable `hier` eingelesen wird. Diese Adresse wird benötigt, da nach dem Kopieren des Schaltzeichens die Markierung auf dem Schaltzeichen sitzt; sie muß aber wieder auf die Zelle gesetzt werden, damit die Formel übertragen werden kann. Anschließend wird das Schaltzeichen in die Zwischenablage kopiert und dann in das aktive Blatt eingefügt werden. Der Ort, an dem es eingefügt wird, ist automatisch die Position des Zellzeigers.

An dieser Stelle gibt es einen wichtigen Unterschied zwischen Excel 95 und Excel 97: Die Klassen `DrawingObject` und `DrawingObjects` werden von Excel 97 nicht mehr ohne besondere Maßnahmen unterstützt, von ihrer Benutzung wird dringend abgeraten. An ihrer Stelle sollen nun die Klassen `Shape` bzw. `Shapes` verwendet werden. Dadurch, daß die allen gemeinsame Funktionalität der Makros in einem einzigen Unterprogramm zusammengefaßt ist, muß beim Wechsel zwischen Excel 95 und Excel 97 nur eine einzige Zeile geändert werden. Beachten Sie übrigens, daß `Shapes` keine deutschen Indizes mehr versteht!

Normalerweise wird ein grafisches Objekt mit seinen Eigenschaften kopiert. Da den Schaltzeichen später die hier beschriebenen Prozeduren zugewiesen werden sollen, würde diese Zuweisung mitkopiert. Man könnte die Prozeduren also von jedem so erzeugten Objekt aus starten. Das kann durchaus sinnvoll sein, für den Logikbaukasten wird die Zuweisung aber aufgehoben. Anschließend wird der Zellzeiger wieder in die Ausgangszelle gesetzt (Variable `hier`). Dann wird der Zellzeiger um eine Zeile und eine Spalte verschoben, und in diese Zelle wird die zum Schaltzeichen gehörende Formel geschrieben. Zum Schluß wird der Zellzeiger eine Spalte weiterbewegt.

Die eigentlichen Makros sind nun einfach auf `setze_gatter` zurückzuführen, indem diese Unterprogramme immer mit dem Namen des zu kopierenden Bildes und der Adresse der zu kopierenden Formel aufgerufen werden:

```
Sub setze_and()
    setze_gatter "Group 9", "C3"
End Sub

Sub setze_or()
    setze_gatter "Group 16", "F3"
End Sub

Sub setze_nand()
    setze_gatter "Group 60", "I3"
```

```
End Sub

Sub setze_nor()
    setze_gatter "Group 59", "L3"
End Sub

Sub setze_nand3()
    setze_gatter "Group 58", "O3"
End Sub

Sub setze_nor3()
    setze_gatter "Group 57", "R3"
End Sub
```

Wenn Sie jetzt zurückkehren in die Tabelle, dann werden z.B beim Aufruf von `set_and` Schaltzeichen und Formel so kopiert, daß sie rechts vom Zellzeiger an eingefügt werden. Das ermöglicht es wie in Abbildung 12.8 gezeigt, gleich das nächste Schaltzeichen anzufügen, so daß mehrere Gatter gleich hintereinander geschaltet werden können.

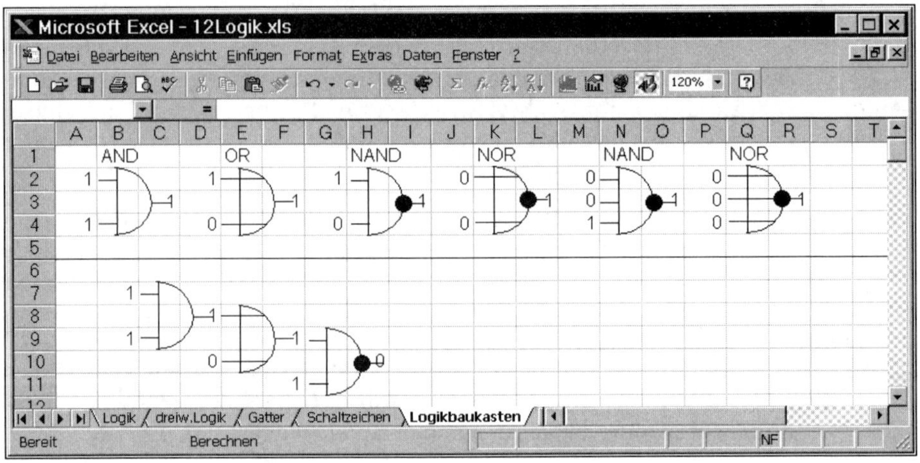

Abbildung 12.8: Zusammenschalten mehrerer Gatter

Die Werte für die freien Eingänge sind hierbei natürlich von Hand eingefügt. Für die Abbildung wurde der Zellzeiger zunächst auf C7 gesetzt, dann folgt der Aufruf von `setze_and`, `setze_or` und `setze_nand`. Die Gatter werden dabei automatisch so angeordnet, daß der Ausgang des ersten Gatters auf einem der Eingänge des nächsten Gatters liegt.

Nun wäre es natürlich unsinnig, wenn man die Prozeduren immer über ihren Namen aufrufen wollte. Da genügt ja schließlich auch ein Mausklick. Hierzu werden die einzelnen Schaltzeichen mit der rechten Maustaste angeklickt, ZUWEISEN bzw. MAKRO ZUWEISEN im Kontextmenü liefert die Liste mit den Prozeduren, aus der die jeweils zuzuordnende ausgewählt wird. Anschließend reicht der Klick auf das Schaltzeichen, um das entsprechende Gatter mit Formel an der aktuellen Zellzeigerposition einzufügen.

Es bleibt noch eine letzte Maßnahme. Um zu gewährleisten, daß die Schaltzeichen immer zugänglich bleiben, wird das Fenster fixiert. Hierzu klicken Sie den Zeilenkopf der 6. Zeile an und benutzen dann den Befehl FENSTER, FIXIEREN. Oberhalb der 6. Zeile ist jetzt eine etwas dickere Linie zu sehen. Der darüber liegende Bereich bleibt jetzt immer sichtbar und zugänglich, egal wohin Sie sich in der Tabelle bewegen.

12.2.4 Beispielanwendungen

Doch nun zu einigen Anwendungen. Als erstes zwei Beispiele für das Zusammenschalten von Gattern. Die Vorgehensweise ist denkbar einfach. Die Verknüpfung der beiden AND-Gatter mit einem OR-Gatter geht folgendermaßen vor sich (die Adressen in der Abbildung vorausgesetzt): Sie markieren B21 und klicken AND an. Ein weiterer Klick auf OR fügt das nächste Gatter an der richtigen Stelle ein. Anschließend kommt der Zellzeiger auf B25 und AND wird angeklickt. Jetzt fehlt nur noch die »Verdrahtung« von C26 (Ausgang zweites AND) zu C24 (Eingang OR). In die Zelle C24 kommt die Formel `=C26`. Eine Verbindungslinie zwischen Ausgangs- und Eingangszelle vervollständigt das Schaltbild in Abbildung 12.9. Der Test führt erwartungsgemäß zu dem Ergebnis: Nur wenn bei einem der beiden ANDs beide Eingänge 1 sind, ist der Ausgang des OR auch 1, sonst immer 0.

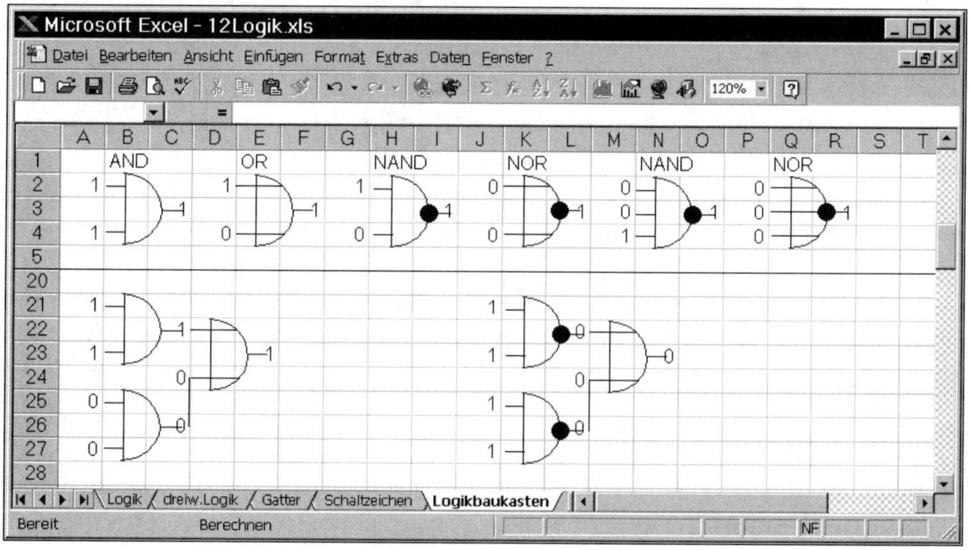

Abbildung 12.9: Verschiedene Schaltungen mit Logikgattern

Die zweite in Abbildung 12.9 abgebildete Schaltung (zwei NANDs verknüpft mit einem OR) dient dazu, ein NAND-Gatter mit vier Eingängen nachzubilden. Aufgebaut wird die Schaltung analog zum vorherigen Beispiel. Auch hier führt der Test zum erwarteten Ergebnis: Der Ausgang des NOR ist nur dann 0, wenn alle vier Eingänge 1 sind, sonst ist er 1.

Mit den Gattern läßt sich natürlich auch mehr anfangen. Zunächst als Beispiel zwei einfache Flip-Flop-Schaltungen (Bistabile Kippstufen). Der Zusammenbau ist wieder denkbar einfach (wieder die Adressen der Abbildung vorausgesetzt). Die resultierende Schaltung ist in Abbildung 12.10 gezeigt.

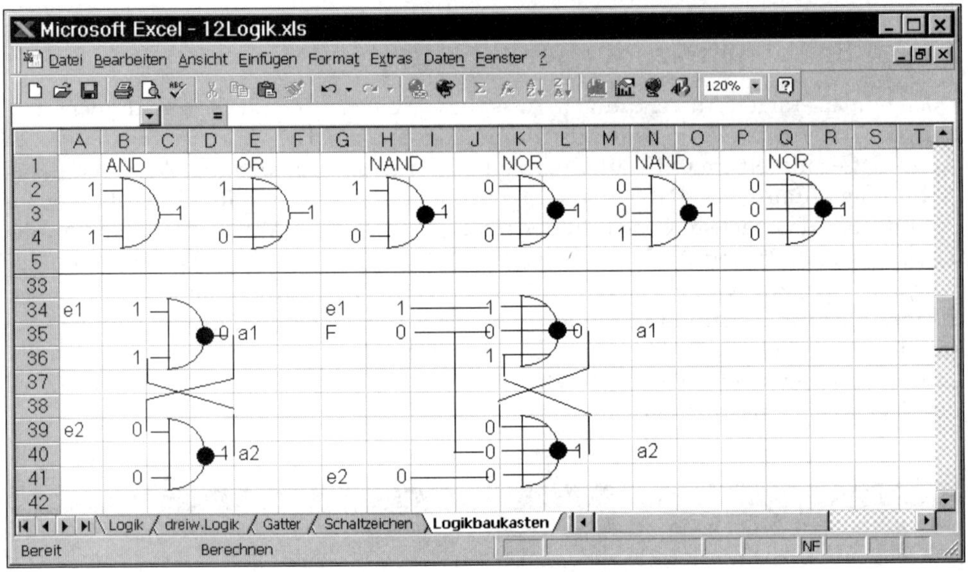

Abbildung 12.10: Einfache Flip-Flop-Schaltungen

Markiert wird C34, Sie klicken auf NAND, dann auf C39 und wieder NAND. Für die Überkreuz-Rückkopplungen erhält B36 die Formel =D40 und B39 die Formel =D35. Anschließend wird das Schaltbild wieder mit ein paar Linien vervollständigt.

Wenn Sie das Beispiel nachvollziehen, dann werden Sie beim Eintragen der Rückkopplungen von Excel mit der Meldung bedacht, daß Excel den Zirkelbezug nicht auflösen kann. Um zu testen, wie das funktioniert, empfiehlt sich folgendes Experiment. Tragen Sie in eine Zelle (z. B. L47) eine 1 ein, dann in die Zelle M47 `=L47+1`, dann zurück in L47 die Formel `=M47+1`. Wieder erscheint die Meldung, weil die Zellen jetzt wechselseitig voneinander abhängen, und das Ergebnis stimmt nicht. In der zweiten Zelle steht zwar erwartungsgemäß 2, in der ersten müßte demnach 3 stehen, dann aber müßte in der zweiten 4, in der ersten 5 stehen usw.

Excel kann natürlich auch mit iterativen (Zirkel-)Bezügen umgehen, doch ist diese Option normalerweise ausgeschaltet, da Neuberechnungen hierdurch sehr langwierig werden können. Mit dem Befehl EXTRAS, OPTIONEN lassen sich auf der Dialogseite BERECHNEN die Optionen für iterative Berechnungen (sich wiederholende Berechnungen bei Zirkelbezügen) einstellen (Abbildung 12.11).

Wenn Sie hier die Option ITERATION wählen (die Zahl der Iterationen kann bei den voreingestellten 100 belassen werden), dann werden Sie sehen, daß in dem Testbeispiel die wechselseitige Berechnung hundertmal durchgeführt wird, so daß die Ergebnisse der beiden Zellen bei 201 und 202 landen.

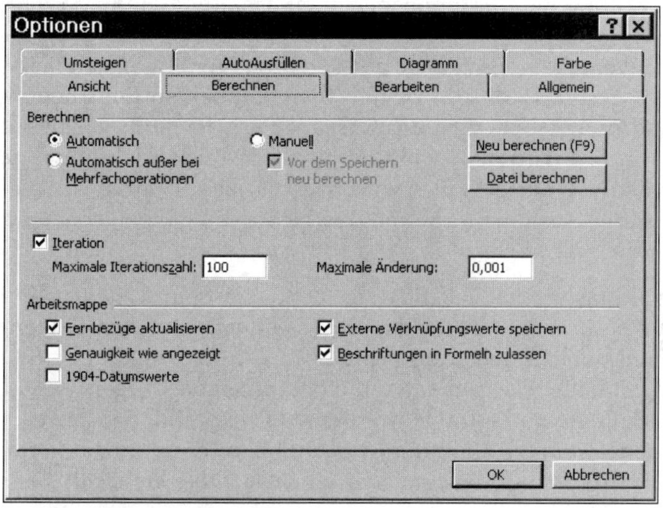

Abbildung 12.11: Dialog OPTIONEN, *Dialogseite* BERECHNEN

Doch zurück zu der Logikschaltung. Der Zirkel sieht hier so aus: D35 bezieht sich auf B34 und B36, B36 auf D40, D40 auf B39 und B41, B39 auf D35. Nachdem die Option für Iterationen gewählt wurde, verschwindet auch die Meldung aus der Statuszeile.

Ähnliches geschieht übrigens auch, wenn Sie die Beispielsdatei diese Kapitels laden. Sie erhalten die Warnung »Kann Zirkelbezüge nicht auflösen«. Auch hier müssen Sie also zunächst die Option für die Iteration einstellen.

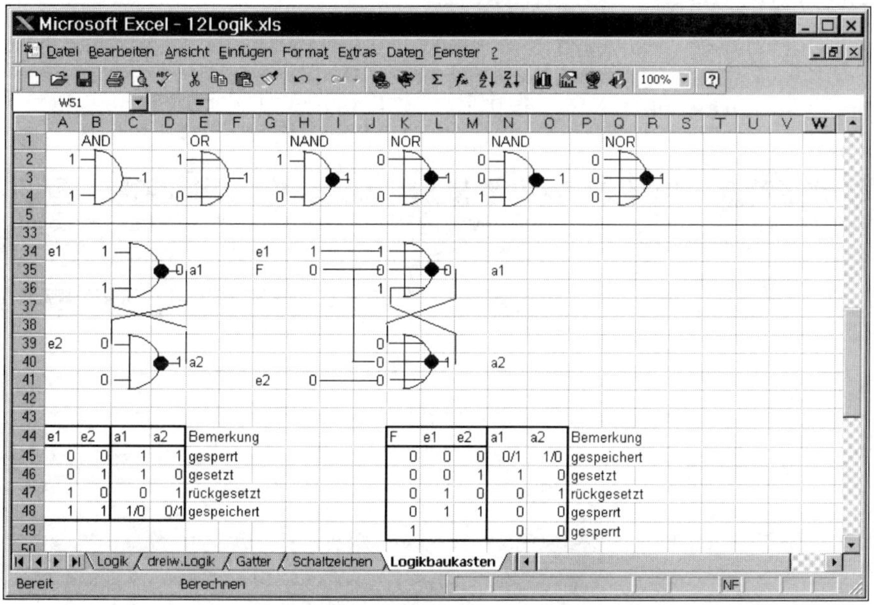

Abbildung 12.12: Flip-Flops mit Zustandstabellen

Die Funktionsprüfung der zusammengebauten Schaltung ergibt das charakteristische Verhalten eines Flip-Flops. Es läßt sich in der in Abbildung 12.12 gezeigten Tabelle zusammenfassen. Wenn beide Eingänge auf 0 gesetzt werden, haben beide Ausgänge 1, das Flip-Flop ist gesperrt. Mit 0/1 oder 1/0 an den beiden Eingängen wird das Flip-Flop gesetzt und rückgesetzt, d.h., die Ausgänge werden auf je einen spezifischen Zustand gesetzt. Mit 1/1 wird der jeweils herrschende Zustand festgeschrieben. Der Unterschied zu einem einfachen Gatter wird hier deutlich: Werden beide Eingänge auf 1 gesetzt, dann ist der Ausgang nicht von den beiden Eingängen abhängig, sondern davon, was zuvor der Fall war.

Die zweite Schaltung, die mit Tabelle dargestellt ist, ist ein weiteres Flip-Flop, das sich vom ersten nur dadurch unterscheidet, daß es einen speziellen Eingang hat, der die Freigabe der Funktion der Schaltung regelt. Beim Aufbau sind noch ein paar zusätzliche Verbindungen nötig. Die Eingänge sind etwas herausgezogen, deshalb muß die Information zu den Gattern übertragen werden (in J34 kommt =H34, in J41 =H41; die beiden Gattereingänge, die zu F zusammengefaßt sind, erhalten die Formel =H35). Die Verbindungen werden wieder mit ein paar Linien sichtbar gemacht.

Die Funktionsweise unterscheidet sich von der des ersten Flip-Flops in zwei Punkten. Zum einen gibt es den besonderen Eingang F, der mit 0 die Funktion freigibt und mit 1 sperrt; zum anderen wird die Speicherung des vorherigen Zustandes mit 0 auf beiden Eingängen bewerkstelligt. Mit derartigen Flip-Flops lassen sich sehr komplexe Schaltungen aufbauen: Codier- und Decodier-Schaltungen zur Umsetzung von binären Codes in dezimale, Addierer, Schieberegister usw. Die Datenblattsammlungen von IC-Herstellern sind geradezu eine Fundgrube für das Experimentieren mit digitalen Bausteinen.

12.2.5 Dynamische Schaltungen

In gewissem Umfang sind auch dynamische Schaltungen in Excel realisierbar. In Abbildung 12.13 sehen Sie eine ganz einfache Schaltung, die als Oszillator funktioniert, deren Ausgang also von alleine ständig von 0 auf 1 umschaltet.

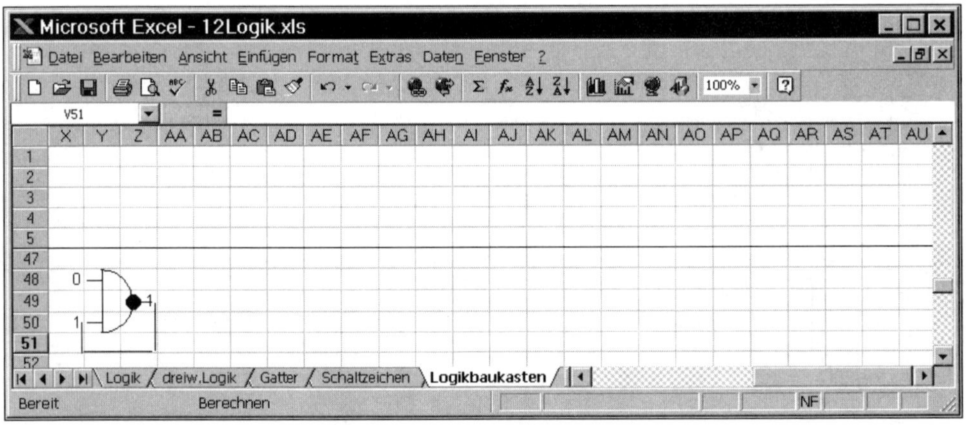

Abbildung 12.13: Einfacher Oszillator

Beim Aufbau wird in die Eingangszelle die Formel =XX eingetragen, wobei XX die Adresse des Ausgangs ist. Wieder vervollständigen ein paar Linien das Schaltbild. Wird nun der freie Eingang auf 1 gesetzt, dann passiert folgendes: Da der Ausgang auf den zweiten Eingang zurückgeführt ist, sind jetzt beide Eingänge 1. Der Ausgang schaltet also auf 0. Dadurch sind die Eingänge nicht mehr beide 1, der Ausgang schaltet also wieder auf 1. Dadurch ändert sich wieder der Eingangszustand usw. Das Ganze wird so oft durchlaufen, wie es bei den Iterationen eingestellt wurde. Nach dem Test muß der Eingang wieder auf 0 gesetzt werden, um ein erneutes Oszillieren zu verhindern.

Ein letztes, etwas komplexeres Beispiel soll die Reihe der Baukasten-Experimente abschließen. Dieses Beispiel macht auch die Grenzen dieses Logikbaukastens deutlich. Es handelt sich um eine Teilerschaltung, bei der zwei Flip-Flops so zusammengesetzt sind, daß das zweite die Informationen aus dem ersten übernimmt (Abbildung 12.14).

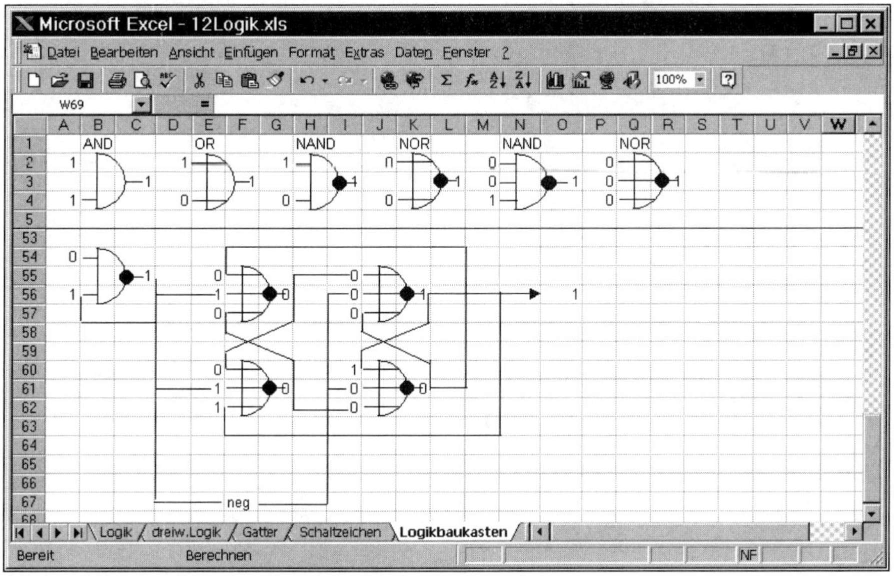

Abbildung 12.14: Teilerschaltung

Da das Freigabesignal beim zweiten Flip-Flop die Negation des ersten sein soll, ist in die Leitung ein »neg« eingeschrieben. Das ist nicht ganz korrekt, vereinfacht die Schaltung aber etwas. Um zu gewährleisten, daß am Freigabeeingang des zweiten Flip-Flops tatsächlich das negierte Signal ankommt, wird in die beiden Eingangszellen die Formel eingetragen =WENN (C55=1;0;1).

Der Test der Schaltung ergibt: Wird der Eingang des Oszillators auf 1 gesetzt, dann wird am Ausgang deutlich erkennbar, daß der Wechsel zwischen 0 und 1 langsamer erfolgt als in der Schaltung. Genauer läßt sich das Verhalten studieren, wenn Sie die Zahl der Iterationen auf zwei begrenzen und dann den Eingang abwechselnd auf 0 und 1 setzen. Sie werden dann feststellen, daß am Ausgang die Zahl der Einsen nur halb so groß ist wie am Eingang. Am Ende des Tests sollte der Eingang des Oszillators wieder auf 0 gesetzt werden, sonst geht der Prozeß bei jedem Eintrag in die Tabelle erneut los.

Der Mangel der Schaltung wird deutlich, wenn Sie das Eingangsglied (den Oszillator) weglassen. Auch so ist die Schaltung nicht stabil. Um das korrekte Verhalten zu erzwingen, muß hier die Zahl der Iterationen auf drei gesetzt werden.

Der Grund hierfür liegt in der Berechnungsweise von Excel. Beim Berechnen einer Tabelle geht Excel spaltenweise vor. Es werden also zunächst alle Formeln einer Spalte neu berechnet, dann die der nächsten Spalte usw. In den einzelnen Spalten wird der Reihe nach von oben nach unten gerechnet. Setzt die Berechnung, was ja normalerweise der Fall ist, irgendwo in der Tabelle ein, also nicht in A1, wird zunächst die aktuelle Spalte nach unten zu Ende gerechnet, dann beginnt die Weiterberechnung am Anfang.

Die Folge für das vorliegende Problem ist, daß bei mehrfachen Zirkelbezügen das Ergebnis nicht von vornherein voraussagbar ist. Für eine volle Funktionsfähigkeit müßten z.B. die Rückkopplungen alle gleichzeitig ankommen, was natürlich nicht der Fall ist. Um das daraus resultierende Fehlverhalten zu korrigieren, müßten Art und Position der Zirkelbezüge entweder im nachhinein genau analysiert werden oder vorweg schon geplant.

13 Dynamische Systeme

Ein weiterer interessanter Einsatzbereich von Excel ist die Untersuchung dynamischer Systeme. Damit sind hier Systeme gemeint, in denen die zeitliche Entwicklung verschiedener Größen und ihre Änderungen untereinander verknüpft sind. Ein gutes Beispiel für solche Systeme sind Räuber-Beute-Systeme, in denen die Beute-Population und die Population der Räuber sich gegenseitig beeinflussen. Andere Beispiele sind Wettervorhersagen, Wirtschaftssimulationen oder die Dynamik eines Sternhaufens. Traditionell werden solche Systeme durch Systeme von Differentialgleichungen beschrieben. Bei hinreichend kleinen Zeitschritten oder einer geeigneten Formulierung können für die diskrete Formulierung des Problems jedoch auch mit Excel wertvolle Einsichten gewonnen werden.

Die Untersuchung dynamischer Systeme kann aus zwei Gründen interessant sein. Zum einen ist da die Simulation komplexer Systeme durch ein Modell. Hierdurch hofft man die wirklichen Vorgänge besser zu verstehen und die wichtigen Systemparameter zu identifizieren. Insbesondere bei Vorgängen, die anders nicht zugänglich sind (denken Sie an die Vorgänge in einem Stern bei einer Supernova-Explosion) ist dieses Vorgehen die einzige Möglichkeit, die tatsächlichen Abläufe zu verstehen. Zum anderen kann eine Simulation dazu dienen, Voraussagen über die zukünftige Entwicklung des modellierten Systems zu treffen, etwa bei einer Wettervorhersagen. Meist lassen sich beide Motivationen für die Untersuchung dynamischer Systeme natürlich nicht trennen. Bei Klimamodellen beispielsweise versucht man einerseits die Funktionsweise globaler Wettersysteme zu verstehen, andererseits aber will man natürlich auch weitergehende Aussagen machen, wie z.B. über die Auswirkung eines steigenden CO_2-Gehalts in der Atmosphäre.

Ein gutes Beispiel für die Simulation dynamischer Systeme und die damit verbundenen Probleme und Vereinfachungen sind ökologische Aufgabenstellungen. Hier lassen sich für einzelne Komponenten solcher Systeme durchaus brauchbare mathematische Modelle formulieren, auch wenn es in der Natur eben keine einzelnen Komponenten gibt, sondern Systeme, die eine große Anzahl von Prozessen beinhalten, die alle miteinander zusammenhängen. Ein Modell kann also immer nur versuchen, die wichtigsten Faktoren zu erfassen, ohne jemals die Wirklichkeit in ihrer ganzen Komplexität wiedergeben zu können.

Ein ganz anderer Ansatz, die zeitliche Entwicklung komplexer Systeme zu erfassen, stellen die sogenannten zellulären Automaten dar. Das wahrscheinlich bekannteste Beispiel für einen zellulären Automaten ist das »Spiel des Lebens«, das vom Werden und Vergehen in einer Bakterienkultur inspiriert wurde. Die Anwendbarkeit zellulärer Automaten geht aber weit über dieses Beispiel hinaus. Vom Ferromagnetismus über die Selbstorganisationsprozesse in Lasern oder das Wachstum einer Schneeflocke, Kristallwachstum oder Perkolation lassen sich viel natürliche Prozesse durch zelluläre Automaten modellieren. Nicht zuletzt haben zelluläre Automaten die Entwicklung eines ganz neuen Zweiges der Mathematik befruchtet: der Spieltheorie.

13.1 Wachstum und Zerfall

Wachstum und Zerfall lassen sich mathematisch präzise beschreiben. Das einfachste mathematische Modell, das hier zu Anwendung kommen kann, ist die geometrische Folge, die beispielsweise auch der Zinseszinsrechnung zugrunde liegt. Da sich dieses Kapitel nicht zuletzt mit Wachstums- und Zerfallsprozessen (und ihrer gegenseitigen Beeinflussung) beschäftigt, seien hier zunächst einige Vorüberlegungen gestattet.

Angenommen, zu einem bestimmten Zeitpunkt gibt es eine Menge N (an Geld oder Bakterien oder Telefonzellen oder was auch immer). Es ist bekannt, daß diese Menge sich in einem vorgegebenen Zeitraum um einen bestimmten Prozentsatz erhöht (d.h. also, daß die Änderung der Größe selber proportional ist!), und daß sie sich in weiteren Zeiträumen prozentual genauso weiter erhöhen wird. Für die verschiedenen Zeiträume gilt dann (p ist das relative Wachstum für den jeweiligen Zeitraum, bei 3% also beispielsweise 0,03):

$$N_1 = N_0 + N_0 \cdot p = N_0 \cdot (1+p)$$

$$N_2 = N_1 + N_1 \cdot p = N_1 \cdot (1+p)$$

usw. Bei jedem Schritt wird der letzte Wert wieder mit demselben Betrag multipliziert. Für aufeinanderfolgende Schritte erhalten Sie also durch Einsetzen:

$$N_2 = N_0 \cdot (1+p) \cdot (1+p) = N_0 \cdot (1+p)^2$$

Da mit jedem neuen Zeitraum der Faktor $(1+p)$ ein weiteres Mal hinzukommt, lautet die allgemeine Formel:

$$N_i = N(t_i) = N_0 \cdot (1+p)^i$$

Dieselbe Formel gilt auch für Minderungsvorgänge. Wenn eine Menge mit dem Anfangswert N_0 in jedem Zeitraum um einen bestimmten Prozentsatz gemindert wird, muß lediglich ein negativer Prozentsatz in die Formel eingetragen werden, um den Verminderungsprozeß rechnerisch zu erfassen.

Diese Formel ist Ihnen in den Kapiteln 5 und 7 bereits ohne Begründung (wenn auch in etwas abweichender Schreibweise) begegnet. Die Formel beschreibt Wachstumsprozesse, bei denen, wie etwa in der Zinseszins-Rechnung, nach Abschluß eines jeden Zeitraums der Wachstumsgewinn zu der bis dahin angesammelten Menge hinzugezählt wird. Zwischen zwei Abrechnungszeitpunkten bleibt die Menge konstant. Für die grafische Darstellung ist hier daher auch nur ein Säulendiagramm wirklich korrekt, da es zumindest die Interpolation zwischen zwei Datenpunkten nicht direkt nahelegt (Abbildung 13.1). In der Zeit zwischen zwei Datenpunkten ist zumindest rechnerisch – und etwa bei Zinseszinsrechnung auch realiter – die Menge konstant.

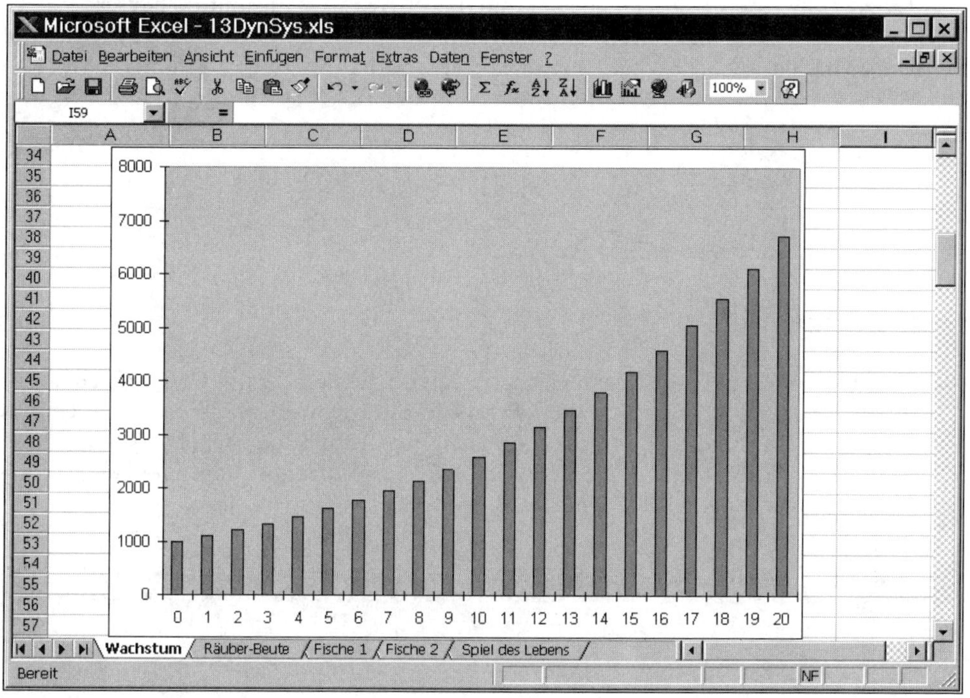

Abbildung 13.1: Diskretes Wachstum mit 10% je Schritt

13.1.1 Kontinuierliche Wachstumsprozesse

Bei kontinuierlichen Wachstumsprozessen ist dies offensichtlich nicht der Fall. Eine Pflanze wächst nicht so, daß sie zu bestimmten Zeitpunkten sozusagen ein Stück in die Höhe springt, eine Population nicht so, daß am Ende eines Jahres plötzlich 10% mehr Individuen vorhanden sind. Obwohl auch hier die Zinseszinsformel brauchbare Werte liefern kann, werden kontinuierliche Wachstumsvorgänge besser beschrieben durch die Formel

$$N(t) = N_0 \cdot e^{w.t},$$

wobei w die Wachstumskonstante ist (Sie erhalten diese Formel aus der Zinseszinsformel, wenn Sie die Zahl der Zeiträume gegen unendlich und damit den Prozentsatz innerhalb dieses Zeitraumes gegen Null gehen lassen). Bei geeigneter Wahl der Wachstumskonstante fallen die Punkte der diskreten Rechnung mit der Exponentialkurve zusammen, mit dem Unterschied, daß die letztere eine kontinuierlichen Anstieg (oder Abfall) beschreibt. Die Wachstums- oder Zerfallskonstante (bei negativem Vorzeichen) wird je nach dem beschriebenen Zusammenhang üblicherweise mit verschiedenen Formelzeichen dargestellt, beispielsweise μ bei Absorptionsprozessen oder Λ beim radioaktiven Zerfall. Da jedoch immer derselbe mathematische Zusammenhang zugrunde liegt, soll hier einheitlich das Formelzeichen w verwendet werden.

Der Prozentsatz p der diskreten Formel und die Wachstumskonstante w der Exponentialfunktion stehen in einem festen Zusammenhang. Wenn die Größe N im Zeitintervall Δt relativ um den Wert $(1 + p)$ wächst, gilt für das Verhältnis zweier aufeinanderfolgender Werte N_i und N_{i+1}:

$$\frac{N_{i+1}}{N_i} = (1+p) = e^{wt}$$

Durch Logarithmieren und Umstellen folgt daraus:

$$w = \frac{ln\,(1+p)}{\Delta t}$$

Bei Berechnungen mit Excel lassen sich also, soweit die Berechnungen für regelmäßige Zeitintervalle erfolgen (etwa eine Wertetabelle für eine Grafik), beide Formeln verwenden, da für diesen Fall die Ergebnisse identisch sind (Abbildung 13.2). Die Verwendung der Exponentialfunktion erfordert lediglich, daß der Prozentsatz in eine Wachstumskonstante umgerechnet wird (Formel in D9 in der Bearbeitungszeile).

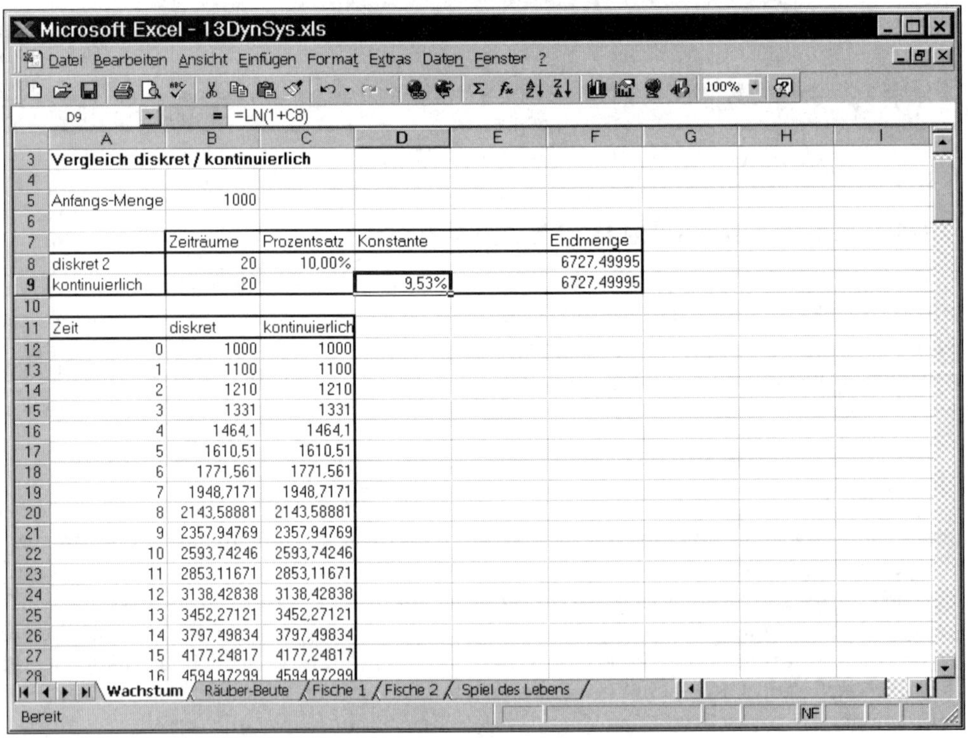

	A	B	C	D	E	F
3	Vergleich diskret / kontinuierlich					
4						
5	Anfangs-Menge	1000				
6						
7		Zeiträume	Prozentsatz	Konstante		Endmenge
8	diskret 2	20	10,00%			6727,49995
9	kontinuierlich	20		9,53%		6727,49995
10						
11	Zeit	diskret	kontinuierlich			
12	0	1000	1000			
13	1	1100	1100			
14	2	1210	1210			
15	3	1331	1331			
16	4	1464,1	1464,1			
17	5	1610,51	1610,51			
18	6	1771,561	1771,561			
19	7	1948,7171	1948,7171			
20	8	2143,58881	2143,58881			
21	9	2357,94769	2357,94769			
22	10	2593,74246	2593,74246			
23	11	2853,11671	2853,11671			
24	12	3138,42838	3138,42838			
25	13	3452,27121	3452,27121			
26	14	3797,49834	3797,49834			
27	15	4177,24817	4177,24817			
28	16	4594,97299	4594,97299			

Abbildung 13.2: Diskretes und kontinuierliches Wachstum

13.1.2 Weitere Wachstumsmodelle

Natürliche Wachstumsprozesse laufen nur in bestimmten Grenzen so ab, wie es die angeführte Formel beschreibt. Ein Bakterienstamm etwa, der mit einigen wenigen Bakterien beginnend exponentiell wächst, läßt sich im Anfangsbereich ganz gut mit dieser Formel beschreiben, aber trotzdem gibt es eine Kapazitätsgrenze, über die hinaus weiteres Wachstum nicht mehr möglich ist. Streng genommen gilt die angeführte Wachstumsformel also nur für negative Wachstumskonstanten, also für Zerfallsprozesse.

Für Wachstumsprozesse, die durch eine maximale Kapazität begrenzt sind, gilt eine Formel, die Sie unter der Bezeichnung logistische Kurve bereits im letzten Kapitel (in etwas anderer Schreibweise) kennengelernt haben:

$$N_{(t)} = \frac{N_0 \cdot N_\infty}{N_0 - (N_0 - N_\infty) \cdot e^{-wt}}$$

Hierbei ist w wieder die Wachstumskonstante und N_∞ die maximale Größe, die N annehmen kann. N_0 ist der Wert zum Zeitpunkt $t = 0$. Fern der Sättigung ist die fallende Exponentialfunktion im Nenner sehr viel größer als der Summand N_0 ganz links. Vernachlässigt man diesen, geht die logistische Kurve in eine ansteigende Exponentialfunktion über:

$$N_{(t)} \approx \frac{N_0 \cdot N_\infty}{N_\infty - N_0} \cdot e^{wt}$$

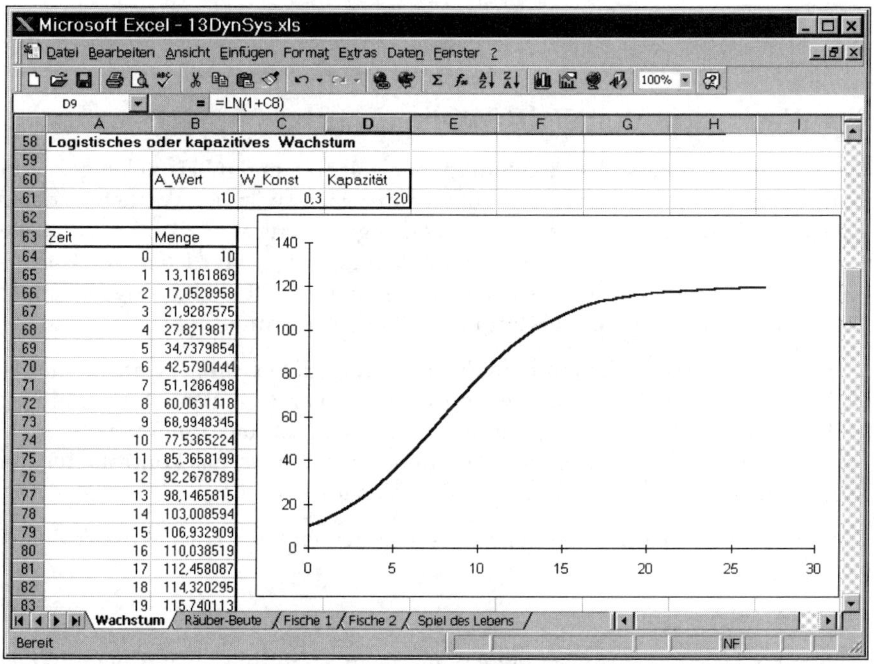

Abbildung 13.3: Wachstum mit Sättigungsgrenze

Da diese Formeln für die Bearbeitung von Wachstums- und Zerfallsprozessen immer wieder benötigt werden, ist es sinnvoll, sie als eigenen Funktionen in VBA zu programmieren, insbesondere, weil sie als Formeln in einer Tabelle sonst doch recht umständlich zu handhaben sind. `diskr_wachs` rechnet mit der diskreten Formel, `exp_wachs` beschreibt exponentielles Wachstum oder exponentiellen Zerfall mit der Exponentialfunktion, und `kap_wachs` berechnet die Werte für kapazitiv begrenztes Wachstum:

```
' Bezeichnungen:
    'Na : Anfangsmenge
    'Ne : Endmenge
    'p  : Prozentsatz
    'i  : Anzahl der Zeiträume
    'w  : Wachstumkonstante
    't  : Zeit

Function diskr_wachs(Na As Double, p As Double, i As Integer) As Double
    diskr_wachs = Na * (1 + p) ^ i
End Function

Function exp_wachs(Na As Double, w As Double, t As Double) As Double
    exp_wachs = Na * Exp(w * t)
End Function

Function kap_wachs(Na As Double, w As Double, Ne As Double, t As Double) As
Double
  kap_wachs = Na * Ne / (Na - (Na - Ne) * Exp(-w * t))
End Function.
```

13.1.3 Wachstum der Weltbevölkerung

Der Umgang mit den vorstehenden Funktionen soll an einigen Beispielen gezeigt werden. Eine beliebte Demonstration für Wachstumsprozesse ist das Wachstum der Weltbevölkerung. Die meisten Schätzungen gehen gegenwärtig von zwei Daten aus: einer Weltbevölkerung von circa 4,1 Mrd. im Jahr 1975 und einer jährlichen Wachstumsrate von circa 1,8%. Mit diesen beiden Angaben läßt sich die Weltbevölkerung leicht bis zum Jahr 2000 hochrechnen oder gar bis zum Jahre 2050 (Abbildung 13.4).

In die erste Spalte werden die Jahreszahlen eingetragen. Der Prozentsatz für das jährliche Wachstum und die Anfangsgröße kommen in separate Zellen. Durch die Eingabe von 1,8% ist der Wert automatisch in der für die Wachstumsformel benötigten Form vorhanden, da Excel daraus die Zahl 0,018 bildet. Sie können das kontrollieren, indem Sie diese Zelle mit dem Standardformat für Zahlen formatieren.

Mit den im Beispiel verwendeten Zelladressen lautet dann die Formel in der Zelle B100 (neben 1975):

```
=diskr_wachs($B$96;$B$97;A100-1975)
```

Die nach unten kopierte Formel erzeugt dann die in Abbildung 13.4 gezeigte Tabelle.

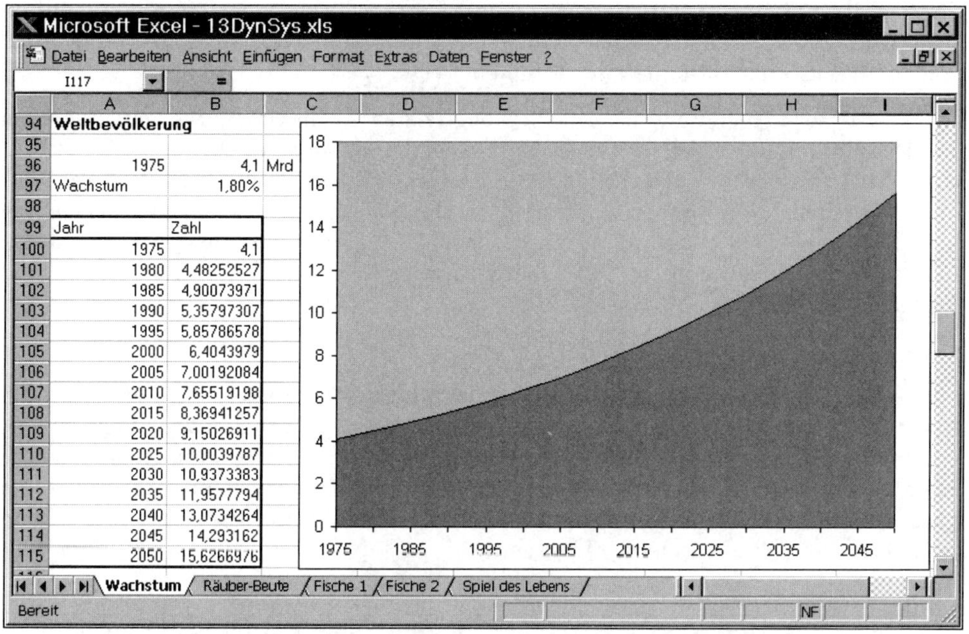

Abbildung 13.4: Wachstum der Weltbevölkerung

Die Hochrechnungen bis in das Jahr 2000 mögen noch einigermaßen zuverlässig sein (in ernsthaften Publikationen wird selten weiter gerechnet und wenn, dann mit den nötigen Hinweisen auf die Fehlerrisiken).

Für weiterführende Rechnungen ist es dagegen sinnvoll, mit einer Kapazitätsgrenze zu arbeiten (die sich im Prinzip zumindest in der Größenordnung aus den verfügbaren Ressourcen wie möglichen Anbauflächen, Wasser- und Energiereserven usw. bestimmen läßt). Angenommen, es seien die Zahlen für 1975 und 1990 bekannt und zusätzlich eine geschätzte Kapazitätsgrenze von 15 Mrd.

Bei einem reinen exponentiellen Anstieg ließe sich die Angabe von 1,8% Wachstum umrechnen in eine Wachstumskonstante. Diese ergibt sich ähnlich oben aus dem Verhältnis der Zahlen zu den Zeitpunkten t und Δt und Anwendung des Logarithmus:

$$w = \frac{ln \frac{N(t+\Delta t)}{N(t)}}{\Delta t}$$

Mit den Werten für 1975 und 1990 (der Einfachheit halber der Tabelle in Abbildung 13.4 entnommen) folgt unter Zugrundelegung eines rein exponentiellen Wachstumsgesetzes eine Wachstumskonstante von ca. 0,0178. Nun stimmt die logistische Kurve aber nur fern der Sättigung gut mit einer Exponentialfunktion überein. Bei einem Sättigungswert von 15 Mrd. darf man bei ca. 4 Mrd. schon einen erheblich abflachenden Einfluß der Obergrenze auf den Kurvenverlauf erwarten, weshalb der tatsächliche Wert der Wachstumskonstanten wahrscheinlich größer sein wird als bei einem rein exponentiellen Anstieg. Der exakte Wert der Wachstumskonstanten kann natürlich auch hier wieder durch Umformung, Logarithmierung und Einsetzen der Werte für 1990 gewonnen werden. Nicht alle Funktionen mit unbekannten Parametern sind einer solchen Umformung jedoch zugänglich, weshalb hier ein anderer Weg demonstriert werden soll, die Wachstumskonstante zu bestimmen

Die Tabelle zur Berechnung der kapazitiv begrenzten Wachstumskurve kann aussehen wie in Abbildung 13.5 gezeigt. Sie enthält neben der eigentlichen Wertetabelle die Eckwerte für 1975 und 1990 und die Wachstumskonstante. Da der wirkliche Wert der Konstanten noch nicht bekannt ist, wird zunächst der Näherungswert nach der oben angegebenen Formel verwendet. In die eigentlichen Wertetabelle kommen die Jahreszahlen und die mit der Funktion `kap_wachs` berechneten Werte. Dazu wird in Zelle B127 die Formel

```
=kap_wachs($C$123;$C$121;$C$122;A127-1975)
```

eingetragen und in die darunterliegenden Zellen bis 1990 kopiert. Es fällt sofort auf, daß die berechneten Werte zwar für den ersten Eckwert 1975 mit den Vorgaben übereinstimmen, erwartungsgemäß bei dem zweiten Eckwert 1990 aber zu klein sind – hier äußert sich die Auswirkung der Obergrenze. Um die Wachstumskonstante nun so zu variieren, daß die berechneten und die vorgegebenen Werte übereinstimmen, kann vorteilhaft der Solver verwendet werden.

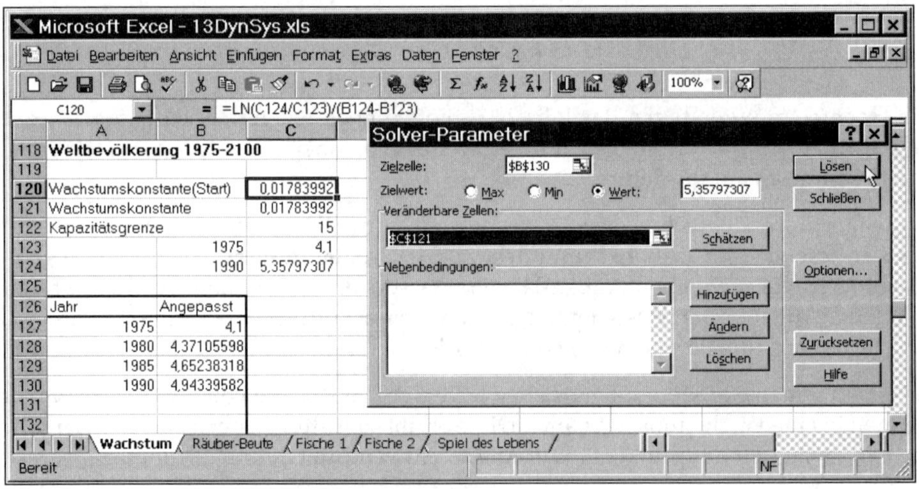

Abbildung 13.5: Tabelle für logistische Vorausschätzung und Solver

Nach Aufruf des Solvers über EXTRAS, SOLVER sind die in Abbildung 13.5 gezeigten Vorgaben zu machen:

Zielzelle	$B$130 – die Zelle, in der die Formel für 1990 steht.
Zielwert	Der Wert 5,35797307. Vorteilhafterweise kopieren Sie diesen vor dem Start des Solvers aus Zelle C124 in die Zwischenablage, so daß Sie ihn mit [Strg]+[V] einfügen können.
Veränderbare Zellen	$C$121 – die Zelle mit der Wachstumskonstanten

Der Solver liefert als Wachstumskonstante einen Wert von ca. 0,0260 mit einer Bevölkerungszahl für 1990, die je nach eingestellter Rechengenauigkeit von der Vorgabe nur geringfügig abweicht oder sie exakt trifft. Durch Ausfüllen der Jahreszahlen und Kopieren der Formel in die restlichen Zellen erhalten Sie eine Tabelle, die von der oben gezeigten besonders in den höheren Bereichen beträchtlich abweicht (Abbildung 13.6). Das Wachstum ist bereits ab 2000 deutlich langsamer als bei einem exponentiellen Anstieg und ab ca. 2050 ist sogar eine deutliche Abflachung des Bevölkerungswachstums zu verzeichnen. Ob diese Abflachung jedoch auf bessere Einsicht oder auf Hunger und Krankheit zurückzuführen ist, kann man der Kurve natürlich nicht entnehmen.

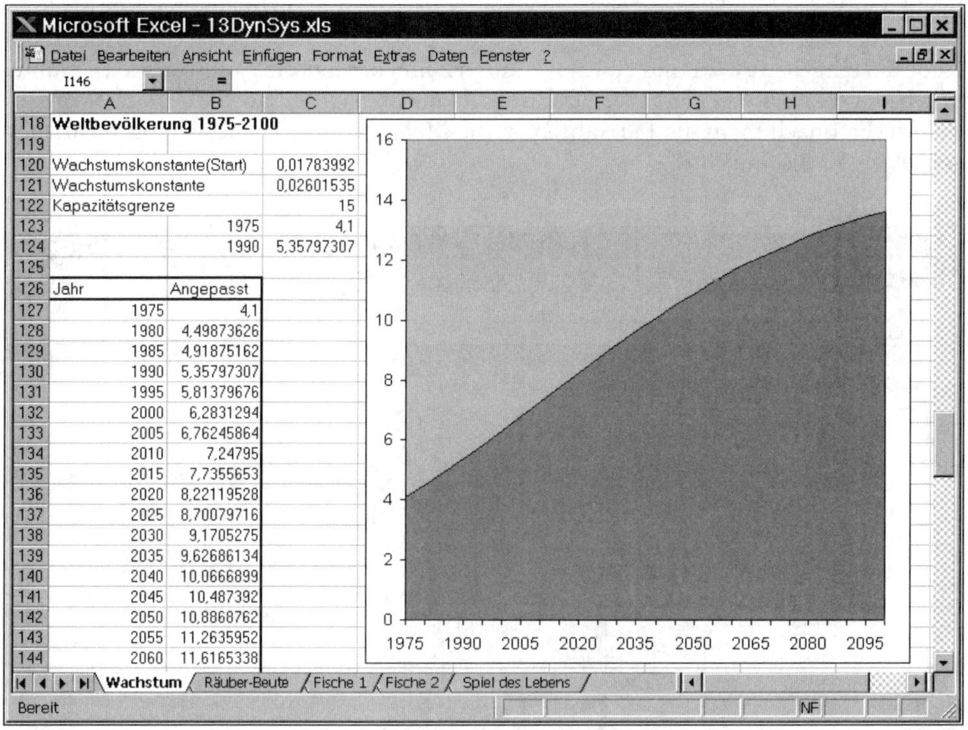

Abbildung 13.6: Entwicklung der Weltbevölkerung (logistisch)

Darüber, wie realistisch diese Kurve ist, soll damit nichts gesagt sein: Die Voraussetzungen (Kapazität, konstante Wachstumsrate etc.) sind zu ungewiß. Es sollte hier lediglich gezeigt werden, daß die Prognose von Wachstumsprozessen unter der Voraussetzung unbeschränkten Wachstums zu ganz unsinnigen Ergebnissen führen kann. Das geschilderte Verfahren – Ermittlung des Ausgangswerts, des prozentualen Wachstums in einer bestimmten Zeit und der Kapazitätsgrenze – läßt sich jedoch gut auch auf reale Wachstumsprozesse anwenden.

13.1.4 Negatives Wachstum – der Zerfall

Einfacher verhält es sich mit Zerfallszeiten, da hier die allgemeine Wachstumsformel mit negativer Wachstumskonstante immer angewendet werden kann. Exponentielle Zerfallsgesetze beschreiben etwa den radioaktiven Zerfall, die Absorption von Licht und anderer Strahlung durch einen Absorber, den Zerfall angeregter Zustände in Atomen und Molekülen oder eine Kondensatorentladung. Sie tritt immer dort auf, wo die Abnahme einer Größe dieser Größe selber proportional ist.

Für radioaktive Substanzen ist die Halbwertszeit bekannt, d.h. diejenige Zeit, in der die Hälfte der Substanz zerfällt, also die (andere) Hälfte der radioaktiven Substanz übrigbleibt. Für Strontium 90 etwa, eine Substanz, die in größerem Umfang bei Kernwaffentests freigesetzt wurde, und die für Menschen besonders schädlich ist, weil sie in die Knochen eingebaut wird und zu Krebs führen kann, beträgt die Halbwertszeit 28 Jahre. Das bedeutet, daß von einem kg Strontium 90 nach 28 Jahren noch die Hälfte vorhanden ist. Erst nach mehr als 180 Jahren ist die Menge auf ca. 1% der Ursprungsmenge zerfallen (Abbildung 13.7).

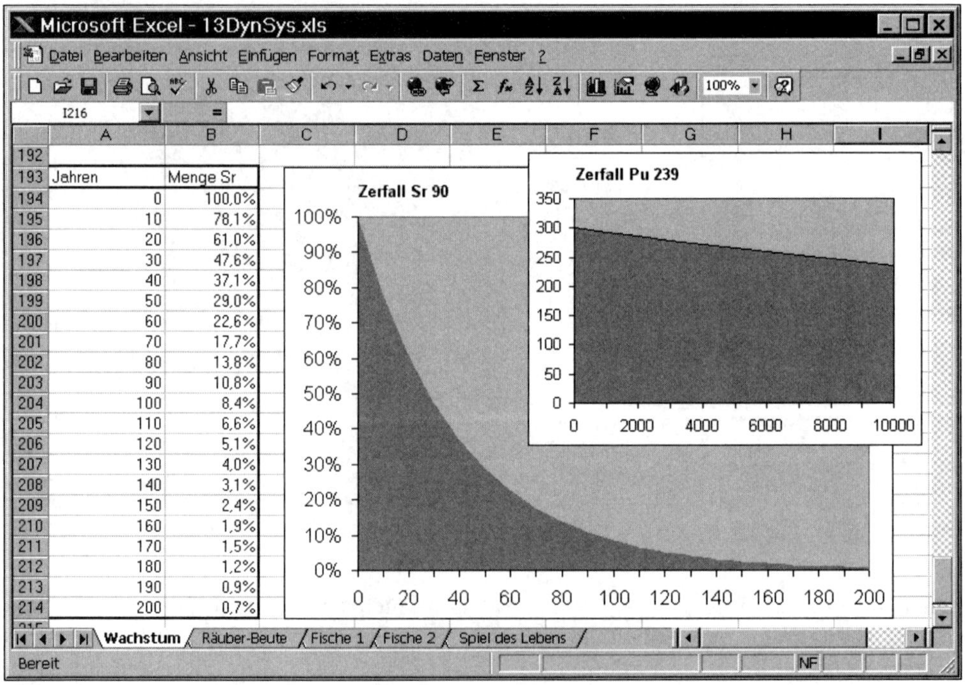

Abbildung 13.7: Zerfall von Sr 90 und Pu 239

Plutonium 239, das zur Produktion von Atomwaffen verwendet wird und in Kernreaktoren aus Uran hergestellt wird, hat eine Halbwertszeit von 28000 Jahren. Es ist die (chemisch) giftigste aller radioaktiven Substanzen. Nach Schätzungen sollen 1982 circa 300000 kg Pu vorhanden gewesen sein, die damalige jährliche Produktion betrug 20000 kg, so daß der Mindestwert 1990 wohl bei 500000 kg gelegen haben wird.

Um die Zerfallskonstante (=negative Wachstumskonstante) für radioaktive Substanzen zu ermitteln, können Sie wieder den Solver bemühen (Beispiel in 13DYNSYS.XLS), einfacher ist jedoch die Verwendung des Zusammenhangs:

$$w = \frac{ln2}{T_{1/2}}$$

Ausgehend von 300 t läßt sich leicht in Abbildung 13.7 die Menge des vorhandenen Plutoniums für die nächsten 10000 Jahre oder der Zerfall von Strontium in den nächsten 200 Jahren darstellen (vorausgesetzt natürlich, daß keine wesentlichen neuen Mengen hinzukommen). Hieraus läßt sich ungefähr abschätzen, wie lange sogenannte Endlager noch gesichert werden müssen, um Schaden von unseren Nachkommen fernzuhalten (falls nicht noch jemand eine sinnvolle Verwendung für das Zeug findet).

13.2 Räuber und Beute

Für das natürliche Wachstum von Populationen gilt nicht nur, daß es begrenzt ist durch die Kapazität, d.h. dadurch, daß in einem bestimmten Bereich nur eine maximale Anzahl an Individuen leben kann, sondern auch dadurch, daß die meisten Arten (gleichgültig, ob Pflanzen oder Tiere) über Feinde verfügen, von denen sie dezimiert werden.

Dies hat Anlaß gegeben, sogenannte *Räuber-Beute-Modelle* zu entwickeln, die dazu dienen sollen, die Entwicklung von Populationen unter derartigen Bedingungen abzuschätzen. Als häufigstes Beispiel werden hier Hase und Luchs herangezogen, da für die kanadischen Schneehasen und Luchse statistisches Material in Form der Aufzeichnungen der Hudson's Bay Company vorlag. (Zwar handelt es sich hierbei nicht um die Populationszahlen, sondern die Anzahl der erbeuteten Felle, doch kann davon ausgegangen werden, das die beiden Größen proportional sind.)

Auf der Basis dieses Materials wurden unabhängig voneinander von den beiden Mathematikern Lotke und Volterra die sogenannten Lotke-Volterra-Gleichungen aufgestellt. Als Ausgangswerte sind gegeben:

- Eine Population von Beutetieren (Hasen), die im Prinzip soviel Nahrung vorfinden, daß sie sich nahezu unbeschränkt vermehren könnten.
- Eine Population von Räubern (Luchsen), die sich von den Beutetieren (Hasen) ernährt.

Ohne die Luchse würden sich die Hasen mit einer bestimmten Rate vermehren, ohne die Hasen würden die Luchse mit einer bestimmten Rate schwinden. Solange die Luchse demnach genügend Hasen vorfinden, können sie sich vermehren, da von mehr Luchsen mehr Hasen gefressen werden. Vermindert sich die Zahl der Hasen, da weniger Hasen weniger Luchse ernähren, wird die Zahl der Luchse geringer. Da weniger Luchse weniger Hasen fressen, können sich die Hasen wieder vermehren usw.

13.2.1 Das Lotke-Volterra-Modell

Diese Überlegungen lassen sich (verallgemeinert auf Räuber und Beute) mathematisch so formulieren:

1. Am Anfang ist eine bestimmte Anzahl von Räubern N_R und Beute N_B vorhanden.

2. Während des Ablaufs der ersten Periode wächst die Beute mit einer bestimmten Rate w_B, nimmt aber gleichzeitig um die Zahl der von den Räubern Gefressenen ab. Da die Zahl der Gefressenen davon abhängt, wie viele Räuber und wieviel Beute vorhanden sind, wird als einfachste Möglichkeit angenommen, daß die Zahl der Gefressenen sowohl der Anzahl der verfügbaren Beutetiere als auch der Anzahl der Räuber proportional ist, mit anderen Worten also vom Produkt aus Räubern und Beute abhängt. Also gilt für den Zeitpunkt 1:

   $N_B(t+\Delta t) = N_B(t) + w_B \cdot N_B(t) \cdot \Delta t - v_B \cdot N_B(t) \cdot N_R(t) \cdot \Delta t$

   wobei v_b der Verlustfaktor für die Beute durch Gefressenwerden ist.

3. Die Entwicklung der Räuber wird von zwei gegenläufigen Faktoren bestimmt. Zum einen stirbt von den Räubern in diesem Zeitraum ein Anteil, der der Anzahl der Räuber proportional ist, z.B. durch Nahrungsmangel und natürliche Alterung des Bestandes. Zum anderen vermehren sich die Räuber aber auch um einen Betrag, der der Anzahl der gefressenen Beutetiere (und damit nach obiger Annahme auch der Anzahl der verfügbaren Beutetiere insgesamt) proportional ist. Dieser Term beschreibt sowohl die Vermehrung durch Fortpflanzung aufgrund des Nahrungsangebots, als auch das Überleben von erwachsenen Räubern durch die Verfügbarkeit von Beutetieren. Somit gilt:

   $N_R(t+\Delta t) = N_R(t) - w_R \cdot N_R(t) \cdot \Delta t + z_R \cdot N_R(t) \cdot N_B(t) \cdot \Delta t$

   In diesem Ausdruck ist z_R der Zuwachsfaktor, der sich für die Räuber aus den Begegnungen mit der Beute ergibt. Solange mit diskreten Werten gearbeitet wird, d.h. mit Zeitabschnitten, die nicht beliebig klein sind, ist in dieser Rechnung (abgesehen von den etwas willkürlichen Voraussetzungen) unklar, ob für die Kontakte zwischen Räubern und Beute tatsächlich die Beute zu Beginn des Zeitraums $N_B(t)$ oder besser die Beute nach Ablauf dieses Zeitraums $N_B(t+\Delta t)$ anzusetzen ist. Schließlich stehen für das Gefressenwerden, je nachdem, ob es die Wachstumsrate überwiegt oder nicht, zum Zeitpunkt $t+\Delta t$ tatsächlich mehr oder weniger Beutetiere zur Verfügung als zum Zeitpunkt t.

Wollen Sie das Problem exakt durchrechnen, müßten Sie das Zeitintervall gegen Null gehen lassen, wodurch Sie ein System von Differentialgleichungen erhalten. Da aber in der numerischen Näherung ohnehin mit diskreten Schrittweiten gearbeitet werden muß, und diese Differntialgleichungen vielerorts beschrieben wurden, soll hier auf den Weg über die Differentialgleichungen verzichtet werden.

Den Aufbau der Tabelle zeigt Abbildung 13.8 links. In die Spalte E kommen im Beispiel die Ausgangswerte, wobei die Bezeichnungen in D stehen, so daß die Bezeichnungen für die Werte mit EINFÜGEN, NAMEN, ERSTELLEN bzw. ÜBERNEHMEN als Namen übernommen werden und so in den Formeln der Wertetabelle verwendet werden können. Diese umfaßt die Spalten Räuber, Beute, Änderung Räuber, Änderung Beute, im Beispiel die Spalten B bis E. Die ersten Zellen unter Räuber und Beute übernehmen einfach die Werte aus den Vorgaben, also `=NR_0` in B12 und `=+NB_0` in C12. In die nächsten beiden Spalten werden die Formeln eingetragen:

```
D12:  =-wR*NR+zR*NR*NB
E12:  =wB*NB-vB*NR*NB
```

Auf die Möglichkeit, die schon angewachsene Zahl der Beute für den Zuwachs der Räuber heranzuziehen, wird weiter unten eingegangen.

Die Zeile 13 nimmt die angewachsene bzw. geschrumpfte Anzahl von Räubern und Beute auf mit den Formeln:

```
B13:  =B12+Dt*D12
C13:  =C12+Dt*E12.
```

`Dt` ist die oben mit EINFÜGEN, NAMEN benannte Zelle für den Zeitraum Δt und sollte sehr klein gewählt werden, um zu einem realistischen Bild zu kommen. Anschließend werden alle Formeln circa 200 Zeilen nach unten kopiert. Es ergibt sich für die zeitliche Entwicklung von Räubern und Beute das in Abbildung 13.8 unten rechts gezeigte Bild.

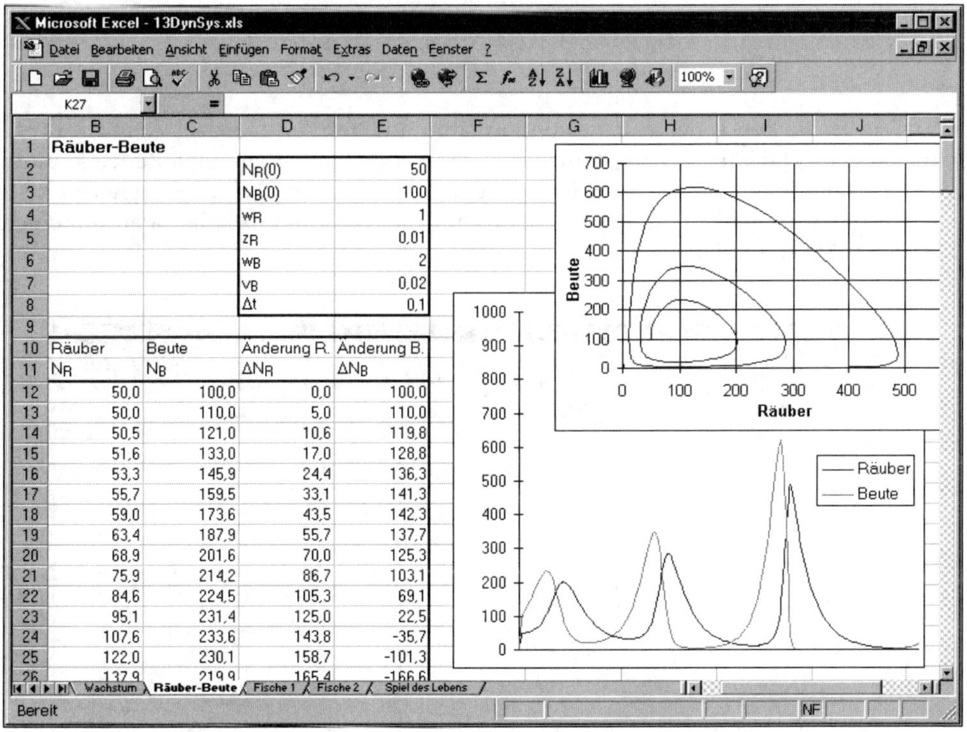

Abbildung 13.8: Tabelle und Diagramme für das Räuber-Beute-Modell

Die Zahl der Räuber und der Beute würden demnach insgesamt gesehen anwachsen, wobei die Populationen periodischen Schwankungen unterliegen. Sehr gut ist dabei zu beobachten, daß einem Wachstum der Beute verzögert ein Wachstum der Räuber folgt, wobei nach einem gewissen Anwachsen der Zahl der Räuber die der Beute wieder abnimmt. Die Tatsache, daß die jeweiligen Mengen zuweilen Werte unter 1 erreichen, braucht dabei nicht zu beunruhigen: Die vorgegebenen Mengeneinheiten könnten z.B. als Tausend interpretiert werden.

Häufig wird die Räuber-Beute-Beziehung grafisch anders dargestellt: Während die gezeigte Abbildung die Zahlen von Räuber und Beute auf der y-Achse, die Zeit auf der x-Achse abbildet, wird hier die Zahl der Räuber als x-Achse, die Zahl der Beute als y-Achse gewählt. Sofern es sich um eine Entwicklung handelt, die gleichgewichtig zyklisch ist, erhält man dann eine geschlossene Kurve; ist sie – wie im gezeigten Beispiel – nicht gleichgewichtig zyklisch, bleibt die Kurve offen.

Die bisherige Berechnung ist (außer allen anderen Unzulänglichkeiten) dadurch verfälscht, daß bei der Diskretisierung des Problems ein systematischer Fehler gemacht wurde, der anschaulich den Effekt hat, daß theoretisch den Räubern ein Teil der Beute vorenthalten wird. Dadurch oszilliert das Modell nicht, wie es zu erwarten wäre, um eine Gleichgewichtswert, sondern wächst an, bis die Rechnung zusammenbricht (leicht überprüfbar durch andere Werte für Δt oder eine längere Tabelle. Dieser Fehler läßt sich dadurch korrigieren, daß die Formel in D12 ersetzt wird durch:

```
D12:  =-wR*NR+zR*NR*C13
```

so daß nicht die Beute am Anfang, sondern am Ende des Zeitintervalls Δt in die Rechnung eingeht. Die Formel wird natürlich auch wieder in alle folgenden Zellen kopiert. Wie die Abbildung 13.9 zeigt, ergibt sich dabei ein dynamisches Gleichgewicht zwischen Räuber und Beute, das über die Zeit mit periodischen Oszillationen um einen Mittelwert konstant bleibt.

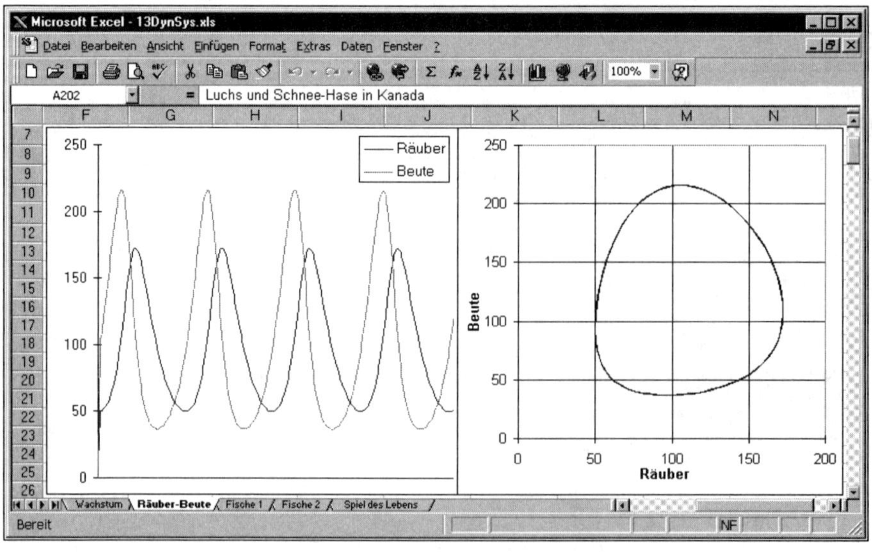

Abbildung 13.9: Korrigiertes Diagramm Räuber-Beute

Obwohl sicher ist, daß dieses Modell nur sehr entfernt mit irgendeiner Wirklichkeit übereinstimmt, läßt sich an ihm eines sehr schön sehen: wie empfindlich ein ökologisches Gleichgewicht auf Veränderungen reagiert. Versuchen Sie einfach einige Veränderungen bei den Parametern, die in die Modellrechnung eingehen, und Sie werden sehen, daß das Gleichgewicht schon bei relativ geringfügigen Veränderungen zusammenbricht.

13.3 Populationsdynamik

Ein etwas komplexeres Bild liefert ein Beispiel, das die Populationsdynamik von Fischen beschreibt. Auf die Herleitung der Zusammenhänge wird hier verzichtet, es werden lediglich die Ergebnisse der Überlegungen zusammengefaßt (in: Otto Richter, Simulation des Verhaltens ökologischer Systeme, Weinheim 1985).

Ausgangspunkt ist der Entwicklungszyklus von Fischen vom Ei über Larve und Jungfisch bis zum ausgewachsenen fortpflanzungsfähigen Fisch. Die Stadien Ei und Larve sind zur Vereinfachung zu einem Stadium zusammengefaßt. Ein Zyklus beginnt damit, daß im Durchschnitt pro ausgewachsenem Fisch bis zu 40000 Eier abgelegt werden. Diese Eier und die aus ihnen schlüpfenden Larven werden sowohl von fremden Räubern (z.B. anderen Fischen) als auch von den ausgewachsenen Fischen selbst gefressen. Dadurch werden die Eier und Larven stark dezimiert. Als ein Faktor, von dem die Zahl der überlebenden Larven abhängt, wird demnach die Zahl der ausgewachsenen Fische einbezogen. Dieser Ansatz ist schon deshalb sehr realistisch, weil dadurch die Populationsdichte mit in die Überlegungen eingeht. Die überlebenden Larven werden zu Jungfischen, die ihrerseits nur mit einer gewissen Wahrscheinlichkeit überleben. Diese werden dann zu ausgewachsenen Fischen, von deren Zahl die Größe der nächsten Generation abhängt. Es ergeben sich also folgende Zusammenhänge:

Je mehr Fische am Anfang eines Zyklus vorhanden sind, um so mehr Eier werden gelegt. Je weniger Fische am Anfang da waren, um so größer ist die Überlebenswahrscheinlichkeit der Eier und Larven. Je weniger Larven überleben, um so kleiner ist die Zahl der ausgewachsenen Fische in der nächsten Generation. Dadurch wiederum wird die Populationsdichte geringer, so daß die Überlebenswahrscheinlichkeit der folgenden Larvengeneration größer wird.

Als mathematische Beschreibung dieses Vorgangs wird eine Formel vorgeschlagen, deren Verwandtschaft mit den oben angeführten Wachstumsformeln offensichtlich ist, allerdings beschreibt sie nun nicht das Verhalten in einem kleinen (infinitesimalen) Zeitintervall, sondern die Beziehung zwischen aufeinanderfolgenden Generationen:

$$F_{i+1} = F_i \cdot L \cdot p_s \cdot p_{ü} \cdot exp\,(-a - b \cdot F_i)$$

F_{i+1} und F_i sind die Zahlen der Fische zu Beginn und zu Ende eines Generationenzyklus, L die Zahl der Larven pro Fisch, p_s und $p_{ü}$ die Schlüpfwahrscheinlichkeit und die Überlebenswahrscheinlichkeit. Die beiden Konstanten a und b sind Größen, welche die Raten widerspiegeln, mit denen die Larven zur Beute fremder Räuber (a) und zur Beute der eigenen Elterngeneration (b) werden.

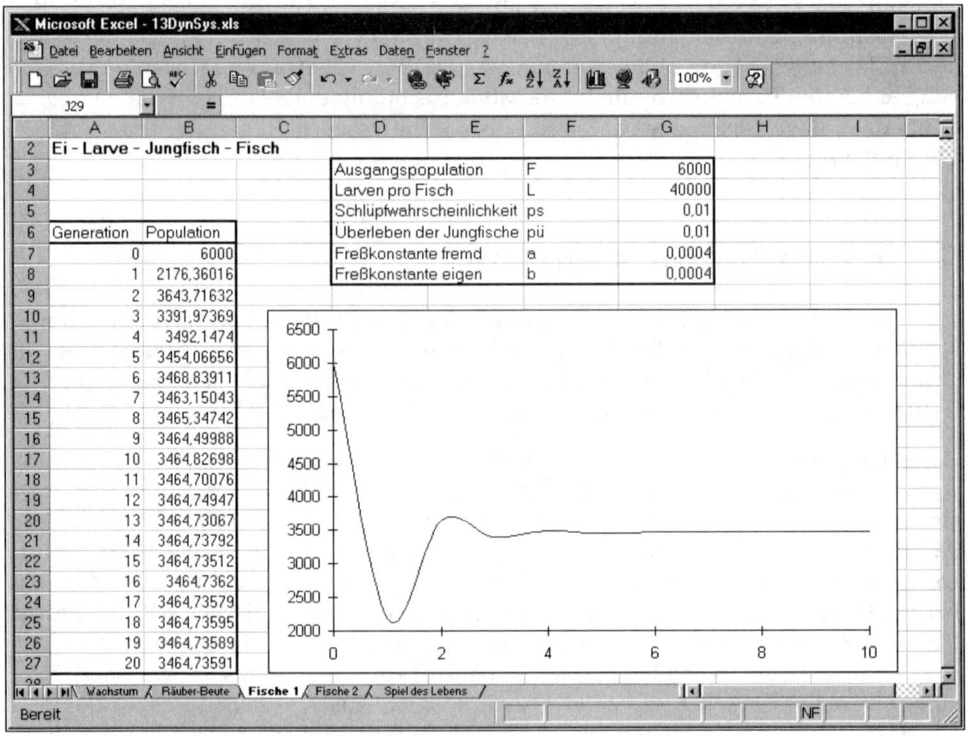

Ausgangspopulation	F	6000
Larven pro Fisch	L	40000
Schlüpfwahrscheinlichkeit	ps	0,01
Überleben der Jungfische	pü	0,01
Freßkonstante fremd	a	0,0004
Freßkonstante eigen	b	0,0004

Generation	Population
0	6000
1	2176,36016
2	3643,71632
3	3391,97369
4	3492,1474
5	3454,06656
6	3468,83911
7	3463,15043
8	3465,34742
9	3464,49988
10	3464,82698
11	3464,70076
12	3464,74947
13	3464,73067
14	3464,73792
15	3464,73512
16	3464,7362
17	3464,73579
18	3464,73595
19	3464,73589
20	3464,73591

Abbildung 13.10: Entwicklung einer Fischpopulation

Um diesen Zusammenhang in Excel zu untersuchen, werden die Ausgangswerte wieder gesondert eingetragen und die Zellen mit den Namen, die auch in der Formel verwendet wurden, benannt (Abbildung 13.10). Die Nummern der Generationen sind nur der Übersichtlichkeit halber in die Tabelle aufgenommen, zum Rechnen werden sie nicht weiter benötigt.

Die Population der 0-ten Generation (im Beispiel B7) wird direkt aus den Ausgangswerten übernommen mit =F. Für die erste Generation wird die Formel eingetragen und für ca. 20 Generationen in die darunterliegenden Zellen kopiert:

```
B8:   =L*ps*pü*B7*EXP(-a-b*B7)
```

Die Darstellung der Ergebnisse in einem Diagramm (Abbildung 13.10, rechts unten) zeigt, daß sich die Population der Fische bei den gewählten Ausgangsbedingungen auf einem bestimmten Niveau einpendelt. Durch behutsame Veränderungen in den Ausgangswerten, insbesondere bei der Ausgangspopulation und bei den Konstanten *a* und *b*, läßt sich damit experimentieren, wie und unter welchen Bedingungen das Gleichgewicht der Population stabil ist.

13.3.1 Stabilität von dynamischen Prozessen

Besser noch läßt sich das Verhalten untersuchen, wenn das Problem durch eine Normierung in eine einfachere Form gebracht wird:

$$G_{i+1} = G_i \cdot \exp(r \cdot (1 - G_i))$$

G_i ist in diesem Modell wieder die Ausgangsgeneration, die aber nicht als Zahl angegeben wird, sondern als Vielfaches derjenigen Menge, bei der das Gleichgewicht stabil ist (wie Sie sich durch Einsetzen in die Formel überzeugen können).

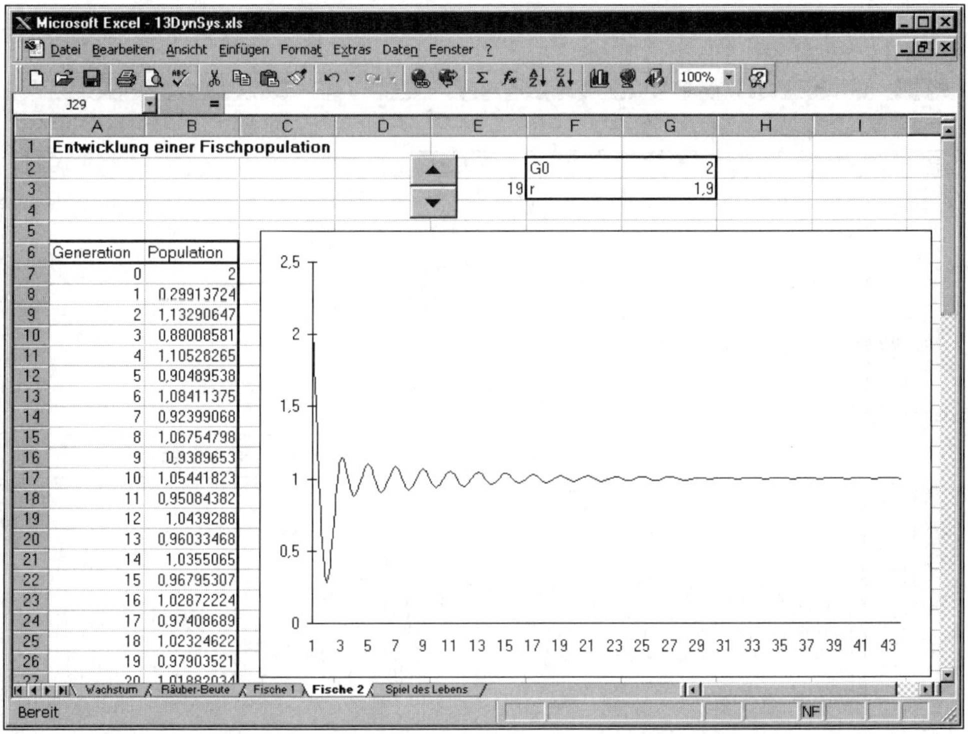

Abbildung 13.11: Entwicklung einer Fischpopulation, normiert

Die benötigte Tabelle und das resultierende Diagramm zeigt Abbildung 13.11. Die Ausgangswerte für G_0 und r werden wieder an gesonderter Stelle eingetragen und die Zellen entsprechend benannt. In der eigentlichen Tabelle (wieder mit Numerierung der Generationen) wird der Wert für die Ausgangsgeneration direkt übernommen mit `=G0` (in B7). In die nächste Zelle kommt dann die Formel:

```
B8:    =B7*EXP((1-B7)*r)=B7*EXP(1)^(r*(1-B7))
```

Nach Kopieren der Formel in ca. 20 darunterliegende Zellen können Sie nun mit verschiedenen Werten von r experimentieren. Um das Experimentieren etwas komfortabler zu gestalten, kann man noch eine kleine Drehschaltfläche in die Tabelle einfügen, mit der die Werte für r variiert werden können. Dazu sind folgende Schritte erforderlich.

1. Mit dem entsprechenden Symbol aus der Symbolleiste DIALOG (bis Excel 95) bzw. FORMULAR (Excel 97) wird eine Drehfläche gezeichnet.
2. Über den Kontextmenübefehl OBJEKT FORMATIEREN bzw. STEUERELEMENT FORMATIEREN wird ein Dialog aufgerufen, in dem auf der Dialogseite STEUERUNG für den Minimalwert 0, für den Maximalwert 50, für die Schrittweite 1 und für die Ausgabeverknüpfung die Zelle $E$3 angegeben werden.
3. In die Zelle mit dem Wert für *r* (G3) kommt die Formel:

```
=E3/10
```

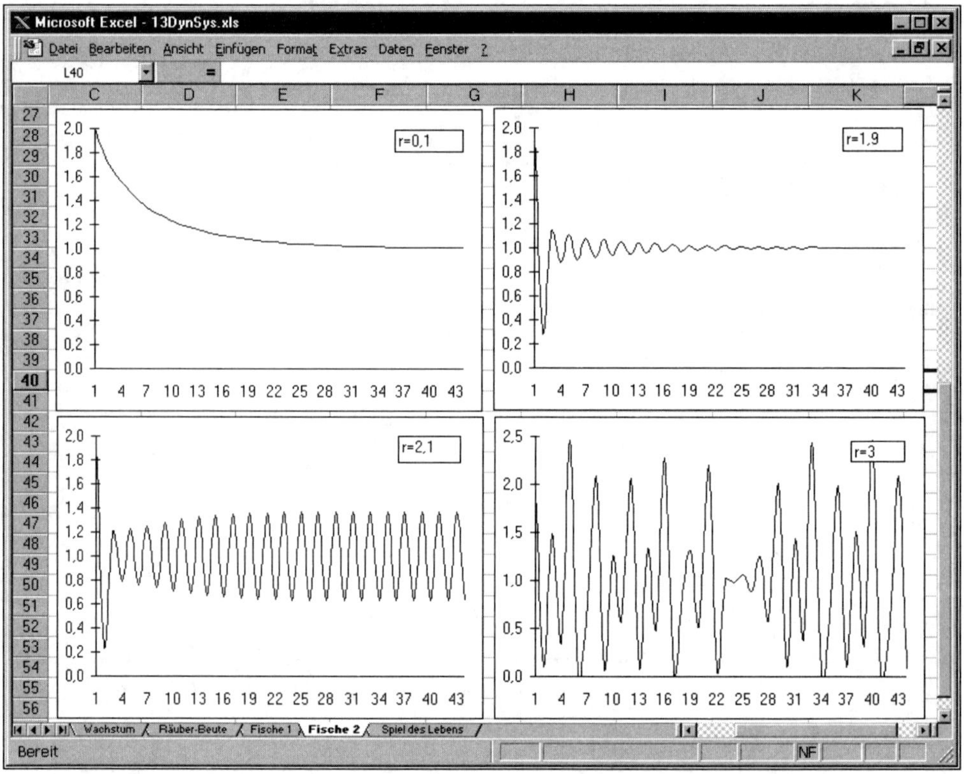

Abbildung 13.12: Fischpopulationen mit verschiedenen Werten des Parameters r

Auf diese Weise läßt sich der Wert für *r* von 0 bis 5 in Schritten von 0,1 variieren. Für Werte $r < 2$ strebt das System unabhängig von der Anfangspopulation zum Gleichgewichtszustand, wobei für Werte $r > 1$ das System über den Gleichgewichtszustand hinausschwingt und abhängig vom Wert von *r* mehr oder weniger oszilliert. Für Werte von $r < 1$ ist das System dagegen so stark gedämpft, das es nicht zum Überschwingen kommt, sondern sich das System langsam auf den Gleichgewichtszustand zubewegt. Bei $2 < r < 2{,}6924$ wird kein stabiler Zustand mehr erreicht, die Generationen schwanken um den Wert 1 (der ja unter anderen Bedingungen stabil ist), wobei aber immer noch eine gewisse Regelmäßigkeit erkennbar ist, die aber mit steigendem r geringer wird. Erreicht r schließlich Werte über 2,6294, dann nimmt das System eine chaotische Form an. Es schwankt immer noch um 1, nun aber ohne eine erkennbare Ordnung.

13.3.2 Aussagekraft ökologischer Modelle

Es gibt inzwischen zahlreiche mathematische Modelle für ökologische Systeme, die weit komplexer und genauer sind, als die hier vorgestellten. Gleichwohl darf nicht vergessen werden, daß die Grundlage all dieser Modelle das Weglassen von Faktoren ist. Um noch einmal zu dem Hasen-Luchs-Beispiel zurückzukehren. Die empirischen Daten, die diesem Modell zugrunde lagen, beruhten auf den Zahlen der durch die Hudson's Bay Company erbeuteten Felle. Abbildung 13.13 gibt die Zahlen für den Zeitraum von 1850 bis 1900 wieder.

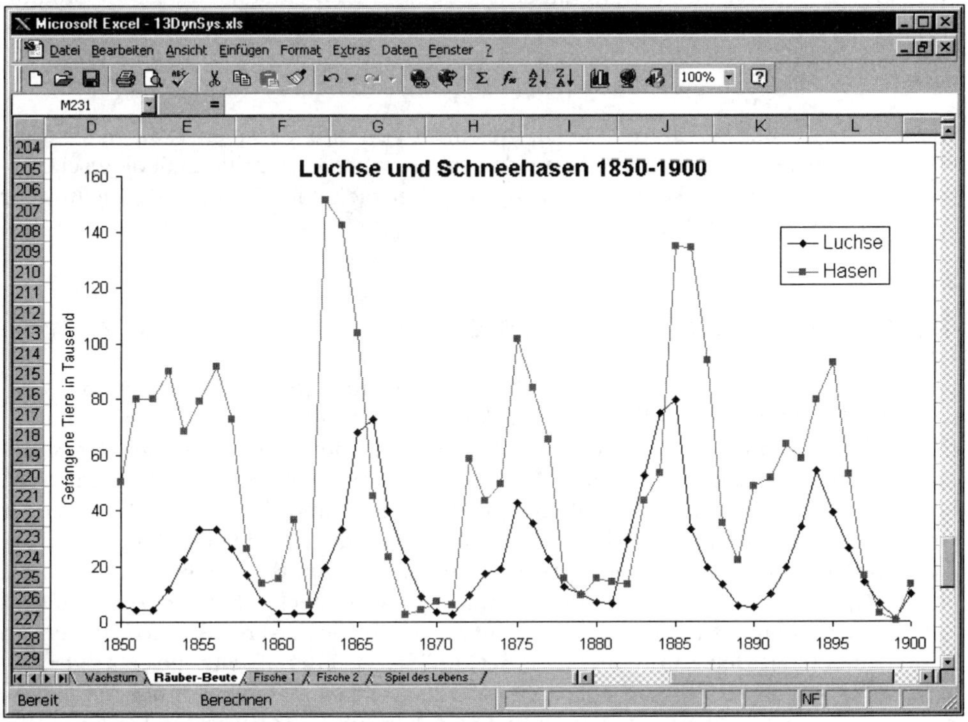

Abbildung 13.13: Luchse und Schneehasen in Kanada

In der Grundstruktur – periodische Schwankungen der beiden Populationen, die Räuberpopulation hinkt nach – besteht durchaus eine Ähnlichkeit zwischen dem empirischen Bild und dem idealisierten Modell. Aber die Abweichungen sind ebenso gravierend und weisen darauf hin, daß das verwendete Modell viel zu einfach ist und möglicherweise weitere Faktoren wie ein witterungsbedingtes gutes oder schlechtes Nahrungsangebot für die Hasen u.ä. eine Rolle spielen. Auch werden die Räuber nicht ausschließlich von der Schneehasenpopulation abhängen. Eine weitere entscheidende

Vereinfachung besteht darin, daß die räumliche Verteilung von Beutetieren und Räubern nicht berücksichtigt wird. Wenn die Schneehasenpopulation am einen Ende des Verbreitungsgebietes explodiert, haben die hungrigen Luchse am anderen Ende des Gebietes nur wenig davon.

Aber auch das scheinbar präzise Bild des bei der Fischpopulation verwendeten Modells trügt. Es gehen in dieses Modell vier Faktoren ein, aber in Wirklichkeit geht die Anzahl der Faktoren in den meisten Ökosystemen tatsächlich gegen unendlich. Nicht berücksichtigt im Modell bleiben alle Einflüsse, die außerhalb liegen: etwa klimatische Bedingungen, Verschmutzungen der Meere, Veränderungen durch Fischfang. Und was insbesondere nicht sichtbar wird: die Schwankungen in der Population dieser Fische hat wiederum Auswirkungen auf Faktoren, die von ihr abhängen.

Um nur eine hypothetische Wirkungskette zu nennen: Die Fische werden weniger, dadurch wird der Bestand einer zweiten Fischsorte, die sich von der ersten ernährt, ebenfalls verringert. Diese zweite Sorte unterliegt dem Fischfang und ist die Haupteinkommensquelle für Menschen auf einer Insel, z.B. in Japan. Die Fischer dort verarmen, die Kriminalitätsrate in der Gegend steigt. Dadurch wird der Tourismus, der in unmittelbarer Nachbarschaft eine große Bedeutung hat, beeinträchtigt...

Wenn die mathematischen Modelle all dies nicht vermitteln können, können sie doch eines sehr überzeugend demonstrieren: daß schon winzige Eingriffe in ökologische Systeme ganz gravierende Folgen haben können. Beispiele hierfür sind uns aus unserer Wirklichkeit leider viele bekannt.

13.4 Das »Spiel des Lebens«

Wie anfangs bereits angedeutet sind zelluläre Automaten grundverschieden von anderen physikalischen oder mathematischen Modellen unserer Wirklichkeit. Herkömmliche Modelle untersuchen den Zustand und die (zeitlichen) Veränderungen der Kenngrößen eines Systems. Sind diese Größen kontinuierlich, ist die mathematische Beschreibung ein System von Differentialgleichungen. Sind die Größen diskret, oder werden Sie zur numerischen Behandlung diskretisiert, geht das Differentialgleichungssystem in ein System von Differenzengleichungen über. Ein Beispiel hierfür waren die oben vorgestellten Lotke-Volterra-Gleichungen für ein einfaches Räuber-Beute-Modell. Zelluläre Automaten sind dagegen von Anfang an absolut diskret. Sie modellieren ein System, indem Sie den Raum mit einem regelmäßigen Gitter absolut gleichartiger Zellen überziehen, die eine endliche Anzahl von Zuständen annehmen können, und deren Zustand nur vom Zustand der benachbarten Zellen (und der Vorgeschichte der Zelle) abhängt. Daß eine Tabellenkalkulation wie Excel hervorragend geeignet ist, solche zellulären Automaten zu untersuchen, liegt aufgrund der verwandten (Gitter-) Struktur des Rechenblattes und zellulärer Automaten (zumindest für den Fall eines rechtwinkligen zweidimensionalen Zellengitters) auf der Hand.

13.4.1 Zelluläre Automaten

Als zellulären Automat bezeichnet man eine regelmäßige Anordnung identischer Zellen mit bestimmten Eigenschaften. Die Anordnung kann rechtwinklig sein oder z.B. auch hexagonal, eindimensional, zweidimensional oder dreidimensional. Jede Zelle kann nur eine endliche Anzahl von Zuständen annehmen. Genauso wie die räumliche Struktur des Zellgitters ist auch der Zeitablauf diskret, jeweils nach dem Ablauf eines weiter nicht unterteilbaren Zeitintervalls werden für alle Zellen neue Werte bestimmt. Der Zustand einer Zelle ergibt sich dabei nach einer festen Vorschrift aus dem Zustand der benachbarten Zellen und evtl. aus dem (letzten) Zustand der Zelle selbst.

Die Idee des zellulären Automaten ist ungefähr so alt wie der Computer selbst; erste Untersuchungen führte der Mathematiker und Computer-Theoretiker John von Neumann (mit maßgeblicher Unterstützung von Stanislaw Ulam) bereits in den frühen fünfziger Jahren durch. Ihr Interesse bestand darin, mit möglichste einfachen Regeln ein selbstreproduzierendes System zu finden. Auch das weiter unten vorgestellte »Spiel des Lebens« des Mathematikes John Horton Conway wurde von biologischen Strukturen inspiriert. Heute werden zelluläre Automaten zum einen um ihrer selbst willen erforscht, zum anderen aber auch zur Simulation von Selbstorganisationsprozessen angefangen mit den Spins eines Antiferromagneten, über die Versklavung von Dipolstrahlern bei einem Laser, der Entstehung von Schneeflocken bis hin zur Bildung der Struktur von Galaxien. Denken Sie etwa an eine Schneeflocke. Obwohl jedes sich ablagernde Molekül nur die nächsten Nachbarn »sieht«, entsteht ein hochgeordnetes System aus ca. 10^{20} Molekülen. Jeden möglichen Einbauplatz kann man sich als eine Zelle eines hexagonalen Gitters vorstellen, die auf der Basis der Besetzung der Nachbarzellen darüber entscheiden kann, ob ein Molekül eingebaut wird oder nicht.

Der deutsche Computerpionier und Querdenker Konrad Zuse ging sogar so weit, das Universum selber als einen gigantischen zellulären Automaten aufzufassen. Dies ist sicherlich ein interessantes Konzept, dagegen spricht aber, daß das Universum isotrop ist, d.h., die physikalischen Gesetze in jeder Richtung die gleiche Form haben. In einem zellulären Automaten gibt es dagegen immer Vorzugsrichtungen, die durch die Geometrie des Zellgitters vorgegeben werden. Eine Überdeckung des Raumes mit gleichen, auch infinitesimal kleinen Zellen impliziert immer eine Gitterstruktur und damit eine Anisotropie.

Zelluläre Automaten lassen sich durch vier grundlegende Eigenschaften charakterisieren:

Geometrie Wenn man an einen zellulären Automaten denkt, denkt man meist zunächst an ein zweidimensionales rechtwinkliges Gitter. Tatsächlich ist jedoch jede Zellanordnung geeignet, die einen Raum gleichmäßig überdeckt; neben einer rechtwinkligen Anordnung ist also beispielsweise auch eine hexagonale Anordnung wie im Schneeflocken-Beispiel möglich. Die Dimensionalität des Raumes ist nicht auf die zweite Dimension beschränkt; auch eindimensionale oder dreidimensionale Automaten können ein sehr interessantes Verhalten zeigen.

Nachbarschaft Man kann zelluläre Automaten danach klassifizieren, welche Zellen als Nachbarschaft einer Zelle gelten. Für zweidimensionale Automaten von Bedeutung sind dies vor allen Dingen die *Von-Neumann-Nach-*

barschaft mit vier nächsten Nachbarn (oben, unten, rechts und links) und die *Moore-Nachbarschaft* mit acht nächsten Nachbarn (es kommen noch die vier Zellen in Diagonalrichtung hinzu).

Zustände

Jede Zelle eines zellulären Automaten kann nur eine endliche Anzahl Zustände annehmen. Minimum sind zwei Zustände, die z.B. als *tot-lebendig*, *ein-aus* oder *aufwärts-abwärts* (Spin) interpretiert werden können. Nach oben sind keine Grenzen gesetzt – der Automat, an dem von Neumann und Ulam in den fünfziger Jahren selbstreproduzierende Systeme fanden, hatte 29 mögliche Zustände.

Regeln

Die Bestimmung des neuen Wertes einer Zelle erfolgt nach einer festen Regel, die für alle Zellen eines Automaten identisch ist. Eine einfache Regel ist etwa die, daß eine Zelle immer den Wert des linken Nachbarn annimmt. Das Verhalten eines solchen Automaten ist leicht vorherzusehen: das Muster wird sich mit »Lichtgeschwindigkeit« nach rechts bewegen. Da im Prinzip jede Nachbarzelle einen anderen Einfluß auf den neuen Zustand haben kann, ist die Anzahl möglicher Regeln enorm groß. Eine wichtige Unterklasse sind die sogenannten Abzählautomaten. Bei ihnen hängt der neue Zustand nur von der Anzahl der Nachbarn mit einem bestimmten Zustand ab. Obwohl dies nur eine winzige Untermenge aller möglichen Regeln darstellt, gehören die meisten untersuchten Automaten dieser Klasse an. Da es nur auf die Anzahl und nicht die genaue Position der Nachbarzellen ankommt, sind zelluläre Automaten dieser Klasse »isotrop«, d.h., die Richtungen des Gitters sind völlig gleichberechtigt.

13.4.2 Conway's »Life«

Populär wurden zelluläre Automaten durch das »Spiel des Lebens«, das der Mathematiker John Horton Conway 1968 an der Universität Cambridge erfand. Der englische Name »Life«, bzw. die Eindeutschung »Spiel des Lebens« spielen darauf an, daß das Verhalten dieses zellulären Automaten an das Werden und Vergehen in einer Bakterienkolonie erinnert. Gebiete explosiven Wachstums wechseln sich ab mit Gebieten in denen das »Leben« abgestorben ist. Der Name »Life« ist aber auch in anderer Beziehung treffend. Manche Muster verhalten sich selber wieder wie selbständige Entitäten, die sich fortbewegen, oszillieren oder wechselwirken können. Aus anfänglichem Chaos entstehen (teilweise) geordnete Strukturen, andere Strukturen dagegen sterben oft nach einiger Zeit aus.

Die Regeln von »Life« sind einfach. Mit jedem Tick der imaginären Uhr, die das Life-Universum antreibt, sterben Zellen oder werden Zellen geboren. Hat eine Zelle beim Tick der Uhr weniger als zwei Moore-Nachbarn, stirbt sie an Vereinsamung, hat sie mehr als drei Moore-Nachbarn stirbt sie an Überbevölkerung. Nur wenn eine leere Zelle genau drei Nachbarn hat, wird an der Stelle eine neue Zelle geboren. Das Life-Universum scheint also ein recht ungemütlicher Ort zu sein, es gibt wesentlich mehr Konfigurationen, die zu einer toten Zelle führen als zu einer lebendigen. Dennoch, oder vielleicht gerade deswegen, ist das Life-Universum ein unglaublich lebendiger Ort, der auf viele Betrachter einen unwiderstehlichen Reiz ausübt: Muster entstehen und sterben wieder aus, andere oszillieren oder bewegen sich durch das Spielfeld bis sie möglicherweise mit einer stabilen Konfiguration kollidieren und diese förmlich zur Explosion bringen können.

Das »Spiel des Lebens« ist also ein Abzählautomat, der auf einem rechtwinkligen Gitter und mit einer Moore-Nachbarschaft (8 Nachbarn) arbeitet. Einige andere zelluläre Automaten sind ebenso einfach und sollen daher hier zur Anregung eigener Experimente kurz erwähnt werden. Verwendet man etwa als Regel, daß eine Zelle genau dann lebt, wenn sie eine ungerade Zahl von Nachbarn in ihrer Von-Neumann-Nachbarschaft hat, erhält man einen Automaten, der jedes Ausgangsmuster nach einer gewissen Anzahl von Uhrticks in vierfacher Ausfertigung reproduziert. Perkolation, d.h. die Bildung ununterbrochener Ketten in einem anfänglich zufällig besetzten Spielfeld, simuliert man mit einer Von-Neumann-Umgebung einschließlich der Zelle selber und der Regel, daß mindestens 3 dieser 5 Zellen besetzt sein müssen. Diese Regel dünnt das Anfangsmuster mit jedem Schritt weiter aus, bis nur noch die Verbindungen (so vorhanden) übrigbleiben. Mit einer geringfügigen Änderung kann man auch Kristallwachstum simulieren, hier genügen 2 von 5 Zellen, damit die mittlere Zelle besetzt wird.

Die ersten zellulären Automaten wurden mit dem klassischen Arbeitsmittel des Mathematikers untersucht – mit Bleistift und Papier. Richtig interessant wurde die Untersuchung aber erst mit dem Einsatz von Computern – nur so ist es möglich, auch große Spielfelder in vernünftiger Zeit durchzurechnen. Die Lösung mit einem Programm ist ähnlich wie die Bearbeitung zu Fuß. Für das Spielfeld wird zunächst ein Feld von Zellen angelegt. Jeder Zelle entspricht also eine Speicherstelle im Computer. Das Programm sucht nun sequentiell Zeile für Zeile und Spalte für Spalte die Zellen ab, inspiziert die Nachbarn und legt einen neuen Wert für die Zelle fest. Letzteres geschieht am geschicktesten durch eine Tabelle, in der die Ergebnisse für die verschiedenen Konfigurationen einfach nachgeschlagen werden können (Es gibt noch wesentlich ausgefuchstere Möglichkeiten, die aber dann bereits einen tiefen Griff in die Schatzkiste des Assemblerprogrammierers erfordern.). Im allgemeinen kann eine solche Tabelle ziemlich vertrackt sein, für Abzählautomaten ist sie dagegen sehr einfach, da die Anzahl der lebenden Nachbarzellen als Index in die Tabelle verwendet werden kann. Sehr wichtig ist auch, daß mit zwei Kopien des Spielfeldes (oder zumindestens einem Puffer mit dem Zustand der letzten beiden Zeilen des Spielfeldes) gearbeitet wird, da zur Berechnung des neuen Zustandes noch der alte Zustand aller Nachbarzellen benötigt wird.

Ein wichtiger Punkt ist auch die Überlegung, wie mit den Grenzen zu verfahren ist, da es kaum möglich ist, mit einem unendlich großen Spielfeld zu arbeiten. Hier bieten sich zwei Möglichkeiten an. Die einfachere besteht darin, den Rand des Spielfeldes mit Zellen zu besetzen, die ihren Wert nicht ändern, also entweder lebend oder tot sind. Die andere Möglichkeit besteht darin, gegenüberliegende Seiten miteinander zu verbinden, so daß das Spielfeld topologisch als die Oberfläche eines Torus aufgefaßt werden kann. In einem Programm kann dies etwa geschehen, indem die Indizes immer Modulo der Felddimensionen berechnet werden.

13.4.3 »Life« in Excel

Eine Alternative zu einem Programm, das die Zellen sequentiell absucht, besteht darin, die massiv parallele Struktur der Problemstellung auszunutzen. Dies kann zum Beispiel in Hardware durch spezielle Parallelcomputer erfolgen, oder, wie anfangs schon erwähnt, durch die Verwendung einer Tabellenkalkulation wie Excel.

Zur Realisierung des »Spiel des Lebens« in einem Excel-Arbeitsblatt benötigen Sie drei Tabellen wie in Abbildung 13.14 gezeigt. Die erste Tabelle (links) enthält die Tabelle, in welcher der neue Zellenwert nachgeschlagen werden kann. Von den Zellen der Moore-Nachbarschaft können unabhängig vom Wert der mittleren Zelle zwischen null und acht Zellen leben, es gibt also neun mögliche Zustände der Nachbarschaft. Berücksichtigt man, daß zwischen lebendiger und toter innerer Zelle unterschieden werden muß, müssen insgesamt 18 Zustände vorgesehen werden. Setzt man jede lebende Zelle 1 und jede tote Zelle 0, kann man aus den neun Zellen einen eindeutigen Wert zwischen 0 und 17 berechnen, indem man die Werte aller neun Zellen aufsummiert und den Wert der mittleren Zelle mit 8 multipliziert noch einmal hinzuzählt. Mit anderen Worten, es ergibt sich der Wert durch die Summe über die Zellen der Nachbarschaft zuzüglich 9 für eine lebende innere Zelle. Zählt man zum Ergebnis noch 1 hinzu, hat man den Index des Tabellenplatzes, an dem der neue Zustand der mittleren Zelle nachgeschlagen werden kann. Die eigentliche Tabelle der Ergebnisse nimmt den benannten Bereich D3:D20 mit Namen *Regel* ein. Bei einer leeren Zelle wird nur dann eine neue Zelle geboren, wenn die Zelle drei lebende Nachbarn hat, der Platz mit dem Index 4 muß also 1 (lebendig) sein. Eine lebendige innere Zelle bleibt nur am Leben, wenn es mindestens 2, höchstens aber 3 lebende Nachbarn gibt. Die Tabellenplätze mit den Indizes 12 und 13 müssen also ebenfalls 1 (lebendig) sein. Alle übrigen Konstellationen führen dazu, daß die mittlere Zelle tot bleibt oder abstirbt, in den übrigen Feldern der Tabelle muß also immer die 0 stehen. Da die Regeln in einer Tabelle kodiert sind, können sie zu Experimentierzwecken jederzeit leicht abgeändert werden.

Die zweite Tabelle ist das eigentliche Spielfeld (Abbildung 13.14, oben rechts). Hier muß zunächst für quadratische Zellen gesorgt werden. Dazu markieren Sie (mindestens) die Spalten F bis AY mit Hilfe der Spaltenköpfe und ziehen dann die rechte Begrenzung des Kopfes der Spalte F so weit nach links, daß das Kästchen quadratisch wird. Sobald Sie die Operation beenden, nehmen auch die übrigen markierten Spalten die eingestellte Breite an. Denken Sie daran, um das Spielfeld herum einen freien Bereich von einem Kästchen Breite frei zu lassen. Dieser dient als Begrenzung des Spielfeldes mit immer toten Zellen.

Ein Problem für sich ist die deutliche Darstellung der lebenden und toten Zellen in einer Form, die mit dem Auge auf einen Blick erfaßt werden kann. Hier kommen einem Excels benutzerdefinierte Zahlenformate zupaß. Diese erlauben es, unterschiedliche Formate für Werte größer Null, kleiner Null oder gleich Null festzulegen. Markieren Sie das gesamte Spielfeld (G2:AX27) und wählen Sie FORMAT, ZELLEN, Dialogseite ZAHLEN, KATEGORIE *Benutzerdefiniert*. Geben Sie im Eingabefeld FORMATE die folgende Zeichenkette ein: *"X";"";""*. Durch dieses Format erfolgt eine Ausgabe nur für einen Wert größer Null, und der Wert wird mit einem Format angezeigt, der statt des Wertes immer nur das Zeichen »X« zeigt. Damit das Kreuzchen wirklich in der Mitte einer besetzten Zelle erscheint, sollten Sie es außerdem auf der Dialogseite AUSRICHTUNG sowohl vertikal als auch horizontal zentrieren. Auf der Dialogseite SCHRIFT wählen Sie den fetten Schriftschnitt und auf der Dialogseite MUSTER schließlich noch eine Hintergrundfarbe für das Spielfeld, im Beispiel Hellgrau.

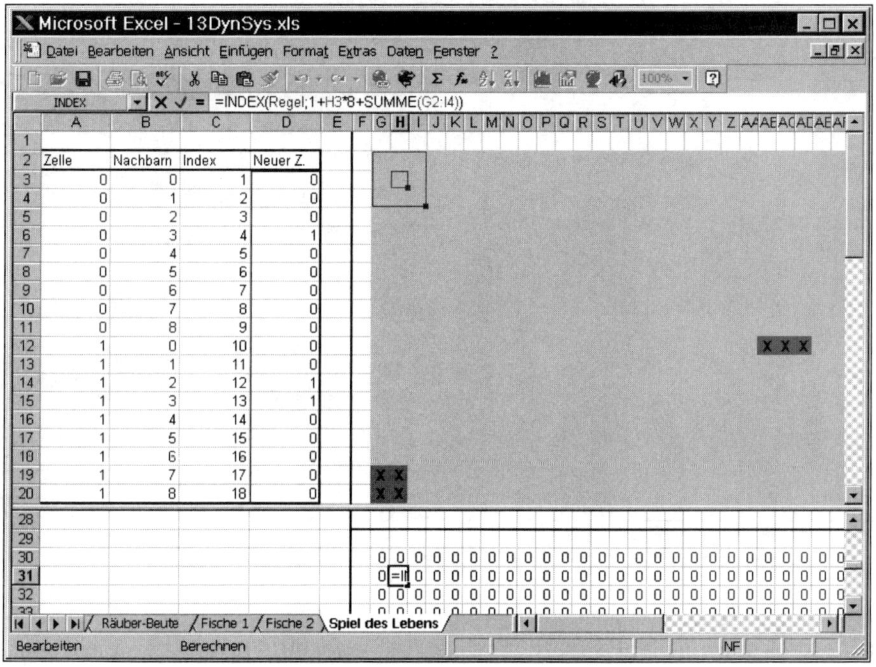

Abbildung 13.14: Drei Tabellen für das »Spiel des Lebens"

Mit Excel 97 können Sie die lebenden Zellen noch deutlicher hervorheben, indem Sie mit einem bedingten Format (Befehl FORMAT, BEDINGTE FORMATIERUNG) für diese eine andere, dunklere Hintergrundfarbe wählen. Anwender älterer Excel-Versionen müssen auf diese praktische Möglichkeit leider verzichten. Im Dialog BEDINGTE FORMATIERUNG (Abbildung 13.15) können Sie bis zu drei Bedingungen angeben, die erfüllt sein müssen, damit die Zelle mit einer besonderen Formatierung versehen wird. Im ersten der drei Kombinationsfelder wählen Sie unter den beiden Möglichkeiten *Zielwert ist* und *Formel ist* ist. Im ersten Fall können Sie im zweiten Kombinationsfeld die Art des Vergleichs und im dritten Feld einen Wert oder einen Bezug angeben. Noch flexibler ist die zweite Form *Formel ist.* In diesem Fall geben Sie eine Formel ein, deren Wert (*Wahr* oder *Falsch*) bestimmt, ob die bedingte Formatierung angewendet wird. Wählen Sie wie in der Abbildung *Zielwert ist größer als 0.* Durch die Schaltfläche FORMAT können Sie das Format ähnlich dem normalen Format-Dialog festlegen; es stehen die Dialogseiten SCHRIFT, RAHMEN und MUSTER zur Verfügung.

Sie können nun bereits Werte in die Zellen eintragen, eine Eins für eine lebende Zelle und eine Null oder nichts für eine tote Zelle. Durch das benutzerdefiniert Format wird in jeder lebenden Zelle ein Kreuzchen erscheinen und sich bei Excel 97 die Hintergrundfarbe ändern.

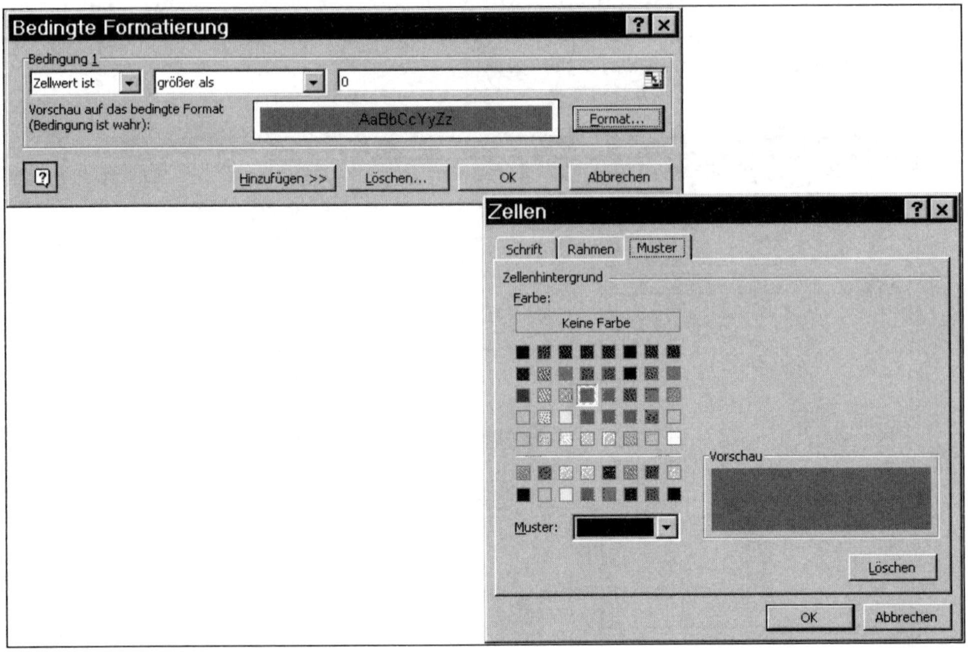

Abbildung 13.15: Bedingte Formatierung für Zellen gößer Null

In der dritten Tabelle des Arbeitsblattes wird die neue Generation berechnet. Hier benötigen Sie keine ausgefeilte Formatierung, da zur Betrachtung des Spiels die oben angelegte Tabelle dienen soll. In Abbildung 13.15 ist die Ansicht auf das Arbeitsblatt durch einen Fensterteil in eine obere und eine untere Hälfte getrennt. In der unteren Hälfte sehen Sie einen Ausschnitt der dritten Tabelle. Die Zelle H31 ist markiert, damit Sie die Formel und im oberen Teil des Arbeitsblatt die eingehenden Bereiche umrahmt sehen können (diese Hervorhebung erfolgt leider nur unter Excel 97). Die Formel ist für alle Zellen gleichartig und lautet beispielsweise für die Zelle H31:

```
H31:  =INDEX(Regel;1+H3*8+SUMME(G2:I4))
```

Durch Kopieren und Einfügen kann sie auf einen Schlag in alle Zellen der unteren Tabelle kopiert werden. Mit dem Ausdruck `1+H3*8+SUMME(G2:I4)` wird aus der Zelle und ihrer Nachbarschaft ein Index zum Nachschlagen in der Tabelle *Regel* berechnet. Das Nachschlagen selber geschieht mit Hilfe der Funktion INDEX().

Um die neue Generation nun in die obere Tabelle zurück zu übertragen und zyklisch immer neue Generationen zu berechnen, muß die Tabelle mit Verweisen auf die korrespondierenden Felder der unteren Tabelle gefüllt werden. Bevor das möglich ist, muß allerdings eine Standardeinstellung von Excel verändert werden. Normalerweise lehnt Excel rekursive Bezüge in Formeln ab. Iterationsvorschriften wie das »Spiel des Lebens« bauen aber gerade auf Zirkelbezügen auf. Um diese zu ermöglichen, wählen Sie EXTRAS, OPTIONEN und dann die Dialogseite BERECHNEN. Aktivieren Sie das Markierungsfeld ITERATION und setzen Sie die maximale Iterationszahl auf *1*, schließlich wollen Sie jede berechnete neue Generation auch zu Gesicht bekommen (Abbildung 13.16).

Wenn Sie Excel 95 oder Excel 5 benutzen, sollten Sie außerdem anstelle der automatischen Berechnung die manuelle Neuberechnung wählen (mit der Funktionstaste [F9] ist die Neuberechnung jederzeit möglich).

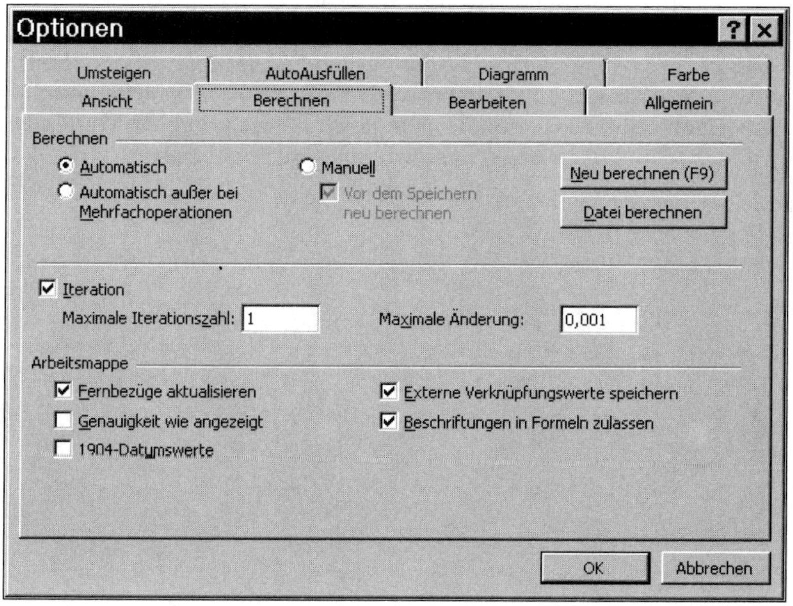

Abbildung 13.16: Rekursive Formeln zulassen

Falls Sie eine Torus-Topologie wünschen, müssen Sie nun noch die am weitesten rechts stehende Spalte durch einen Verweis am linken Rand spiegeln und umgekehrt, ebenso die oberste Zeile am unteren Rand und umgekehrt. Um Probleme bei der Neuberechnung zu vermeiden (Excel berechnet die Zellen in einer festen Reihenfolge neu), sollten sich die Bezüge (an den Rändern der oberen Tabelle) auf die gegenüberliegenden Randzeilen bzw. Spalten der unteren Tabelle beziehen. Im folgenden werden die Ränder (der oberen) Tabelle jedoch nicht ausgefüllt. Dies bedeutet, das dort Zellen liegen, die erzwungenermaßen immer den Wert Null haben.

Im Prinzip können Sie nun die obere Tabelle mit der Formel

```
G2:    =+G30
```

bzw. der Entsprechung für die übrigen Zellen füllen, um ein Abbild der neuen Generation in der oberen Tabelle erscheinen zu lassen (in der Z1S1-Bezugsart hat die Formel in allen Zellen einheitlich die Form `=+Z(28)S`). Jede neue Generation berechnen Sie durch das Drücken der Taste [F9]. Bequemer ist aber natürlich die Verwendung von VBA-Makros, um die Rechnung in Bewegung zu setzen oder auch um die Ergebnisse zu konsolidieren (d.h., um die Formeln wieder durch die Werte ersetzen). Um keinen Platz in der Tabelle für Schaltflächen etc. zu verschwenden, wurden die Makros hier über die Schaltfläche OPTION des Dialogs MAKRO mit einer Tastenkombination verbunden. Das Makro `Start` wurde nach einer ersten Aufzeichnung (bis zur Unkenntlichkeit) bis auf eine Zeile optimiert. Beachten Sie, daß hier eine Formel allen Zellen eines Bereichs auf einen Schlag zugewiesen wird. Außerdem wurde das Makro um einen Eingabedialog und eine Schleife für die Berechnung von *n* Generationen ergänzt. Im Falle älterer VBA-Versionen (Excel 5+95) gibt es Probleme mit der automatischen Umwandlung des Ergebnisses von `InputBox` – hier muß die Variable `n` als `Variant` definiert oder eine geeignete Typumwandlungsfunktion verwendet werden. Da unter Excel 5 + 95 die automatische Neuberechnung ausgeschaltet sein sollte (andernfalls führt das noch zu erläuternde Makro `Ursuppe` zu einem Absturz von Excel) muß vor dem Eintragen der Formel in die obere Tabelle durch einen Aufruf von `calculate` sichergestellt werden, daß die neue Generation basierend auf den gleich überschriebenen Werten bereits berechnet wurde. Das Makro `Bearbeiten` konsolidiert die Ergebnisse:

```
Sub Start()
'
' Tastenkombination: Strg+s
'
    ' Calculate ' falls automatische Neuberechnung aus (Excel 5+95)
    Range("G2:AX27").Cells.FormulaR1C1 = "=+R[28]C"
    Dim i As Integer, n As Integer
    n = InputBox("Anzahl Generationen:", "Spiel des Lebens", 1)
    For i = 1 To n
        Calculate
    Next i
End Sub

Sub Bearbeiten()
'
' Tastenkombination: Strg+b
'
    Range("G2:AX27").Cells.FormulaR1C1 = Range("G2:AX27").Cells.Value
End Sub
```

Ist die Schleife im Makro `Start` abgelaufen, können Sie neue Generationen auch mit der Taste [F9] berechnen. Wollen Sie die Ergebnisse als Ausgangspunkt einer neuen Simulation bearbeiten, sollten Sie sie zuvor mit dem Makro `Bearbeiten` konsolidieren. Andernfalls kann es beim Editieren immer wieder zu unbeabsichtigten Neuberechnungen kommen (sofern diese nicht ausgeschaltet sind). Zum Löschen aller Zellen ist ein weiteres Makro `Löschen` recht handlich. Um alle Zellen zufällig mit Werten von 0 oder 1 zu initialisieren, dient das Makro `Ursuppe`. Da die eingebauten Funktionen von Excel in VBA völlig andere (meist kürzere) englische Namen haben, die meist weniger geläufig sind als die deutschen Namen der Excel-Funktionen, kann zur Eingabe ein Trick verwendet werden. Zeichnen Sie die Eingabe der Funktion oder des gesamten Ausdrucks in eine beliebige Zelle als Makro auf. Den Inhalt der Zelle können Sie anschließend löschen, interessant ist nur die automatisch in die VBA-Form umgewandelte Darstellung des Ausdrucks im Makro. Die Formel zur Berechnung eines zufälligen Wertes von Null oder Eins lautet beispielsweise in der deutschsprachigen Excel-Oberfläche:

```
=GANZZAHL(ZUFALLSZAHL()*2)
```

Die englische Entsprechnung in VBA ist dagegen kurz und bündig:

```
=INT(RAND()*2)
```

Da bei der Zuweisung einer Formel an einen ganzen Bereich und die anschließende Konsolidierung weitere Male der Ausdruck für den Bereich vorkommt, kann hier die Effizienz mit der `With`-Anweisung von VBA verbessert werden. Die Makros `Löschen` und `Ursuppe` sind im einzelnen:

```
Sub Löschen()
'
' Tastenkombination: Strg+l
'
    Range("G2:AX27").Cells.ClearContents
End Sub

Sub Ursuppe()
'
' Tastenkombination: Strg+u
'
    With Range("G2:AX27").Cells
        .FormulaR1C1 = "=INT(RAND()*2)"
        .FormulaR1C1 = .Value
    End With
End Sub
```

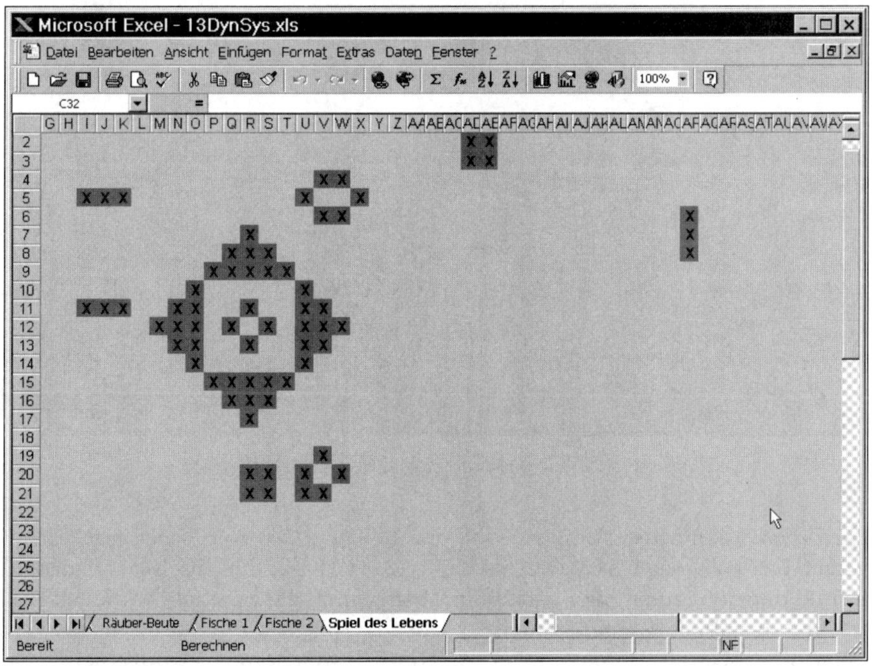

Abbildung 13.17: Einige 100 Generationen nach der »Ursuppe"

Einen Zustand des Spielfeldes einige hundert Generationen nach der »Ursuppe« zeigt Abbildung 13.17. Die meisten Bereiche des Gitters sind ausgestorben (z. B. rechts unten) oder haben stabile Konfigurationen eingenommen. Um die Zelle C12 herum hat sich jedoch vor wenigen Generationen ein hochsymmetrisches Muster gebildet, das nun im Begriff steht zu explodieren und das Spielfeld völlig umzukrempeln. Vorübergehend werden sich große Bereiche des Spielfeldes noch einmal mit pulsierendem Leben füllen bevor die Entwicklung in neun kleine stabile Konfigurationen mündet.

Untersucht man die Muster, die im »Spiel des Lebens« entstehen findet, man immer wieder stabile oder zyklische Konfigurationen, die erhalten bleiben, wenn sie nicht von außen gestört werden. Abbildung 13.18 zeigt in der oberen Hälfte eine Reihe von solchen Konfigurationen, die sich meist nach einiger Zeit spontan aus dem Chaos herauskristallisieren. Die meisten dieser Muster treten so häufig auf, daß sie Namen bekommen haben. Die beiden rechten Muster zeigen die beiden Zustände des *Blinkers*, zwischen denen dieser hin- und herspringt. Oft findet man auch die spontane Entstehung von vier Blinkern in einer symmetrischen Anordnung (mit sicherem Abstand voneinander), so daß die Gesamtkonfiguration zwischen einem Quadrat und einem Kreuz hin- und herspringt.

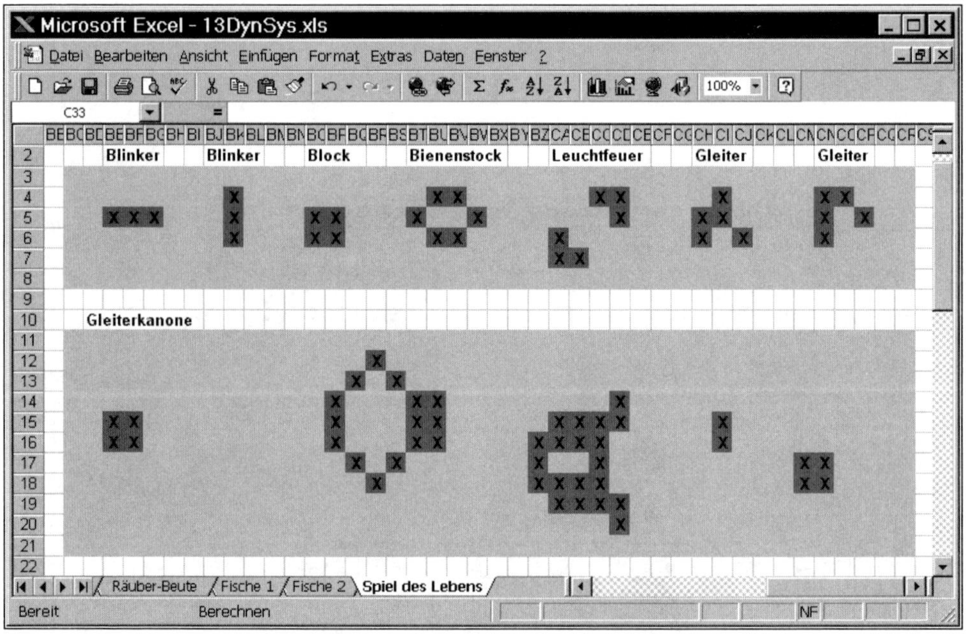

Abbildung 13.18: Einige stabile oder periodische Konfigurationen

Die nächsten beiden Muster sind statisch und heißen *Block* und *Bienenstock* oder *Wabe*. Die letzten beiden Muster sind zwei Zustände des *Gleiters*, der durch vier Zustände oszilliert und dabei diagonal (hier nach links oben) durch das Spielfeld wandert. Trifft ein Gleiter auf ein stabiles Muster, kann es geschehen, daß sich die beiden restlos vernichten. Ebensogut ist es aber auch möglich, daß die Trümmer das Zentrum einer Explosion bilden, die weite Bereiche des Spielfeldes erfaßt.

Kleine stabile Muster wie Blinker, Block oder Bienenstock, aber auch Gleiter bilden sich regelmäßig spontan. Große stabile oder oszillierende Konfigurationen bilden sich natürlich viel seltener, da sie viel empfindlicher auf Störungen reagieren und ihre Entstehung auch generell unwahrscheinlicher ist. Eine komplexe periodische Konfiguration wie die in der unteren Hälfte der Abbildung gezeigte *Gleiterkanone* dürfte sich daher kaum spontan bilden. Die Gleiterkanone hat eine Periode von 30 Generationen und feuert (wenn nicht zu dicht am Rand) eine ständige Folge von Gleitern nach rechts oben ab. Sie wurde von R. William Gosper jr. und anderen entdeckt und löste die Frage, ob es stabile, unendlich wachsende Konfigurationen von Zellen im »Spiel des Lebens« gibt.

Wie Sie selbst vielleicht auch mit einem größeren Spielfeld feststellen werden, ist das »Spiel des Lebens« unendlich faszinierend: aus Chaos entsteht Ordnung, geordnete Strukturen zerfallen, und selbst wenn Muster fast ausgestorben ist, können unerwartete Wendungen eintreten. In »Life« wurden sogar Und-, Oder-Gatter und Nicht-Gatter konstruiert, die Ströme von Gleitern aus der Gleiterkanone als Signale schalten. Im Prinzip wäre es also sogar möglich, in »Life« einen Computer zu bauen, womit sich der Kreis schließen würde.

Stichwortverzeichnis

C

D